稀有金属真空熔铸技术及其设备设计

马开道　鲁　毅　马　琨　著

北　京
冶　金　工　业　出　版　社
2011

内 容 简 介

本书系统地阐述了钛及钛合金真空熔炼、铸造的基本工艺技术和难熔金属熔炼、烧结工艺技术及其所用各种真空熔铸设备的设计计算。在内容上综合了国际、国内的最新钛熔炼、铸造设备研究和发展成果，既注重成熟理论及生产技术的介绍，也注重本领域的新技术、新设备发展动向的归纳。

本书可供冶金工程技术人员、科研人员及大中专院校师生参考。

图书在版编目(CIP)数据

稀有金属真空熔铸技术及其设备设计/马开道，鲁毅，马琨著．—北京：冶金工业出版社，2011.3

ISBN 978-7-5024-5453-1

Ⅰ.①稀…　Ⅱ.①马…　②鲁…　③马…　Ⅲ.①稀有金属—熔铸成型　Ⅳ.①TG146.4

中国版本图书馆 CIP 数据核字(2011)第 020063 号

出 版 人　曹胜利
地　　址　北京北河沿大街嵩祝院北巷 39 号，邮编 100009
电　　话　(010)64027926　电子信箱　yjcbs@cnmip.com.cn
责任编辑　王　楠　于昕蕾　美术编辑　彭子赫　版式设计　葛新霞
责任校对　王贺兰　责任印制　牛晓波
ISBN 978-7-5024-5453-1
北京兴华印刷厂印刷；冶金工业出版社发行；各地新华书店经销
2011 年 3 月第 1 版，2011 年 3 月第 1 次印刷
787mm×1092mm　1/16；29.75 印张；717 千字；456 页
79.00 元

冶金工业出版社发行部　电话：(010)64044283　传真：(010)64027893
冶金书店　地址：北京东四西大街 46 号(100010)　电话：(010)65289081(兼传真)
(本书如有印装质量问题，本社发行部负责退换)

序　言

钛是20世纪前半叶才登上世界工业舞台的“年轻”金属，是金属王国中一颗闪亮的新星。它具有许多优良的性能，例如比强度高、耐蚀性好，并具有较高的耐热性，是一种优质金属结构材料；钛无磁性、无毒性，并具有许多特殊功能，像储氢、超导、形状记忆等，也是重要的新型功能材料和生物医用材料。从工业价值、资源寿命和发展前景看，钛仅次于铁、铝，被誉为正在崛起的“第三金属”。钛产业对我国国防建设、经济与社会发展具有重要的战略意义，钛产业的发展水平已是体现国家综合实力的重要标志之一。

钛元素的发现距今已有200多年。1791年，英国人W. 格雷格尔（Gregor）在黑磁铁矿中发现一种新的金属元素，1795年德国化学家M. H. 克拉普鲁斯（Klaproth）在研究金红石时也发现该元素，并以希腊神Titans命名。1910年美国科学家M. A. 亨特（Hunter）首次使用钠还原$TiCl_4$制取了纯钛。1940年卢森堡科学家W. J. 克劳尔（Kroll）用镁还原$TiCl_4$制取了纯钛。从此，镁还原法（又称克劳尔法）和钠还原法（又称亨特法）成为生产海绵钛的工业方法。1948年美国用镁还原法制出2t海绵钛，从而宣告金属钛工业化生产时代的开始。由此可见，钛的工业化是一个漫长的历程，从钛元素的发现到工业海绵钛的生产，有150年的工业孕育期。由于真空电弧熔炼技术的发展，解决了高熔点活性金属的冶金难题，才使钛工业在20世纪50年代之后实现快速发展。

钛在地壳中的丰度为8.6g/kg，按元素丰度排序，钛居第9位，仅次于氧、硅、铝、铁、钙、钠、钾和镁，按结构金属排序，钛仅次于铝、铁、镁，占第4位，比常见的铜、铅、锌储量的总和还多。因此，从储量而论，钛不是稀有金属。钛被列入稀有金属的原因正是由于其提取冶金技术高，钛的生产成本长期居高不下。克劳尔法奠定了海绵钛生产的工业基础，真空电弧熔炼技术打开了钛加工的大门，这两项技术对钛工业的发展起到了巨大的推动作用，但它们形成的钛材制备的高成本已成为钛进一步发展的制约因素。

钛的提取冶金技术和钛的熔铸技术的低成本化一直是钛加工技术研究与开发的热点。在海绵钛的制取方面，由于克劳尔法或亨特法存在工艺复杂、成本高、能耗大和环境污染问题，多年来，人们一直在对克劳尔法进行改进和完善，使其向大型化、连续化和自动化发展；另外在寻求用 TiO_2 直接制取海绵钛的短流程工艺，例如用液态钠还原 $TiCl_4$ 的 Armstong（ITP）法，用氧化钛直接电解的 FFC/Cambrige 工艺（剑桥法），TiO_2 钙热还原（OS）法，碳热还原-电解提取钛（USTB）法等，目前二氧化钛电解直接提取钛的研究尚处于实验室研究或半工业化的初期发展阶段。

钛及钛合金的熔铸技术的发展与应用，特别是低能耗节约型钛和钛合金熔炼技术的发展显示了其强大的生命力。真空自耗电弧熔炼、真空非自耗熔炼、真空感应熔炼、电子束熔炼和等离子熔炼等技术用于钛及钛合金熔炼都已相当成熟，而且新工艺、新技术、新设备在不断涌现。近十几年来，在钛的熔炼技术方面，最引人注目的进展是发展了冷床炉熔炼技术，包括电子束冷床炉和等离子冷床炉技术，已达工业化水平，可熔炼重达 25t 的铸锭。冷床炉熔炼能生产无偏析、无夹杂的优质钛及钛合金铸锭，满足航空转动部件对高性能钛材的需求，而且能生产扁锭、空心锭，简化了板材和大管材的后续加工，并可大量回收残钛。但是这种技术还存在成本高、操作复杂的问题。目前，正在开发高效短流程的熔炼加工技术，例如美国在积极发展钛锭的一步法熔炼加工技术，即经单次冷床炉熔炼纯钛扁锭，就可直接轧制钛板带；乌克兰一直在研究直接采用钛坨进行电子束冷床炉熔炼技术；俄罗斯也发展了一种凝壳-自耗电弧熔炼技术，该技术可大量利用残钛，可调整熔融金属保持液态时间的长短，可制备异型铸锭，而且炉子造价低，耗电少。

中国钛工业的起步并不算晚，1954 年起开始研究钛的冶炼技术，1959 年用镁热还原法生产出第一批海绵钛工业产品，1956 年开始钛和钛合金的研究与开发。科研人员先后开展了钛冶炼和加工技术的实验研究和工业试验，打破了国外的技术封锁，实现了多方面“零的突破”。1978 年中国海绵钛和钛材最高产量分别为 1224t 和 508t，到 2000 年，海绵钛和钛材产能才达到 2000t/年，可见上世纪我国钛工业的发展速度还比较缓慢，中国钛工业经历了一段较长的创业期和成长期。进入 21 世纪，在需求牵引和新技术发展的推动下，在新世纪的第一个 10 年，中国钛产业出现跨越式发展，特别是 2004 ~ 2008 年，中国成为国际上钛产量增长最快的国家。2008 年中国海绵钛产量接近 5×10^4t，钛材产量接近 3×10^4t，一跃成为世界第一大海绵钛生产国和第三大钛材生产国。经过半个多世纪的奋斗，中国的钛工业从无到有，从小到大，取得了举世瞩目的成就，凝聚了几代人的心血和汗水，有许多东西值得总结、继承和发扬。

据分析，未来 10 ~ 15 年内，中国将成为世界第二大航空市场，另外，核能和海水淡化市场对钛材的需求将持续增长，中国将成为仅次于美国的第二大钛市场。从资源看，中国已探明钛储量为 8.7 亿吨，占世界总储量的 48%。中国钛资源从数量上处于世界优势地位，但是钛铁岩石占储量的93%，提取冶金困难，综合利用难度大，钛的提取冶金技术有待突破。与美国、日本等发达国家相比，中国钛工业在工艺装备、技术经济指标、产品品种和质量、节能减排方面还有一定差距。目前中国钛产业的总体规模还比较小，与钢铁和铝业已是世界第一的地位相比，钛产业发展相对滞后。有人用“钛-钢”比来衡量钛产业规模，世界的“钛-钢”比平均为十万分之六，而中国的仅为十万分之二，中国的钛产业既需要提升水平，也需要壮大规模，还有很大发展空间。钛作为一种极具发展潜力的新金属材料，其制备技术及材料应用虽然已取得长足发展，但是面对气候变化、能源和环境安全的挑战，材料工作者肩负着艰巨而光荣的任务，大力发展低成本、绿色化制造技术已是“低碳经济时代”的呼唤，和传统材料一样，钛也承担着节能减排的重要任务。

马开道等高级工程师，长期在我国钛的大型骨干企业宝钛集团（原宝鸡有色金属加工厂）从事钛及钛合金以及难熔金属材料的熔炼设备管理和技术开发工作，他汇集了国内外有关稀有难熔金属熔炼的先进技术和先进理念，特别是总结了在这方面的实践经验，潜心编著了《稀有金属真空熔铸技术及其设备设计》一书，比较全面地介绍了钛及钛合金的各种熔炼方法特点和设备设计与计算方法。该书对从事这一领域工作的同志会有重要参考价值，相信这本书的出版将会促进钛及钛合金熔炼的技术进步，也会对我国钛产业的发展起到积极的作用。

中国工程院院士　周廉

2010年10月

前　　言

钛及钛合金具有密度低、比强度高、耐腐蚀、线胀系数小、生物相熔性好等优异性能，在航空、航天、海洋运输、石油、化工、冶金、医疗卫生等行业中都是不可缺少的结构材料、功能材料。钛及钛合金在熔融状态下具有高化学活性，在大气中易于氧化，与常用的各种耐火材料发生化学反应，熔炼和铸造成型难度大，必须在其专用的熔炼和铸造设备中进行。

为了进一步推动与促进钛及钛合金熔炼、铸造以及熔铸设备的发展，作者综合了国际、国内最新设备研究和发展成果，并结合几十年的工作实践，编写了这本基础性的专业书，书中概述了钛及钛合金熔炼、铸造基本工艺技术和难熔金属熔炼、烧结工艺技术，并详细地介绍了真空自耗电弧炉、凝壳炉、电子束冷床炉、等离子束冷床炉、真空感应炉、难熔金属熔炼设备以及上述各种真空熔铸设备的设计计算。

本书在编写过程中，东北大学真空与流体工程研究中心主任、中国真空学会真空冶金专委会主任巴德纯教授对第3章进行了修改；宝钛集团稀有金属装备设计研制所所长、副总工程师于润康及高级工程师郭辉、杨军辉热情支持，并为本书提供了一些技术资料和对凝壳炉、电弧炉自动控制等内容进行了修改；西安石油大学李宏教授为电弧炉电源、感应炉电源等内容做了重要的修改；西安建筑科技大学蒋明学教授大力支持；特别是承蒙西北有色金属研究院刘建章副总工程师对全部书稿进行认真审阅，并提出修改建议。在此谨向他们表示衷心的感谢！

由于笔者是业余时间笔耕，加上学识水平有限，书中难免会有不妥之处，恳望广大读者批评指正。

作　者

2010年10月

目　　录

1 绪　　论

1.1 真空熔炼、铸造、烧结

真空在冶金工业中应用非常广泛。真空冶金主要指真空熔炼、真空铸造和真空烧结等。真空作为一种保护性气氛，能防止氧化，能使金属内部的气体与金属氧化物等杂质大大减少，提高了金属的纯洁度，在真空条件下向金属内添加的元素成分和含量（特别是活性元素）容易控制，提高了合金的性能，为熔炼钛、锆、钨、钼、钽、铌、铪等活性金属及合金开辟了道路。在真空下脱气和熔铸可以得到消除或减少偏析、夹杂和微裂纹的铸件，能够提高铸件的致密性和可塑性。在大气下不能进行的某些反应过程在真空条件下可以顺利进行，又容易热分解某些化合物，为稀有金属的熔炼提供了条件。在真空条件下进行热处理可以达到脱脂、除气和光亮的目的，得到满足要求的产品性能。在粉末冶金中是将成型的钨、钼、钽、铌粉末坯体，经过预烧结，再在真空中高温烧结，能使多孔的粉末体或海绵体，转化为致密的、并具有一定加工性能的金属或合金。

金属的熔炼方法、设备、工艺，都是随着科学技术和生产发展的需要，在实践中不断开发和完善的。金属材料不仅品种繁多，而且对其成分、组织、性能、规格、能耗、成本及寿命等都有严格的标准和要求，这为研究和开发新的熔炼技术提供了依据和动力。近年来，新的熔炼方法、设备及工艺不断出现，材料的质量和产量也有长足的发展，但还存在耗损大、能耗高、经济技术指标较低、成本高等问题。因此，不断开发应用新的熔炼技术设备和工艺，有着重要的实际意义。

1.2 真空电炉

真空电炉是在真空中利用电能作为热能来源的一种加热设备。可以用来熔炼合金钢和各种稀有金属及其合金，如钨、钼、钽、铌、钛、锆、铪等难熔或活泼性金属的熔炼，也可用于各种金属材料或工件的热处理以及新型原材料的制取、科学研究等。随着工业的发展，各种真空电炉的发展不论在种类还是在规格上都还远不能满足国民经济的发展需要，设计新结构的炉子以及寻求新的电热转换形式或技术使用于炉子上，是人们不断研究的课题。当代工业中使用的真空电炉种类繁多，用途不一，这里仅叙述一些关于稀有金属材料熔炼、铸造、烧结的部分真空电炉。

真空电炉通常是按电能转变为热能的方法（即电加热的方法）不同来分类。目前在稀有金属熔炼、铸造、烧结上应用的真空电炉分为真空电弧炉、真空凝壳炉、真空电子束炉、真空等离子炉、真空感应炉、真空电阻炉等等。其电能转换成热能的方法和用途如下。

（1）真空电弧炉、真空凝壳炉是利用弧光放电产生的电弧热能熔炼金属材料。将自耗电极接负极，坩埚接正极，通电时两极间产生弧光放电，正离子打到阴极（自耗电极），电子打到阳极（坩埚），将电能转变成热能，使材料熔化。真空电弧炉、真空凝壳炉用于钛、锆、钼等及其合金的熔炼、铸造。

（2）真空电子束炉是利用电子枪发射出高速电子束撞击炉料而产生热能，使金属材料熔化。真空电子束炉用于钽、铌、钼、铪等及其合金的熔炼和铸造。

（3）真空感应炉是将金属物料放置在具有线圈的坩埚内，当线圈通入交变电流时，产生交变磁场，在物料表面产生感应电流，感应电流产生的电阻热，将金属物料加热或熔化。真空感应炉用于镍、钛等及其合金的熔炼、铸造及难熔金属的粉末制品烧结和热处理。

（4）真空等离子电弧炉、真空等离子束炉是利用由电能所产生的等离子体的能量转变成热能，使金属材料熔化。它用于钛及其合金的熔炼、铸造。

（5）真空电阻炉是利用导体的电阻而产生热能来加热材料。直热式是被加热金属物料直接与电源相连接，因导体的电阻而产生热能从而加热；间热式是加热器通电产生的电阻热，通过辐射热加热工件或材料。真空电阻炉主要用于钽、铌、钨、钼难熔金属的粉末烧结。

以上五大类不同的真空电炉，每一大类的真空电炉又可按其结构、用途、气氛、温度等不同而分成许多个小类。

真空电炉的名称除了按上述类别命名以外，习惯上还有按其应用范围命名的，有按其所制造或所处理的材料名称来命名的，有按其电源特点来命名的，也有按其用途来命名的等等，总之，真空电炉的用途千差万别，名称也繁多。用于钛产品的真空设备见附录1（宝钛集团公司稀有金属装备研制所设计制造的部分设备）。

1.3 钛及钛合金铸锭、铸件生产的特点及设备与方法

1.3.1 钛及钛合金铸锭、铸件的冶金特点

钛是活性金属，熔点高，在熔融状态下具有高化学活性，极易与空气中的氧、氮、氢以及碳等发生化学反应，也几乎与所有耐火材料制成的坩埚起反应。被污染的钛将失去原有的良好工艺性能，因此钛及钛合金的熔炼必须在真空或惰性气体保护下的水冷紫铜坩埚内进行，一般称真空熔炼。由于顺序凝固的熔炼方式有利于不挥发的不熔杂质上浮，并能改善铸锭组织。用于钛的真空熔炼、铸造设备必须满足如下要求：

（1）所采用的热源能直接为熔化的钛及钛合金提供高密度的热流，保证熔融金属具有较高的温度，同时防止外界大气中氧、氮、氢、碳等有害气体或外来杂质进入设备内部污染熔融的金属液。

（2）在熔炼原材料加热、熔化凝固及熔融金属液浇入铸型、铸件凝固与冷却等过程中，设备内部应始终维持在真空状态下或处于保护气氛中。

（3）为金属材料的提纯提供有利的热力学和动力学条件。

（4）防止熔融金属被坩埚材料污染。

1.3.2 钛及钛合金铸锭、铸件真空熔炼设备

钛及钛合金真空熔炼的设备，由于所利用的热源形式和炉内工作压力范围不同有多种多样。当前在钛及钛合金铸锭和铸件工业生产中正在使用和正在发展新的设备与方法，如图1-1所示。图1-1表述了钛及钛合金熔炼从原料到自耗电极（铸锭）再到铸件成型的全

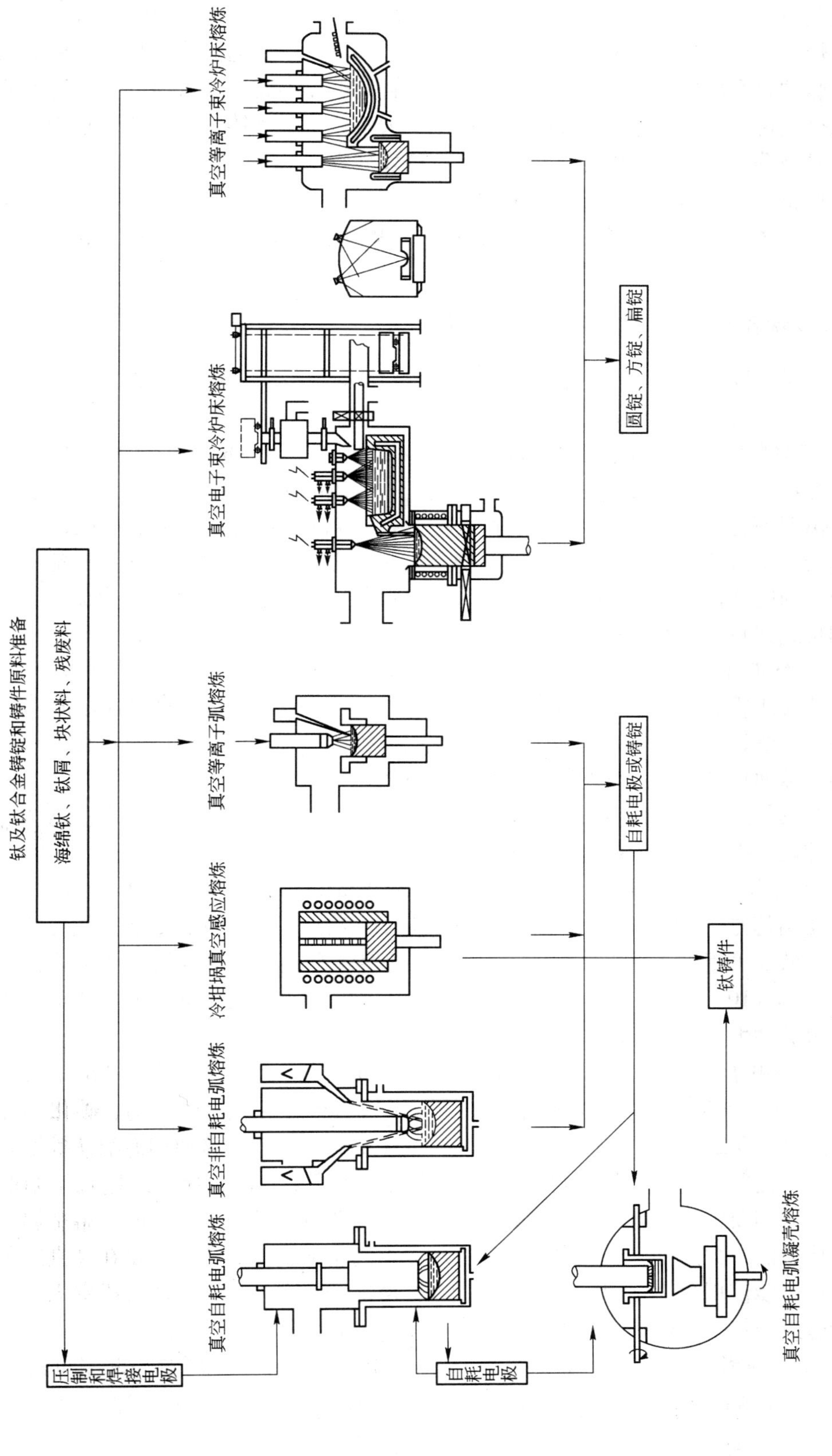

图 1-1　钛及钛合金铸锭和铸件工业生产中的各种熔炼铸造设备与方法

过程。这些设备中目前应用最广泛的是真空自耗电弧炉、真空电子束冷炉床熔炼、等离子束冷炉床熔炼，它们正在大型化规模化阶段；真空非自耗电极电弧炉与真空等离子束、真空等离子弧炉要在惰性气氛保护下进行；而真空自耗电弧凝壳炉，目前世界上绝大部分用于钛及钛合金铸件生产；真空水冷铜坩埚感应炉大都用于小型铸件的生产，有待于向大型化发展；真空等离子炉生产铸件还在进一步改进发展中。

上述设备的生产原料为高纯度海绵钛，生产过程多为物理冶金过程，许多过程在真空中进行，环境污染较小，设备运转过程中的噪声低于《工业企业厂界噪声标准》中三类标准。

1.3.3 钛及钛合金铸锭、铸件真空熔炼方法

上述几种主要熔炼设备与方法的比较列于表 1-1。从表 1-1 看出钛及钛合金采用不同熔炼方法生产铸锭的优缺点如下。

（1）真空自耗电弧熔炼法（Vacuum Arc Melting，简称 VAR 法）。VAR 法是生产钛、锆及其合金铸锭的经济而有效的手段，也适用于工业级的钽、铌、钨、钼及其合金铸锭的生产。VAR 法的主要优点是合金元素挥发损失少，熔化速度快，功率消耗低，铸锭可大型化，每台设备对铸锭可进行二次重熔。缺点是必须先将所熔炼的金属材料制备成自耗电极，因而必须配备价值昂贵的压力机设备及焊接设备等，偶尔存在偏析等冶金缺陷如成分和凝固偏析、残料返回有限等。

（2）真空非自耗电弧熔炼法（Non-Consumable Vacuum Arc Melting，简称 NC 法）。NC 法熔炼一般使用钨、钨-钍合金或石墨做非自耗电极，其优点是它可直接使用海绵状等散碎原料进行熔炼，可省去压制自耗电极块和焊接电极工序，熔炼时可使电弧在物料上停留较长时间，从而提高铸锭成分均匀化程度，可以使用不同形状和尺寸的原料，在熔炼过程中还可以断续加入大量的残料，可实现钛的再循环利用。缺点是由于受到电极材料污染而影响铸锭纯度，在生产大规模铸锭时污染问题尤为突出。

（3）真空电子束炉熔炼法（Vacuum Electron Beam Furnace Melting Process，简称 EB 法）。EB 法熔炼是一种有效提纯方法，特别是对于在冶炼温度下具有较低蒸气压的金属和合金更为有效。可用于 Ta、Nb、Ti 等难熔金属的熔炼和提纯。缺点是电子束炉在高真空下工作（1.33×10^{-4}Pa），使蒸气压较高的钛合金元素如铝、钒等蒸发损失严重，致使铸锭合金成分波动大，难以控制。

（4）真空电子束冷炉床熔炼法（Vacuum Electron Beam Cold Hearth Melting，简称 EBCHM 法）。EBCHM 法熔炼的优点是精炼效果好，可有效去除钽、钼、钨、碳化钨等高密度夹杂（HDI）和氮化钛、氧化钛等低密度夹杂（LDI），可以直接使用海绵钛等散碎原料进行熔炼，不需制备自耗电极，可生产大型异型锭坯减少生产工序，最适宜于制取高纯钽、铌、钨、钼及铪等难熔金属铸锭。同时也是某些杂质含量要求较严的难熔金属合金锭的主要制取方法。缺点是合金元素易挥发，难以控制化学成分，熔炼需要在高真空条件下进行，因此不能使用含氯化物较高的海绵钛直接熔炼，功率消耗大，设备投资大，操作难度大，合金成分控制在进一步改进，逐步向规模化发展。

（5）真空等离子束冷炉床熔炼法（Vacuum Plasma Beam Cold Hearth Melting，简称 PACHM）。真空等离子束熔炼的工作条件介于电子束熔炼与自耗电弧熔炼之间，现代 PACHM

表 1-1 钛及钛合金几种主要熔炼铸造设备与方法的比较[1]

序号	项目名称 \ 熔炼铸造设备与方法		真空自耗电极电弧熔炼炉（VAR）	真空非自耗电极电弧熔炼炉（NC）	真空电子束冷炉床熔炼炉（EBCHM）	真空感应水冷铜坩埚熔炼炉（CCM）	真空等离子弧熔炼炉（PA）	真空等离子束冷炉床熔炼炉（PACHM）
1	使用原材料状态要求		要制备自耗电极	海绵状颗粒、屑等散状料，部分块状废料	散状料、棒料、块状废料	散状料、块状废料	形状不限	散状料、棒料、块状废料
2	生产铸锭和铸件规格		大型铸锭和各种异型铸件	较小型与中型铸锭和各种铸件	小铸锭和各种异型铸件	小型铸锭和中小型铸件	较大型铸锭和大中小型铸件	大型异型铸锭和大中小型铸件
3	比电能消耗/kW·h·kg^{-1}		一次 0.6，二次 0.8	较大	大	大	较大	大
4	金属液过热度		有限	较高	最高	高	高	高
5	熔炼时熔炼室压力/Pa		6.65 ~ 6.65 × 10^{-2}	充氩 >2660 ~ 3990	1.33 × 10^{-1} ~ 1.33 × 10^{-3}	6.65 ~ 6.65 × 10^{-2}	充氩 1.33	充氩 13.3 ~ 1.33 × 10^{-1}
6	精炼效果	脱除气体	有限	稍好	最优	优	有限	良好
		去除挥发杂质	有限	稍好	最优	优	有限	良好
		去除金属杂质	有限	良好	最优	良好	良好	良好
7	电极材料污染		无	有	无	无	极少	用钽管做阴极污染很少
8	坩埚材料污染		水冷铜坩埚，无污染；石墨坩埚，污染严重	水冷铜坩埚，无污染	无	无	无	无

续表 1-1

序号	熔炼铸造设备与方法 / 项目名称	真空自耗电极电弧熔炼炉（VAR）	真空非自耗电极电弧熔炼炉（NC）	真空电子束冷炉床熔炼炉（EBCHM）	真空感应水冷铜坩埚熔炼炉（CCM）	真空等离子弧熔炼炉（PA）	真空等离子束冷炉床熔炼炉（PACHM）
9	铸锭晶粒度	粗大	粗大	极粗	粗大	粗大	粗大
10	合金元素挥发损失	少量	较多	最多	较多	较多	较多
11	铸锭表面质量	一般	一般	较好	最好	一般	一般
12	铸锭形状	一般只限圆形	圆形、扁形	圆形、异形	各种形状	圆形、异形	圆形、异形
13	合金成分控制	调整电极成分易控制	良好	较困难	良好	良好	良好
14	相对密度/%	100	95～100	100	100	98	98
15	铸锭表面质量	一般	一般	良好	一般	良好	良好
16	设备操作	容易	一般	难	一般	一般	一般
17	熔炼速度控制	可调范围很小	范围较大	范围较大	范围大	一般不调节	范围较大
18	熔炼周期	最短	较长	最长	较长	短	较长
19	废料返回使用	很有限	较多	较多	可用100%返回料	较多	可用100%返回料
20	炉子效率	高	较低	最低	中等	较高	较低
21	最宜应用领域	Ti、Zr及其合金	某些钛合金残料回收及试验	W、Mo、Ta、Nb、Hf等难熔金属	Ti、Zr及其合金	在钛及钛合金中有应用	Ti、Zr回收及熔炼
22	设备投资	低	较低	最高	较高	最低	较高

法熔炼优势在精炼效果优于自耗电弧熔炼，而挥发损失比电子束熔炼小，使用的原料不必预先制备自耗电极，可以使用不同种类和形状的原料，残料回收率高。PACHM 法与 EBCHM 法相同之处在于都能够消除 HDI 和 LDI。一般熔炼合金前者最合适，而后者对熔炼纯钛较为适宜。但前者必须在惰性气氛下工作，少数国家已实现了价格昂贵的惰性气体回收再利用，是一种有前途的钛、锆及合金残料回收、熔炼新方法。目前已有少数国家用于大工业生产中，缺点是功率消耗大，设备投资较高。

（6）真空等离子弧熔炼法（Vacuum Plasma Arc Melting，简称 PA 法）。等离子弧与等离子束熔炼方法基本相同，也必须在惰性气氛下工作。只是枪的结构有所区别。PA 法熔炼的优点是合金成分控制良好，功率消耗较小、操作方便、投资低。缺点是精炼效果有限、熔炼速度控制一般不调节、挥发损失较大。

（7）真空感应水冷铜坩埚熔炼法（Vacuum Induction Water Cooling Copper Crucible Melting，简称 CCM 法）。CCM 法熔炼的优点是对炉料没有特殊要求，只要尺寸形状上能够放进坩埚内就可以，如切屑、残料块、板坯、管材、海绵状料甚至粉末等都可以用，不需要制备自耗电极，即可获得一次熔炼成分均匀的高质量铸锭或铸件。大大减少了自耗炉熔炼所需电极制备等设备及其人力物力，成本比真空自耗电弧炉和真空自耗电弧凝壳炉低。因磁场产生强烈搅拌可使熔池内的液态金属合金成分均匀，又没有污染，并且炉料可以过热，有利复杂薄壁铸件浇注的充满率。发展前景看好，缺点是容量小，合金元素挥发多，就熔炼而言周期比自耗熔炼长，有待向大容量发展。

（8）真空自耗电弧凝壳炉（简称凝壳炉）。凝壳炉主要用来生产铸件与精密薄壁铸件，要有与其匹配的熔炼炉提供所需规格的自耗电极，其熔炼原理、操作程序、熔炼工艺都与真空自耗电弧炉相似。在一些主要结构和组件的配置上有相同之处，也有不同之处，相比之下熔炼室大，有一定空间装置模型，坩埚短并带底，可以翻转浇注，电源配置大，真空抽气系统能力大等。

以上简述了几种主要熔炼设备与方法，每一种都有各自的优势和不足，要衡量各种熔炼方法优劣，只能在同等原料条件下，根据铸锭质量要求而定。因熔炼钛锭质量对其后续的冷热加工材的组织和性能起着决定性的影响，钛及钛合金铸锭质量优劣主要从以下几个方面衡量：

（1）铸锭的不同部位化学成分是否均匀一致；

（2）主要杂质是否控制在适当的范围；

（3）铸锭内部有无夹杂、偏析、气孔、裂纹、缩孔和疏松等缺陷；

（4）铸锭表面是否光滑、无冷隔、头部缩孔切除量大小。

就质量而言，当今的航空航天技术对钛及钛合金铸锭提出更为严格的质量要求。除严格控制生产工艺过程质量外，还应采用多次熔炼以获得优质铸锭。这就要求综合利用每一种熔炼方法的特性，实现钛及钛合金的物理冶金过程，从而获得性能优异、高质量钛及钛合金铸锭。

从经济的观点，VAR 法作为主要的生产方法将继续为航空和非航空领域提供高质量钛材，仍将是钛及钛合金熔炼的主要方法。NC 法与 PA 法则适用于返回炉料的回收熔炼。EBCHM 和 PACHM 法以其特有的优势可为航空航天等领域提供质量要求更高的钛及钛合金铸锭。这两种熔炼方法已成为钛标准熔炼工艺的一个重要组成部分。CCM 法仍需进一步改进和完善并向大容量发展。

以上各种熔炼技术和生产中应用的先进熔炼设备的设计与计算，将在本书中进行详尽的描述。

参 考 文 献

[1] 稀有金属加工手册编写组．稀有金属加工手册[M]．北京：冶金工业出版社，1984.

2 真空熔炼的物理化学过程

在真空条件下进行金属的熔炼，是提纯金属的物理、化学过程。真空条件对有气态生成物的熔炼反应起促进作用。高温可使氧化物和氮化物分解、液态金属脱气、脱氧、金属夹杂上浮挥发。真空熔炼过程中，结晶组织顺序凝固。反应是在不断的低压下进行，气态产物可被随时抽走，使反应过程达到平衡状态，这些作用反应在熔炼整个过程中。故熔体表面杂质挥发、氢气的析出和一切有气态产物的反应都能顺利进行，从而获得更好的精炼效果。

真空熔炼提纯金属的方法有多种，不同熔炼方法各有特点，但从熔炼原理出发，不同熔炼过程都遵循相同的热力学、动力学原理。掌握这些基本原理，有助于对各种金属真空熔炼工艺制度的了解以及熔炼设备的前期设计和合理使用，对提高产品质量、增加产量、降低成本，具有十分重要的意义。

2.1 真空熔炼热力学

真空熔炼的特点是提纯作用强，表现在杂质易挥发，脱氧能力强，脱气效率高，部分氧化物和氮化物可分解，甚至在大气下不能进行的化学反应过程也可进行，尤其是有气态产物生成的冶金反应。在低压条件下，气体分子密度低，在热力学上遵守理想气体定律，各种反应焓与压力的关系可忽略不计，焓等于热容，反应驱动力用自由能度量。由于真空熔炼过程中，反应是在不断抽气的低压下进行的，气体产物可被随时抽走，使反应过程不能达到平衡状态。故熔体表面杂质的挥发、氢气的析出和一切有气态产物的反应都能顺利进行[1]。

2.1.1 挥发

在低压下杂质挥发过程中，当熔体与蒸气间处于平衡时，熔体的自由能 G_T 和其蒸气的自由能 G_g 相等。因遵守理想气体定律，G_g 可由 1mol 气体在一定温度下的状态方程 $pV = RT$ 及其平衡压力 p_e 计算标准状态下 $G_g^{\ominus}$ 的增减来得到：

$$dG_T = Vdp_T = \frac{RT}{p}dp_T \tag{2-1}$$

积分上式，得：

$$G_g = G_g^{\ominus} + RT\ln\left(\frac{p_e}{p_e^{\ominus}}\right) \tag{2-2}$$

自由能变化为：

$$\Delta G = G_g^{\ominus} - G_g = -RT\ln\left(\frac{p_e}{p_e^{\ominus}}\right) \tag{2-3}$$

式中　p——气体压力，Pa；

V——气体体积，cm^3；

R——气体常数；

T——绝对温度，K；

$p_e^\ominus$——标准状态下气体平衡压力，101325Pa。

上式变为：

$$\Delta G^\ominus = -RT\ln p_e^n \tag{2-4}$$

式中，指数 n 为同 1mol 初始物质进行反应的气体物质的量。在给定温度下，上列关系式可用质量作用定律表示：

$$\Delta G^\ominus = -RT\ln K \tag{2-5}$$

式中，K 为平衡常数。由标准状态自由能 $\Delta G^\ominus$ 可知，真空度越高，与之平衡的 p_e 越小，反应的自由能值越负，该反应越易进行[1]。

真空熔炼的重要特点之一就是金属液面上气相压力很低，导致金属熔体中某些组元要向气相挥发。基于这一点，真空熔炼可以挥发去除一些有害杂质，但伴随着有害杂质的去除，合金中有益组元也要挥发，造成合金成分的损耗，并将给合金成分的准确控制带来困难。

在熔炼温度一定时，杂质和金属的挥发，主要取决于它们的饱和蒸气压和炉膛的真空度。一些纯金属的饱和蒸气压与温度的关系如图 2-1 所示。

由图 2-1 可知，比稀有金属的饱和蒸气压高的 Fe、Si、Cu、Al 等杂质，在真空熔炼时，在热力学上几乎都能挥发去除。在真空熔炼过程中，由于不断抽气提高熔池上部的真空度，故饱和蒸气压较高的杂质蒸气不断地被抽出去。但比基本金属饱和蒸气压低的金属杂质，如 Zr、Ti、Hf 中的 W、Mo、Ta、Nb 则难以去除[2]。与此同时，挥发在真空熔炼中是去除金属杂质的主要途径，但是不利的一面是伴随着基本金属和合金组元的挥发，损失也在所难免[1]。

因此，了解在真空条件下元素挥发规律，即进行热力学分析，并根据这些规律采取正确的熔炼工艺制度。

在熔炼过程中，各种元素都存在着挥发现象，但在同一熔炼条件下挥发的程度各不相同。根据热力学分析，在 1600℃时，纯元素的蒸气压按下列顺序递增：W、Nb、C、Mo、Zr、B、Ce、Ti、Si、Ni、Co、Fe、Sn、Cu、Cr、Ag、Sb、Mn、Pb、Bi、Al、Ba、Ca、Sr、Li、Mg、Zn、Na、Cd、K、As、Rb、S、Hg、P，其蒸气压值见表 2-1[3]。

表 2-1　1600℃时某些元素的近似蒸气压

元　素	W	Nb	C	Mo	Zr	B	Ce
p_i^0/Pa	5.3×10^{-13}	6×10^{-8}	1.33×10^{-7}	2.1×10^{-6}	1.7×10^{-5}	8.9×10^{-4}	2×10^{-1}
元　素	Ti	Si	Ni	Co	Fe	Sn	Cu
p_i^0/Pa	2.1×10^{-1}	6.7×10^{-1}	3.6	4.5	8.1	118.7	126.7
元　素	Cr	Sb	Mn	Pb	Al	Mg	Zn
p_i^0/Pa	2.4	5.2×10^{3}	5.9×10^{3}	4.4×10^{4}	3×10^{5}	2.3×10^{6}	7.4×10^{7}

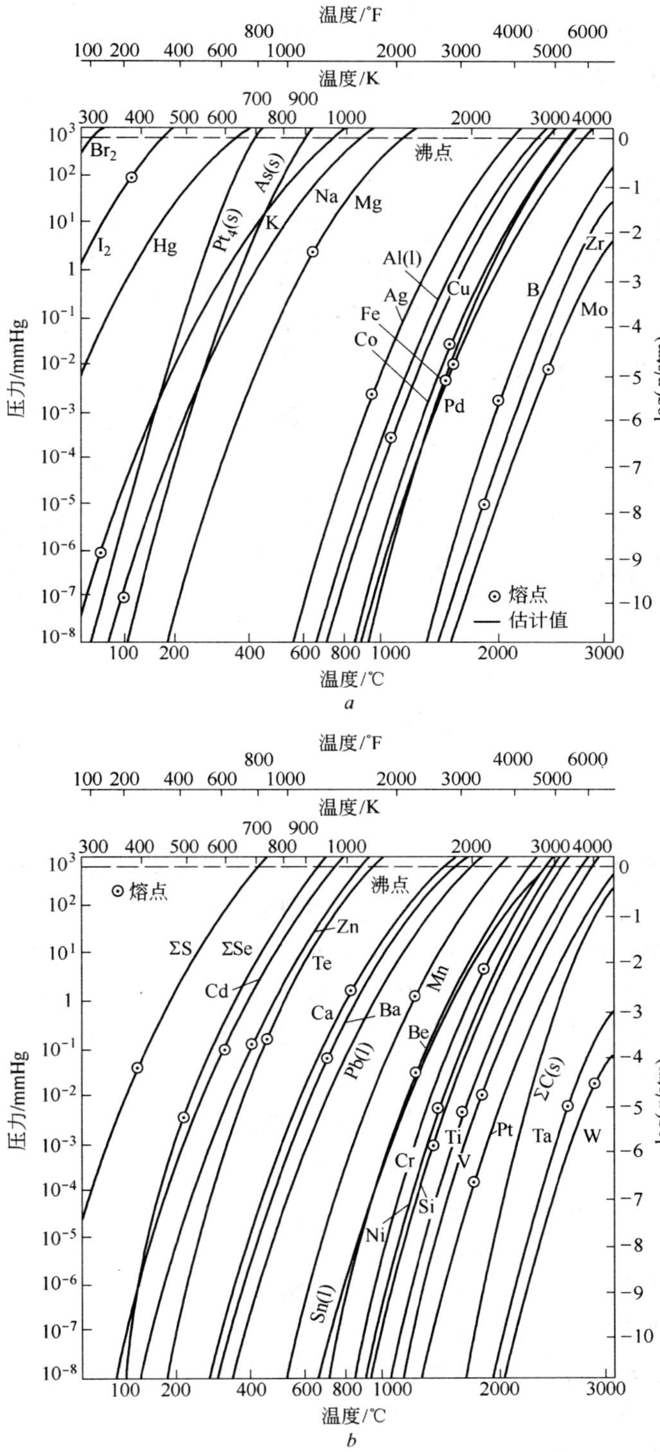

图 2-1 纯金属饱和蒸气压与温度的关系

(1atm = 101325Pa = 760mmHg)[1]

这就是说，可用纯元素的饱和蒸气压的大小来判断诸元素挥发的难易程度。由表 2-1 和图 2-2 可知，平衡常数 K 值越大，反应越易进行，饱和蒸气压越大，元素越易挥发。饱和蒸气压大小只取决于温度[2]。

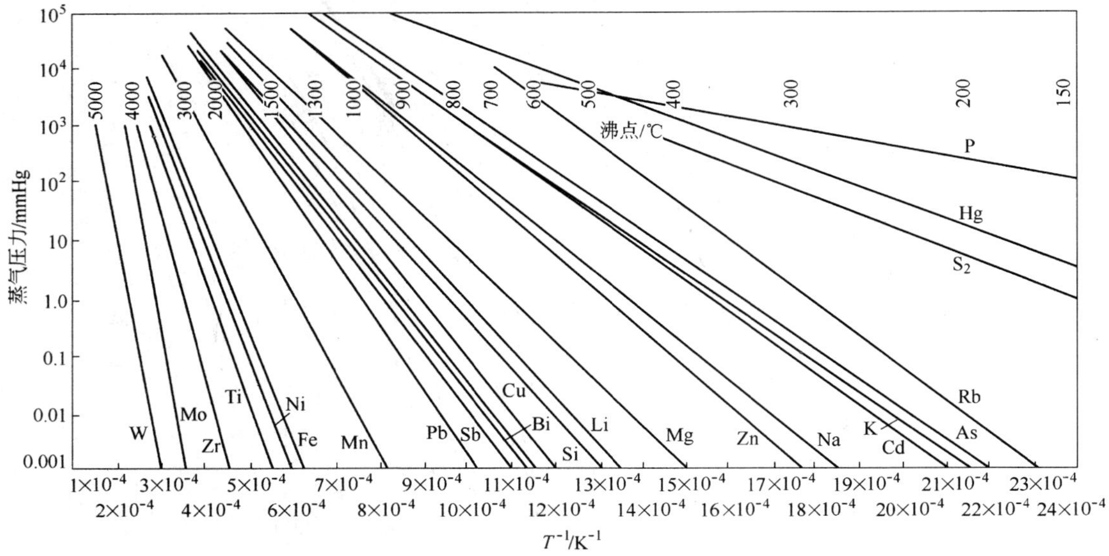

图 2-2　某些元素的蒸气压与温度的关系

2.1.2　脱气

金属中的气体杂质主要是 N_2、H_2、O_2 等气体。氮、氧多以氮化物和氧化物形式存在，氢则多固溶于金属。除氧外，溶解于稀有金属中氧的气体杂质都可以在熔炼中脱除，一般脱气主要是指除去金属熔体中的氢气。下面主要讨论溶解于金属中氢和氮的脱除。

由平方根定律可知，对于双原子气体氢和氮在金属中的溶解度与其在气相中的分压平方成正比，还与金属性质、温度等有关。氢和氮在金属中的溶解反应是 $H_2 = 2[H]$、$N_2 = 2[N]$，其平衡常数分别为：

$$[H] = K_{H_2}\sqrt{p_{H_2}} \tag{2-6}$$

$$[N] = K_{N_2}\sqrt{p_{N_2}} \tag{2-7}$$

式中　[H]——氢在金属中的溶解度,%；

[N]——氮在金属中的溶解度,%；

K_{H_2}，K_{N_2}——分别为氮、氢在金属中溶解的平衡常数；

p_{H_2}，p_{N_2}——分别为氮、氢在气相中的分压，Pa。

当温度一定时，K_{H_2}、K_{N_2} 均为常数。从公式中可以看出，降低气相中氮和氢的分压，溶解在金属中氮和氢含量随之降低。在真空熔炼过程中，从金属中析出的气体不断地被排出，真空度越高，也就是分压值 p_{H_2}、p_{N_2} 越低，有利于气体的析出，则残留在金属中的氢、氮也越少，脱气效果就越好。在实际情况下，去气效果还必须考虑去氢、氮的动力学条件和金属性质。

溶解在 W、Mo 等金属中的氢和氮，在真空熔炼条件下都可除去。非冷凝性气体如 H_2 及 N_2，在金属熔炼温度下的平衡分压很低，即使低至接近炉内的真空度也可以除去[1]。

2.1.3 分解

在真空熔炼条件下，许多金属的氢化物、氮化物易于分解。最易分解的是氢化物，除 TiN、ZrN 以外的氮化物在真空熔炼时都有可能分解。分解生成的气体产物通过不同途径逸向气相而被真空机组排出炉外。

气体化合物能否分解，取决于这种化合物的分解压力。所谓分解压力是指，当分解反应达到平衡时生成气相的分压力。例如：

$$2WN_{(固)} = 2W_{(固)} + N_{2(气)} \tag{2-8}$$

这个反应生成氮气的压力 p_{N_2} 就称为 WN 的分解压力。分解压力越高，说明该化合物越不稳定，容易分解。分解压力的大小与温度、总压力以及气相中该气体的分压有关。温度越高，分解压力越大，气体化合物容易分解。气相总压力低，分解反应越容易进行[2]。表 2-2和表 2-3 分别列出了一些金属的氮化物和氢化物的分解压力与温度关系[1]。

表 2-2 一些金属氮化物分解压力与温度的关系

氮化物	熔点/℃	分解压力/Pa	133.3	13.332	1.3332	0.13332
WN	—	温度/℃	344	296	256	221
MoN	—		329	283	234	209
NbN	2027		1946	1770	1620	1491
TaN	3070		1921	1746	1599	1460
TiN	2950		2916	2699	2489	2330
ZrN	2985		2603	2390	2205	2046
VN	2050		1242	1170	1024	933
LaN	—		1998	1851	1716	1608
CeN	—		2180	1946	1875	1758

表 2-3 钛、锆、钽、铌的氢化物分解压力与温度的关系

温度/℃	分解压力/Pa			
	$TiH_{1.957}$	$ZrH_{1.95}$	$TaH_{0.74}$	$NbH_{0.95}$
50	约 0	约 0	约 0	约 0
100	146.7	373.3	约 0	约 0
200	506.6	559.9	约 0	约 0
300	1453.2	1239.9	4879.5	759.9
400	2026.5	940.2	14211.9	126120.7
450	—	35156.5	—	161317.2
500	30743.6	73179.3	26944.0	205046.2
550	95257.1	118081.5	—	—
600	235203.1	—	53941.3	—
700	—	—	86484.7	—
800	—	—	120188.0	—

分解压力与气相中该气体的分压大小，是决定分解反应能否进行的关键。例如WN分解后生成气体N_2，其分解压力为p_{N_2}。如果气相中N_2的分压低于分解压力p_{N_2}，则分解反应能够进行，如果气相中N_2的分压高于分解压力p_{N_2}，则分解反应不能进行。如果气相中N_2的分压等于分解压力p_{N_2}，则反应处于平衡状态。当分解压力p_{N_2}大于或等于气相总压力时，反应猛烈进行，这种现象在熔炼中被称为化学沸腾。

通过以上分析，不难看出真空环境为金属中的气体化合物分解创造了极为有利的条件，因为真空状态下气相总压力很低，气相中的氮气、氢气等的分压更低，所以能使反应容易进行。

分解反应生成的气体从液态金属逸出进入气相，被真空系统排除。

2.1.4 脱氧[1]

真空熔炼时金属中的氧是利用碳等脱氧剂与氧反应生成气体产物和易挥发的低价氧化物而脱氧。

2.1.4.1 *碳脱氧*

通过碳脱氧时形成气体产物CO，反应式如下：

$$[C]_{(液)} + [O]_{(液)} = CO_{(气)} \uparrow \tag{2-9}$$

平衡时：

$$K = \frac{p_{CO}}{a_C a_O} = \frac{p_{CO}}{f_C[C]f_O[O]} \tag{2-10}$$

当碳、氧含量都很低时活度系数$f_C = f_O = 1$，则：

$$K = \frac{p_{CO}}{[C][O]} \tag{2-11}$$

式中 a_C，a_O——分别为碳、氧在液相中的活度；

$[C]_{(液)}$——碳在液相中的浓度,%；

$[O]_{(液)}$——氧在液相中的浓度,%；

p_{CO}——CO在液相中的分压（大气压），atm（1atm = 101325Pa）。

上式中，平衡常数K值一般随温度升高而增加。当温度一定时，K为定值。若炉内CO不断抽除，即降低了气相中CO的分压值p_{CO}，则［C］与［O］之积也相应降低，达到了既脱氧，同时又脱碳的目的；反之，若真空度或温度过低，则导致气相p_{CO}同时超过其平衡分压，金属中的O、C含量反而升高。

表2-4列出了CO在气相中的分压$p_{CO} = 1$Pa时，在某些金属中的碳-氧平衡浓度。从表中可以看出：当气相中的CO分压为1Pa（10^{-5}atm）时，对W、Mo、Ta、Nb用碳脱氧可使氧含量降低至0.006%以下，这主要是由于熔炼上述四种金属时，炉内温度很高，K值增加，当p_{CO}一定时，［C］与［O］之积降低的缘故；而对Ti、Zr、Hf则不能降低，反而有可能从气相中吸收C、O，使碳、氧含量增加（熔炼Ti、Zr、Hf时，炉内温度较熔炼W、Mo、Ta、Nb时温度低）[2]。

表 2-4 金属中碳和氧的平衡浓度（$p_{CO}=1Pa$）

金 属	氧和碳的平衡含量/%	温度/℃	金 属	氧和碳的平衡含量/%	温度/℃
Ti	>10	2050	Nb	0.006	2870
Zr	>10	2300	Ta	<0.0001	3300
Hf	>10	2800	Mo	<0.0001	2800
Be	0.07	1650	W	<0.0001	3500
V	0.03	2290	Fe	<0.0001	2000
Mn	0.025	2000	Co	<0.0001	2000
Cr	0.007	2400	Ni	<0.0001	2000

2.1.4.2 低价氧化物挥发脱氧

在一定温度下，如果某一金属元素的一氧化物的蒸气压高于其纯金属的蒸气压，则可通过该金属的一氧化物在真空下挥发而脱氧。此脱氧方式虽伴随有较大的金属损失，但对于某些稀有金属中氧的脱除起着重要作用。一些金属一氧化物与金属的饱和蒸气压比值列于表 2-5 中。

表 2-5 金属的一氧化物与金属的饱和蒸气压比值

能够脱氧	不能脱氧	能够脱氧	不能脱氧
$p_{MnO}/p_{Mo}=10^{0.5}$	$p_{TiO}/p_{Ti}=1$	$p_{ZrO}/p_{Zr}=10^{2}$	$p_{MnO}/p_{Mo}=10^{-5}$
$p_{NbO}/p_{Nb}=10$	$p_{VO}/p_{V}=10^{-2}$	$p_{ThO}/p_{Th}=10^{3}$	$p_{FeO}/p_{Fe}=10^{-6}$
$p_{BO}/p_{B}=10^{2}$	$p_{BeO}/p_{Be}=10^{-3}$	$p_{HfO}/p_{Hf}=10^{4}$	$p_{NiO}/p_{Ni}=10^{-7}$
$p_{WO}/p_{W}=10^{2}$	$p_{CrO}/p_{Cr}=10^{-4}$	$p_{TaO}/p_{Ta}=10^{5}$	

从表 2-5 中还可以推断出用另一种元素对某一金属进行挥发脱氧的可能性。例如在电子束熔炼 Nb-10W-2.5Zr 合金时，由于其中一部分锆在液相与铌中的氧生成较为稳定的低价氧化物，以挥发方式脱除氧，因此，锆在某种程度上是铌的脱氧剂。这种用高活性金属脱氧的方式在钼合金（如 Mo-0.5Ti、Mo-0.5Ti-0.1Zr）中亦取得了良好的效果[2]。

2.2 真空熔炼动力学

2.2.1 挥发

2.2.1.1 挥发速率及损失

真空熔炼时不仅饱和蒸气压高的元素易挥发，而且蒸气压低的杂质及一些一氧化物也能挥发除去。值得关注的是其挥发速率及损失如何。这里主要考虑动力学因素的影响问题。

元素的挥发速率，一般与其饱和蒸气压及活度成正比。损失大小则随熔炼温度升高和时间延长、熔池面积增大而加大。W、Hf 及 Ta 等金属的一氧化物，其蒸气压比金属蒸气压高几个数量级（见表 2-6），故真空熔炼时的挥发损失较大。当真空炉内的气压低于熔炼金属三相点（固相、液相和气相之交点）蒸发分压时，或在 0.13 ~0.013Pa 真空炉内缓

表 2-6 某些元素在加热时的蒸气压和挥发速率

元素	温度 T 和挥发速率 v①	蒸气压 p^{0}②/Pa						平衡时温度 T_M③/℃	T_M 时的 p^0 及 v	
		133.32×10^{-5}	133.32×10^{-4}	133.32×10^{-3}	133.32×10^{-2}	133.32×10^{-1}	133.32×10^{0}			
Ti	T/℃	1134	1249	1384	1546	1742	1965	1672	p^0/Pa	213.3
	v/g·(cm²·s)⁻¹	1.08×10^{-7}	1.04×10^{-6}	9.92×10^{-6}	9.47×10^{-4}	9.00×10^{-4}	8.53×10^{-3}		v/g·$(cm^2\cdot s)^{-1}$	8.43×10^{-2}
Al	T/℃	724	808	889	996	1123	1279	660	p^0/Pa	—
	v/g·$(cm^2\cdot s)^{-1}$	9.60×10^{-8}	9.21×10^{-7}	8.88×10^{-6}	8.51×10^{-5}	8.11×10^{-4}	7.69×10^{-3}		v/g·$(cm^2\cdot s)^{-1}$	1.2×10^{-6}
V	T/℃	1465	1586	1725	1888	2079	2207	—	p^0/Pa	—
	v/g·$(cm^2\cdot s)^{-1}$	1.0×10^{-9}	9.6×10^{-7}	9.3×10^{-6}	8.9×10^{-5}	8.6×10^{-4}	8.2×10^{-3}		v/g·$(cm^2\cdot s)^{-1}$	6.5×10^{-4}
Be	T/℃	942	1092	1130	1246	1395	1582	1289	p^0/Pa	—
	v/g·$(cm^2\cdot s)^{-1}$	5.03×10^{-8}	4.86×10^{-7}	4.64×10^{-6}	4.49×10^{-5}	—	—		v/g·$(cm^2\cdot s)^{-1}$	$\times10^{-8}$
C	T/℃	2129	2288	2471	2681	2926	3214	3836	p^0/Pa	—
	v/g·$(cm^2\cdot s)^{-1}$	4.13×10^{-8}	4.00×10^{-7}	3.86×10^{-6}	3.72×10^{-5}	3.58×10^{-4}	3.42×10^{-8}		v/g·$(cm^2\cdot s)^{-1}$	—
Cd	T/℃	148	180	220	264	321	—	321	p^0/Pa	—
	v/g·$(cm^2\cdot s)^{-1}$	3.01×10^{-7}	2.91×10^{-6}	2.79×10^{-5}	2.67×10^{-4}	3.42×10^{-8}	—		v/g·$(cm^2\cdot s)^{-1}$	1.0×10^{-1}
Co	T/℃	1249	1362	1494	1649	1833	2056	1494	p^0/Pa	—
	v/g·$(cm^2\cdot s)^{-1}$	1.15×10^{-7}	1.11×10^{-6}	1.06×10^{-5}	1.02×10^{-4}	9.76×10^{-4}	9.28×10^{-8}		v/g·$(cm^2\cdot s)^{-1}$	7.6×10^{-1}
Cr	T/℃	907	992	1096	1205	1342	1504	1863	p^0/Pa	—
	v/g·$(cm^2\cdot s)^{-1}$	1.22×10^{-7}	1.18×10^{-6}	1.14×10^{-5}	1.09×10^{-4}	1.05×10^{-8}	1.00×10^{-2}		v/g·$(cm^2\cdot s)^{-1}$	6.35×10^{-1}
Cu	T/℃	946	1035	1141	1273	1432	1628	1084	p^0/Pa	—
	v/g·$(cm^2\cdot s)^{-1}$	1.33×10^{-7}	1.29×10^{-6}	1.24×10^{-5}	1.18×10^{-4}	1.13×10^{-8}	1.07×10^{-2}		v/g·$(cm^2\cdot s)^{-1}$	3.1×10^{-1}
Fe	T/℃	1094	1196	1310	1447	1602	1783	1538	p^0/Pa	—
	v/g·$(cm^2\cdot s)^{-1}$	1.29×10^{-7}	1.20×10^{-6}	1.10×10^{-5}	1.02×10^{-4}	1.01×10^{-8}	9.60×10^{-8}		v/g·$(cm^2\cdot s)^{-1}$	3.72×10^{-8}
Mg	T/℃	287	331	383	443	515	605	649	p^0/Pa	—
	v/g·$(cm^2\cdot s)^{-1}$	1.21×10^{-7}	1.17×10^{-6}	1.12×10^{-5}	1.08×10^{-4}	1.02×10^{-8}	9.71×10^{-8}		v/g·$(cm^2\cdot s)^{-1}$	2.20

续表 2-6

元素	温度 T 和挥发速率 v①	蒸气压 p^{0}②/Pa						平衡时温度 T_M③/℃	T_M 时的 p^0 及 v	
		133.32×10^{-5}	133.32×10^{-4}	133.32×10^{-3}	133.32×10^{-2}	133.32×10^{-1}	133.32×10^{0}			
Mo	T/℃	1923	2095	2295	2535	—	—	2623	p^0/Pa	390.63
	v/g·(cm^2·s)$^{-1}$	1.29×10^{-7}	1.18×10^{-6}	1.12×10^{-5}	1.05×10^{-4}	—	—		v/g·(cm^2·s)$^{-1}$	2.20×10^{-2}
Mn	T/℃	717	781	878	980	1103	1251	1246	p^0/Pa	—
	v/g·(cm^2·s)$^{-1}$	1.38×10^{-7}	1.32×10^{-6}	1.27×10^{-5}	1.22×10^{-4}	1.17×10^{-8}	1.11×10^{-2}		v/g·(cm^2·s)$^{-1}$	9.04×10^{-2}
Nb	T/℃	219	2355	2339	—	—	—	2460	p^0/Pa	—
	v/g·(cm^2·s)$^{-1}$	1.16×10^{-7}	1.08×10^{-6}	1.06×10^{-5}	—	—	—		v/g·(cm^2·s)$^{-1}$	6.0×10^{-4}
Ni	T/℃	1157	1257	1371	1510	1679	1884	1455	p^0/Pa	—
	v/g·(cm^2·s)$^{-1}$	1.18×10^{-7}	1.14×10^{-6}	1.10×10^{-5}	1.06×10^{-4}	1.01×10^{-8}	9.62×10^{-8}		v/g·(cm^2·s)$^{-1}$	4.37×10^{-8}
Si	T/℃	1024	1116	1223	1348	1485	1670	1414	p^0/Pa	—
	v/g·(cm^2·s)$^{-1}$	8.58×10^{-7}	8.29×10^{-7}	7.99×10^{-6}	7.68×10^{-5}	7.37×10^{-4}	7.01×10^{-8}		v/g·(cm^2·s)$^{-1}$	3.16×10^{-2}
Sn	T/℃	823	992	1042	1189	1373	1609	232	p^0/Pa	—
	v/g·(cm^2·s)$^{-1}$	1.92×10^{-7}	1.84×10^{-6}	1.75×10^{-5}	1.66×10^{-4}	1.57×10^{-8}	1.47×10^{-2}		v/g·(cm^2·s)$^{-1}$	—
Ta	T/℃	2407	2599	2820	—	—	—	2996	p^0/Pa	—
	v/g·(cm^2·s)$^{-1}$	1.55×10^{-7}	1.48×10^{-6}	1.41×10^{-5}	—	—	—		v/g·(cm^2·s)$^{-1}$	5×10^{-3}
W	T/℃	2554	2767	3016	3309	—	—	3387	p^0/Pa	310.64
	v/g·(cm^2·s)$^{-1}$	1.47×10^{-7}	1.46×10^{-6}	1.45×10^{-5}	1.43×10^{-4}	—	—		v/g·(cm^2·s)$^{-1}$	1.75×10^{-4}
Zn	T/℃	211	248	292	343	405	—	419	p^0/Pa	—
	v/g·(cm^2·s)$^{-1}$	2.15×10^{-7}	2.07×10^{-6}	1.98×10^{-5}	1.9×10^{-4}	1.81×10^{-8}	—		v/g·(cm^2·s)$^{-1}$	1.60×10^{-1}
Zr	T/℃	1527	1660	1816	2212	2212	2459	1865	p^0/Pa	0.30
	v/g·(cm^2·s)$^{-1}$	1.31×10^{-7}	1.27×10^{-6}	1.22×10^{-5}	1.17×10^{-4}	1.12×10^{-8}	1.07×10^{-2}		v/g·(cm^2·s)$^{-1}$	4.07×10^{-8}
Sc	T/℃	1058	1161	1282	1423	1595	1804	1865	p^0/Pa	—
	v/g·(cm^2·s)$^{-1}$	1.07×10^{-7}	1.04×10^{-6}	9.94×10^{-6}	9.51×10^{-5}	9.07×10^{-4}	8.04×10^{-3}		v/g·(cm^2·s)$^{-1}$	6.6×10^{-3}

①v 为金属的挥发率。
②p^0 为金属的饱和蒸气压。
③T_M 为熔点。

慢加热时，固体金属会升华而挥发损失更大。在挥发表面有气流流动时，挥发速率随金属蒸气压在气相中的传递速率增大而加大；在抽气速率大，能把金属蒸气及时带离蒸发空间时，则金属的挥发过程可一直进行到金属消失。但只要在升温时加热速率大于升华速率，金属仍可在0.013Pa下熔炼，且挥发损失不很大。

外压即炉内气压对金属蒸气压影响很小，但对挥发过程动力学有明显影响。金属在低于其饱和蒸气压很多的真空炉内熔炼时，在较低温度下可达到较高的挥发速率，因为：

$$v_{max} = (p^0 - p)\sqrt{\frac{M}{2\pi RT}} \tag{2-12}$$

式中 v_{max}——最大挥发速率，g/(cm^2 · s)；

T——挥发表面蒸气的温度，℃；

M——金属的相对原子质量；

R——气体常数；

p^0——金属饱和蒸气压，Pa；

p——金属实际分压，Pa。

某些元素在加热时的蒸气压和挥发速率列于表2-6。

真空条件下某些金属的发挥速率与温度的关系如图2-3所示。

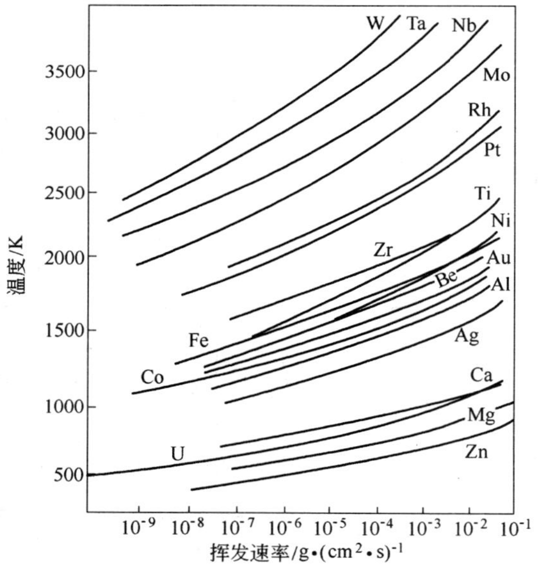

图2-3 真空下某些金属的挥发速率与温度的关系

在真空熔炼时，因金属蒸气原子或分子与炉气分子间碰撞而返回熔体的回凝现象少，且其平均自由程增大，质点间碰撞几率减少，金属的挥发速率随着炉内气压降低而增大。因而向真空炉内充以惰性气体，可降低挥发速率和挥发损失。这对真空熔炼具有重要意义。

金属的挥发过程是由原子从熔体内向边界迁移，再由液相扩散到液气界面，并由原子转变成气体分子，最后脱离界面扩散到气相中去。在真空条件下（气压1.33Pa），金属的挥发以原子转变成分子为主要限制环节时，其挥发速率可近似地由下式计算：

$$v = 58.33 \times 10^{-3} p^0 \sqrt{\frac{M}{T}} \tag{2-13}$$

式中　v——挥发速率，g/(cm² · s)；
p^0——金属的蒸气压，Pa；
M——金属的相对原子质量；
T——绝对温度，K。

基体金属中某一组元 i 的挥发速率为：

$$v_i = 58.33 \times 10^{-3} a_i f_i p_i^0 N_i \sqrt{\frac{M_i}{T}} \tag{2-14}$$

式中　v_i——合金元素 i 的挥发速率，g/(cm² · s)；
a_i——挥发系数，对于以单原子挥发的金属元素 $a_i = 1$；
f_i——合金元素 i 的活度系数；
N_i——组元 i 的摩尔浓度；
p_i^0——纯组元 i 的蒸气压，mmHg；
M_i——合金元素的相对分子质量；
T——绝对温度，K。

在一定温度下由液相边界层扩散控制的挥发过程，i 组元的挥发速率为：

$$v_i = K_0 \frac{A}{V}(C_i^0 - C_i) \tag{2-15}$$

式中　C_i^0——熔体中 i 组元浓度；
C_i——界面处 i 组元浓度；
K_0——传质系数，在 10 ~ 10² cm²/s，也称速率常数，随温度升高和压力降低而增大，在充气熔炼时随时间延长而减少；
A——熔池面积，cm²；
V——熔池体积，cm³。

可见，熔池温度高和时间长，挥发损失更大。在熔炼后期加入 p_i^0 高的元素，或充入惰性气体，均可降低挥发损失[1]。

元素在真空下从熔液中挥发的速度 v_i（以重量计），是由它的蒸气压 p_i^0、挥发系数 a_i、摩尔分数 N_i、活度系数 f_i、相对分子质量 M_i 和绝对温度 T 所决定的。

这一公式可以用来计算将杂质或合金元素去除一定百分数时，基本金属的挥发损失。

2.2.1.2　影响挥发速率的因素（动力学分析）

认识熔炼过程中元素如何挥发及挥发速率是个重要的问题。

在真空感应熔炼中，元素挥发过程包括如下六个步骤：

（1）合金熔体内部挥发组元的原子向金属液表面迁移；（2）挥发组元的原子通过液相边界层扩散到液-气界面；（3）在液-气界面，发生液相转变为气相的挥发反应；（4）气态分子通过气相界层扩散到气相；（5）气态分子通过气相向冷凝壁迁移；（6）冷凝。

影响挥发速率的因素包括以下几点。

（1）p_i^0 的影响。从式（2-14）可知，元素的挥发速率与其蒸气压成正比。在一定温度下，蒸气压的数值取决于元素的性质，从表2-5可见，不同的元素蒸气压不同。蒸气压大的元素挥发速度快，可以解释为该元素的分子脱离熔体自由表面转入气相需要的能量较小，较易于从熔体表面逸出。

（2）活度的影响。活度可理解为参与挥发的有效浓度，元素在熔体中活度系数小，则表明其他组元对其吸引力大，元素要脱离熔体困难，故挥发速率小，若活度系数 $f_i=1$，则挥发速率正比于浓度，即元素的挥发不受熔体其他组元的影响，只取决于本身的浓度，浓度大，则挥发速度快。显然，浓度大时，单位挥发自由表面上的分子多，则单位时间内脱离熔体表面转入气相的数量多，即挥发速度快。

（3）温度的影响。从式（2-14）可见，一方面元素挥发的速度 v_i 与 T 成反比，另一方面，v_i 与 p_i^0 成正比，而 p_i^0 又正比于温度（从图2-2看，p_i^0 与 T^{-1} 成直线关系）。综合考虑 v_i 应正比于 T，随温度增高，挥发速度加快。这可解释为熔体表面逸出。

（4）真空度的影响。其他条件相同时，真空度高，挥发损失大。这是因为挥发组元的分子脱离熔体表面转入气相后，存在两种可能性，一是高速运动回到熔体液面中去；二是运动到远离液面的冷凝表面上冷凝。显然，后者是元素自熔体的挥发，挥发组元的分子能否运动到冷凝部位（炉壳及冷凝挡板等）与该分子的平均自由程有关，当自由程大于熔体表面至冷凝部位的距离时，则可实现元素自熔体的挥发，而路程与真空度有关，真空度高，单位体积中的气体分子少，分子间的碰撞几率小，致使挥发组元分子的平均自由程大，而有利于挥发。

（5）坩埚尺寸的影响。对于一定量的金属熔体，坩埚内径大，则熔池深度小，有利于熔池内部分子向自由表面转移。更重要的是，熔池表面积大，使得挥发量增加。此外，时间也影响挥发量，时间长，总挥发量大。

2.2.1.3 *熔化期真空度对元素挥发的影响*

实践证明，金属的挥发在熔化期是明显的。为降低元素的挥发损失，必须正确控制熔化期的操作。熔化期的挥发形式有两种：一是金属在固态下的挥发（固态直接变为气态——升华）；二是金属熔化后的挥发（液态变为气态）。根据上述原理，在真空中熔炼含 Cr 等蒸气压较高的物质时，如不采取专门措施，则将产生升华。这时可通入惰性气体，使炉内的压力超过金属熔化温度时的蒸气压。Cr 在熔化温度时的蒸气压为 8445.5Pa，则可在 9310Pa 的 Ar 气保护下熔化。

一些高蒸气压的元素可溶解于 Ti、W、Mo 等有色金属液中，在熔化时直接升华问题并不突出。为了很好地去除气体和有害杂质，还是希望在熔化期真空度尽可能高一些[3]。

2.2.2 脱气

真空脱气的效果好，还可除去部分氮。按平方根定律，金属中气体的溶解度随气相中该气体分压的降低而降低。当炉内的真空度足够高，气体分压或浓度低，气体分子的平均自由程等于或大于熔池液面到炉壁表面间的距离时，气体从熔池液面挥发逸出的速度，取决于它在熔池中的扩散速率，并与其扩散系数及熔池的搅动情况有关。当熔池受到强烈搅拌时，熔体/炉气界面层变薄，且气体在整个熔池中的分布也较均匀，仅在熔池表面层存在浓度梯度，如图 2-4 所示，气体由熔池挥发逸出的速率可用下式表示：

$$-\frac{dc}{dt} = \frac{D}{\Delta L}\frac{A}{V}(c_1 - c_s) \tag{2-16}$$

其浓度由 c_1 到 c_s 时所需时间 t，可近似地由下式求出：

$$t = 2.303\frac{V\Delta L}{DA}\left(\frac{c_1 - c_0}{c_s - c_0}\right) \tag{2-17}$$

式中 V——熔池体积，cm^3；

A——熔池表面积，cm^2；

ΔL——扩散层厚度，cm；

D——气体在熔池中的扩散系数；

c_1，c_s——分别为熔炼开始（$t=0$）及经过 t 时间后熔池中气体浓度；

c_0——熔池表面气体的浓度。

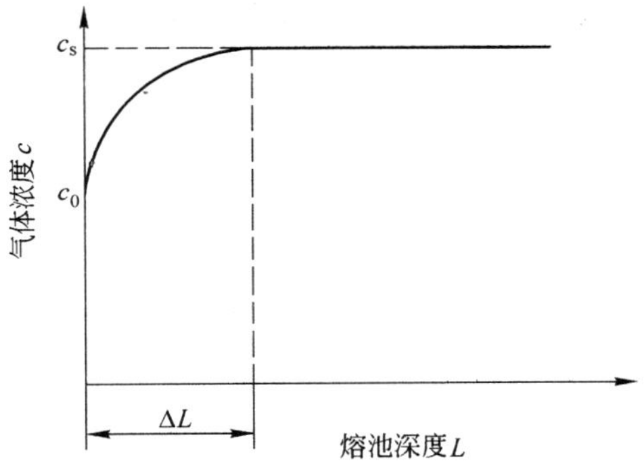

图 2-4 熔池表面层中杂质的浓度梯度

由上式可见，熔池的表面积和气体的扩散系数大，脱气速率也大。在有电磁搅拌熔池和温度较高时，脱气效果会更好。在熔池中加入能产生气泡的物质，显然会除去更多的气体，脱气速率比挥发脱气要快得多，此时脱气效果主要取决于气泡内外的气体分压差。可见此时动力学因素比热力学因素起更大的作用。

氮的除去主要取决于界面处氮化物的分解压。多数氮化物的分解压约在 0.13～0.013Pa 内。真空电弧炉熔池附近的气压约 13.3～0.13Pa，仅部分氮化物可分解，去氮效果有限。提高真空度对去氮有利，对去氢影响不大。实践表明，去氢所需真空度并不高[1]。

2.2.3 脱氧

氧化物的分解比氮化物低得多，一般为 13.3×10^{-5}～1.3×10^{-7}Pa 或更低。在生产条件下要达到这样高的真空度是不现实的。因此，只能靠加入还原剂来脱氧。一切形成气态产物的反应在真空下均能顺利进行，故用碳作还原剂较为合适。碳脱氧反应可在较低温度下实现，且脱氧能力强，可达到大气下脱氧能力的 100 倍左右，几乎能还原一切氧化物。实践表明，在真空炉内气压达到 133Pa 左右时，便可得到较好的脱氧效果。

从动力学角度看，碳脱氧产物 CO 气体在熔体中形成气泡时，会受到炉气压力、液柱静压力及熔体表面张力的影响。真空炉内气压很小，对 CO 气泡形成核和长大有利，液柱静压力随气泡在熔体内所处位置而变，由于熔池较浅平，故液柱静压力不很大。当 CO 气泡半径很小时，克服熔体表面张力就成为限制因素。在炉内气压比液柱静压力及表面张力小得多时，用提高真空度来增大形成气泡反应能力是有限的。因此用碳及其他脱氧剂时，还得注意下列几点：

（1）易与碳形成稳定碳化物的金属用碳脱氧时，锭坯中形成闭合气孔，且易形成碳化物夹杂，宜慎用碳作脱氧剂。

（2）用 p^0_{me0}（氧化物的蒸气压）/p^0_{me}（金属的饱和蒸气压）> 1 的金属脱氧时，应注意该金属的熔损，其残留量对基体金属的影响程度[1]。

参 考 文 献

[1] 张启修，赵秦生．钨钼冶金[M]．北京：冶金工业出版社，2005.

[2] 稀有金属加工手册编写组．稀有金属加工手册[M]．北京：冶金工业出版社，1984.

[3] 徐颖．稀有金属真空熔炼．宝鸡有色金属加工厂职工教育培训中心．1999-10.

3 稀有金属真空熔炼、烧结、热处理炉的真空系统的设计与计算

3.1 真空系统设计概述

真空系统是用来获得并测量具有特定要求的真空度的抽气系统。

真空系统是真空电炉（真空熔炼、烧结、热处理炉）的重要组成部分，它是由抽气设备即各种真空泵、各种真空阀门、真空管道、真空测量仪表及其规管、电气控制系统等真空元件组成。它是对炉室（熔炼室）进行抽气和保证钛及钛合金熔炼工艺过程中所需的真空度的主要设备部件。真空系统设计以及配置的好坏，直接影响到钛及钛合金的熔炼质量以及熔炼工艺过程的实现。因此，在设计真空系统时，按照钛及钛合金熔炼工艺条件，设计选配合理的抽气系统设备，必须满足下述四点基本要求：

（1）要在很短的时间内将炉室真空抽到所要求的熔炼工作真空度或极限真空度。

（2）要保证在熔炼工艺过程中，将金属钛材料和炉内结构材料连续放出的气体以及真空泄漏而渗入炉内的气体及时排除，以保持炉内的工作真空度。

（3）真空系统的操作方便，最好是自动程序控制。维修要简便，系统占地面积要小。

（4）要利用新技术、新设备，追求最佳的经济效果，在选择主泵时不能单纯追求某一项技术指标，必须根据使用条件多方面综合考虑。

因此要求设计者除具备本专业的知识外，还必须了解钛金属材料熔炼工艺过程，掌握生产实际，才能设计出较为理想的真空熔炼设备。

3.2 真空系统设计内容与计算的一般程序

3.2.1 真空系统设计的内容

根据被抽炉室和熔炼金属材料钛对真空度的要求，选择适当的真空系统方案，进行选配泵计算，确定真空管道、真空阀门、真空测量仪表、电气控制元件等，进行合理配置，最后绘出真空系统装配图和零配件图。

3.2.2 设计计算的一般程序

具体应按照如下设计程序：

（1）根据工艺或客户提出被熔炼的金属材料如钛，熔炼真空度、熔炼速度、熔炼电流、熔炼电压等工艺参数以及炉室的容积作为设计计算参数。

（2）计算真空室内被熔炼的金属钛以及炉室结构材料等总的放气量。

（3）确定对真空室的有效抽速。

（4）粗选主泵和粗配前级真空泵。

（5）确定真空系统方案，并绘制方案草图及气体流程图。

（6）根据粗选泵的进气和排气口直径选择相应的真空阀门、真空管道直径、真空元件等。

（7）绘制真空系统装配草图，确定各个部位的尺寸。

（8）精算各真空泵抽速，使其满足各参数要求，如果达不到要求，就要重新选泵和配泵，直到满足各参数要求为止。

（9）绘制真空系统装配结构图，尺寸要准确。

（10）零件设计，绘制加工图。

（11）绘制辅助水冷、气动系统图等。

（12）设计者必须向电气自控专业提供程序自动控制技术条件要求书，以便电控专业设计与计算机编程。

（13）编制零、部件明细表（标准件、加工件、材料表）等。

（14）编制设计计算说明书，编写使用说明书。

这 14 条设计计算步骤是非标准设计不可缺少的，真空系统设计要考虑到使用方便、工作可靠、便于维修和经济效益。标准设备设计时可参照执行。

3.3 真空系统设计中的主要参数与分析

3.3.1 真空系统设计依据的主要参数

确定真空熔炼、烧结、热处理炉的真空系统所需主泵的主要依据是：被熔炼材料的熔炼真空度、熔炼速度、炉室的极限真空度、被熔炼材料的含气量（设计自耗电弧炉时，按海绵钛的含气量计算，见表 3-1）、真空室内容积即炉室和紫铜坩埚等的容积、露在真空室内壁材料表面积的放气速度、炉室的漏气量和抽气时间（指预抽时间和达到极限真空度的时间）等，其中熔炼真空度是选择主泵及真空机组匹配方式的主要依据，决定主泵抽气能力的主要因素是被熔炼材料的放气量和熔炼真空度（工作真空度）。

表 3-1 海绵钛、钼在标准状态下所含气体体积[1]

金属材料	含气量/$L \cdot kg^{-1}$	备 注
海绵钛	0.3 ~ 1.0	对海绵锆取下线
钼	0.2 ~ 0.25	

3.3.2 真空室内的气源情况

设计真空系统首先要知道炉室内气源情况，归纳有下述各项：

（1）金属海绵钛在熔炼工艺过程中放出的气体，它是真空系统抽气的主要气体负荷，因此应当了解工艺过程中产生气体的特征。表 3-2、表 3-3 分别是钛自耗熔炼前、后气体含量变化。材料在真空条件下，加热或熔化过程中，气体从金属中析出来的原因很多，主要由如下过程产生：

表 3-2 海绵钛用于熔炼 TA2 的各种气体含量[1]

状 态	气体含量/%				备 注
	Cl	C	N_2	O_2	
海绵钛	0.099	0.019	0.020	0.0019	100 个 ϕ260mm 铸锭的自耗电极平均值

表 3-3 二次自耗熔炼 TA2 钛锭的各种气体含量[1]

状 态	气体含量/%				备 注
	C	N_2	O_2	H_2	100 个 ϕ260mm 铸锭的平均值
二次自耗熔炼钛锭	0.027	0.018	0.102	0.0019	

1）溶解在金属中的气体直接排出（如氮和氢从熔融金属中排出，氢从固体钛中排出），原因是炉室内温度升高和压力降低，气体在金属中溶解度下降，所放出的气体与时间和熔炼速度有关，释放速率受金属熔炼和处理方法的影响。

2）化学反应生成气体化合物排出，如碳和溶解的氧化碳气体或者碳还原金属氧化物生成氧化碳气体排出，这样产生的气体与压强、温度、时间和熔速都有关系。

3）化合物分解产生排出，如氢化物、氮化物、氧化物等分解产生气体氢、氮、氧，分解出的气体与温度、压力、时间和熔速有关系。

（2）炉内结构材料的表面放气。真空系统用的许多结构材料都是处于一面接触大气，另一面与真空相接触，还有些零件整体处于真空中，这些结构材料的放气量与材料性质、温度、压强、抽气时间有关。

任何固体材料在大气环境下都能溶解，吸附一些气体。当材料置于真空中时就会解溶、解吸而出气。对一般真空设备来说材料的出气是真空系统最主要的气源。

当抽真空时，由于炉内的压强降低，吸附在结构材料表面（如炉壁、坩埚等）的气体解脱出来，导致炉内的压强增高。结构材料表面放出气体的多少和快慢与下列因素有关：

1）结构材料表面加工的光洁度越高，其真实表面与几何表面之比越小，单位表面积放出来的气体越少，反之放出来的气体就越多。锈蚀、氧化皮、焊缝等都会增大金属材料的表面积，从而增加吸附气体的数量。因此真空自耗电弧炉壳体、紫铜坩埚及连接管道等在制造、安装时，必须进行抛光、清洗等，以防止在抽真空时有大量的气体放出来。

2）提高材料的温度，可以加速气体的释放。一般电弧炉置于炉内的结构材料都由水来冷却，基本和常温一样。

3）抽气时间越长，单位时间放出的气体越少。

4）材料的出气速率与材料的性质有关，材料的种类不同，其表面放气量也不同，见表 3-4，表中没有的材料放气量，可查相关资料。

表 3-4 真空用金属材料在室温下不同抽气时间下放气速率[2]

材料	表面处理	放气速率 q_i/Pa·L·(cm^2·s)$^{-1}$						
		1h	2h	5h	10h	20h	25h	50h
低碳钢	机械加工	1.1×10^{-6}	4.4×10^{-7}	1.13×10^{-7}	7.33×10^{-8}	3.47×10^{-8}	2.67×10^{-8}	—
不锈钢	原材料	3.73×10^{-6}	2.0×10^{-6}	8.0×10^{-7}	4.0×10^{-7}	2.0×10^{-7}	1.73×10^{-7}	—
不锈钢	布抛光	0.93×10^{-6}	5.33×10^{-7}	2.40×10^{-7}	1.33×10^{-7}	7.33×10^{-8}	6.0×10^{-8}	—
紫铜	机械抛光	0.47×10^{-6}	2.67×10^{-7}	9.33×10^{-8}	4.67×10^{-8}	2.40×10^{-7}	1.86×10^{-8}	9.33×10^{-9}
紫铜	未处理	5.2×10^{-6}	2.93×10^{-6}	1.17×10^{-6}	5.33×10^{-7}	2.67×10^{-7}	2.27×10^{-7}	6.67×10^{-8}
无氧铜	未处理	2.53×10^{-6}	—	—	1.60×10^{-7}	—	5.47×10^{-8}	—
无氧铜	机械抛光	0.25×10^{-6}	—	—	2.13×10^{-8}	—	8.0×10^{-9}	—

虽然结构材料表面放气量对抽真空有一定的影响，但对选择主真空泵却不是决定因素。

(3) 被抽炉室内的气体。炉室、坩埚、真空管道、真空阀门等结构件空间所存在的气体，在预抽时已被抽出，对真空系统的计算没有影响，所以计算时这部分气体量不考虑。

(4) 漏气。主要是通过炉室的动、静密封连接处的漏气，还有壳体壁渗透气体和漏孔漏入炉室中的气体。

真空室的漏气一般用压力增长率表示，国内对于热处理炉一般取升压率为 2.22×10^{-2} Pa/min。对于真空电弧炉熔炼钛、锆一般取升压率为 $1.33\times10^{-1}\sim6.65\times10^{-2}$ Pa/min。其表达式为：

$$p_x = \frac{\Delta p}{\Delta t} \tag{3-1}$$

也可用漏气率，其表达式为：

$$Q_L = \frac{\Delta p}{\Delta t}V \tag{3-2}$$

式中 p_x——升压率，Pa/min；

Q_L——漏气率，Pa·L/s；

Δp——经过 Δt 时间压强的变化值，Pa；

Δt——压强变化所用的时间，s；

V——真空系统（或炉室）的容积，L。

也可以直接给出允许的漏气量。表 3-5 给出了各种稀有金属熔炼工艺要求的压强及熔炼设备允许漏气率、漏气度（升压率）值，此表数据是根据国内某厂、国内外熔炼设备在实际生产中的实测数据。完全可以满足钛等稀有金属熔炼工艺的要求，供参考应用。

表 3-5 各种稀有金属真空熔炼、烧结设备工艺压强要求及允许参数

真空设备种类	产 品	熔前真空度 /Pa	熔炼真空度 /Pa	漏气率 /Pa·L·s^{-1}	漏气度 /Pa·min^{-1}	冶金方式
真空自耗电弧炉	钛及钛合金	$2.66\times10^{-1}\sim6.65\times10^{-2}$	$6.65\sim1.33\times10^{-1}$	$1.33\sim6.65\times10^{-1}$	$1.33\times10^{-1}\sim6.65\times10^{-2}$	熔炼
真空自耗电弧炉	锆及锆合金	6.65×10^{-2}	$1.33\sim1.33\times10^{-1}$	$1.33\sim6.65\times10^{-1}$	$1.33\times10^{-1}\sim6.65\times10^{-2}$	熔炼
真空自耗电弧炉	钼、铌钛合金	$6.65\times10^{-2}\sim3.3\times10^{-2}$	$8\times10^{-2}\sim5\times10^{-2}$		2.66×10^{-1}	熔炼
真空自耗电弧凝壳炉	钛及钛合金	6.65×10^{-2}	$6.65\sim1.33\times10^{-1}$		$1.33\times10^{-1}\sim6.65\times10^{-2}$	熔炼
真空电子束炉	钽、铌	6.65×10^{-3}	$2.66\times10^{-2}\sim6.65\times10^{-2}$	6.65×10^{-1}		熔炼
真空电子束炉	钼	6.65×10^{-3}	$6.65\times10^{-2}\sim6.65\times10^{-1}$	6.65×10^{-1}		熔炼

续表 3-5

真空设备种类	产　品	熔前真空度 /Pa	熔炼真空度 /Pa	漏气率 /Pa·L·s^{-1}	漏气度 /Pa·min^{-1}	冶金方式
真空电子束炉	铪	6.65×10^{-3}	2.66×10^{-1} ~ 6.65×10^{-2}	6.65×10^{-1}		熔炼
真空熔炼感应炉	镍	6.65×10^{-1}	3 ~ 1	1.33×10^{-1}		熔炼
真空感应烧结炉	钨、钼	2.66×10^{-4}	2.66×10^{-1} ~ 6.65×10^{-2}	1.33×10^{-1}		烧结
真空电阻烧结炉	钨、钼、钽、铌	4×10^{-4}	2.66×10^{-1} ~ 6.65×10^{-2}	1.33×10^{-1}		烧结
真空热处理炉	钛及钛合金	2.66×10^{-1} ~ 6.65×10^{-2}	加热真空度 2.66×10^{-2}		1.33Pa/h	加热

（5）炉室的极限真空。炉室所能达到的极限真空，通常总是低于真空机组的极限真空，两者之差取决于空炉时，长时间抽气后炉内的气体负荷（包括漏气、材料表面放气等）与炉室抽气口附近真空机组的有效抽速的比值，在抽气口附近，真空机组有效抽速一定条件下，炉室的极限真空度正比于炉室的漏气和放气。在设计真空系统时，漏气量主要由炉室的极限真空度和工作真空度来确定。一般选取低于工作状态下气体负荷（生产工艺中放出的气体量）的十分之一。

在实际中极限真空度一般是由工艺技术提出工作真空度，设计者根据所提的工作真空度，在选取主泵时，再提高一个数量级，以保证工作真空度。

（6）炉室工作真空度。炉室的工作真空度，一般要低于其极限真空度。通常炉室的正常工作真空度（压力）是由金属材料熔炼工艺所定，如钛及钛合金的熔炼真空度为6.65 ~ 1.33×10^{-1}Pa（对于海绵锆取中下线），这是给定值。工作真空度选择得愈接近极限真空，则真空抽气机组的经济效率愈低，从经济方面考虑，最好在主泵的最大抽速或最大排气量附近选择泵的工作压力。一般工作压力多半选择在高于极限压力半个到一个数量级。对难熔金属的真空熔炼设备，极限真空度在实际生产设备中要高于真空室工作真空的两个数量级。

（7）熔炼速度。钛的熔炼系数为 0.53 ~ 0.8kg/(kA·min)。炉子的熔炼速度是根据该设备电源的熔炼（工作）电流来确定，或以熔炼速度来确定电源的大小。例如，国内某钛业公司 3t 真空自耗电弧炉，一次熔炼速度为 5kg/min；二次熔炼速度为 8kg/min。根据钛的熔炼速度可计算得到钛熔炼过程中每秒所产生的气体量，以便给选泵计算提供主要的技术数据。

（8）考虑工艺过程中是否有灰尘、金属喷溅、爆炸、腐蚀性气体、水蒸气和其他蒸气的产生等，以便在设计真空系统时考虑。

真空系统的设计要针对上述气源和要求，选择恰当抽气系统方案和真空元件，来达到抽除被抽空间的气体。以抽气来克服放气和漏气，使炉室始终保持所需要的真空度。

3.4　真空系统的选泵和配泵计算

真空熔炼（烧结等）炉真空系统设计计算的目的，在于正确地选择真空系统的基本结构，通过计算要解决两个基本问题。第一，根据真空熔炼（烧结等）时熔融的金属钛或其他金属产生的气体量和炉内结构材料表面放气量以及漏气量的计算，也就是系统真空泵将炉内产生的气体量在所要求的时间内排出等条件选择主泵配泵、真空阀门、连接管道以及各种必须的真空元件。第二，计算真空熔炼（烧结等）炉的抽气时间或计算在给定的抽气时间内所能达到的真空度。

3.4.1　炉室放气量、漏气量的计算[1]

根据前面章节的叙述，在真空熔炼过程中炉内的气体有以下几种来源：

（1）生产工艺过程放气；

（2）真空炉室表面和内部结构件表面放气；

（3）渗漏入真空炉室内的气体。

以上产生的这几种气体量，就是主泵所应当抽走的气体量。该气体量可用下式计算：

$$Q = Q_g + Q_0 + Q_L \tag{3-3}$$

式中　Q——炉室总的放气量，Pa · L/s；

Q_g——工艺过程中被熔炼的材料放出的气体量，它是最主要的气体来源，Pa · L/s；

Q_0——炉室内壁和内部构件表面的放气量，Pa · L/s；

Q_L——炉室外大气通过静密封和动密封处，以及壳体壁渗透到炉内的气体量，Pa · L/s。

3.4.1.1　工艺过程中被熔炼材料放出气体量 Q_g 的计算

$$Q_g = \frac{q_1 G p b_1}{t} n_1 \tag{3-4}$$

式中　q_1——被熔炼（或烧结、热处理）材料，单位重量的含气量在标准状态下的体积，L/kg；

G——被熔炼材料的重量，kg；

t——材料被熔炼（或烧结、热处理）的时间，s，$t = 60$s；

p——大气压强，Pa，在标准状态下 $p = 101325$Pa；

b_1——排气程度，表示经过一次熔炼所排出的气体占总含气量的百分比，钛每熔炼一次为 75%；

n_1——材料在熔炼（或烧结、热处理）时放气的不均匀系数，见表 3-6。

表 3-6　材料放气的不均匀系数[3]

处 理 方 法	n_1 值
真空自耗电弧熔炼、电子束熔炼炉	1
真空感应炉熔炼和加热炉	2
真空电阻炉	1.2

3.4.1.2　炉室内壁和内部构件表面的放气量 Q_0 的计算

炉室内壁及内部构件与紫铜坩埚内壁处在真空之中，其表面放气量也很重要，一般炉室内部是由多种材料构成。可按下式计算：

$$Q_0 = \Sigma q_i A_i \tag{3-5}$$

式中　q_i——每种材料单位表面积的出气速率，Pa · L ·（cm^2 · s）$^{-1}$，见表3-4有关数据；

A_i——每种材料暴露在真空中的表面积，cm^2。

3.4.1.3　炉内漏气量 Q_L 的计算

漏气量用漏气度（升压率）或漏气率来计算，一般设计计算时按稀有金属冶金设备允许漏气率或被熔炼材料工艺允许漏气度选取，见表3-5。目前国内通常采用漏气度（升压率）来计算，如式（3-6）：

$$Q_L = \frac{p_x V}{60} \tag{3-6}$$

式中　p_x——升压率，Pa/min；

V——炉室的体积，L。

也可按稀有金属冶金设备允许漏气率或被熔炼材料工艺允许漏气度，见表3-5，直接给出。

以上三项是必须进行计算的。对于某一种真空设备，也可能还需要计算别的项目，计算时要根据具体情况而定。

3.4.2　选择主泵

为了设计可靠的真空系统，合理选择主泵非常重要。选取主泵的主要依据是：抽速和极限真空度。一般设备以这两个参数就可以确定主泵。

3.4.2.1　确定主泵的类型

确定主泵的类型时需考虑如下几方面内容。

（1）根据炉室空载时所要达到的极限真空度选择主泵，主泵的极限真空度比炉室的极限真空度高。一般情况下高半个到一个数量级。

（2）根据被抽气体的种类及某种气体所占比例以及气体中夹杂灰尘情况进行合理选泵。把生产中常用的几种真空泵的使用说明如下，供选泵参考：

1）油封式机械真空泵不但可以单独使用，而且还能做某些泵的前级泵使用，有时小型泵可做维持泵用，工作环境不超过40℃；不能抽含有水蒸气过多的气体，防止水蒸气在泵腔内凝结成水，混入真空泵油中引起泵油变质，使真空度下降。

2）罗茨泵，它是一种中真空泵，具有启动快、无反油现象，它适用于排含有水蒸气的气体，但不适合排除含灰尘的气体。罗茨泵在压强较低时（如在13.3Pa），抽相对分子质量较小的气体（H_2 等），抽气速度显著下降。但罗茨泵不能直接将气体排到大气中去，工作时必须配有前级泵，被抽容器还需有一个预真空环境。罗茨泵的性能与前级泵有着密切关系。

3）油扩散喷射泵和油扩散泵，同属于蒸气流泵，对于含有相对分子质量小的气体（如 H_2 等），抽气能力较强，由于容易扩散，此类泵需要配前级泵和预抽造成被抽容器预真空环境。其出口的压强必须小于油蒸气流泵的最大出口反压强，泵才能正常工作，在含有少量灰尘的气体条件下也能工作。但是不适于排除对金属有腐蚀作用或对泵油有化学反应的气体。这两种泵的不同点是，油扩散喷射泵工作压强比较高，它比同口径的油扩散泵的排气量大4～20倍，加热功率高2～5倍。出口反压强大（大于 10^2Pa），而扩散泵工作压强比较低，加热功率比较小，出口反压强也较低，排气量比较小，它们的工作液也不一样。这两种泵的共同缺点是泵油怕氧化（硅油等除外），启动时间长，泵油需要一段时间加热，泵油易返流到真空室内，对于某些工艺过程是不允许的。

（3）根据炉室在金属熔炼工艺过程中所需的工作范围和最大排气量来选择主泵，这是很重要的条件之一，还必须知道各类真空泵的最佳抽速范围（见表3-7）和性能，以及各类真空泵的抽速与压强的关系曲线，可查有关真空泵的抽速与压强曲线。所选主泵的最佳抽速的压强范围要保证炉室的工作压强范围。

表3-7 钛及难溶金属工业常用各类真空泵的工作压力范围

泵的种类	压力单位	机械泵	罗茨泵	油扩散喷射泵	油扩散泵
工作压力范围	Pa	$10^5 \sim 1$	$10^2 \sim 10^{-1}$	$10 \sim 10^{-1}$	$10^{-1} \sim 10^{-4}$
最佳工作压力范围	Pa	$10^2 \sim 10$	$10^2 \sim 1$	$1 \sim 10^{-1}$	$5 \times 10^{-2} \sim 10^{-4}$

（4）根据初次投资和日常维护费用在内的经济指标来选择主泵，比较经济指标时要从全套系统考虑，在设计真空系统时，如果有两种方案可选，就要根据经济指标选择其中一个方案。例如，从油扩散喷射泵系统和罗茨泵系统来看在$1.33 \sim 10^{-1}$Pa压强下，用罗茨泵系统费用高，而用油扩散喷射泵费用则低。相反在13.3～1.33Pa压强下，用油扩散喷射泵费用则高，而用罗茨泵费用则低。或者根据现场条件来选。在选泵过程中必须本着适用和经济两个条件。

3.4.2.2 确定主泵的大小

确定主泵的大小时需考虑如下几方面内容。

（1）根据炉室所需的抽速，即金属在炉内熔炼工艺过程中产生的总的气体量确定主泵大小，要求主泵能及时地排出，保证炉内工作时所需的工作真空度。

（2）根据炉室的大小和抽气时间来选泵。炉室容积大小对系统抽到极限真空的时间有影响。当抽气时间要求一定时，真空炉室容积愈大，则选择主泵抽速也愈大[3]，否则抽气时间要延长。

3.4.3 主泵的抽速计算

以图3-1简单真空系统示意图为例进行叙述和计算。图中的字母含义如下：

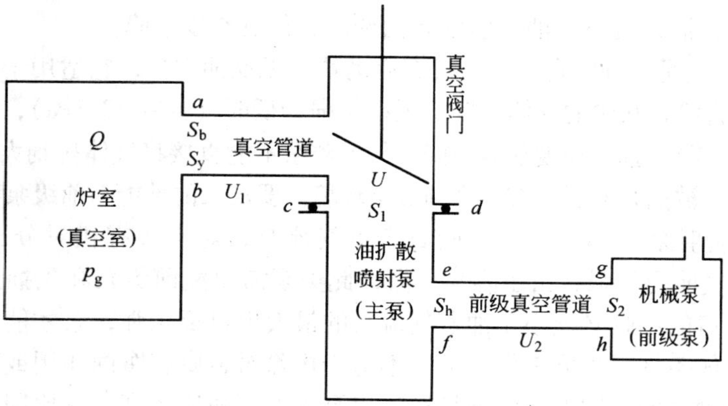

图3-1 简单真空系统示意图

Q——炉室内总的气体量，即最大排气量；
S_b——当炉室的工作真空度为 p_g 时，炉室出口 ab 面上的必要抽速；
S_y——当炉室的工作真空度为 p_g 时，炉室出口 ab 面上的有效抽速；
U_1——炉室出口到入口间管道通导能力（流导）；
U——高真空阀门的流导；
S_1——主泵在 cd 面上的抽速；
S_h——前级泵在主泵出口 ef 面上所造成的有效抽速；
U_2——主泵出口到前级泵入口间管道通导能力（流导）；
S_2——前级泵在 gh 面上的抽速（计算抽速）；
p_g——炉室内的工作真空度（给定参数值）。

炉内总的气体量 Q 计算出后，Q 值也就是炉室内需要排出的最大排气量。为了保证炉内的工作真空度 p_g，要求主泵对炉室出口的有效抽速 S_y 始终等于炉室出口的必要抽速 S_b，则有 $S_y=S_b$。但是在炉室出口到主泵入口间的连接管道未设计出来之前，流导 U_1 是个未知数，阀门未知，其流导 U 也未知。主泵的抽气速率无法计算，在这种情况下，解决的办法只能先进行粗算。

3.4.3.1 主泵抽气速率 S_1 的粗算

炉室内的最大排气量 Q 除以工作真空度 p_g，可得炉室出口的必要抽速 S_b(L/s)和主泵在炉室出口的有效抽速 S_y(L/s)：

$$S_b = S_y = \frac{Q}{p_g} \tag{3-7}$$

由于选泵前炉室出口到主泵入口间的管道未知，阀门未知，其流导也未知，虽然 S_y 计算出来了，而主泵入口在 cd 面上的有效抽速仍无法计算，根据真空技术的基本方程，主泵的抽气速率 S_1(L/s)可用经验公式计算：

$$S_1 = K_s S_y \tag{3-8}$$

式中 K_s——炉室出口到主泵入口的抽速损失系数。

当炉室出口到主泵入口间不采用捕集器时，$K_s=1.3\sim1.4$；当炉室出口到主泵之间采用捕集器时，$K_s=2\sim2.5$[3]。目前设计真空自耗电弧炉一般都采用半月挡板，主要起到挡飞溅的作用（金属粒子飞溅，进入真空泵内）。

按照以上选泵条件和计算值选出合乎国标的泵，主泵确定后，再依据主泵的入口、出口直径，就可直接确定真空阀门和真空管道等尺寸。而后对主泵再进行精算。

3.4.3.2 主泵抽气速率 S_1 的精算

根据主泵的入口尺寸，选出真空管道尺寸（这里包括阀门），按流导公式求出管道的流导 U_1。根据真空技术基本方程$\left[\frac{1}{S_y}-\frac{1}{S_1}=\frac{1}{U_1}\right]$得主泵抽速：

$$S_1 = \frac{S_y U_1}{U_1 - S_y} \tag{3-9}$$

由上式算出的 S_1，如果同粗算抽速相差很小，就可以把粗算的泵作为主泵，否则要重新计算[3]。

3.4.3.3　根据经验公式计算主泵的抽速 S_1[3]

有些真空设备，很难计算出放气量 Q 值，可通过下列经验公式计算：

$$S_1 = (5 \sim 10)V \tag{3-10}$$

式中　V——真空室的容积，L。

个别情况下按 $S_1 = (5 \sim 20)V$ 取值。

为了简化复杂而繁琐的计算，式（3-10）仅供参考。

3.4.4　配泵计算

主泵选取之后，重要工作就是选配合适的前级泵（指主泵要配哪些类型规格的前级泵）。前级泵直接影响主泵性能，影响真空系统的抽气时间和经济效益。由于在真空系统中，气体处于稳定流动状态时，在整个管道上任何截面的气体流量是相等的。同时系统上所串联的各泵，在单位时间内所抽走的气体量也是相等的。而系统各截面的气体压强并不相同，各截面的抽气速率也不同[3]。

3.4.4.1　配前级泵的原则

配前级泵的原则如下：

（1）要求前级泵满足主泵工作所需的预真空条件；

（2）前级泵应始终保证排出的气体量；

（3）必须能在工作的最大压力时满足主泵进气口所需的预抽时间要求。

在工业生产中，前级泵在真空系统中兼做预抽泵用。预抽时间应控制在 10～20min 内（连续生产状态下），以防止预抽时间过长，使机械泵过热或延长系统的工作周期。

3.4.4.2　配前级泵的方法

配前级泵有图解法和解析法两种方法：

（1）图解法。它是根据主泵和前级泵的抽气特性和主泵的最大排气压强通过作图得到的前级泵。此法仅适用于各种有关泵的特性曲线已知的条件[3]，这种方法比较麻烦，在此不予表述，可参考有关书籍。

（2）解析法。它是根据泵的一些已知参数，按上述三条原则，用计算的方法求解的[3]。解析法比较简单容易，在这里主要介绍解析法配前级泵。

3.4.4.3　配泵的计算

由于主泵的特性不同，配泵可分两种情况：一种是主泵需要配前级泵；另一种是主泵只需要配预真空泵，而不需要配前级泵[3]。

主泵需要配前级真空泵也有两种情况：一种是主泵是油扩散泵或油扩散喷射泵，另一种是主泵为罗茨泵。

A　主泵是油扩散泵或油扩散喷射泵的配泵计算

该种泵抽气时，需要前级泵在其出口始终造成低于该泵的临界前级压强（最大排气压强）才能正常工作。油扩散泵的临界前级压强为 30～40Pa（K 系列）；油扩散喷射泵的临界前级压强不小于 133Pa（Z 系列）。

a　粗算

在前级泵没有配出之前，前级管道及其流导 U_2 未知，见图 3-1 所示。此时只能用经验公式进行粗算。

国内规定由主泵出口到机械泵入口这一段低真空管道，允许降低机械泵抽速不大于10% ~20%[3]。

前级泵抽速 S_2 经过低真空管道后抽速要损失，在主泵出口所造成的有效抽速为：

$$S_h = (0.8 \sim 0.9)S_2$$

故

$$S_2 = (1.11 \sim 1.25)S_h \tag{3-11}$$

在稳定流动情况下，整个系统各截面气流量相等，则有：

$$Q_{max} = S_1 p_{大} = S_{反} p_{反}$$

故

$$S_{反} = \frac{Q_{max}}{p_{反}}$$

式中 Q_{max}——主泵的最大排气量，Pa·L/s；

$p_{大}$——主泵名义抽速为 S_1 时的最大工作压强，为已知参数，Pa；

$p_{反}$——主泵的临界压强，为已知参数，Pa；

$S_{反}$——在主泵临界压强 $p_{反}$ 下的抽速，L/s。

根据第二条规定，前级泵在主排气泵出口处造成的有效抽速 S_h 必须大于或等于 $S_{反}$ 时，才能使前级泵在主泵出口处所造成的压强总是低于主泵的排气压强 $p_{反}$，则有[3]：

$$S_h \geqslant S_{反} = \frac{Q_{max}}{p_{反}} \tag{3-12}$$

将式（3-12）代入式（3-11）中得：

$$S_2 \geqslant (1.11 \sim 1.25)\frac{Q_{max}}{p_{反}} \tag{3-13}$$

求得的 S_2 不能作为前级泵的抽速，由于机械泵抽气过程压强的变化、油的污染、抽气性能下降等原因，为使排气系统工作稳定，故所配的前级泵抽速用下面经验公式计算：

$$S_p = (1.5 \sim 3)S_2 \tag{3-14}$$

式中 S_p——应选用前级泵抽速，泵的名义抽速，L/s。

式中系数取法：主泵——油扩散泵取大些，油扩散喷射泵取小些；

机械泵——单级机械泵取大些，双级泵取小些。

b 精算

粗算配出前级泵后，按 S_p 值查国家标准的机械泵选取相应的前级泵，然后就可以根据前级泵入口尺寸，将低真空管道确定下来（包括阀门等元件）。这样低真空管道流导 U_2 也可以计算出来，且有：

$$S_h = \frac{S_2 U_2}{S_2 + U_2} \tag{3-15}$$

将式（3-15）代入式（3-12）中得：

$$\frac{S_2 U_2}{S_2 + U_2} \geqslant \frac{Q_{max}}{p_{反}}$$

故
$$S_2 \geqslant \frac{Q_{\max}}{p_{反} - \dfrac{Q_{\max}}{U_2}} \tag{3-16}$$

由式（3-16）所计算得出 S_2 若与式（3-13）计算出的值相差很小，即说明粗配泵满足要求，否则需要重新配泵[3]。最后算出 S_2 值，查国家标准选取相应的前级泵。但这种方法不适用于主泵为罗茨泵的配泵。

B 主泵为罗茨泵时配泵计算

这类泵的特点是它的抽气能力与前级泵的抽气能力有密切的关系。罗茨泵其前级配置油封式机械泵时，前级泵的抽速由经验公式计算[2]：

$$S_{\mathrm{p}} = \left(\frac{1}{3} \sim \frac{1}{8}\right) S_{\mathrm{L}} \tag{3-17}$$

式中 S_{p}——前级泵的抽速，泵的名义抽速，L/s；

S_{L}——罗茨泵的抽速，L/s。

式中系数选取，通常抽速大的罗茨泵取小值，抽速小的取大值。

还有一种取法：国内按$\frac{1}{5}$或接近$\frac{1}{5}$取，国外按$\frac{1}{10}$或接近$\frac{1}{10}$取，经常取$\frac{1}{8}$。

C 罗茨泵串联机组

罗茨泵串联机组的配置方式是：罗茨泵（主泵）+罗茨泵（中间泵）+机械泵（前级泵）。此时主泵（罗茨泵）与中间罗茨泵之间的抽速可按经验公式计算[2]：

$$S_{中} = \left(\frac{1}{4} \sim \frac{1}{2}\right) S_{\mathrm{L}} \tag{3-18}$$

式中 $S_{中}$——中间罗茨泵抽速，L/s；

S_{L}——主罗茨泵抽速，L/s。

中间罗茨泵配前级机械泵按公式（3-17）计算。

3.4.5 维持泵计算

3.4.5.1 维持泵作用

在大型真空设备的真空系统中配备维持泵，可以缩短工作周期，提高生产效率，可使设备使用费用减小，又可节约能源。

（1）由于大型真空系统上的主泵抽速很大，配的前级泵也很大。当真空设备工作一个周期之后，出炉、装炉过程需要对炉室放气，为缩短生产周期，主泵仍保持工作状态，而主阀门处于关闭状态，主泵排气量很少，在泵出口处配置一台小维持泵即可维持主泵的真空。

（2）当炉室内的材料经过真空熔炼（烧结、热处理）工艺后，不能马上放气取料，需要冷却较长一段时间，特别是内热式热处理炉冷却时间特别长。在冷却过程中主泵不能停止，要维持真空室工作压强，前级泵也不能停，而这段时间真空炉室内放气量又相当小。若停止大前级泵工作，开动较小维持泵以满足主泵要求。不但可节约能源，还能使大前级泵得到休息，以提高使用寿命。采用了维持泵的真空系统，可以减少主泵启动次数，不但节省启动与停止过程的时间，而且减少主泵返油现象，有利于真空炉室的环境清洁。

3.4.5.2 维持泵的计算

维持泵装置在油蒸气流泵的出口处，一般与前级机械泵并联。维持泵与前级机械泵是同一类型的泵。其抽速可按经验公式计算[3]：

$$S_3 = \frac{1}{10}S_2 \tag{3-19}$$

式中 S_3——维持泵的抽速，L/s；

S_2——前级泵的计算抽速，L/s。

再根据 S_3 值，查国家标准机械泵，选取抽速相近的泵。

3.4.6 炉室预真空的抽气时间计算[2]

炉室用机械泵从大气压开始抽炉室气体时，在低真空区域内，机械泵的抽速随着真空度升高而下降。其抽气时间用下式计算：

$$t = 2.3K_q \frac{V}{S_P}\lg\frac{p_i - p_0}{p - p_0} \tag{3-20}$$

若忽略 p_0 则：

$$t = 2.3K_q \frac{V}{S_P}\lg\frac{p_i}{p} \tag{3-21}$$

式中 t——抽气时间，s；

S_P——机械泵的名义抽速，L/s；

V——炉室容积，L；

p——经一定时间抽气后的压强，主泵启动压力，Pa；

p_0——炉室的极限真空度，Pa；

p_i——炉室开始抽气时的压强，Pa，通常为 1×10^5Pa；

K_q——修正系数，与炉室终止时的压强 p 有关，见表 3-8。

表 3-8 修正系数 K_q[2]

p/p_0	$10^5\sim10^4$	$10^4\sim10^3$	$10^3\sim10^2$	$10^2\sim10$	$10\sim1$
K_q	1	1.25	1.5	2	4

一般抽炉室预真空从大气压抽至主泵的工作压强时的抽气时间为 10～20min。

前面介绍的两类主泵均需要抽成预真空环境才能工作。如油扩散泵的预真空为 6.67Pa，油扩散喷射泵预真空为 13.33Pa，罗茨泵预真空为 1333Pa，上述三种主泵的预真空抽气时间方法相同。

3.4.7 预真空泵的抽速计算

预真空泵（粗抽泵）主要用来抽炉室中的大量气体，使炉室气体压强由 1×10^5Pa（大气）抽到主泵能够启动时的真空度。因此，要求预抽泵所达到的压力小于主泵启动的工作压强，预抽泵（如用机械泵）的抽速大小由粗抽时间决定。由公式（3-21）可导出：

$$S_p = 2.3K_q \frac{V}{t} \lg \frac{p_i}{p} \quad (3\text{-}22)$$

式中　t——预抽泵的抽气时间，当容积 $V<1\text{m}^3$ 时，取 $t=10\sim20\text{min}$；中等容积 $V=2\sim4\text{m}^3$，取 $t=20\sim30\text{min}$；大型容积 $V>5\text{m}^3$ 的真空室，取 $t=30\sim60\text{min}$。

式中其余符号同公式（3-21）。

一般真空设备的前级泵兼做预真空泵，工作时同时抽炉室与主泵的预真空。

对于大型真空系统，用主泵配置的前级泵作为预真空泵（粗抽泵）是不可取的，实践证明前级泵负荷太大，导致泵喷油、损坏。因为有时为了缩短粗抽时间，前级泵需要配置较大，长期运行耗能很高，很不经济，为此，大型真空系统均配有专用的粗抽泵（机械泵），待抽到主泵系统能够启动的真空度时停止运行，主泵系统开始系统抽空。

3.5　真空系统的设计

对于稀有金属真空熔炼、烧结、热处理炉等设备的真空系统设计，必须按第 3.1 节的四个基本要求，依据具体工艺条件，设计适当的真空系统方案。

在工业生产中钛、锆金属在 $6.65\sim1.33\times10^{-1}$Pa 压强范围内熔炼；钽、铌、钼、钨等金属在 $6.65\times10^{-1}\sim1.33\times10^{-2}$Pa 压强范围内熔炼或粉末成型烧结。根据真空系统的工作压强区域划分，以上两个区域范围分别属于中真空系统和高真空系统。本节介绍具体真空获得设备的配置。

3.5.1　中真空系统

压强在 $1330\sim0.13$Pa 范围属于中真空。中真空系统一般是由两个以上泵串联组成的。这种系统应用比较普遍，许多应用设备都采用了该种系统，如自耗炉、感应炉和一些热处理炉的真空系统等。下面介绍几种系统。

（1）油扩散喷射泵（主泵）串联机械泵（前级泵）的真空系统，如图 3-2 所示，该系统的工作压强范围为 $1.33\sim1.33\times10^{-1}$Pa。其优点是抽气能力大，系统简单，振动小，工作稳定可靠，维修方便，成本低。缺点是预抽气时间长（同罗茨泵系统比较），因为在

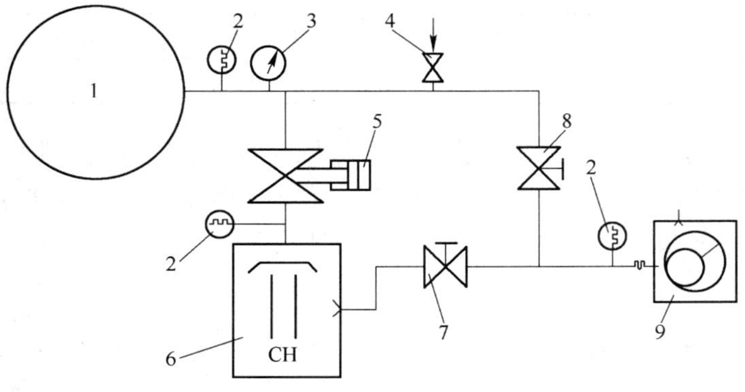

图 3-2　烧结炉真空系统示意图

1—炉室；2—热偶规管；3—压力表；4—充气阀；5—电磁气动阀；
6—Z-500 油扩散喷射泵；7，8—手动阀；9—H-150 前级机械泵

1.33～133.3Pa 压强范围内，油扩散喷射泵和机械泵抽速下降[3]。

（2）罗茨泵串联机械泵的真空系统。该系统的工作压强范围为 1333～1.33Pa。不但抽气能力大，而且启动快，预抽时间短，因为在 1.33～1×10^5Pa 压强范围内，机械泵和罗茨泵最大抽气能力很好连接上。缺点是工作时有振动，且噪声大，工作中随时间增加，罗茨泵性能下降[3]，它用于热处理工艺中，系统如图 3-3 所示。

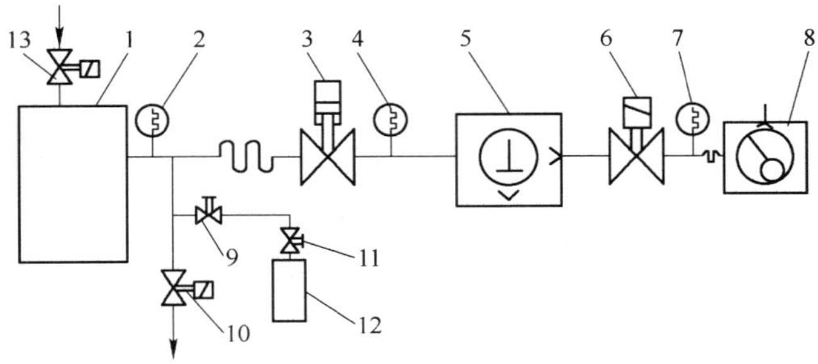

图 3-3 真空热处理炉真空系统图

1—炉室；2，4，7—热偶规管；3—电磁气动阀；5—罗茨泵；6—电磁压差阀；8—机械泵；9，11—手动充气阀；10—电磁放气阀；12—惰性气体瓶；13—电磁充气阀

（3）罗茨泵串联小型罗茨泵（中间泵），再串联机械泵的真空系统，其工作压强范围为 1333～1.33×10^{-1}Pa。不但工作压强范围大，而且工作真空度高，同时具备了罗茨泵系统的特点。中间串联的小型罗茨泵减小了主罗茨泵对前级机械泵的依赖性，因为压缩比减小，加宽了工作压强范围和提高了极限真空度[3]。缺点是排除氢气时其抽速陡降。

（4）油扩散喷射泵串联罗茨泵，再串联机械泵的真空系统。它适合排出灰尘较多的应用设备上，如图 3-4 所示。

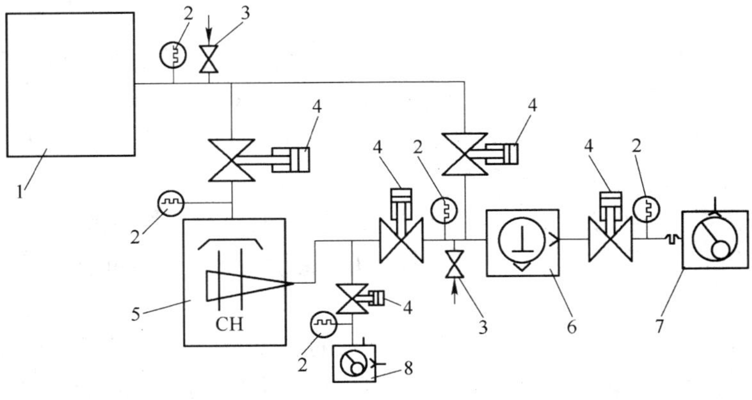

图 3-4 真空自耗电弧炉真空系统示意图（一）

1—炉室；2—热偶规管；3—充气阀；4—电磁气动阀；5—油扩散喷射泵（主泵）；6—罗茨泵；7—前级机械泵；8—维持机械泵

（5）以油扩散喷射泵和罗茨泵为主泵，两个泵出口串联罗茨泵，再串联机械泵的真空系统，如图 3-5 所示。其工作压强范围为 10^5～1.33×10^{-1}Pa。该系统具有罗茨泵系统和油

扩散喷射泵系统的双重特点，通过生产实践证明是真空自耗电弧炉典型系统，对于熔炼钛、锆及其合金具有突出优点[3]。优点是在 $10^5 \sim 1.33 \times 10^{-1}$Pa 压强范围内，均有抽速最佳的泵在工作，这样使抽气时间加快。主泵由于有油扩散喷射泵，所以排除含有氢气的气体效率高。系统中有两个罗茨泵串联使用，可使主罗茨泵抽速范围加宽为 $1.33 \sim 1.33 \times 10^{-1}$Pa。当与油扩散喷射泵并联使用时，抽速比较大。一旦出现瞬间放气量增大或突然发生坩埚被击穿事故时，产生大量水蒸气，也能被罗茨泵及时排出，防止发生气体爆炸和氢爆炸。目前世界各国多采用此种系统。它的缺点是设备复杂，投资大，占地面积大。这种系统也可用于真空自耗电弧凝壳炉。

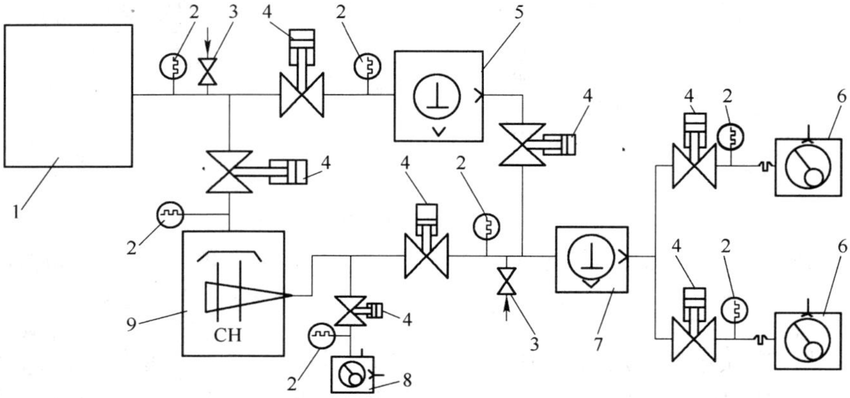

图 3-5 真空自耗电弧炉真空系统示意图（二）
1—炉室；2—热偶规管；3—充气阀；4—电磁气动阀；5—罗茨泵（主泵）；6—前级机械泵；7—罗茨泵（中间泵）；8—维持机械泵；9—油扩散喷射泵（主泵）

3.5.2 高真空系统

压强在 $1.33 \times 10^{-1} \sim 1.33 \times 10^{-6}$Pa 范围属于高真空。它是由两个以上泵串联组成的。这种系统应用也比较广泛。它的工作压强范围在 $6.67 \times 10^{-2} \sim 1.33 \times 10^{-3}$Pa。如电子束炉、感应烧结炉、电阻炉等都采用高真空系统。它适用于钽、铌、铪、钼、钨等金属的熔炼、烧结和热处理炉，下面介绍几种常用系统。

（1）油扩散泵串联机械泵的真空系统。该系统一般用在工作时放气量较小的应用设备上，系统结构简单，工作可靠，成本低，缺点是系统启动慢，预抽时间长。油扩散泵油蒸气容易返流到真空室内。

（2）油扩散泵串联罗茨泵，再串联机械泵的真空系统。它启动慢，但预抽时间短（因为中间有罗茨泵）。如图 3-6 所示。它适用于真空烧结炉的真空系统。电子束炉真空系统如图 3-7 所示。

（3）油扩散泵串联油扩散喷射泵，再串联机械泵的真空系统。该系统启动慢，由于有中间油扩散喷射泵存在，故预抽气时间短些。它适用于电子束炉的真空系统。

一般并联配置的主泵可以提高抽速，其值近似两泵抽速之和。再串联配的泵可以减少压缩比，提高极限真空度，其值近似于主泵的极限真空度。

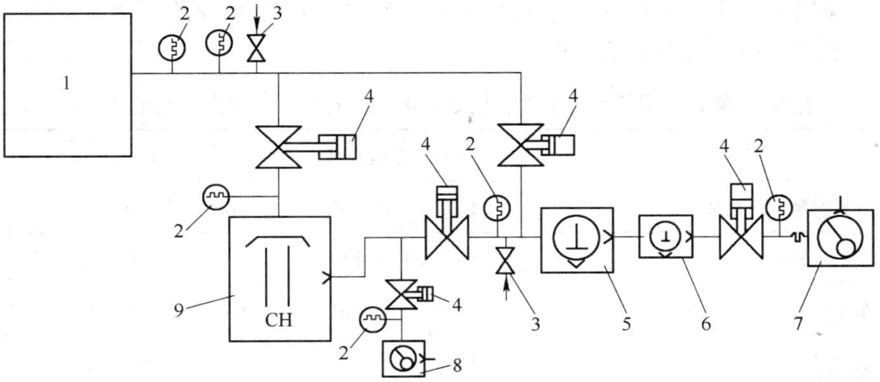

图 3-6 真空烧结炉真空系统示意图

1—炉室；2—热偶规管；3—充气阀；4—电磁气动阀；5—罗茨泵；6—中间罗茨泵；7—前级机械泵；8—维持机械泵；9—油扩散泵（主泵）

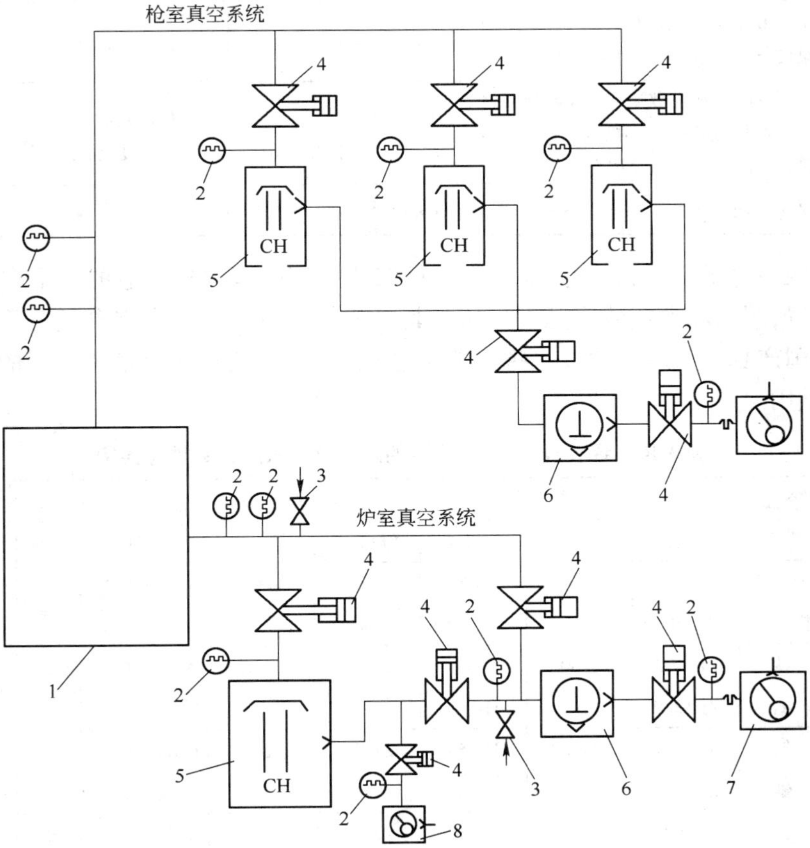

图 3-7 电子束炉真空系统示意图

1—炉室；2—热偶规管；3—充气阀；4—电磁气动阀；5—油扩散泵（主泵）；6—罗茨泵；7—前级机械泵；8—维持机械泵

在稀有金属工业中，常用的真空系统是以油扩散喷射泵和罗茨泵为主泵组成的系统。它们的组成形式与应用设备见表3-9。

表3-9　稀有金属熔炼、烧结、热处理炉常用的几种真空系统的组成形式

序号	组成形式	工作压强范围/Pa	特　点	应用范围
1	油扩散喷射泵+机械泵	$1.33 \sim 1.33\times10^{-1}$	有较大抽气能力,启动慢	小型电弧炉
2	罗茨泵+机械泵	$1333 \sim 1.33$	有较大抽气能力,启动快	热处理炉
3	罗茨泵+罗茨泵+机械泵	$1333 \sim 1.33\times10^{-1}$	大抽速,启动快,真空度高	热处理炉
4	油扩散喷射泵+罗茨泵+机械泵	$1333 \sim 1.33\times10^{-1}$	真空度高,启动快	电弧炉
5	油扩散喷射泵 罗茨泵 } +罗茨泵+机械泵	$1333 \sim 1.33\times10^{-1}$	抽速大,真空度高,启动快	电弧炉 壳式炉
6	油扩散喷射泵+机械泵	$1.33 \sim 1.33\times10^{-1}$	有较大抽气能力,启动慢	感应熔炼炉
7	油扩散泵+机械泵	$6.67\times10^{-2} \sim 1.33\times10^{-3}$	有较大抽气能力,启动慢	热处理炉
8	油扩散泵+罗茨泵+机械泵	$6.67\times10^{-2} \sim 1.33\times10^{-3}$	真空度高,启动慢	感应烧结炉
9	油扩散泵+罗茨泵+机械泵 油扩散泵(3台)+罗茨泵+机械泵	$6.67\times10^{-2} \sim 1.33\times10^{-3}$	真空度高,启动快	电子束
10	油扩散泵(2台)+油扩散喷射泵+机械泵 油扩散泵+油扩散喷射泵+机械泵 油扩散泵(2台)+油扩散喷射泵+机械泵	$6.67\times10^{-2} \sim 1.33\times10^{-3}$	有较大抽气能力, 真空度高,启动慢	电子束
11	油扩散泵+罗茨泵+罗茨泵+机械泵	$6.67\times10^{-2} \sim 1.33\times10^{-3}$	真空度高,启动快	电阻烧结炉

目前国内一些稀有金属熔炼、加工生产厂家所应用的国内外制造的真空自耗电弧炉的真空系统配置,明细和参数数值见表3-10。其中我国进口国外的真空自耗电弧炉的真空系统配置已被国产真空泵所代替。这些都是经过生产实际应用证明是最为理想的真空系统配置,供参考试用。

表3-10　稀有金属熔炼、烧结的几种真空系统配置推荐实例

炉子规格/kg	金属种类	系统泵型号				抽气速率/L·s^{-1}	极限压力/Pa	配用主阀门		产地
		主泵	中间泵	前级泵	维持泵			数量	阀门型号	
200 电弧炉	钛、锆 铌合金	ZL-400 ZL-400		H-8 H-150		8000	6.65×10^{-2}	2	GQD-J400 GQD-J400	中国
1000 电弧炉	钛 锆	ZL-400 ZJ-1200	ZJ-600	 H-150	2X-15	5200	8.6×10^{-2}	2	GQD-J400 GQD-J250	中国
1500 电弧炉	钛 锆	ZL-500 ZJ-1200	ZJ-600	H-150 H-8	2X-30	6200	6.65×10^{-2}	2	GQD-J500 GQD-J250	中国
3000 电弧炉	钛 锆	ZL-500 ZJ-2500	ZJ-600	H-150 H-8	2X-30	7500	6.65×10^{-2}	2	GQD-J500 GQD-J320	德国
3000 电弧炉	钛 锆	ZL-600 ZJ-2500	ZJ-1200	H-150 H-8	2X-30	10500 一次熔炼	5×10^{-2}	2	GQD-J600 GQD-J320	日本

续表 3-10

炉子规格/kg	金属种类	系统泵型号				抽气速率/L·s⁻¹	极限压力/Pa	配用主阀门		产地
		主泵	中间泵	前级泵	维持泵			数量	阀门型号	
3000 电弧炉	钛	Z-600 ZJ-1200	ZJ-600	H-150 H-8	2X-30	9200 一次熔炼	6.65×10^{-2}	2	GQD-J600 GQD-J250	中国
6000 电弧炉	钛	Z-600 ZJ-2500	 ZJ-600	H-150 H-150	2X-30	10500	6.65×10^{-2}	2	GQD-J600 GQD-J32	中国
10000 电弧炉	钛	ZL-400 ZL-400 ZJ-2500	ZJ-1200	H-150 H-8	2X-30	10500	6.65×10^{-2}	3	GQD-J400 GQD-J400 GQD-J320	中国 德国
150 感应炉	镍	ZL-500		H-150		5000	5×10^{-1}	1	GQD-J500	中国
120kW 电子束	钽、 铌、 钼、 铪	K-80 K-150 K-1000 K-150 K-80	Z-150 Z-300 Z-150	2X-4 H-150 2X-4	2X-70	36960	3×10^{-4}	5	GQD-J80 GQD-J150 GQD-J1000 GQD-J150 GQD-J80	日本
200kW 电子束	钽、 铌、 钼、 铪	K-1000 K-150 K-150 K-150	ZJ-1200 ZJ-300	H-150 2X-70	2X-70	37400	1.33×10^{-3}	4	GQD-J1000 GQD-J150 GQD-J150 GQD-J150	德国
100 感应炉	钨、钼	K-600	ZJ-600	2X-70		12500	3×10^{-4}	1	GQD-J600	日本
50 电阻炉	钽、铌、 钼、钨	K-1000	ZJ-600 + ZJ-300	2H-70		35000	6.65×10^{-2}	1	GQD-J1000	德国
150 凝壳炉	钛 铸件	ZL-600 ZJ-2500	ZJ-600	H-150 H-150	2X-15	10500	1×10^{-1}	2	GQD-J600 GQD-J350	中国
500 凝壳炉	钛 铸件	ZL-1000 ZJ-5000	ZJ-1200 ZJ-1200	H-150 H-150	2X-30	28000	6×10^{-2}	2	GQD-J1000 GQD-J500	中国

注：推荐使用甘肃腾飞真空泵制造公司的 ZL、WZ、K 系列产品，见附录 3。

3.6 真空系统的结构设计注意事项

真空系统包括炉室的结构设计主要考虑密封性要好，结构合理，材料对真空度影响要小，真空系统结构设计中应注意的事项可归纳为以下几点：

（1）选择结构材料应尽量用国家标准的无缝钢管和板材，尽量减少焊接结构，有利于真空部件气密性质量，但许多元件又离不开焊接结构，这时应选择焊接性能较好的钢材。

（2）焊接是真空系统制造中的一道重要工序，为了保证焊接焊缝不漏气，最好的焊接方法是采用氩弧焊，由于焊缝受到氩气的保护，所以焊缝质量比较高，从而保证了工件的气密性和机械强度。为了保证接头处密封性能，母材对接处要铣成45°的坡口焊接，尽可能在真空室内侧焊接，以避免形成不利于抽空的“死空间”。严格禁止内外侧同时焊缝的结构。外侧可以采用断续焊进行定位和加固，除此之外，合理地设计结构也很重要。

（3）结构上要避免出“气袋”，因为气袋会成为缓慢放气的源泉，增长抽气时间，要将气袋开设出气孔，以利于快速抽空[3]。如炉室内有螺栓连接时，螺栓中间钻一小孔，有利于排出里面的气体等。

（4）用法兰连接的构件，必须先进行粗加工，再焊接，然后加工到尺寸。这样可以纠正焊接后产生的变形量。既保证了法兰的平行度和尺寸公差与粗糙度，又能保证两个法兰连接后的密封可靠性。

（5）为了使炉室壳体和真空系统管道等元件有足够强度，保证在内压力和外力作用下，不产生变形，除壁厚要保证外，结构上尽可能采用圆形构件，尽量不要采用平盖。制作的构件一定要进行打水压或气压试验，一般打0.6～1MPa压力，保证不变形，不渗漏。

（6）对于某些真空橡胶密封圈，必须装置于较高温度处的，除应选择耐高温的橡胶密封外，还要采用水冷结构。

（7）凡是由外部进入炉室内的移动件或转动件，要保证其粗糙度 *Ra*6.3 以上。这样才能保证动密封的密封性能。

（8）炉壳体的水套结构和电弧炉所用紫铜坩埚水套结构要设计合理，保证水流畅通，尤其是坩埚冷却，不能出现死水区，否则会造成局部过热，引起汽堵造成不良的安全后果。

3.7 真空系统设计中应注意的问题

真空系统设计中应注意的问题归纳如下。

（1）真空系统设计的一条原则是：真空获得设备如真空泵、真空阀门等与相互连接的抽气管道，尽量做到短而粗（管道流导大），管道直径不小于泵入口直径。

（2）机械泵、罗茨泵运行时产生振动，为了防止振动波及整个系统，在泵进气口与真空管道连接之间，通常采用波纹管或耐油橡胶管来连接减震，并要保证在大气压力作用下不被压瘪。

（3）真空系统安装后，应便于测量和检漏。生产实际中，真空系统工作过程经常出现漏气或真空泵故障，为了迅速找到漏孔，要进行分段检漏，因此，每一段封闭区间至少有一个测量点，以便检漏和测量。每台泵进气口与其相连的阀门封闭区间的管道上要设置一个测量真空度的规管和充气阀，以便随时对每台真空泵的抽空性能进行检测。

（4）真空系统中配置的阀门和管道，应使系统抽气时间短，使用方便，安全可靠。一般在有一个蒸汽流泵作为主泵（油扩散泵或油扩散喷射泵）和一个机械泵作为前级泵的系统上，除了有前级管道（蒸汽流泵串联机械泵的管道）外，还应有一个预真空管道（真空室直通机械泵的管道）。其次是在真空室和主泵之间设有高真空阀门（也称主阀），在前级管道上设有前级管道阀（也称低真空阀）；在预真空管道上设置预真空管道阀（称低真空阀）。主泵上的高真空阀门，通常不能在阀盖下为真空状态而阀盖上为大气压状态下开阀，这要通过电气联锁保证安全。前级管道阀和预真空管道阀要考虑到阀本身能在大气压下开阀。以蒸汽流泵为主泵的真空系统，主阀要盖向主泵，前级管道阀也要盖向主泵，预真空管道阀盖向真空室。在机械泵入口管道上，应设一个放气阀门（压差阀），当机械泵停止工作时，能立即打开此阀，给机械泵充入大气，防止机械泵油返流到管路中，因此该阀要和机械泵联锁。为了打开炉门，真空室上必须设置放气阀门。该阀门设置的位置要考虑到放气时气体冲力较大，防止因冲力过大而破坏真空室的薄弱构件。放气阀的大小与真空室的体积有关，放气时间不能太长而影响生产[3]。

（5）真空系统在工作过程中经常出现漏气现象，而局部拆卸是经常发生的，设计时要注意系统的可拆卸性，每一段封闭管路区间应有一个可调节尺寸。这个可调节尺寸在设计系统时，采用提高真空元件加工尺寸精度和利用连接法兰上的密封橡胶圈来解决安装误差，这样可提高系统强度和刚度，减少用于系统上的支架。

（6）各真空元件连接方法及密封槽采用标准尺寸，保证有互换性。

（7）对熔炼过程中，被抽炉室内灰尘较大和飞溅的金属粒子，要在主管道上装置捕集器或挡尘板，并且要在罗茨泵和机械泵入口处设置纱网，以防止金属粒子进入泵腔，损坏真空泵。

（8）油扩散喷射泵和油扩散泵的油箱应设置油温显示与测量控制装置。

（9）随着真空技术和自动控制技术的不断发展，用于真空系统的控制元件非常繁多，设计时要采用新技术，做到抽气过程全自动程序控制，对于复杂的真空系统要采用计算机程序控制，更加安全可靠。

（10）真空系统设计要求做到节省能源，降低成本，使用方便可靠。

以上 10 点注意事项如能在设计时认真研究，就可以设计出高质量的真空系统。

3.8　真空系统的工作状态

真空系统在真空泵没有开始抽空之前，整个系统处于大气压强，系统内各处压强相等。泵开始抽空后系统中的气体被排到大气中去，所以系统的压强降低，形成真空状态。图 3-8 表示两个泵串联组成的真空系统的工作状态示意图。

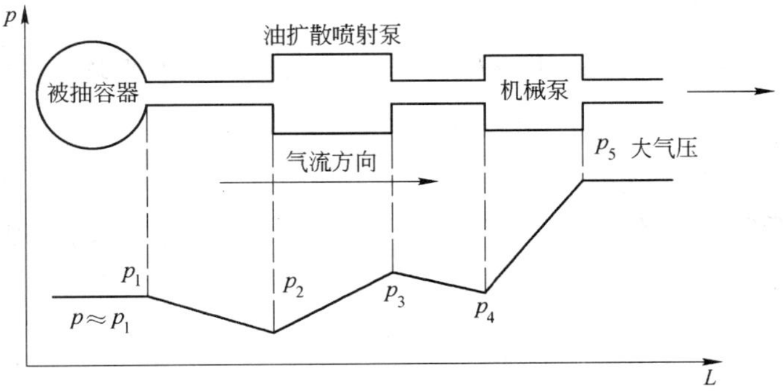

图 3-8　真空系统的基本工作状态图[3]

p_5 为气体排到大气的压强；p_4 是机械泵入口处的压强；p_3 是油扩散喷射泵出口压强，由于两泵之间导管和阀门阻力，则 $p_3 > p_4$。p_2 是油扩散喷射泵入口处压强。p_1 是被抽容器出口处压强；由于被抽容器与油扩散喷射泵之间导管和阀门的阻力，使 $p_1 > p_2$ 真空系统在连续抽气过程中，其内部压强分布必然如图 3-8 所示，这样无论是容器压强逐渐下降时，还是容器内压强保持恒定时，都是如此的。必须牢记这个概念，只要真空系统在工作，管道中的气流总是由高压流向低压（阀门相当于管道一部分，气流也是由入口流向出口的），而在泵中则相反，总是由低压流向高压的[3]。这就是真空系统的基本工作状态。所谓“基本工作状态”是说真空系统在整个排气过程中，主要是这种状态。在被抽容器内各处压强趋于相等，距抽气口处则偏低些。

3.9　真空管路流导的计算

3.9.1　真空管道内气体流动状态

真空系统一旦启动运转，系统管道中就存在定向的气体流动，管道内气体流动状态可分为三种：黏滞流、分子流和黏滞-分子流。

黏滞流出现在气体压强较高、流速较小的情况下，它的惯性力很小，气体的内摩擦力起主要作用。黏滞流时，气体流线的方向变为直线，管壁附近的气体几乎不动，一层气体在另一层气体上滑动，流速最大值在管道中心。气体分子的平均自由程比管道截面线性尺寸小得多[2]。

分子流出现在管道内压强很低，气体分子的平均自由程大于管路截面线性尺寸的情况下，气体分子的内摩擦力已不存在，分子间的碰撞可以忽略，气体分子管壁之间碰撞频繁，气体分子沿着管道做热运动[2]。

黏滞-分子流是介于黏滞流与分子流之间的气体流动状态[2]。

3.9.2　黏滞流、分子流和黏滞-分子流的判别[2]

根据管道中气体的平均压强和管道直径的乘积来判别黏滞流、分子流和黏滞-分子流。

$$\bar{p}d > 0.67\text{Pa}\cdot\text{m} \quad \text{为黏滞流}$$

$$\bar{p}d < 0.02\text{Pa}\cdot\text{m} \quad \text{为分子流}$$

$$0.02\text{Pa}\cdot\text{m} < \bar{p}d < 0.67\text{Pa}\cdot\text{m} \quad \text{为黏滞-分子流}$$

其中，$\bar{p}$为管道中平均压强，Pa，即入口压强与出口压强值的平均值，$\bar{p}=\dfrac{p_1+p_2}{2}$，$p_1$、$p_2$分别为管道两端气体压强；$d$为管道直径，m。

3.9.2.1　圆管道黏滞流时的流导计算[2]

（1）圆截面长管黏滞流时管道的流导。$L\geqslant 20d$的管道称为长管，其流导按下式计算（对20℃空气的流导）：

$$U_{n\cdot 20℃} = 1.34\times 10^3\frac{d^4}{L}\bar{p} \tag{3-23}$$

（2）圆截面短管黏滞流时管道的流导。$L\leqslant 20d$的管道称为短管，其流导按下式计算（对20℃空气的流导）：

$$U_{n\cdot 20℃} = 1.34\times 10^3\frac{d^4\bar{p}}{L+0.029Q_n} \tag{3-24}$$

式中　$U_{n\cdot 20℃}$——黏滞流时，对20℃空气的长、短管流导，m^3/s；

L——管道长度，m；

Q_n——通过短管的气体流量，$Pa\cdot m^3/s$。

3.9.2.2　圆管道分子流时的流导计算[2]

（1）圆截面长管分子流时管道的流导。$L>20d$的流导公式（对20℃空气的流导）：

$$U_{f\cdot 20℃} = 121\frac{d^3}{L} \tag{3-25}$$

（2）圆截面短管分子流时管道的流导。$L \leqslant 20d$ 的流导公式（对20℃空气的流导）：

$$U_{f \cdot 20℃} = \alpha \cdot 116 A_0 \tag{3-26}$$

式中 $U_{f \cdot 20℃}$——分子流时，对20℃空气的长、短管流导，m^3/s；

α——克劳辛系数，见表3-11；

A_0——圆孔面积，m^2。

表3-11 克劳辛系数 α 值

L/d	0	0.05	0.1	0.2	0.4	0.6	0.8
α	1	0.952	0.909	0.831	0.718	0.632	0.566
L/d	1.0	2	4	6	8	10	20
α	0.514	0.359	0.232	0.172	0.137	0.114	0.061

3.9.2.3 圆管道黏滞-分子流的流导计算[2]

圆截面管道对20℃空气的流导：

$$U_{n \cdot f \cdot 20℃} = 12.1 \frac{d^3}{L} J \tag{3-27}$$

式中 d——管道直径，cm；

L——管道长度，cm；

J——与$\bar{p}d$之积有关系数，见表3-12。

表3-12 20℃空气的 J 值

$\bar{p}d$/Pa·cm	J	$\bar{p}d$/Pa·cm	J	$\bar{p}d$/Pa·cm	J
1.0	0.98	11.0	2.03	80.0	9.91
1.3	1.01	12.0	2.18	93.0	11.4
2.0	1.07	13.0	2.33	107.0	12.9
2.6	1.14	20.0	3.08	120.0	14.5
3.0	1.17	27.0	3.84	133.0	16.0
4.0	1.28	30.0	4.21	266.0	31.1
5.0	1.43	40.0	5.37	400.0	46.3
7.0	1.58	50.0	6.48	667.0	76.6
9.0	1.73	53.0	6.87	933.0	107.0
9.3	1.88	60.0	7.61	1333.0	152.0
10.0	1.95	67.0	8.38		

3.9.2.4 弯管的流导

计算弯管的流导时，可以使用等效长度：

$$L_{等效} = L_{轴长} + \frac{4}{3}d$$

通常采用：

$$L_{等效} = L_{轴长} + d \tag{3-28}$$

式中 $L_{轴长}$——弯管轴线长，cm；

d——管道直径，cm。

当管道长度比较长时，弯管的影响可以忽略，计算弯管流导可按长度的直管计算。

3.9.2.5 管道阀门的流导[3]

一般国产标准真空阀门都提供通导能力即流导，按其参数选取。

对于直通阀门：

$$U_{直} = 9.1D^2 r \tag{3-29}$$

也可按下式计算：

$$U_{角} = 0.8U_{直} \tag{3-30}$$

式中　D——阀门出口直径，cm；

r——阻力系数，一般取0.5～1。

3.9.2.6　挡板的流导

目前在真空自耗电弧炉中，大多数采用半月板作为真空管道的挡板，防止金属粒子飞溅进入到真空泵内。其流导采用比流导法来计算，挡板的流导，比流导即挡板单位面积上的流导（由实验测出）。

在20℃空气的比流导[2]：

$$U_{挡} = U_{比} F \tag{3-31}$$

式中　$U_{挡}$——挡板的流导，L/s；

$U_{比}$——挡板的比流导，L/(s·cm^2)，半月板的比流导为1.2；

F——挡板面积，cm^2。

黏滞流、分子流时对20℃空气、孔和管道的流导常用公式[2]见表3-13。

表3-13　黏滞流、分子流时对20℃空气、孔和管道的流导常用公式[2]

气流性质	管道类别	公　式
黏滞流	圆长管	$U_n = 1.34\times10^3 \dfrac{d^4}{L}\bar{p}$
	圆短管	$U_n = 1.34\times10^3 \cdot \dfrac{d^4}{L+0.029Q_n}\bar{p}$ 或 $\dfrac{1}{U_{短}} = \dfrac{1}{U_{孔}} + \dfrac{1}{U_{管}}$ $U_{短} = \dfrac{U_{孔}U_{管}}{U_{孔}+U_{管}}$
	孔　口	当$1\geqslant X\geqslant0.525$时，$U_n = 766X^{0.712}\cdot\sqrt{1-X^{0.288}}\cdot\dfrac{A_0}{1-X}$ 当$0.1\leqslant X\leqslant0.525$时，$U_n = 200\dfrac{A_0}{1-X}$ 当$X<0.1$时，$U_n = 200A_0$
分子流	圆长管	当$L>20d$时，$U_f = 121\dfrac{d^3}{L}$
	圆短管	当$L\leqslant20d$时，$U_f = 11.6A_0\alpha$，α见表3-11
	直角管道	按直管计算，管道计算长度应为$L = L_1 + L_2 + \dfrac{4}{3}d$
	孔　口	$U_f = 11.6A_0 = 9.12d^2$（L/s）
黏滞—分子流	圆长管	$U_{n\cdot f} = 1341\dfrac{d^4\bar{p}}{L} + 121\dfrac{d^3}{L}\times\dfrac{1+189d\bar{p}}{1+234d\bar{p}}$（m^3/s）； $U_{n\cdot f} = 12.1\dfrac{d^3}{L}J$（L/s） 式中$J$值见表3-12

注：符号参见诸公式；单位为m^3/s。

3.10 真空系统设计计算举例

真空应用设备，由于被熔炼、烧结、热处理金属材料工艺规程不同、放气量不同和工作真空度不同，其真空系统也各不相同，本节以1t真空自耗电弧炉的真空系统为例进行真空系统计算。

3.10.1 技术要求

（1）该炉是用来熔炼一次（初熔）和二次（重熔）钛及钛合金铸锭的；

（2）炉室最大容积2300L；

（3）炉室极限真空度0.266Pa（冷炉）；

（4）炉室工作真空度，一次6.65Pa，二次0.667Pa；

（5）炉室升压率0.133Pa/min；

（6）坩埚最大内径ϕ440mm；

（7）最大熔炼电流12kA；

（8）钛的熔炼速度（因熔炼系数是0.53～0.8kg/(kA·min)，取中值0.65kg/(kA·min)，则0.65×12kA=7.8kg/min，取8kg/min）；

（9）由大气压强抽到炉室的工作真空度不超过60min。预抽空时间不超过15min，系指由大气抽到13.33Pa（油扩散喷射泵工作压强）的时间；

（10）真空系统为程序控制和手动操作，维护修理容易。

在设计真空系统时，就要根据这些要求，按照系统设计程序进行设计。其中最重要的是选泵及配泵计算。

3.10.2 主泵类型和真空系统的确定

根据上面给出的第2、3条要求，电弧炉的极限真空度为0.266Pa；工作真空度为6.65～0.667Pa；再考虑到熔炼钛时，放出的气体主要成分是O_2、H_2和N_2，H_2占很大比重。又根据前面所讲的各真空机组的配置优缺点，基于这几点，选择主泵为油扩散喷射泵和罗茨泵的真空系统可以满足要求。图3-9是我国设计的一台真空自耗电弧炉的真空系统图。下面依据技术要求，按设计程序进行选配泵计算。

3.10.3 炉室内放气量的计算

前面已经讲过，主泵大小是根据炉内熔炼时，金属材料在单位时间内所放出的气体量大小决定的。故选泵的首要任务是计算炉内在熔炼时总的放气量，用公式（3-3）计算。

$$Q = Q_g + Q_0 + Q_L$$

式中 Q——炉室总的放气量，Pa·L/s；

Q_g——钛熔炼工艺过程的放气量，Pa·L/s；

Q_0——炉室内壁、构件和坩埚材料表面的放气量，Pa·L/s；

Q_L——炉室的漏气率，Pa·L/s。

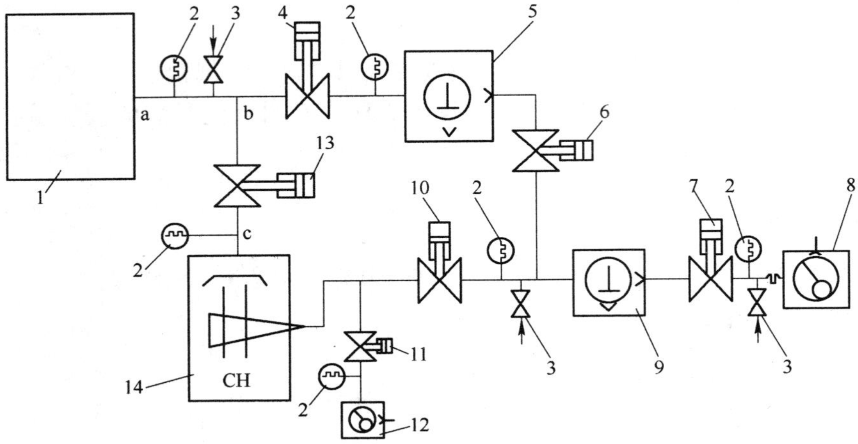

图 3-9 ZH-1t 真空自耗电弧炉真空系统示意图

1—熔炼炉室；2—热偶规管；3—电磁充气阀；4—GDQ-J300 气动阀；5—ZJ-1200 罗茨泵（主泵）；6，10—GDQ-J200 气动阀；7—GDQ-J150 气动阀；8—H-150 机械泵（前级泵）；9—ZJ-600 罗茨泵（中间泵）；11—GDQ-J50 气动阀；12—2X-15 机械泵（维持泵）；13—GDQ-J500 气动阀；14—Z-500 油扩散喷射泵（主泵）

3.10.3.1 被熔炼钛材料工艺过程的放气量 Q_g 的计算

由式（3-4）计算：

$$Q_g = \frac{q_1 G p b_1}{t} n_1$$

式中 q_1——海绵体在标准状态下所含气体体积，查表 3-1 为 0.3 ~ 1.0L/kg，取中值 q_1 = 0.65L/kg，经过一次真空熔炼后钛的剩余含气量不超过原含气量的 25%，故二次重熔时，$q_1 = 0.65 \times 25\% = 0.1625$L/kg；

$\frac{G}{t}$——钛的熔炼速度，$\frac{G}{t} = \frac{8}{60}$kg/s；

p——标准大气压强，$p = 101325$Pa；

b_1——放气程度系数，对于钛在一次熔炼和二次重熔时，能放出气体为总含气量的 75% ~80%，取 $b_1 = 75\%$；

n_1——钛在熔炼时放气的不均匀系数，查表 3-6，对电弧炉 $n_1 = 1$。

一次熔炼过程中钛的气体放出量，用公式（3-4）计算得：

$$Q_g = \frac{q_1 G p b_1}{t} n_1 = \frac{0.65 \times 8 \times 101325 \times 0.75 \times 1}{60} = 6586.125\text{Pa} \cdot \text{L/s}$$

经过第一次真空熔炼后，钛的剩余含气量不超过原含气量的 25%，故 $q_1 = 0.65 \times 25\% = 0.1625$L/kg。

二次重熔过程中钛的气体放出量为：

$$Q_g = \frac{q_1 G p b_1}{t} n_1 = \frac{0.1625 \times 8 \times 101325 \times 0.75 \times 1}{60} = 1646.531\text{Pa} \cdot \text{L/s}$$

3.10.3.2 炉室内壁、构件和坩埚内壁材料表面的放气量 Q_0 的计算

按公式（3-5）计算：

$$Q_0 = q_2 A + q_3 A_1$$

式中 q_2——材料单位表面积的出气速率，炉室内壁为不锈钢件，查表3-4得 $q_2 = 3.7 \times 10^{-6} \text{Pa} \cdot \text{L}/(\text{cm}^2 \cdot \text{s})$；

A——炉室内壁表面积，经计算得 $A = 80000\text{cm}^2$；

q_3——材料单位表面积的出气速率，坩埚为紫铜件，查表3-4得 $q_3 = 4.7 \times 10^{-7} \text{Pa} \cdot \text{L}/(\text{cm}^2 \cdot \text{s})$；

A_1——坩埚内壁表面积，经计算得 $A_1 = 25000\text{cm}^2$。

代入式（3-5）中得：

$$Q_0 = q_2 A + q_3 A_1 = 3.7 \times 10^{-6} \times 80000 + 4.7 \times 10^{-7} \times 25000 = 0.308 \text{Pa} \cdot \text{L/s}$$

3.10.3.3 炉内漏气量 Q_L 的计算

按公式（3-6）计算：

$$Q_L = p_x V / 60$$

式中 p_x——升压率，$p_x = 0.133\text{Pa/min}$；

V——炉室的体积，经计算得 $V = 2300\text{L}$。

则
$$Q_L = \frac{p_x V}{60} = \frac{0.133 \times 2300}{60} = 5.73 \text{Pa} \cdot \text{L/s}$$

3.10.3.4 炉内总放气量 Q 的计算

一次熔炼：$Q = 65860.125 + 0.308 + 5.73 = 6592.163 \text{Pa} \cdot \text{L/s}$

二次熔炼：$Q = 1646.531 + 0.308 + 5.73 = 1652.569 \text{Pa} \cdot \text{L/s}$

3.10.4 主泵抽速的计算

3.10.4.1 主泵的抽速粗算

首先计算主泵在炉室出口处的有效抽速 S_y，用公式（3-7）得：

$$S_y = \frac{Q}{p_g}$$

式中 Q——炉室内总的气体量，一次熔炼为 $Q = 6592.163 \text{Pa} \cdot \text{L/s}$，二次重熔为 $Q = 1652.569 \text{Pa} \cdot \text{L/s}$；

p_g——炉室内的工作真空度，一次熔炼为 $p_g = 6.65\text{Pa}$，二次重熔为 $p_g = 0.667\text{Pa}$。

分别代入式（3-7）中得：

一次熔炼 $S_y = 6592.163/6.65 = 991.303\text{L/s}$

二次重熔 $S_y = 1652.569/0.667 = 2477.61\text{L/s}$

从上述计算结果看出，二次重熔时所需要泵的有效抽速大于一次熔炼的抽速，因此取 $S_y = 2477.61\text{L/s}$ 为计算依据。

由于选泵前，炉室出口到主泵入口之间的管道、阀门的直径未知，其流导也未知，主泵的抽速无法计算，此时可用经验公式（3-8）计算：

$$S_1 = K_s S_y$$

式中　S_1——主泵的有效抽速，L/s；

K_s——该泵抽速损失系数，因管道中有防尘网，$K_s = 2 \sim 2.5$，取 $K_s = 2.2$；

S_y——主泵在炉室出口 c 处的有效抽速，取二次重熔 $S_y = 2477.61$L/s。

则　$$S_1 = 2.2 \times 2477.61 = 5451\text{L/s}$$

根据国产油扩散喷射泵系列选取 Z-500 泵，其抽速为 5000L/s 和 ZJ-1200 罗茨泵，其抽速为 1200L/s，并联作主泵。

3.10.4.2　*油扩散喷射泵的精算*

经过粗算得出系统抽速最大的油扩散喷射泵，按 Z-500 泵入口直径选取通径相同的主真空阀门及管道，求其管道的流导，进行验算。由图 3-9 可知主泵入口管道流导 U_1 是由短管流导 $U_{短}$，主真空阀门流导 $U_{阀}$ 串联组成的。按下式计算：

$$U_1 = \frac{1}{\dfrac{1}{U_{短}} + \dfrac{1}{U_{阀}}} \tag{3-32}$$

（1）由炉室出口到主真空阀门（a—b）间短管道流导 $U_{短}$ 的计算。已知其管道直径 $D = 50$cm；管道中的平均压强即两端压强的平均值，在炉室内端的压强，即炉室工作压力 $p_g = 0.667$Pa 时，油扩散喷射泵入口压力很低，故管道出口压力可以忽略，只能根据经验近似取管路中的平均压强 $\bar{p} = \dfrac{1}{2}p_g = \dfrac{1}{2} \times 0.667 = 0.334$Pa，此时 $\bar{p}d = 0.334 \times 0.5 = 0.167$ Pa · m。由于 0.02Pa · m < 0.167Pa · m < 0.67Pa · m，根据判定式可判其为黏滞-分子流。管道长度 $L = 260$cm，则有 $\dfrac{L}{d} = 260/50 = 5.2 < 20$，判定这段管道为短管道，取流导由公式（3-27）计算：

$$U_{短} = 12.1 \frac{d^3}{L} J$$

式中　d——管道直径，cm，$d = 50$cm；

L——管道长度，cm，$L = 260$cm；

J——与 $\bar{p}d$ 之积有关的系数，$\bar{p}d = 0.334 \times 50 = 16.7$，查表 3-11 得 $J = 3.08$。

代入式（3-27）中得：

$$U_{短} = 12.1 \times 50^3/260 \times 3.08 = 17917.3\text{L/s}$$

（2）油扩散喷射泵上配置的真空阀门为 GDQ-J500 的流导，经查有关资料得 $U_{阀} = 9000$L/s，将 $U_{短}$、$U_{阀}$ 值代入公式（3-32）得：

$$U_1 = \frac{1}{\dfrac{1}{17917} + \dfrac{1}{9000}} = 6024\text{L/s}$$

（3）主泵抽速 S_1 的计算。将 U_1 代入公式（3-9）得

$$S_1 = \frac{2477.61 \times 6024}{6024 - 2477.61} = 4208.54\text{L/s}$$

由此可见所选主泵的抽速为5000L/s和1200L/s是合适的。

3.10.5　配泵计算

3.10.5.1　配前级泵的抽速 S_P 的计算

由公式（3-14）得：

$$S_P = (1.5 \sim 3)S_2$$

式中　S_2——粗选泵的抽速，L/s。

系数取法，前级是单级机械泵可取大值，双级前级泵取小值，主泵是油扩散泵时取大值，主泵是油扩散喷射泵时取小值。故取系数为2.3（中值）。由经验公式（3-13）得：

$$S_2 \geqslant (1.11 \sim 1.25)\frac{Q_{max}}{p_{反}} \quad 取系数为1.25$$

式中　Q_{max}——油扩散喷射泵的最大排气量，且 $Q_{max} = S_1 p_{大}$；

$p_{大}$——油扩散喷射泵抽速为 S_1（名义抽速）的最大工作压强，它是个已知数，对于油扩散喷射泵，一般 $p_{大} = 1.33$Pa；

$p_{反}$——油扩散喷射泵出口的最大排气压强，$p_{反} = 133 \sim 266$Pa，取 $p_{反} = 133$Pa。

则　$$S_2 = 1.25 \times 5000 \times 1.33/133 = 62.5\text{L/s}$$

故　$$S_P = 2.3 \times 62.5 = 143.75\text{L/s}$$

根据机械泵的系列标准选取 $S_P = 150$L/s 的 H-150 泵为前级泵，由于油扩散喷射泵与前级泵间，还串联有中间罗茨泵，完全可以满足压强，故配泵的精算从略。

3.10.5.2　中间罗茨泵抽速 S_{ZL} 的计算

由图3-9看出，主罗茨泵 ZJ-1200 串联中间罗茨泵，再串联前级机械泵时，此时主泵（罗茨泵）与前级罗茨泵之间的抽速用公式（3-17）计算：

$$S_{ZL} = \left(\frac{1}{3} \sim \frac{1}{8}\right)S_L \quad 取系数为1/5$$

式中　S_L——主罗茨泵抽速，L/s，$S_L = 1200$L/s。

则　$$S_{ZL} = \frac{1}{5} \times 1200 = 240\text{L/s}$$

这里考虑到减小油扩散喷射泵对前级机械泵的依赖，以及前级管道的抽速损失，将泵抽速加大为600L/s。故选取标准罗茨泵 ZJ-600。

3.10.6　预真空机械泵抽速计算

前级泵也可兼作预真空泵。按式（3-22）计算：

$$S_P = 2.3K_q \frac{V}{t}\lg\frac{p_i}{p}$$

式中　S_P——机械泵的名义抽速，L/s；

V——炉室容积，2300L；

t——抽气时间，取900s；

p——经时间抽气后的压强，罗茨泵启动压强为1333Pa；

p_i——炉室开始抽气时的压强，通常为101325Pa；

K_q——修正系数，与炉室终止时的压强 p 有关，查表3-8取1。

代入式（3-22）中得：

$$S_P = 2.3 \times 1 \frac{2300}{900} \lg \frac{101325}{1333} = 11.1 \text{L/s}$$

所选H-150泵兼作预真空泵足以满足要求。

3.10.7 维持泵抽速 S_w 的计算

由于油扩散喷射泵启动时间长（油温从室温加热到工作温度，需要45～60min），在周期性操作时，当出、装炉时，为了缩短工作周期而不停止主泵加热，关闭主真空阀门和前级管道真空阀门，在油扩散喷射泵排气出口处设置维持泵，这样可以维持主油扩散喷射泵的真空，防止泵油氧化，这样可以停止H-150机械泵，节省能源消耗。其抽速由公式（3-19）计算：

$$S_w = \frac{1}{10} S_P$$

式中 S_P——前级机械泵的抽速，$S_P = 150\text{L/s}$；

则
$$S_w = \frac{1}{10} \times 150 = 15\text{L/s}$$

选取国产标准机械泵2X-15。

3.10.8 抽气时间的计算

抽气时间的计算包括三个部分：第一部分用机械泵（H-150泵）预抽炉室，由大气压强抽到1333Pa（罗茨泵启动压强）所需要的时间 t_1；第二部分是用罗茨泵继续抽炉室预真空，由1333Pa抽到13.33Pa（油扩散喷射泵的工作压强）所需要的时间 t_2；第三部分是用油扩散喷射泵和罗茨泵（主泵）并联将炉室压强由13.33Pa抽到0.667Pa（工作真空度）所需要的时间 t_3。抽气时间由公式（3-21）计算：

$$t = 2.3 K_q \frac{V}{S_P} \lg \frac{p_i}{p}$$

为了简化计算，省略前级管道、阀门等流导的计算，可将这些所造成的抽速损失，根据经验，前级泵和中间泵的抽速降低30%来计算，这样处理比较合适。所以前级泵机械泵对炉室的有效抽速为150×30% =45L/s；中间罗茨泵对炉室的有效抽速为600×30% =180L/s。

由大气压强抽到1333Pa的抽气时间 t_1：

$$t_1 = 2.3 K_q \frac{V}{S_P} \lg \frac{p_1}{p_2}$$

式中 K_q——系数查表3-8得 $K_q = 1.5$；

V——炉室的容积，$V = 2300\text{L}$；

S_P——机械泵通过管道对炉室的有效抽速，$S_P=45L/s$；

p_1——抽空开始时炉室内压强，$p_1=101325Pa$；

p_2——要达到的预真空压强，$p_2=1333Pa$。

代入式中得：

$$t_1 = 2.3\times 1.5\frac{2300}{45}\lg\frac{101325}{1333}\approx 6min$$

由 1333Pa 抽到 13.33Pa 的抽气时间 t_2：

$$t_2 = 2.3K_q\frac{V}{S_{PL}}\lg\frac{p_2}{p_3}$$

式中 K_q——系数查表 3-8 取 $K_q=2$；

S_{PL}——罗茨泵通过管道对炉室的有效抽速，$S_{PL}=180L/s$；

p_3——要达到的预真空压强，$p_3=13.33Pa$；

其余符号同前。

代入得 $$t_2=2.3\times 2\times\frac{2300}{180}\lg\frac{1333}{13.33}\approx 2min$$

则 $$t_{预}=t_1+t_2=6+2=8min$$

由 13.33Pa 抽到 0.667Pa 的抽气时间是用油扩散喷射泵和罗茨泵共同抽到工作真空度的时间 t_3：

$$t_3 = 2.3K_q\frac{V}{S_{PL}}\lg\frac{p_3}{p_4}$$

式中 K_q——系数查表 3-8 取 $K_q=4$；

S_{PL}——中间罗茨泵通过油扩散喷射泵和罗茨泵对炉室的有效抽速，$S_{PL}=180L/s$；

p_4——要达到的抽空压强，$p_4=0.667Pa$；

其余符号同前。

代入式中得：

$$t_3 = 2.3\times 4\frac{2300}{180}\lg\frac{13.33}{0.667} = 3min$$

由于油扩散喷射泵的加热时间（初始），需要 45 ~ 60min，才可工作，再由图 3-8 可以看出本系统预抽气和油扩散喷射泵加热可同时进行。因预抽气时间小于油扩散喷射泵的加热时间，所以初始由大气压强抽到 0.667Pa（工作真空度）的时间为：

$$t = 60 + t_3 = 60 + 3 = 63min$$

连续生产免去了油扩散喷射泵的预加热时间，所以系统由大气压强抽到 0.667Pa 的时间为：

$$t = t_1 + t_2 + t_3 = 6 + 2 + 3 = 11min$$

以上系统初步设计工作基本完成，根据所选泵绘制方案图，管道应当短而粗，而在实际中存在着整体结构上的限制，有可能主管道还要加长，一般情况下管道口径等于泵口径，据此，再选取真空阀门、前级管道等。

绘制真空系统草图，然后依据各部分结构尺寸计算管道的通导能力，精校各种真空泵抽速，如发现问题可以适当变更，重新核对，直到真空泵的抽气能力满足要求为止。而后绘制加工图，并给电气专业提供系统自动和手动控制技术要求，最后按设计程序进行计算。

3.11 真空测量

真空测量是真空冶金设备的重要组成部分，要探知密闭的炉室低压空间气体稀薄程度，就必须选用适当的表征低压空间气体稀薄程度的物理量作为计量单位，采用真空表（计）进行测量。

3.11.1 真空表（计）的选用方法

随着真空技术的发展，真空表（计）的种类繁多，可满足各种不同场合的真空测量。在真空冶金工业中，如何根据真空设备的情况，从品种繁多的真空表（计）中，选取一台比较合适的真空表（计）是非常重要的问题。它最终关系到测量工作的质量、设备费用的高低、使用维护方便等问题，从原则上讲，应根据实际情况，按下列各项考虑选用：

（1）应具备足够的测量范围，一般要求所选用的真空表（计）的测量范围，要比被测量系统的真空度的范围宽 1 ~2 个数量级以上。

（2）应具备足够的测量范围，使得测量结果准确可靠。真空表（计）的测量误差应小于 20%。

（3）测量规管的吸气与放气量小，尽量减小对被测系统的影响。

（4）低于大气压的气体全压强的范围要宽，而且在选用真空规管和测量方法时要考虑如下几点：1）测量范围、精度、反应速度；2）所选规管与被测量气体间的相互作用；3）被测气体成分的性质；4）被测气流的状态。

（5）选用真空表（计）应能测量蒸气与气体的全压强。

（6）应能连续指示与测量。

（7）反应时间快，惯性小（指针式的）。

（8）真空表（计）和规管稳定性好，结构牢固，寿命长。

（9）真空表（计）安装、移动及使用方便，维修简单，对操作者无害。

（10）真空计的费用低。

（11）对于大中型现代真空装置应选用数显并带有输出模拟控制信号，并配置计算机定值程序控制等。实现对真空装置及工艺过程的程序控制，以及真空参数的数据采集、打印、传输、计算、处理、显示、记录和调节，运行状态监视、诊断，从而提高真空装置的控制品质，使真空装置的控制实现真正的自动化。

（12）在真空冶金设备上，往往不能用一种真空表（计）来完成真空度的测量，而常常要两种或两种以上的真空表（计），以互补彼此测量的不足，更好地满足所需要的测量范围[9]。

真空冶金现场常用的几种真空表（计）的使用压强范围等简介如表 3-14 所示，供选用和使用真空表（计）时参考。

表 3-14 真空冶金工业常用真空计

真空区域 /Pa	真空计类型		规管型号	测量范围 /Pa	选用真空计	与气体种类关系	与气体蒸气总压强关系	应用设备
中真空 $13.3 \sim 10^{-1}$	热传导真空计	电阻真空计	ZJ-52T	$10^5 \sim 10^{-1}$	(1)一般情况用电阻真空计，测量精度不高时用热电偶计；(2)比较精密测量用电容式薄膜真空计	有	有	电弧炉、凝壳炉、热处理炉
		热偶真空计	ZJ-51	$400 \sim 10^{-1}$		有	有	电弧炉、凝壳炉、热处理炉
高真空 $10^{-1} \sim 10^{-6}$	电离真空计	热阴极电离真空计	ZJ-27	$10 \sim 10^{-6}$	(1)主要用电离测量计；(2)对放气量较大的真空设备及要求不高时测量可用冷阴极电离真空计	有	有	电弧炉、电子束电阻炉、感应炉
		冷阴极电离真空计	MO14C	$10^{-1} \sim 10^{-6}$		有	有	电子束炉、电阻炉、感应炉
中、高真空	复合真空计	热偶、电离复合真空计	ZJ-51 ZJ-27	$400 \sim 10^{-1}$ $10 \sim 10^{-6}$	在要求能测量低(中)和高真空时可选用：(1)复合真空计；(2)高压强电离真空计	有	有	电子束炉、电阻炉、感应炉、电弧炉、凝壳炉、热处理炉

3.11.2 常用热传导真空表（计）和电离真空表（计）

热传导真空表（计）和电离真空表（计）是由测量规管和测量电路系统两个部分组成。测量规管是将气体压强这个非电量转换成电量的转换器，通过电量的指示来定量地指示出气体的压强，达到测量压强的目的。

3.11.2.1 热传导真空表（计）

热传导真空表（计）是利用气体热传导在低压下与压强有关的物理量的变化，来反映压强的变化的真空表（计），包含电阻真空表（计）和热偶真空表（计）。

A 电阻真空表（计）

它利用热丝电阻随着温度变化的性质。这种规管的热丝温度是随着压力而变化的，由于温度的改变导致热丝电阻变化，用测量电阻的变化来测量真空度。它具有良好的化学稳定性，满度漂移小，反应速度快。真空测量数字化，具有微处理机功能、设定、控制功能，并设有与计算机连接的输出传输功能。

B 热偶真空表（计）

它利用电偶直接测量灯丝的温度变化。给灯丝通以定值的加热电流，被加热的灯丝温度随压力的变化而变化。用热电偶直接测量灯丝的温度，由于温度的改变，导致热电势的变化来测量真空度。新型的真空表（计）采用了当今流行单片机技术，对规管非线性化处理，并增加了计算机通讯接口等功能。具有反应速度快（小于3s），准确度高，控制、通讯灵活、方便，可作为真空系统设备的粗、低真空测量，为数字显示及自动控制提供手段。新型的热偶规管具有抗污染能力强、寿命长等优点。

3.11.2.2 电离真空表（计）

电离真空表（计）是利用低压下的气体分子被高能粒子碰撞而电离产生的离子流随压强变化而变化的原理制成的真空计，它包含有热阴极电离真空计和冷阴极电离真空计等。

热阴极电离真空计与冷阴极电离真空计一样，都是利用低压气体分子的电离电流与压强有关的特性，借助于测量气体电离后的离子流来指示气体压强值的。

A 热阴极电离真空计的特性

热阴极电离真空计是目前高真空测量中应用最广泛的真空计，它具有下列优点：

（1）能同时测量气体和蒸气的全压强；

（2）能连续测量和较远距离测量，易实现真空的自动控制；

（3）量程较宽，测量精度较高；

（4）能迅速反映系统内气体压强的变化，惯性小；

（5）使用维护方便。

但是，热阴极电离真空计还存在下列缺点：

（1）压强高于 0.133Pa 时，钨阴极易氧化热断；

（2）在较低压强下，规管吸气，放气影响测量精度；

（3）读数与气体种类有关，对不同的气体有不同的校准系数。

B 冷阴极电离真空计的特点

冷阴极电离真空计具有下列优点：

（1）没有灯丝，基本上没有测量规管的消耗。规管不存在化学清除作用，也不会受到真空系统的意外放气或漏气影响，所以寿命长；

（2）冷阴极电离真空计结构简单，制造容易，成本低，使用维护方便；

（3）能连续测量，可以自动记录和较远距离测量，利于实现自动控制；

（4）使用直流电，使测量稳定，精度高；

（5）测量的是气体全压强；

（6）最适合于自动控制信号源报知真空度恶化的真空计。

冷阴极电离真空计具有下列缺点：

（1）在真空度高于 1.33×10^{-4}Pa 时，放电很困难，甚至不可激发；

（2）在较大范围内离子流与压强关系表现非线性；

（3）离子收集极所产生的场致发射限制了测量下限的延长；

（4）电消耗严重，将导致较大的测量误差。

3.12 真空系统中常用结构材料与处理

在真空系统中所用材料是各种各样的，可分结构材料和密封材料（参看有关书籍）。

结构材料是构成真空系统的一部分的材料，有金属和非金属，也包括一些密封材料，由于材料和真空接触，所以这些材料的性质对获得和维持高真空、超高真空有着很大的影响，真空设计者必须了解。合理选择材料，确保真空系统密封性和减少气源是获得和保持真空至关重要的因素，而了解真空用材的性质和特点，则是合理选材的前提条件。

3.12.1 对结构材料的基本要求

真空系统用的许多结构材料都是处于一面接触大气，承受大气压力，另一面与真空接触，承受负压。还有些零件处于真空室中，所以要求结构材料必须具有一定的真空性能和其他性能。

（1）机械强度好，要求材料在允许的负荷下，不易破裂和损坏，保证制成的零件结构牢固。

（2）工艺性能好，容易加工，容易得到好的粗糙度的表面，具有良好的焊接性能等等。

（3）要求材料组织致密，不是多孔的物质，材料气密性好，大气中的气体不能通过它大量渗透到真空室中去。

（4）材料吸收和吸附的气体应尽量少，即在真空中的放气率小，且易于除气。

（5）化学稳定性好，不易氧化和腐蚀。

（6）饱和蒸汽压足够低，不致影响系统真空度。

（7）温度稳定性好，在高温和低温下仍保持良好的真空性能和力学性能；

（8）材料的物理性能，如热膨胀、导热性和磁性等都要能满足使用中的具体要求，设计时也应予以考虑。

3.12.2 常用的金属及其合金

在真空系统设计与制造中，优先考虑的是材质的真空及物理、力学性能，常用的金属及其合金主要有不锈钢、低碳钢、铜等。真空度低于 1.3×10^{-3} Pa 的中真空和低真空装置，广泛采用的20号钢作壳体和抽空管道。

3.12.2.1 不锈钢

不锈钢常用的有1Cr18Ni9Ti、1Cr18Ni9、2Cr13、Cr25等等。它们具有良好的真空性能，其表面放气率小，而且能烘烤、除气。它们的化学稳定性好，温度稳定性高，机械强度好，饱和蒸汽压低，无磁性（通常含有镍元素成分的都是无磁性的），并且能够加工和焊接。常用于制造炉壳内层。外层采用Q235钢、管道、真空阀门、电极杆或其他零部件。

3.12.2.2 碳钢

碳钢用于低真空的情况是颇多的，它也是真空系统的主要结构材料之一。它的真空性能比不锈钢差，表面放气率也大，为此，根据工艺要求，其暴露于真空室内表面进行电镀、抛光、氧化其他表面处理，以防止它被腐蚀或氧化。尽可能使接触真空的表面光滑、无锈。常用的碳钢有8号、10号、15号、20号、45号和Q235。

3.12.2.3 铜及其合金

铜有高塑性，良好的导电和导热性能，常用于导电材料。在真空自耗电弧炉中，常用紫铜、无氧铜，制成水冷坩埚（结晶器）和导电杆。导电法兰常用锡青铜、硅青铜，它的机械强度大，导电性能好。

3.13 真空检漏技术

3.13.1 概述

真空检漏技术是真空技术中的重要组成部分。由于真空熔炼等设备的结构复杂，有的体积很大，其结构件的焊缝及各种密封圈的数量繁多，如果真空设备经过长时间的抽空仍然达不到所需的真空度，就不能进行生产。那么就必须进行检查，判断是否存在漏气问题，如漏气是主要因素，那么必须进行检漏，找出漏气部位并及时加以排除。

3.13.1.1 真空检漏的任务

在制造、安装、调试或使用真空设备过程中，都会发生漏气现象，任何真空系统，即使设计、加工、安装、调试或使用过程中都很满意，也不可能做到不漏气。所以，严格地讲漏气是绝对的，不漏气是相对的。通常所说“不漏”，一般是指真空系统上存在漏隙的漏气远远小于允许的程度。因此，真空系统检漏的目的是用适当的方法，迅速判断漏气是否是主要矛盾；要确定漏气率的大小以判断其是否在允许的范围内；如果满足不了金属熔炼的工艺要求，就必须选用合适的方法和仪器，找到漏孔的存在位置，以便修理而消除漏气，使漏气率达到允许的数值。

3.13.1.2 检漏程序

一般是先对真空炉室（容器）进行总漏率的测定工作，只有当总漏率超出允许值后（见表3-5），再进行漏孔的定位工作。这是因为找出漏孔位置的工作一般比漏率测量工作更困难一些。当然这也不是绝对的，它与漏孔大小及具体的检漏方法有关[2]。

3.13.1.3 最大允许漏气率

真空检漏技术中所指漏的概念，是和最大允许漏率的概念联系在一起的。

对于动态真空系统来说，只要真空系统的平衡压力能达到所要求的真空度，这时即使存在着漏孔，也可认为系统不漏气[2]。

对于静态真空系统来说，则要求在一定的时间间隔内，系统内的压力能维持在所允许的真空度以下，同样也可认为系统不漏气。

各种真空装置的最大允许总漏气率可参考表3-5来制订。

3.13.1.4 对检漏方法的选择原则

由于对检漏方法的要求有些是相互矛盾的，所以要想用一种检漏方法能满足上述要求是不可能的。因而在检漏方法选用时，要针对具体情况，以解决主要问题为主，而舍掉次要的问题才行，又加之检漏方法繁多，就必须按照一定的选择原则进行选用为宜，其原则如下：

（1）以被检测的设备（或零部件）的允许漏气率为依据。设备（或零部件）的允许漏气率是漏孔的总漏气率，而不是某个单独漏孔的漏气率。所以，想找到一个单独的漏孔的存在，所选用的检漏方法的灵敏度要高于允许的漏气率，一般来讲，高于1~2个数量级为宜。

（2）所选用的方法必须满足具体被检测对象的要求，又要简便可行。

（3）根据现有条件（如设备、人员等条件）做到力所能及。

检测工作实践证明：要使真空设备（或零部件）达到所要求的密封程度，消除一个微小漏孔还是非常困难的事，要花费一定的时间和精力，要付出一定的代价，除了要做许多细致耐心的工作外，还必须有一定的科学知识和高度的责任心才行。

3.13.1.5 有关检漏技术中的几个名词术语

A 漏气

通常所说的漏气是气体通过漏隙漏入真空室（容器）中的过程[2]。

B　漏气率（漏率）

被抽容器抽空后用阀门将它与真空泵隔开，测量其内部压力变化，即在单位时间内，由外边为一个大气压的空气，通过漏隙漏入真空室（容器）中的空气流量（Pa·L/s），用压力上升法则测量。其表达式为：

$$Q_L = \frac{\Delta p}{\Delta t}V \tag{3-33}$$

式中　Δp——经过 Δt 时压强的变化值，$\Delta p = p_2 - p_1$，p_1 为被检漏前的压强值，p_2 为经过 Δt 时的压强值，Pa；

Δt——压强变化所用的时间，$\Delta t = t_2 - t_1$，t_1 为被检漏前的时间，t_2 为检漏终止的时间，s；

V——真空室（容器）的容积，L。

C　漏气度（压力增长率）

被抽容器抽空后用阀门将它与真空泵隔开，测量其内部压力变化，即在单位时间内，由外面为一个大气压的空气，通过漏隙漏入真空室（容器）中的空气，使其压力增长的数值。也用压力上升法测量，其表达式为：

$$p_x = \frac{\Delta p}{\Delta t} \tag{3-34}$$

在实际生产中常用压力增长率来计算。

3.13.2　对真空系统密封程度的分析

对一台真空容器，在测量系统正常的条件下，真空系统虽然经过长时间排气后，仍然抽不到预定的真空度，有如下三种可能：（1）真空泵的工作不良；（2）系统材料表面放气严重；（3）存在漏孔而漏气。

要判断上述三种可能性中哪个起主要作用，通常都采用“静态升压法”，其过程是把被检真空容器抽到一定压强值（一般抽至最高真空度）或压强平衡后，关闭阀门将真空容器与真空泵隔开，此时系统中的压强将随着时间的延长而升高。一般是真空容器内的压强维持 3 ~ 10min 或更长，每隔 1min 记录一次容器内压强值，并绘出压强-时间曲线图，如图 3-10 所示[2]。若 p_0 为真空系统预定达到的能正常工作的真空度。但因有漏气存在，虽然经过较长时间排气后，只能达到真空度 p_1 值，则有 $p_1 > p_0$。这时所做的 p-t 曲线可能有 4 条压强-时间曲线的情况：

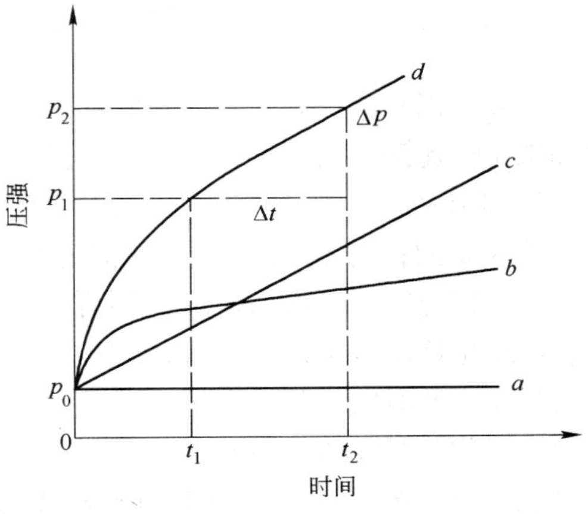

图 3-10　压强-时间曲线图

（1）直线 a。容器中的压强随时间变化而压强不变，说明容器既不漏气也不放气[2]，容器真空度抽不到预定要求是真空泵工作不佳或者是真空管道、阀门等密封不好造成的，要用检修真空泵、管道、阀门或更换真空泵的方法来解决。

（2）曲线 b。容器中的压强开始上升速度较快，而后上升速度逐渐减慢并趋于平衡，这说明容器只有放气没有漏气[2]，容器开始抽不上去的原因主要是结构材料放气的影响（空炉），因为出气速率随压强升高而降低，故曲线渐渐减慢而趋于平衡。解决方法是清洁处理炉室内表面或用烘烤去气，找出工艺虚漏处或彻底消除放气源。

（3）斜线 c。这是一条斜率为$\dfrac{\Delta p}{\Delta t}$的直线$\left(\dfrac{\Delta p}{\Delta t}\right.$是单位时间内压强的变化量$\left.\right)$。$\dfrac{\Delta p}{\Delta t}$为常数，即单位时间内压强的变化量为常数，表明此时容器只有漏气是主要的。若容器体积（封闭体积）为 V，则根据测量的定义可算出漏气率（Pa·L/s）：

$$Q_L = V\frac{\Delta p}{\Delta t} = V\frac{p_2 - p_1}{t_2 - t_1} \tag{3-35}$$

式中 p_1——在时间 t_1 时，真空室内的压强值，Pa；

p_2——在时间 t_2 时，真空室内的压强值，Pa；

$t_2 - t_1$——真空室与真空泵隔绝的时间差，s；

V——真空室的容积，L。

经过时间 t 后，真空室内的压强从 p_0 变为 p_t（平衡压强），则此时压强可表示为[2]：

$$p_t = p_0 + \frac{Q_L}{V}t \tag{3-36}$$

出现这种情况，解决办法是检漏，找出漏孔的确切位置并检修。

（4）曲线 d。开始时，压强上升较快，而后逐渐减慢，最后变成一条斜率为$\dfrac{\Delta p}{\Delta t}$且不变的直线，表明真空室（容器）内既有出气又有漏气[2]。直线前面的一段曲线是放气和漏气同时作用的结果，随时间的延长压强升高，放气逐渐减少，直线部分是漏气决定的。如压强升到 p_1 以上，见图 3-10。曲线就变成斜率为常数的斜直线，此时容器的漏气量 Q_L 和压强同样可算出来。

如果在时间为 t_1 时，对应的压强为 p_1，时间为 t_2 时测得的压强为 p_2 则：

$$Q_L = V\frac{p_2 - p_1}{t_2 - t_1} = V\frac{\Delta p}{\Delta t} \quad 或 \quad p_t = p_1 + \frac{Q_L}{V}\Delta t \tag{3-37}$$

由此可以看出：如果一开始放气就很小且可以忽略的话，则曲线 d 就变成了斜线 c，但如果出气比漏气大很多，则曲线 d 就变成曲线 b。所以可以把曲线 d 看成是曲线 b 和 C 相叠加的结果。

曲线 d 的直线部分说明 Q_L 是恒定的常数，此时容器内的压强远小于外界大气压强。如果到一定时间后，内部压强升到可与外界大气压强相比时，即漏孔两端压差逐渐减少后，漏量也逐渐减少，到最后两端压差趋于零时，漏孔就不漏了，此时，容器内压强为一个大气压，此时曲线又显饱和曲线形状，即变成 $p=1$ 大气压的一根线了。直线开始变成弯曲的时间与漏孔的大小显然有关，从曲线 d 的整个情况看，要想决定漏率就要选曲线 a 的直线部分，选择的测量时间要视漏孔的大小而定，不宜过长。

如果曲线 d 的前一段（弯曲段）拖的时间很长，说明放气很多。而如弯曲段很快就过渡到斜直线，则说明放气不大，而漏气是主要的。

一般讲 p_0 应当很接近于系统的极限压强，应等于或接近于泵的标定极限（真空度）压强 p_a。如果 p_0 远大于泵的标定极限压强数值，则说明泵本身存在问题或抽空系统的阀门、管道问题。

该泵对系统的有效抽速为 S_e，系统体积为 V，系统的放气和漏气的总量为 Q（它较大时），则系统所能达到的极限平衡压强可用下式算出：

$$p_0 = \frac{Q}{S_e} \tag{3-38}$$

3.13.3 真空检漏方法

我们在生成实践中，发现了真空设备存在漏气，为了消除漏气，就要采取一些适当的方法和手段来找出漏孔的所在。由于检漏方法繁多，生产实践中多采用下列方法进行检漏简介如下，供实际检漏时参考。

3.13.3.1 分段检漏法

生产中时常遇到真空系统抽空时，达不到预定的真空度时，而对繁多的可疑点，采用分段或分系统进行抽空检漏法，即将真空系统用真空阀门分段隔开，逐段检查其密封程度（用静态升压法，作出压强随时间变化曲线图，如图 3-10 所示）。判断漏与不漏、漏率大小，如漏气是主要因素，来分析判断是哪段（部分）存在漏气。检查程度一般先由低真空部分向中真空部分逐段检查，即从机械泵开始，往被抽容器方向检查。该方法只能判断在那段有无漏气，而不能确定漏孔的位置。如果在某范围存在漏气，还必须采用其他方法进行检漏，确定其漏孔存在的位置。分段检漏的特点是：简便易行，能逐步缩小被检范围，使检漏工作做到有的放矢，提高了工作效率，并且能直接测量和计算出某一范围内的漏气率或漏气度数值。

3.13.3.2 真空表（计）法

真空表（计）法实际是用热传导真空规（热阻真空规、热偶真空规）、电离真空规在低压强下气体热传导与压强有关的性质来测量真空系统内的压强。此外，还可以利用热传导真空规的读数不仅与压强有关而且还与气体种类有关的性质来进行检漏。当注入“试验气体”时，气体通过漏孔进入真空系统时，不但改变了系统内的压强，也改变了其中的气体成分，使热传导真空规的电阻变化及离子流变化，而引起真空表（计）读数发生变化，据此可检测漏孔的存在。

真空表（计）法实属抽空法之一种，原则上来讲，各种相对真空计都可用做检漏，不仅适用零部件检漏，而且适用于真空系统和大型真空设备的真空室的检漏，其方法简便易行，效果良好。

此种方法是利用相对真空表（计）的读数与气体种类有关的性质、借助于向被检的零部件或真空系统的可疑漏气点处注入“试验气体”，而进行检漏的方法。利用相对真空表（计）进行检漏时，应该根据通过漏孔的速率、泵对它的抽速和真空计的影响等因素进行选择“试验气体”，一般常用的试验气体有丙酮、甲醇等。

真空表（计）法就是把被检漏的容器、零部件或真空系统抽成一定的真空度，然后选用相应的相对真空计做反应的指示仪表，再用注射器往可疑漏点处注入“试验气体”如丙酮等，其容积的压强在反应时间内突然增高，而引起真空表（计）读数下降或指针偏转，则表明“试验气体”已经通过漏孔进入容器内，就确认注入“试验气体”处为漏孔所在位置，通过真空表（计）读数或指针的变化情况来判断或计算出漏气率的大小。反之，真空表（计）没有变化，表明无漏。这种方法不仅简便易行，而且判断漏孔位置准确。

应用真空表（计）法进行检漏时，还必须注意下列几点：

（1）真空表（计）的测量范围就是所选用的相对真空表（计）所能检漏的压强范围，切记，由于漏孔存在，使系统不能抽到较高真空度时，就不能用较高真空区域适用的测量真空表（计）。例如：系统只能抽到1Pa时，就不能选用电离真空计进行检漏，只能选用热传导真空表（计）。

（2）被检漏的容器内压强必须稳定后才能进行，否则给检漏工作带来错觉，造成麻烦。

（3）测量规管的安装位置必须在被检容器与排气泵之间，否则，不易准确判断漏孔所在位置，甚至不能检漏。

（4）当注入“试验气体”后，不能立即引起真空表（计）读数的变化，这是因为“试验气体”虽经漏孔进入被检容器，但不能立即被充满。容器内的空气分压强和注入的“试验气体”分压强将按照图3-11情况变化着，而变化过程是要花费一定时间的。这种变化过程所花费的时间称为时间常数，用 t 表示：

$$t = V/S \tag{3-39}$$

式中 t——时间常数，s；

V——被检容器的容积，L；

S——被检容器的抽气速，L/s。

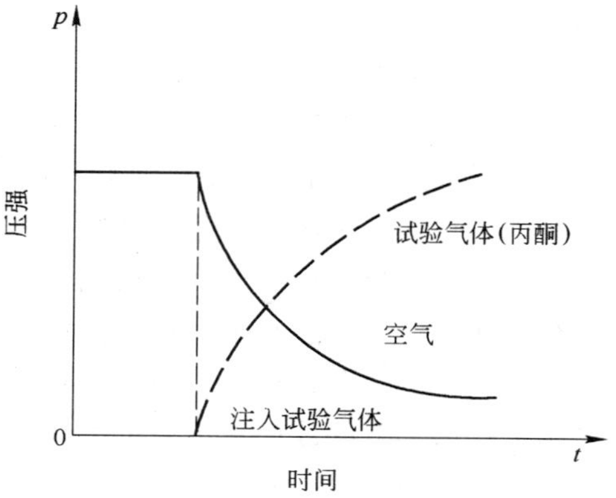

图3-11 空气和试验气体的压强-时间曲线

通过检漏实践经验可知，t 一般要大于100s，而检漏间隔为5min最佳。

3.13.3.3 盲板法

此法就是首先用盲板堵在一部分漏气可疑点上，然后用“静态升压法”进行检漏，这样就可以把庞多的漏气可疑点缩小到某一个较小范围的几个点上来，再用其他检漏方法配合就能够很容易地找到漏孔所在位置。

3.13.3.4 堵塞法

该方法是当被抽真空系统达到一个平衡压强后，真空计给出一定指示值，此时再用辅助密封材料如真空封泥、扩散泵油等堵塞漏气可疑点，观察真空计的指针或读数，如果真空度升高了，表明堵塞处有漏孔存在，可进行消除。

3.13.3.5 声音指示法

当漏气较大时，空气通过漏孔流进真空系统（容器）中去，发出的嘶嘶的声音。根据声音判断出漏气位置。

3.13.3.6 火焰法

当漏孔形态复杂、听不到声音时可用火焰法检漏，如果有火焰被吸向漏孔时，就可确定位置所在之处。

3.13.3.7 氦质谱检漏仪法

氦质谱检漏仪是对氦气的存在与否反应特别灵敏的一种检漏仪器。这种仪器灵敏度高，能准确确定漏气部位。但设备复杂，使用不便。而且一般现场不具备这些仪器，所以只能采用上述方法检漏。

还有卤素检漏仪等繁多的检漏仪和压力检漏法（水压、气压方法）等等，请参见有关资料。总之，检漏的方式方法很多，使用哪一种检漏法要根据现场具体条件来定。

3.13.4 检漏的过程

真空工作的各个阶段都要考虑检漏。

3.13.4.1 设计阶段

（1）根据真空设备的最大允许漏率数据（见表3-5），规定各零部件的最大允许漏率，一般要高一些。

（2）零件所有的密封面的表面粗糙度（*Ra*）不能低于6.3。

（3）要考虑到各零部件的拆卸方便，结构设计要便于更换密封件。

（4）设计中要避免“寄生空间”，这种“寄生空间”会使检漏的反应时间增长[2]。

（5）工艺设计要合理，只允许真空容器一侧有焊缝，如需要加强焊缝的强度，在真空一侧采用连续焊，在非真空一侧采用断续焊[2]。

3.13.4.2 加工过程

（1）真空设备零部件焊接后，是否需要进行检漏，应根据焊接质量和设备允许的最大漏率来确定。

（2）焊缝的检漏是在零部件焊接后加工过程中进行，还是在总装以后进行，需视具体情况而定[2]。

（3）对已检漏的零部件对焊缝进行切削加工后，还需要再次进行检漏。补焊后的焊缝也需要重新检漏[2]。

（4）对机械加工的工件，一般不检漏。但对薄壁管材经弯曲后可能出现裂纹，因此需要对弯曲部位进行检漏[2]。

3.13.4.3 安装、调试阶段

（1）大型真空设备按照安装顺序分段安装并进行检漏，有条件时最好在每装一个部件后进行检漏，合格后再安装下一个部件，直至最终完成安装。

（2）真空设备整体安装完后分段或整体抽试，如漏气达不到指标要求就要进行检漏，找出漏孔处理。

3.13.4.4 运行阶段

真空设备投入使用后，经常会出现漏气现象，要用静态升压试验等方法进行分析、判断查找漏气原因，更换密封件或部件甚至真空泵等等。

参 考 文 献

[1] 稀有金属加工手册编写组．稀有金属材料加工手册[M]．北京：冶金工业出版社，1984.
[2] 达道安．真空设计手册[M]．第3版．北京：国防工业出版社，2004.
[3] 郭鸿震．真空系统设计与计算[M]．北京：冶金工业出版社，1986.

4 真空电弧炉

4.1 真空电弧熔炼概论

金属材料在真空电弧炉中利用电极和坩埚两极间电弧放电产生的高温熔化，在坩埚内冷凝成锭的过程称为真空电弧熔炼。

真空电弧炉的电极有两种：非自耗电极和自耗电极。非自耗电极是用钨等高熔点材料制成的，在炉料熔炼过程中，电极本身并不消耗，这种电弧炉称为真空非自耗电弧炉，简称非自耗炉。自耗炉电极是由被熔炼材料即炉料本身制成的，在熔炼过程中自耗电极不断被熔化成熔滴，滴入坩埚内冷凝成锭子，这种电弧炉称为真空自耗电弧炉，简称自耗炉。由这两种电极各自所制造的真空电弧炉，结构上也非常相似，熔炼的基本原理是一样的。真空电弧炉的坩埚采用紫铜制造，外面用水冷却，称为结晶器也称为水冷坩埚，以下统称为坩埚。

4.2 真空非自耗电弧炉

真空非自耗电弧炉与自耗电弧炉最大的区别是电极，早期非自耗炉是采用含钍的钨、石墨或其他高熔点的碳化物做电极，这是出于熔点及导电性能方面的考虑，见表 4-1。在惰性气体保护下，在水冷坩埚内，利用电弧的热能，将连续加入坩埚的炉料加热熔化和精炼的一种熔炼钛的方法，即真空非自耗电弧熔炼法，简称 NC 法。

表 4-1 常用电极材料[1]

材 料	熔点/℃	碳化物	熔点/℃
钽	2996	TaC	3877
钨	3410	TiC	3107
石墨	3925 开始蒸发	ZrC	3530

真空非自耗电弧炉多数用在实验中来研究制造难熔金属和金属碳化物，容量很小，钛工业初期是用 NC 法来熔炼的。图 4-1 为真空非自耗电弧炉结构示意图。它的成套设备是由以下主要部分组成：炉体、非自耗电极、加料装置、水冷坩埚、拉锭机构、电极传动机构、真空系统、电源系统、控制系统、充惰性气体装置、冷却系统等。

熔炼前先将炉膛抽真空至 $1.3 \sim 1.3\times10^{-1}$Pa，然后充入纯的惰性气体（通常用氦气或氩气）冲洗炉内一次或数次，以驱赶炉内的残余空气或蒸气。熔炼时炉内的压力保持在 $1\times10^{5} \sim 5\times10^{4}$Pa 之间，氩气在电弧作用下被电离，使电弧稳定燃烧[1]。

熔炼时将装入两套辊式加料器装置内的残屑或散状颗粒料，经加料器连续地或间断地加入熔池。常见的加料装置形式有振动式加料器、螺旋式加料器和辊式加料器三种。生产实践证明，采用辊式加料器给料，配合以振动或送进则更为理想。非自耗炉不仅可以熔炼

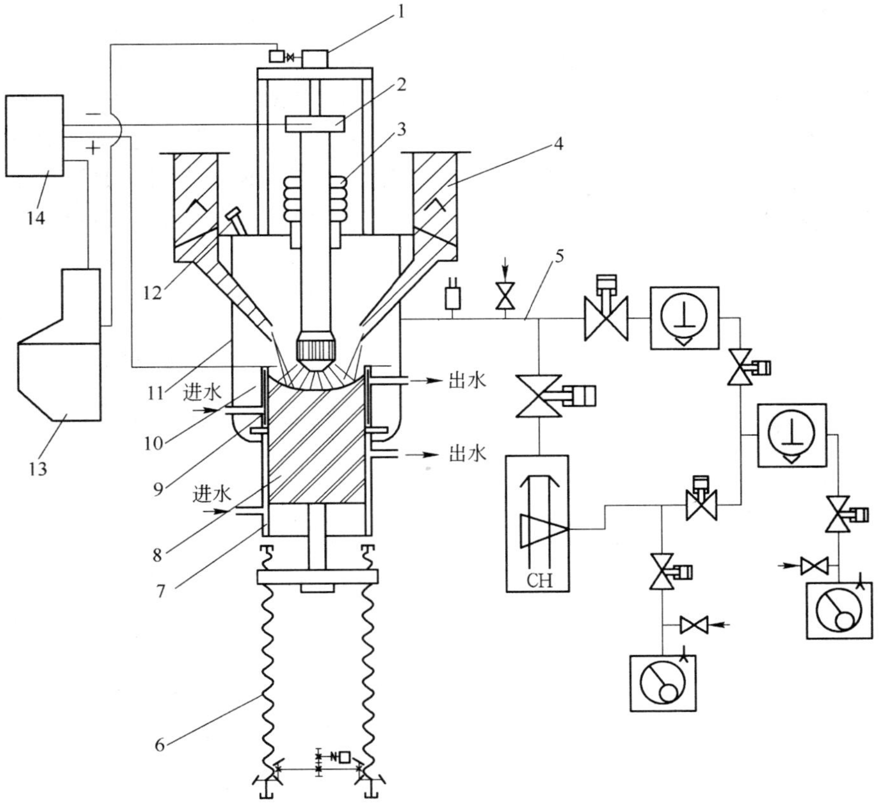

图 4-1 非自耗电弧炉

1—非自耗电极杆升降机构；2—电极杆；3—波纹管；4—加料仓；5—真空机组系统；6—托锭机构；7—拉锭桶；8—铸锭；9—稳弧线圈；10—水冷坩埚；11—炉体；12—观察孔；13—电控系统；14—电源系统

5～50mm 长度范围内的屑料，而且可以熔炼破碎至相应尺寸的板材边角料或海绵钛。

还可用同牌号残料制备的自耗电极或用非自耗电极材料做电极。用自耗电极，并在熔炼中不断加入散状料的熔炼方法称半自耗熔炼（加屑重量可占总投料 40% 左右）。非自耗熔炼则可将 100% 屑等散状料直接熔炼成锭[2]。

但实际应用结果表明，对于生产规模大的熔炼，采用实心钨非自耗电极存在寿命短、耗损大和对合金污染严重（含钨量高达 0.39%～0.49%）等缺点。20 世纪 80 年代，采用铜-锆合金（含锆 0.2%～0.4%）的空心水冷非自耗熔炼寿命可达 35～50h，钛锭中铜含量一般在 0.04%～0.1%[2]。

铜合金电极头的损耗还与几何形状有关，棱角部分因冷却条件较差，损耗较快，故一般新电极头熔炼时沾铜量较高，然后趋于稳定。图 4-2 为 1t 炉用于生产 ϕ280～380mm 铸锭使用的强制水冷

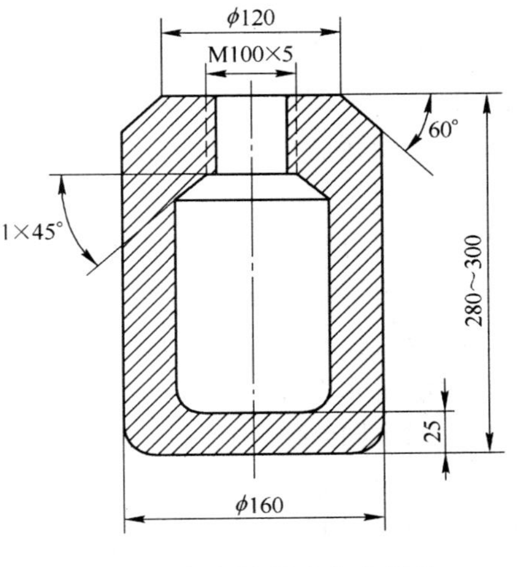

图 4-2 水冷铜-锆合金电极头

铜-锆合金电极头简图。工作条件为电流6000～7000A，电压34～37V[2]。

人们针对被熔炼金属沾污问题进行了不断的研究，最终发展了两种可用于工业生产的非自耗电极：一种叫 Durarc 旋转磁场电弧非自耗电极，其结构见图4-3；另一种叫自身旋转非自耗铜电极。目的是使弧点在电极上做旋转运动，以避免长时间在同一点起弧而对电极产生烧损。使用这样的电极使熔炼过程容易控制，原料的形式也可以是多样的。这两种非自耗电极虽然解决了被熔炼金属的污染问题，但它们消耗热量大，能效比较低，而且寿命较短。

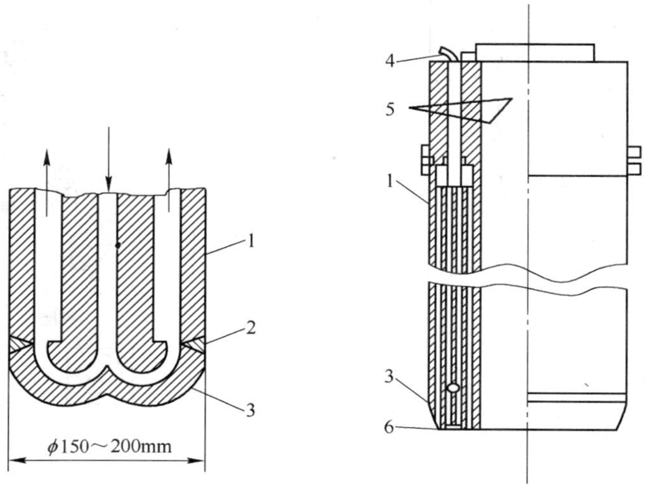

图4-3 Durarc 旋转电弧非自耗电极结构示意图[1]

1—非自耗铜电极；2—银焊缝；3—铜电极头；4—磁力线圈导线；5—冷却水道；6—磁力线圈

Durarc 旋转磁场电弧非自耗电极，实际上是一种特殊的高压水冷铜电极，它在电极头部内腔安装一个电磁线圈，利用线圈产生的磁场，使电弧沿铜电极端部表面不停顿地旋转避免电极头部过热和烧熔而导致被熔金属沾污。这种电极已被工业生产采用，用它熔炼了6t以上的半连续铸锭。美国的钛技术公司已用 Durarc 非自耗旋转电极装备了一台362kg 的非自耗电弧凝壳炉。Durarc 非自耗旋转电极经过熔炼试验表明，在熔炼速度为4.5kg/min 的情况下，铜的沾污0.0006%[1]。

自身旋转非自耗铜电极，也是一种水冷铜电极，它是通过电极自身的旋转，使电弧不停留在电极头部的局部位置上，而且电极轴线与坩埚轴线成一倾斜角配置，以保证电极旋转时，头部只有局部与电弧接触，从而防止了电极端部过热和烧熔。20世纪80年代末，我国宝钛集团从德国引进美国制造的一台自身旋转非自耗铜电极真空非自耗电弧炉，非自耗铜电极可任意在360°范围内旋转，其紫铜坩埚直径为650mm。美国的 Howomet 公司已用自身旋转非自耗铜电极装备了一台91kg 的 Schlienger Westinghouse 的非自耗电极电弧凝壳炉，用于回收废料[1]。

上述两种非自耗电极虽然解决了被熔炼金属的沾污问题，因为合金中铜的限量是在允许范围内的。但它们消耗热量大，能效比较低，而且铜电极寿命较短，因而限制了它们在工业生产上的推广应用[1]。

非自耗炉有两种熔铸方式：一种是在水冷铜坩埚内连续投入原料，熔炼和凝固，另一种是在水冷铜坩埚内熔炼原料，在水冷铜模中浇铸成铸锭。

NC 法熔炼的优点：

（1）可以省去压制电极和焊接电极工序；

（2）可以使电弧在物料上停留较长时间，从而提高铸锭成分均匀化程度；

（3）可以使用不同形状和尺寸的原料，在熔炼过程中还可以加入100%残料，实现钛的再循环利用。

NC 法熔炼的一些缺点[3]：

（1）熔炼金属容易被电极材料所沾污。这种沾污通常是局部的，也是极小的，但仍是很有害的。例如，用石墨电极熔炼钛时增碳0.05%就会使钛的耐腐蚀性能大大降低。

（2）NC 法熔炼要在惰性气氛下进行。通常用氩气、氦气或含20%的氩与80%的氦混合气体，可取任何压力，最好是$665 \sim 2.6 \times 10^4$Pa。经实验得出，含有$0.3 \sim 2$L/kg 气体的海绵钛，在熔炼时，其中的氢、氮和氧能够放出来，但在静态的惰性气体中熔炼时，放出的气体又被红热的钛吸收，结果使气体夹杂增加约0.1%，而钛的塑性就大大降低了。

虽然流动的惰性气体可以少许克服上述缺点，但这样消耗高纯度的氩或氦的量很大，在经济上是不合适的。如果不用惰性气体则真空中的非自耗电弧的稳定性不好，难于操作。总之用惰性气体进行熔炼，无论是质量上或经济上都存在着严重的缺点。

（3）非自耗电极熔炼只有形成熔池之后，才能发生脱气作用，同时为了使锭子的成分均匀，海绵钛加入就要很慢，这样熔炼速度也就很慢，在同样的熔炼电流下，自耗电弧熔炼的速度比它提高5倍。

（4）加料机构难于控制合金成分的正确比例，所以很难使熔炼金属的合金成分均匀，通常采用电磁搅拌和预先把合金分配好后，化成合金豆加入的办法，可以改善熔炼金属的均匀度。但这样又增加了熔炼的成本[2]。

由于真空自耗电弧的不断发展，钛工业上采用真空自耗电弧炉的较多，因此非自耗电弧炉就受到了限制，相比发展滞后。当前的研发动向主要在以下方面：

（1）采用水冷铜头非自耗熔炼，省去电极制备工序，直接使用块状、屑状料，降低钛锭生产成本；

（2）采用双电极熔炼，可得到等轴细晶铸锭。

4.3 真空自耗电弧炉

真空自耗电弧炉熔炼法（VAR 法）的原理是：在无渣和真空环境下或在惰性气氛中，把已知化学成分的金属自耗电极，在直流电弧的高温作用下，迅速熔化，并在水冷铜坩埚内形成熔池。当液态钛以熔滴的形式，通过5000K（约4700℃）的高温电弧区，滴落到坩埚熔池过程中并在水冷铜坩埚内保持液态时，发生一系列的物理化学反应，使金属得到精炼，起到提纯作用，达到了净化金属，改善结晶结构的作用；电弧高温加热下的熔池受到搅拌，一些易挥发杂质将加速扩散到熔池表面被去除，合金的化学成分经搅拌可达到充分均匀、提高性能的目的。在电弧的作用下，自耗电极的不断熔化消耗，熔池不断上升，熔融金属被水冷坩埚逐渐冷凝成铸锭。在熔炼过程中由真空系统维持熔炼室内所必需的真空，由电极杆控制系统和传动系统自动调节电极杆的升降，以保证电弧的稳定燃烧。

4.3.1 VAR 法的优缺点

真空自耗电弧炉可生产大尺寸、大吨位的钛锭，其最大优点是对所熔炼的金属没有沾污，这是制备高品质铸锭所必需的。世界上最大的真空自耗炉的容量能达到 100t，锭子的直径为 2.5m（钢锭），我国目前可生产直径为 1000mm，长 4m 的钛锭。

真空自耗电弧炉熔炼法由于铸锭是在水冷坩埚中快速定向的结晶，从而消除了常见的缩孔、偏析和中心疏松等缺陷，同时使夹杂物上浮，排到铸锭的顶部，这种熔炼综合地提高了金属的质量。

由于真空自耗炉熔炼有以上优点，所以它是工业上用来熔炼钛、锆等活泼金属以及钼等难熔金属的主要手段，是熔炼高纯度金属和合金的一种好的熔炼方法。

自耗炉熔炼的主要缺点是在自耗电极电弧炉熔炼过程中，电极的熔化及熔体的凝固是同时进行的，熔池中温度不均匀；难熔和易挥发的合金成分难以均匀加入；结晶速度和金相组织也难以控制；在熔炼高质量合金时，多采用重熔铸锭克服；生产异型锭子困难，电极的制备比较复杂。尤其是制造难熔金属的电极更困难。制备海绵钛电极和屑料时，需要大吨位的压力机，如 3000t、7000t、8000t 油压机或 1250t 水压机。而且需要制备大压缩比优质钢模具。成型锭子需要扒皮、切头尾，成品率通常只能达到 80% 左右。

4.3.2 真空自耗电弧炉结构类型

真空自耗电弧炉结构类型可分“L 型”“P 型”炉两种，其基本结构列于表 4-2。有些公司为了充分利用电源，降低设备投资，提高生产率，L 型炉还可设置为：两个炉体、两个坩埚及其冷却水套、两套真空系统、一套电源、两套控制系统、不设置闭锁阀（因国内闭锁阀质量有待提高）、炉体升降、坩埚移动式的炉型。如图 4-4、图 4-5 所示的 L 型双炉体炉型。

表 4-2 自耗电弧炉结构类型

形式	结构类型	工作特点	优点	缺点
L	炉体固定 坩埚移动	坩埚设置在可移动小车上，电极送入及铸锭卸出均通过小车移开后由吊装工具完成。如图 4-4 所示	炉子结构稳定性好	炉子结构高，操作不太方便，作业率低
L	炉身升降 坩埚移动	炉身设置在固定框架上并沿 y 轴方向上下升降，坩埚设置在可移动水套小车上，电极装入和铸锭卸出均为坩埚移开后，由吊装工具完成。如图 4-32 所示	炉子结构相比低，稳定性好	作业率低
P	炉体转动 坩埚固定	炉体由框架支撑并可沿框架副导轨升降，随同框架旋转至空位（单工位），电极装入和铸锭卸出均为炉体移开后由吊装工具完成。如图 4-5 所示	炉子结构相比低	炉子结构稳定性差，作业率低
P	坩埚固定 炉体转动	炉身由框架支撑并可沿框架副导轨升降，随同框架旋转至另一坩埚位置（双工位），电极装入和铸锭卸出均为炉体移开后由吊装工具完成。如图 4-6 所示	操作方便，设置闭锁阀可实现双坩埚交替熔炼，作业率高	炉子稳定性差，地下部分结构复杂，投资较高
P	坩埚固定 炉体移动	炉身设置在可移动框架上并可升降，通过炉身升降和框架移动，可实现两个坩埚位置交替熔炼。图 4-7 所示	操作方便，设置闭锁阀可实现双坩埚交替熔炼，作业率高	炉子稳定性差，地下部分结构复杂。投资较高

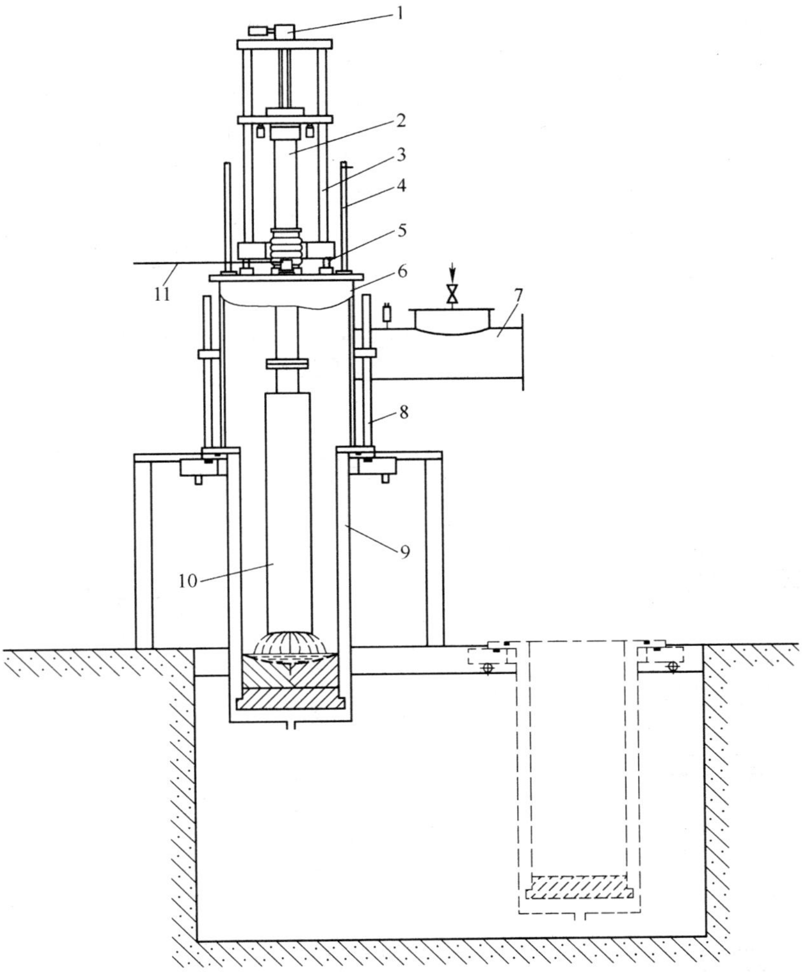

图 4-4 L 型炉体固定、坩埚移动式真空自耗电弧炉示意图

1—电极杆传动机构；2—电极杆；3—导向光杠；4—同轴电缆；5—电子称重、x-y 调节；6—炉体；7—真空系统；8—液压升降系统；9—坩埚、水套、稳弧线圈；10—自耗电极；11—数码摄像系统

4.3.3 真空自耗电弧炉的发展概况

真空自耗电弧炉从 1839 年开始熔炼白金丝试验成功以来，在以后的一百年左右才开始研究制备难熔金属，到 1943 年才形成现有的基本体系，于 1948 年发展较为完善。1953 年真空电弧炉正式用到工业上。最初用来炼钛，1955 年开始用于炼钢。目前世界上最大的真空自耗炉可熔炼 32t 重的钛锭。

我国在 20 世纪 60 年代初开始试制真空自耗电弧炉，宝钛集团于 1971 年制造了 3t 真空自耗电弧炉，可生产直径为 711mm、长 1.7m 的钛锭；1990 年设计制造了 6t 真空自耗电弧炉，可生产直径为 820mm，长 2.5m 的钛锭；2003 ~ 2009 年引进了德国 ALD 公司制造的 7 台 10t 真空自耗电弧炉，直径为 1m、长 2.83m 的钛锭。据不完全统计，截止到 2010

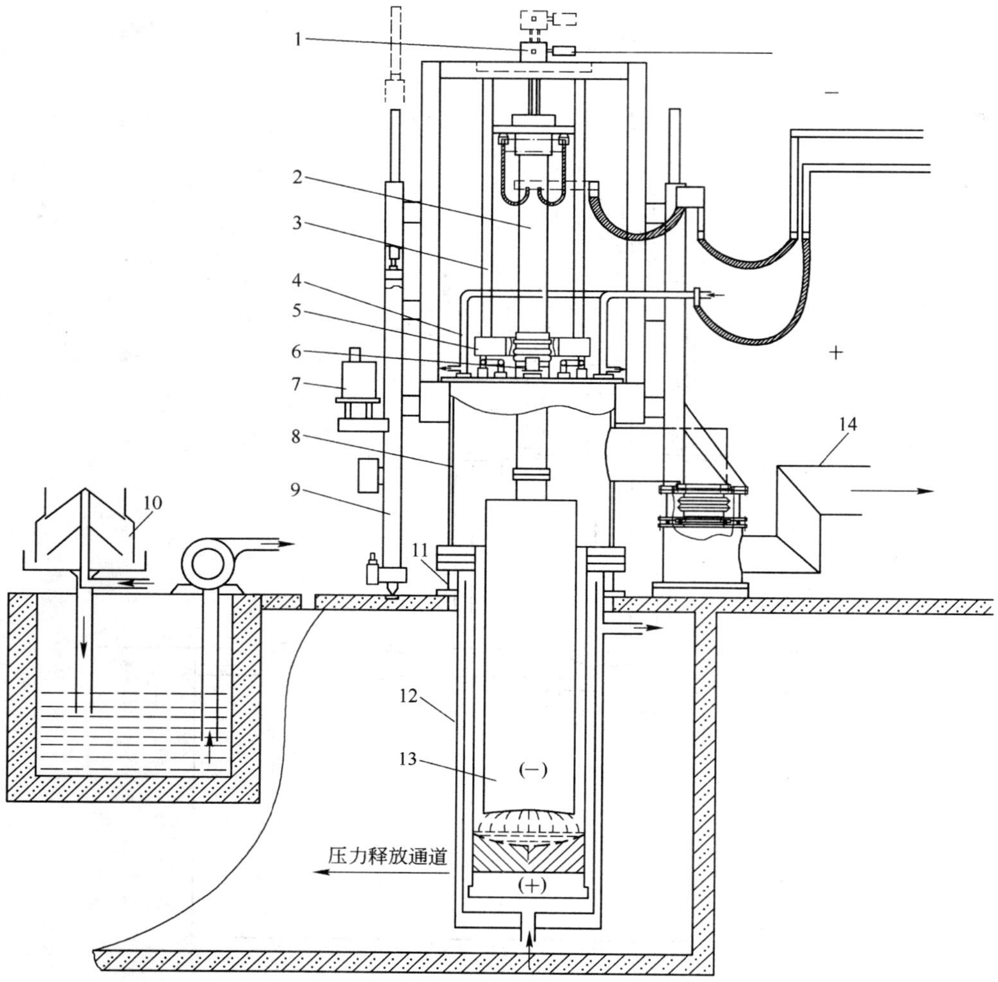

图 4-5 L 型真空自耗电弧炉（单工位）示意图

1—传动系统；2—电极杆；3—导向光杠；4—同轴电缆；5—浮动架、电子称重、x-y 调节；6—观察摄像系统；7—液压系统；8—活动炉体；9—旋转框架；10—冷却水系统；11—支持管道；12—坩埚、稳弧线圈、水套；13—自耗电极；14—真空系统

年上半年，中国钛行业约有主要用于熔炼钛锭的真空自耗电弧炉已超过 130 多台，其中宝钛集团 10t 炉 7 台，6t 炉 1 台，3t 炉 3 台；西北有色金属研究院有 8t 炉 2 台，5t 炉 2 台；宝钢特钢有限公司有 5t 1 台，10t 4 台、12t 2 台、15t 1 台（炼钢）；北京中北钛业有限公司有 1t 炉 4 台，2t 炉 2 台，5t 炉 2 台；民营企业如张家港华裕有色金属材料有限公司（见附录 2）等约有 2～3t 炉 17 台、1t 炉 18 台；其余为 600kg 以下的真空自耗电弧炉。除宝钛集团、西北有色金属研究院和宝钢特钢还正在大幅度增加钛锭熔铸能力之外，许多中小企业和民营企业也正在实施新增钛锭熔炼能力。

随着科学技术的不断发展，现在设计制造的真空自耗电弧炉炉型已简单化，电极的自动控制已实现了电子秤连续称重，计算机对熔炼过程的综合控制，实现可“恒速熔炼”，

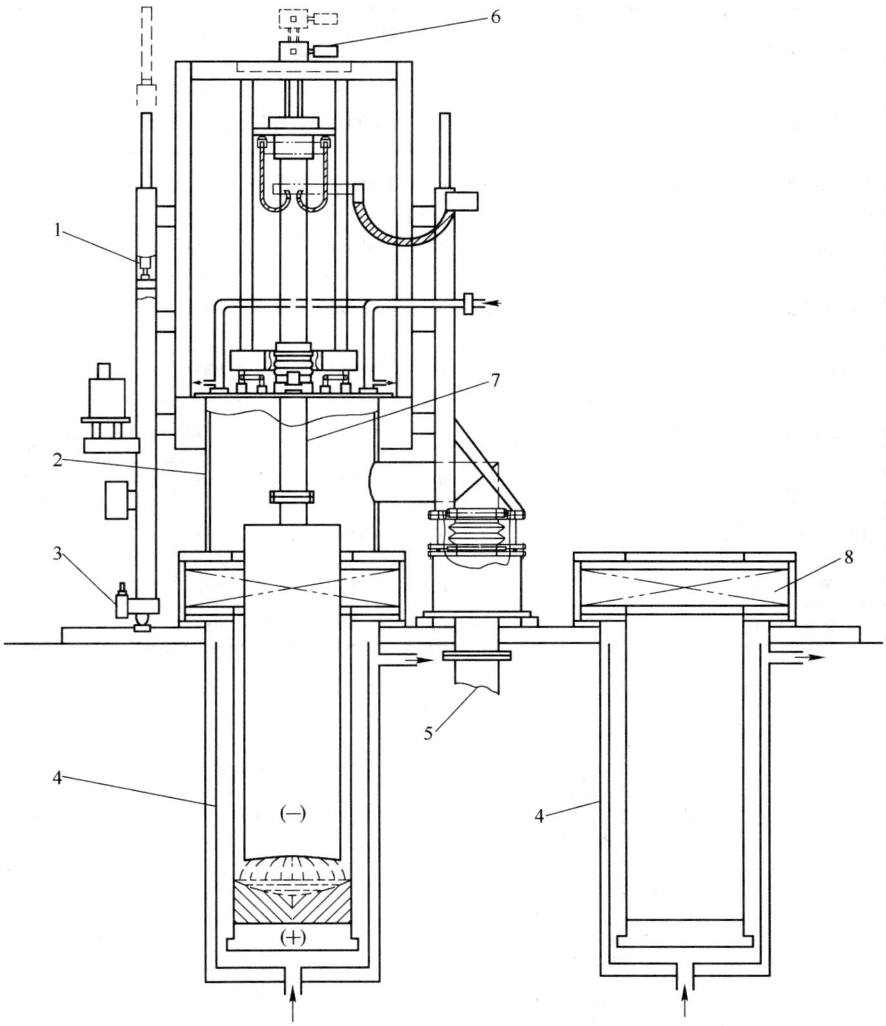

图4-6 P型坩埚固定、炉体转动式真空自耗电弧炉（双工位）示意图

1—炉体液压升降系统；2—上炉体；3—上炉体旋转机构；4—坩埚、稳弧线圈、冷却水套；5—真空管道；6—电极杆升降机构；7—电极杆；8—插板阀（闭锁阀）

对熔炼工艺进程进行量化控制。国内外炼钛真空自耗电弧炉系列产品见表4-3，经济实用的铸锭大多为3～10t，因此3～10t的真空自耗电弧炉使用最为广泛。

表4-3 熔炼钛真空自耗电弧炉系列的主要技术参数

国别	制造厂或公司	型号	容量/t	工作电压/V	最大电流/A	坩埚尺寸/mm		熔炼真空度/Pa	电极升降控制方式
						直径	长度		
中国	宝钛集团研制所	ZHT-650	0.65	20～40	10000			1.3～0.13	电极连续称重计算机-弧长
中国	长春电炉厂	ZH-1000	1	20～40	12000	420	1200	1.3～0.13	电压
日本	真空技术公司		1	20～45	10000	380	1100	1.3～0.13	电压弧长

续表 4-3

国　别	制造厂或公司	型　号	容量/t	工作电压/V	最大电流/A	坩埚尺寸/mm		熔炼真空度/Pa	电极升降控制方式
						直径	长度		
中国	宝钛集团研制所	ZH-1500	1.5	20～40	15000	480	2400	1.3～0.13	电压弧长
中国	宝钛集团研制所	ZH-3000	3	20～40	30000	518	2400	1.3～0.13	电压弧长
德国	海拉斯	L-1000St3	3	20～40	30000	710	2800	1.3～0.13	电压弧长
日本	新生株式会社	FMA-E-5000	3	20～40	30000	660	2100	1.3～0.13	电压弧长
德国	Led-海拉斯	L500P4	4	20～40	20000	620	3000	1.3～0.13	电压弧长
中国	宝钛集团研制所	ZH-6000	6	20～40	30000	820	4000	1.3～0.13	电极连续称重计算机-弧长
中国	长春电炉厂	ZH-5000	5	20～40	30000	550	3500	1.3～0.13	电压弧长
德国	ALD 真空工业公司	ALD-1000	10	20～40	40000	1000	4000	1.3～0.13	电极连续称重计算机-弧长
德国	莱宝公司	L900	3	20～40	20000	620	2200	1.3～0.13	
德国	莱宝公司	L1000	10	20～40	25000	800	3000	1.3～0.13	

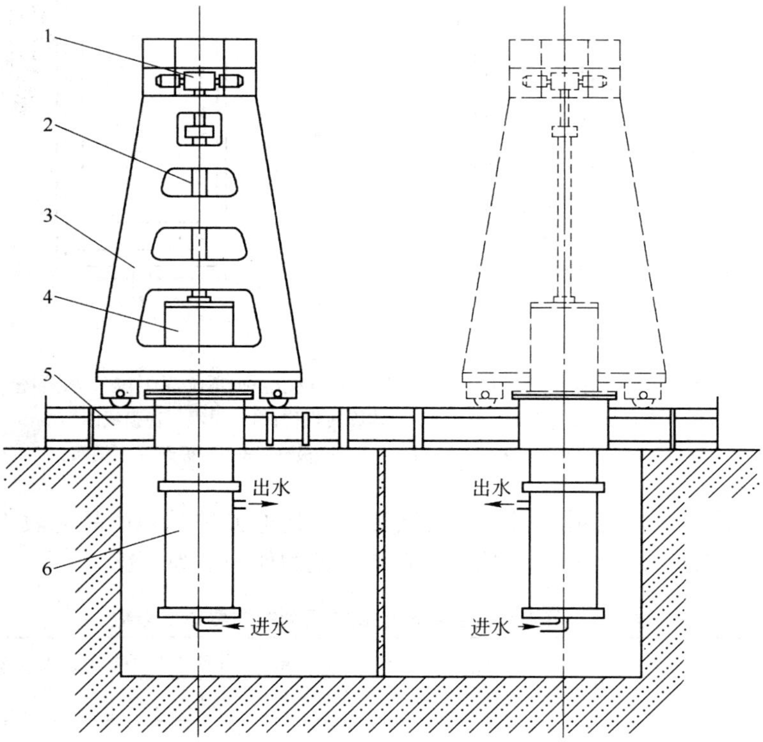

图 4-7　P 型炉坩埚固定、炉体移动式自耗炉结构示意图

1—电极杆升降传动系统；2—电极杆；3—炉架；4—炉体；5—闭锁阀；6—坩埚

4.3.4 VAR 法的工艺过程

在真空条件下，采用正极性熔炼法即金属熔池接正极也就是坩埚（正极）、自耗电极接负极熔炼法，采用两极间电弧放电产生的高温做热源将金属材料（自耗电极）熔化，在坩埚内冷凝成锭的过程称为真空自耗电弧熔炼。

真空熔炼中有两个主要问题：（1）电弧稳定燃烧的问题；（2）冶金反应及精炼问题，前者是熔炼的前提条件，后者是达到熔炼效果的途径，两者都起保证产品质量的作用。下面概要讲述这两个问题，并介绍由此而规定的工艺过程。

4.3.4.1 真空电弧的稳定问题

首先我们必须明白什么是电弧，电弧有什么性质，电弧与周围的条件有什么关联，等等，这些问题都是至关重要的。

A 电弧的概念

电弧是电流通过气体时所产生的一种放电现象（即弧光放电）。电弧也是在气体或金属蒸气中放电的一种形式。真空电弧熔炼所需建立的是低电压（十几至几十伏）、大电流（可高达数万安）的弧光放电，弧光放电时产生强烈的白炽光和高温。

我们都见过电焊，电焊条就是电弧加热熔化的。电焊时产生耀眼的白光，就是电弧发出的弧光。在真空自耗电弧炉中的弧光与电焊的弧光是一样的。前者是残余气体，后者是在大气状态下。其实弧光仅是电弧的一种现象，气体放电才是电弧的本质[3]。

所谓气体放电，就是当气体原子或分子受到某种外界能量作用而形成荷电粒子（电子、正离子、负离子），气体变成导体，当有电场存在时，带电粒子便定向运动，产生了气体放电现象[4]。

低压下气体放电存在着汤生放电、辉光放电和弧光放电基本形式。汤生放电是当放电电流很小、气压较低、空间电荷发生的畸变、电场实际上可忽略时的放电形式。辉光放电是在满足着火条件后立即发生的一种自持辉光放电，它的显著特点是从阴极至负电辉区有几百伏左右的电位变化。辉光放电分正常辉光放电和异常辉光放电。放电开始时，辉光只覆盖一部分阴极表面，这就是正常辉光放电；随着放电电流的增加，辉光逐渐扩展到整个阴极表面，这就是异常辉光放电。弧光放电是一种低电压、大电流的放电。它是当异常辉光放电达到峰值以后，如果电流继续增加，放电电压迅速降低。当电流增加到 1A 时，电压将下降到 40V 左右，这时，阴极遭到离子的强烈轰击后，温度升高并产生阴极蒸发，在阴极附近极薄的范围内产生很高的气压，形成极强的正空间电荷层，因而产生热电子发射或强电场发射，在放电气体介质和电极上都会放出大量的热和耀眼的光，这就是弧光放电[4]。由此可知，低压下放电是从汤生放电转变到辉光放电，从辉光放电转变到弧光放电的过程。

由上述可知，气体在正常情况下是不导电的，但是如果气体受到电离，则在气体分子中就解离出来了自由电子和正离子，在这种情况下，气体就变得能够导电了。这时如果有正极和负极两个电极，其间存在电压，则电子和离子就会分别向正极和负极运动，如图 4-8所示，这就传送了电量即形成了电流，使两极电源可放电。在这种电流中，电子流起主要作用，这是因为电子轻，容易受到加速的缘故。上述情况对于任何气体放电现象都是一样的，电弧放电也同样如此，只是电弧放电还有下列特点。

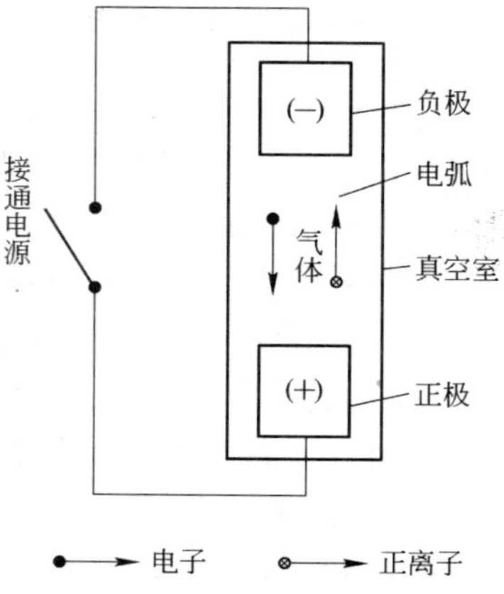

图 4-8 低压下气体放电现象

产生电弧和使电弧存在下去的必要条件是主要靠大电流密度造成负电极端头的高温，使电子发射（热发射）或因没有电流的情况下，负电极端头温度不高，则提供较高的断路电压，使负电极（阴极）端头附近造成一层正离子与负电极构成强大的电场，在这强大的电场作用下，负电极上的电子自动地向外发射（自发的），又因为在阴极与弧柱的交界面上的正离子层，与阴极表面形成一电位差，只要达到 10^{-6} ~ 10^{-7}V/cm，就可引起阴极表面电子发射，不管温度高低，故又称为电子自发射，使负电极端头有极高的温度，这主要是由离子对负电极撞击产生的。负电极附近的那一层正离子是怎么形成的呢？原来电子从负电极发射出来后，以很大的速度向正电极方向运动，电子具有的巨大动能，使碰撞到的气体分子解离成电子和正离子，其中电子向正电极方向飞去，而正离子则由于电子发射的影响飞不到负电极上去，便在此处形成了一个正离子层。存在下去的必要条件是电流密度大。

气体的电离主要是由于从负极发射并受到电场加速的电子同气体分子和原子碰撞的结果，其次是电弧本身的极高温度（5000 ~ 8000K）。

由于弧中有强大的电子流，因此两极之间的空间具有很高的导电性。两极之间电压在 20 ~ 40V 不很高的情况下，每平方厘米能有数百到数万安培的巨大电流。

由上述可知，弧光放电有以下特点：大电流、低电压、高温、有很强烈的弧光、有负电特性。真空自耗电弧熔炼时电弧是这样产生的，自耗电极由被熔炼金属材料制成为负电极，坩埚底（水冷）作为正极构成直流电源正极性熔炼装炉时，将同牌号的料块或屑料放置在坩埚底中间位置（称为起弧料），此时起弧方式有两种见图 4-9，图 *a* 是开路起弧；图 *b* 是短路起弧，两种方式的原理基本相同，只是在操作上和电流方式上有所区别。

（1）开路起弧。如图 4-9*a* 所示，首先下降自耗电极，使其与起弧料接触，然后再提升一点距离，使电极距起弧料有几毫米，根据电极截面积大小，预先给上设定的起弧电流，合上稳弧电源和两极熔化电源，此时会出现两种情况：1）电流为预设定电流、电压为 20 ~ 30V，视频上有弧光，说明起弧距离预留刚合适而瞬间起弧；2）当电流为零，开路电压为 70 ~ 80V 时，说明弧距预留过大，需立即下降电极（点弧），当自耗电极下端面与起弧料尖端接触时，将尖端熔断而瞬间两极就产生了电弧。这种方式较安全，不易沾上坩埚底，若控制不好易偏弧。生产实际中都是以这一方式进行操作起弧的。其工作原理是：下降电极，当电极与起弧料瞬间接触（瞬间短路），电流通过时，在触点上电流密度很大，电阻很大，产生了大量的电阻热，起弧料和电极上的触点被加热到很高的温度，瞬间熔化并挥发。熔融金属的蒸气便冲散在极间的空间里，使气体电离变得容易了，同时在热和光的作用下两极之间的气体分子或金属蒸气的原子被电离，便产生出电子和正离子，它们在电场力作用下分别向正极和负极飞去，又由于极间距很小，开路电压较高，所以电场强度很大，自耗电极产生自发射，而高温下自耗电极上的电子能量增大，也产生了热发射（即

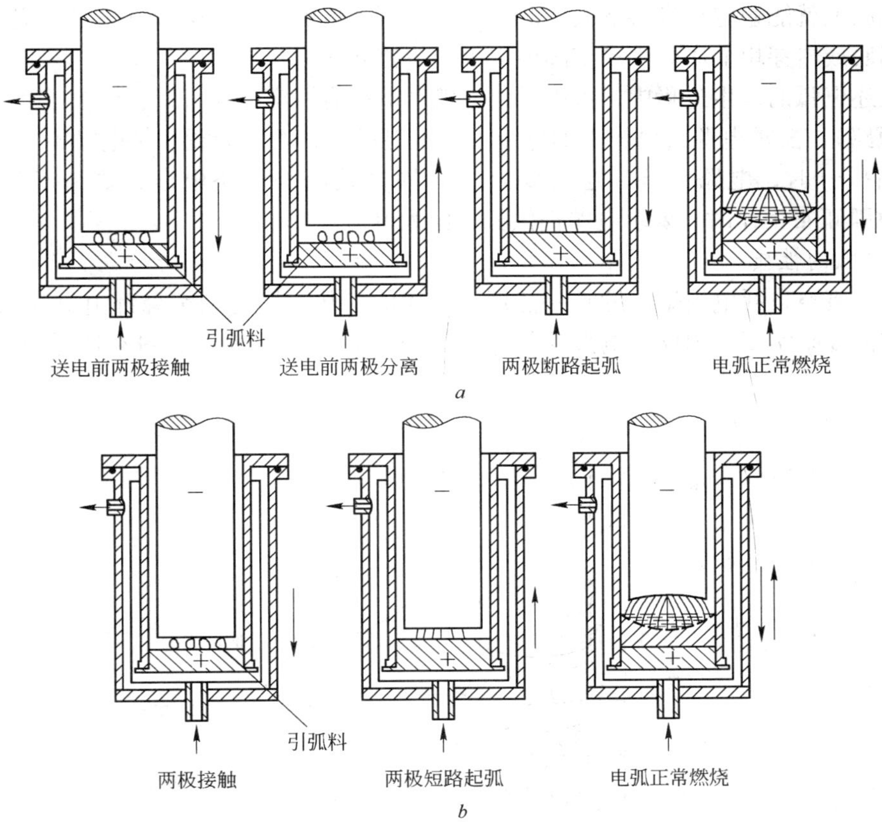

图 4-9 真空自耗电弧炉起弧过程示意图

a—开路起弧；*b*—短路起弧

电子因热而发射)，于是在自耗电极与坩埚底（起弧料）之间便产生了弧光放电（通常称为起弧)。再提升一点距离，在两极间保持一定的电压，则热发射和自发射的电子就能在极间引起气体分子碰撞电离，使电离程度迅速增加，弧光放电就能够稳定地进行下去。

在真空下气体分子很稀薄，不接触是无法击穿气体的，只有当电压特别高时才能击穿，因此开路起弧从本质上看也是短路起弧，只有短路后，开路电压立即下降，有电弧和电流后将尖端烧断将建立电弧。

(2) 短路起弧。如图 4-9*b* 所示，首先把自耗电极下降，使其碰到起弧料为止，此时两极接触面为一些点接触。然后根据电极截面积大小，预先给上设定的起弧电流，给上稳弧电源，再合上两极熔化电源，此时会出现电流比预设定的电流大，电压为零，说明起弧距离过小，处于短路状态。当大电流通过时，电阻很大，此时自耗电极端头与坩埚底放置的起弧料产生大量的热，电极上的接触点被加热到很高的温度，以致达到熔融。这时将自耗电极缓缓提起，使两极拉开较小距离，瞬间短路起弧，此时开路电压很高，电场强度很大、高温，自耗电极上的电子能量增大并产生热发射，当电压为 20 ~ 30V、电流为预先设定电流，与此同时在热和光的作用下，熔融金属的蒸气便冲散在极间的空间里，使气体电离得容易了。于是在自耗电极与坩埚底之间便产生了弧光放电（通常称为短路起弧)。以后在两极间保持一定的电压，则热发射和自发射的电子就能在极间引起气体分子碰撞电离、弧光放电就能稳定地进行下去。此种短路起弧若电流过大，会毁坏电源设备，也容易沾污坩埚底或击穿坩埚底。生产实际中很少用短路起弧方式。

由上述电弧的产生过程中，可以看出电弧对电源有一定要求，即：(1) 当两电极接触时（即短路），要求电源给以较大的电流，但不能过大，否则会毁坏供电设备；(2) 当两电极刚刚拉开时，电路断开，这时要求电源提供较高的开路电压，要高于工作电压；(3) 在电弧正常工作时，要求电源提供低电压大电流。

B　电弧的性质

电弧是真空自耗电极熔炼的唯一热源。金属的加热、熔化和精炼都由电弧供给热量，到达一定温度来实现。因此，电弧及其周围的温度是个重要性能。图 4-10 表示了电弧的温度分布[3]。

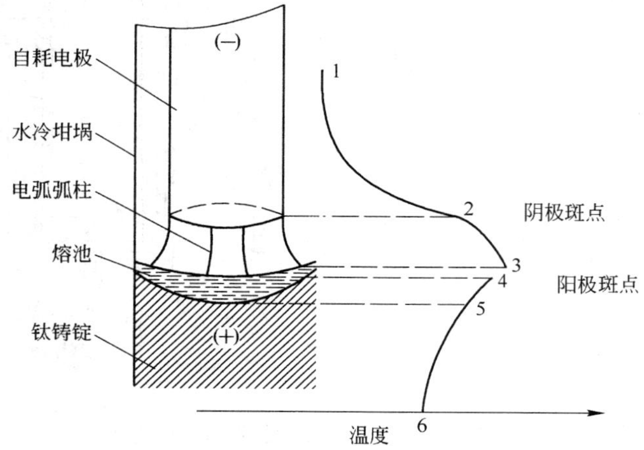

图 4-10　沿电弧方向的温度分布

1～2 电极杆的温度；2～3 弧柱气体的温度；4～5 熔池的温度；5～6 铸锭的温度；2—阴极区的温度；4—阳极区的温度；5—凝固温度

电弧是由电子、离子和气体分子混合而成的高温等离子体，它由阴极区、弧柱区和阳极区三大部分组成，如图 4-11 所示。

a　阴极区

它是自耗极端面附近很短的一个区域。这个区域的纵向长度约等于电子运动的自由程长度（即电子发射后碰到气态分子的平均长度）[3]。阴极区实际上由两部分组成，一部分是在自耗电极端面附近和弧柱交界之间的正离子层，它与自耗电极端面之间构成很大的电位降，这种电位降促成电子从自耗电极端面自发射，用以维持电弧（自持放电）的正常燃烧。另一部分是在自耗电极端面有一个光亮点，称为阴极斑点或阴极发射点。在正离子层形成的正电场作用下，电子都集中在这里向外发射而产生弧光放电。这里温度很高。真空中阴极斑点大大扩大，以致布满整个自耗

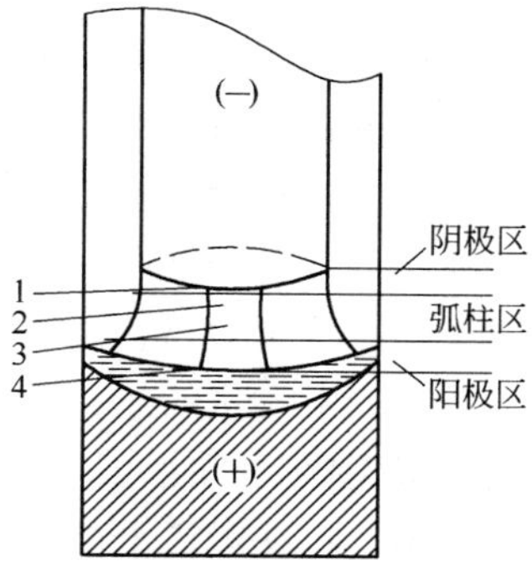

图 4-11　电弧构成示意图

1—阴极斑点；2—正离子层；3—弧柱；4—阳极斑点

极端面或更大些，到达整个电极头部。随着斑点面积扩大，斑点温度也降低。斑点温度与电极材料有关，电极材料的熔点愈高，斑点的温度也愈高，最高温度能达到材料的沸点。斑点温度还与斑点移动有关。由于自耗电极的不断熔化、熔滴脱落和电极端面温度场的变化等原因，斑点将向温度高的突出点区移动。如果这种移动过于激烈，就会使斑点温度大大下降。这时以热发射为主的电弧就会不稳定。在以钨或钼为自耗电极的熔炼中，电弧不稳定的原因之一，就是如此[3]。

阴极斑点的大小与电弧放电所在空间的气体介质的压强有着密切的关系。气体介质压强高（表现为真空度低或者残余压力高），阴极斑点的面积就小；图 4-12 是在不同的气体残余压力下自耗电极端面形状示意图，可以看出，电弧周围气体介质压力减少，阴极斑点不仅面积大大扩展，而且高速移动，使电极端面熔成圆锥形如图 4-12*b* 所示。

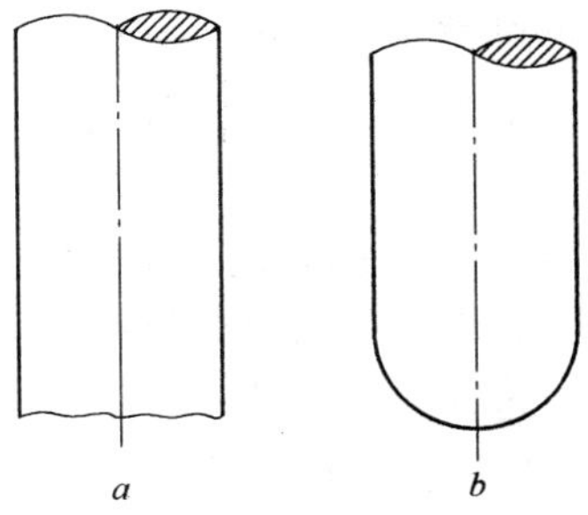

图 4-12　不同压力下自耗电极端面形状
a—66.5Pa；*b*—13.3Pa

阴极斑点的扩展和移动，造成了电弧的温度下降。移动速度越快，电极端面的热度越小，金属熔池的温度也就越低。在实际生产中，根据电极端面的形状推测，在坩埚的下部和中部，气体介质的压强比在坩埚上部（由真空计直接测量到的数值）要大 10 ~ 100 倍。

自耗电极的加热，有电阻热（电流通过时产生的）、气体流动和阴极斑点传导的热，以及熔池辐射热。而自耗电极端面，由于正离子撞击，得到的热量最大，达到较高的温度。阴极斑点上电子的热发射消耗的能量，就是正离子撞击阴极表面供给的。因此当弧区压力降低时，正离子在弧区的碰撞次数减少了，而到达阴极表面的正离子增加，使阴极斑点的热发射电子也增加。从有利于电子的热发射观点来看，希望真空度高些。这样有利于电弧的稳定[3]。

阴极斑点上电子的自辐射，是由阴极区的电位降决定的。阴极区的电位降则与弧区气体和蒸气压力有关。这是因为阴极区的正离子层到阴极表面的距离，由电子自由程长度决定，而气压愈高，气体分子愈密，电子自由程长度愈短，阴极区电位降愈大，反之气体压强愈低，阴极区电位降愈小。当气压过低时，由于阴极区电位降过小，电子的自发射就会中断，电弧就不稳，甚至可能熄灭。所以从电子自发射来看，不希望真空度过高。真空度过高不利于电弧的平稳。

综上所述，欲达到电弧稳定，真空度有一个合适的范围，过低和过高都会导致不稳定，使电子发射减少，以致达不到弧光放电的电流密度，而出现辉光放电[3]。

b　弧柱区

弧柱是电子和阳离子组成的等离子流体，位于阴极和阳极区之间呈钟形分布，由于阴极区和阳极区都很短，所以弧柱区差不多就等于整个电弧的长度，在这个区域里由于存在着激烈的碰撞电离，所以稳定性很高（比阴极斑点和阳极斑点都高）。这个区域里电子与正离子数几乎相等，气体分子和金属蒸气分子，一方面电离，一方面又复合，进行得非常剧烈。电离和复合处于动态平衡中，而且建立这种平衡是很迅速的，由于电离程度高，弧柱区近似于导体，沿弧柱轴线方向电压下降是均匀的而且很小，如图 4-13 所示。弧柱中的电流主要是电子流，其次才是正离子流，这是因为在同样的电压作用下，电子较正离子轻得多，运动速度大，由它传导的电量多（90%）[3]。

弧柱具有很高的温度。弧柱的温度与电弧电压、电流强度、电极材料、弧区气体性质和气体压强等因素有关。

弧柱的温度与弧区气体有关。氢气比空气导热性好，会把弧柱中的大量热量传导给水冷却坩埚壁。所以在氢气中熔炼合金时，电弧不稳定，如果压力高电弧会熄灭，压力低才能够维持正常的电弧燃烧。

电弧电压即弧光放电时两极间的电压降。电弧电压由阴极区电压降（U_k）、弧柱电压降（U_e）和阳极区电压降（U_A）三部分组成。即电弧电压 $U = U_k + U_e + U_A$，其中 $U_k + U_A = U_s$，被称为表面压降。

表面压降与电极材料、气体成分、压力和电流强度等因素有关，而且与两极间距离无关。这样，在其他条件不变的情况下，电弧电压的变化取决于弧柱压降（U_e），而 U_e 值很小，因此两极间距离的变化对电弧电压的影响不太显著，而且并非一直是线性关系（见图4-13）。

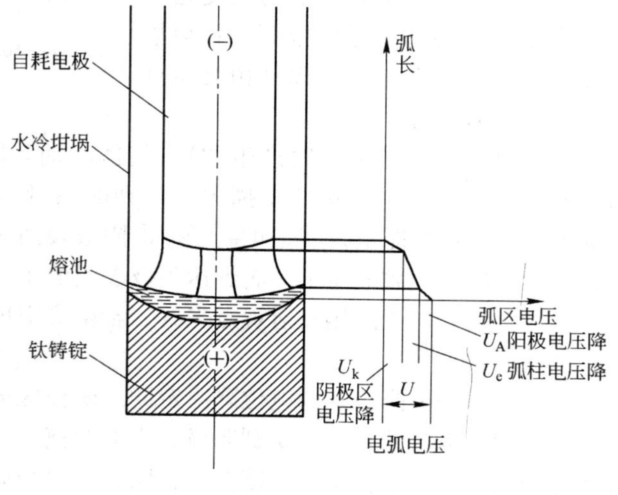

图4-13 电弧电压分布

真空电弧熔炼时的电弧电压（U）主要是极性、电流、电极直径与坩埚直径之比值（d/D）、电极材料和电弧长度的函数。其中以电流强度对表面压降（U_s）影响最显著，而对弧柱压降（U_e）的影响较小，即

$$U = U_0 + aI \tag{4-1}$$

式中 U_0——电弧电压的不变分量，V；

a——系数；

I——电流强度，A。

钛自耗熔炼时，一定的弧长范围内每改变 1cm 电弧长度引起的电压变化约 0.5V[2]。

随着熔炼电流的增加，弧柱端面积增大，电弧的束密度增加，温度升高，燃烧也更加稳定。熔炼过程中的除气、分解、挥发、电离等物理反应正是在此区域进行的。

电弧熔炼时用氩气保护，当氩气压强大于 4.5×10^4 Pa 时，电弧熔炼很不稳定；当压强降低到 1.4×10^4 Pa 时，电弧就稳定了。但是压强过小，电弧也不稳定，这时阴极斑点扩大而爬上了自耗电极，电弧将熄灭，代之以辉光放电[3]。

随着弧柱周围压力的增加，弧柱断面就会减少。弧柱中的电流密度就会增加，弧柱的电压降就会增大[3]。

在真空下弧柱中的电子、正离子和中性气体质点间相互碰撞的机会减少了，所以被电压加速的电子因碰撞减少而能量增大了，这样就有利于电弧的稳定燃烧。可以说“压强愈低，弧柱愈稳定，允许的弧长愈长”。但是随着压强降低，碰撞减少，弧柱的温度下降，同时弧柱断面扩大，这样就不利于电弧的稳定。所以综合起来看，炉内有一合适的压强值才能使电弧稳定，这种情况可以示意地表示在图 4-14[3]。

由于弧区有大量的金属蒸气和被熔炼金属在熔炼时放出的气体，所以弧区的压强总是高于炉膛中的压强。不应当把炉膛内的压强，误认为是弧区的压强。真空自耗熔炼时测得炉室压强要比弧区的压强低 10～40 倍[2]，这种差别示意在图 4-15 中。炉内压强自弧区至排气口依次递降。

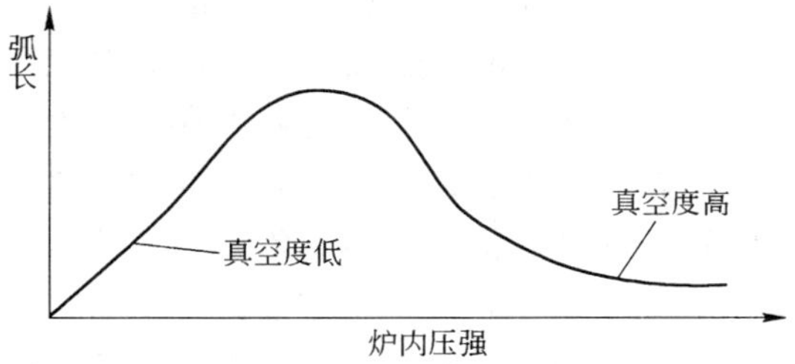

图 4-14 稳定弧长与炉内压强关系示意图

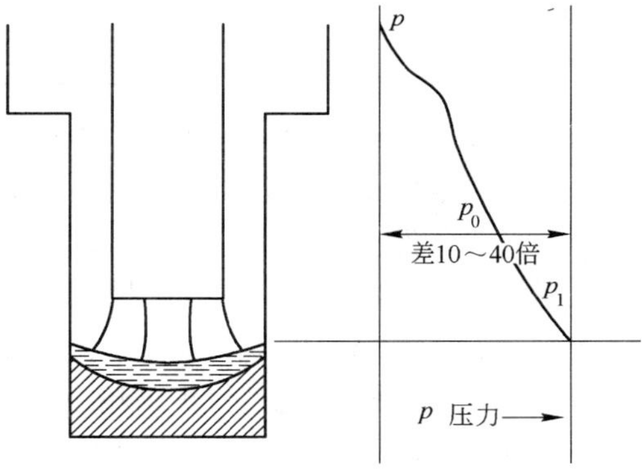

图 4-15 自耗电弧熔炼时气压分布示意图

弧柱断面积的大小与周围气体介质压强大小有关。周围气体介质压强大，则会造成弧柱断面积变小，反之变大。无限地降低弧柱区的气体介质压强，会造成弧柱剧烈的膨胀，束密度降低，电弧放电变得不稳定，热效率剧烈下降。同时，由于弧柱的膨胀，有可能导致电弧熄灭，弧光放电转为辉光放电，其结果不仅使熔炼停止，而且给安全操作带来威胁。在海绵钛电极一次熔炼时，熔炼后期（封顶期），这种现象易出现。

弧柱断面的大小还受外界磁场的影响。如果对电弧施加一个纵向磁场，在磁场力的作用下，电弧受到压缩，致使电弧断面变小，电弧长度相应增加。磁场越强，则电弧收缩也就越严重，其结果是金属熔池热量分布的均匀状态恶化，导致铸锭产生宏观和微观缺陷[9]。

c 阳极区

阳极区在阳极表面附近，与阴极区比较，它的区域长些。它也有斑点（即光亮处），不过在真空中，由于压强低，斑点扩大，以致“消失”。阳极斑点的温度高于阴极斑点，这是因为大量电子碰撞的结果，所以总的功率比阴极大得多；而阴极斑点则因发射电子吸收能量，故温度不及阳极斑点高。从熔炼金属上来看，熔池温度高些好，所以一般直流电弧总是把熔池接成正极，并称它为正极性操作。整个阳极区域（熔池）温度大约高于熔炼金属熔点200~300℃[3]。如金属钛熔点1668℃，自耗电极熔端1775℃，熔池温度1850℃。由于金属熔池有较高的温度，不仅有利于精炼反应的进行，而且由于熔池轴向上有较大的温度梯度，而使铸锭易于得到理想的结晶结构。

熔炼参数的变化会引起阳极斑点的大小和温度的变化，从而使金属熔池的温度梯度、熔池深度和体积发生变化，最终反映到精炼效果和铸锭结晶条件的改变上。

阴极区和阳极区的长度均约 10^{-6}cm，并存在阴极压降和阳极压降，数值与材料有关。阳极斑点的温度要高于阴极斑点，实测数据见表4-4[3]。

表4-4 不同电极材料的阴极斑点和阳极斑点实测数据

电极材料	石墨	石墨	钨	铁	镍	铜	铝	镁	锌
气 氛	空气	空气	空气	空气	空气	空气	空气	空气	空气
电流/A	3~10	4~10	2~4	4~17	4~20	10~20			
阴极斑点温度/K	3420~3500	3500	3000~3600	2430	2370	1600~2200	3400	3000	2300
阳极斑点温度/K	4200	4000	4250	2600	2450	2450	3400	3000	3200

在弧柱区中有电子、正离子、中性气体分子和金属蒸气原子，进行着激烈的电离和中和作用，当电弧稳定时趋于平衡。在电弧间隙中存在一定数量的上述成分是电弧放电能以维持的必要条件。在真空电弧炉中，作为正离子母体的金属蒸气，开始时并不存在，为使电弧起弧必须使两个电极瞬间短路，使接触部分瞬间熔化并挥发，具有充分密度的金属蒸气充满了电弧间隙，电弧才得以点燃。从真空电弧炉中的电弧光谱可以看出，在100~10^{-3}Pa范围内，放电光谱仅由被熔金属的谱线组成，这是由于在放电空间的温度下熔融金属的蒸气压远高于残余气体和放出气体的压强，且金属原子的电离能又远低于气体分子的电离能，所以真空电弧炉中的电弧放电可以认为是在金属蒸气中进行的。

C 电弧与周围条件的关联

电弧存在于水冷铜坩埚内真空气氛中，它与真空有密切关联，而电弧的长短又与自耗电极端头到坩埚底或熔池之间距离有关联，坩埚外面加线圈，即稳弧线圈，起稳弧、熔池旋转的作用。下面就简要地介绍这些问题。

a 气体压强对电弧的影响[3]

上述已经指出，为了电弧稳定燃烧需要一定的气体压强，弧区气体压强与炉膛的气体压强不同，它是由金属蒸气和熔炼时放出的气体构成，而真空泵的不断排气使得弧区压强高于炉膛压强。试验指出，弧区周围的气体压强对电弧有下述影响：

（1）10^5~6.6×10^3Pa范围，电弧是稳定的。但有时电弧沿电极端面移动，这对熔炼影响不大。但对于钛、锆金属熔炼，真空度太低而影响产品质量。

（2）6.6×10^3~66.6Pa范围是危险区，常伴有扩散弧、脉动弧及辉光放电，阴极端的电弧，沿电极上下移动频繁且呈扩散状，电弧往电极上爬（称爬弧），电弧常离开熔池而沿坩埚壁上下游荡（称边弧），因此，电弧极端不稳，无法进行正常熔炼。

（3）当气体压力低于66.6Pa时，上述现象消失了，弧光放电又能稳定地进行。

所以真空自耗电极熔炼，只要保证弧区周围气体压力低于66.6Pa就能得到稳定的电弧。考虑到炉膛压力与弧区周围压力的不同，一般认为在炉膛中压力应控制在0.6～1.3Pa为最佳值。实际上，自耗电极的材料不可能十分均匀，各处的放气量也不完全一致。在熔炼中突然放气会造成压力升高，为保证电弧区域压力不高于临界压力，通常要求真空电弧熔炼在6.6×10^{-2}～1.3Pa的压力范围内进行。过高的真空度是没有必要的，压力过低还可能导致电弧的熄灭。

在确定炉内真空度时，还应当从有利于精炼除气的角度来考虑。

b 磁场对电弧行为的影响

电子在磁场中的运动 由于电弧本身是由各种带电粒子（电子、正离子、负离子等）组成的高温等离子体，如果电弧周围存在着磁场，如前面所讲的，必然对电弧的行为产生一种巨大的影响。

根据电磁学原理，若在空间存在着磁场，一个电子以初速度v_0被射入该磁场中，那么，这个电子就要受到磁场力F的作用。磁场力F的大小由下式决定：

$$F = e \cdot B \cdot v \cdot \sin\theta \tag{4-2}$$

式中 e——电子的负电量；
B——磁感应强度；
v——电子在磁场中运动的线速度；
θ——电子射入方向与磁场方向的夹角；
F——作用在电子上的磁场力。

电子在磁场中受力的情况有下述三种：

（1）电子射入方向与磁场力方向相同。此时$\theta=0$，则$\sin\theta=0$，$F=0$。就是说，电子不受磁场的影响而仍然以初速度v_0在磁场中作匀速或加速运动，运动轨迹是直线，如图4-16*a*所示。

（2）电子射入的方向与磁场方向正交。此时，$\theta=90°$，$\sin\theta=1$，则$F=e\cdot B\cdot v\cdot\sin\theta$。就是说，电子在磁场中所受到的磁场力$F$值最大，并且在磁场力$F$的作用下改变运动方向。这时电子在磁场中以速度$v$做圆周运动，如图4-16*b*所示。

（3）电子射入的方向与磁场方向成任意夹角，即$0<\theta<90°$，则$F=e\cdot B\cdot v\cdot\sin\theta$就是说，电子在磁场力$F$的作用下，以速度$v$螺旋式前进，如图4-16*c*所示。

磁场对正、负离子的作用类似于对电子的作用。但是，由于带电离子的大小不同，它们在磁场力的作用下运动速度和周期也不相同。

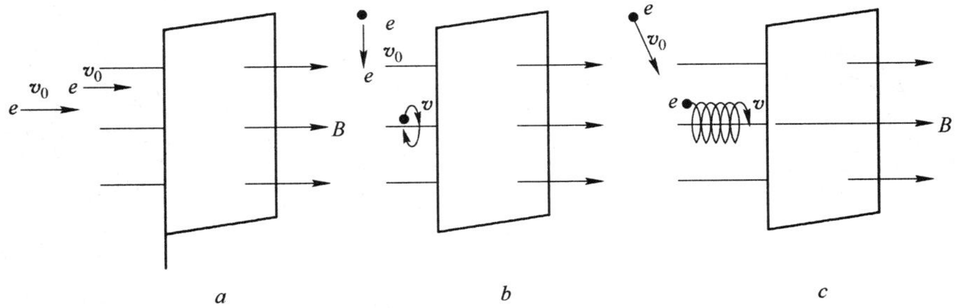

图4-16 电子在磁场中运动

磁场对电弧的作用　在真空自耗电弧熔炼过程中，电弧周围存在的磁场有自身磁场、外加纵向磁场以及铁磁体产生的磁场。由于这三种磁场的存在，明显地影响着电弧的行为及熔炼质量，下面就这三种磁场对电弧行为的影响做一简单的分析。

（1）横向磁场对电弧的作用。横向磁场系指炉子内部电流通路建立起来的磁场。这种磁场在所有真空自耗电弧炉中都存在。横向磁场又包括由电弧本身建立起来的均匀、对称的自身横向磁场和由电流进入导线建立起来的横向磁场两部分。

电弧本身是一种特殊导体。我们可以简单地把它看做一根通以直流电的导线。当强大的直流电流流过电极和电弧时，在其周围必定产生强大的横向感应磁场 B，电流强度愈大，这个感应磁场也就愈强，其方向由“右手定则”来确定，而感应磁场力 F 的方向由“左手定则”来确定，如图 4-17 所示。

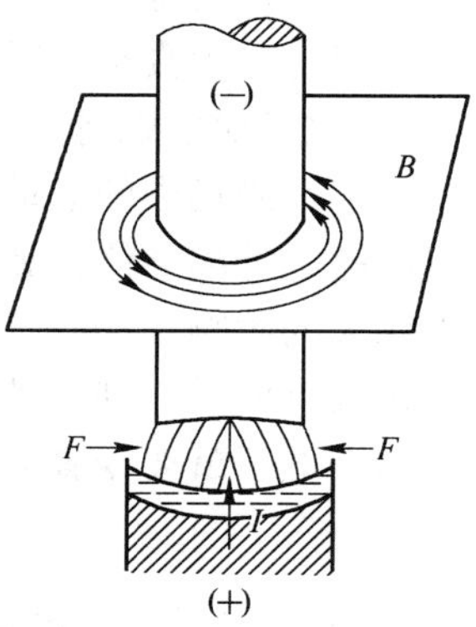

图 4-17　正极法自身横向磁场对电弧作用示意图

无论是正极性法还是反极性法，由于自身横向磁场均匀地分布在电弧的周围空间，一种作用使电弧始终受到电磁感应力的径向压缩，使弧柱断面减小，长度增加，熔池受热面积集中到中心部位，边缘温度降低，起到增加熔池径向冷却强度、加大熔池深度的同等效果，导致结晶条件恶化，促使成分偏析和疏松产生。另一种作用是把偏离电弧轴线方向运动的带电粒子拉回到轴线方向上来，这有利于电弧的稳定。同时在坩埚上，电流引入线的接点位置在哪个方向，电流就主要从哪个方向流过，这个方向上的磁场强度就比较大，磁力线的密度也就大，结果把电弧排斥到相反的方向。即产生所谓“磁吹偏”，如图 4-18*a*、*b* 所示。这种现象的存在，对熔炼是有害的，它不仅使熔池断面上温度分布不均匀，而且在电流引入线（特别是底电缆线）接点附近区域内，由于产生了局部的纵向磁场，其磁场力会使金属熔池产生较微弱的旋转（正极性接法中熔池呈反时针旋转，反极性接法中熔池呈顺时针旋

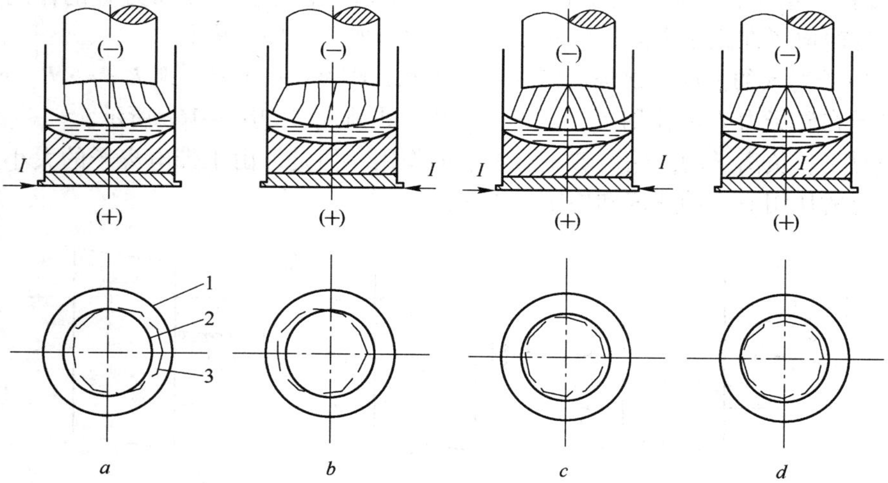

图 4-18　由电流进出导线所建立的横向磁场对电弧的“磁吹偏”示意图

1—坩埚横断面；2—自耗电极横断面；3—电弧断面分布；I—电流方向

转，右手螺旋法则)，例如，按图 4-18*a*、*b* 所示的接线方式，在熔池形成以后的短时间内，金属熔池会产生反时针或者是顺时针（视引入的电流方向而定）方向旋转。上述两种现象的存在，都会促使合金产生化学成分偏析，严重时会产生点状偏析和夹杂物的聚集。图 4-18*a*、*b* 和图 4-19*a*、*b* 是早期炉子电流进出导线的分布方式，它们导致了感应磁场的产生和分布的不均匀性，造成了电弧的“磁吹偏”和熔池的旋转。

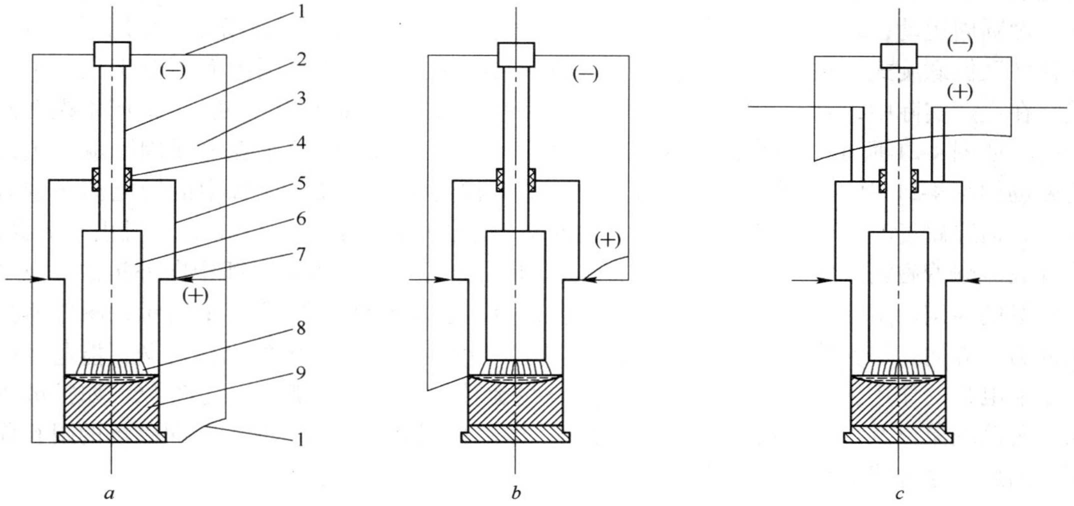

图 4-19　真空自耗电弧炉感应磁场分布状态与电流进出接线位置关系图
1—电流进出线；2—电极杆；3—感应磁场分布状态；4—动密封及绝缘；
5—炉室；6—自耗电极；7—坩埚导电法兰；8—熔池；9—铸锭

为了消除感应磁场对熔炼质量的不利影响，人们采取了许多办法，如使电流进出导线在坩埚底上或在坩埚导电法兰处布置均匀对称，如图 4-18*c* 所示；或把底电缆软线接在底结晶器正下方，如图 4-18*d* 所示。这些方法虽然对消除磁场分布不均匀起着一些作用，但不能从根本上消除感应磁场。目前比较理想的方法是使用同轴电缆，使电流通路构成所谓“同轴”性，使所产生的感应磁场相互抵消，如图 4-19*c* 所示，这就消除了感应磁场存在的可能性。

（2）铁磁体对电弧的作用。如果电弧区附近存在有铁磁物质（如以铁、镍等为基体的金属或合金），同样会在电弧周围造成磁场的不均匀性，铁磁体存在的一边磁感应强度较小，另一边则较强，使电弧被推向铁磁体一边，这与电磁铁吸引铁的现象相似，如图 4-20 所示。

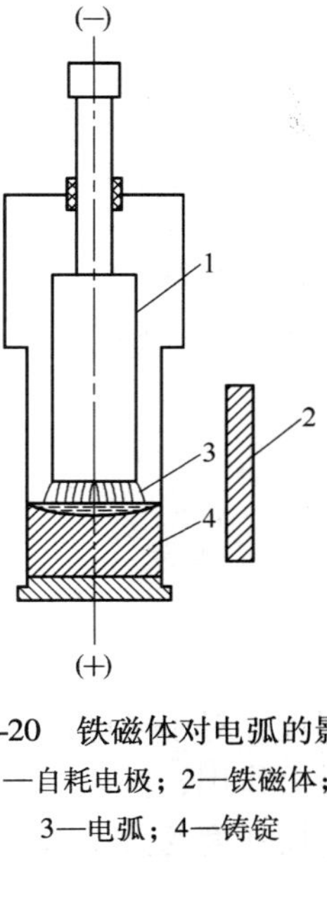

图 4-20　铁磁体对电弧的影响
1—自耗电极；2—铁磁体；
3—电弧；4—铸锭

（3）外加纵向磁场对电弧的作用。真空自耗电弧熔炼过程中，由于各种因素的影响，造成电弧中带电离子的运动显示杂乱无章的状态。由于电子总是沿着电阻最小的方向运动，一旦电弧的长度大于自耗电极与坩埚壁之间的距离，则电子就会由弧柱区飞向坩埚壁，严重者会造成边弧，即自耗电极与坩埚壁之间产生燃弧，从而击穿坩埚。

为了纠正弧柱区电子运动方向对电弧轴线的严重偏离，目前常用的办法是对电弧施加一个纵向磁场。即人为地施加一个与电弧轴线相平行的纵向磁场。如果弧柱区的电子都沿着弧柱轴线方向运动，根据式（4-2）可知，此磁场作用在电子上的力 $F=0$，电子运动不受磁场影响；若电子在弧柱区内做横向运动，由于其运动方向垂直于磁场方向，电子在弧柱区做圆周运动；若电子在弧柱区内偏离轴线的任意角度运动，在磁场力的作用下，电子在弧柱区做螺旋式前进。这样，电子的运动就被限制在一定的范围内而不至于飞向坩埚壁。在生产实际中，是在坩埚导水套外，绕上螺旋管线圈（即稳弧线圈），来产生纵向磁场的，如图 4-21 所示。当稳弧线圈中通以直流电时，线圈内也就是在电弧周围就产生纵向磁场如图 4-21 中的虚线。磁场方向是上下的，称为纵向磁场。电弧中的带电离子或者电子，横穿磁场时，就要与磁场方向有一夹角，运动时就对它产生一个力，阻止它横穿，使其只能顺着磁场方向运动，使它旋转。也就是说电子或离子若从电弧中向外扩散，总受到磁场的限制，迫使它围着电弧中心线旋转，熔池也就旋转，如图 4-21 所示，图中所指示的力的方向，即为熔池旋转方向“左手定则”。可见，线圈产生的纵向磁场，能起到横向压缩电弧的作用，并使电弧围绕自身中心线旋转。一切使电弧不稳定现象，如扩散现象、游荡现象以及自耗电极向坩埚壁直接放电即聚弧现象等，都会受到纵向磁场的阻止作用。因此，这种线圈称为稳弧线圈[2]。

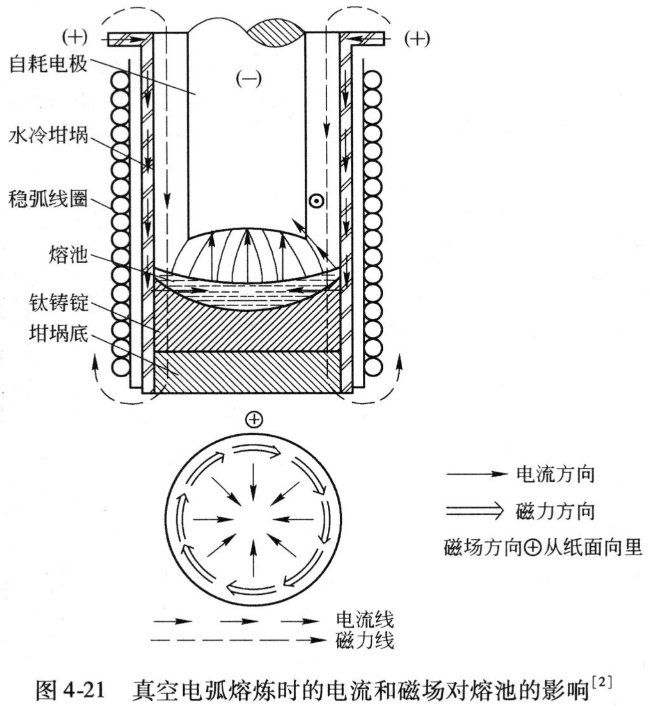

图 4-21 真空电弧熔炼时的电流和磁场对熔池的影响[2]

同理，对于导电的熔池，特别是表面层附近电流密度较大，又是横穿磁场方向，必然受到磁力作用，而磁力的方向是使载流金属液旋转，所以起到了熔池搅拌作用。

磁场强度的大小取决于通过线圈中的电流大小与线圈匝数的多少（即安匝数的大小），

磁场的方向取决于稳弧线圈中电流方向。随着外加纵向磁场强度的增大，电弧区域内显螺旋式运动的电子的运动半径减小，弧柱断面积减小，束密度增加，电弧受到强力压缩，从而增加了电弧的稳定性，有利于安全操作。

外加纵向磁场的主要目的在于稳定电弧，防止产生边弧，同时使电弧集中并产生有益的旋转，从而对金属熔池进行搅拌，改善合金化条件。适当的搅拌还可改善铸锭表面质量，并有细化晶粒的作用。但是，对于某些铁基、镍基高温合金和滚珠轴承钢，金属熔池的旋转不仅容易使之产生晶间裂纹，而且还会由于夹杂物的聚集而产生发形裂纹和成分偏析，这种现象是不希望出现的。

在使用稳弧线圈时，必须注意稳弧电流大小的选择。电流过小则作用不明显。电流过大则由于电弧被压缩得厉害而导致电弧熄灭，且由于熔池旋转激烈而有害于熔炼质量。合适的安匝数是以电弧稳定燃烧、金属熔池平稳或者是轻轻地旋转为标准的。实践中，一般选用的稳弧供电参数是：稳弧电压在 20 ~ 40V，稳弧电流在 2 ~ 15A 之间。稳弧线圈的电流也可采用交流电，交流稳弧与直流稳弧相比，具有以下区别：直流稳弧熔池深，交流稳弧熔池浅；直流稳弧熔池可定向旋转，交流稳弧熔池非定向旋转；交流电比直流电对熔池搅拌作用更强烈[2,8]。关于稳弧线圈后面再详细叙述。

c　电弧长度与电弧电压的关联

电弧的阴极区、阳极区和弧柱区的电压降加起来构成整个电弧的电压降。实验得出，电弧电压与弧的关系如图 4-22 所示。

真空电弧熔炼的供电特点是大电流低电压，所以是属于短弧操作的，即电弧电压在 20 ~ 40V 之间，其相对的弧长在 20 ~ 30mm 范围，直径大于 500mm 以上的电极可达 50mm。

在上述电弧性质中讲过，对应一定的炉内压强，存在着一个使电弧稳定的最佳弧长。弧过长就会造成电弧不稳定或杂散等问题。以致出现聚弧，击穿坩埚壁，造成事故；即使不造成事故，也还会使铸锭表面不光，气孔大，铸锭上端收缩口高，外皮上有螺丝式条纹等缺陷。而弧长过短也不好，容易发生短路，以致电极与熔池黏上，使熔炼不能正常进行。根据工厂的实际经验，弧长的适当范围是：钛一次熔炼为20 ~ 30mm，二次重熔为15 ~ 30mm[3]。

4.3.4.2　真空自耗电弧熔炼时的冶金反应及精炼

真空自耗电弧熔炼在紫铜坩埚内进行，如图 4-23 为真空自耗电极电弧熔炼的示意图。自耗电极 1 由电弧 2 加热并熔化，熔化了的金属以熔滴 3 的形式

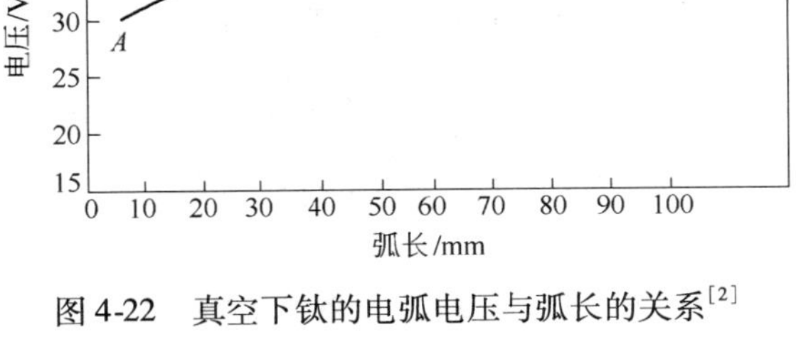

图 4-22　真空下钛的电弧电压与弧长的关系[2]

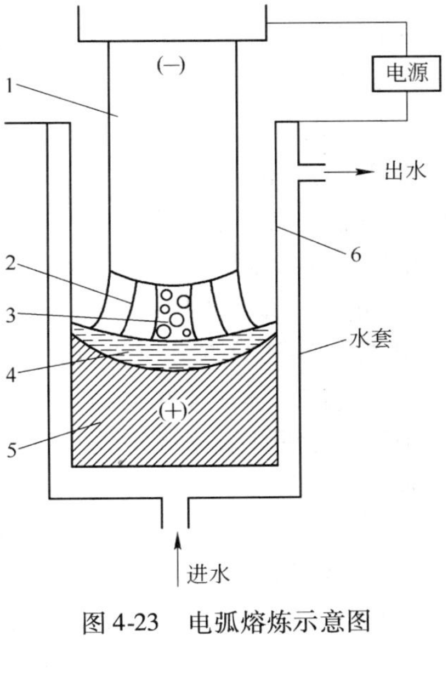

图 4-23　电弧熔炼示意图

飞越弧柱区，进入熔池并汇集成液态金属熔池4，液态金属表面由于受到电弧的加热，始终保持高温状态。而熔池底部侧面由于受到强制冷却而凝固成铸锭5，这样就使得熔池中的金属始终保持着大体上恒定的散热方向和温度递减状态，因此液体金属就始终保持着由下而上的逐渐结晶过程[3]。为了顺利地进行熔炼，自耗电极以适当速度不断向下进给，使电流、电压控制在一定的范围内。

真空电弧熔炼对于易挥发杂质和某些气体（如氢）的去除有良好的效果；使氧化物和氮化物在高温电弧作用下分解排出；熔池中液体金属易进行脱气；顺序凝固的熔铸方式有利于不熔杂质的上浮；钛锭组织致密均匀。这些作用反映在熔炼的整个过程中。电极被加热，其表面吸收的气体和水汽因热而在真空中跑掉。这样排气占吸附气体的20% ~50%[3]。

自耗电极熔化时，端部温度很高，氧化物和某些氮化物有一部分分解，产生气态在真空中的排出。但由于液态金属在电极表面上停留时间很短，所以除了排出金属中的氢气之外，氮气等杂质排除得不十分充足。在熔化滴落期间，也可蒸发出一些非金属夹杂，同时也会把有用的合金成分挥发损失掉一些[3]。由于熔炼速度较快，熔池过热度有限，液态金属维持时间短等特点，脱气、脱氧、金属杂质挥发等反应虽都能进行，但不完善，其精炼效果不如真空感应熔炼和电子束熔炼[2]。

精炼金属，熔池起着主要的作用。反应最活跃的部分是熔池的表面层，该层温度最高，氮化物将被充分地分解，排除熔池表面产生沸腾现象。真空使非金属夹杂上浮并凝集在熔池表面，而易挥发的氧化物就从这里蒸发掉。不易挥发的杂质随着熔池的逐渐冷却上浮到锭子的最上层[3]。

举例讲，海绵钛电极自耗熔炼时炉内的反应如图4-24所示[2]。海绵钛原料中残留的MgCl、Mg、H_2O等在电极进入熔化状态前就有相当部分被真空机组抽出炉外[2]。当电极被加热时，就有大量空气和水汽从海绵钛的电极中放出，在550 ~590℃时，钛中氯化镁结晶水也开始析出。进一步加热熔化时，钛中的氢将排除，氯化镁和镁将挥发[3]。残留的MgCl、Mg、H_2O部分在到达弧区时可能被电离；如H_2O被电离成离子态的氢和氧，氧一旦进入钛中则由于其不可逆反应而使钛中的氧含量增高。难于与钛形成合金的镁，则在挥发后由真空机组排出炉外或冷凝于坩埚壁上部和炉室内壁。氢的脱除是易于进行的。在海绵钛处于1700℃以上熔化，滴落时，钛中氢化物、氯化物和氮化物开始分

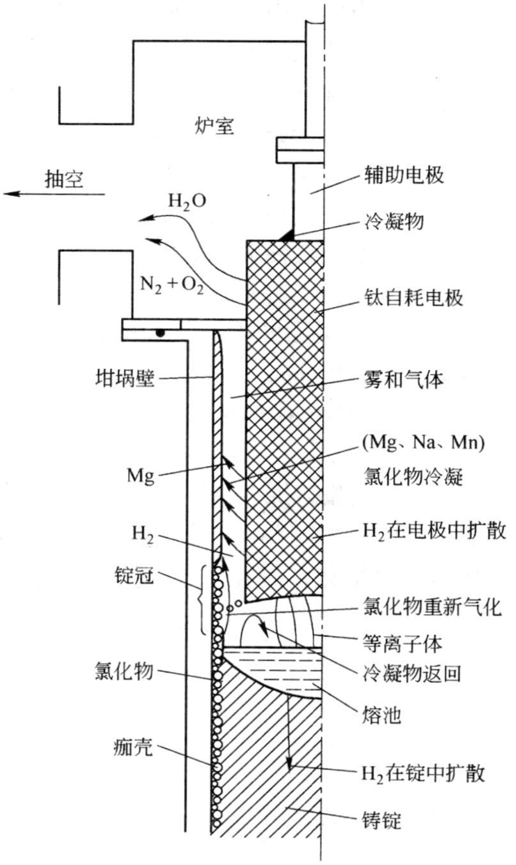

图4-24 海绵钛电极自耗熔炼时炉内的反应

解，放出氯气、氢气和氮气。实践证明：放出的氯气和蒸汽作用，生成氯化氢腐蚀真空炉和真空泵内壁。氢的脱除易于进行[3]。有时腐蚀严重，使机械泵的寿命仅两至三个月。

在熔池精炼过程中，合金成分也要蒸发损失一些。其蒸发损失量与金属挥发性和熔池表面温度有关。但因为熔池表面温度总是超过被熔炼合金熔点的200～300℃，所以合金百分比一定，则熔池表面温度就一定了。金属的蒸发量首先决定于金属的挥发性，其次也与该金属在合金中的百分浓度有直接的关系。例如，易挥发性的锰，随着其含量增加，其相对损失在开始时也增加，随后由于合金熔点低于纯金属，因而熔池温度降低使损失减少。当锰含量为0.2%～2.0%时，其损失达到25%。锰从熔池蒸发后又部分地凝聚到坩埚壁上，随着熔池的升高又重新转移到合金中，而凝集于铸锭的外层。当合金中锰含量增加到8%时，在高真空中二次重熔，锰在铸锭表面和中心处仍有明显的不同，在铸锭表面达到14%～17%，而中心为4%～6%。为了消除这种不均匀性，应采取充氩气，增加熔池表面上压力的办法，来阻止锰的蒸发量。例如，为了熔出含锰0.8%～2.0%的钛合金，实际生产中，采取了抽空后充氩至2666Pa起弧，当熔池形成后，再充氩至10664Pa进行熔炼。为了稳定高压下的电弧，还将电流由8000A提高到9000A，电压由33V提高到38V。这样就获得含锰均匀的钛合金铸锭。避免了钛锭的大量扒皮，该公司还把某些易挥发的合金成分，如硼等，用制成中间合金硼-铁的办法加入，来减少蒸发损失[3]。

两次自耗熔炼生产TA2纯钛的杂质含量与原料的关系列于表4-5。

表4-5 TA2纯钛自耗熔炼后杂质含量的变化[2]

状 态	杂质含量/%							备 注
	Fe	Si	Cl	C	N_2	O_2	H_2	
海绵钛	0.116	0.018	0.099	0.019	0.02	0.098	—	100个ϕ260mm铸锭的平均值
二次自耗熔炼锭	0.116	0.032	—	0.027	0.018	0.102	0.0019	

4.3.5 钛合金铸锭VAR法熔炼的基本工艺过程

VAR法熔炼钛合金铸锭，一般采用两次熔炼，少数特殊用途的需要三次熔炼，其目的是保证化学成分合格、且均匀分布。VAR法的特点是边熔化、边精炼、边结晶逐层进行的。因此电极的成型和合金的分布均匀性对铸锭质量有直接的影响。电极的制备是熔炼过程的第一步，其次是装炉、抽空、熔炼、出炉清洗、扒皮五个过程。

4.3.5.1 钛合金的配料

配料是获得合金成分和杂质含量合格、分布均匀铸锭的决定性工序。在决定配料组分重量及配料成分时，应考虑以下因素：

(1) 熔炼方法及合金组元在熔炼中的行为，烧损率，有无偏析及偏析特征等；

(2) 合金成分和杂质含量允许波动范围及均匀度要求；

(3) 合金最佳性能要求的合金成分和杂质含量范围；

(4) 合金元素添加料的添加方式，纯合金元素或中间合金；

(5) 合金配料组分重量应满足合金成分均匀度要求；

(6) 根据产品牌号、合金成分含量，在海绵钛组批添加合金元素时，考虑海绵钛混料组批后的平均杂质含量，应低于合金允许含量，但也应保证适当的氧当量，一般选用抗拉强度低于4.5MPa的海绵钛做基体金属原料[2]。

4.3.5.2　电极的制备

供自耗熔炼用的自耗电极用的料棒，一般由数块或几十块电极块组焊而成。

A　单块电极的压制

用海绵状原料压制电极块的基本方法一般是（手动），先将海绵钛一部分倒入模具内，再添加合金在电极长度上分布均匀，而低熔点、易挥发、难熔和脆性合金料，如铝Al-V、Al-Mn、Al-Mo、Cr-V等，要按比例充分混合放在电极中心，而后再倒入海绵钛。如采取自动向模具内填料的方法，就必须将合金先制成合金豆，通过计算机混料系统，按合金含量比例添加，并与海绵钛充分混合后填入模具内。在3000t或7000t油压机上压制而成，如图4-25所示，压力一般为250～500MPa。海绵钛压制单位压力与电极密度的关系示于图4-26，密度达到3.1～3.5g/cm³。

图4-25　7000t油压机混布料系统

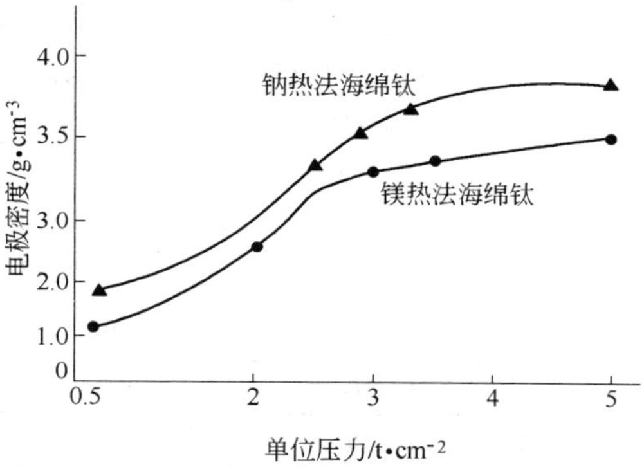

图4-26　海绵钛压制单位压力与电极密度的关系示意图[2]

B　电极的组焊

将一定规格的单块电极，按所需电极的尺寸、重量组拼在一起，并用氩弧焊或在真空等离子焊箱组焊，获得所需横断面积和长度的电极。焊接又分炉外焊和真空等离子焊箱内焊接两种。图4-27为真空等离子焊箱。在真空等离子焊箱内焊接的电极能避免产生低密度夹杂。

C　自耗熔炼对电极的要求[2]

（1）足够的强度，除能承受自重外，应能在运输、吊装及熔炼操作过程中的振动和冲击下不受损坏。海绵钛电极的抗拉强度应达到0.3～1.2kg/mm²。

（2）足够的导电性。一般认为，关键在于要求足够的焊接面积。

（3）足够的平直度。保证在整个熔炼过程中的电极与坩埚壁之间的最小间隙大于弧长。

（4）合金组元成分和杂质含量的分布合理。

（5）不得污染和受潮。

图 4-27 真空等离子焊箱

4.3.5.3 装炉

首先把连接头（辅助电极）装在导电杆（电极杆）上，再把自耗电极（一次电极）装入坩埚中，并与坩埚壁找正，使其间隙均匀，自耗电极上端面放上起弧料，然后封炉抽空。

4.3.5.4 焊接

当真空度达到要求时，进行炉内焊接（将辅助电极与自耗电极焊接）。按断路起弧方式操作，电流、电压执行工艺规程。待熔池建全时，切断电源快速下降电极杆，使辅助电极与自耗电极黏接在一起。抽空冷却。待冷却后，向炉室内充气破坏炉室真空，开炉检查电极是否焊牢固，焊接面积要达到80%左右。电极与坩埚内壁的间隙是否在要求范围内，若小于起弧距离，熔炼时电极与坩埚就可能在距离最小的间隙处发生电弧击穿坩埚壁的事故，因此要进行调整。检查合格后，再放入起弧料，再封炉抽空。

4.3.5.5 抽空熔炼

当达到熔炼真空度或极限真空度时，应对炉室进行测漏。一般设计要求漏气率 $Q_L \leq 5Pa \cdot L/s$。漏气率过大会使钛合金氧化，降低其性能。真空测漏的方法是：待炉室被抽到一定真空度（熔前真空度或极限真空度）时，关闭炉室与真空泵间的阀门，观察真空计由初始压强 p_0 经过 t 秒后的下降压强 p，根据炉室和高真空管道的总体积 V，可求得漏气率 Q_L。其计算公式为：

$$Q_L = (p - p_0)V/t \tag{4-3}$$

式中 p，p_0——单位是 Pa；

t——单位是 s，一般测量 180s；

V——单位是 L。

测漏合格后，当达到熔炼真空度时即可进行熔炼。熔炼可分三个阶段：起弧阶段、熔炼阶段和补缩阶段[3]。

4.3.5.6 起弧阶段

起弧阶段包括从引燃电弧到建立起熔池。起弧应采取前面所述的断路起弧方式，并使电弧迅速过渡到稳定燃烧状态，以及建立起具有一定深度的熔池，为过渡到正常熔炼阶段创造条件，在这期间，由于起弧产生的高温热，使部分自耗电极金属熔化，这部分金属熔化热促使自耗电极、坩埚、炉室内壁构件表面吸附的气体因热而突然释放出来，如若自耗电极熔化过快，气体又不能及时被真空泵排出炉室，真空度下降，则熔融金属就要吸附气体而沾污。为了避免以上不良现象的出现，应采取较小功率电弧操作建立熔池（即电弧电流较正常熔炼期低一些）[3]，同时也可防止气体猛烈析出造成大量喷溅，这种喷溅是恶化铸锭表面质量的重要原因之一。实践证明，一般起弧电弧电流仅为正常熔炼的25%～60%。

为了保证铸锭底部的表面质量，要求迅速建立起足够大的金属熔池，其实只是提供足够高温的阳极表面，借以减少阴极热损失，并增加两极间放电空间的温度来保证电弧稳定燃烧。因此，为了建立熔池，必须在起弧中期逐渐增加电弧功率，以增大熔化速度，只有熔池建立之后，才能确保等电弧的稳定燃烧。

实际生产中要求起弧期尽量短，并且迅速地建全金属熔池，以减轻电弧对坩埚底座的冲击，并清除由于电弧长时间的加热使坩埚底局部过热而与铸锭黏结的现象。

综上所述，起弧期的关键在于选择合理的起弧方法和供电制度。

4.3.5.7　熔炼阶段

当起弧期结束即熔池建全之后，转入正常熔炼期。正常熔炼期的任务是对金属及合金进行精炼，即脱除金属中的气体及低熔点有害金属杂质，去除非金属夹杂物，降低偏析程度以及获得理想的结晶组织，除此之外最重要的工作是在熔炼过程中控制电弧正常燃烧。

正常熔炼期操作的好坏直接关系到熔炼质量的优劣。在这期间，必须注意可变因素即电流、电压（反映电弧的长度）和熔化速率的合理控制。熔炼电流一经确定，熔池是否正常就取决于电弧的长短。电弧过长则热量不集中，表现为金属熔池呆滞，表面有漂浮的杂质化膜，增加了金属的沾污程度；弧长过短不仅造成周期性的频繁短路，从而使熔池温度变化无常，而且由于喷溅严重会恶化铸锭表面质量。把熔炼的电弧长度控制在合适的范围内，不仅有利于物理化学反应的进行，而且能够得到表面良好的铸锭。

在熔炼过程中，除了借助于计算机系统准确的控制外，很重要的一点就是操作者凭视觉观察视频图像来判断电弧的长短。

（1）电弧过长，则熔池呆滞，熔池表面比较静，表面模糊不清。从飞溅物的多少上来看，飞溅物比较少，弧光发白也很亮，电压略有上升，电流略有下降，电压表和电流表指针十分稳定。此时弧长大约40mm。

（2）电弧过短，会由于频繁地周期性短路而使电弧不稳，金属熔池颜色明暗不定。从飞溅物的多少上来看，由于强烈的冲击作用，使得熔池搅拌得很厉害，飞溅物比较多。电流表和电压表指针摆动频繁且幅度大，进电电线之间相互吸引而撞击。此时弧长大约在15mm以下。

（3）弧长正常时，则熔池十分清晰活跃，熔液徐徐波动，电流表和电压表指针周期性微微上下摆动。此时弧长大约25～30mm。

在熔炼过程中，除容易发生电弧过长或过短现象外，还可能产生异常弧光，如边弧、爬弧、聚弧、闪弧等现象。爬弧主要是由于电弧过长而形成；边弧和聚弧则主要是由电极安装不正、电极密度不高、真空度不高，以及电弧过长引起的。

熔炼期真空度的控制也是一个十分重要的问题，如前所述根据电弧在真空下燃烧的特性，如果操作真空度在66.5Pa以下，弧光放电就有可能转为辉光放电，继而产生边弧而烧损设备。在海绵钛和钨钼等金属一次熔炼时，由于放气量大而经常导致真空度的突然下降。一旦真空度骤然下降，应当采取有效措施，如适当地减慢熔化速率，控制好电极的进给速度以保持合适的电弧长度，防止边弧产生，待真空度回升后再转入正常熔炼[9]。

由于电弧所处坩埚的深度是变化的，所以我们判断弧光时也应当有变化。例如，在熔炼进入末期时，虽然弧光很强，也是正常现象。从弧光本身的规律上看，自熔炼开始到终了，弧光是逐渐增强的，我们应当注意识别。

电弧是在不断变化的，而不可能一成不变，即使最好的自动控制，也需要有人看弧。在看弧时，可能发现三种不正常的现象，即爬弧、边弧和聚弧。如图4-28所示。这三种弧都容易造成击穿坩埚壁的事故发生，尤其是聚弧，弧光集中于一点，容易烧穿坩埚壁，必须注意，加以控制。这三种弧的出现，都是电弧不稳定的表现。采用稳弧线圈，通以直流电，造成沿电弧中心线方向的恒定磁场，可以减少它们的发生。

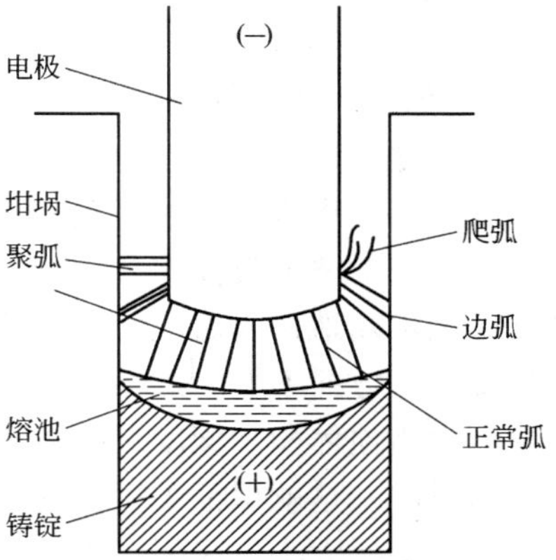

图4-28　三种不正常的弧现象

下面来分析边弧、聚弧和爬弧。这三种弧产生的原因及其消除的方法。

产生边弧的原因有以下几点：

(1) 电极安装不正，靠近坩埚壁一边容易发生边弧；

(2) 电极的密度不够，电极的焊缝距离太大，导电不好，电阻太大，造成边弧；

(3) 电弧过长，也是产生边弧的一个原因。

聚弧是怎样产生的呢？在电极和坩埚之间，如果某一处气体电离了，成了良好的导体，那么这一处就容易产生弧光放电。这种弧光放电就是聚弧。聚弧大部分发生在电极的突起处。当弧距过长时，也会产生聚弧。实践证明，炉内真空度在66.6~666.5Pa时，最容易产生聚弧。

消除边弧和聚弧的方法：

(1) 控制电弧短一些，保证它小于电极与坩埚壁之间的间隙；

(2) 真空度保证在6.6Pa以上（即压力小于此值）；

(3) 保证电极质量，尽量没有横向裂纹；有了也要先焊死，同时减少电极的焊缝；

(4) 把电极装正，愈正愈好。

爬弧是由于弧距过长而形成的。因此，可以把电极下降得稍快一点，通过将电弧控制在规定的范围内来消除它。

4.3.5.8　补缩阶段（即填充阶段）

在熔炼过程中由于熔池中金属的喷溅和蒸发，在熔池上边坩埚壁上总是凝聚着一层金属，其成分不同于被熔金属。当熔池上升与它接触时，它部分地溶解在液体金属中，而与它相接触的液体金属也被它所冷凝，这样就形成了铸锭的外皮。外皮和铸锭的质量不同，需要扒掉。当熔炼进入末期，如果突然结束熔炼熄灭电弧，则铸锭集中缩孔部位约在熔池深度的二分之一处，而且由于骤冷，熔池中的残余气体和杂质将来不及排除，这样势必造成铸锭顶部一大段废品，这是其一。其二尽量减少铸锭头部缩孔和疏松，并促使头部气体和夹杂物的最后排除，使铸锭头部的结晶组织结构及纯洁度尽量与铸锭体一致，减少切头量，提高成材率。因此熔炼末期不能突然结束熔炼，而要进行补缩[3]。

为达到上述目的，其关键是确定最佳补缩工艺制度。目前，最佳补缩工艺仍然是采取“多级降低电流保温补缩”的工艺，其实质是在正常熔炼期结束之后，将额定熔炼电流降低到三分之一以下的电流范围进行。再利用一定数量的液态金属对铸锭头部进行缓慢充填。其特点是逐级减少熔炼电流以降低熔化速度。

采用小功率电弧操作，一方面可以保证熔池表面处于液态，另一方面还可以提供少量液态金属不断地进入熔池，以充填由于凝固和结晶所造成的体积收缩。与此同时还可以保证铸锭结晶方向不变，即保证铸锭的头部结晶方向与锭身的一致性。同时由于逐渐由下而上地减少熔池体积和深度，始终使熔池表面处于液态而不先凝固，有利于头部气体和夹杂的最后排除。这就保证了铸锭头部纯度的提高。

无论锭形大小，采用多级降低电流保温补缩工艺均可使金属熔池逐渐变浅，体积逐渐收缩，其优点是：既不会破坏结晶结构的连续性，又保证了夹杂物的充分上浮以及缩孔体积的减少和位置的提高，结果是减少了铸锭的切头量，提高了成材率[9]。

为了增加低电流时的电弧稳定性，还可在补缩工作开始前通以 8000 ~ 24000Pa 的氩气，补缩电流可降至额定熔炼电流值的二十分之一。使熔池缓慢冷却，给排除气体和杂质充分时间，这样熔池中金属在冷却时就得到逐渐减小的熔化金属的补充。补缩的电流制度如图 4-29 所示[3]。

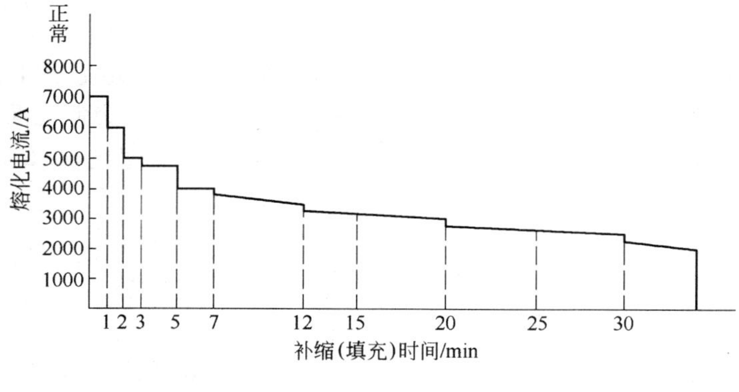

图 4-29 补缩时的电流制度

4.3.5.9 出炉

熔炼结束后，真空系统对炉室抽空冷却，直到炉内钛锭冷却到不被大气氧化的温度为止，实际生产中冷却 1.5h，就可出炉。出锭后，就可进行下一炉次的生产。

4.3.6　VAR 法工艺参数的选择原则

VAR 法的热能来源于电弧，任何一个熔炼参数的确定与改变都影响着电弧的行为。从而直接影响熔炼质量。相反地，电弧特性及其影响因素是正确地选择熔炼工艺参数、合理地进行熔炼操作的理论基础。

VAR 法熔炼金属质量的好坏，取决于熔炼工艺制度是否合理，为此必须制定合理的工艺制度。在生产实践中是根据熔炼金属品种、目的、性质和要求来选择熔炼工艺参数的。

VAR 法熔炼所要选择的工艺参数主要有：自耗电极的质量要求及直径，炉内电极焊接工艺参数，熔炼真空度及设备漏气率，熔炼电流，熔炼电压，电极长度与下降速度（距离），熔化速率和熔化比速率，锭高比，冷却强度。

4.3.6.1　自耗电极的质量要求及直径的选择

A　自耗电极的质量要求

自耗电极的优劣对熔炼质量起着决定性的影响，其影响程度比其他熔炼方法要直接得多。由于真空自耗熔炼时金属在液态下保留的时间短，物理化学反应比较弱，气体的去除、低熔点杂质的挥发、夹杂物的分解和上浮等反应主要是依靠纯物理过程。因此，自耗电极的质量要求十分严格。过高地依靠真空自耗电弧熔炼的精炼作用而选用低质量的自耗电极是十分有害的。

难熔及活性金属自耗电极的制备主要采用如前面所讲的压制成型法等。

自耗电极应满足下列要求：

（1）自耗电极金属必须尽量脱氧，否则铸锭将产生上涨和头部出现孔洞。

（2）必须保证某些易挥发组元在电极中具有足够的富余量。否则，熔炼后会因成分不合而报废。如钼或钛合金中的锰，必须考虑挥发损失。

（3）自耗电极轴向化学成分必须均匀。对于用多段焊接的电极，其每段化学成分的差别必须在误差范围之内。

（4）自耗电极的粗细要均匀，以保证电参数的稳定。

（5）电极表面要光洁，不得有沾污物和杂质，否则，电弧不稳定，且易产生边弧。

（6）原则上讲，电极断面可以是圆形、多边形或其他组合方式，但以圆形为好。

B　自耗电极直径的选择

电极直径 D_0 与铸锭直径（坩埚）D 的比值 D_0/D 称坩埚比，见表 4-7，该参数对真空自耗电弧熔炼的进行情况、产品质量、单位电耗及操作安全等都有较大的影响。因此，在坩埚直径确定的情况下，研究电极直径的变化，对上述情况的影响有着十分重要的现实意义。电极直径可按下式确定：

$$D_0 = D(0.72 \sim 0.88) \tag{4-4}$$

结合生产实际，在确定电极直径时，总的趋势是尽可能采用粗而短的电极为好。最小电极直径不小于铸锭直径的 1/3。而在熔炼钛和锆及其合金时，最佳间隙尺寸为 30～50mm。

自耗电极直径与坩埚直径的匹配，从提纯观点希望电极与坩埚间有较大间隙，则坩埚比小，这样有利于气体向炉室中排放，但过大的间隙会引起弧区金属蒸气原子和气体分子数量不足，导致电弧不稳，导致铸锭表面不良。但间隙必须大于弧距，以免出现侧弧。通常为 15 ~ 30mm，对于大吨位的炉子，考虑到焊接电极直线度的影响，可取 30 ~ 50mm。

4.3.6.2　自耗电极行程

在真空自耗电弧熔炼过程中，以前 1t 炉子通常是根据指针与电极一起移动的标尺（电极行程）来判断电极熔化的长度（可换算出金属重量）和铸锭生长的高度（也可以换算出金属重量）。上述两个参数中的任何一个与熔炼时间结合起来就可以计算出熔化速率或者熔化比速率。必须指出，熔炼过程也就是电极长度不断减少和铸锭高度不断增加的过程，电极下降与铸锭增长两者呈相对运动。假定熔炼过程中的电弧长度保持不变，则电极行程、电极长度与铸锭高度三者之间呈下式关系：

$$S = L_d - L_{d1} \tag{4-5}$$

式中　S——标尺下降距离，mm；

L_d——自耗电极长度，mm；

L_{d1}——铸锭高度，mm。

若已知 S 和 L_{d1}，根据上式可以求出熔炼过程中任意时刻的 L_d 值：

$$L_d = S + L_{d1} \tag{4-6}$$

上述两个公式的意义在于：

（1）根据熔炼前电极的原始长度 $L_{始}$（取决于电极直径及铸锭重）与重量 $G_{始}$ 而计算出来的电极熔化完毕以后铸锭长度 $L_{毕}$，就可以由式（4-5）计算出电极熔炼完毕时标尺指针的位置 $S_{毕}$ 值，据此可以确定熔炼终止时间。

（2）假若在起弧熔炼开始前标尺指针处在位置 0 处，根据熔化速率 v 可以计算出熔炼过程中任意时刻的 $L_{任}$，根据式（4-6）就可以计算出任意时刻的电极剩余长度 $L_{任}$。

在进一步推导电极行程公式时，作了下面两个假设：（1）电极和熔化后铸锭体积不变，且均匀为圆柱体；（2）电极的比重 γ 与铸锭一样。则：

$$\frac{1}{4}\pi D_0^2\gamma L_d = \frac{1}{4}\pi D^2\gamma L_{d1}$$

$$L_{d1} = \frac{D_0^2}{D^2}L_d \tag{4-7}$$

式中　D_0——自耗电极直径，mm；

D——坩埚直径（铸锭直径），mm；

其余符号意义同上。

把式（4-7）代入式（4-5），可得电极行程 S 为：

$$S = L_d - L_{d1} = L_d\left(1 - \frac{D_0^2}{D^2}\right) \tag{4-8}$$

式中，$\left(1-\frac{D_0^2}{D^2}\right)$称为行程系数，行程等于行程系数乘以电极长度[9]。

4.3.6.3 铸锭高比计算方法

熔炼过程中，计算任意时刻的电极剩余长度以及确定补缩开始的时间，常常要首先确定铸锭的高度 L_{d1}，为了迅速地计算出某一时刻的铸锭高度，我们引入了一个称为铸锭高比（C）的概念，计算方法如下：

$$C = \frac{L_{d1}}{G} \tag{4-9}$$

C 的物理意义是单位重量铸锭所具有的长度（或高度），单位是 mm/kg。C 值与铸锭大小、形状及金属的比重（γ）有关，对圆柱体铸锭有[9]：

$$G = \frac{1}{4}\pi D^2 L_{d1}\gamma \tag{4-10}$$

$$C = \frac{4}{\pi D^2 \gamma} \tag{4-11}$$

式中　G——铸锭重量，kg；

L_{d1}——熔化完毕后铸锭高度，mm；

其余符号意义同上。

4.3.6.4 真空设备漏气率的控制

真空设备漏气率，不仅是真空设备的主要技术参数之一，同时也是对熔炼质量有着重大影响的熔炼参数之一；特别是对难熔金属及其合金影响更大。设备漏气率大，意味着熔炼过程中炉室外面的空气不断地渗入到炉内，炉气中的氧、氢、氮和水气分压力增大，从而沾污了金属，使合金的特性强度和塑性下降。因此，真空自耗电弧熔炼要求设备漏气率控制在 7 ~ 10^2Pa · L/s 或以下；在熔炼难熔金属及其合金时要求漏气率为 50Pa · L/s[9]。参考表 3-5 中的允许参数。

其他参数后面再叙述。

4.4 真空自耗电弧炉的结构及其设计计算

4.4.1 概述

真空自耗电弧炉主要由炉体、电极杆及其传动系统、电极杆 x-y 调节、电子称重、观察摄像装置、炉体升降液压系统、炉体框架及其旋转机构、闭锁阀、坩埚及稳弧线圈、冷却水套、真空系统、冷却系统、压缩空气系统、直流整流电源、电气控制系统等组成。图 4-30 为宝钛集团稀有金属装备设计研制所制造的 L 型双炉体 3t 真空自耗电弧炉；图 4-31 为德国 aLD 真空工业股份公司制造的 10t P 型真空自耗电弧炉。

真空自耗电弧炉的规格型号从 1kg 到 15t 或更大吨位的有许多种类和形状各异的炉型。炉子结构有简单的，也有复杂的，既有相同之处，也有不同之处，相同之处也有大小之

a *b*

图 4-30 L 型双炉体 3t 真空自耗电弧炉[5]
a—真空自耗电弧炉；*b*—电气控制

图 4-31 LI050P10Ti（10t）
P 型真空自耗电弧炉[6]

分。但它们的基本结构相似，熔炼的工艺方式和原理是相同的。对于规模工业而言这类电炉的发展趋势是向大型化发展，结构趋于优化。设计人性化、科学化、理想化是人们不断追求的目标。

工业常用真空自耗电弧炉的炉体结构可分为 L 型和 P 型两种。

L 型是炉体（身）固定式。坩埚与冷却水套设置在可移动式小车上，可沿着轨道水平方向进出，电极的送入以及铸锭卸出均通过小车的移动完成，小车升降靠液压缸来完成。这种炉型适用于中、小型容量的炉子。如图 4-4 所示。

P 型炉是设有两套位置固定的坩埚，炉体有旋转式和水平移动式两种。也就是两套坩埚，一套活动上炉体，一套电源，一套真空系统，一套电气控制系统等。如图4-6、图 4-7 所示。以旋转式炉体为例，炉体是由一框架支撑，用液压系统使炉体沿着框架导轨升降，并以一侧框架为轴心，旋转至两套位置固定的坩埚之间，以便交替作业。电极装入和铸锭出炉均在炉体上升并转开后，由吊装工具完成。工作时，一个坩埚熔炼，另一个坩埚冷却或出装炉，这样可充分利用电源设备及真空系统设备，提高生产率。炉体较庞大，适用于大容量的炉子。

图4-32、图4-33、图4-34为几种真空自耗电弧炉的示意简图。从图中可知每种类型炉子的组成概况。炉子由机械设备和电气设备两大部分组成，图中电气部分仅以方框图形表示，而机械部分有些也没有表示出来，例如气动部分、液压系统、部分水冷系统等，仅仅给出了炉子机械部分的主要概貌。就真空自耗电弧炉的机械部分来说，L型和P型炉均分为两大部分：一是可动部分，二是固定部分（两个坩埚，交替熔炼）。L型固定部分包括炉体和电极杆及其传动装置，光学或观察摄像装置、真空系统、冷却水系统；可动部分则有坩埚以及稳弧线圈、冷却水套。固定部分包括闭锁阀、坩埚以及稳弧线圈、冷却水套、真空系统、气动系统、冷却系统；可动部分为炉身及其以上装置的电极杆及其传动系统、电极杆 x-y 调节系统、浮动架、电子称重装置、观察摄像装置、液压系统，随同旋转框架一起转动，相对于旋转框架，炉身可以上升、下降。水冷系统和观察摄像装置有一部分为固定，有一部分为可动，因为它们是附属于炉子的，要根据炉子的需要而定。

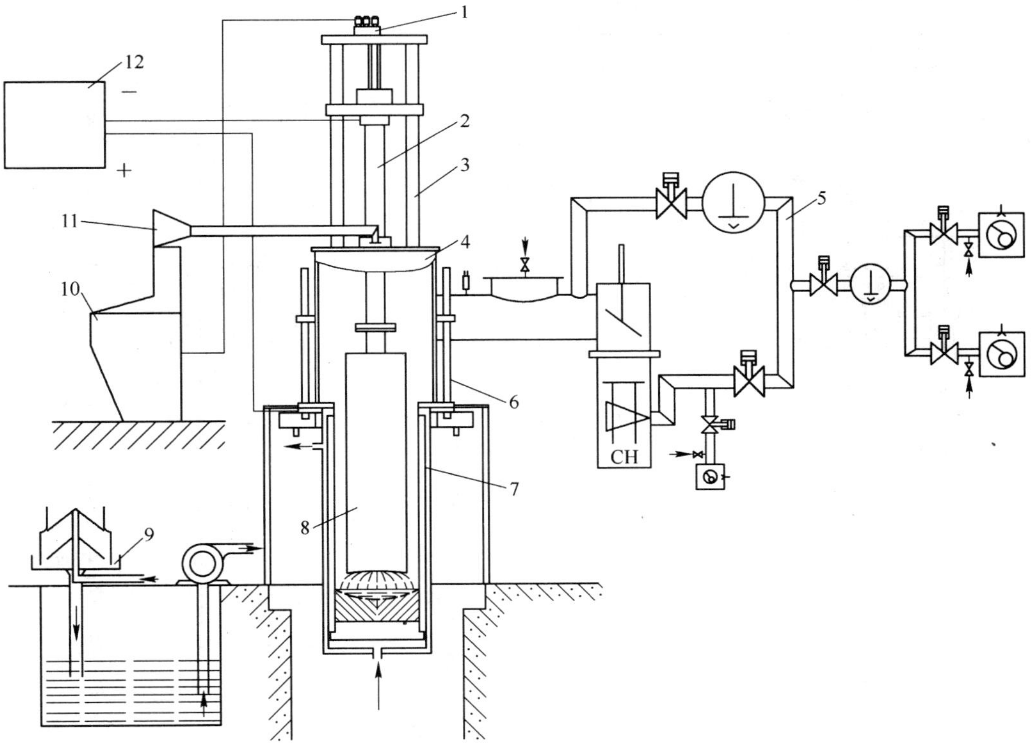

图4-32　L型真空自耗电弧炉示意图（一）

1—传动系统；2—电极杆；3—光杠、框架；4—炉体；5—真空系统；6—液压系统；
7—坩埚、水套、稳弧线圈；8—自耗电极；9—水冷系统；
10—控制系统；11—光学系统；12—电源系统

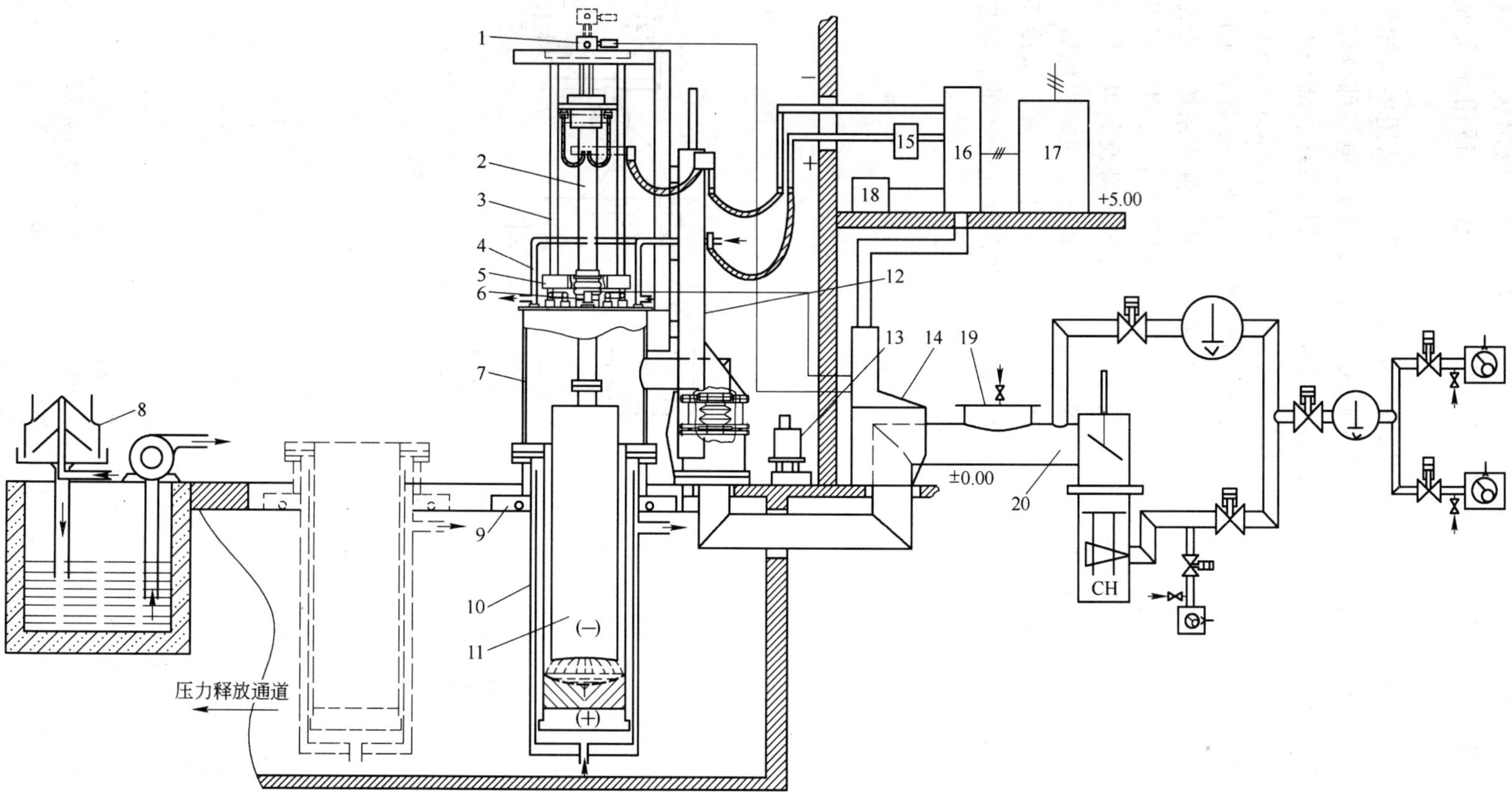

图 4-33 L 型真空自耗电弧炉示意图（二）

1—传动系统；2—电极杆；3—导向光杠；4—同轴电缆；5—浮动架、电子称重、x-y 调节；6—观察摄像系统；7—活动炉体；8—冷却水系统；9—坩埚小车；10—坩埚、稳弧线圈、水套；11—自耗电极；12—支撑框架；13—液压站；14—中央控制柜；15—平波电抗器；16—整流柜；17—整流变压器；18—纯水冷却器；19—压力释放装置；20—真空系统

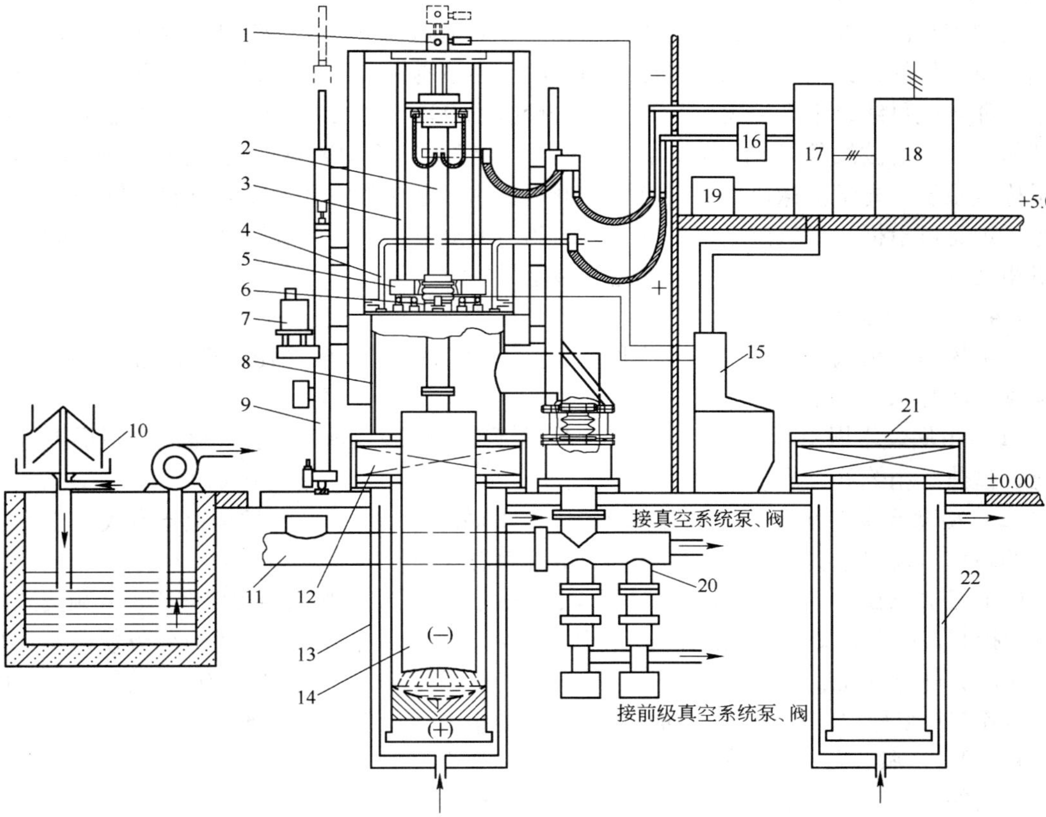

图 4-34　10t P 型真空自耗电弧炉示意图

1—传动系统；2—电极杆；3—导向光杠；4—同轴电缆；5—浮动架、电子称重、x-y 调节；6—观察摄像系统；7—液压系统；8—活动炉体；9—旋转框架；10—冷却水系统；11—压力释放管道；12—插板阀（闭锁阀）；13—坩埚、稳弧线圈、水套；14—自耗电极；15—中央控制柜；16—平波电抗器；17—整流柜；18—整流变压器；19—纯水冷却器；20—真空系统；21—插板阀（闭锁阀）；22—坩埚、稳弧线圈、水套

近年来，国内外设计的大、中型真空自耗电弧炉，大都采用上述装置以及电极杆传动的伺服驱动系统，它代表了一种发展和进步。对于同一种形式 2t 以下的真空自耗电弧炉，对配置要求不高的，也可以不配置电极杆 x-y 调节系统、浮动架、电子称重装置、电极杆快速提升交流电机，这相对比较落后，但费用相对较低。

4.4.2　真空自耗电弧炉的结构和作用

以 10t P 型炉为例，其结构组成和作用分述如下。

炉子概况：一个上炉体，一套电源，一套真空系统，一套电气控制系统，两个交替工作的工位，即两套固定坩埚（坩埚上部设置插板阀）及冷却水套，炉身由一框架支撑并可沿框架副导轨升降和绕坩埚旋转，电极装入和铸锭卸出均为炉身升起并旋转至另一个工位后，由吊装工具完成，如图 4-31 所示。

4.4.2.1　上炉体

上炉体是由支撑框架和炉身组成，它是炉子的基础设备之一，炉身是容纳电极和承载上部主要部件的，其结构为双层水冷结构，内层为不锈钢，外层为碳钢。下部设有紫铜导电法兰和导电母线，中下部设有与真空管道衔接的90°弯管及波纹管接口。炉盖上设有电极杆与其装配的波纹管及动密封、浮动架及电极杆及其传动装置、电极杆 x-y 调节装置、电子称重系统、光学摄像机，并设有对称的两组水冷电缆及两个水冷紫铜管即同轴供电电缆等。炉身可沿框架导轨副垂直升降，其两侧门形框架，一侧与旋转柱相连，另一侧带有电机驱动的车轮，可使炉体沿弧形轨道旋转至另一个工位。

4.4.2.2　下炉体

下炉体由插板阀、紫铜坩埚（又称结晶器）、坩埚底、坩埚底托、稳弧线圈、隔水套、导流管、冷却水套等组成。

（1）坩埚。坩埚由紫铜制成，与其装配的还有坩埚底及坩埚底托。金属在坩埚内进行熔化、过热、精炼和结晶成铸锭。

（2）冷却水套。水套、隔水套及导流管是坩埚冷却装置。一台炉子上备有大、小不同规格的坩埚。而隔水套是根据不同规格的坩埚而设置的。

（3）稳弧线圈。采用两组可控硅反并联接法共同给一组稳弧线圈实现直流、低频交流以及转向控制，在低频交流信号的切换上采用双向定时器，工作可靠且调整时间方便，而且有液晶显示屏可随时观察工作情况，时间的调整从1s～9999min，电流0～30A。其作用一方面是对电弧起约束稳定作用，另一方面对熔池起搅拌作用，使铸锭晶粒细化并防止偏析。

4.4.2.3　插板阀部分

插板阀（闭锁阀）是全封闭的阀体，上下两端面紫铜法兰通过母线相连，并可整体位移。它是上、下炉体的连接部件，两台插板阀分别用于两套固定位置的坩埚上，当一坩埚熔炼完后，关闭插板阀冷却，上炉体可以旋转到另一套下炉体（插板阀、坩埚）位置上，熔炼时可以交替作业，提高设备利用率。

4.4.2.4　液压升降系统

液压升降系统由集成液压站、油泵、液压电磁控制阀、高压油管、液压缸构成。主要用来升、降上炉体，旋转位移，便于装、出料。当转换熔炼工位时，由液压驱动油缸杆，使上炉体沿导轨副垂直提升，再由电机驱动滚轮，使炉体旋转到另一个工位。当抽空熔炼时，上炉体下降并与坩埚上部的插板阀压紧，以利于导电。同时上炉体的真空管道波纹管与固定真空管道对接并压紧。另外液压站设有安全自动保压装置，可在突然停电，甚至油管突然断裂的情况下，保证上炉体的稳定性。

4.4.2.5　电极杆

电极杆主要是承载自耗电极以及对称供电的水冷软电缆，并带动其上升、下降和传导给自耗电极熔炼的大电流。电极杆为双层水冷结构，为保证电极杆升降的直线性、灵活性，设置了活动导向轮与导轨副定位导向移动。

4.4.2.6　电极杆驱动系统

该系统主要由数字交流伺服电机和交流电机（快速提升用）、谐波减速器、差速器、滚珠丝杠、一对导向立柱及升降导轨副、活动导轮、电极杆、交流电机（快速提升用）等组成，如图4-56所示。电极杆升降时，由全数字交流伺服电机驱动谐波减速器，使滚珠丝杠旋转，带动电极杆在任意速度范围内升降，以满足熔炼时的快速反应。同时可满足熔炼时的短路快速提升和长弧快速下降的宽范围速度要求。当装炉时，电极杆需快速提升，则由交流电动机干扰驱动完成。电极杆的运行速度及位置均可在操作室进行数字显示。电磁制动器保证在工作和断开情况下，自耗电极自身重量不会下滑，无论何时开机，操作者都能从行程表和计算机显示器上准确地知道电极的实际位置。

还有一种传统的传动形式，即由两台直流电机和一台交流电机以及差动齿轮减速器组成。此传动系统后面详细讲述。

4.4.2.7 电极杆 *x-y* 调节机构

把电极杆及对称导向立柱装置在浮动架上，再由 *x-y* 调节机构的支撑杆支撑浮动架。由电机驱动滚珠丝杆带动浮动架在 *x-y* 方向上独立调节，其调节行程为 ±15mm，在调节机构上安装有行程检测装置，用数字实时显示电极杆相对坩埚中心的实际位置，当自耗电极因为焊接不正等原因导致电极偏心时，可驱动 *x-y* 调节机构，使电极自动对心，当电极在坩埚中心时，*x-y* 方向数字显示为零。这样可以避免因电极与坩埚不对中，熔炼时会击穿坩埚，发生事故。

4.4.2.8 电子称重装置

电子称重装置用于称量自耗电极在熔化过程中的剩余重量，它一方面与计算机控制系统相配合，实现恒熔速控制，另一方面对熔炼工艺进行量化，准确知道熔化过程是否该结束，及结束前进行自动降电流补缩。对熔炼工艺过程进行量化控制，采用高精度温度补偿和电磁屏蔽负载传感器，通过 S7-400PLC 称重模块经工业控制计算机达到恒熔速、恒熔池深度控制。并通过信号采集处理程序，以最大熔化重量 10t 为额定量，系统精度≤0.3%。同时减少了信号传输过程的精度损失和故障点，操作人员在熔炼过程中随时在计算机液晶显示屏幕上直接看到自耗电极的剩余重量，当自耗电极为零时电源自动跳闸，达到安全操作，避免电极杆波熔化或自耗电极有剩余。

4.4.2.9 观察摄像系统

观察摄像系统由工业用数字摄像机及角度调节器、信号传输线、信号屏蔽处理系统、彩色显示屏组成。两部摄像机对称置于炉盖上两个观察孔上方，以合适的角度分别对坩埚中的电弧光源进行观察和信号采集，并把信号传输至操作台的信号屏蔽处理系统，将两个半弧图像合成一个完整的画面，使视屏获得清晰而稳定的彩色图像。以便操作者能及时掌握熔炼情况及电弧的稳定燃烧情况，准确地控制熔炼过程。采用角度调节器，以适应不同尺寸的坩埚，使之获得稳定的图像，摄像机可以在操作台上远距离变焦距、聚焦、调节光圈等。

4.4.2.10 同轴供电

为了防止强电流电磁干扰，正电极通过炉身和坩埚与负电极通过电极杆和自耗电极构成供电回路，且以电极杆和自耗电极中心为轴线安装，称为同轴供电。上炉身与两个对称水冷导电杆借助镀银辅助导电头，可使强大的电流由上炉身非常顺畅地导通到坩埚壁，从而实现了炉身和坩埚与电极杆之间同轴供电，使得电极和炉体相互所产生的感应磁场相互抵消，从而减弱了或消除了感应磁场对合金质量的不利影响并提高电效率，也消除了电流电磁干扰。对稳弧有一定的帮助，保证了金属结晶的细化。电流（正极）通过炉盖两边对称的水冷铜管导入炉身，结构简单，导电性好，同时还顺便为炉体提供了冷却水，减少了炉体冷却水管。

4.4.2.11 冷却水系统

该系统分为温水和冷水循环供水系统。

温水循环冷却系统主要用于坩埚的冷却，采用闭式循环系统，自动控制坩埚入水温度在30～40℃以及流量，从而极大地改善铸锭结晶表面质量，减少铸锭扒皮量。温水循环系统，可防止炉内壁因装、出炉期间结露和挥发物吸潮，使抽真空时间加长和恶化真空，可改善真空条件和真空机组抽气效率。温水系统由蓄水池、水箱、凉水塔、加热器、冷却器、加压泵、流量控制报警器及管道等组成。

冷水冷却系统主要用于炉壳、电极杆、电源、水冷电缆及真空泵的冷却。冷水即室温，它是由蓄水池、凉水塔、水泵、进出水管、阀门、测温装置、流量控制报警器等组成。保证水质，防止堵塞。采用闭式循环系统，见图4-34。还必须设置应急水补充系统，以防止突然停水、停电造成不必要的损失。

4.4.2.12 真空系统

真空抽气系统是由两台油增压泵和罗茨泵并联作主泵，三台主泵出口串联罗茨泵（中间泵），再串联两台机械泵（前级泵），以及两台油增压泵再串联一台机械泵（维持泵），还有真空管道、真空气动挡板阀、真空测量规管、真空计等组成。真空系统各泵、阀门的开启、停止（关闭）采用计算机程序自动控制和手动控制。彩色视屏显示各台真空泵的运行状态和故障显示、记录等。其主要是保证密闭炉室系统获得熔炼所需的真空度，当熔炼时物料放出大量的气体，应能在很短时间内排出，及时恢复和维持熔炼工作真空度。

4.4.2.13 上炉体旋转系统

上炉体框架以旋转柱为圆心，一侧框架下部设有传动系统，由电动机、减速机、滚轮、轨道构成。主要是驱动上炉体旋转于两个固定位置的坩埚之间，便于交替作业。

4.4.2.14 压缩空气系统

压缩空气系统主要是为各真空气动挡板阀以及电极杆气动卡头气缸提供动力，它由空压机、储气罐、电磁阀及管道构成。

4.4.2.15 熔炼电源

熔炼电源由整流变压器、整流柜、平波电抗器、纯水冷却器（含去离子软化水）、电源至炉身的供电铜母排及水冷电缆等组成。额定电流为40kA，空载电压为80V，工作电压25～43V。具有节能、效率高、易控制等优点。

4.4.2.16 电控系统

电控系统由电气控制柜、主操作台、炉前操作箱等组成，用于整个工作程序过程的控制。

（1）电气控制柜。包括全部自动和手动控制的信号输入和输出接线。

（2）炉前操作箱。主要用于装炉、出炉时的炉身升降、旋转位移，装料时电极杆的升降、气动卡头的夹紧、松开控制与电极杆 x-y 调节等。

（3）主操作台。主操作台包括抽空系统控制和熔炼过程控制。抽空系统控制包括计算机视频界面及鼠标手动或自动控制真空系统所有泵、阀的启动、停止。熔炼过程控制：电气控制采用计算机与S7-300分布式I/O；PLC输入/输出接口；控制装置由功能模块组成；整个熔炼过程由计算机和统计控制算法手动或自动双重控制系统；由上位机和统计算法控制，自动起弧、自动熔炼、自动补缩、自动根据重量信号调节熔炼电流，电压、自动跳闸，整个熔炼过程熔速稳定、调节补偿能力强、跟踪性好；实现精确的“恒熔速”控制，并采用弧电压和熔滴脉冲（配备熔滴变送器）两种方式控制弧长；同时也具备手动控制功能；采用 PLC 自动控制和炉前控制两种操作方式；两地控制可按生产、维护要求进行切换；软件编制完全适用于生产过程，可视界面，提供在线数据库，可以方便的诊断故障和维护。熔炼过程控制由以下控制方式组成：数据采集、工艺曲线模型管理、自动周期控制、报警日志。电极杆升降系统和电源调节器配合能快速消除过流、短路、边弧和弧光放电等非正常熔炼现象。称重传感器系统带有真空压力补偿装置。

熔炼过程的基础自动化功能由 PLC 系统完成，具有熔炼工艺曲线模型管理系统。操作员能在控制室通过 MMI 进行生产操作、参数设定和过程监控等，其主要功能如下：（1）熔炼过程控制；（2）冷却水系统控制；（3）熔速、熔滴（脉冲）、弧长控制；（4）数据的采集和设定；（5）起弧，热封顶过程控制；（6）故障显示，报警等；（7）真空系统顺序启动、关闭控制；（8）有故障自诊断系统，并能图面显示。

装置了炉体及熔炼安全（如冷却水、炉内压力、夹紧装置等异常时）的保护和连锁，具有可靠的电控防爆装置功能。

自动记录及显示操作、维护人员所需的各种参数，如熔炼电压、电流、熔化速率、熔滴数、真空压力、炉体泄漏率、水温等数据能随时显示在视频上；并按各项参数设定的时间自动记录、存储、打印。操作记录自动打印并具有编制生产报表功能，根据需要可以打印视频上的图形界面具有在线自耗炉重熔数据库软件，可储存一年的管理信息（如炉号、钛牌号、锭号、操作者等）和实时信息（如电流、电压、熔速、水温等）备查。计算机自动记录还可用来记录电流、电压、真空度、重量参数，便于材料检验。还包括自动检测、记录打印工艺参数。并设有水、气、压力、电流的异常报警及必要的连锁保护功能。

4.4.2.17 充氩装置

充氩装置是由氩气瓶、管道、阀门与坩埚上部相接通，主要用于熔炼结束后铸锭的快速冷却而设置的。

4.4.3 结构设计与计算

设计真空自耗电弧炉，首先由工艺或客户提出基本工艺参数，如铸锭重量、尺寸、炉型等。设计者根据基本工艺参数进行设计。

4.4.3.1 基本工艺参数

结构设计与计算的基本工艺参数如下：

钛铸锭最大重量（炉子的名义重量）	kg
铸锭直径	mm
铸锭长度	mm
熔化速度	kg/min
极限真空度	Pa
工作真空度	Pa
升压率	Pa/min
抽空时间	min
炉型（L 型、P 型）	

4.4.3.2 坩埚直径、长度、自耗电极尺寸的确定

根据上述基本参数，首先要确定坩埚直径、长度，自耗电极直径或对角线、长度。

A 坩埚内径、长度的计算

一台真空自耗电弧炉要配置几种不同规格的坩埚，它们的直径和长度各不相同，各种规格的坩埚主要根据钛铸锭熔炼工艺制度所要达到的最终铸锭直径和长度来确定，如在一台炉子上熔炼一次、二次铸锭，首先一次铸锭的自耗电极制备是由海绵钛料经压力机压制成电极块，再拼焊成直径或对角线和长度一定的自耗电极，在相对应的坩埚内熔铸成一定规格的一次锭，再用两节以上的一次锭组焊成二次熔炼的自耗电极，在相对应的坩埚内熔铸成二次铸锭，即成品锭。也有三次熔炼的铸锭。一次锭直径＜二次锭直径＜三次锭直径。因此设计者要依据工艺所要求的配置自耗电极规格与坩埚系列规格来设计。

例如国内某公司3t真空自耗电弧炉，最大铸锭重量为3t，坩埚规格分别为ϕ518mm、ϕ622mm、ϕ711mm。拼焊的一次自耗电极对角线为424mm，在直径为518mm的坩埚内熔铸成一次锭，再用2～3节一次锭，组焊成二次自耗电极，并在直径为622mm的坩埚内熔铸成二次铸锭，即成品锭。如果需要熔炼三次，再用两节直径为622mm的铸锭组焊成三次自耗电极并在直径为711mm的坩埚内熔铸成三次铸锭。或者一次自耗电极对角线为552mm，在直径为622mm的坩埚内熔铸成一次锭，再用两节一次锭组焊成二次自耗电极并在直径为711mm的坩埚内熔铸成二次铸锭。上述这些都是由工艺根据生产需要来制定的，但设计者必须清楚。否则会出错或设计的炉子不切实际。

炉子的名义指标，一般都是以最大铸锭重量来命名的。如3t电弧炉，所生产的最大铸锭重量为3t。设计时首先要以坩埚直径、长度来配备相对应的自耗电极或按一次电极的直径或对角线和长度来计算坩埚直径和长度，以此作为计算依据。

通常锭子的重量、直径、长度是预先给定的，如长度没有给定，故可通过铸锭的体积计算得到。

$$V = \frac{G}{\gamma} \tag{4-12}$$

式中 V——铸锭的体积，cm^3；

G——炉子熔铸的锭子重量（给定值），g；

γ——金属钛的密度，4.5g/cm^3。

则铸锭长度可根据体积和直径求出

$$L_d = V\Big/\left(\frac{1}{4}\pi D_d^2\right) \tag{4-13}$$

式中 V——铸锭体积，cm^3；

D_d——铸锭直径，cm；

L_d——铸锭长度，cm。

a 坩埚内径的计算

金属钛在坩埚内熔炼并冷凝成铸锭，铸锭直径与坩埚内径比较，铸锭在径向产生一定量的收缩（长度方向不考虑），各种规格的坩埚所熔铸的铸锭径向收缩率为2.25%～

2.58%（ϕ160～1000mm 铸锭的统计计算值）。通常称铸锭直径为坩埚直径。在锭子直径已知的条件下，则，坩埚直径通过下式可以计算：

$$D = D_d + AD_d \tag{4-14}$$

式中 D——坩埚内径，mm；

D_d——铸锭直径，mm；

A——铸锭收缩率（2.25%～2.58%），ϕ440mm 以下的铸锭选取较大收缩率值，ϕ440mm 以上选取较小收缩率值。

坩埚直径也可根据现有国内外真空自耗炉的统计数据，坩埚的长度与直径比值大约为（3～5.4）：1。这个比值小于3的坩埚设计时仅供参考。一般情况下可取上述范围。最大的坩埚直径应满足炉子的容量要求，可按下式计算：

$$D = \sqrt{(3 \sim 3.5) \cdot 0.785 \cdot \frac{G}{\gamma}} \tag{4-15}$$

式中 G——炉子的容量（一般按钢计算），kg；

γ——熔炼金属的密度，kg/m^3。

b 坩埚长度计算

坩埚的长度主要取决于所要熔炼出来的铸锭长度和坩埚底垫伸进坩埚下部的尺寸，一般为50～70mm，考虑到熔炼快结束时，即坩埚化满时，防止金属溶液向外飞溅和溢出，熔池表面到坩埚上檐要留有120～200mm的空间。

$$L = L_d + h_0 + h_1 \tag{4-16}$$

式中 L——坩埚长度，mm；

L_d——铸锭长度，mm；

h_0——底垫伸进坩埚的高度（50～70mm），ϕ518mm 以下的坩埚选取 50mm，ϕ518mm 以上的坩埚选取 70mm；

h_1——熔池液面到坩埚上檐的高度，根据资料和实际为120～200mm，ϕ440mm 以下的坩埚取小值，ϕ440mm 以上的坩埚取大值。

B 自耗电极尺寸计算

自耗电极尺寸主要取决于所用坩埚的内径与长度。根据坩埚规格设计模具，再由压力机将原料压制成电极块并组焊成自耗电极，以获得所需截面积和长度，熔炼时自耗电极与坩埚间隙，一次及二次熔炼电极直径在400mm 以下时不小于35mm，电极直径在400mm 以上时大于35mm，保证整个熔炼过程的电极与坩埚壁之间的最小间隙大于弧长，防止起边弧击穿坩埚，在设计电极尺寸时必须考虑。

a 自耗电极直径或对角线

自耗电极直径或对角线要小于坩埚直径即：

$$D_0 = D - 2\Delta \tag{4-17}$$

式中 D_0——自耗电极直径或对角线，mm；

D——坩埚直径，mm；

Δ——自耗电极与坩埚内壁间隙，≥35mm。

b 坩埚比

自耗电极直径与坩埚内径之比 D_0/D（简称坩埚比）是获得良好铸锭质量和安全生产的重要参数之一。坩埚比值不合理的不良影响见表 4-6。

表 4-6 坩埚比的影响[2]

D_0/D 过大	D_0/D 过小
（1）对电极平直度要求高；	（1）恶化熔池过热条件，脱气和合金化不完全；
（2）电极与坩埚壁之间的间隙小，易产生边弧，生产不安全；	（2）熔池小于坩埚内径，铸锭表面质量差；
（3）除气效果降低；	（3）电极下降速度太快，不易控制；
（4）熔速降低对于 W、Ta 等难熔金属可能出现不熔化现象	（4）气体分子数量不足，电弧不稳

坩埚比一般随所熔炼金属的熔点升高而降低，对于钛、锆及合金比值可大些，在 0.72～0.88 之间。但从安全观点出发，电极与坩埚内壁之间的间隙应保证大于正常熔炼时的弧长。

钛、锆及其合金自耗熔炼的坩埚比实例列于表 4-7。

表 4-7 自耗熔炼坩埚比实例[2]

金属	电极直径 D_0/mm	坩埚内径 D/mm	坩埚比 D_0/D	金属	电极直径 D_0/mm	坩埚内径 D/mm	坩埚比 D_0/D
钛 锆	100	160	0.625	钛 锆	406	508	0.799
	150	220	0.687		400	480	0.838
	160	220	0.727		480	580	0.828
	180	280	0.643		580	660	0.879
	200	290	0.689		440	518	0.849
	220	296	0.734		518	622	0.833
	280	380	0.737		622	711	0.875
	对角线 340	402	0.801		711	820	0.867
	300	402	0.746		820	1000	0.82
	320	406	0.787				

c 自耗电极的长度

由海绵钛料压制的不同规格的单块电极，组焊成一次熔炼的自耗电极，规格与其对应的坩埚规格列于表 4-8。表中所表示的自耗电极长度可直接选取，但不是绝对的，也可根据具体状况，灵活组焊，设计时应以一次自耗电极的尺寸进行设计计算，对于二次自耗电极的长度，因为经过一次熔炼后，已经成为圆形金属铸锭，这样计算二次熔炼的自耗电极长度就非常容易。

$$G = \frac{1}{4} D_1^2 \pi L_{d_2} \gamma / 1000 \tag{4-18}$$

上式整理后，得

$$L_{d2} = 283.1\frac{G}{D_1^2} \tag{4-19}$$

式中 L_{d2}——二次熔炼的自耗电极长度，cm；

D_1——自耗电极直径（圆形铸锭），cm；

G——铸锭重量，kg；

γ——钛金属的密度，4.5g/cm^3。

表 4-8 一次自耗电极规格与对应的坩埚实例[2]

电极规格 /mm×mm×mm	电极重量 /kg	单块电极规格 /mm×mm×mm	电极规格重量/kg	并联块数	串联块数	单块电极总数	电极密度 /g·cm^{-3}	横断面组合形式	坩埚规格 /mm×mm
200×200×2000	256	100×100×500	16	4	4	16	3.1~3.2		φ350×1200
200×200×3000	384	100×100×500	16	4	6	24	3.1~3.2		φ380×1200
300×300×3500	784	100×100×500	16	7	7	49	3.1~3.2		φ440×2400
300×300×4000	896	100×100×500	16	7	8	56	3.1~3.2		φ440×2400
300×300×3200	800	150×150×400	24	4	8	32	3.1~3.2		φ518×1850
330×300×3600	904	150×150×400	24	4	9	36	3.1~3.2		φ518×2400
300×300×4000	1000	150×150×400	25	4	10	40	3.1~3.2		φ518×2450
450×450×4000	1750	150×150×400	25	7	10	70	3.1~3.2		φ622×2800
600×600×4000	3000	150×150×400	25	12	10	120	3.1~3.2		φ820×3000

根据自耗电极规格，可选取坩埚内径和长度，也可根据坩埚内径和长度来确定自耗电极的对角线和长度。坩埚的内径和长度确定后，就可对坩埚进行结构设计计算。

4.4.3.3 坩埚结构设计计算

坩埚又称结晶器，是真空电弧炉熔炼的核心部位，金属在坩埚内进行熔化、过热、精炼和结晶成锭，在这里发生大量的热交换，坩埚壁的热强度能够达到几万至几百万 kcal/(m^2·h)，有时电弧还会发生异常现象，以至于击穿坩埚壁。坩埚结构的优劣直接影响到铸锭的质量、生产效率和安全，因此坩埚应满足以下基本要求。

（1）有良好的导电性和导热性，不易被熔炼金属黏结的材料来制作，工业规格的坩埚筒体一般用 T_2 紫铜。坩埚法兰材料、直径为 440mm 以下的坩埚采用 T_2 紫铜，直径为 518mm 以上的坩埚采用 QSi3-1 铜，为了增强法兰的强度还可采用紫铜-钢复合材料制成。

（2）坩埚结构应该允许热胀变形。

（3）坩埚内表面平整光滑。

（4）直径小于 296mm 的坩埚，内表面应带有锥度，通常取 0.5%，以便出锭顺利。

（5）要充分冷却，不允许有死区或局部过热区，一般采用水套式冷却。

（6）在熔炼情况下有足够支撑最大铸锭重量、且受到电极短路碰撞时不损害工作性能的刚度。

（7）工业规格的坩埚，直径小于440mm的，可采用挤压制取的T_2紫铜管与厚度为35mm以下的轧制T_2紫铜板制成的法兰焊接制成。直径518mm以上的坩埚，采取“整体模锻成型”，若受到整体模锻成型的限制，可采用T_2紫铜板卷焊成坩埚筒体，并与轧制的QSi3-1铜板制成的法兰焊接制成。坩埚筒体最好选用经过模锻的无缝铜管制作。

（8）坩埚的壁厚。在熔炼钛金属材料时，自耗电极下端面温度为1775℃，熔池表面的平均温度值为1850℃[2]。也有人测得钛熔池镜面的最高温度可达2080℃，与熔池接触处水冷铜坩埚的外壁温度为230～280℃，推算出内壁最高温度为400℃[3]。该温度下紫铜的极限强度为$1250kg/cm^2$，弹性模量为$1.1\times10^6kg/cm^2$，其壁厚可按外压薄壁圆筒公式（4-1）计算，由于其工作条件苛刻，安全系数取为10。使用条件为：$1<L/D<8$、$(PL/ED)^{0.4}<0.523$。理论计算厚度S_0(mm)为[4]：

$$S_0 = 1.25D(PL/ED)^{0.4} + C_1 + C_2 \tag{4-20}$$

式中 D——圆筒内径，mm；

P——承受外压，kg/cm^2，可取$5\sim6kg/cm^2$；

L——计算长度，mm；

E——工作温度下的弹性模量，kg/cm^2；

C_1——板材厚度负公差附加量，mm；

C_2——腐蚀余量，mm。

算出的厚度往往偏薄。根据现场工业规格的坩埚壁厚在强度允许的条件下应薄些，坩埚壁厚主要取决于锭子的直径和荷重，一般直径小于350mm的坩埚壁厚为13mm以下；直径大于350mm以上的坩埚壁厚为14～20mm。例如：直径为518mm×2400mm的坩埚壁厚为14mm，直径为622mm×2800mm的坩埚壁厚为16～20mm；直径为900mm×3300mm的坩埚壁厚为40mm；整体加工后，筒体与法兰环焊缝，筒体焊缝必须进行超声波探伤。执行JB 3963—85标准，并进行水压试验。目前国家对真空自耗电弧炉所用紫铜坩埚制作还没有统一标准，可参照国内某公司熔炼钛对焊接坩埚的技术标准。

1）坩埚筒体中焊缝的力学性能应满足以下要求：

$$\sigma_b \geqslant 17kg/cm^2 \qquad \sigma \geqslant 20\%$$

$$\sigma_k \geqslant 9kg/cm^2 \qquad \alpha = 180°$$

2）焊缝金属的化学成分应满足Cu含量不小于99.5%、O_2含量0.1%以下

3）筒体焊缝须经100%X射线探伤，执行GB 3323—83标准，满足三级要求。

4）坩埚的真空密封性能实验在真空度为1.33×10^{-1}Pa时测量得的平均漏气度不大于4×10^{-1}Pa/min。

5）坩埚的水压试验，坩埚经整体打水压试验，压力为1MPa，保压2h，无渗漏现象。

6）坩埚的几何尺寸精度，中心线不直度±0.5mm/m。椭圆度：最大直径与最小直径不得超过±1mm，内表面粗糙度为$Ra2.5$。

（9）坩埚法兰。当出炉带锭吊起坩埚和空炉抽空承受真空、水压双重作用时，坩埚法兰在弯矩的作用下易产生变形，为提高其变形抗力可用硅锰青铜制作。法兰盘选用厚度为35～70mm的QSi3-1板。硅锰青铜与紫铜性能比较见表4-9。

表 4-9　青铜与紫铜性能比较

材　料	状 态	弹性模量 E /kg·mm^{-2}	抗拉强度 σ_b /kg·mm^{-2}	屈服点 σ_s /kg·mm^{-2}	弹性极限 σ_e /kg·mm^{-2}	断面收缩率 /%
QSi1-3 硅青铜	软态					28
	硬态		60	52	45	
QSi3-1 硅青铜	软态		35～40	14	12	75
	硬态		65～75	65	64	
QMn5 锰青铜	软态	1.05×10^4	30	8	5	50
	硬态	1.05×10^4	50～60	45	35	
T_3 紫铜	软态	1.1×10^4				
	硬态	1.1×10^4	30	15		

坩埚与炉体法兰连接处有接触电阻存在，接触面必须很好处理。电阻值与材料、表面状态及压力有关，为使导电可靠可设一周多个镀银辅助导电柱。接触电阻按下式计算：

$$R = K/p^n$$

式中　p——压力，kg；

K，n——试验数据。

铜与铜接触时 K、n 值见表 4-10。

表 4-10　铜与铜接触时电阻

表面状态	点接触	平面 1.6cm^2		
		普通加工	镀银	磨光
n	1/2	1	1	2
$K\times10^{-3}$	0.204	0.43	1.25	0.4×10^3

（10）便于装卸和清洗。

（11）坩埚系统及其水冷。

坩埚系统主要由坩埚及其底座、水套、隔水套稳弧线圈组成。如图 4-35 所示，它是真空自耗电弧炉的重要部分之一。金属在坩埚内熔炼、结晶成铸锭，产生大量的热都集中在坩埚壁，所以坩埚冷却是非常重要的。大约炉子熔化功率的 80% 热量，要由坩埚的冷却系统带走，其壁上的热强度高达几万 kcal/(m^2·h)，甚至几百万 kcal/(m^2·h)[3]，因此要求冷却水的流速要快，水压在 0.3～0.4MPa，流速不大于 3m/s。6t 炉子的冷却水耗量高达 100m^3/h。

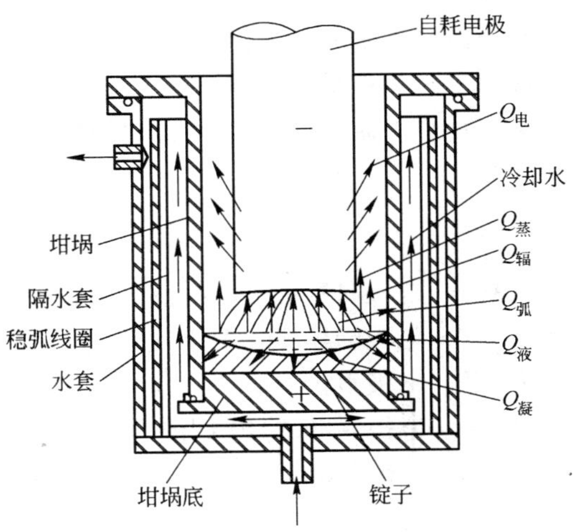

图 4-35　坩埚的受热情况

目前世界各国采用的坩埚冷却方法有两种，水套式或钾钠合金冷却液冷却。其中水套式冷却得到广泛的应用。

水套式结构如图4-35所示，在坩埚的外面套上一个隔水套、一个固定稳弧线圈水套、一个外冷却水套。冷却水就在坩埚与隔水套之间流动，冷却水流的形式自下而上。坩埚冷却的特点是薄水层、大流量。稳弧线圈必须用非磁性材料制成，如不锈钢。

美国和德国也采用液体金属作为冷却剂，这对熔炼活泼金属有很大意义。液体金属冷却剂是用78份钠和22份钾合成的，简称钾钠合金。它在-11℃时仍为液体，在室温下具有与水相似的流动性，可循环使用。它不与活泼金属如钛、锆等起作用，蒸气压也很低。用钾钠（NaK）合金作为坩埚的冷却剂时，当坩埚万一被电弧击穿，不会造成炉内剧烈升压而爆炸，也不会使熔化的金属全部报废。因此熔炼活泼金属用钾钠冷却剂，比用水冷却有很大的优越性[3]。但钾钠冷却系统使炉子结构变得非常复杂，增加了设备的投资费用。因此世界上绝大多数的真空自耗炉还都采用水冷套的冷却方法。

4.4.3.4 坩埚的受热和冷却计算

坩埚必须冷却适当，坩埚冷却过度，会使锭子冷凝过快，熔池缩小，除杂质不充分，金属喷溅得不到重熔。锭子表面质量低劣，生产率低。而温水冷却可提高铸锭的表面质量。如果坩埚受热过大，冷却不充分，将导致冷却水过热汽化，坩埚上部与水套上部容易产生局部气堵，使冷却恶化，可引起坩埚熔穿进水，造成事故。为了准确地进行冷却计算，必须首先分析坩埚的受热情况，然后根据稳定熔化过程中受热和冷却处于平衡的条件进行冷却计算[3]。

坩埚的受热情况如图4-35所示，可见坩埚的热量来源有以下6个方面：（1）电极传到坩埚的热量；（2）熔池金属蒸发热；（3）熔池辐射热；（4）金属液传导热；（5）锭子结晶放出来的热；（6）电弧辐射传给坩埚的热量。

A 坩埚的受热 $Q_{埚}$ 的计算

根据上述坩埚的受热情况则有：

$$Q_{埚} = Q_{电} + Q_{蒸} + Q_{辐} + Q_{液} + Q_{凝} + Q_{弧} \qquad (4\text{-}21)$$

a 从电极传到坩埚的热量 $Q_{电}$ 的计算

在真空中，电极热量散发的形式主要是热辐射，这些热量大部分被水冷坩埚所吸收，小部分由电极杆水冷和炉体冷却水带走。因此在考虑坩埚的水冷时，为了安全留有余地，就认为电极的热损失都加到坩埚上去了。

为了计算方便，省略了繁琐的推导过程。电极的热损失 $Q_{电}$(kcal/h)❶按下式计算[3]：

$$Q_{电} = 21.9\sqrt{\lambda\varepsilon_{电} D_{电}^3\left(\frac{T_{端}}{100}\right)^5} \qquad (4\text{-}22)$$

式中 λ——电极材料的平均导热系数，kcal/(m·℃·h)，对于钛，$\lambda=23$；

$\varepsilon_{电}$——电极的黑度，对于钛，$\varepsilon_{电}=0.68$；

$D_{电}$——电极直径，m；

$T_{端}$——电极端部的绝对温度，此温度大于熔点，由实验给出，一般 $T_{端}=T_{熔}+(30\sim70℃)$，钛金属，$T_{熔}=1668℃+70℃=1738℃$。

❶ 1cal=4.1868J，为便于工程应用，本书个别处使用cal。

b 熔池金属蒸发热量 $Q_{蒸}$ 的计算

在饱和蒸汽条件下，从熔池表面蒸发的蒸气和金属喷溅带给坩埚的热量，一部分返回到熔池表面，绝大多数落到坩埚的冷却壁上，被冷却壁冷凝。冷凝时放出来的热量，等于蒸发吸热、熔池吸热、温升吸热三者之和，但温升吸热占整个吸热的比例很少，可以忽略。故蒸发金属带给坩埚的热量（kcal/h）为[3]：

$$Q_{蒸} = (q_{蒸} + q_{熔})G_{蒸} \tag{4-23}$$

式中 $q_{蒸}$——蒸发热，钛为 1860kcal/kg；

$q_{熔}$——熔化热，钛为 90 ~ 100kcal/kg；

$G_{蒸}$——单位时间内，经过熔炼区域间隙，蒸发出的金属量，kg/h。

熔池蒸发的有效面积，实际上是不大的，因为熔池上面有电极的遮蔽和金属喷溅在坩埚壁上，形成凝结层。所以整个熔池表面的金属蒸发速度（kg/h）按下式估算：

$$G_{蒸} \approx 0.5D_{埚}^2\left[1 - \left(\frac{D_{电}}{D_{埚}}\right)^2\right]g_{蒸} \tag{4-24}$$

式中 $D_{埚}$——坩埚的直径，即锭子直径，m；

$D_{电}$——电极的直径，m；

$g_{蒸}$——在熔池表面温度（钛熔池表面温度 1850℃）下金属的蒸发速度，kg/(m^2·h)。

$$g_{蒸} = g_{蒸}^0 \exp(-0.548\sqrt{p_{弧}}) \tag{4-25}$$

式中 $g_{蒸}^0$——钛液在 $t_{表}$ 温度下的挥发速度，kg/(m^2·h)，$g_{蒸}^0 = 2.1\times10^3 p\sqrt{\frac{M}{T}}$，由有关曲线查得钛液在 $t_{表}$ 温度下的挥发速度为：$g_{蒸}^0 = 500$kg/(m^2·h)。

$p_{弧}$——弧区的气体压强，Pa；

p——熔池上面空间的分压强，Pa；

M——蒸气的相对分子质量；

T——蒸气的绝对温度。

代入式（4-24）整理得：

$$G_{蒸} \approx 1.05\times10^3 D_{埚}^2\left[1 - \left(\frac{D_{电}}{D_{埚}}\right)^2\right]p\sqrt{\frac{M}{T}}\exp(-0.548\sqrt{p_{弧}}) \tag{4-26}$$

c 熔池辐射传给坩埚的热量 $Q_{辐}$ 的计算

熔池表面通过没被电极遮盖的部分向坩埚辐射的热量（kcal/h）为[3]：

$$Q_{辐} = f'D_{埚}^2\left[1 - \left(\frac{D_{电}}{D_{埚}}\right)^2\right]\cdot\left[\frac{t_{表}}{t_{熔}}\right]^4 \tag{4-27}$$

式中 f'——与金属种类等有关的系数，$f' = 191780$kcal/(m^2·h)；

$t_{表}$——熔池表面的温度，钛为 1850℃；

$t_{熔}$——熔点，钛为 1668℃。

代入式中整理为：

$$Q_{辐} = 289587.8D_{埚}^2\left[1 - \left(\frac{D_{电}}{D_{埚}}\right)^2\right] \tag{4-28}$$

d 熔融金属液传导坩埚的热量 $Q_{热}$ 的计算

熔融金属使熔池表面的温度高于被熔金属的熔点，经实验指出金属钛熔池表面温度为1850℃。熔池中温度分布基本上与电极上温度分布相似，因为金属液在水平方向运动使温度达到均匀，而金属液的自然对流又使熔池底部保持密度较大和温度较低，愈往熔池下面密度愈高，温度愈低，所以沿熔池轴向存在着温度梯度。因而熔池表面温度向低温传导热量即向金属液与凝固层的对流传导热量，则在稳定熔炼的情况下，热量处于动平衡，因此在熔池中温度是渐降的。金属液与凝固层的对流传热的热量（kcal/h）为[3]：

$$Q_{热} = \varphi D_{埚}{}^{3/2}\left(\frac{t_{表}}{t_{熔}} - 1\right)^{7/6} \tag{4-29}$$

式中 φ——系数，对于钛 $\varphi = 2.5\times10^{6}$kcal/h。

e 金属液冷凝时放出的热量 $Q_{凝}$ 的计算

熔融金属由熔化温度冷凝到出炉温度（400℃左右），其热量全部传给了坩埚。对于1kg金属液所放出的热量（kcal/h）可用下式计算[3]：

$$Q_1 = \left[C_0 + C_t\left(\frac{t_{熔} + t_{出}}{2}\right)\right](t_{熔} - t_{出}) + q_{熔} \tag{4-30}$$

式中 C_0——金属0℃时的热容量，kcal/(kg·℃)，钛查得 $C_0 = 0.146$kcal/(kg·℃)；

C_t——金属 $t_{熔}$ 和 $t_{出}$ 之间的平均热容量温度系数，kcal/(kg·℃)，钛查得 $C_t = 0.196$；

$q_{熔}$——金属熔化热，kcal/kg，钛查得 $q_{熔} = 90\sim100$kcal/kg。

在正常熔炼的情况下，熔化速度和凝固速度相同，所以当熔化速度为 Gkg/min 时，则单位时间（1h）内凝固金属所放出的热量为：

$$Q_{凝} = 60G\left[\left(C_0 + C_t\frac{t_{熔} + t_{出}}{2}\right)(t_{熔} - t_{出}) + q_{熔}\right] \tag{4-31}$$

f 电弧辐射传给坩埚的热量 $Q_{弧}$ 的计算

$$Q_{弧} = I^2 R_1 l_{弧}\frac{4Dl_{弧}}{D_{电}^2 + D^2 + 4Dl_{弧}} \tag{4-32}$$

式中 I——电弧电流，即熔炼电流，A；

$l_{弧}$——电弧长度，m；

$D_{电}$——自耗电极直径，m；

D——坩埚直径，m；

R_1——单位长度电弧电阻，Ω/m，钛为 1.2×10^{-2}（弧长）。

坩埚受的总热量来源于公式(4-22)～式(4-32)这些公式中，有的公式是经验公式，坩埚的总热量是将全部热量代入公式（4-21）即可。

B 坩埚的冷却计算

坩埚的冷却是最重要的水冷构件。坩埚的冷却水应带走坩埚所受的热量，也就是说进入坩埚水套的水，经过吸收坩埚受的热量，使水温升高之后带出坩埚，坩埚不断受热，热量不断地由冷却水带走，保持平衡。根据以上热平衡计算出坩埚受热 $Q_{埚}$ 可以得出：

$$Q_{埚} = q\gamma_{水} C_{水}(t_{出} - t_{入}) \tag{4-33}$$

坩埚冷却所需的水流量 q：

$$q = \frac{Q_{埚}}{\gamma_{水} C_{水}(t_{出} - t_{入})} \tag{4-34}$$

式中 $Q_{埚}$——坩埚受到的总热量，kcal/h；

$\gamma_{水}$——水在 $t_{出}$ 与 $t_{入}$ 之间的平均密度，kg/m³，一般 $\gamma_{水}=1000\text{kg/m}^3$；

$C_{水}$——水的热容量，通常取 $C_{水}=1\text{kcal/(kg·℃)}$；

$t_{出}-t_{入}$——坩埚水套出口与入口冷却水温差，℃。

冷却水温差通常控制在10℃之内，最多不超过30℃。如果冷却水没有经过软化处理，出水温度在45℃以上时，水中的盐分将沉淀下来，影响冷却效果。生产实践证明，进水温度为20℃时，出水温度控制在40℃，温水冷却能提高铸锭的表面质量。

在熔炼过程中，最大的热流量发生在熔池上部与坩埚壁仅有极薄的凝壳的层处，它可由经验式确定：

$$q_{最大} \approx 0.5\lambda t_{熔}/D_{埚} \tag{4-35}$$

式中 $q_{最大}$——最大的热流量，kcal/(m²·h)；

λ——被熔金属在温度 $0\sim t_{熔}$ 间的平均导热系数，kcal/(m·℃·h)，对于钛，$\lambda=23$；

$t_{熔}$——被熔金属的熔点，℃，对于钛，$t_{熔}=1668℃$；

$D_{埚}$——坩埚直径，即铸锭的直径，m。

这个最大热量 $q_{最大}$ 必须由冷却水带走，否则冷却水超过允许温度，产生泡沫和水锈，恶化了导热。因此冷却水能够带走的热量应该大于 $q_{最大}$。根据在冷却水套中不产生气泡，可以得出冷却水能带走的临界热流量 $q_{临}$ 为：

$$q_{临} = 1.68 \times 10^6 \omega^{1/3} p^{1/3} \tag{4-36}$$

式中 $q_{临}$——冷却水能带走的临界热流量，kcal/(m²·h)；

ω——冷却水套与坩埚间水的流速，m/min；

p——水的压力，MPa。

冷却水的流速 ω 可以根据坩埚所需水流量 q 和水套的具体尺寸来确定即：

$$\omega = \frac{q}{3600\pi(D + 2\delta_{埚} + \delta_{水})\delta_{水}} \tag{4-37}$$

式中 q——坩埚冷却所需的水流量，m³/h；

D——坩埚直径，即锭子的直径，m；

$\delta_{埚}$——坩埚的壁厚，m；

$\delta_{水}$——水套中水层的厚度，m。

由于式（4-36）计算出的热量 $q_{临}$ 是临界值，如果 $q_{最大} \geqslant q_{临}$，则冷却水将产生气泡，水温将大大超过允许值，所以在一般情况下要求 $q_{临} > (2\sim3)q_{最大}$[3]。

C 坩埚底的冷却计算

当自耗电极与放置在坩埚底上的起弧料瞬间起弧时，所产生大量的热都加到坩埚底上，待熔池健全之后，坩埚底的热负荷将迅速下降，因为熔化的金属液产生了附加热阻，可以防止坩埚底烧坏。冷却水所带走的热量可以估算。根据实际经验，熔炼开始时在坩埚底上消耗的热量约为炉子功率（起弧与熔池健全时的功率消耗）的25%[3]。

$$Q_{埚底} \approx 860 \times 25\% P \approx 215P \quad (4\text{-}38)$$

式中 P——炉子的功率，kW。

冷却水流量（m^3/h）由下式决定：

$$q \geqslant \frac{Q_{埚底}}{C_{水}\gamma_{水}(t_{出} - t_{入})} \quad (4\text{-}39)$$

式中 $Q_{埚底}$——坩埚底的冷却水所带走的热量，kcal/h；

$C_{水}$——冷却水在 $t_{出}$ 与 $t_{入}$ 平均温度下的热容量，kcal/(kg·℃)，一般，$C_{水}$ = 1kcal/(kg·℃)；

$\gamma_{水}$——冷却水在 $t_{出}$ 与 $t_{入}$ 平均温度下的比重，kg/m³，一般 $\gamma_{水}$ = 1000kg/m³。

一般温差要求 $t_{出} - t_{入}$ 在 10~20℃之内。

D 电弧炉坩埚冷却水计算方法二

电弧炉熔化中，$P_{弧}$ 放出的总热量中除有效热 $P_{效}$ 外都要由坩埚冷却水带走，还要加上液态金属不断结晶和铸锭不断冷却放出的热量。后两项为：

$$Q_{晶冷} = 60vq_{导} \quad (4\text{-}40)$$

式中 $Q_{晶冷}$——液态金属不断结晶放出的热量 kcal/h；

v——熔速，kg/min；

$q_{导}$——电弧熔炼时的结晶冷却潜热，kcal/kg，$q_{导} = 1.2q_{熔} + 0.28Ct_{熔}$，$q_{熔}$ 为金属熔化潜热，钛为 100kcal/kg，C 为金属在温度为 0 ~ 熔点之间的平均比热，钛为 0.196kcal/(kg·℃)，$t_{熔}$ 为金属熔点，钛为 1668℃。

将钛的数据代入后可得 $q_{导}$ = 211.5kcal/kg。

坩埚冷却水带走的最大热量（kcal/h）为：

$$Q_{坩} = Q_{晶冷} + (P_{弧} - P_{效})860 \quad (4\text{-}41)$$

坩埚需冷却水量（m^3/h）：

$$q_{埚} = \frac{Q_{埚}}{C\gamma}(t_1 - t_2) \quad (4\text{-}42)$$

式中 C——水的比热，1kcal/(kg·℃)；

γ——水的比重，1000kg/m³；

$t_1 - t_2$——进出水温差，通常取 10℃。

代入相关数据后可得：

$$q_{坩} = Q_{坩} \times 10^{-4} \quad (4\text{-}43)$$

冷却水在夹套中沿坩埚壁流动被加热并带走热量，当坩埚给冷却水的热流强度大于临界值 $q_{临}$ 时，水会被汽化在坩埚外壁形成一层薄汽膜将坩埚与水隔开，这种现象称汽化沸腾，它使冷却效果大大降低。

$$q_{临} = 1.68 \times 10^7 v^{1/2} p^{1/3} \quad (4\text{-}44)$$

式中 v——水在夹套中的流速，m/s，多为 0.15m/s 左右；

p——夹套中水压，MPa，可取 0.2。

坩埚给冷却水的最大热流 q_{max}（在熔池处）应比 $q_{临}$ 小 3 倍以上才为安全：

$$q_{max} = \frac{0.5t_{熔}\lambda}{D_{锭}} \quad (4\text{-}45)$$

式中　$t_{熔}$——被熔金属熔点,℃，钛为1668℃；

λ——被熔金属在温度0～$t_{熔}$间的导热系数，kcal/(m·℃·h)，钛可取23kcal/(m·℃·h)；

$D_{锭}$——铸锭直径，m。

几台电弧炉的计算结果见表4-11。

电极杆的水量为坩埚的10%，炉体的水量为坩埚的15%。

表4-11　几台电弧炉的水量计算

炉子	熔速 /kg·h⁻¹	坩埚水量 /m³·h⁻¹	电极杆水量 /m³·h⁻¹	炉体水量 /m³·h⁻¹	真空系统水量 /m³·h⁻¹	电缆水量 /m³·h⁻¹	总水量 /m³·h⁻¹	q_{max}/kcal·(m²·h)⁻¹	$q_{临}$/kcal·(m²·h)⁻¹
1t炉	6	21	2.1	3.2	3.1	0.8	30.3	4.6×10^4	82×10^4
3t炉	18	44	4.5	6.6	3.8	1	60	3.3×10^4	82×10^4
7t炉	25	66	6.5	9.9	5	1	88.4	2.4×10^4	78×10^4

4.4.3.5　稳弧线圈及其计算[3]

在坩埚水套或隔水套外绕上螺管线圈，通以直流电，能使电弧稳定。这种线圈称为稳弧线圈，也起到搅拌的作用。

稳弧的原理：当稳弧线圈中通以直流电时，线圈内就产生纵向磁场，如图4-36所示。电弧中的带电粒子横穿磁场时，就要受到磁力（即洛仑兹力）的作用，阻止它横穿，使其只能顺着磁场方向运动，如图4-37所示，从而保证了电弧不杂散，达

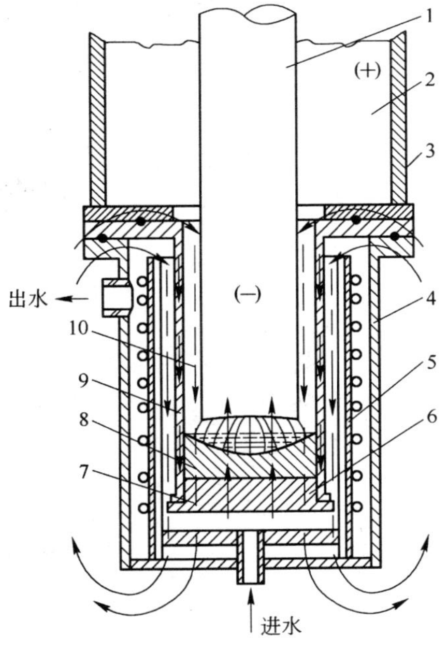

图4-36　稳弧线圈

1—自耗电极；2—导电杆；3—炉壳；4—冷却水套；5—稳弧线圈；6—电流线；7—坩埚底垫；8—铸锭；9—紫铜坩埚；10—磁力线

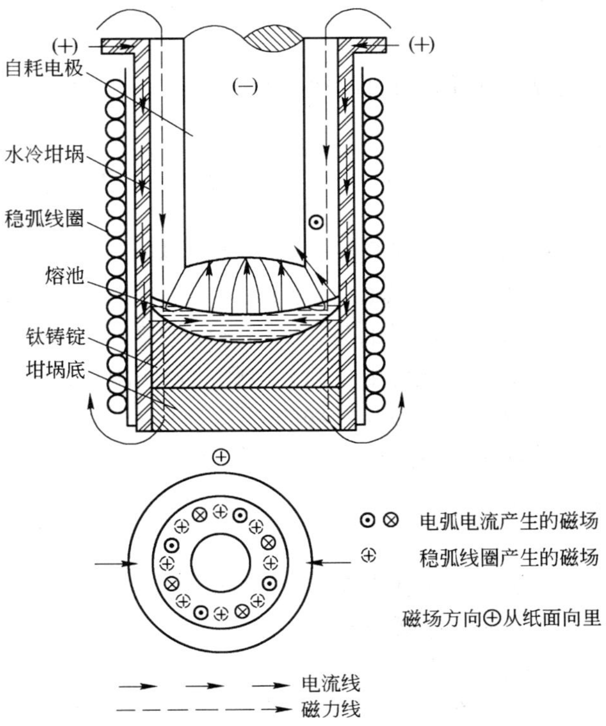

图4-37　磁场对熔池的搅拌和电弧稳定的工作原理示意图

到电弧稳定的目的。同理，对于导电的熔池，特别是表面层附近电流密度较大，又是横穿磁场方向，必须受到磁力作用，而磁力的方向使载流金属液旋转，所以起到了熔池搅拌作用。

螺管线圈所产生的磁场沿坩埚高度方向分布是不均匀的。若要均匀分布，线圈的高度应为坩埚直径的10倍，这对真空电弧炉是办不到的。对于1t以上的炉子，螺管线圈绕在隔水套外，对于1t以下的炉子，螺管线圈绕在水套外，且上部和下部的匝数较多，以补偿端部磁场的减弱。

电弧炉电流主要是电子流（见前面电弧性质一节），因此，稳弧线圈的计算主要根据对电子运动的要求进行。要稳住电弧，就要使电弧中的电子流不横向乱飞，只许它沿坩埚轴向运动或很少偏离。否则，不仅电弧不稳定，还可能烧穿坩埚壁，引起事故。我们考虑最坏情况是电子横穿磁场，这时，电子运动轨迹是圆，由物理学中可知，该圆的半径为R时有：

$$R = \frac{mV_0}{eB}$$

而

$$\frac{V_0^2 m}{2} = eU,\ V_0 = \sqrt{\frac{2eU}{m}}$$

故：

$$B = \frac{m}{R_e}\sqrt{\frac{2eU}{m}} = \sqrt{\frac{mU}{\frac{1}{2}eR^2}}$$

经过修正可用下式计算线圈的磁感应强度B（Wb/m^2）：

$$B = \sqrt{\frac{mU}{e\Delta\delta}} \tag{4-46}$$

式中　m——电子质量，9.1×10^{-31}kg；

U——电弧电压，V；

e——电子电荷，C，$e=1.6007\times10^{-20}$C。

Δ——允许电子离开电弧的径向距离，m，计算时应取$\Delta \ll \delta$；

δ——电极与坩埚的间隙，m。

螺管线圈的安匝数可由下式计算：

$$IW = Bh/\mu_0 \tag{4-47}$$

式中　B——磁感应强度，Wb/m^2；

h——稳弧线圈的高度，m；

μ_0——空气的导磁系数，H/m，$\mu_0=4\pi\times10^{-7}$H/m。

4.4.3.6　炉身直径及高度的计算

A　炉身直径计算

炉身也称真空室，以下简称炉身，它是真空电弧炉的主要部件之一，是炉子的基础，主要用来容纳电极，上连电极杆及其传动装置、观察熔炼情况的摄像装置或光学系统，以及电子称重和电极杆 x-y 调节装置，中间与真空系统相接（主连接管道直径不得小于主高真空阀门的通径），下连坩埚等，炉身是炉子的骨干。炉身容积要足够大，当炉内产生突然放气时它可作为真空系统的缓冲器，根据国内外大、中、小型炉子炉身直径与最大坩埚直径比 D_1/D 统计计算得到比值为 1.4～2，可用下式来估算炉身内径。

$$D_1 = (1.4 \sim 2)D \tag{4-48}$$

式中 D_1——炉身直径，mm；

D——最大坩埚直径，mm。

对系数 1.4～2 选择，一般是大炉子取小值，小炉子取大值。200kg 以下的炉子 D_1/D 的比值可达 3～4。

炉身内径 D_1 既圆筒体的内径建议选用表 4-12 中的数值。

表 4-12 炉身圆筒体内径 D_1 （mm）

炉子规格/kg	50	200	1000	2000	3000	5000	6000	8000	10000
公称筒径 D_1/mm	500	650	700	800	1000	1000	1100	1100	1200

B 炉身高度计算

炉身高度主要是为了自耗电极装入坩埚后，封炉时不受电极长度限制。它主要取决于一次自耗电极（海绵钛压制的电极块品焊成的电极）的最大长度与坩埚的有效长度之差，加上辅助电极长度，和电极杆夹持自耗电极时的位置至炉身顶端的距离，即电极杆上升移动距离。

有资料报道，炉身与坩埚的容积比一般为（3～5）∶1，综合以上几个关系来确定炉身的大小。L 型炉炉身高度，见图 4-38 炉身、坩埚与自耗电极位置关系图。用图示法计算：

$$H = L_d - L_3 + L_2 + L_1 \tag{4-49}$$

式中 H——炉身高度，mm；

L_d——自耗电极长度（见表 4-8 选取合适的长度），mm；

L_3——坩埚有效长度，$L_3 = L - (50 \sim 70)$，mm；

L——坩埚长度，mm；

L_2——辅助电极长度（300～500），mm；

L_1——电极杆深入炉盖最小距离（一般为 300），mm。

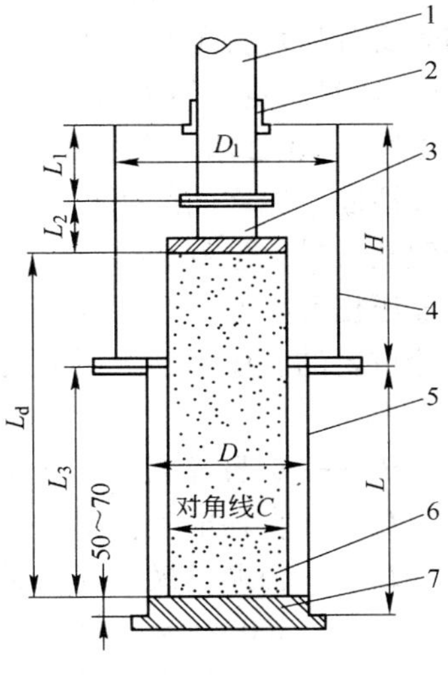

图 4-38 L 型真空自耗电弧炉炉身、坩埚与自耗电极位置关系图

1—电极杆；2—动密封；3—辅助电极；4—炉身；5—坩埚；6—自耗电极；7—坩埚底垫

P 型炉炉身在固定坩埚上部设置了闭锁阀（插板阀），它的炉身高度计算见图 4-39 P 型真空自耗电弧炉，炉身、坩埚与自耗电极位置关系图，按图示法分

别计算：

$$H = L_d - L_3 - H_1 + L_2 + L_1 \qquad (4\text{-}50)$$

式中　H——炉身高度，mm；

L_d——自耗电极长度（见表4-8选取合适的长度），mm；

H_1——闭锁阀（插板阀）的厚度，mm；

L_3——坩埚有效长度，$L_3 = L - (50 \sim 70)$，mm；

L——坩埚长度，mm；

L_2——辅助电极长度（300～500），mm；

L_1——电极杆深入炉盖最小距离（一般为300），mm。

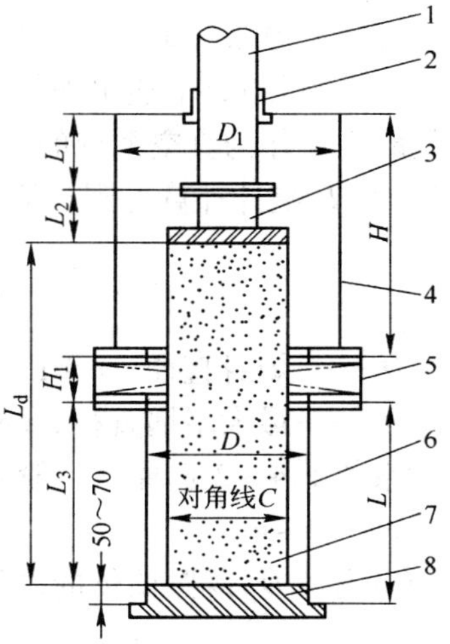

图4-39　P型真空自耗电弧炉炉身、坩埚与自耗电极位置关系图
1—电极杆；2—动密封；3—辅助电极；4—炉身；5，6—坩埚；7—自耗电极；8—坩埚底垫

炉身大，空间体积大，炉内气体含量多，内表面积上放出的蒸汽和气体也就大，真空机组的负荷相对也就增加。炉身高了，电极杆长度也就随着增长，炉体总高度也就随之增高，因此炉身在能保证上述需要的条件下尽可能小。

C　炉身与坩埚间的开口距离计算

炉身与坩埚间的开口距离，即炉身导电法兰下表面与坩埚法兰上表面两者分离的最大开口距离。自耗电极装入坩埚内，能很顺利地到达炉身下面正中位置，或装入电极后，炉身能旋转至固定坩埚位置上，并能准确地与电极杆夹头对接。见图4-40 L型真空自耗电弧炉，坩埚及自耗电极与炉身开口位置关系图；图4-41 P型真空自耗电弧炉，坩埚及自耗电极与炉身开口位置关系图所示。按图示法分别计算。

a　炉身固定、坩埚移动式（L型炉）

由图4-40可知，为了使自耗电极装入坩埚内并移动至固定炉身下部位置。这样就与炉身和活动坩埚之间的相对开口距离有关。这个距离要保证所用的最长自耗电极装入坩埚内能顺利通过。也就是要以坩埚的最低下线位置为准，确定坩埚水套小车的轨道固定位置以及液压提升缸的提升高度和缸体长度（提升坩埚至炉身导电法兰）。因此这个开口距离是十分重要的。按图示法用下式计算：

$$H_2 = L_d + L_2 - L_3 + (600 \sim 800) \qquad (4\text{-}51)$$

式中　H_2——炉身导电法兰下面与坩埚法兰上面间的开口距离，mm；

L_d——自耗电极长度（见表4-8），mm；

L_2——辅助电极长度（辅助电极与自耗电极在炉外焊接，一般辅助电极的长度为300～500mm），mm；

L_3——坩埚的有效长度，$L_3 = L - (50 \sim 70)$，mm；

L——坩埚长度，mm；

600～800——此距离是对于炉体固定、坩埚移动式炉型，为了二次熔炼时两个一次锭（自耗电极）对焊时，检查焊缝并清理焊瘤所需的空间距离，目前这种炉型采用较少。

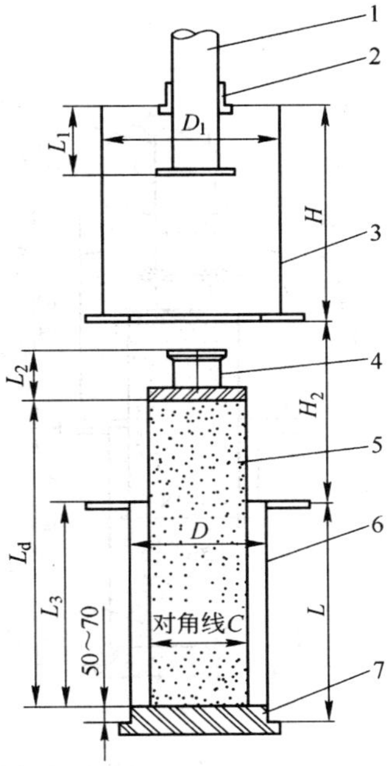

图4-40 L型真空自耗电弧炉坩埚及自耗电极与炉身开口位置关系图

1—电极杆；2—动密封；3—炉身；4—辅助电极；5—自耗电极；6—坩埚；7—坩埚底垫

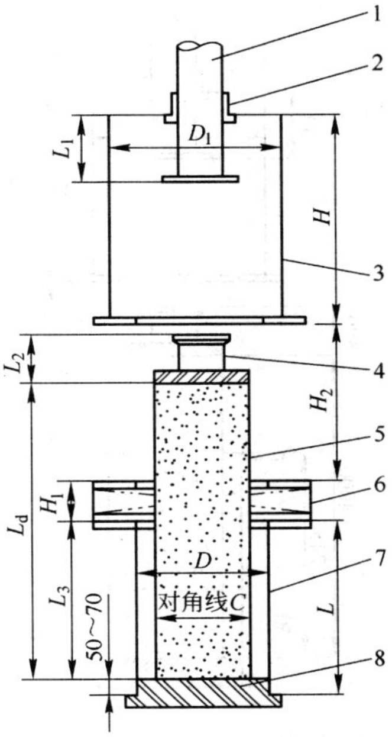

图4-41 P型真空自耗电弧炉坩埚及自耗电极与炉身开口位置关系图

1—电极杆；2—动密封；3—炉身；4—辅助电极；5—自耗电极；6—闭锁阀；7—坩埚；8—坩埚底垫

b 炉身活动、坩埚固定式（P型炉）

由图4-41可知，P型炉一般都是设有两个固定坩埚，并且每个坩埚上部都设置一个闭锁阀（插板阀），炉身可上下移动并旋转，以便交替熔炼。这种炉型的开口距离按图示法用下式计算：

$$H_2 = L_d + L_2 - L_3 - H_1 + 100 \tag{4-52}$$

式中 H_2——炉身导电法兰下面与闭锁阀法兰上面间的开口距离，mm；

L_d——自耗电极长度（见表4-8），mm；

L_2——辅助电极长度（辅助电极与自耗电极在炉外焊接，一般辅助电极的长度为300~500mm），mm；

L_3——坩埚的有效长度，$L_3 = L -$（50~70），mm；

L——坩埚长度，mm；

H_1——闭锁阀高度，mm。

例如国内某钛业股份公司3t L型和P型炉的炉身直径、炉身高度和炉身与坩埚间的开口距离实例，如图4-42~图4-45所示。

4.4.3.7 炉身（真空室）结构设计计算

前面讲述了怎样确定炉身内筒直径和长度，本节就其结构设计、强度计算、内筒壁厚

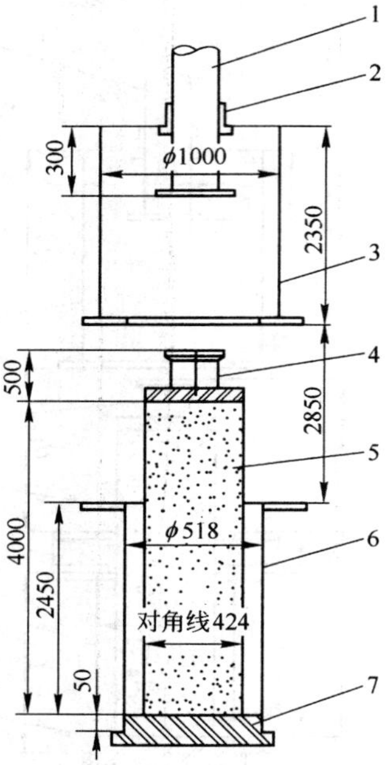

图 4-42　L 型 3t 真空自耗电弧炉 ϕ518 坩埚及自耗电极对角线 424 与炉身开口位置关系图

1—电极杆；2—动密封；3—炉身；4—辅助电极；5—自耗电极；6—坩埚；7—坩埚底垫

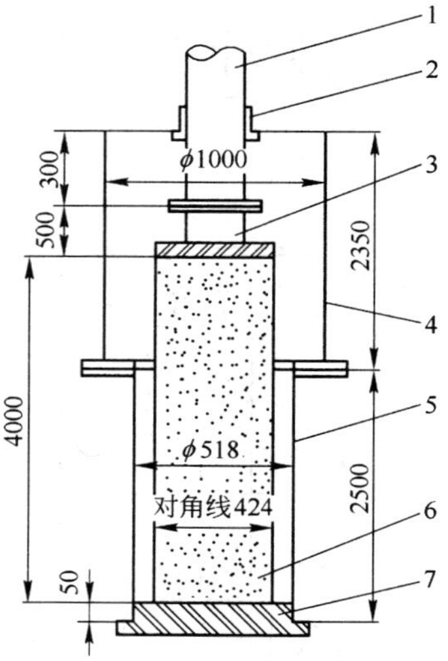

图 4-43　L 型 3t 自耗电弧炉 ϕ518 坩埚与对角线 424 自耗电极位置关系图

1—电极杆；2—动密封；3—辅助电极；4—炉身；5—坩埚；6—自耗电极；7—坩埚底垫

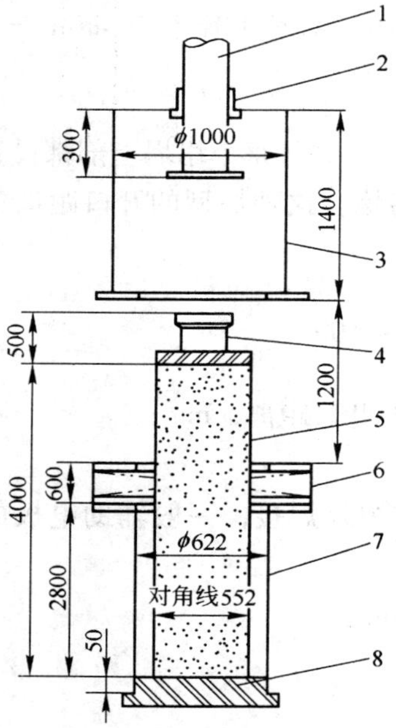

图 4-44　P 型 3t 真空自耗电弧炉 ϕ622 坩埚及自耗电极对角线 552 与炉身开口位置关系图

1—电极杆；2—动密封；3—炉身；4—辅助电极；5—自耗电极；6—闭锁阀；7—坩埚；8—坩埚底垫

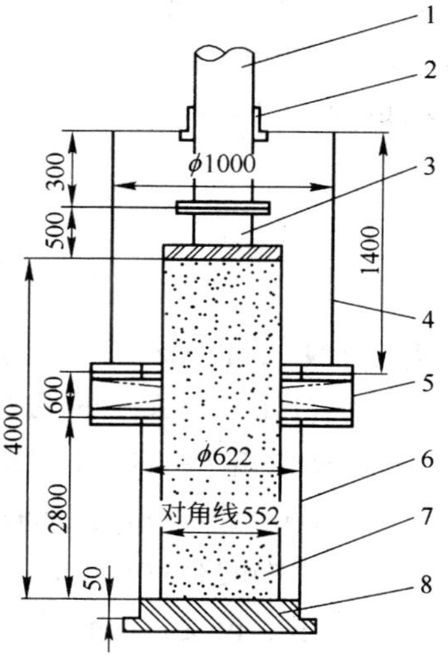

图 4-45　P 型 3t 真空自耗电弧炉 ϕ622 坩埚及自耗电极对角线 552 与炉身位置关系图

1—电极杆；2—动密封；3—辅助电极；4—炉身；5，6—坩埚；7—自耗电极；8—坩埚底垫

的选择进行叙述。

炉身一般都要采用圆柱形，因为圆柱体刚度较大，且容易加工，炉身是由内筒体、导水环（加强筋）、冷却水套、平盖、法兰、管道等组成，如图4-46所示。

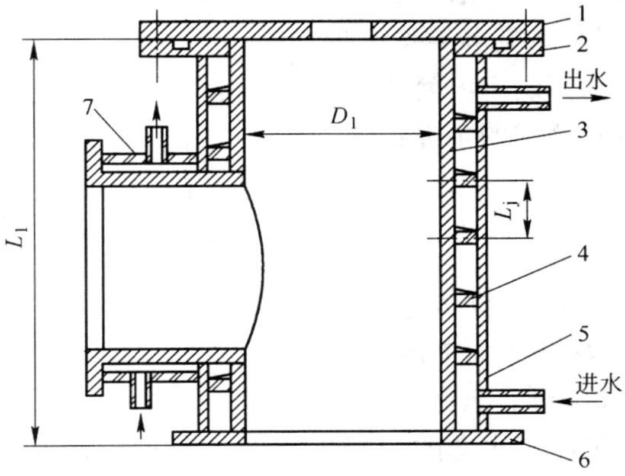

图4-46　炉身（真空容器）
1，2，6—法兰；3—内筒体；4—导水环（加强筋）；5—外筒体；7—真空管道

A　内筒体的要求

内筒体一般用金属轧制板材制成，对材料的要求是可焊性好，气密封性好，对于真空度要求较高，而又耐腐蚀，没有磁性的最好，一般采用不锈钢，也可采用低碳钢、合金钢，筒体卷焊后应进行整形和矫直，筒体的结构焊接要能方便进行真空检漏，全部组焊后要进行整体精加工。

B　内筒体的水冷

炉身内筒体外没有冷却水套，这是因为内筒体在真空熔炼中处于高温状态下工作（受辐射热、传导热），热负载过大，为了防止筒体变形和保证密封性而设置，冷却腔的宽度由炉身的尺寸、筒体的温度决定，通常进水温度即环境水温在20～25℃时，出水水温控制在30～40℃，一般取冷却腔宽度在10～40mm之间，也就是加强筋的宽度，为了保证冷却水和高温壁进行充分的热交换，冷却水应由下部进入，经导水环螺旋向上流动，从上部流出。炉身的冷却水量一般经验值为坩埚冷却水量的15%。

C　导水环（加强筋）

当L_j/D_1的比值大于5时，建议设计加强筋，不大于5时，为了减少其壁厚亦可设计加强筋，并可导水。

加强筋做成螺旋圈焊在内筒体外侧，也可以不焊而装筒体内部，但需要紧密配合。加强筋的设计可参见GB 150—1998标准中给出的相应公式。

D　炉盖

炉盖即炉身上盖，一般直径小于1.5m的圆筒形炉身用于平盖，便于装配所属部件。

E　炉身内筒体内表面的要求

内表面越光洁越好，最好进行电镀抛光等处理。一般处于高真空的内壁粗糙度 *Ra* 6.3～3.2，处于中真空的内壁粗糙度在12.5左右。

4.4.3.8　炉身（真空室）强度计算的一般知识

炉身要承载如前所述的上中下各部件以及自耗电极的重量，还要承受筒体内处于真空状态及冷却水的外压压力，因此它必须具有一定的刚度和强度。

炉身的强度与钢材的品种、圆筒内径长度壁厚加强筋、内表面所接受的辐射热、传导热量（根据资料统计这些热量小于熔化功率的10%）、外压压力（真空容器一般选择0.1MPa）、冷却水水压等因素有关，最主要的是内筒体的壁厚，为了保证炉身的强度，对内筒体的壁厚要进行计算选择，这方面的计算方法较多，单从焊接和机械加工等工艺方面考虑的壁厚一般都能满足强度要求。

A　内筒体强度条件

为了确定内筒体壁厚，按薄壳理论对其进行强度计算，请参见相关书籍，实际上薄壳应具有这样的条件：

$$\frac{S}{D_1} \leqslant 0.04 \tag{4-53}$$

式中　S——筒体壁厚，mm；

D_1——筒体内径，mm。

B　设计压力

带冷却水套的炉身的设计压力取冷却水套中最大工作压力（一般水压保持 0.35 ~ 0.4MPa），再加上大气压（10^5Pa）；当夹层液体静压力超过工作压力的 5% 时，还必须计入液体的静压力。

不带冷却水套的真空容器的设计压力应等于大气压。

C　壁厚的附加量

壁厚的附加量应按下式确定：

$$C = C_1 + C_2 + C_3 \tag{4-54}$$

式中　C——壁厚的附加量，mm；

C_1——钢板的最大负公差附加量，一般情况下均取 0.5mm；

C_2——腐蚀裕度，mm，单面腐蚀取 $C_2 = 1$mm，双面腐蚀取 $C_2 = 2$mm；

C_3——封头冲压时的拉伸薄量，一般情况下，C_3 取计算厚度的 10%，并且不大于 4mm；对于圆筒体等不经冲压的元件，取 $C_3 = 0$。

D　内筒体的最小壁厚

如按强度计算所需壁厚很薄，则在制造运输或使用中容易变形，所以为了保证筒的刚度，碳钢和低合金钢的筒体的壁厚不得小于 3mm，不锈钢筒体的壁厚不得小于 2mm。

E　压力实验

对直径大于 500mm 的炉体通常要做内压和外压水压试验，以检验其强度和渗漏情况，其水压值 $p_{水} = 1.5p$（p 是设计外压力）[4]。

4.4.3.9　内圆筒体壁厚的计算与选择

A　按计算公式确定外压圆筒体壁厚

内圆筒体只承受外压时，可按稳定条件计算，其壁厚为：

$$S_0 = 1.25 D_1 \left(\frac{p}{E_t} \cdot \frac{L_j}{D_1} \right)^{0.4} \tag{4-55}$$

式中　S_0——圆筒计算壁厚，mm；

D_1——圆筒内径，mm；

p——外压设计压力，MPa，真空容器选 $p = 0.1$MPa，如果炉壳没有水套，外压设计压力 $p = 0.1$MPa，如果有水冷却套，则 p 应为水的压力加上 0.1MPa。当水压中液体静压超过工作压力 5%，必须计入液体静压力；

L_j——外压圆筒加强筋间隔设计长度，mm，见图4-46；

E_t——材料温度为t时的弹性模量，MPa，图4-47给出了碳钢和合金钢在各种温度下的E_t值。

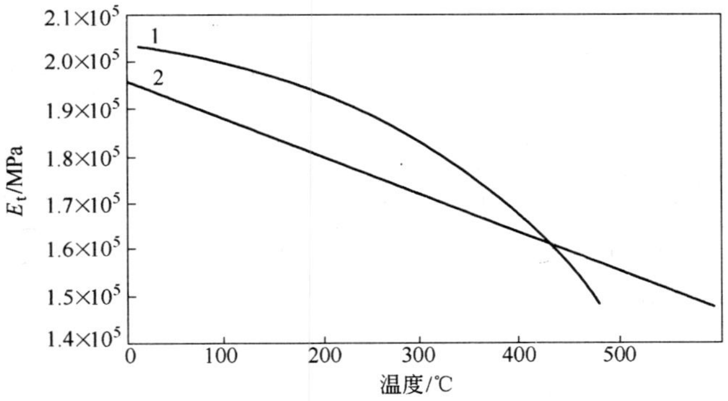

图4-47 弹性模量的计算值与温度的关系

1—碳钢；2—合金钢（奥氏体钢）

圆筒的实际壁厚应为：

$$S = S_0 + C \tag{4-56}$$

式中 S——圆筒实际壁厚，mm；

S_0——圆筒设计壁厚，mm；

C——壁厚附加量，mm。

壁厚计算公式（4-56）除了要满足材料的泊松系数$\mu = 0.3$（实际上全部金属材料均可满足）外，还必须满足下面两个条件方可应用：

$$1 \leqslant \frac{L_j}{D_1} \leqslant 8 \tag{4-57}$$

$$\left(\frac{p}{E_t} \cdot \frac{L_j}{D_1}\right)^{0.4} \leqslant 0.523 \tag{4-58}$$

B 内筒体壁厚的查表选择

为了简便一般设计时不进行繁琐的计算，可查表确定内筒体的壁厚。表4-13和表4-14分别给出了外压力为0.1MPa、0.5MPa（包括冷却水压力）时筒体壁厚，可供设计者参考。

表4-13 圆筒壁厚（$p = 0.1$MPa） （mm）

容器的长	公称通径										
	500	600	700	800	900	1000	1200	1400	1600	1800	2000
1000	5	5	5.5	6	6.5	7.5	8	8.5	9.5	9.5	10
1500	5.5	6.5	7	7	7	8	9	9.5	11.5	11.5	13
2000	6	7	7.5	8	8.5	9	10.5	10	11.5	13	14.5
2500	6.5	7	8	9	9.5	10.5	11	11	13	14	15
3000	7	8	9	9.5	10	11	12	12	13.5	14	15

注：本表适用于真空容器、水套冷却的内圆筒，冷却水出水温度不大于50℃，材料屈服极限σ_s为196～333MPa的碳钢、低合金钢，当用不锈钢时壁厚可减少1mm，给出壁厚值作为设计参考。

表 4-14 圆筒壁厚（$p=0.5\text{MPa}$） （mm）

容器的长与外径之比	公称通径										
	500	600	700	800	900	1000	1200	1400	1600	1800	2000
1	3	4	4	4	4.5	5	6	6	8	8	8
2	3	4	4.5	5	6	6	8	8	10	10	12
3	4	4.5	5	6	8	8	8	8	10	12	14
4	4.5	5	6	8	8	8	10	10	12	14	14
5	5	6	6	8	8	10	10	12	12	14	14

注：本表适用于工作温度不大于150℃，屈服极限 σ_s 为 206～265MPa 的 A3、A3R、15g、20g、0Cr13、1Cr13 制设备，给出壁厚值作为设计参考。

C 水压试验

圆筒进行外压试验时应满足：

$$|\sigma|\leqslant 0.9\sigma_s \tag{4-59}$$

$$|\sigma|\leqslant 0.06E_t(S/R) \tag{4-60}$$

式中 σ_s——材料在 20℃时的屈服极限，MPa；

E_t——材料的弹性模量，MPa；

S——圆筒的壁厚（包括壁厚附加量），mm；

R——圆筒内半径，mm；

$|\sigma|$——外压水压试验时产生的应力绝对值，MPa，外压水压试验压力 $p_水=0.196\text{MPa}$[4]。

4.4.3.10 电极杆的设计计算

电极杆是自耗电弧炉的重要部件，它有两个作用：(1) 夹紧辅助电极连接头带动自耗电极上下运动；(2) 导电，传导供给电弧用的大电流。它是由导电杆、夹头或气动夹头、导水管、气缸、滚珠丝杠、丝母、支撑杆以及密封件等组成。其结构有 4 种不同形式，见图 4-48、图 4-49、图 4-50。图 4-48 这种结构用于 1t 以下的自耗电弧炉，导电杆一般用 45 号钢或不锈钢和紫铜制成。夹头采用半开合式夹头，一半与导电杆焊接固定，一半开合与辅助电极装配后，用螺栓拧紧，这种结构简单，制造方便，又经济。但缺点是由人工拆装。图 4-49 和图 4-50 这两种结构基本相同，都用于 1t 以上的自耗电弧炉，也有用于 1t 以下的自耗电弧炉。这种电极杆制造麻烦。电极杆均采用一般两同心管组焊制成。内管为紫铜管，管壁厚 8～12mm，它具有良好的导电性能，可通过大电流，外管采用不锈钢管，管壁厚 6～10mm，它不仅可以满足电极杆所需的强度，而且耐腐蚀，外壳表面光洁度也能保证，两者焊接在一起，由于二者热膨胀系数不同，焊接难度较大，近来开始采用组合结构。紫铜导电管的电流密度应低于 10A/mm^2，多为 $5\sim7\text{A/mm}^2$。自耗电极的重量由拉力杆承担。这种结构的电极杆焦耳热在 5kW 以下，不超过总功率的 0.5%（见 4.5.1.3 节的热平衡功率计算二）；但国内有些厂家采用了全碳钢焊接结构，从表 4-15 可看出，碳钢的电阻率要比紫铜大 10 倍，焦耳热能量的损耗就显而易见了。

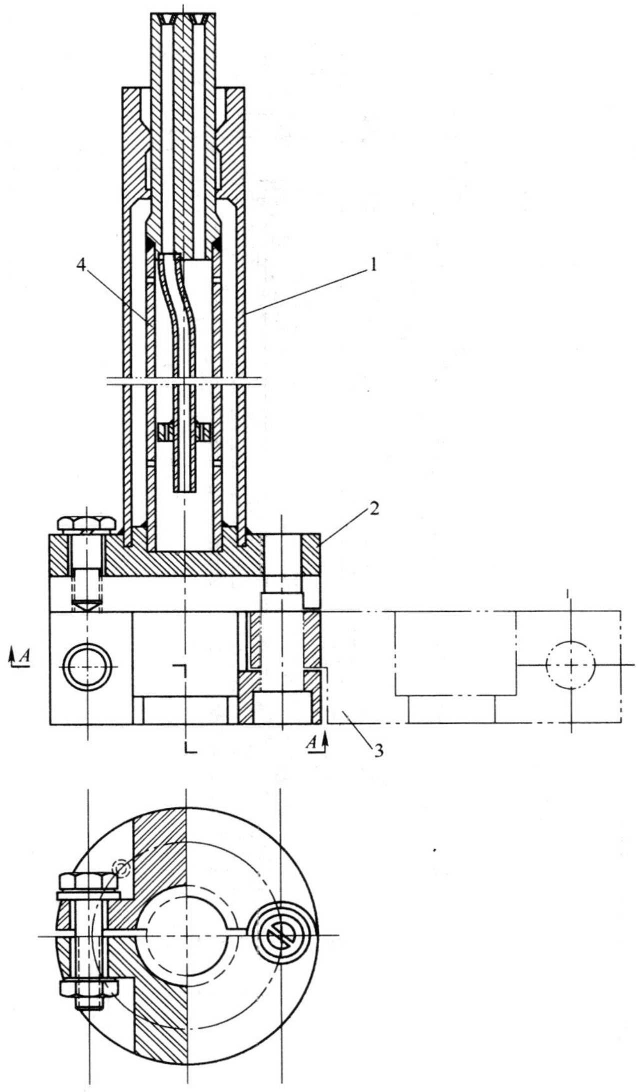

图 4-48 电极杆示意图

1—电极杆外套；2—固定卡头；3—活动卡头；4—导电杆

表 4-15 几种材料性能比较

材料	密度 /g·cm^{-3}	热膨胀系数 /℃$^{-1}$	导热系数 /cal·(cm·s·℃)$^{-1}$	电阻率 /Ω·mm^2·m^{-1}	电阻温度系数 /℃$^{-1}$
紫铜	8.93	16.5×10^{-6}	0.93	0.0165	3.8×10^{-3}
不锈钢	7.92	16.6×10^{-6}（100℃）	0.04	0.73（20℃）；0.8~0.9（200℃） 1.13~1.15（800℃）	
20 钢	7.85	12.18×10^{-6}	0.122	0.169	
纯钛	4.5	8.9×10^{-6}	0.041	0.55（0~400℃） 1.6（TC4，20℃）	2.5×10^{-3}

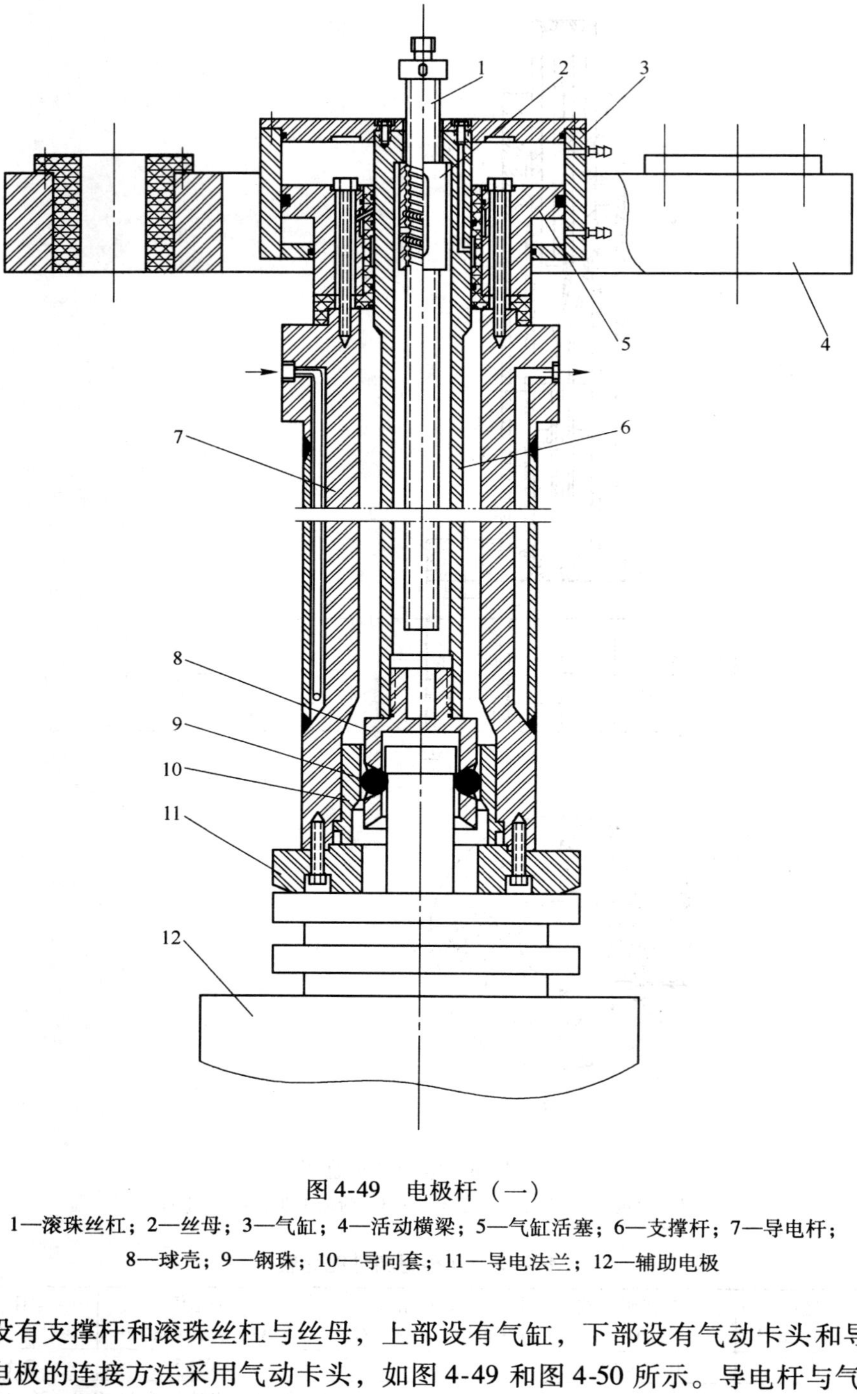

图 4-49 电极杆（一）

1—滚珠丝杠；2—丝母；3—气缸；4—活动横梁；5—气缸活塞；6—支撑杆；7—导电杆；8—球壳；9—钢珠；10—导向套；11—导电法兰；12—辅助电极

中部设有支撑杆和滚珠丝杠与丝母，上部设有气缸，下部设有气动卡头和导电法兰。电极杆与电极的连接方法采用气动卡头，如图 4-49 和图 4-50 所示。导电杆与气缸活塞 5 或活动连接板 3 相连，当活塞或活动连接板上移时，钢珠 9 即径向向外退出，电极接头 12 就可以从卡头壳中退出，当辅助电极连接头 12 进入球壳中后，活塞或活动连接板下移，导电杆 7 下移，导向套 10 内斜面把钢珠 9 径向压入，钢珠进入辅助电极连接头凹面，卡住连接头。这种气动卡头，拆装方便、迅速，是一种较先进的方式。其缺点是结构较复

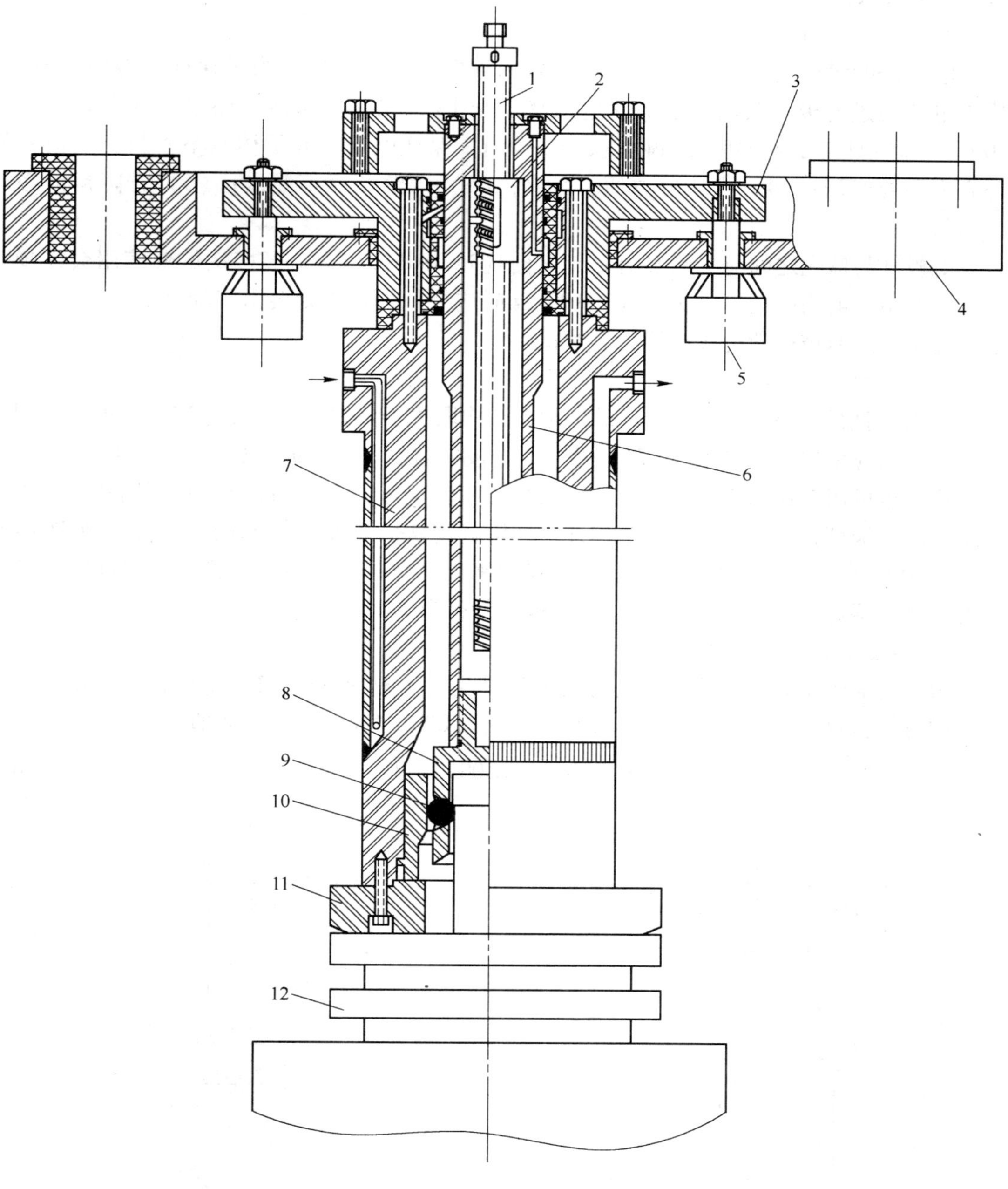

图 4-50　电极杆（二）

1—滚珠丝杠；2—丝母；3—活动连接板；4—活动横梁；5—气缸；6—支撑杆；
7—导电杆；8—球壳；9—钢珠；10—导向套；11—导电法兰；12—辅助电极

杂，不锈钢与紫铜焊接难度大，且费用较高。

电极杆与自耗电极之间用辅助电极连接，辅助电极一端设有便于装卸的连接头。辅助电极通过电极杆气动卡头与电极杆连接。另一端头与自耗电极焊接在一起，作为自耗熔炼时电路的负极。

A 对电极杆的设计要求

电极杆的设计要求是：(1) 具有良好的导电性、导热性，为了保证电能消耗较小，要求电流通过电极杆及电极卡头时电压降小于1V，同时要水冷，而水冷的温差不超过20℃；(2) 具有足够的强度和刚度；(3) 为了保证电极杆和炉体真空密封，电极杆的外壳表面要光洁；(4) 卡头要方便、可靠；(5) 焊缝牢靠不漏水；(6) 升降运动必须灵活可靠。

电极杆与球壳之间应绝缘良好，新装时应达300kΩ以上，经多次熔炼使用会逐步降低，每次熔炼前均应测量一次，低于100kΩ时应换新件，否则会引起辅助电极头部变色，甚至由于发热而被拉断造成“掉蛋”事故。

B 电极杆直径与长度的确定

电极杆直径主要取决于电极杆的结构，结构取决于该炉子的工作电流。根据生产现场设备的实际应用情况，电流在12kA以下的电极杆直径在100mm以下，可用45号钢制作电极杆，也可用紫铜与不锈钢组焊的电极杆。工作电流在12kA以上就必须用紫铜与不锈钢组焊的电极杆且要采用气动卡头。这样结构就较复杂，相应直径就必须增大，如图4-49和图4-50所示。还可以通过计算其导电面积来确定直径，一般设计都是参考同吨位炉子的电极杆来确定其直径。3~6t炉子的电极杆外径为215mm左右。

C 电极杆的设计长度

根据前面炉身高度一节所述的有关条件（见图4-51和图4-52）电极杆的长度应为电极杆的有效行程与结构所需的适当长度（一般取800~1000mm）之和即：

$$L_g = H_0 + (800 \sim 1000) \tag{4-61}$$

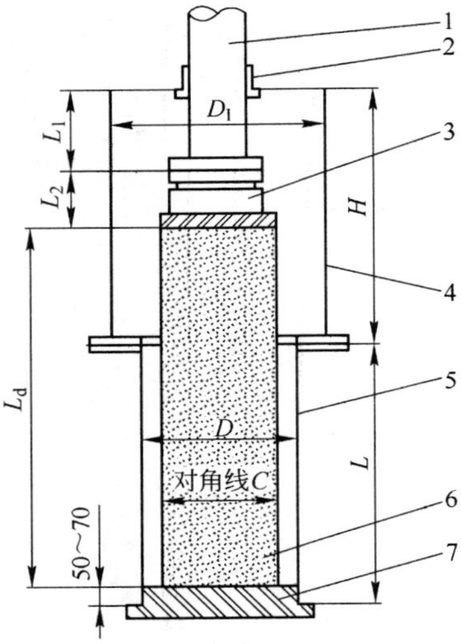

图4-51 真空自耗电弧炉坩埚直径D与对角线C自耗电极位置关系图

1—电极杆；2—动密封；3—辅助电极；4—炉身；5—坩埚；6—自耗电极；7—坩埚底垫

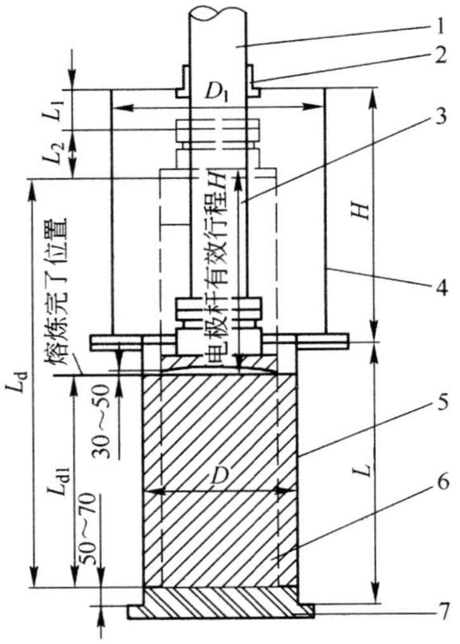

图4-52 真空自耗电弧炉电极杆与铸锭D位置关系图

1—电极杆；2—动密封；3—辅助电极；4—炉身；5—坩埚；6—铸锭；7—坩埚底垫

而电极杆的有效行程取决于自耗电极长度与铸锭长度之差即：

$$H_0 = L_d - L_{d1} \tag{4-62}$$

式中 L_g——电极杆设计长度，mm；

H_0——电极杆有效行程，mm；

L_{d1}——铸锭长度，mm；

L_d——自耗电极长度（不包括辅助电极长度），mm。

电极与铸锭重量相等（熔炼时挥发物重量忽略），体积相同，长度不同，但铸锭长度是我们所需的（定值），据此可计算出自耗电极长度为：

$$L_d = \frac{D^2 L_{d1} \gamma_{锭}}{D_0^2 \gamma_{电}} \tag{4-63}$$

式中 D——铸锭直径，收缩忽略，即坩埚直径，mm；

D_0——自耗电极的直径，$D_0 = D - 2(30 \sim 90)$mm，也可查表4-7；

$\gamma_{锭}$——铸锭密度，钛的密度4.5g/cm^3；

$\gamma_{电}$——电极密度，由海绵钛压制成的电极块，其密度为2.7～3.2g/cm^3。

由海绵钛压制的电极，$\gamma_{电}/\gamma_{锭} = 0.7 \sim 0.85$。锭子重熔时，$\gamma_{电}/\gamma_{锭} = 1$。

将式（4-63）分别代入式（4-62）、式（4-61），整理后得：

$$L_g = \frac{D^2 L_{d1} \gamma_{锭}}{D_0^2 \gamma_{电}} - L_{d1} + (800 \sim 1000) \tag{4-64}$$

自耗电极长度也可查表4-8选取。

D 电极杆的电热和冷却计算

电极杆在传导大电流通过的同时，就会被自身材质的电阻热加热，同时电极在熔化时被电弧加热。因而就将热量传给电极杆，还有来自弧区的辐射热，这些热量会使电极杆变形，破坏真空密封，引起漏气，使熔炼无法进行，因此要用水冷却，冷却水由进水管进入内腔至底部，然后流经冷却腔，从电极杆上部的出水管排出[3]。

E 电极杆的电热计算

电流通过电极杆及电极卡头时，因电阻而被加热。这种电热大小首先决定于其电阻的大小，因此先来计算电阻。在电极杆的结构尺寸已经确定的情况下，电极杆的电阻可用下式计算[3]：

$$R_g = \rho L_g / A \tag{4-65}$$

式中 R_g——电极杆的电阻，Ω；

ρ——电极杆材料的电阻系数，Ω/(m·mm^2)；

L_g——电极杆导电部分的长度，m；

A——电极杆导电部分的截面积，mm^2。

F 电极卡头的电阻计算

电极卡头的电阻主要是接触电阻，随接触面积的大小不同而不同，而我们事先又很难把握接触面积的大小，所以在一般情况下，都是根据接触压力 p 的大小，用下列经验公式来计算接触电阻的[3]：

$$R_{k0} = KP^{-(1/n)} \tag{4-66}$$

式中　R_{k0}——接触电阻，Ω；

K，n——常数，可参考表4-16查取；

P——接触压力，kg。

表4-16　计算电极卡头电阻的常数选择

接触种类	点接触	线接触	面接触
K	$2.05\times10^{-4}\sim2.3\times10^{-4}$	$2.0\times10^{-4}\sim3.3\times10^{-4}$	$3.4\times10^{-4}\sim5.0\times10^{-4}$
n	2.0	1.0	1.0～0.5

注：此表是对铜与铜接触时的数据。

电极杆的热量来源有3个：（1）本身（包括电极卡头）电阻产生的焦耳热；（2）电极传导过来的热；（3）电极辐射过来的热。这三部分热量可以分别计算如下：

电极杆和电极卡头产生的焦耳热可用下式计算：

$$Q_{焦} = I_2^2(R_g + R_{k0}) \times 0.86 \tag{4-67}$$

式中　I_2——自耗炉最大工作电流，A；

0.86——功热当量，即功热换算系数。

电极传到电极杆上的最大热量是电极熔化到后期，电弧距离电极杆最近时传给的热量，在这种情况下，电极的传热损失几乎全部消耗在电极杆上，因此按最坏的情况考虑，电极通过热传导、热辐射传给电极的总热量（kcal/h）应为下式：

$$Q_{电} = 21.9\sqrt{\lambda\varepsilon_{电} D_{电}^3\left(\frac{T_{端}}{100}\right)^5} \tag{4-68}$$

式中　λ——电极材料的平均导热系数，kcal/(m·℃·h)；

$\varepsilon_{电}$——电极的黑度系数，查表4-22；

$D_{电}$——电极直径，m；

$T_{端}$——电弧燃烧时电极端部的绝对温度，K，一般为 $T_{端} = T_{熔} + (30\sim70℃)$。

由以上分析可知电极杆受的总热量（kcal/h）为：

$$Q_{杆} = Q_{焦} + Q_{电} \tag{4-69}$$

G　电极杆冷却计算

上述这些热量都需要由冷却水带走，可以根据热平衡原理，计算出电极杆所需要的冷却水量 V，按下式计算[3]：

$$V = Q_{杆}/\gamma_{水} C_{水} \Delta_{水} \tag{4-70}$$

式中　V——冷却水量，L/h；

$\gamma_{水}$——冷却水的密度，通常 $\gamma_{水} = 1$kg/L；

$C_{水}$——冷却水的热容量，$C_{水} = 1$kcal/(kg·℃)；

$\Delta_{水}$——允许的出入水温差，通常取 $\Delta_{水} = 20℃$。

一般经验值是电极杆的水量为坩埚水量的10%。

4.4.3.11 电极杆升降机构

自耗电极杆升降方法各式各样，下面仅讲两种方式。

A 丝杠传动机构

图4-53为丝杠传动机构示意图。图中电极杆3固定在活动横梁2上，另一端装配与炉体6上的动密封套中（与炉体绝缘）；横梁两侧丝杠装配有正反丝母并与活动横梁固定，由扩大机输出直流电流给直流电机，直流电机驱动齿轮减速机构并带动丝杠旋转，则丝母带动活动横梁升降。从而带动了电极杆及电极升降。这用于1t以下的电弧炉比较好，非常经济。

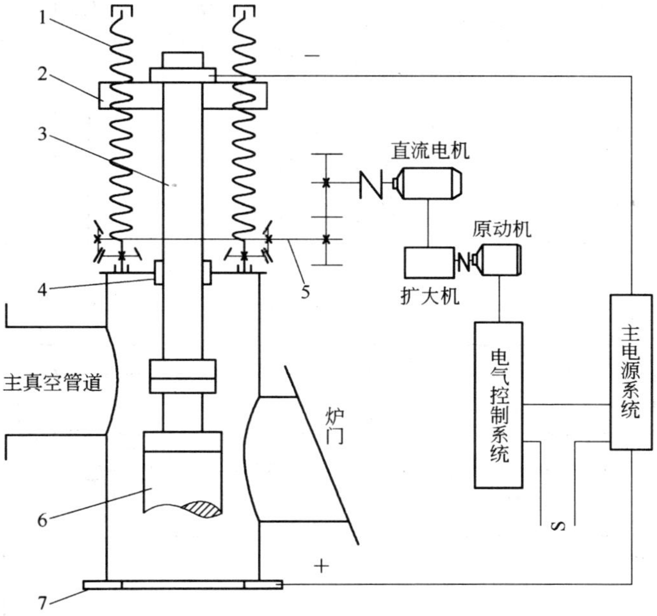

图4-53 真空自耗电弧炉丝杠传动机构
1—丝杠；2—活动横梁；3—电极杆；4—动密封；
5—传动系统；6—自耗电极；7—导电法兰

B 滚珠丝杠传动

滚珠丝杠传动，如图4-54所示，在滚珠丝杠4和丝母5之间，装入适当数量的滚珠6，使滚珠丝杠和丝母同一般丝杠一样，可沿螺旋线运动。当丝杠由装配在上部的伺服电动机1、驱动减速器2，或直流电动机驱动差动减速器（图上未表明），并带动滚珠丝杠旋转时，丝母5在键7的约束下不能旋转，只能沿轴向升降，从而带动水冷电极杆14升降。在丝杆传动时，滚珠沿着丝杆槽转动一圈，通过导流管滚珠一个个地滚回原来位置，构成一个闭合回路进行循环。

滚珠丝杠传动是平稳的，精度比较高。因为它以滚动摩擦代替了普通丝杆的滑动摩擦，减少了摩擦损失，使传动效率提高到90%~98%。缺点是：价格比较贵，而且不能自

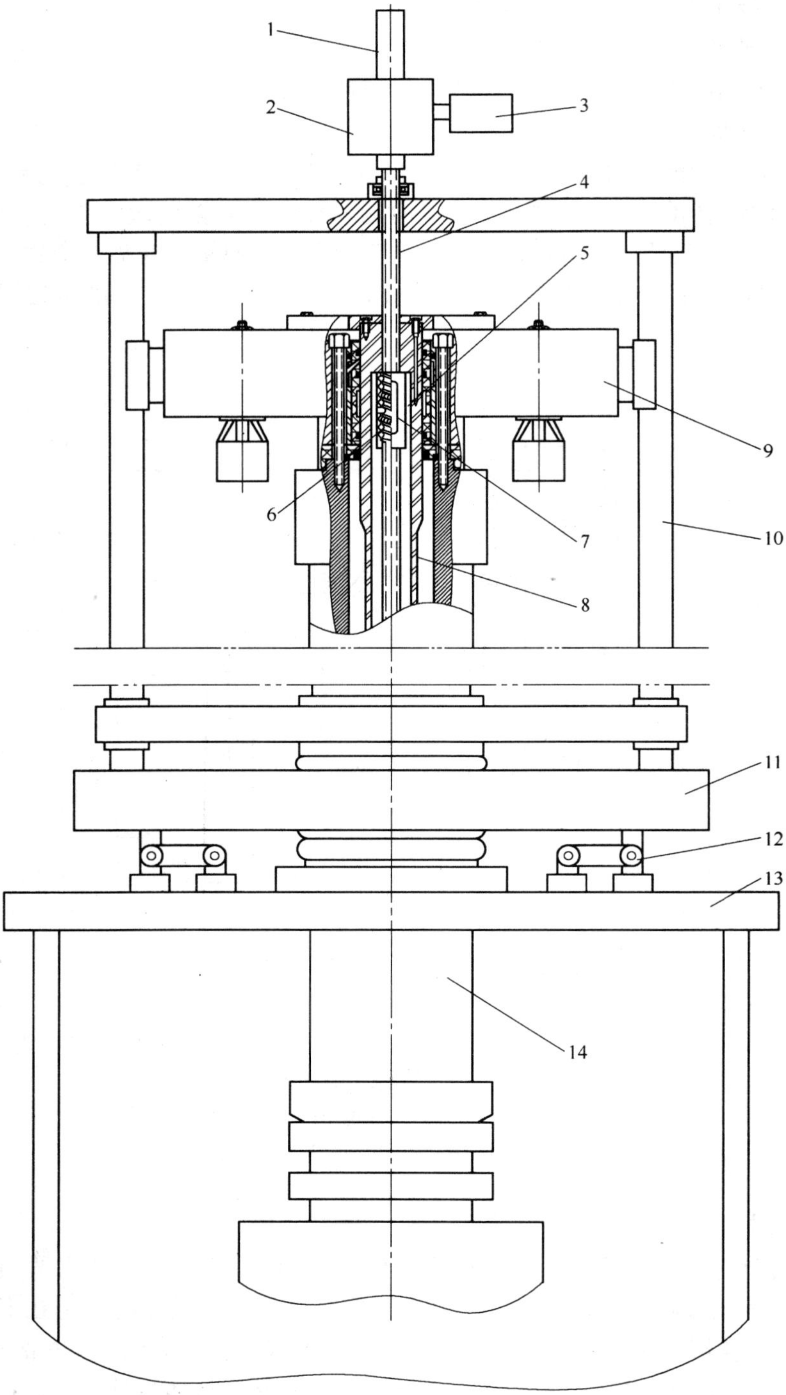

图 4-54　伺服电机驱动电极杆系统

1—伺服电机；2—减速器；3—交流电机；4—滚珠丝杠；5—丝母；6—滚珠；7—键；8—支撑杆；9—活动横梁；10—导轨；11—浮动架；12—x-y 调节；13—炉盖；14—电极杆

锁，多半需要附加防止逆转的装置，对于3t以上的电弧炉比较适用。

C 交流伺服电机驱动普通减速器传动

由于电子工业的不断发展，现代的驱动系统采用数字控制技术，控制交流伺服电机驱动系统和普通减速器，从而代替了直流电动机，如图4-54所示，并且已取代了差动齿轮减速器（后面叙述）。

D 差动齿轮传动

大型自耗电弧炉大都采用差动齿轮传动，驱动滚珠丝杠转动带动电极杆升降，它是由两台直流电机、一台交流电机驱动。它的特点是调速范围广，传动惯性小。因而能实现在熔炼过程中连续的无级升降运动，从而保证了电弧的稳定燃烧。后面叙述。

4.4.3.12 浮动架

图4-55 浮动架

浮动架主要是承载电极杆和自耗电极及两个对称的导向立柱以及水冷电缆的，浮动架则由 x-y 调节机构支撑杆来支撑，如图4-55所示。它的功能主要是调节自耗电极在 x-y 方向的对中。其大小与炉子的吨位有关，但结构都是相同的。

4.5 真空自耗电弧炉的电源与电气控制系统

真空自耗电弧炉的电气设备包括两个方面：一是电弧电源，二是各种电气控制系统。电弧的能量由两者提供，并给电弧稳定燃烧创造优良的条件，来满足熔炼工艺的要求，熔炼出优质的钛铸锭。

4.5.1 真空自耗电弧炉的熔炼电流、电压和炉子功率的计算

熔炼电流、电压（以下称电弧电压）、功率，这三个参数是炉子的重要参数，它们决定了熔炼铸锭的质量和产量。但这些参数难以用计算确定最佳数值，影响它们的因素很多，也较复杂，至今还没有比较准确的理论计算公式来解决，主要依据一些经验数据来选定。

4.5.1.1 熔炼电流的确定

熔炼电流，也是电弧电流，它是真空电弧熔炼所有参数中对熔炼过程和产品质量影响最大的一个参数。熔炼电流决定着金属熔化速率和熔池温度，对熔池的形状、体积和深度有着直接的影响，它的大小也直接影响着电弧是否能稳定地燃烧、熔化的快慢、熔池温度的高低、熔池的深浅以及铸锭质量的好坏等，当真空度和坩埚冷却以及电极直径一定时，熔炼电流的大小就直接决定了熔池的大小和深浅，对熔炼质量有密切的关系，最终反映到合金的精炼效果和结晶结构上。（1）熔炼电流愈大，则电弧温度高，金属熔化速率愈大，铸锭表面质量也就愈好。（2）熔炼电流增大，金属熔池深度增加，会造成铸锭组织恶化，柱状晶粗大、径向发展，即趋近于常压下的铸锭，导致铸锭的疏松发展，成分偏析度增加。由于气体和夹杂物多聚集在铸锭中心部

位，造成合金纵、横向性能不一致。如果熔炼电流过大，则熔池过深，会使杂物上浮缓慢，产生偏析，还会引起喷溅，使凝固的帽峰增高。随着熔炼的进行，帽峰溃下产生表面气泡，使铸锭表面质量下降，尤其是重熔热导率低的合金时，大电流使铸锭产生裂缝的危险性增加；熔炼电流小，则熔化速率低，金属熔池浅，柱状晶细小且轴向发展，有利于获得疏松程度小、成分偏析度小、夹杂物呈细小弥散分布以及结晶结构致密的铸锭。会使电弧燃烧不稳定，也降低熔炼质量。因此熔炼保持一定合适的深度，这样在稳弧线圈的作用下，使金属液搅动，从而得到合金成分均匀分布的铸锭。所以自耗熔炼中最敏感的参数就是熔炼电流，因此在设计炉子时，选择熔炼电流是获得优质铸锭的关键。

对于熔炼电流值的确定，有不少经验公式，但因各参数相互影响的关系比较复杂而局限性较大。熔炼电流大小对熔炼质量的影响必须给予综合考虑，单纯地为追求铸锭表面质量和高的生产率而牺牲内部质量是不合适的。熔炼电流大小是根据锭型大小、电极直径大小、所熔炼金属的物理性质（熔点、化学成分、黏度、导热性等）以及熔炼目的、要求和生产率等因素综合选择确定的。通常，熔点较高，流动性能差的金属，或者是小断面电极采用较大的电流密度值。熔点较低、流动性能较好，或者是大断面电极则采用较小的电流密度值。图 4-56 是真空自耗电弧炉在熔炼钛基、镍基、合金以及难熔金属及其合金时锭型大小与熔炼电流的关系图。由图 4-56 可知，针对不同的金属，从较宽广的电流密度范围内选择出合适的电流密度值是真空自耗电弧熔炼的重要问题。也可按经验公式选择，对钛及其合金可在 $I=(18\sim33)D$ 范围内选择。熔炼电流主要取决于电极材料，铸锭规格和坩埚比，此外，电源类型、极性、炉子结构、熔炼室真空度等都影响其最佳数值。表4-17 列出了钛、锆金属熔炼与铸锭直径（坩埚直径）关系的经验公式。钛、锆、钼及其合金熔炼电流与坩埚直径的关系示于图 4-56，图中各点的数据为熔炼实例。表 4-18 是钛自耗熔炼电极直径、坩埚直径与熔炼电流、电压等参数的统计实例，表 4-19 为钛及钛合金自耗熔炼工艺参数示例，供参考。

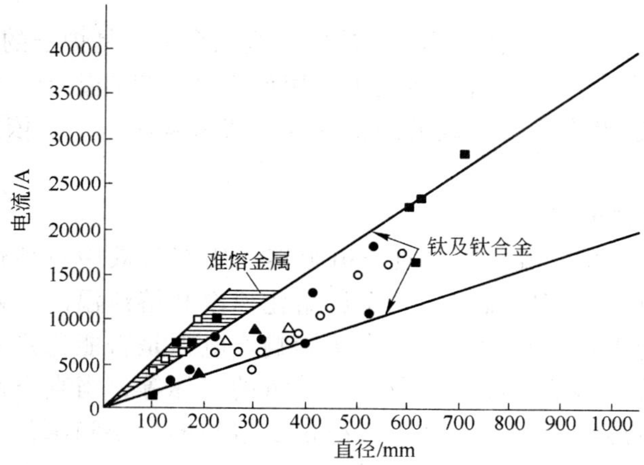

图 4-56　熔炼电流与坩埚直径的关系[2]

○—钛一次熔炼；●—钛重熔；△—锆一次熔炼；▲—锆重熔；

□—钼烧结条重熔；■—钼电子束锭重熔

表 4-17 钛、锆金属自耗熔炼基本工艺参数[2]

项目 金属	坩埚比 D_0/D	熔炼电流/A	熔炼电压/V	熔化系数 /kg·(kA·min)$^{-1}$	熔炼真空度/Pa
钛	0.63~0.88	一次(170~260)D 二次(180~370)D	30~45	0.53~0.80 重熔 0.55	一次 $6.65\times10^{-1}\sim6.65$ 二次 $1.33\times10^{-1}\sim6.65\times10^{-1}$
锆	0.63~0.88	(180~370)D	30~42	0.95~1.5	$1\times10^{-1}\sim1$
钼	0.48~0.7	(33~50)D	32~48	0.23~0.4	$5\sim10\times10^{-2}$

表 4-18 不同规格坩埚的钛自耗熔炼实际工艺参数

电极直径/mm	坩埚直径/mm	电流/kA	电压/V	真空度/Pa	炉子效率/%	熔化速度/kg·min^{-1}
150	254	9	30	一次 $6.65\times10^{-1}\sim6.65$ 二次 $1.33\times10^{-1}\sim6.65\times10^{-1}$	39	4.2
200	280	6	31		47.6	3.45
320	406	9.5	32		50.8	6.2
340	440	12	35			7.8
400	480	15	35			3.3
440	518	18	35			3.5
508	622	24	38		47.6	16.8
622	711	30	30			15
700	800	35	35		40.0	17
800	1000	40	35			20

表 4-19 钛及钛合金自耗熔炼工艺参数示例

坩埚直径/mm	160	220	220	296	296	380	440	518	518	622	622	711
电极规格/mm	$\phi100$	$\phi160$	$\phi150$	$\phi220$	200×200	$\phi296$	$\phi357$ 300×300	$\phi440$	$\phi440$	(150×150)×7	$\phi518$	$\phi622$
焊接真空度/Pa	13.3	13.3	13.3	13.3	13.3	13.3	6.6	6.6	6.6	6.6	6.6	6.6
焊接电流/kA	1.5~1.7	1.5~1.7	1.5~2.0	2~3	3~3.2	3~4	3~6	4~7	4~8	5~9	5~10	5~12
冷却时间/min	10	10	10	15	15	15	10	15	15	20	20	20
熔前真空度/Pa	0.06	0.06	0.06	0.06	0.26	0.26	0.1	0.1	2.6	2.6	2.6	2.6
熔次	1	2	1	2	1	2	1	1	2	1	2	2
搅拌电流/A	1.5	1.5	1.5	2.0	2.0	2.0	15	18	交流 8,直流 20		交流 10,直流 10	
起弧电流/kA	3	3	3	3	3	3.5	6	6	6	6	6	6
熔炼电流/kA	3~3.2	5.5~5.8	5~5.5	6.5~6.8	6~6.5	7.5~7.8	9~9.5	12~13	17~18	16~17	22~23	28~29
电弧电压/V	32	35	34	38	36	36	30~32	30~33	32~35	30~33	32~35	32~35
升压率/Pa·min^{-1}	0.4	0.4	0.4	0.4	0.4	0.47	0.13	0.13	0.07	0.13	0.07	0.07
熔炼真空度/Pa	1.3	1.3	1.3	1.3	1.3	1.3	6.6	6.6	1.3	6.6	1.3	1.3
冷却时间/h	1.5	2	2	2.5	2.5	3	3	3.5	3.5	4.5	4.5	4.5

目前国内有许多经验数据和经验公式，下面推荐使用如下计算公式[3]。

$$I_{\mathrm{I}} = aD_{埚} + \beta + \gamma \tag{4-71}$$

式中 I_{I}——熔炼电流，A；

a——钢种系数，镍、钴、不锈钢，可选取 30～26.25，对于钛 $a = 26.8$；

$D_{埚}$——坩埚直径，mm；

β——电极条件的校正系数，它与电极和坩埚直径之间的间隙有关，$\beta = B(\delta_{实} - \delta_{标})$，$\delta_{实}$ 为电极直径与坩埚直径之间的实际间隙，$\delta_{标}$ 为电极直径与坩埚直径之间的标准间隙，参数 B 的选取可见表 4-20；

γ——实践经验的校正系数，$\gamma = 0$ 是最好的，但一般不等于零，它与地区、人的操作等条件有关。

表 4-20　系数 B 值和标准间隙 $\delta_{标}$ 值表

坩埚直径/mm	标准间隙/mm	系数 B 值/mm			
		Ⅰ	Ⅱ	Ⅲ	Ⅳ
305	28	60	100	150	200
406	30	55	85	120	170
508	34	50	57	100	130
660	40	40	60	80	100

注：一般使用Ⅱ、Ⅲ两种，Ⅱ为易熔化金属材料，Ⅲ为难熔金属材料。

［例］ 熔炼钛及钛合金，坩埚直径为 406mm，电极直径为 320mm，求熔炼电流有多少千安。

由公式（4-71）得：

$$I_{\mathrm{I}} = aD_{埚} + \beta + \gamma$$

钢种系数 a，钛取 $a = 26.8$。

$\beta = B(\delta_{实} - \delta_{标})$，查表 4-20，$\delta_{标} = 30\text{mm}$，而 $\delta_{实}$ 计算如下：$\delta_{实} = \dfrac{406 - 320}{2} = 43\text{mm}$；故取 $B = 55$，$\gamma = 0$。

将各值代入上式得：

$$I_{\mathrm{I}} = 26.8 \times 406 + 55 \times (43 - 31) + 0 = 11596\text{A} = 11.596\text{kA}$$

如果熔化速度一定（给定），也可采用熔炼系数［0.53～0.8kg/(kA·min)］来确定熔炼电流。公式如下仅供参考。

$$I_{\mathrm{I}} = v/\eta$$

式中 v——钛的熔化速度，kg/min，如坩埚直径为 406mm，查表 4-18，熔化速度为 $v = 6.2\text{kg/min}$；

η——钛的熔化系数，0.53～0.8kg/(kA·min)，取最小值 $\eta = 0.53\text{kg/(kA·min)}$。

代入式中：

$$I_{\mathrm{I}} = \frac{6.2}{0.53} \approx 11.7\text{kA}$$

以上两种经验公式，计算结果基本接近，请参考使用。

4.5.1.2 熔炼电压的确定

熔炼电压即电弧电压，是真空自耗电弧熔炼中另一个重要参数。电弧的长度是由电弧的电压降来反映的。系统的直流电压降是由阳极电压降 U_1、弧柱电压降 $U_{弧}$ 和阴极电压降 U_2 这三部分组成，熔炼过程中电压表所测得的数值是这三部分的总和，即 $U=U_1+U_{弧}+U_2$。在熔炼过程中，随着电极的不断消耗，铸锭不断长高以及由于电阻热使电极内部温度变化等因素影响，U_1 和 $U_{弧}$ 的单项值变化较大，$U_1+U_{弧}$ 之和的变化较小，而电弧电压降 $U_{弧}$ 的变化始终很小，约 0.4～0.7V/cm。由于电弧电压可随电弧长度变化，因此，电弧电压就作为反映电弧长度的主要标志。

尽管炉型和所熔炼的金属不一样，但电弧长度的控制大体上是一致的。在真空下电弧长度与电弧电压之间的关系如图 4-22 所示。由图可以看出，在 *AB* 段范围内，电弧电压随电弧长度增加而迅速升高且反应灵敏。电弧长度在 *AC* 段范围内，这种关系就不明显了，在目前的设备条件下，大部分真空自耗电弧炉仍然利用上述的关系来控制电弧长度。通常，电弧电压在 22～65V 之间，电弧长度在 30mm 以内，大直径铸锭可达 50mm。维持电弧稳定燃烧和熔炼正常进行而不发生熔滴短路情况的最小电弧长度约为 15mm 左右，称为短弧操作，这种操作必须由比较先进的自动控制系统来保证。

大面积电极和短弧操作的优点在于：(1) 使电弧热能均匀分布在整个熔池表面，降低了熔池的径向冷却速度，加大了轴向冷却速度，使熔池呈扁平形状，促进了人字形结晶结构的发展，有利于获得轴向结晶性强、致密度高、成分偏析小、夹杂物细小而弥散分布的优质铸锭；(2) 加大了电弧对熔池的冲击力，有利于金属熔池的翻腾而促使夹杂物浮出并伴随喷溅而黏结于坩埚壁上。

如果电弧长弧控制过短，易产生周期性的短路，使熔池温度忽高忽低，变化频繁，影响铸锭结晶组织的均匀性，并且由于金属喷溅严重而恶化铸锭表面质量；电弧长度控制过长，电弧热能不集中，熔池热损失大且易产生边弧而损坏坩埚，造成事故。上述两种操作对熔炼质量均有不利的影响。

在熔炼过程中，由于 U_1 或 U_2 的变化用弧压自动控制法来控制电弧长度的稳定是困难的。详细见电极杆传动的自动控制一节。

根据以上原则进行设计计算：真空自耗熔炼的主电路如图 4-57*a* 所示，图 4-57*b* 是它的等效电路图，因为在直流运行时，回路的电感仅在过渡过程有重要意义，所以在等效图中只画回路各段的有效电阻。

炉子的熔炼电压可以用下式表示[3]：

$$U_I = I_I(R_T + R_r + R_k + R_п) + U_{弧} \tag{4-72}$$

式中 I_I——炉子的熔炼电流，A；

R_T——短网铜母排电阻，Ω；

R_r——水冷软电缆的电阻，Ω；

R_k——各个接点的总接触电阻，Ω；

$R_п$——炉子导电部分的总电阻，Ω；

$U_{弧}$——电弧的电压降，V。

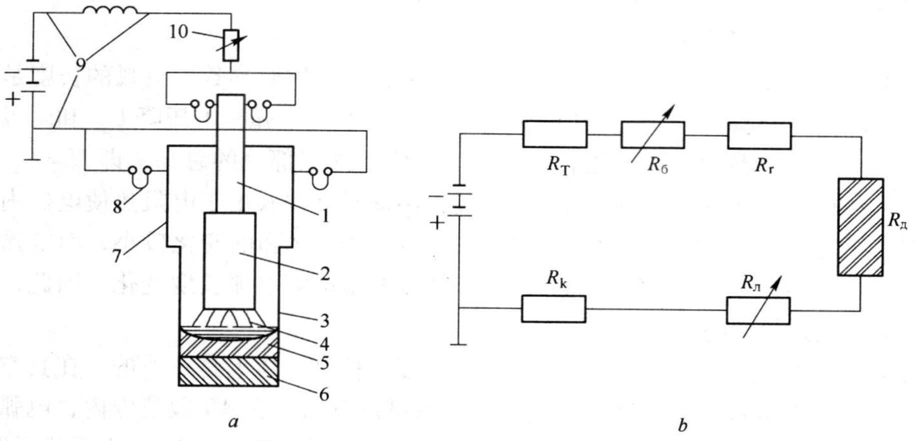

图 4-57 真空自耗炉的主电路

1—电极杆；2—自耗电极；3—坩埚；4—电弧间隙；5—铸锭；6—坩埚底；

7—炉体；8—水冷电缆；9—紫铜母排；10—限流变阻器

$R_б$—限流变阻器电阻；$R_д$—电弧电阻

在初算熔炼电压即电弧电压降时，把炉体压降（$I_I R_л$）取 5～10V，而短网线路上的压降（$I_I R_T + I_I R_r + I_I R_k$）取 3～5V，即：

$$U_I = (5 \sim 10) + (3 \sim 5) + U_{弧} = (8 \sim 15) + U_{弧}$$

电弧电压的确定是个比较复杂的问题，因为它受很多因素影响，其主要因素有：（1）电极的材料；（2）炉子的熔炼电流；（3）电极直径与坩埚直径两者的比值；（4）电极的极性；（5）电弧的长度；（6）弧区的压力和气氛。图 4-58 给出了钛自耗熔炼时电压与电流的关系，由这些曲线可知，电弧电压与电弧电流的关系是线性关系，即正比例关系。故可用下式表示：

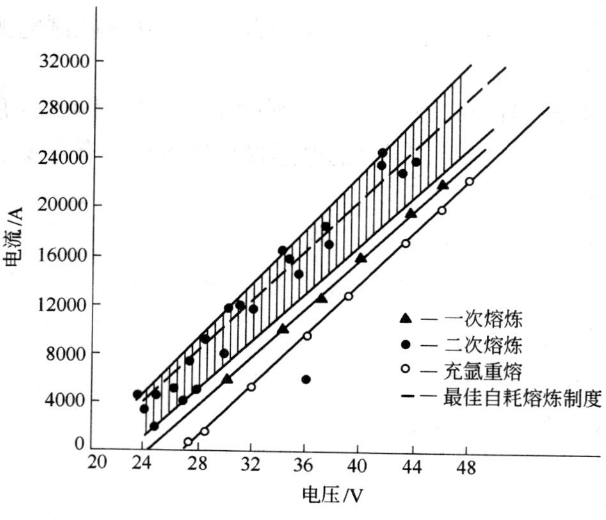

图 4-58 钛自耗熔炼时电压与电流的关系[2]

$$U_{弧} = U_0 + a_1 I_{\mathrm{I}} \tag{4-73}$$

式中 U_0——电弧的阳极区电压降和阴极区电压降之和，其大小与熔炼材料有关，熔炼材料一定，U_0 就一定。金属钛为 $U_0 = 19.8\mathrm{V}$（也称电弧电压的不变分量）；

I_{I}——电弧电流，A，即炉子的熔炼电流；

a_1——比例常数，钛为 $a_1 = 10^{-3}\Omega$。

实际上，$a_1 I_{\mathrm{I}}$ 就是弧柱的电压降，它取决于电弧电流、电弧长度和电极直径等参数。

考虑到电极直径和电弧长度对电弧电压的影响，使上述公式更合理，则表达形式应为：

$$U_{弧} = U_0 + \frac{S}{d} K I_{\mathrm{I}} \tag{4-74}$$

式中 S——电弧长度，mm，钛自弧熔炼时弧长控制在 $S = 20\mathrm{mm}$；

d——电极直径，mm；

K——与金属种类有关的常数，钛为 $K = 4 \times 10^{-3}$。

真空电弧熔炼中的电弧电压一般控制在 25 ~ 45V 之间，材料熔点高，则电弧电压相应提高。此外，还伴随电流绝对值增大而略有升高。如图 4-58 所示，熔炼中，对于某些材料的不同规格铸锭，熔炼电压变化是不大的。

4.5.1.3 自耗炉功率的计算

自耗炉功率的计算有两个方法：（1）按熔炼电流和电压计算法；（2）按热平衡计算法。

第一种方法是在保证电弧稳定燃烧并获得优质铸锭的前提下，以最佳熔炼电流和电压计算的。此法比较粗略，但运算简单。第二种方法是根据炉子的生产率所要求的熔化速度，并考虑其他方面的热损失（例如热辐射、热传导和金属挥发等）来计算的，此法考虑的细致，但运算比较复杂。

A 按熔炼电流和电压计算自耗炉功率

在设计炉子时，根据用户（工艺）所提出的熔炼材料、电极直径和长度、铸锭直径和长度，或设计者按炉子的吨位来确定所需参数。炉室工作真空度、电极极性和电弧长度则由设计者确定。

炉子的熔炼电流 I_{I} 和熔炼电压 U_{I}，按上节所述计算法计算，然后用下式计算炉子的功率（kW）：

$$P = 10^{-3} I_{\mathrm{I}} U_{\mathrm{I}} \tag{4-75}$$

B 热平衡计算自耗炉功率

自耗炉的功率有两个方面：一方面是供给电弧来熔炼金属和在熔炼过程中产生的各种热损失，这是主要的；另一方面是电弧电流沿回路流动时，受到回路电阻所造成的能量损失，这是次要的。我们设计时要想方设法减少后者的损失，因此，功率计算则由这两方面来计算。

a 电弧逸出功率的计算

电弧逸出功率，一方面用来加热、熔化并过热、精炼金属或合金，一方面不可避免地出现一些热损失。前者称为有效功率，后者称为热损失功率。下面分别进行计算。

（1）自耗炉的有效功率计算。自耗炉的有效功率用来加热金属到熔化温度，金属熔化后滴落到熔池，在熔池表面过热温度下进行精炼。所需要的有效功率为：

$$P_{效} = v\left[a\frac{t_{表}}{t_{熔}} + b\right] \tag{4-76}$$

式中　$P_{效}$——熔炼金属的有效功率，kW；

v——熔化金属的速度，kg/min，$v = \frac{60KI_{I}U_{弧}}{1000}$，$K$ 为常数，其值为 0.33g/(s·kW)；I_{I} 为熔炼电流，kA，$U_{弧}$ 为熔炼电压，V；

$t_{表}$——熔池表面金属液的过热温度，℃，钛为 $t_{表}=1850℃$；

$t_{熔}$——金属的熔点，℃

a，b——与金属有关的系数，查表 4-22。

（2）自耗炉的热损失计算。金属熔炼时处于高温，高温向低温有辐射热和传导热损失。同时熔融的金属液在真空下要蒸发，所以还有蒸发的热损失。对于真空自耗炉来说，这些热损失表现在：1）电极传导的热损失；2）未被电极遮住部分熔池金属辐射的热损失；3）熔池向电极端部辐射的热损失；4）液态金属蒸发的热损失；5）液态金属传导的热损失；6）弧柱放出的热损失。如图 4-59 所示。1）、2）、4）、5）这四部分热损失，在坩埚的受热计算中已经讲过了，只是需要把那些公式中的热量换算成功率就可以了。

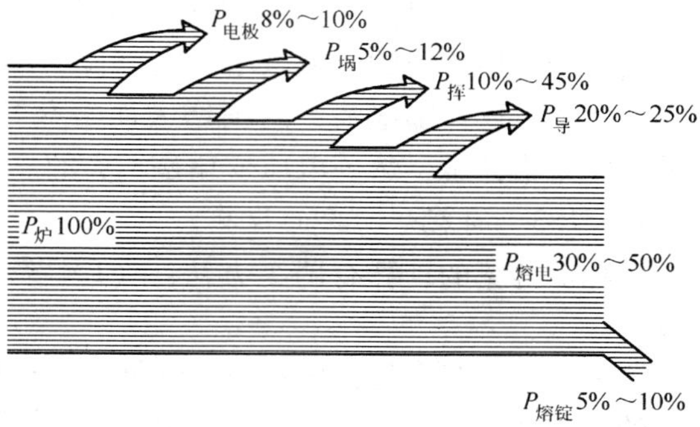

图 4-59　正极性自耗熔炼的热平衡状态示意图[2]

1）电极传出的热损失功率。把公式（4-68）的 kcal/h 单位换算成 kW，即得出电极热损失的功率（kW）：

$$P_{极损} = 2.55\times10^{-2}\sqrt{\lambda\varepsilon_{电}\left(\frac{T_{端}}{100}\right)^{5}}D_{电}^{2/3}\left(\frac{T_{端}}{T_{熔}}\right)^{5/2}$$

$$= eD_{电}^{2/3}\left(\frac{T_{端}}{T_{熔}}\right)^{5/2} \tag{4-77}$$

式中　e——参数，$e = 2.55\times10^{-2}\sqrt{\lambda\varepsilon\left(\frac{T_{端}}{100}\right)^{5}}$，金属一定，$e$ 值就一定，查表 4-22 也可得出 e 值；

$D_{电}$——电极直径，m；

$T_{端}$——电极热端的绝对温度，K，粗取 $T_{端}=T_{熔}+50$K；

$T_{熔}$——金属熔化的绝对温度，K。

2）未被电极遮住部分熔池辐射的热损失功率（kW）。

$$P_{辐} = fD_{埚}^{2}\left[1-\left(\frac{D_{电}}{D_{埚}}\right)^{2}\right]\left(\frac{T_{表}}{T_{熔}}\right)^{4} \tag{4-78}$$

式中　f——参数，$f=4.5\times10^{-3}\varepsilon_{液}\left(\frac{T_{熔}}{100}\right)^4$ kcal/(m² · h)，也可由表 4-22 查得 f 值；

$D_{埚}$——坩埚直径，m；

$T_{表}/T_{熔}$——熔池表面与金属熔化的绝对温度之比，可由表 4-21 查得。

表 4-21　钛熔炼温度比系数

金属	$t_{埚}$/℃	$t_{表}$/℃	$\frac{T_{埚}}{t_{熔}}$	$\frac{T_{埚}}{T_{熔}}$	$\frac{t_{表}}{t_{熔}}$	$\frac{T_{表}}{T_{熔}}$	$\frac{T_{端}}{T_{熔}}$
钛	1775	1850	1.06	1.05	1.11	1.09	1.03

注：$t_{埚}$—有电弧的电极端面温度；

$t_{表}$—熔池表面温度；

$t_{熔}$—熔点；

$T_{埚}$—有电弧的电极端面的绝对温度；

$T_{表}$—熔池表面的绝对温度，取 $T_{表}=T_{熔}+250$K；

$T_{熔}$—金属熔化的绝对温度；

$T_{端}$—电极端部的绝对温度。

上式还可以进一步简化成下面的公式：

$$P_{辐}=f_1(D_{埚}^2-D_{电}^2) \tag{4-79}$$

式中　f_1——与金属种类等有关的系数，可由表 4-22 查得。

3）熔池向电极端部的辐射热损失功率。根据辐射热计算公式，可得出熔池向电极端部辐射的损失功率：

$$P_{辐射}=hd_{电}^2\left[\left(\frac{T_{表}}{T_{熔}}\right)^4-\left(\frac{T_{端}}{T_{熔}}\right)^4\right] \tag{4-80}$$

式中，$h=4.5\times10^{-3}\frac{\varepsilon_{液}}{2-\varepsilon_{液}}\left(\frac{T_{熔}}{100}\right)^4$ (kW/m²)，也可由表 4-22 查得 h 值。

4）液态金属蒸发的热损失功率。熔炼过程中，液态金属蒸发需要的功率损失：

$$P_{蒸}=d_1D_{埚}^2\left[1-\left(\frac{D_{电}}{D_{埚}}\right)^2\right]e^{-0.548\sqrt{P_h}} \tag{4-81}$$

$$P_{蒸}=\frac{0.5}{860}g_{蒸}^0\,e^{-0.548\sqrt{P_h}}q_{蒸}\left[1-\left(\frac{D_{电}}{D_{埚}}\right)^2\right]D_{埚}^2 \tag{4-82}$$

式中　d_1——系数，$d_1=5.8\times10^{-4}g_{蒸}^0q_{蒸}$，也可由表 4-22 查得 d_1 值；

$g_{蒸}^0$——在熔池表面温度下，单位时间从单位熔池面积上蒸发的金属重量，当熔池表面温度已知时，它仅与金属种类有关，钛为 500kg/(m² · h)；

$q_{蒸}$——金属的蒸发热，仅与金属种类有关，钛为 1860kcal/kg；

P_h——弧区压强，Pa。

5）液态金属传导的热损失功率。

$$P_{液}=\left(\frac{\varphi}{860}\right)D_{埚}^{3/2}\left(\frac{t_{表}}{t_{熔}}-1\right)^{7/6}=\varphi_1D_{埚}^{3/2}\left(\frac{t_{表}}{t_{熔}}-1\right)^{7/6} \tag{4-83}$$

式中　φ，φ_1——系数，可由表 4-22 查取；

$t_{表}/t_{熔}$——熔池表面温度与金属熔点之比值，可由表 4-21 查取。

表 4-22 电弧炉自耗熔炼功率计算中的各种系数值

金属	系数							
钛	a_1/Ω	a/kW·(m²·min)⁻¹	b/kW·(m²·min)⁻¹	d_1/kW·(m²·h)⁻¹	e/kW·m⁻²	f/kW·(m²·h)⁻¹	f_1/kW·m⁻²	h/kW·m⁻²
	10^{-3}	26.8	1.7	539.4	140	223	463	213
	R_1/Ω·m⁻¹	ε	λ/kcal·(m·℃·h)⁻¹	K	φ	φ_1/kW·m⁻¹	U_0/V	
	0.012	0.68	23	0.004	13.2	2920	19.8	

6）弧柱的热损失功率。电弧逸出功率只有3个去路，即分配给电极、铸锭和弧柱本身的散发。如果把电弧看作一个均匀的热源，则它散发能量将与散发面的面积成正比例地分配。因此弧柱体散发的能量可近似地用下式计算：

$$P_{弧柱}=\frac{4\times10^{-3}I_{\mathrm{I}}^2SR_1D_{埚}}{D_{电}^2+D_{埚}^2+4D_{埚}S}P_{弧出} \tag{4-84}$$

式中 $P_{弧出}$——电弧的逸出功率，它可以用实验得出的电弧电阻梯度、R_1 和电弧电流来求得，$P_{弧出}=10^{-3}I_{\mathrm{I}}SR_1$（kW），$R_1$ 为单位长度电弧电阻（Ω/m），可由表4-22查得，I_{I} 为电弧电流（A），S 为电弧长度（mm），一般钛熔炼弧长20mm（正常时20～30mm）；

其余符号同上。

代入公式（4-84）中得：

$$P_{弧柱}=\frac{4\times10^{-3}I_{\mathrm{I}}^2SR_1D_{埚}}{D_{电}^2+D_{埚}^2+4D_{埚}S}=HnI_{\mathrm{I}}^2 \tag{4-85}$$

其中令

$$H=4\times10^{-3}R_1$$

$$n=\frac{D_{埚}S}{D_{电}^2+D_{埚}^2+4D_{埚}S} \tag{4-86}$$

电弧逸出功率 $P_{弧出}$ 为：

$$P_{弧出}=P_{效}+P_{极损}+P_{辐射}+P_{蒸}+P_{弧柱} \tag{4-87}$$

这里说明一点，在电弧逸出功率的计算中没有考虑熔池对电极辐射的热损失，这是因为这种损失为电极所获得，成为铸锭-电极系统内部的能量交换，对外界并不直接反映出来。

b 沿回路的电能损失计算

真空自耗炉的工作电流很大，所以在通过接触器、汇流紫铜母排、水冷电缆和炉体的导电部分、坩埚、炉体、电极杆时，虽然它们的电阻不大，但电能的损失还是不可忽视的，因此在计算炉子所需要的功率时，要考虑这部分损失。

电流通过导体的能量损失，主要是焦耳热损失，因此可以借助公式 $P=IU$ 或 $P=I^2R$ 来计算。

（1）电弧电流的计算。真空自耗炉的工作电流就是电弧电流，由公式（4-73）可知，在短弧熔炼的情况下，电弧电流 I_{I} 与电弧电压 $U_{弧}$ 有上述关系。故电流通过电弧消耗的功率（W）为：

$$U_{弧} I_{\text{I}} = U_0 I_{\text{I}} + a_1 I_{\text{I}}^2 \tag{4-88}$$

该功率就变成为电弧的逸出功率，故有：

$$P_{弧} = U_0 I_{\text{I}} + a_1 I_{\text{I}}^2 = (P_{效} + \Sigma P_{损} + HnI_{\text{I}}^2)10^3$$

$$\Sigma P_{损} = P_{极损} + P_{辐射} + P_{蒸} + P_{液}$$

整理得：

$$I_{\text{I}}^2(a_1 - 10^3 Hn) + U_0 I_{\text{I}} - 10^3(P_{效} + \Sigma P_{损}) = 0$$

解得：

$$I_{弧} = I_{\text{I}} = \frac{U_0}{2(a_1 - 10^3 Hn)} + \sqrt{\left[\frac{U_0}{2(a_1 - 10^3 Hn)}\right]^2 + \frac{P_{校} + \Sigma P_{损}}{10^3 a_1 - Hn}} \tag{4-89}$$

式中，系数 U_0 和 a_1 可由表4-22查得；$H = 4 \times 10^{-3} R_1$；$n = \dfrac{D_{埚} S}{D_{电}^2 + D_{埚}^2 + 4D_{埚} S}$。

（2）炉子工作电压的计算。这里所说的工作电压，就是整流电源柜输出的电压，也就是回路上总的电压降。它可以根据 $U = I_{\text{I}}(R_{\text{T}} + R_{\text{r}} + R_{\text{k}} + R_{\text{п}}) + U_{弧}$ 来计算。其中 I_{I} 由上式已经确定了，故只需要计算回路各段电阻即：

R_{T}——短网母线（铜排）电阻，主要是汇流排的电阻；

R_{r}——水冷电缆的电阻；

R_{k}——接触电阻，即各接触点的电阻之总和；

$R_{\text{п}}$——炉体导电部分的电阻，包括自耗电极、电极杆、气动卡头、炉体和坩埚导电部分的电阻。

（3）炉子功率的计算。

$$P_{炉} = U_{\text{I}} I_{\text{I}} = I_{\text{I}}^2 \Sigma R + I_{\text{I}} U_{弧} \tag{4-90}$$

炉子效率计算：

$$\eta_{炉} = \frac{P_{效}}{P_{炉}} \times 100\% \tag{4-91}$$

式中 $P_{效}$——熔炼金属的有效功率；

$P_{炉}$——炉子功率。

c 热平衡计算自耗炉功率方法二

电弧炉中的能量主要来自电弧放热，对各部位的分配计算公式前苏联已归整出一套简化实用公式，各项热量均来自电弧：

（1）自耗电极被熔化所需有效热（kW）：

$$P_{效} = Av \tag{4-92}$$

（2）金属挥发带走热量（kW）：

$$P_{挥} = BD^2[1 - (d/D)^2]e^{-0.2\sqrt{P}} \tag{4-93}$$

（3）经自耗电极传导损失热（kW）：

$$P_{极} = Ed^{1.5}(d/D)^{1.5} \tag{4-94}$$

（4）熔池环带辐射热损失（kW）：

$$P_{辐} = FD^2[1-(d/D)^2] \tag{4-95}$$

（5）熔池传导给铸锭的热量（kW）：

$$P_{池导} = CD^{1.5} \tag{4-96}$$

（6）弧柱侧面辐射热损失（kW）：

$$P_{弧失} = P_{弧}[4L_{弧}D/(D^2+d^2+4L_{弧}D)] \tag{4-97}$$

式中 v——熔速，kg/min；
d——自耗电极直径，m；
D——坩埚内径，m；
P——真空度，μmHg；
A、B、E、F、C——系数，见表4-23；
$L_{弧}$——弧长，0.02m；
$P_{弧}$——电弧功率，kW。

表4-23 各项系数

金 属	A	B	E	F	C
钛	31.4	13.2	158	277	234
钼	20.7	15.3	840	1390	685

表4-24给出了3台炉子的计算结果，可见1t炉的热效率比后两者低。熔炼钛的理论能耗多认为是0.482kW·h/kg，但未考虑液钛在熔池中还要过热200℃，考虑此项后理论能耗应为0.523kW·h/kg。表4-24中第一项$P_{效}$的百分数即是按0.523算出的炉子热效率。

表4-24 计算结果汇总表

项 目	1t炉，6kg/min，d=0.35m，D=0.44m，d/D=0.795		3t炉，18kg/min，d=0.52m，D=0.62m，d/D=0.839		7t炉，25kg/min，d=0.7m，D=0.82m，d/D=0.854	
	功率/kW	热效率/%	功率/kW	热效率/%	功率/kW	热效率/%
$P_{效}$	188.4	54.1	565.2	66.8	785	66.3
$P_{挥}$	0.5		0.81		0.98	
$P_{极}$	32.5	9.33	59.61	7.0	92.7	7.83
$P_{辐}$	19.8	5.7	31.9	3.77	50.1	4.2
$P_{池导}$	67.9	19.5	114.7	13.55	174	14.7
$P_{弧失}$	34.3	9.86	58.1	6.87	63	5.32
$P_{弧总}$（小计）	343.4	98.7	830	98.1	1166	98.5

续表 4-24

项 目	1t 炉，6kg/min，$d=0.35$m，$D=0.44$m，$d/D=0.795$		3t 炉，18kg/min，$d=0.52$m，$D=0.62$m，$d/D=0.839$		7t 炉，25kg/min，$d=0.7$m，$D=0.82$m，$d/D=0.854$	
	功率/kW	热效率/%	功率/kW	热效率/%	功率/kW	热效率/%
自耗电极电阻/Ω 焦耳热/kW 电压降/V	4.3×10^{-5} 3.9 0.41	1.12	2.3×10^{-5} 12.45 0.54	1.5	1.37×10^{-5} 14.3 0.44	1.2
电极杆电阻/Ω 焦耳热/kW 电压降/V	4.3×10^{-6} 0.38 0.04		7.2×10^{-6} 3.9 0.17	0.46	3.58×10^{-6} 3.9 0.12	0.33
总能耗/kW	348	100	846	100	1184	100
熔炼电压 36V 时所需熔炼电流/kA	9.5		23.06		32.4	
比能耗 /kW·h·kg^{-1}	0.966		0.783		0.789	
折合值 /kg·$(kA\cdot min)^{-1}$	0.63		0.78		0.77	

4.5.2 电弧电源

电弧电源是真空电弧熔炼中的关键设备，其可靠性与稳定性对熔炼产品的质量起着重要的作用，本章讨论电弧熔炼对电源的要求，并举几例说明电弧电源的特点。

4.5.2.1 电弧炉电源采用直流的原因

电弧电源可以用直流，也可以用交流，但真空自耗电弧炉一般都采用直流，其原因在于以下几点。

(1) 直流产生的电弧比交流产生的电弧稳定，电弧炉用交流电源时，存在因交流正负变化出现两个电极之间的电压等于零的瞬间，在真空电弧炉中，当两个电极之间的气体密度很小时会发生因电弧熄灭引起的断弧现象，所以真空电弧炉一般采用直流电源。

(2) 采用直流电弧电源，大约有三分之二的输入电功率用于熔炼金属，而交流只有二分之一，因此采用直流效率高，熔池深，去气去杂质好。

(3) 直流电弧电压只要 25～35V 就可以使电弧稳定，而交流则需要 70～95V 的电弧电压，超过了人体安全电压 36V，而电压高还容易引起电极与坩埚壁之间放电击穿坩埚，造成人身伤亡及设备事故等。

真空自耗电弧熔炼的电流很大，适合它的直流电源有许多，目前国内外都采用晶闸管整流电源，这种电源因晶闸管有很好的控制特性，所以具有电流密度大、效率较高、体积小等优点，已被广泛地应用，成为真空熔炼电源中的首选方案。

4.5.2.2 电弧熔炼对整流电源的一般要求

大型真空电弧炉的应用，要求有大容量的直流电源，考虑到发生短路是真空电弧炉工作的基本特点，而在短路起弧过程中还要有一些必要的条件（详见电弧一节），这就对晶闸管整流电源提出了许多要求，概括来讲，这些要求有：

（1）空载电压60～70V，熔炼时工作电压在25～50V范围内具有恒流特性；

（2）电流调节范围约为1∶10，当发生短路时，其短路电流不超过额定电流的1.2倍；

（3）当各整流臂中有2/3的晶闸管元件损坏时，系统要发出报警信号，但仍能在额定电流下工作；

（4）允许过载20%运行5～10min。

4.5.2.3 真空自耗炉常用电弧电源的共同特点

（1）整流电路应用双反星形。目前真空自耗炉电弧电源普遍使用双反星形整流电路，如图4-60所示。这种电路结构整流变压器二次侧有两个极性相反的星形连接的绕组，两个星形的中点用一个电抗器连接起来，电抗器中点抽头，并引出作为直流输出端之一。这种中心抽头、两侧匝数相等的电抗器，称为平衡电抗器。

平衡电抗器的作用表现在不接平衡电抗器时，则整流电路就变成了六相半波整流电路，即任一瞬时，只有一个晶闸管导通，如图4-61所示，由$VT_1 \to VT_2 \to VT_3 \to VT_4 \to VT_5 \to VT_6 \to VT_1$管轮流导通。因此，每管导通时间短仅60°工作，输出脉动大电流尖峰很高。带有平衡电抗器时，同一时刻正组与反组星形中各有一个晶闸管道通，瞬时交流电压不平衡降落在平衡电抗器上，使双反星形电路相当于两组三相半波可控整流电路的并联，可先看成彼此独立的两个三相半波可控整流电路，因而每个交流电对应的一个周期中每个晶闸管导电期为120°，每隔60°有一个晶闸管换相导通，这是因为－a和＋a相的相位互差为180°。

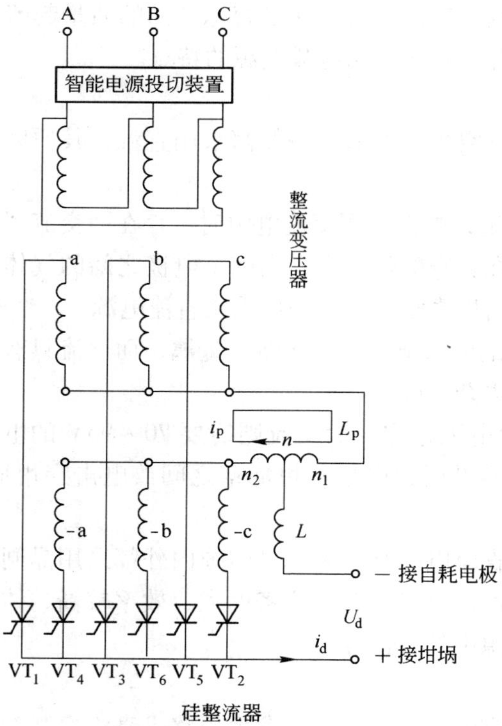

图4-60 双反星形整流电源结构简图

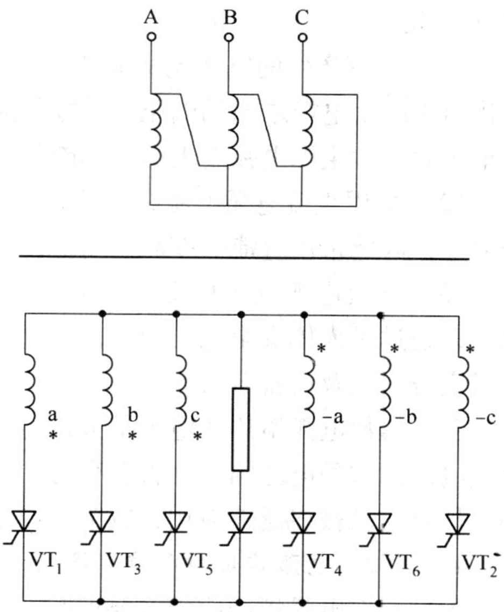

图4-61 六相半波可控整流电路原理图

（2）平衡电抗器两端电压为三角波。这种电路结构，因两个三相半波整流电路并联后构成六脉波整流把整流输出正端相连接，则两个星形绕组的中性点之电压差便为两绕组输出电压之差，其波形是三倍频的近似于三角形的波形，波幅值为1/2相电压，所以，当星形绕组中点加个平衡电抗器时，电抗器上承受的电压为上述三角波电压，整流输出电压为两组电压的平均值。

（3）要求整流电源具有挖土机的特性。真空熔炼因频繁发生电极之间的短路，所以要求这种电源的输出特性如图4-62所示，在电源控制上通常采用构成输出电流的闭环控制来达到要求，图中分别画出了这种电源不同给定时的工作特性，横虚线与竖实线的交点便为不同给定电流时的作点（如图中的*A*、*B*、*C*、*D*、*E*、*F*）。

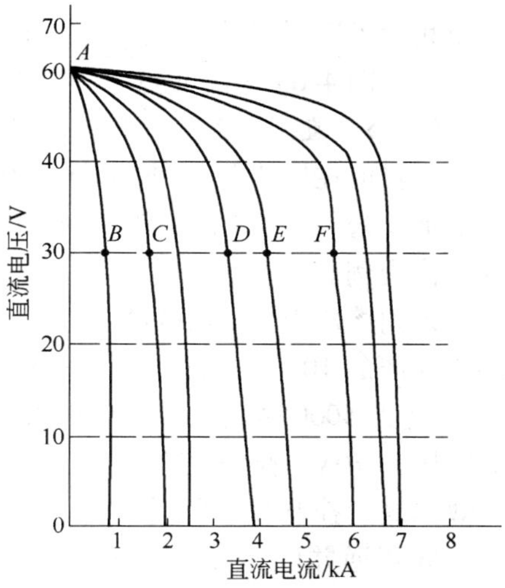

图4-62　电弧熔炼要求整流电源具有的输出特性

（4）与电极升降系统配合控制，保证熔炼功率不小于熔化所需的最小功率。这种电源的恒流输出特性，决定了这种电源随两极之间距离的减小，整流电源输出电压自动降低，由于电弧的惯性小，所以在整流电源输出电压下降时，便降低了熔炼的有效电功率，这样相应地降低了熔炼速度，若不加以控制，当熔炼的有效功率降低过多时，有可能中断熔炼，降低电极温度并破坏了锭子的质量均匀性，同时也降低了电弧的稳定性。因此必须使炉内的最小功率不小于损耗的功率，所以真空熔炼炉中一般都采取对两电极向电弧电压进行检测并依次对电极杆的升降进行控制，来保证不发生两电极间距太小而使熔炼功率太小的问题发生。

4.5.2.4　电弧电源设计中应注意的几个重要问题

（1）大电流电弧电源常因电流很大，需多个晶闸管并联满足电流要求，所以选择并联工作的晶闸管时，要求它们的动静态参数（开通时间通态压降触发特性）尽可能一致。

（2）要防止晶闸管器件的热击穿。真空自耗炉的特点是有较频繁的短路，而且在熔炼过程中不允许中途停止熔炼。因此，应考虑到短路时的恒电流以及整流器中有一相晶闸管元件因某种原因不导通，甚至要考虑多个并联元件的整流臂中有大于三分之二或一半元件损坏不工作，电弧电源要维持正常熔炼所需要的电流至该锭子熔化结束。

（3）正常运行时闭环控制及晶闸管良好的调节控制特性可以保证即使熔炼短路时晶闸管电弧电源输出的电流不超过其设定电流的1%。

（4）但考虑上述（2）中所讲的非正常因素，为了更加可靠，所以电弧电源的设计在主功率器件晶闸管的选用上常按$N+2$冗余设计考虑，这里N为正常工作电流时所需要的晶闸管元件数，且电压电流的安全裕量按3倍来考虑。

（5）整流器的最大电压，不得超过整流器的最大反电压。

（6）为了获得质量均匀的铸锭，必须保持电弧放出的能量恒定，保持熔化速度均匀。因此，直流电源装置中在输出直流侧串联平波电抗器，能使整流电源的输出电流变得平直，特性变得陡降，即使电源有软特性，如图4-63所示。当电弧电压变动时，同时在闭环调节器的应用，可实现在熔炼过程中电流几乎不变，从而使我们可以通过恰当地设计，而得到最佳的电弧工作点，如图4-63上的A点。

4.5.2.5 直流电弧电源设计与计算实例

现以目前在国内批量使用的，由陕西高科电力电子有限责任公司生产的KHST系列真空自耗电弧炉用电源结构为例。

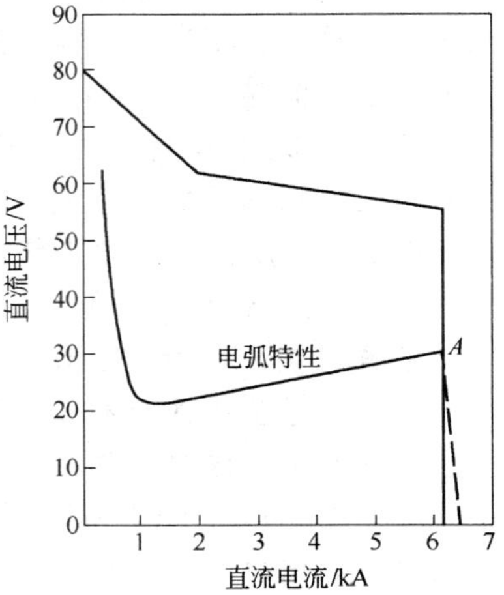

图4-63 电弧稳定的工作点

该系列熔炼电源采用晶闸管作为主功率器件，现已用于国产的10t真空自耗电弧炉稳定运行多年，其额定电流为40000A（由两台20000A的电源并联），空载电压为70V，熔化工作电压为25～50V，具有节能、效率高、控制特性好等优点，整流变压器采用双反星形同相逆并联连接（内置平衡电抗器），然后经过晶闸管整流，直流侧串联有穿芯式，使输出直流电流平滑，直流电流的检测反馈是通过霍尔电流传感器直接检测出熔化电流，然后与给定电流进行比较，差值经过PID运算后控制晶闸管的触发角大小，来达到跟踪给定电流的目的。为提高系统反应的快速性及灵敏性，在控制电路中采用电流比例-积分-微分调节，熔炼电流的大小设定采用数字给定调节器实现，使用中计算机给定信号和手动给定信号同时进入手动操作调节器，两者可以按用户需要自由任意的无扰动切换，熔炼电流随给定调节器输出信号的不同随时改变大小，由于该电源调节速度快，精度高，可以达到恒流源的使用效果，即使电极短路，其输出电流也不变，确保了工艺的稳定性，特别是自动起弧和补缩过程中电流较小时，该电源输出电流的稳定性也非常好。

该10t炉真空自耗电弧炉电源用整流变压器采用油浸自冷，它是吊心式结构，交流高压顶进，低压交流顶出，平衡电抗器中点也顶部出线；也可采用强油浸水冷式整流变压器，此时关键是要确保冷却水不要与油之间有渗漏发生，当然进口的此类电源也有采用干式水冷结构的，而干式水冷整流变压器，是侧进，二次侧出，平衡电抗器上出。由于电流大，变压器的容量较大，干式水冷变压器制作难度较大，同时干式变压器的过载能力低于同容量的油浸变压器，价格将是油浸自冷变压器的1.5倍左右。而油浸自冷式整流变压器后续维护量多，易漏油：干式水冷变压器相对于同容量规格的油浸变压器其优点是干净，环保，只要冷却水质采用软化水，则后续维护量小，但若冷却水质不好，则容易发生冷却水管堵塞而报废，从效率来看，油浸自冷效率最高，强油水冷次之，干式水冷整流变因损耗最大，效率在三者中最低。

A 系统组成

10t真空自耗电弧炉直流电源，由两台KHS-20kA/70V型晶闸管直流电源并联输出，供给真空自耗电弧炉作为熔炼电源。

该电弧电源系统的构成如图4-61所示，是由配电系统、控制系统、整流变压器、平衡电抗器（内置）、平波电抗器、整流柜、电流测量系统（由直流电流变换器及直流电压变换器构成）、控制柜显示系统、纯水冷却装置系统等组成。其主要结构如图4-64所示。

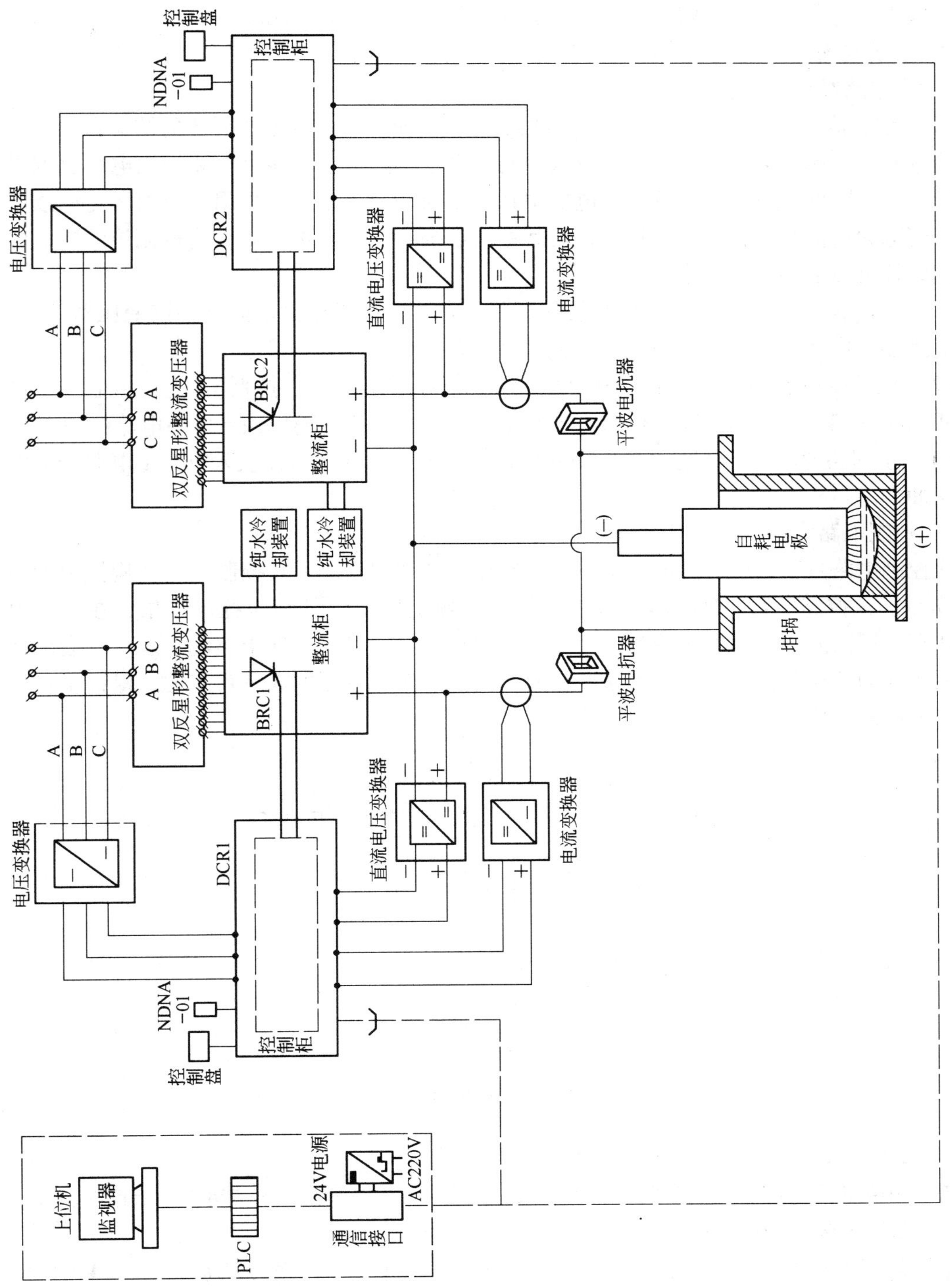

图 4-64 10t 真空自耗电弧炉熔炼电源

图4-64为10t真空自耗电弧炉熔炼电源系统原理图，该电源可集中显示监控，可与上位机、外部打印机等设备配合，具有整流系统电流显示、电压显示、电流调节控制、电流工艺曲线设定、紧急停车按钮、功率、电能、故障显示打印等功能。

B　直流电源主回路、控制电路结构

a　主电路结构主要特点

（1）该直流电源采用了开关柜、变压器、整流系统及其控制系统分体的结构布局，电源系统具有结构相对紧凑、节能、整流效率高、占用空间较小、整个电弧炉供电系统铜母排用量较少，降低了整流器系统总体电能损耗，提高了系统效率；采用目前国际先进技术使该直流电源稳流性好，纹波分量小，对其控制系统基本无干扰，从而使电弧炉的制造水准达到或接近目前国际先进水平。

（2）为了消除整流变压器铁心因电流单方向流动被直流磁化及提高整流变压器效率，整流变压器二次绕组采用了“双反星形同相逆并联结构”。

（3）整流变压器两个二次绕组的中性点 n_1 和 n_2 通过平衡电抗器 L_P 连在一起，其目的是使两组三相半波电路并联工作时保证每个三相半波电路各输出该台电源电流的一半。

（4）主回路通断具有智能电源投切系统，防止该电源变压器在投入时对主电源造成电源合闸冲击。

b　控制电路结构

该控制电路具有当前国际电弧炉电源控制原理及结构特点，其控制电路结构框图如图4-65所示。该控制电路实现了熔化过程（短路、额定熔化）的恒流控制结果，在电流恒流的状态下还引入了电弧电压控制环节，使电源在任何情况下均处于整流状态，不会出现电弧电压变为负压与弧电压超压现象。从而解决了电弧炉电源可靠运行问题，保证了真空电弧炉的高效工作。

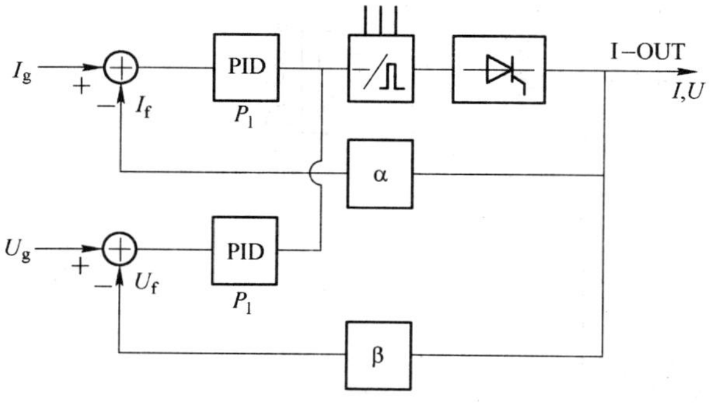

图4-65　控制系统原理图

C　整流柜主要参数及性能指标和设计计算

主电路电量参数的计算方式和计算公式来源于《电机工程手册》中“电力电子技术”卷。

a　理想空载直流电压 U_{dio}

本计算以整流变压器的短路电压百分值 $e_x=12\%$、电网电压负波动 $b=5\%$、最小导通角按0°为计算依据，根据工艺需要整流空载输出电源额定输出直流电压 $U_{dn}=50V$，所以其理想空载电压可由下式计算：

$$U_{dio}=\left\{U_{dN}\times\left[1+K_g\left(\frac{K_xe_x}{100}+\frac{\Delta P}{P_t}\right)\right]+SN_sU_{TM}+\Sigma U_s\right\}\div[\cos\alpha_{min}(1-b)]$$

$$=\left\{50\times\left[1+1\left(\frac{1\times12}{100}+\frac{2}{100}\right)\right]+2\times1\times1.25+3\right\}\div[\cos0^\circ\times(1-5)]$$

$$=67V$$

式中 U_{dio}——整流器理想空载直流电压，V；

U_{dN}——整流器额定输出直流电压，$U_{dN}=50V$；

K_g——变压器超载倍数，对整流变压器取1；

K_x——变压器感抗电压降折算系数，对双反星形电路取1；

e_x——变压器短路电压百分数 e 的漏抗分量，这里取12%；

$\Delta P/P_t$——变压器铜耗百分比，这里取2%；

S——串联换相组数，对主电路结构形式为双反星形可控整流电路取1；

N_s——每臂串联元件数，这里取1；

U_{TM}——晶闸管元件通态峰值压降，这里取1.25V；

ΣU_s——附加电压降，包括连续导线、熔断器、母线得，这里取3.0V；

α_{min}——最小导通角，取 $\alpha_{min}=0°$；

b——网侧电压允许的持续负波动幅度对额定值的百分数，这里取5%。

b 整流变压器参数

（1）阀侧电压 U_{vo}：

$$U_{vo}=\frac{U_{dio}}{1.17}=\frac{67}{1.17}=57.26V$$

（2）变压器网侧容量 S_1：

$$S_1=1.05P_0=1.05U_{dio}I_{dN}=1.05\times67\times20000=1397kV\cdot A$$

（3）变压器阀侧容量 S_2：

$$S_2=1.48P_0=1.48U_{dio}I_{dN}=1.48\times67\times20000=1883kV\cdot A$$

式中 I_{dN}——整流器额定输出直流电流，$I_{dN}=20000A$。

（4）平均容量：

$$S=(1397+1833)\div2=1640kV\cdot A$$

（5）温升：40℃；

（6）变压器运行时噪声：≤65dB；

（7）整流变压器阻抗：8%；

（8）整流变压器效率：98%。

c 平衡电抗器主要技术指标

容量：505kV·A；

端电压：25V；

电流：2×10kA。

d 直流电源主要性能

（1）额定直流电压：50V，空载电压：≥60V。

额定直流电流：20000A（电流调节范围200～20000A）。

（2）稳流精度：±1%。

（3）整流设备整机效率：≥90%。

e 整流系统主要功能及其性能参数

（1）晶闸管调节控制环节的触发控制系统采用大规模集成电路系统，实现了正常熔炼与短路恒流功能。且其脉冲对称度高，不产生缺相问题。

（2）冷却方式：水冷。

（3）整流电源具有主回路电源缺相、错相、过电流、水温高等故障保护与报警功能。

（4）整流电源具有电流线性自启动功能。

（5）运行方式：恒流。

（6）额定直流电压：50V，额定直流电流：20000A。

（7）稳流精度：±1%。

（8）直流设备整机效率：>95%。

（9）负载等级：Ⅱ级。

（10）控制电源：3ϕ，4线制。

f 集中显示监控系统

通过PLC数据采集，并进行智能化数据处理，通过RS485/RS232通讯上传至人机界面显示，并对系统进行相关控制。

主要功能如下：1）直流输出电压动态显示；2）直流输出电流动态显示；3）主回路智能投切控制；4）可进行电流调节控制；5）交流接触器操作及指示；6）快速熔断器状态信号指示及报警；7）冷却水温过高指示及报警；8）冷却水压过低指示及报警；9）整流变压器及整流器、纯水冷却装置故障预报声光报警；10）根据用户要求增加的其他监控信号与功能。

D 直流电源关键元件设计计算及工艺措施

a 晶闸管的选择

（1）晶闸额定电压U_N的选择。考虑到晶闸管元件在系统电路中可承受的峰值电压，并考虑电源电压的波动及抑制后的过电压等因素，额定电压应选等于元件实际承受最大峰值电压U_{RRM}的2～3倍：

$$U_N = (2 \sim 3)U_{RRM}(\text{取系列值})$$

根据大功率晶闸管的生产情况，选用额定电压为600V晶闸管，其元件电压裕度为：

$$K_V = \frac{U_{RRM}}{U_N}1.414 = \frac{600}{50} \times 1.414 = 1.73205 \times 1.414 = 5\text{倍}$$

（2）晶闸管额定电流的选择。每个整流臂通过的有效值电流$I_V = KI_d = 0.289 \times 20000 \div 2 = 2890\text{A}$。

$$\text{对应平均值电流} I_{T(AV)} = I_{dN} \div 2 \times 6 = 20000 \div 12 = 1667\text{A}$$

取3倍的电流裕量，则每臂需晶闸管数$N = 3 \times 1667 \div 3000 \approx 1.6 \approx 2$，最终选用3000A/600V的晶闸管，在此将导电臂实际需要选用低损耗晶闸管KPX-3000A/600V3只并联时的电流为9000A。元件电流裕度：

$$K_I = 3000 \times 3 \div 1667 = 5.4\text{倍}$$

（3）晶闸管的选择。根据以上选用原则，结合本电源特点，根据现场实际要求的 $N+2$ 原则，采用大功率低损耗压接式晶闸管 KPX-3000A/600V，每臂 4 只元件，每个整流柜共用 48 只。实际元件电流裕度为：

$$K_{\mathrm{I}} = 3000 \times 4 \div 1667 = 7.2 倍$$

b 快速熔断器选择

交流进线快速熔断器：选用新型具有高分断能力、热稳定性好、低内阻的快速熔断器，当元件反向击穿时，故障支路内快熔能够快速切断故障电路，切断电源，防止由此引起的短路事故。

选择快熔时应考虑到快熔的额定电压大于线路的正常工作电压（有效值），电流应大于熔体的额定电流，熔体的额定电流是有效值电流。

快熔电压 U_{R} 的确定：根据快熔的选用原则，选快熔的额定电压 $U_{\mathrm{R}}=250\mathrm{V}$。

额定电流 I_{RN} 的确定：根据快熔的选择原则，要求快熔的额定电流既要能承受电路额定和冲击电流，又要能分断故障电流：

$$1.57 I_{\mathrm{T(AV)}} \geqslant I_{\mathrm{RN}} \geqslant K_{\mathrm{i}} K_{\mathrm{a}} I_{\mathrm{R}}$$

式中 $I_{\mathrm{T(AV)}}$——正向平均电流，$I_{\mathrm{T(AV)}}=3000\mathrm{A}$；

K_{i}——取 1.5；

K_{a}——取 1.2。

$$I_{\mathrm{RN}} \geqslant K_{\mathrm{i}} K_{\mathrm{a}} I_{\mathrm{R}} = 1.5 \times 1.2 \times 1.57 \times 1667 = 4711\mathrm{A}$$

式中 I_{R}——实际流过快熔的均方根电流，$I_{\mathrm{R}}=1.57 I_{\mathrm{dN}}/R n_{\mathrm{P}}$；

n_{P}——每臂并联元件只数，$n_{\mathrm{P}}=4$。

晶闸管额定电流在选择时已考虑到安全余量系数为 1.5～2，因此，通常按 $I_{\mathrm{RN}}=I_{\mathrm{T}}$ 由《电工手册》查得，选择快熔的额定电流为 3200A，快熔型号为 RS8-3200A/250V。

c 平衡电抗器的选用

设置电感量为 L_{P} 的平衡电抗器是为保证两组三相半波整流电路能同时导电。与三相桥式电路相比，在采用相同晶闸管的条件下，双反星形电路的输出电流可大一倍。

平衡电抗器 L_{P} 有以下作用：

（1）两个直流电源并联时，只有当电压平均值和瞬时值均相等时，才能使负载均流；

（2）双反星形电路中，两组整流电压平均值相等，但瞬时值不等；

（3）两个星形的中点 n_1 和 n_2 间的电压等于 U_{d1} 和 U_{d2} 之差。该电压加在 L_{P} 上，产生电流 i_{P}，它通过两组星形自成回路，不流到负载中去，称为环流或平衡电流。

（4）考虑到 i_{P} 后，每组三相半波承担的电流分别为 I_{d} 和 $\pm i_{\mathrm{P}}$。为了使两组电流尽可能平均分配，一般使 L_{P} 值足够大，以便限制环流在负载额定电流的 1%～2% 以内。

d 平波电抗器与参数计算

该平波电抗器是保证自耗炉正常熔炼的关键部件，其容量计算如下：

$$L = K_1 U_{\mathrm{dio}}/I_{\mathrm{dmin}} = 0.348 \times 67/500 = 46.6\mu\mathrm{H}$$

式中，I_{dmin} 取 2.5% 的 I_{dN} 考虑自耗电弧炉工艺要求，电抗器电感取值 47μH。

e 晶闸管的过压保护

晶闸管的过电压能力比一般电器元件差，当它承受超过反向击穿电压时（即使瞬时超过反向击穿电压时），也会被反向击穿而永久损坏。如果正向电压超过晶闸管的正向转折电压，会造成晶闸管硬开通，不仅使电路工作失常，且多次硬开通也会损坏晶闸管。因此必须抑制晶闸管可能承受的过电压，该系统对晶闸管的关断过电压，交直流侧过电压都采取了非常有效的保护措施，常用的过压保护措施有在晶闸管阳阴极间及整流变二次侧线电压之间或电弧电源直流输出侧并联尖峰过电压吸收网络（如压敏电阻、电阻与电容串联的阻容网络）。

f 整流装置的保护

整流装置的保护包括以下几方面。

（1）过电流保护及过载报警。当整流系统负载电流超过额定值的150（可以调整）以上时，将发出过电流保护跳闸信号。

（2）主回路操作过程保护措施。直流侧开路（或直流侧切断时）及在轻载条件下，整流变压器网侧分、合闸引起的操作过电压及设备由雷击引起的过电压；直流侧切断时，产生的二次过电压。在正常情况下，二极管或晶闸管换相引起的过电压。

（3）冷却水温度过高保护。采用铂铑铂热电偶传感器，时刻检测整流系统冷却水出水口温度（数字显示），当整流系统冷却水出口温度超过60℃（可以调整）时，控制柜内发出声、光信号报警，同时给出接点信号。当纯水水温高于65℃时，发出跳闸信号。

（4）水压过低保护。电接点压力表监视正常的冷却水压力，当整流系统冷却水进水水压低于设定值时，控制柜内发出声、光信号报警。同时给出接点信号，断水时发出跳闸信号。

（5）当母线温度过高（超过60℃）时，显示相应桥臂因冷却不良过热信号，并发出跳闸信号。

（6）主回路电源缺相时，发出报警信号。

（7）每台元件母线温度模拟量采集，并集中由显示监控屏实时显示，异常时迅速进行报警。

以上各信号通过S7-200PLC引入集中显示监控屏进行显示处理，可方便实现微机自动化控制。

g 冷却水路材料

整流系统内总冷却水管、水嘴、法兰采用不锈钢材料；柜内分冷却水管选用优质抗老化、耐腐蚀的压力胶管。压力及温度测试点安装在回流管中间，纯水出水管处设集中监视用热电阻（装于整流系统内）。散热器采用直径为$\phi 100$专用散热器，其活性接头更换方便，无需拆卸散热器本体及元件更可方便，克服了因冷却水质腐蚀更换散热器而造成的元件均流度的变化，增加了设备运行的可靠性，同时降低了设备的维护费用。水冷散热器及水冷母排所有接头采用特殊工艺加工的锥形接头，在承受0.4MPa以上水压试验时，无任何渗漏。

h 触发控制系统用数字触发器

真空自耗炉对触发控制系统用触发器的要求主要有以下几点。

（1）控制系统运行性能可靠，近控与远控可切换。

（2）控制系统可实现输出直流电流的闭环自动控制，稳流精度优于$\pm 1\% \times I_{dn}$。

（3）触发脉冲的可移相范围0°~150°，且在整个移相范围内脉冲特性一致性、可靠性高，移相角误差不大于移相角的±1%，脉冲宽度不小于30°，不对称度不大于0.2°，脉冲前沿陡度不小于1A/μS，前沿幅值不小于12V，后沿幅值不小于6V，移相角分辨率不大于0.018°。

（4）具有直流输出电流零启动功能，并可连续平滑调节至额定电流。

(5) 控制系统的抗电干扰、抗强磁场能力强，可靠性高。

E 直流电源主要性能指标的检验及试验方法

a 绝缘电阻测试

在环境温度 (20±5)℃、相对湿度 90% 的情况下，受试部位的绝缘电阻不小于 1mΩ。

b 交流耐压试验

主回路对外壳施加工频电压 2.5kV，时间 1min；二次电路对外壳施加工频电压 0.5kV，时间 1min；主回路对二次电路（集成电路除外）施加工频电压 2.5kV，时间 1min；上述试验应无击穿和闪烁现象。

c 水路系统试验

水路应保证密封性能良好，在 0.4MPa 的水压下，试验 30min，无渗漏现象。

d 保护性能试验

保护性能试验包括：过负荷保护（试验方法应说明）、过电压保护、水压降低保护、温度过高保护、快熔保护、控制系统的所有检验。

e 整流装置与变压器连接后进行的试验

内容包括外观检查，水系统试验，控制回路与配套装置的联机试验，保护电路模拟试验，轻载试验，温升试验，均流试验，噪声测量。

设备安装和调试运行结束后，进行试运行试验，以进一步证实设备具有正常投入连续性和实际运行的能力。

电网电压 10kV 经过高压开关柜中的断路器引入整流变压器。整流变压器将 10kV 变成合适的低压后，送入晶闸管整流柜。整流柜接受到控制指令，向熔炼炉输出直流电压和电流。直流侧的平波电抗器可以抑制大电流的冲击，直流传感器作为直流电流的检测装置，为控制系统提供电流反馈信号和计量信号，同时实现强电与弱电之间的隔离。

本 40kA/10V 晶闸管整流系统控制部分由两个六脉波同相逆并联双反星形整流柜的控制单元组成，有各自的控制、测量、功率放大和脉冲变压器板。整流系统控制部分预留 Profibus-DP 通讯接口，可通过此接口与上位机实现通讯。通讯部分有两个通讯模块构成，分别通过光纤连接在 6 脉波控制单元上，同时具备与 PLC 系统的通讯接口，数据传递功能。

4.5.3 电源与炉体之间的引线

通常电源和炉子两极之间的引线是采用紫铜排和水冷软电缆对称地连接到电极杆与炉体上的。目前大都采用同轴电缆供电，防止或减少强电流电磁场对电弧的干扰。如图 4-57*a* 所示，它是采用紫铜管和镀银导电头，将正极对称地连接到炉室上方。使强电流非常畅通地通过炉体，导到炉体导电法兰和紫铜坩埚壁上，并与连接到电极杆上的负极构成了正极性熔炼回路，从而实现了炉室、导电法兰、紫铜坩埚电极杆之间的同轴供电，从而保证了金属结晶的均匀和细化。

4.5.3.1 紫铜母排

紫铜母排是指从电源到炉体的固定引线，所以母排的长度是由电源和炉体之间的距离来决定。当然要尽可能短，以减小电能损失，母排的横截面积由电流密度和经验推荐值来确定，对于紫铜母排该值为 1.3mm^2 左右，用几片紫铜排平行并列布置，母排之间保持一定间隔距离，以便散去母排的电阻热。对母排有以下一些要求。

(1) 母排的温升要越低越好，因为温度过高，电能损失增加，热变形增加，对工作不利。

(2) 母排的电压降不能过大，一般该压降 $\Delta U < 3\%$ 工作电压。

(3) 母排与母排的间隔要适当，并要用木块或胶木块固定牢靠，否则电磁力会引起母排产生振动而弯曲等。

(4) 母排的布置，应以炉体位置对称布置，尽量减少偏磁现象，局部要进行消磁处理，否则会影响到炉内焊接（炉内辅助电极与电极对焊），由于电弧受到不对称的磁场力的干扰，会产生磁偏吹也就是所谓的偏弧现象，造成焊接质量低劣，无法工作。

关于母排的温升、电磁力、电压降的计算请参考有关书籍。

4.5.3.2 水冷软电缆

真空自耗炉的电极杆出、装炉时要上升、下降，熔化时带动自耗电极要不断进给，熔炼后炉体要移动或坩埚移动出锭，因此电极杆与固定的汇流排（紫铜母排）之间的连接电缆必须用水冷软导线；而坩埚正极与固定汇流排之间最好使用水冷软导线，如同轴通电必须使用水冷软导线。这只是用于移动部位导电。由于电弧炉熔炼时电流很大，通过这些软导线时将有热量产生，所以通常采用水冷。

水冷软电缆的设计要求是：电流通过它时压降要在 1V 左右；温度不要超过橡胶管的允许温度 80℃；导线要用多股细线绞合成缆绳，以保证其柔软性能。

A 水冷软电缆选择

根据实际需要和同类产品相比较，选择每根电缆的长度和截面积。

每根电缆的长度由电极杆的最大移动范围来决定，可取任意长度。其截面积通常可参考同类产品，选择国家标准范围内的产品。

真空电弧炉上用的电缆导线为单芯的，其标准截面积有 $1.5 \sim 800\text{mm}^2$。其中最常用的为 150mm^2、185mm^2、240mm^2、300mm^2。根据与同类产品相类比的方法选定一种。

B 决定电缆根数

对于大电流工作的炉子，需要几根水冷软电缆并联供电。究竟需要几根？可以在满足压降为 1V 左右的要求下，根据炉子工作电流求得电缆电阻，再除以每根电缆的电阻，就求得电缆的根数。

设 U 为炉子的两个电极间的水冷软电缆允许的电压降（V），I 为炉子的工作电流（A），R_1 为两个极间每根软电缆的电阻（Ω），则需要的水冷软电缆根数 n 为：

$$n = \frac{R_1}{U/I} \tag{4-98}$$

圆形铜芯导体单位长度上的电阻值要根据有关公式计算。

一般炉子正极两根（同轴供电），负极两根，到电极杆则可分为 4 根并对称装配于电极杆的两侧，可保证电极杆的平稳性。

C 决定冷却水量

根据热平衡来计算，即电缆电阻产生的热量要由水冷全部带走。电缆电阻产生的热量（kcal/h）为：

$$Q = I_{最大} \times U_{实} \times 0.86 \tag{4-99}$$

式中 $I_{最大}$——最大电弧电流，A；

$U_{实}$——电缆的实际压降，V。

若冷却水的进出口的温度差控制在10℃之内。冷却水的比热 q 取 1cal/(g·℃)时，则带走热量 Q(kcal/h)所需要的冷却水量（L^3/h）为：

$$G = \frac{Q}{1 \times 10} \tag{4-100}$$

4.5.4 电气控制系统设计

4.5.4.1 真空自耗电弧炉控制系统组成

真空自耗电弧炉控制系统由电极杆驱动控制系统、称重控制系统、炉室升降控制系统、真空控制及检测系统、电源控制系统、冷却水控制系统等组成。这些控制系统实现了电弧炉各种控制功能。

4.5.4.2 真空自耗电弧炉控制系统的功能要求

根据控制对象的需要，控制系统应具备以下功能：（1）运行、监控与报警记录功能；（2）数据采集、处理功能；（3）生产过程的安全控制操作功能；（4）统计记录和报表打印功能；（5）智能报警功能；（6）扩展功能，具有网络通信接口。

4.5.4.3 控制系统硬件构成

根据真空自耗电弧炉控制系统的功能和要求，设计系统结构如图4-66所示。

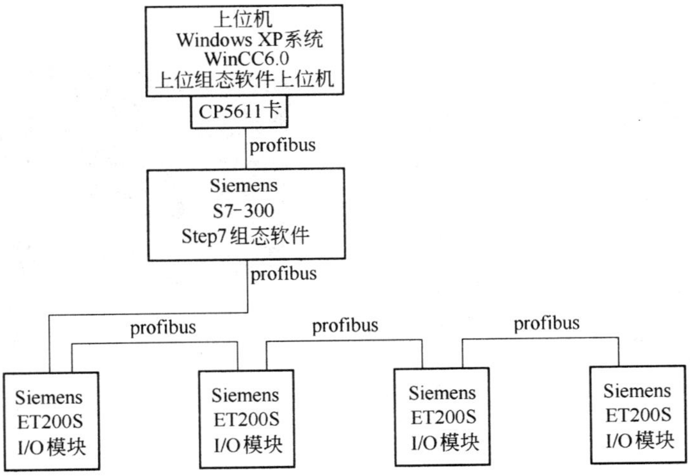

图4-66 真空自耗电弧炉控制设计系统结构方块图

系统上位机采用工业用计算机，运行中文 Windows XP 操作系统，组态软件为WinCC6.0SP2 中文版，通过 CP5611 通讯卡（MPI/PROFIBUS）与下位机通讯，WinCC 通过视窗控制对整个系统进行操作和监控；下位机采用 S7-300 系列中的 CPU315-2DP，作为中央控制器，由其运行整个控制程序，且实现与其他站的信息交换。系统 21 块 I/O 模块。由于整个处理工艺的占地面积比较大，控制回路多，为了避免铺设大量的控制线路，采用西门子的 ET200 模块将一部分 I/O 放置在距离中心控制室较远而控制点又比较集中的地方，利用西门子的 PROFIBUS-DP 通讯协议形成远程 I/O。

4.5.4.4 控制系统软件

工控组态软件 WinCC 是一个集成的人机界面（HMI）系统和监控管理系统，它是西门子公司在过程自动化领域中的先进技术和微软公司强大软件功能的产物，WinCC 是视窗控制中心（Windows Control Center）的简称。它包括图形设计器、报警记录、标记记录、报告设计器、全局脚本、控制中心、用户管理等功能，使其具有高性能的过程耦合、快速的画面更新，以及可靠的数据管理。

对于一些大型复杂项目，开发控制程序出于可靠性的考虑，将控制系统的功能分离是必须的，即下位机执行保护、控制和数据的采集，脱离上位机也能独立对系统进行控制，上位机执行显示、操作、报警、储存等。上下位之间通过采用 profibus 网络通讯实现数据交换与传输。

西门子 WinCC 与 PLC 系列及 STEP 7 软件合用，将大幅度降低工程时间，因为 STEP 7 中定义的变量可以在 WinCC 中直接使用。

4.5.4.5 WinCC 的组态实现

本系统的设备比较多，要将所有的设备都显示在一张画面里是不可能的，所以将设备按照处理工艺的功能步骤分级在多张画面内，分为对话、实际工艺、工艺过程、焊接、真空、冷却水工艺参数、实时趋势、历史记录等，之间的切换用鼠标动作来实现。此过程调用 WinCC 中的鼠标动作来实现，画面中的各种按钮操作使用 WinCC 的脚本编程，在按钮动作中调用它的内部函数来实现。实时趋势使用 WinCC 中的在线趋势控件、报警记录使用 WinCC 中的报警控制器。这些功能利用 WinCC 控件很容易实现的。工艺过程画面见图 4-67、图 4-68。

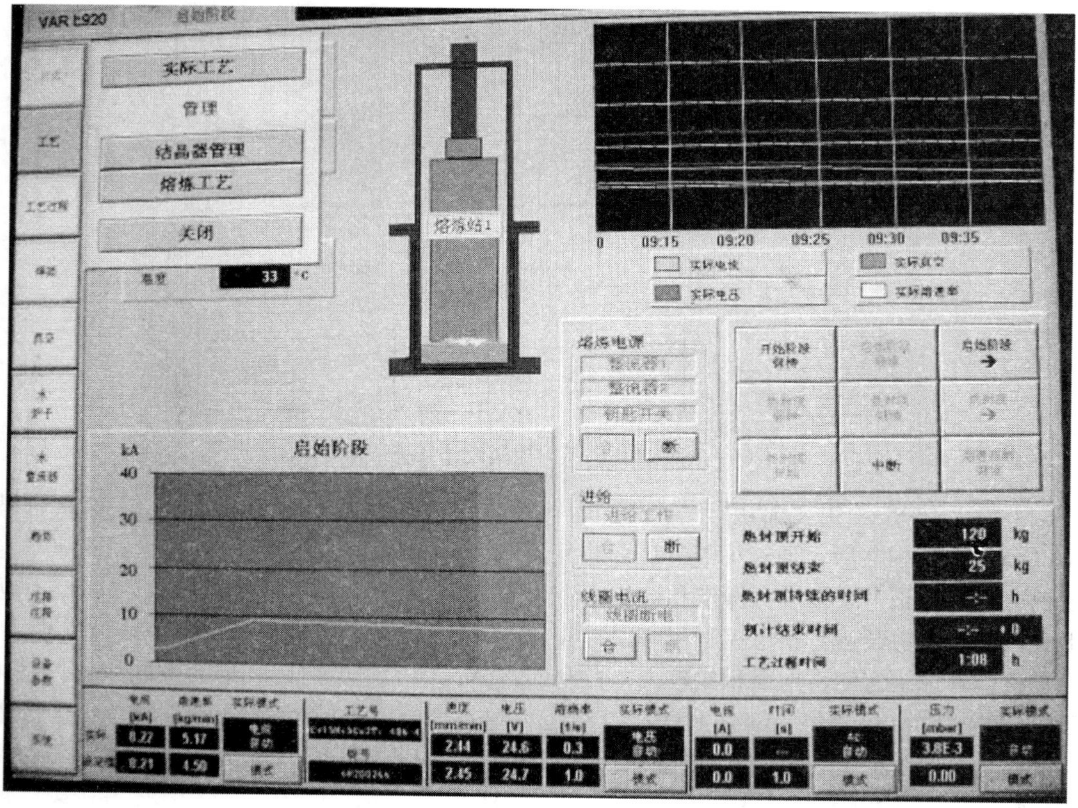

图 4-67 工艺过程画面

此画面功能是实现工艺过程的操作与实时监控。

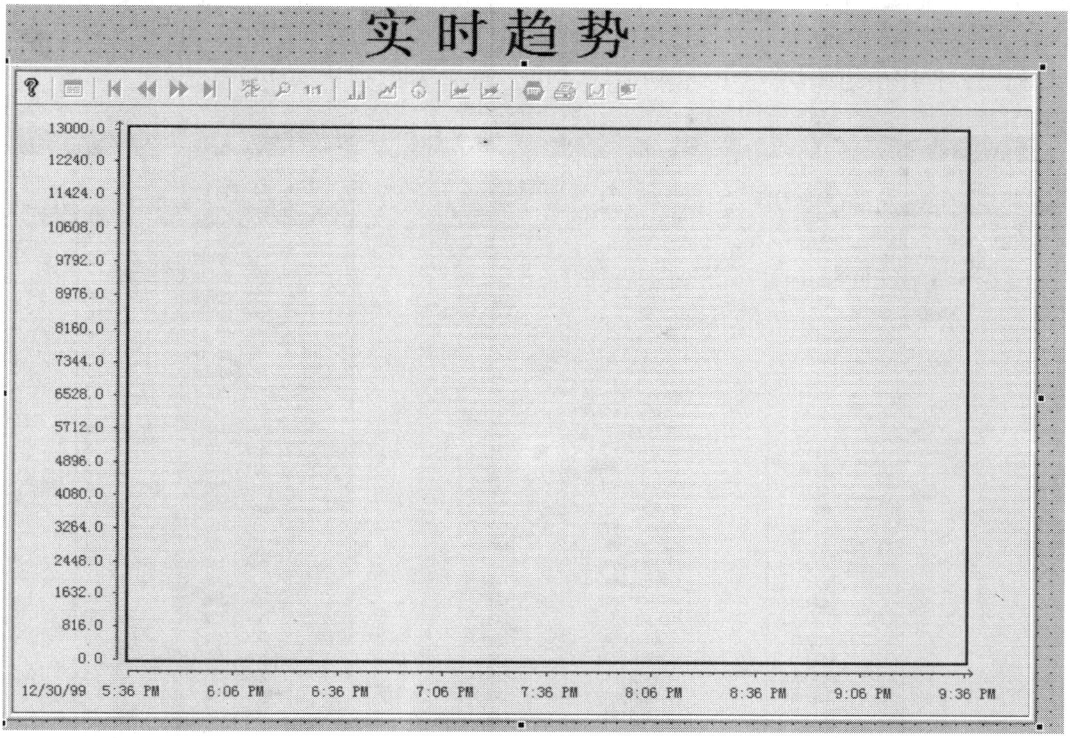

图 4-68 工艺过程画面

4.5.4.6 STEP7 软件的编程

采用西门子 SIMATIC S7-300 的配套软件包 SETP7 V5.2 完成硬件组态（见图 4-69）、参数设置、PLC 程序编制、测试、调试等。SETP7 运行于 Windows 环境下，界面友好，组

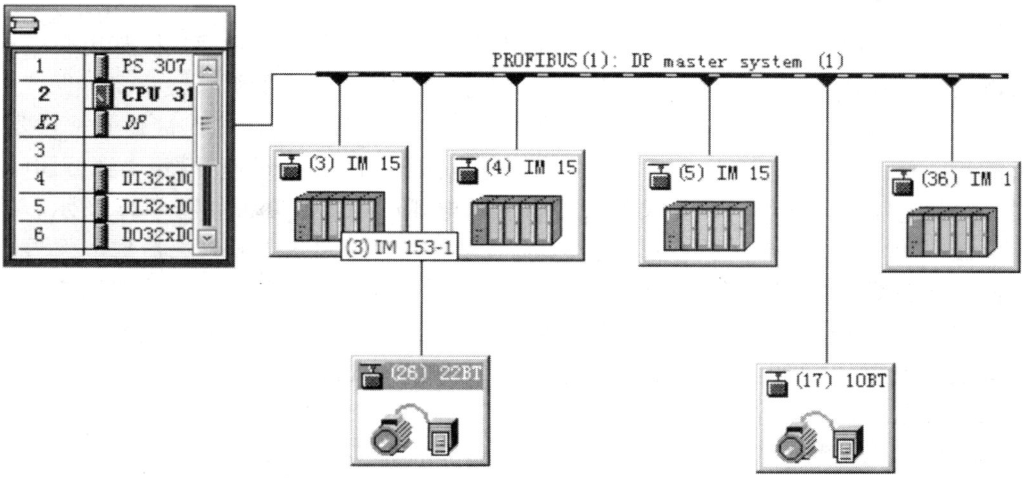

图 4-69 S7-300 硬件组态图

态编程如图 4-70 所示，非常方便，在线调试直观、便捷，有梯形图（LAD）、语句表（STL）和功能图（FBD）三种编程方式可随意切换和组合使用。硬件连好后，先安装各从站厂家提供的硬件驱动软件，再根据硬件参数首先进行硬件配置和网络配置，然后编制 PLC 程序，程序由组织块（OB）、功能块（FB、FC）和数据块（DB）构成。

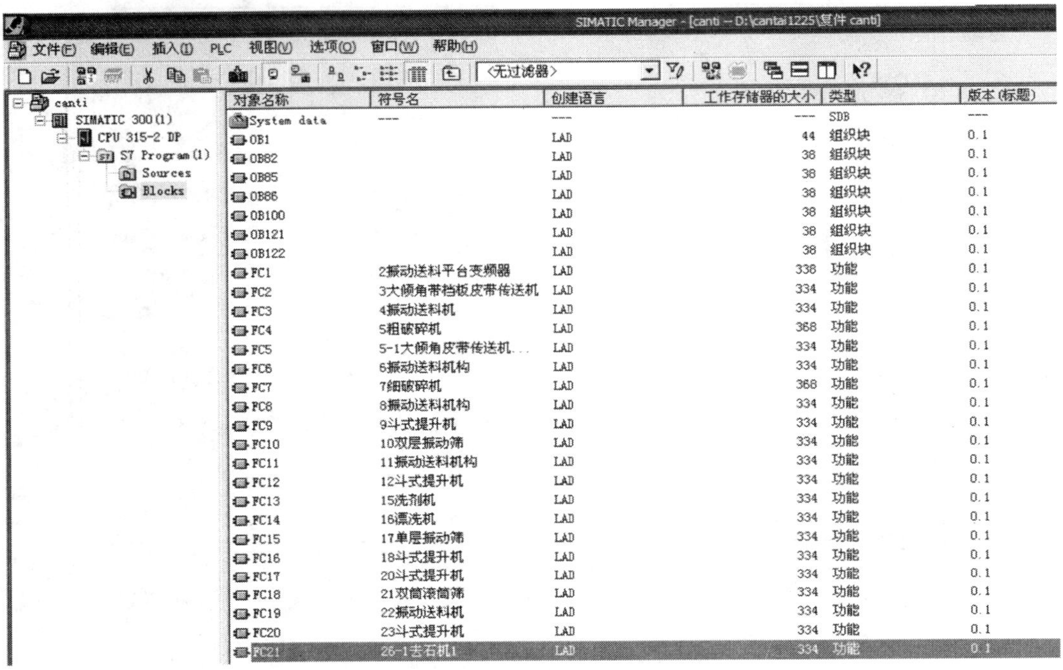

图 4-70　S7-300 软件编程画面

4.5.5　电极杆传动的自动控制

真空电弧炉熔炼过程中电极杆升降自动控制主要用来控制电弧的长度（弧距）。保持熔化速度一定，熔池一定，达到维持电弧稳定燃烧。但这与很多条件有关，如电弧电压和电流以及弧区真空度等等。但对电极杆的升降维持正常熔炼所需的弧长最重要。保持电弧一定的长度，对于进行连续、稳定和安全的熔炼，以获得质地均匀的铸锭是非常重要的。电弧的长度是由电弧电压来反映的，电弧电压随电弧长度增加而迅速升高。当电弧电压变化时，电弧电流变化很小，而弧长的改变将影响电弧电压的改变，如图 4-22 所示。从而引起电弧电功率改变。弧过长或过短对电弧稳定燃烧都不利，电弧过长造成电弧过于分散，使分配在锭子上的能量减小，熔炼情况变坏，易产生边弧或爬弧，严重者会击穿坩埚壁，引起爆炸。因此，电弧电压就作为反映电弧长度的主要标志，并作为自动控制弧长的主要参数之一。为了稳定电弧的电压和电流，防止短路和边弧的产生，在故障情况下进行过电压、过电流的保护等等。必须由比较先进的自动控制系统来保证。常用“脉冲”控制、“短弧长”控制、电极连续称重“恒速熔炼”控制、“恒弧压”控制。

不管选用上述哪一种电极杆升降调节方式，都是为了保证在异常状态下，快速调节电极杆升降速度，使设备尽快恢复正常熔炼状态，因此在实际工业生产中除了自动控制系统外还设置了手动快速提升按钮，人工直接控制与干预交流电动机升降电极，当弧长恢复正常后再转入选定的电极升降调节方式。在熔化中除了自动控制与借助于精确的电压表以外，很重要的一点就是操作者凭视觉在电视或光学视屏现象直接判断电弧长短称为看弧。（1）电弧过长，则熔池呆滞，表面模糊，弧光明亮，电压略有上升，电流略有下降，但电压表和电流表指针十分稳定。此时电压约42～45V，弧长大约40mm。（2）电弧过短则会发生熔滴短路，破坏电弧的正常燃烧。若频繁地周期性短路而使电弧不稳，金属熔池颜色明暗不定且伴随有金属喷溅，弧光发暗，电流表和电压表指针波动频繁且幅度大，进电电缆线之间（非同轴供电），因而相互吸引而撞击。此时弧长大约在15mm以下。（3）弧长正常时则熔池十分清晰活跃，溶液徐徐波动，电压表和电流表指针周期性地微微上下摆。此时电压约38～42V，弧长约25～30mm。生产经验证明，对于各种不同金属如钛及钛合金、锆等，当铸锭直径在600mm范围时，电弧长度应保持在50mm左右。

在熔炼过程中自耗电极不断消耗，熔池也不断地升高，就成了电极自动控制的任务。

4.5.5.1 对电极杆（电极）自动调节的基本要求

（1）电极下降速度应与自耗电极的熔化速度相适应，正常熔炼时电极杆应保持一合适的下降速度，以保持弧压（或弧距）不变。此时电极杆的下降速度（mm/min）应为：

$$v = v_1 - v_2 \tag{4-101}$$

式中 v_1——自耗电极的消耗速度，mm/min；

v_2——由于自耗电极熔化掉入坩埚引起熔池液面的上升速度，mm/min。

经整理后：

$$v = 4 \times 10^4 q\left(\frac{1}{d^2\rho_1} - \frac{1}{D^2\rho_2}\right)\bigg/\pi \tag{4-102}$$

式中 d，D——分别为电极与坩埚的直径，cm；

q——电极熔化速度，kg/min；

ρ_1，ρ_2——分别为自耗电极和坩埚中金属熔液的密度，g/cm³，自耗电极的密度为3.3～3.5g/cm³，钛熔液的密度为4g/cm³。

（2）为了安全，防止击穿坩埚，不允许长弧操作，要求电弧长度小于电极与坩埚内壁之间的距离。

（3）若电极与坩埚壁产生边弧和辉光放电现象，电极杆应迅速下降予以消除。一般为50～100mm/min，相当于正常熔速的3～4倍。

（4）放电消除后应能马上快速提起，以免“短路”时间过长烧损电源或电极与熔池黏结，即要求消除短路时间要短，快速提升速度应为500～1000mm/min。可见，传动系统应反应灵敏、滞后时间短，当电极与金属熔池短路时，能在0.2s内快速提升电极，短路消除后立即转入正常熔化。多用直流电机驱动齿轮传动滚动丝杠，用两台直流、一台电机驱动复式差动齿轮传动滚动丝杠，近来已用交流伺服电机驱动涡轮传动滚动丝杠代替差动机构。

（5）随着自耗电极的不断缩短，电极电阻逐渐减小，调节器能自动改变整定值，以免弧距拉长。

（6）在被熔化金属放气量突然增大，真空度急剧下降，电气特性变化很大的情况下，熔炼仍能继续进行。

熔化过程的电极升降控制方式有很多种，有电子式、机电式、电压弧长、电极连续称重式、电机放大式和磁放大器式等，参见表4-3。从控制所用的参数来看，有四种：第一种是利用电极熔炼时溶滴降落引起的电压脉冲频率和弧长的关系，通过脉冲的多少和给定值比较来控制电极的下降速度，达到控制电弧的稳定燃烧，称为脉冲控制；第二种是保持电弧电压恒定，来近似地反映弧长的恒定，称为短弧长控制，但效果不好，因为电弧长度的改变所引起的电弧电压的改变不大（每改变25mm电弧电压只差约1V），由于电弧电压与弧长并非线性关系，速度范围小，可靠性差，故很少采用；第三种是利用电子秤与传感器对电极连续称重，通过电极的不断熔化，重量递减数值与计算机的给定值比较来控制电极的下降速度，达到控制电弧稳定燃烧与恒速熔炼，称为连续称重控制即“恒速熔炼”；第四种是利用炉子两极间的电压与给定电压作比较，其差经过闭环调节来控制伺服电机，使电极以恒定的电弧电压下降，称为恒弧压控制。

以上四种方法各有优缺点，各国的倾向性也不一，日本普遍采用第四种，德国倾向第一种和第三种，我国经过对这两国制造的设备使用情况比较，在设计电弧炉时，采用第一、三、四种，第一种溶滴以脉冲控制法反应快，控制灵敏。第三种是目前刚发展起来的，大型炉子已普遍应用，实现了电子计算机对熔炼过程的综合控制。

4.5.5.2 *溶滴脉冲信号弧长控制的原理*

脉冲控制是依靠在熔炼过程中金属溶滴通过电弧的等离子区时所引起的第一波动数值（即脉冲次数）及振幅的大小作为控制信号，控制信号经过电子放大器放大后，再控制差动齿轮的两台直流电动机，通过调节电动机的转速，就可以控制电动机的升降速度与方向，从而达到控制熔区恒温的目的，因为这种控制系统控制信号是弧区电压脉冲，故可称为脉冲控制系统。脉冲数的多少和振幅大小反应了电弧加热的好坏，也反应了弧区温度的高低，因此这种控制系统是控制熔炼区的恒温条件，它比恒弧压或恒弧长的控制系统更能满足熔炼锭子冶金质量的最佳条件。这种控制系统反应速度极快，只有0.01~0.02s，不仅如此，由于差动齿轮的脉冲信号调节如图4-71的复式差动齿轮、三电机传动示意图所示，熔炼中两台直流电动机一直以相反的方向运转，其中一台恒速不变，另一台可随熔炼控制信号变速，两台直流电动机转速之差通过差动齿轮传动，来满足电极的升降及速度，可调速度范围大而精确，当熔炼中发生短路或装出炉需要时，则交流电动机可通过差动齿

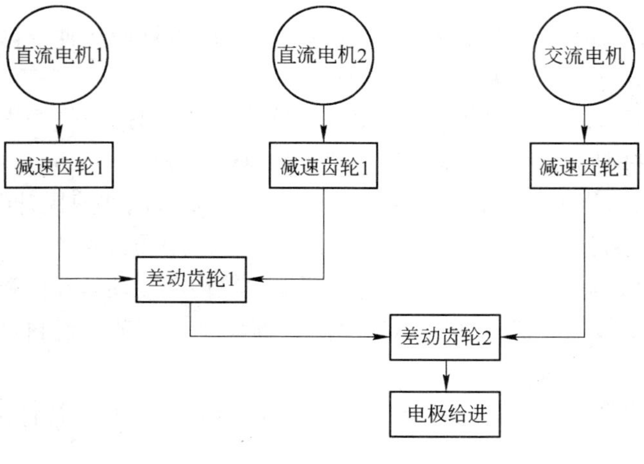

图4-71 复式差动齿轮、三电机传动示意图

轮2直接驱动电极快速升降，这种控制系统能够控制短弧熔炼，保持弧长在12.7～18mm之间，电弧长度愈短，放电集中度愈高，这对获得最佳的熔炼条件是极其有利的[2,3]。

脉冲信号弧长控制系统的原理方框图，见图4-72[2]。

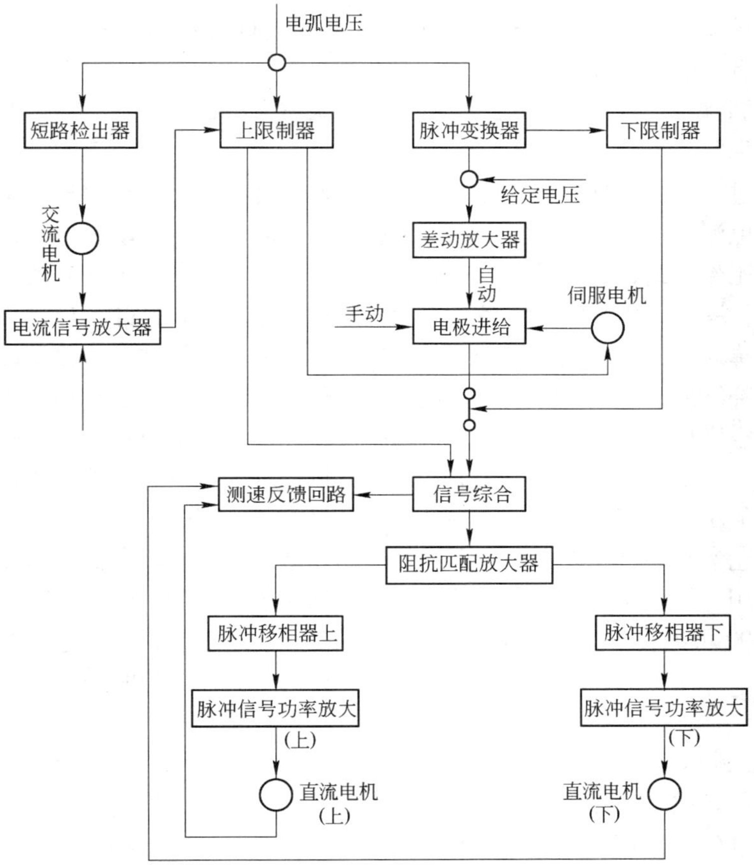

图4-72 脉冲信号弧长控制系统的原理方框图

4.5.5.3 溶滴脉冲信号弧长控制系统的特点

A 控制原理方面的特点

由于脉冲控制是取源于溶滴降落引起的电压脉冲频率和弧长的关系，通过脉冲的多少和振幅的大小与给定值比较来控制电极升降。所以不管电弧电压与弧长的关系如何，它都可以自动控制，因此，不管电弧是处在低压下，或是高压下，也不管电弧是发生什么样的气氛中，脉冲控制都可以自动进行，同理，电弧电流的大小，也影响不了它的自动控制，所以在电极快要熔化结束前，小电流对铸锭顶部补缩时，也可以实现自动控制。

B 保护方面的特点

由于辉光放电和电弧过长发出同样信号，因此通过上限制器可以使电极快速下降来消除辉光放电现象；相反，当电极与熔融金属之间产生短路时，也能依靠交流电动机快速提升电极来消除短路。此外，在该系统中，自耗电极是悬挂在电极杆上的，靠自重下移，所以一旦碰到坩埚底，运动便可立即停止，不致造成机械损坏。

C 传动方面的特点

如前面所述，可参看差动齿轮传动的有关介绍，这种传动是惯性小，调速范围大，而且是平滑无级调速。

D 操作方面的特点

可以进行手动、半自动和全自动熔炼，也可以进行长弧和短弧熔炼，这些不同的操作，通过操作台上的选择开关来实现。

4.5.5.4 电极连续称重“恒速熔炼”计算机控制系统

A 设计要求

全部熔炼过程均由计算机自动控制，自动起弧、自动熔炼、自动补缩、自动根据重量信号调节熔炼电流、自动跳闸，真空系统所有泵、阀的启动均自动完成。计算机控制系统的设计有两种工作方式，一种是全自动方式，一种是半自动方式。全自动方式：设定工艺参数后只要鼠标一点，则真空系统各泵、阀自动按程序启动和打开，当达到工作真空度后电极杆自动下降起弧，建立弧电压，随后熔炼电流逐渐增大并进入熔化期，当电极重量快完时自动进入补缩期，电流下降直到重量为零时电源自动跳闸。半自动方式：真空自动启动达到熔炼真空度后，人工点鼠标进入自动起弧熔炼，当重量为零时不跳闸而是发出报警提醒操作人员结束熔炼。在信号采集上，除所有报警以及电量参数外，还采集了电极重量信号，能实时显示剩余电极的重量，控制系统设计上，采用汉语菜单方式输入和选择操作，对各种工艺参数均可在图形提示下进行选择和修改输入，具有良好的操作界面，在控制策略上，采用二维模糊控制与PID控制组合，确保了控制的实施和准确可靠，在硬件控制上采用S7-300可编程控制器与上位工业计算机进行实时通讯，工艺参数在上位机上进行显示和输入，工作可靠，所有的参数可以在计算机中保存较长时间，随时可以调用和打印输出。

B 称重恒速熔炼控制系统设计方案

称重恒速熔炼控制系统主要由熔速给定、重量测量、电流检测、电压检测、电极杆升降传动系统、PLC、工业计算机以及可控硅电源系统等组成，如图4-73所示。

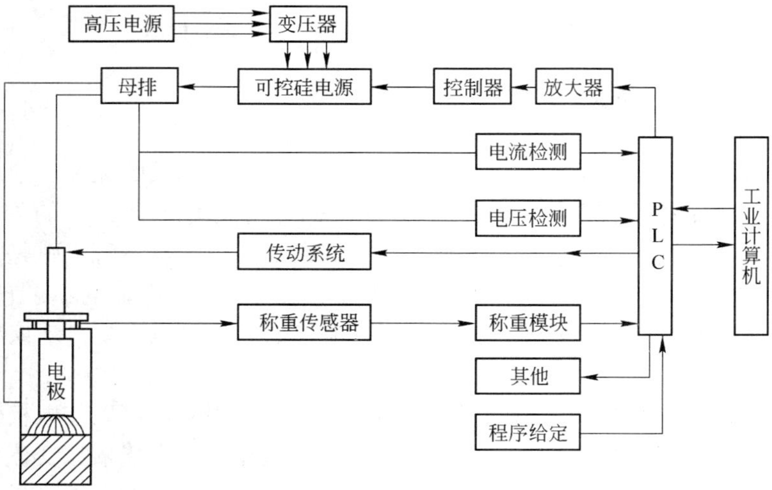

图4-73 称重恒速熔炼控制系统方框示意图

图4-74是自动称重恒速熔炼控制系统的原理方框图。

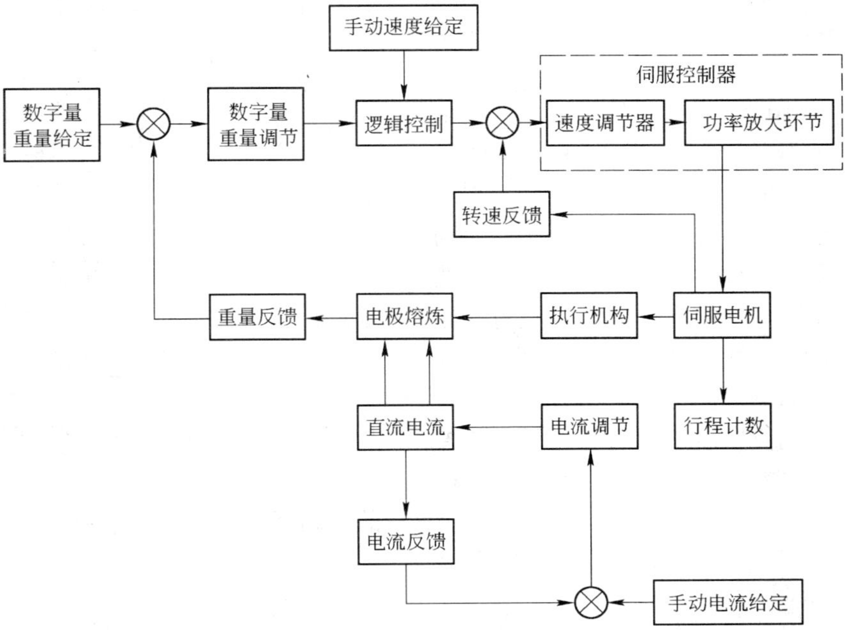

图4-74　真空自耗电弧炉称重恒速熔炼自动控制系统的原理方框图

图4-75是交流伺服电机与驱动器控制系统的设备配置，可参看有关资料。

通过程序设定熔化速度，PLC控制器检测电极重量的变化及电流、电压的变化，由计

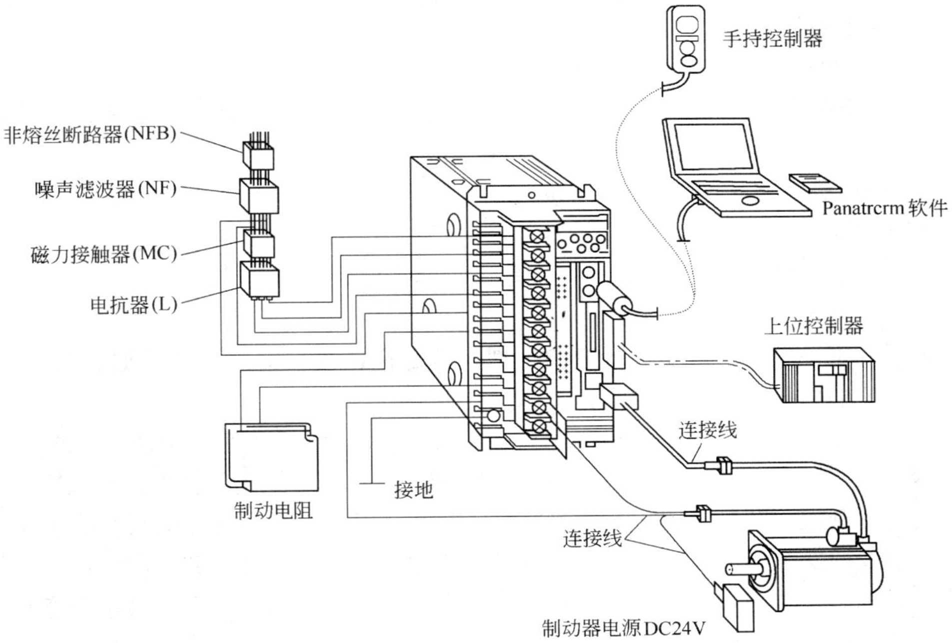

图4-75　伺服电机与驱动器控制系统的设备配置

算机来调整可控硅电源输电弧电流、电弧电压和电极杆位置以保证熔化速度保持恒定。

C 自耗电极重量数据与熔化速度数据的处理

熔炼过程中的熔化速度是通过测量剩余的自耗电极重量来计算的。电极称重系统见图4-54和图4-76所示。而实际中电极剩余重量的测量受到很多因素的影响，比如浮动架所承电极杆及其他机构（包括上传动、通水后的水冷电缆、辅助电极等）的重量、电极杆移动与动密封之间的阻尼力、电极杆移动时导轨与导轨副之间的阻尼力、电极升降的加速度、炉内真空度以及熔炼过程中的掉渣等都会使剩余重量发生波动，尤其是电极杆的下降，几乎整个过程中都会在影响剩余重量的准确测量。必须对采集到的重量信号进行处理，按式（4-103）[7]计算自耗电极重量。

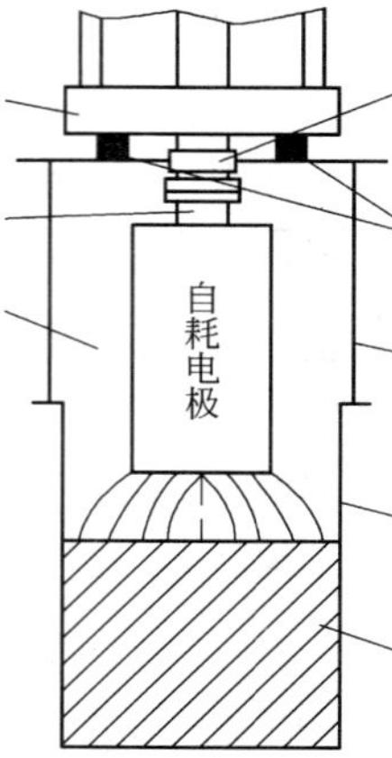

图4-76 真空自耗电弧炉电极称重系统示意图

$$G = G' - F - N - G_0 - G_F = G' - cV - \frac{\pi d^2}{4}(p_0 - p) - G_0 - G_F \qquad (4\text{-}103)$$

式中 G——自耗电极的重量，kg；

G'——称重模块采集到的重量数据，kg；

F——电极杆移动与动密封之间的阻尼力和电极杆移动加速度造成的附加力，kg；

N——炉内真空造成的附加力，kg；

G_0——电极杆及其他机构，kg；

G_F——辅助电极移动的重量，kg；

c——电极杆与动密封之间的阻尼系数（c 可以通过实验测试出来，丁腈橡胶为 0.075～0.15N·s/m），N·s/m；

V——电极杆移动速度，mm/min；

d——电极杆直径，cm；

p_0——大气压强，kg/cm²；

p——炉内真空度，kg/cm²。

校正后的重量数据还需要进行滤波处理，就是把连续采集的 n 个数据求和，再平均，可得到较理想的效果。

在熔炼过程中会出现一次电极（海绵钛）或二次电极焊缝处“掉块”现象，一部分重量突然“丢失”了，熔速随之发生陡变。为了消除陡变对控制的影响，如果判断出重量发生了突变，则把该时刻的熔化速度保持一段时间，以消除重量突变引起的熔速变化。

熔化速度的操纵量是电弧电流，而电弧电流的调节是通过可控硅电源给出的，调节十分迅速，熔炼如果波动，电弧电流会随之剧烈波动，电弧的工作特性就会呈动态特性，从而导致了电弧电流剧烈波动，熔化无法正常进行。为了避免熔化速度出现较大的波动，还需要对熔速按式(4-104)、式（4-105）进行必要的计算处理[7]。

$$V(k) = \frac{G''(k) - G''(k-1)}{\Delta t} \tag{4-104}$$

$$V'(k) = \frac{\sum_{i=2}^{d-1} V(k-i)}{d} \tag{4-105}$$

式中 $V(k)$——k 时刻的熔化速度，kg/min；

$G''(k)$——k 时刻自耗电极的重量，kg；

Δt——采样周期；

$V'(k)$——将 k 时刻及其之前 $n-1$ 个时刻的熔化速度滤波处理后的熔化速度，kg/min。

由于电弧电流与电极直径、铸锭大小、材料的物料性有关，建立不同钛铸锭的电弧电流与熔化速度，因电极加热需要一个过程，导致熔速对象具有大惯性、大滞后的特点。且熔化时工况要求十分严格，在工况一定的情况下，通过对象数据采集统计分析，弄清楚电弧电流和熔化速度之间的具体关系，因此要对数据进行采集。按如下方案[7]：

（1）现场统计 n 个海绵钛和二次锭电极在不同电流强度下的熔化速度，确定不同电流强度下熔化和电流之间的关系。

（2）海绵钛二次锭电极在电弧电流稳定的条件下，给出不同的电弧电压来测试电弧电压对熔化速度的影响。

（3）由于采集对象具有大惯性、大滞后的特点，阶跃电弧电流下熔化速度的动态特性和静态特性，要计算大概的滞后时间和惯性时间常数。

（4）对采集的重量数据处理成为熔速数据，并求出平均熔化速度和熔化系数。

按上述要求采集。根据现场装配称重控制系统的真空自耗电弧炉熔化过程的熔速跟踪，不同电极直径，在固定电弧电压、相同电弧电流下统计熔化速度数据 n 次，把连续采集的 n 次数据求和，再平均，得到较理想的平均熔化速度和熔化系数，见表 4-25，表 4-26（表中数据仅供参考）。

表 4-25 电弧电压为 35V 时不同电弧电流下平均熔化速度和熔化系数

项目	6kA		12kA		25kA		36kA	
熔次	平均熔速 /kg·min^{-1}	熔化系数/kg·(min·kA)$^{-1}$	平均熔速 /kg·min^{-1}	熔化系数/kg·(min·kA)$^{-1}$	平均熔速 /kg·min^{-1}	熔化系数/kg·(min·kA)$^{-1}$	平均熔速 /kg·min^{-1}	熔化系数/kg·(min·kA)$^{-1}$
一次海绵钛	3.98	0.66	—	—	—	—	—	—
二次重熔锭	3.25	0.54	7.8	0.65	20	0.8	25	0.56

表 4-26 电弧电压为 37V 时不同电弧电流下平均熔化速度和熔化系数

项目	19kA		22kA		38kA	
熔次	平均熔速 /kg·min^{-1}	熔化系数 /kg·(min·kA)$^{-1}$	平均熔速 /kg·min^{-1}	熔化系数 /kg·(min·kA)$^{-1}$	平均熔速 /kg·min^{-1}	熔化系数 /kg·(min·kA)$^{-1}$
一次海绵钛	15	0.79	16	0.73	—	—
二次重熔锭	—	—	—	—	23	0.61

根据表中数据得出[7]：

（1）在熔炼达到稳态时，电弧电流和熔化速度之间基本为一固定的比值；

（2）电弧电压固定的情况下，熔化系数随电弧电流的增加而增加，每千安电流的增长幅度不超过0.1kg/(min·kA)；

（3）相同电流下，海绵钛的熔化速度及熔化系数都比二次重熔钛锭大。由于海绵钛电极的密度低、电阻大，所以电极升温快，相同的给定电流下熔速比二次重熔钛锭增长得快。

（4）电弧电流固定不变，随着时间的延长，由于炉内蓄热的增加，自耗电极温度增加，熔化速度逐渐增加，但过程十分缓慢；

（5）在电流固定的情况下，熔化速度随着电压的升高而减少，但是电压对熔速的影响远没有电流的影响大。因此，熔炼时尽量采用短弧熔炼，有利于铸锭质量和降低能耗。

（6）海绵钛阶跃电弧电流下的重量变化，据资料［7］报道，熔速的滞后时间约为40s；惯性时间的常数约为30s。

以上结果表明在材料和工况一定的情况下，熔化速度基本只与电弧电流有关。将重量数据处理成熔化速度，可设计建立电极熔化速度与电弧电流之间的关系模型，给出熔化速度的程度给定值，保证控制熔化速度保持恒定。

4.5.5.5 电极杆弧压自动控制

通过PLC使驱动器驱动伺服交流电机通过减速机带动滚珠丝杠旋转，达到电极杆的速度控制。先设定工艺需要的熔炼弧压，而后系统投入弧压闭环自动控制。弧压反馈值与设定弧压进行比较后输出控制信号，综合速度差值使电极杆开始下降。系统采用PID调节器，当弧压反馈值与设定弧压相等，偏差值为零时，控制信号使电极杆的速度满足实际熔炼速度要求，维持熔炼的正常进行。控制原理框图如图4-73、图4-77、图4-78所示。其交流伺服电机与驱动器控制系统的设备配置，同样可参见图4-74。

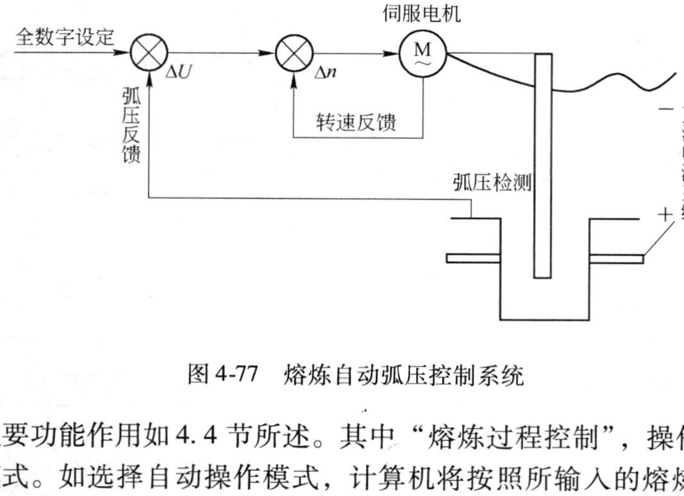

图4-77 熔炼自动弧压控制系统

主操作台主要功能作用如4.4节所述。其中"熔炼过程控制"，操作人员可以选择手动和自动操作模式。如选择自动操作模式，计算机将按照所输入的熔炼工艺参数进行熔炼，操作人员通过视频界面进行操作和监控设备运行状况，以保证熔炼工序的顺利进行。

（1）模拟量画面。设计有模拟量显示、设定、历史数据记录和曲线显示；模拟量显示，可显示整个电源的分直流电流1、分直流电流2、总直流电流、直流电压、水温、水

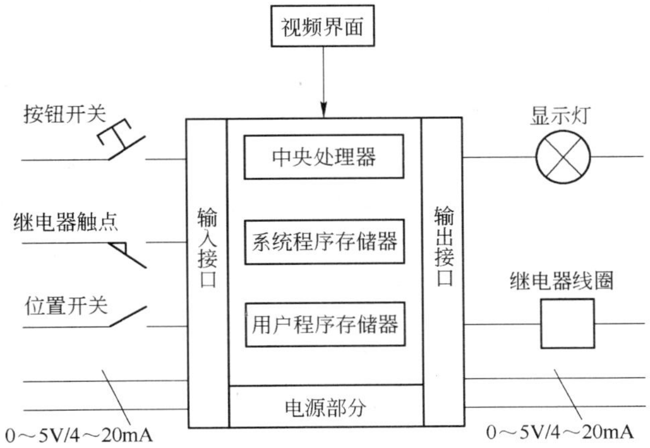

图 4-78 PLC 原理框图

压、真空度等数据。电极杆上下限位显示。

电极杆控制是电弧炉系统的关键技术环节，也是其控制核心。该电极杆自动控制系统充分考虑了电弧炉熔化的工艺特点和伺服驱动结构特性，采用 PLC、PID 调节器、交流限速度调节器和检测系统，实现电极杆的自动控制。PLC 控制检测交流伺服电机速度信号和弧压信号可分别通过手动或自动模式对电极杆进行精确的下降速度控制和快速提升控制，在短路或超电压现象发生时，进行自动快速提升或下降，保证安全可靠熔化，控制并显示相关状态和参数。

辅助控制系统：对其他各种电气系统进行关联逻辑控制，对各限位点进行限位控制。

（2）历史曲线画面。历史曲线画面可以将用户需要的模拟量数据以曲线的形式记录显示出来，可以很好地将此数据提供给相关工艺人员，更好地改变工艺，同时相关数据也可以存在触摸屏存储卡中，方便用户技术存档。也可通过打印输出提供给管理人员。

（3）故障显示。由于 PLC 和视频的可靠性高，一般很少发生工作不正常的现象。偶尔会出现通讯故障。如系统出现故障，视频上的设备图标不是红色或绿色，或者数字显示不出来，说明视频与下位 PLC 通讯没有建立，此时应检查 PLC 是否有电，或 PLC 上的通讯指示灯是否闪烁，如果闪烁说明通讯已经建立。

（4）历史记录。历史记录下了工作过程的操作及设备运行的状态，可以根据历史记录分析设备运行过程中发生故障的原因及操作人员的操作是否正确。

采用 PLC 和视频构成的控制系统是当今现场控制设备中最先进的控制技术，其组成结构简单，抗干扰能力强，自动或手动切换方便，故障率低。PLC 控制器除了主 CPU 单元外，还提供能完成各种功能的控制模块，功能强大，扩展方便，具有现场总线和远程网络通讯接口，为以后设备联网监控奠定基础。能保证设备控制系统的技术先进性和扩展性。

4.6 真空系统

4.6.1 真空系统的确定

电弧炉选择抽气系统和机组匹配的依据：被熔炼材料工艺过程中的放气量，熔炼速度，熔炼真空度，真空室的容积，真空室的漏气率，极限真空度和抽气时间（指预抽时间和达到极限真空的时间）等。其中，熔炼真空度是选择真空机匹配方式的主要依据。决定抽气能力的主要因素是被熔炼材料的放气量和熔炼真空度。选泵配泵详见第 3 章真空自耗电弧炉真空系统的设计计算。可参照第 5 章真空系统的设计计算。

对于熔炼钛及钛合金的真空自耗电弧炉，采用最典型的真空系统是以油扩散喷射泵（油增压泵）和罗茨泵并联作主泵、两个泵出口串联罗茨泵（中间泵）、再串联机械泵（前级泵）、真空阀门、真空管道、真空规管、真空测量仪表，以及压力继电器等组成，如图 4-79 所示，整个抽气过程是程序自动控制或手动。

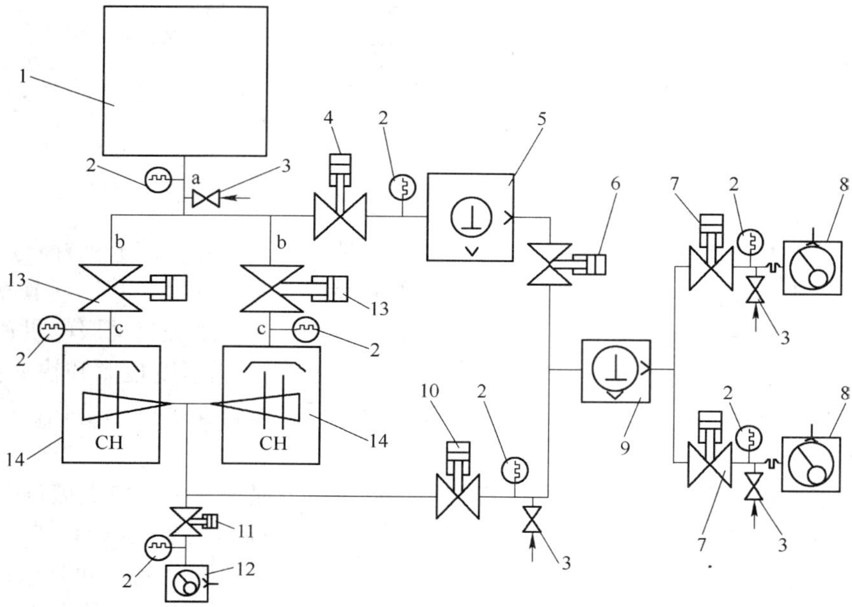

图 4-79 ZH-10t 真空自耗电弧炉真空系统示意图

1—熔炼炉室；2—热偶规管；3—电磁充气阀；4—GDQ-J320 气动阀；5—ZJ-2500 罗茨泵（主泵）；6—GDQ-J300 气动阀；7，10—GDQ-J150 气动阀；8—H-150 机械泵（前级泵）；9—ZJ-600 罗茨泵（中间泵）；11—GDQ-J50 气动阀；12—2X-70 机械泵（维持泵）；13—GDQ-J500 气动阀；14—Z-400 油扩散喷射泵（主泵）

海绵钛熔炼真空度为 $6.65\sim1.33\times10^{-1}$Pa，其含气量查表 3-1 为 0.3 ~ 1.0L/kg。炉内压强高于 13Pa 时，弧区就会产生辉光放电、并易产生爬弧、偏弧，易击穿坩埚。该系统的工作压强范围为 0.133 ~ 1333Pa，其优点是在 $101325\sim1.37\times10^{-1}$Pa 压强范围内，均有抽速最佳的泵在工作，这样使抽气时间加快。主泵由于有油增压泵，所以排除含有氢气的气体效率高。系统中有两个罗茨泵串联使用，可使主罗茨泵抽速范围加宽成为 $1.33\times10^{3}\sim1.33\times10^{-1}$Pa。当与油增压泵并联使用时，抽速比较大。熔炼中，在正常放气情况下，可发挥油扩散喷射泵在 $1.33\times10^{-1}\sim1.33$Pa 压力范围有最大抽气速率的效能，而一旦出现瞬间放气量增大时，则可依靠罗茨泵在 1.33 ~ 133Pa 压力范围有最大抽气速率的作用，迅速地将气体排出炉外，恢复正常工作。另一优点是油扩散喷射泵抽氢的效率约比抽空气时大一倍，当意外地产生大量氢气时能有效地排出炉外。而罗茨泵则能有效地抽除水汽，甚至在坩埚壁被击穿有水进入时仍能继续工作。若产生大量水蒸气，也能被罗茨泵及时排出或减小炉内压力，防止或减小发生气体爆炸和氢爆炸，所以该系统对熔炼钛及钛合金具有突出优点。

真空电弧炉在熔炼钛过程中，要十分注意确保电弧的稳定性，如前面电弧与周围条件的关联一节所讲的，真空度对脱氧、除气、挥发、夹杂物的分解以及对电弧的行为和安全操作均有着直接的影响。为了更充分地脱氧、除气、挥发、夹杂物的分解，要求熔炼真空度越高越好。为了使电弧稳定燃烧，则要求电弧区有较高的残余压力。生产实践表明，气相压力在 $10^5 \sim 6.6\times10^3$Pa 范围电弧是稳定的，压力在 $6.6\times10^3 \sim 66.6$Pa 范围内是电弧的危险区，常伴有扩散弧及辉光放电，阴极端的电弧沿电极上下移动频繁且呈扩散状，一般称此现象为“爬弧”，极易造成熔炼中断，电弧在阳极端也不稳定。在此压力范围内熔炼极易导致电极与坩埚之间产生偏弧。在低于 66.6Pa 的压力下，弧光放电又能稳定地进行。称 66.6Pa 这个使电弧恢复稳定的气相压力为临界压力。在真空电弧熔炼过程中，必须保持在临界压力以下的范围进行[1]。正常熔炼真空度应在 6.7 ~ 0.67Pa 范围内。熔炼真空度过高会导致蒸汽压高的合金元素挥发，过低会使合金增氧，同时还会引发辉光放电。

4.6.2 真空电弧炉真空系统设计的注意事项[3]

真空电弧炉的真空系统设计除了常规设计之外，应充分考虑以下几点。

(1) 如果不是始终在坩埚口处熔炼，则弧区压强比坩埚口处压强高许多，其差值应该通过计算求出。不能把炉子的工作压强误认为弧区压强。在生产中弧区压强是难以测量的。目前所有真空电弧炉的工作压强就是炉膛的压强，也就是炉子的工作压强。

(2) 弧区有相当的金属蒸气压强存在，这也是维持真空中电弧稳定的一个必要条件。

(3) 使用海绵钛物料压制的电极，在熔炼过程中难免出现突然放气，真空系统应能适应这种情况。

(4) 凝壳炉的真空系统还要考虑到浇注时因石墨型以及耐火材料铸型的突然放气压力上升的特殊性[3]。

4.6.3 真空系统的电气自动控制

真空系统是真空设备的重要组成部分，人们经常要按照一定的要求将真空泵启动或停止，将其真空阀门打开或关闭，或者根据真空自耗电弧炉炉室内预先设定的气体压力值（可任意设定压力控制值），逐级自动开启真空泵、真空阀，或关闭，从而实现压力自动控制。上述的操作过程及压力控制过程称为真空系统控制。控制的主体是人，或者是代替人的职能的控制装置。

随着科学技术的发展，真空自耗电弧炉真空系统一般设两种控制模式：一种是手动控制；另一种是自动控制。所谓“手动”是按顺序启动或关闭；“自动”是在没有人直接参与的情况下，使真空系统配置的各个泵、阀门按照预设定值的程序或规律启动或关闭，也可在真空自动模式下无扰动切换到手动模式。从而使抽空自动化，防止误操作事故发生。

抽空电气控制系统应设置应急操作程序。一旦发生坩埚被击穿进水事故，按压操作台上的应急按钮，使抽空自动程序初始化，解除各个泵、阀门的连锁和电机过载，可保持真空系统正常运行并最大程度减少氢的积累（氢氧气混合爆炸的危险），将事故降低到最小。

在大型真空自耗电弧炉中，除要求真空泵、真空阀门能按照预定的顺序自动地运行，还要求各个泵、阀门的自动切换，能自动采集数据，处理、显示及控制。自控系统自动化水平的高低已成为反映真空自耗电弧炉的技术水平的主要标志。

4.6.3.1 计算机控制系统

计算机已广泛地应用于真空自耗电弧炉的自动控制中，管理与控制于一体的计算机集成综合控制系统得到发展。在真空技术领域中，实现真空系统装置的程序控制，抽空过程真空度参数的数据采集、传输、计算、显示、记录，对真空系统装置的运行状态进行监视、诊断，从而提高真空装置的控制，使真空装置的控制实现真正的自动化。操作台上无按钮。

测量装置（真空计），把所测量的压力值以电压信号或数字输入计算机，并与压力给定值比较后将信号输出给执行机构（电机、电磁阀）组合在一起构成压力控制（输入信号）给定值。

4.6.3.2 计算机控制系统的组成

真空系统装置的计算机控制系统由硬件和软件组成。所谓硬件，即系统的控制装置，它是由计算机及相关的外围设备、测量装置（如真空计等）和执行机构等构成。至于计算机可以是工业控制机，也可以根据真空系统装置的要求，选择某种类型的微型计算机、单片机，配置适当的接口电路及外围设备构成。所谓软件，即控制系统的控制程序，也就是使硬件如何工作的指令，它使计算机自动地完成真空系统装置预定的控制任务。

真空装置计算机控制系统框图如图 4-80、图 4-81 所示[4]。

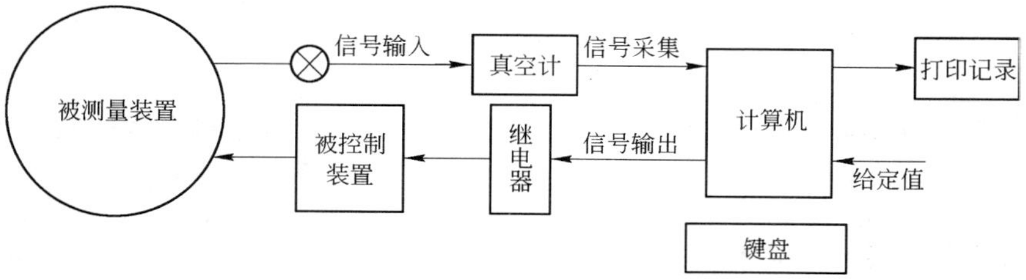

图 4-80 真空系统自动控制方框图

A 计算机主机结构

不论哪种真空装置的计算机控制系统，其核心均为计算机，一般数字计算机主机在结构和原理上大致相似，它通常由运算器、控制器和内存储器组成。运算器和控制器合在一起称为 CPU。

（1）运算器：主要用来对数据或信息进行加、减、乘、除等算术运算和逻辑运算。

（2）内存储器。存储器用来存储各种数据与信息，具有记忆功能。其中放在计算主机内部的称为内存储器或主存储器。

（3）控制器。它联系计算机各部分，向各部分发出协调工作指令，是计算机的指挥和控制机构。

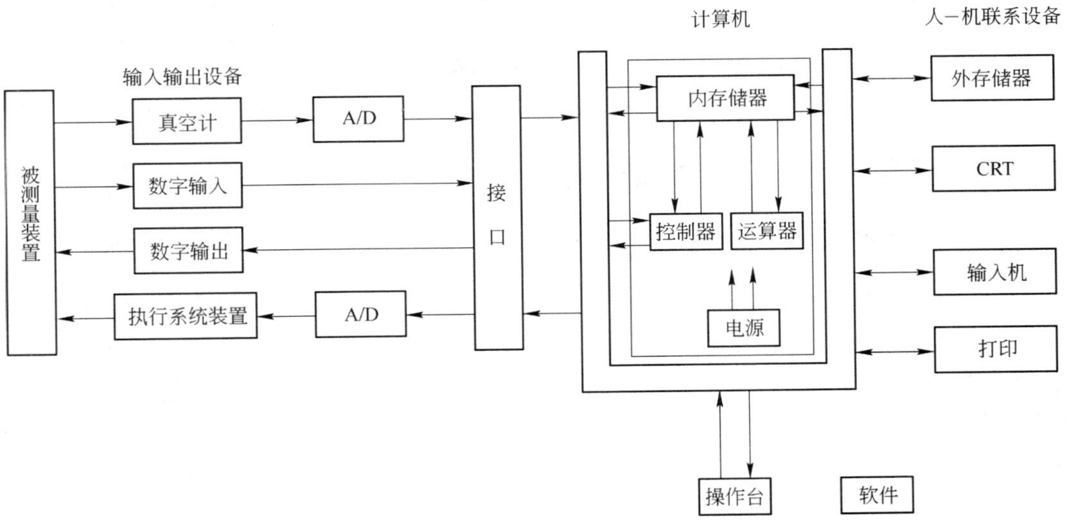

图 4-81 真空系统装置计算机控制方框图[4]

B 计算机外围设备

(1) 人—机联系设备。常用的有键盘、U 盘、打印机、CRT 显示器等，是操作人员与计算机联系的工具。

(2) 输入/输出设备。它一方面把被真空装置工作过程参数取出，经过模-数转换（A/D）变成计算机能够接收和识别的代码，以便计算机运算处理；另一方面，又把计算机作出的控制决定，经过模-数转换（A/D），变成真空装置上的执行机构（如真空泵、真空阀）的控制信号。

C 测量装置及执行机构

测量装置将被控真空装置的抽空参数如压力等物理量，转化为电信号，通过 A/D 送入计算机；执行机构将计算机输出的控制信号转变为被控真空系统装置各泵、阀参数（如压力），实现对真空系统装置的控制。计算机控制系统的控制精度及可靠性，在很大程度上取决于测量装置及执行机构的选取。

D 控制系统软件

要想使真空装置按预定的要求进行工作，控制系统必须具备完善的控制程序即软件。通常包括程序设计系统、操作系统、诊断程序等。

E 数字程序控制

这是最简单的一种计算机控制，可以按照预定的压力顺序或逻辑顺序对真空系统装置进行控制[4]。

4.6.3.3 计算机控制系统的设计原则

计算机控制系统的设计应考虑以下几条原则。

(1) 真空专业必须向电控专业提供真空系统装置程序控制参数，便于电控专业设计。

(2) 根据被控真空系统装置的控制要求，以及模拟量输入、输出参数，开关量控制点数等基本条件，选择合适的控制方案、微机机型及各项参数。

（3）确定计算机与真空装置上其他常规仪器、设备（如真空计、压力控制仪、信号保护装置、控制装置等）的关系。原则上，上述常规仪器应在计算机的统一指挥下工作，这样可以充分利用常规仪器的作用，以便最有效地发挥计算机的功能与特长。

（4）合理选用人-机联系设备，如键盘、显示器、打印机等[4]。

4.7 关于真空自耗电弧炉的其他问题

4.7.1 光学观察装置

为了观察炉内电弧燃烧、熔炼情况，以及鉴于真空直耗电弧炉在熔炼过程中可能击穿坩埚引起爆炸，必须要远距离操作和观察。所以在炉体上盖开设两个对称的观察孔。在孔的上方设置两个对称的光学观察装置。它是应用电弧投影方法设计的。它主要由透镜、反射镜、转像透镜、放大透镜、成像显示屏以及镜筒等组成，如图 4-82 所示。其工作原理是：将熔炼过程中弧区景像通过光学上的透镜（镜头），通过棱镜反射缩小改变光路，缩小透镜用以缩小映像使其远距离传输，缩小透镜出来的映像是倒立的，为了得到正立像，要设置转像透镜，此外转像透镜还可以大大增长镜筒的长度，以便远距离观察。由转像透镜出来的映像经放大透镜放大后，不加滤色镜直接投影到成像显示屏上，操作者在显示屏上看到熔炼金属的弧区影像，而且图像清晰，色彩和稳定性较好，能及时看到熔炼过程中产生瞬时短路、辉光放电、爬弧、偏弧、材料放气和熔池表面沸腾等情况。据此可以准确地控制熔炼过程。不受外界干扰。缺点是初次调节费时，炉体不能移动。仅适用于固定炉体。目前已发展到利用数字摄像机和彩色显示屏，来观察熔炼金属弧区景象。图像更清晰，更准确。已取代了传统的光学系统装置，使其变得更简单更实用，如图 4-83 所示。固定和移动炉体均可使用。

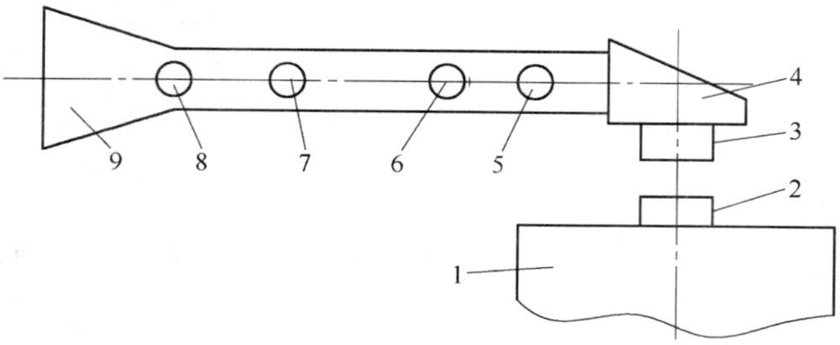

图 4-82 光学观察装置示意图

1—炉体；2—观察孔；3—镜头；4—反射镜；5—缩小透镜；
6，7—转像透镜；8—放大透镜；9—成像显示屏

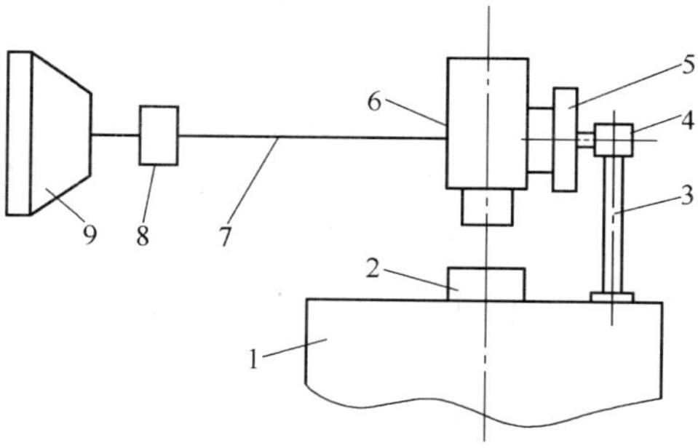

图 4-83 摄像观察装置示意图

1—炉体；2—观察孔；3—支架；4—电机；
5—偏转器；6—工业摄像机；7—屏蔽信号线；
8—信号转换器；9—彩色监视器

4.7.2 真空自耗电弧熔炼的安全问题

真空自耗电弧在熔炼钛、锆时的不安全事故是坩埚被烧穿（击穿）进水引起爆炸。在较小的坩埚断面上集中了巨大的功率（几百千瓦），这本身就带有明显的技术上的危险性。特别是在熔炼含气量高、质地疏松的活泼金属钛、锆时，由于电弧燃烧不稳定，极易产生边弧而击穿坩埚。因此，安全问题长期以来为人们所重视并进行探讨。美国、前苏联、日本和中国在利用真空电弧炉熔炼钛、锆等活泼金属生产中，都曾发生过爆炸事故，从1940年至今已有十多起。1960年苏联科学院曾召开专门学术会议探讨爆炸机理和防爆结构设计问题，但未能得出确切结论。

4.7.2.1 烧穿（击穿）坩埚发生的现象

根据我国现场实际情况，发生坩埚被烧穿（击穿）事故，水进入坩埚高温液态金属熔池中，将发生物理、化学反应，会造成以下三种现象。

（1）少量水进入到高温液态金属熔池中，发生物理反应，瞬时产生少量水蒸气，使真空度急剧下降。这时要中断熔炼，真空系统有足够能力抽出气体，则待炉内金属冷却后出炉处理，并不会造成严重后果，只是该炉铸锭报废而已。

（2）大量水进入到高温液态金属熔池中，水与金属熔液接触，发生物理反应，瞬时产生大量水蒸气，造成金属爆炸和水蒸气爆炸。此时炉内真空度陡降，炉内产生高压，在有防爆装置的设备中，将冲开防爆装置释放压力，也可能由于熔融金属溅起烧穿炉壁，但不会造成整个设备的损坏。

（3）水进入到高温液态金属熔池中，水与金属熔液发生物理反应和化学反应，产生大量的水蒸气和氢气，炉内产生高压，造成水蒸气爆炸和氢爆炸。氢氧爆炸将破坏炉子，甚至摧毁厂房，危及人身安全。因此，氢气爆炸是真空自耗电弧熔炼中可能出现的最严重的事故。

但是，并非在熔炼中只要坩埚击穿都会导致氢气爆炸，其爆炸必须具备三个条件才能发生。

（1）炉内必须有足够的高温，否则爆鸣气是不会爆炸的。

（2）炉内熔炼的材料是活性金属。因为高活性金属与水作用能产生大量水蒸气、氢气，反应速度快，炉内产生高压。

（3）炉内必须有一定量的空气与氢气混合或者爆鸣气，否则氢气即使燃烧也不一定发生爆炸。实验证明：当炉内氢气压力不超过 5×10^3Pa 左右时，即使空气进入炉内，也只能发生对设备无损害的轻微爆炸。

上述三个条件缺一不可。

4.7.2.2 爆炸机理

以上爆炸机理有以下三种可能。

（1）物理爆炸。坩埚外部的冷却水进入到高温液态金属熔池中，迅速被汽化，产生高压引起爆炸，反应式为：

$$H_2O_{(液)} \longrightarrow H_2O\uparrow - 10.59\text{kcal}$$

（2）化学爆炸。在高温下水与活泼金属（如钛、锆）相遇会有如下反应：

$$Ti + 2H_2O \longrightarrow TiO_2 + 2H_2\uparrow + 39\text{kcal}$$

$$Zr + 2H_2O \longrightarrow ZrO_2 + 2H_2\uparrow$$

该反应具备了爆炸反应的三个条件：放热、有气体生成、反应速度快。在炉内骤然产生高压，引起爆炸。

（3）混合性气体爆炸。在上述化学爆炸中有氢气生成，若同时有空气进入炉内与氢气混合，或炉内氢气冲到炉外与空气混合，均会形成爆炸性混合气体引起二次爆炸。

$$2H_2\uparrow + O_2\uparrow \longrightarrow 2H_2O + 115.6\text{kcal}$$

由中国工程物理研究院流体物理研究所冲击波物理与爆轰物理实验室，通过爆轰管实验装置，采用疏密分布的压力传感器测量氢氧混合气体的爆轰特性，并依据压力和波速在燃烧转爆轰瞬间发生突跃，判断氢氧混合气体爆炸的临界条件实验研究。实验结果表明，爆炸压力随氢气初始浓度呈∩形变化，50%氢气（体积分数）为爆炸最佳浓度值；在常温常压下，氢氧混合物爆炸的临界氢气体积分数是15%和90%；化学计量比的氢氧混合气体发生爆炸的临界初始压力为0.01MPa（9800Pa）；氮-氢-氧三元混合气体爆炸的临界氮气体积分数为60%[8]。上述实验对研究电弧炉氢氧混合气体爆炸事故，提供参考的数据。

4.7.2.3　防爆措施

目前还做不到对不同吨位的电弧炉按上述反应计算出准确的爆炸能量，根据我国某些生产厂家的实际经验，虽然击穿坩埚难以完全避免，但爆炸是可以防止的。针对产生爆炸的原因，必须以贯彻预防为主，采取以下措施。

（1）在炉体或与真空连接管道上设置泄爆法兰，炉内有压力时被压开，泄爆后又能自动压紧恢复真空，可以泄掉较轻微的爆炸。

（2）炉子水冷系统要可靠，保证足够的水源，除通常水泵供水外，还应有高水塔做保安水源。炉子应有温水、水流量与电源的连锁装置，当水温过高或水量不足时，自动切断主电源停止熔炼。

（3）国外有的广泛采用Na-K共晶合金代替水做冷却液，隔绝水源。当钾的浓度为40%～90%时，钠钾合金在室温下为液态，具有与水相近的流动性和较好的传热性，不与活泼金属反应，进入高温熔池也不会引起爆炸。

（4）用环形喷淋管冷却坩埚，当坩埚破裂时不会有大量水涌入，有利于防爆。

（5）用x-y机构随时调节自耗电极与坩埚侧壁的间隙，防止侧弧击穿坩埚。

（6）人们已经历了人工观察—物理光学观察—工业电视（摄像头）的发展历程；利用工业电视及控制仪器进行远距离操作、观察，及时发现异常情况，及时排除，防止事故的发生。

（7）采用上述典型的真空系统配置及时排出突然产生的大量气体和水蒸气，保持炉室负压，有利于防爆。

（8）合理设计与布置稳弧线圈。通常电磁线圈放在坩埚外侧的水套中和坩埚成同轴布置，这样产生的同轴磁场与熔化电流同轴，不应产生作用力，但实际上电流从电极尖端经电弧、熔池流到坩埚壁上，存在着相当数量的分散电流，不与线圈同轴，便有电磁力产生，使其偏移旋转减少流到坩埚壁上的几率，并带动熔池，起到搅拌作用。通常要求在坩埚中产生100～250Oe磁场强度。为节省电耗有人设计了分区送电的线圈，也有人设计了随熔区上升而移动的线圈。

（9）不断完善电控系统，实现可靠的短弧熔炼。电弧越长越易引起侧弧不安全，故希望短弧熔炼，要求电控系统和电极升降机构要反应灵敏、快速可靠。有人提出用激光测量弧距进行自控的设想，尚未见应用。使整个熔炼过程弧长始终小于电极与坩埚壁之间距离，目前可控弧长不大于20mm，以消除长弧、偏弧的形成。

（10）炉子防爆阀门在炉内压力突然增大，大于大气压强时能自动泄压，而当炉内压力下降后又能自动复位，防止空气由此进入炉室。

（11）炉子周围应建造防爆墙（高度3m），由于对爆炸机理的研究尚不深透，对参加爆炸反应的液态金属量难以测算，爆炸威力或破坏能力也就难以计算，对防爆壁的强度要求依据既不充分也不统一，对熔钛3t自耗炉，日本、德国采用400～500mm厚钢筋混凝土墙，可承受27kg TNT当量破坏威力，前苏联则采用20～25mm厚的钢板作为防爆壁，可承受冲击波峰值压力达3～5MPa的爆炸威力。目前国内1t炉多采用400mm钢筋混凝土墙，可承受冲击波峰值压力1～1.5MPa。尤其是大容量的炉子必须实行远距离操作。

（12）设置地面下压力释放通道，定向泄压于厂房外，保证人身安全。

4.7.2.4 真空自耗电弧熔炼的安全操作

真空自耗电弧熔炼操作的安全问题，长期以来为人们所重视并采取了如上所述的一系列安全防护措施，但最终还需要人来操作，人为因素不可忽略。最根本的是杜绝坩埚被击穿。

（1）炉子水冷系统要可靠，保证足够的水源，除通常水泵供水外，还应有高水塔做保安水源。炉子应有温水、水流量与电源的连锁装置，当水温过高或水量不足时，自动切断主电源停止熔炼。

（2）采取短弧操作，保证弧长应小于电极与坩埚内壁之间隙。

（3）经常检查暴露于真空室内的水冷却部件的密封性，防止熔炼过程中漏水。

（4）保持炉内真空度足以维持稳定的电弧，通常希望在熔炼过程中炉内压力低于6.65Pa，因为，必须配备足够的抽气系统。从国外的一些事故发现，几起发生爆炸事故的炉子，炉内压力均高于13.3Pa。

4.7.2.5 坩埚被击穿进水的应急措施

（1）严格保持炉子的密封性，绝对不允许打开充气阀或其他有碍炉子密封性装置，以防空气进入炉内。

（2）在炉子密封性未受到破坏的情况下，应尽可能保持炉内低压状态，抽空系统各泵不能停止工作，继续抽空。因在40Pa以下的压力中，即使氢氧混合符合爆鸣气比例发生燃烧，也不足以使普通材料的真空室发生爆炸。因此，炉子应配有油扩散喷射泵、罗茨泵和机械泵系统，这种真空系统在1.33～13.3Pa压力范围内具有最大的抽速且不怕水，并且还可以排除氢气。

（3）绝对不允许停水和停止真空泵，而应把冷却水开到最大，以密封漏水部位，防止空气进入，同时让机械泵和罗茨泵继续工作以迅速抽出炉内的水蒸气和氢气；因大量冷却水进入能降低炉内温度，大量的水在坩埚内能使炉气与高温度金属隔绝，切断了氢气爆炸的温度条件。

4.7.2.6 真空系统对安全的作用

图3-4和图3-5给出用于不同容量真空自耗电弧炉的真空系统简图。图3-5是最典型的真空自耗电弧炉真空系统。这种系统的抽气特性是在10^{-1}～10^{2}Pa范围内都有高的抽气

能力，并且抽预真空很快，还能在熔炼期间迅速排出突然放气，可防止爆炸危险等。在现代设备中，大多数为适应远距离操作而采取计算机综合控制与管理（详见真空系统自动控制一节）。用自动化连锁装置来排除操作失误。万一发生坩埚被击穿进水时，按压应急按钮解除连锁，保持真空泵继续运行，减少氢的积累和蒸气压力，这是真空电弧炉真空系统的特点。或出现突然的压力升高时可以打开过压阀释放压力。这些安全措施会起到保护作用，这些都是真空电弧炉真空系统的特点。

4.7.3　VAR 法熔炼特点和需要解决的技术问题

随着真空技术的发展和计算机的应用，VAR 法已成为钛熔炼成熟的工业生产技术设备，今天的钛及其合金铸锭绝大部分是使用此方法生产的。

VAR 法显著特点是功率消耗低，熔化速度快，并具有良好的质量。VAR 法熔炼的铸锭具有良好的结晶组织和均匀的化学成分。通常，成品铸锭应由 VAR 法熔炼制得，至少要经过两次重熔。

用 VAR 法生产钛铸锭，世界各国生产厂家使用的工艺基本相似，差别在于使用不同的电极制备方式和设备，电极制备可分为三大类，一是采用按份加料连续压制的整体电极，排除了电极焊接工序；二是单块电极压制，拼焊成自耗电极，并通过等离子氩弧焊或真空焊箱焊接成一体；三是利用其他熔炼法制备铸造电极。

现代先进的 VAR 炉的技术特点是，具有精确的电极称重系统，熔炼速度得到自动控制，实现了“恒速熔炼”提高铸锭质量，通过先进的电控系统和重量传感器来确定熔炼过程中电弧的长度和熔化速率的恒定，从而控制了凝固过程，可以有效地防止偏析现象，保障了铸锭的内在质量。

VAR 法是现代钛及钛合金标准的工业熔炼法，还有待解决以下技术问题：第一，电极制备方法，制备电极工艺非常繁琐，需要用昂贵的压力机将海绵钛、中间合金和返回残料压制成整体电极或单块小电极，单块电极还需要焊接成自耗电极，同时为了保证自耗电极成分的均匀性，还需要配置布料、称料、混料等相应的设施；第二，偶尔存在的偏析等冶金缺陷，如成分偏析和凝固偏析，前者是由于杂质元素或合金元素在电极中分布不均匀，熔炼时来不及平衡分布就凝固而产生，后者是由于原料或工艺过程偶尔带入了高密度夹杂物（HDI）和低密度夹杂物（LDI），这些夹杂物质在熔炼过程中无法彻底溶解，从而导致产生危害极大的夹杂物等冶金缺陷。

参 考 文 献

[1] 谢成木．钛及钛合金铸造[M]．北京：机械工业出版社，2005.
[2]《稀有金属加工手册》编写组．稀有金属加工手册[M]．北京：冶金工业出版社，1984.
[3] 张继玉，等．真空电炉[M]．沈阳：东北工学院，1987.
[4] 达道安．真空设计手册[M]．第 3 版．北京：国防工业出版社，2004.
[5] 宝钛集团设计研制所．内部资料．2008-9.
[6] 德国 ALD 公司（内部资料）.
[7] 刘华波，陈今润，等．真空自耗电弧炉熔速控制模型的实验研究[J]．稀有金属快报，2004(12).
[8] 王建，段吉员，等．氢氧混合气体爆炸临界条件实验研究[J]．工业安全与环保，2008(10).
[9] 徐颖．稀有金属真空熔炼．宝鸡有色金属加工厂职工教育培训中心．1999-10.

5 真空自耗电弧凝壳炉

5.1 概述

真空自耗电弧凝壳炉以下简称凝壳炉，是目前钛工业中生产钛铸件使用最多的熔铸设备。它的熔炼原理、熔炼工艺、操作程序与真空自耗电弧炉基本相似。凝壳炉是在自耗炉和真空感应炉的基础上，克服了自耗炉不能铸型，感应炉有耐火材料坩埚对活性金属钛污染的弊病，而构成兼有两者优点的电炉。它利用自耗炉的熔炼条件，利用预先制成的所需直径和长度的自耗电极（重熔），在水冷浅底铜坩埚中进行快速熔化，当达到预定的熔化量后，倾斜坩埚，将液态的钛注入固定在离心盘上的铸型内（离心浇铸或静浇铸），从而获得完整的形状和清晰轮廓的各种铸件。

由于熔化是在水冷铜坩埚内进行，被熔融金属在坩埚内壁上形成一薄层“凝壳”，所以称之为真空电弧凝壳炉，简称凝壳炉。

凝壳炉的基本结构和组成构件与自耗电弧炉大致相似，但在某些主要构件配置上有很大不同，相同之处是均采用大电流，低电压的直流电源，熔化过程中电极杆升降自动控制系统原理基本相同。不同之处是自耗电弧炉是边熔炼边凝固成铸锭，而凝壳炉是快速溶化，快速浇铸成所需不同形状的铸件。

凝壳炉所用自耗电极是预先制成所需直径和长度的，目前主要由自耗炉提供，凝壳炉的主要任务是重熔金属并浇铸成铸件。自耗炉主要熔铸铸锭，它们的熔炼原理、操作程序和熔炼工艺都极为相似，但在一些主要构件的结构和组件的配备上是有区别的。

凝壳炉的结构和组成构件与自耗电弧炉基本相似，两者的区别如下：

（1）凝壳炉的炉室比较大；

（2）熔速相同的炉子与此匹配的真空抽气系统也要大；

（3）坩埚是带底且粗短，并可翻转，有的没有设置稳弧线圈；

（4）所配备的电源要比相同的坩埚直径与熔速的电弧炉大 1.2 ~ 2.5 倍，因为凝壳炉要求在很短时间内快速熔化、浇铸结束，在冷却条件一定的情况下，使熔炼过程沿坩埚壁形成的凝壳越薄越好。将凝壳重量控制在 30% 以下，因此要用大电流，保证溶液有较高的过热度，有利于铸件的成形和铸件浇满率；

（5）炉室下方设置了离心铸造机构；

（6）增加了汽缸快速升降电极杆装置，以保证熔化结束后在数秒钟内，快速提升电极杆。坩埚自动翻转浇铸。如果延迟至 6s 以上，坩埚凝壳增厚，而且溶液温度快速下降，坩埚上表面会结成一层薄膜，不利于铸件的浇铸。

另外，相似之处在设计和操作上可以相互参照。

5.1.1 凝壳炉的类型

凝壳炉的炉体结构形式决定着凝壳炉的炉型，炉体大小取决于溶液重量和坩埚的尺寸以及离心盘直径、铸型高度，根据已出现的炉体结构形式，可以将凝壳炉的炉型分为5种类型：卧式、立式、双室、多室和连续式炉等。

（1）卧式炉：卧式炉是钛铸件生产中最常用的一种炉型。它的炉体为卧式圆筒体，圆筒壳体上部开设一个孔设置直立圆筒，圆筒上部设有炉盖，炉盖上开设有装配电极杆的动密封、观察孔和装料杆孔。坩埚安装在圆筒体内的中上部位置，圆筒体的下部位置装配离心转盘，圆筒体的下部开设有安装离心转盘的旋转机构的孔。大、中型凝壳炉一般开设有前后两个炉门，5kg以下的只开一个炉门，卧式炉结构紧凑，制作容易，目前国产的凝壳炉大都是卧式炉。图5-1为宝鸡钛业集团公司设计研制所设计制造的500kg卧式凝壳炉。

图5-1 500kg卧式凝壳炉外观图

（2）立式方形炉：采用立式方形炉的原因是卧式炉的炉室内高度空间有限，使铸型的高度受到限制，若增加高度必然增大直径，炉体也随着扩大，立式炉很好地解决了这个问题，而且它的空间利用率高，坩埚和离心盘的相互位置可以布置得更加合理。其一可减少真空系统的功率损耗，其二相同的离心盘，相同坩埚及溶液重量，卧式圆炉体比立式方形炉体体积要增加5%～10%，因此抽空时间就要延长，若充氩气就相对要多。立式炉的炉体结构在设计和制造时要重视炉壁的强度，要确保炉壁在负压下长期工作不变形，因此它的设计和制造成本比卧式圆筒体炉型高，但立式炉坩埚装置在炉门台车上，可随本体一同移出炉外，便于清洗。由于这种结构是单侧供电，要作防磁处理。图5-2*a*、图5-2*b*分别为德国ALD公司、宝鸡钛业集团公司设计研制所设计制造的200kg立式方形凝壳炉。图5-3为200kg立式方形凝壳炉的结构示意图。由结构简图5-3可见这种炉子的铜坩埚和浇口杯安装在一侧炉门上，炉门可沿设置在炉子侧面的轨道移动，以便取壳和清理坩埚，在其90°的位置又设置一个垂直升降门，以便移动叉车将模型盘放置到炉室下部的离心转盘上和出炉，电源和操作控制台以及真空系统泵阀与炉体用设置的防爆墙隔离，整个炉子结构紧凑、占地面积小。图5-4、图5-5为德国ALD真空工业股份公司设计制造的2000kg卧式上圆下方形（后面叙述）和750kg立式凝壳炉。由图5-5可见立式炉炉体的上下两部分可以分离，两者间用斜面椭圆形法兰密封，安装铸型的下炉体可沿水平轨道移动，脱离固定的上炉体，便于装卸铸型以及清洗坩埚。其他双室炉、多室炉、连续式凝壳炉国内用得较少。可看有关资料的介绍，在此仅把常用的几种炉型推荐给读者，在设计时参考。

图 5-2 立式凝壳炉外观图

a—150kg 立式凝壳炉外观图；*b*—200kg 立式凝壳炉外观图

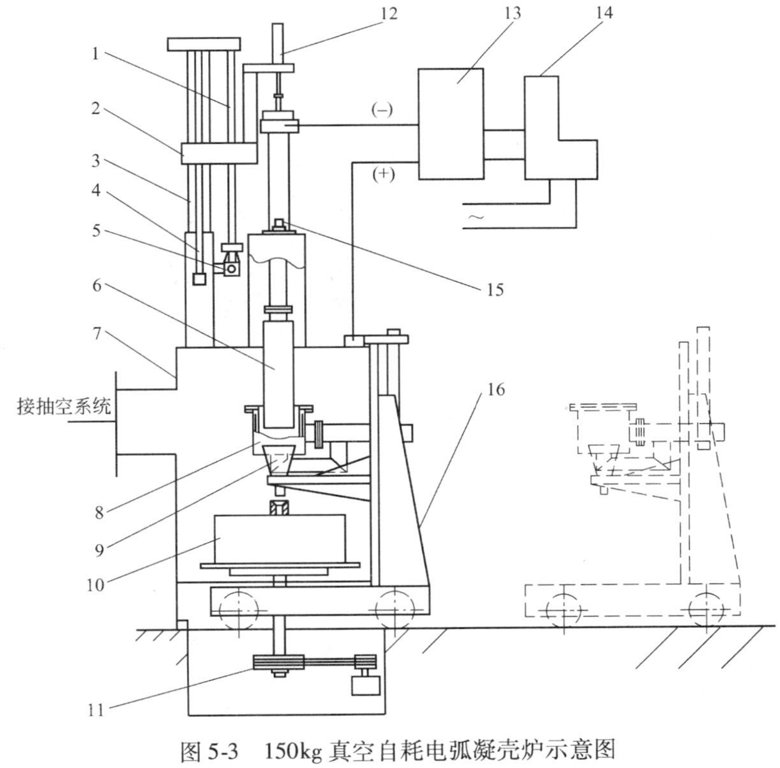

图 5-3 150kg 真空自耗电弧凝壳炉示意图

1—滚珠丝杠；2—活动横梁；3—立柱；4—导向光杠；5—涡轮减速机；6—自耗电极；7—炉体；8—紫铜坩埚；9—浇口杯；10—铸型；11—离心机构；12—快速升降气缸；13—主电源；14—操作柜；15—光学摄像系统；16—可移动炉门

图 5-4 德国 ALD 真空技术有限公司 L2000SM 凝壳炉外观示意图

图 5-5 750kg 立式凝壳炉外观图[1]

5.1.2 凝壳炉电弧熔炼的优缺点

凝壳炉所用自耗电极是由自耗炉提供的铸锭，制成所需直径和长度的电极。对电极的形状要求高。残、废料回收率低，受熔速和水冷却的制约过热度不易提高。增大熔炼电流提高过热度，但飞溅严重。凝壳炉具有结构简单，维护费用低，大型化容易，因此，在钛铸造工业它是目前应用较多和较成熟的设备。

目前国外还有采用非自耗真空凝壳炉和电子束凝壳炉以及等离子束凝壳炉进行钛及其合金的铸件生产。

5.2 钛及钛合金铸造的发展概况

钛具有强度高、密度小、耐腐蚀、无磁性等一系列特点，在现代航空、航天、航海、海洋、石油、化工、食品、造纸、医疗卫生等方面应用的研究已得到世界各国的广泛重视，且发展迅速。自从 1956 年美国 Dregon（俄勒冈）冶金公司开始钛铸件的工业化生产以来，受到各国的高度重视，美国、俄罗斯、德国、日本、中国是几个主要的钛铸件生产国。各国在实际生产和工艺技术研究上既有共同点，也有各自的特点。各国所采用的模型种类和设备容量等因素不同，因此在生产工艺和能力方面存在着差异。

我国 1965 年宝钛集团（原宝鸡有色金属加工厂）从国外引进了一台 25kg 真空自耗电弧凝壳炉，开始了我国钛及钛合金铸件的工业化生产和应用研究工作，从此奠定了我国钛铸造工业发展的基础。这一阶段的铸钛技术，模型以机加工石墨型工艺为主，后来又发展了石墨捣实型和金属型铸钛工艺。

20 世纪 70 年代后期各单位又开始了对钛及钛合金熔模精密铸造工艺的研究。以后几年内，沈阳铸造所等单位开发出利用石墨粉作撒沙材料，硅溶胶、水玻璃作黏结剂的精密铸造工艺，但没有形成大的生产规模。

20 世纪 80 年代末期，航空航天工业部，从西德引进了钛的熔模精密铸造型壳制造技术，在此基础上通过消化吸收和改造，实现了所有原辅材料的国产化，并逐步形成了具有自己特色的钛及钛合金熔模精密铸造体系，形成了大规模的生产能力。

20 世纪 90 年代，洛阳 725 所、北京 621 所、宝钛集团也相继研究成功了新型的熔模精密铸造工艺技术，并引进了型壳制造体系设备，可进行批量生产。

通过几十年的发展，我国已成为了完整的具有相当规模的钛及钛合金铸造工业体系。目前已发展到数十家公司。真空自耗电弧凝壳炉从最初的 5kg、25kg 发展到目前 50kg、100kg、150kg、200kg、250kg、500kg、1000kg、2000kg 系列。年生产能力达到 500t 以上。但目前铸件仍以机加石墨型为主要生产手段。与国外先进水平相比，我国铸钛工业技术水平、铸造设备等还存在一定的差距，如美国钛精密件表面粗糙度 $Ra \leqslant 3.2\mu m$，而我国只能达到 $Ra \leqslant 6.3\mu m$。俄罗斯的真空自耗电弧凝壳炉为 5000kg，而我国最大的有 1000kg，国外的熔铸设备已开始采用感应凝壳炉，对钛及钛合金感应熔炼的研究比较活跃，日本推出了使用 CaO 坩埚的感应炉，美国成功研究了分片式水冷铜坩埚感应炉，并可制造 50kg 的感应铸钛炉。感应铸钛炉的使用，对于提高钛铸件质量，增加残料回收利用，减少工序设备和人力资源，降低生产成本，具有深远的意义。我国应加强这方面的研究工作。表 5-1 为 ZHN 系列凝壳炉的主要技术参数。

表 5-1 ZHN 系列凝壳炉的主要技术参数[1]

型号	容量（钛液）/kg	电源		工作真空度 /Pa	坩埚规格	自耗电极规格	离心盘直径 /mm
		工作电压 /V	工作电流 /A		直径×深度 /mm×mm	直径×长度 /mm×mm	
ZHN-5	5	20～40	2000	6.7～0.67	$\phi100\times150$	$\phi50\times1000$	
ZHN-10	10	20～40	3000	6.7～0.67	$\phi150\times250$	$\phi60\times1130$	600
ZHN-25	25	20～40	12000	6.7～0.67	$\phi230\times500$	$\phi150\times500$	1000
ZHN-50	50	20～40	1000	6.7～0.67	$\phi200\times270$ $\phi260\times370$	$\phi100\times810$ $\phi150\times900$	1000
ZHN-100	100	20～40	18000	6.7～0.67	$\phi260\times370$ $\phi320\times450$	$\phi150\times900$ $\phi210\times850$	1200
ZHN-150	150	20～42	30000	6.7～0.67	$\phi320\times450$ $\phi400\times500$	$\phi220\times900$ $\phi280\times900$	1400
ZHN-200	200	20～40	20000	6.7～0.67	$\phi320\times450$ $\phi420\times550$	$\phi210\times850$ $\phi280\times965$	1500
ZHN-250	250	20～42	30000	6.7～0.67	$\phi460\times600$	$\phi350\times800$	2200
ZHN-500	500	20～42	36000	6.7～0.67	$\phi560\times720$	$\phi440\times500$	2200
L2000SM	2000	20～42	52500	6.7～0.05	$\phi920\times1200$	$\phi800\times1200$	

由于钛铸件在航空工业中的应用持续增长，各生产厂家都在致力于寻求能降低生产成本以取代高成本钛部件的生产方法，尤其是当今世界经济竞争激烈的情况下更是如此。目前真空压铸（Vacuum-DieCasting，简称 VDC）采用带有水冷铜坩埚的感应壳式熔炼（ISR），钛合金单独装料工艺。金属熔化室和铸模腔必须保持高真空。其浇铸系统和模具用的都是金属材料，避免了与陶瓷坩埚接触造成的污染。因此不需进行化学蚀洗，工件的整体尺寸和铸件质量均较好。因此，成本较低，力学性能与锻件相似的钛铸件，不仅可以取代现有的钛部件，还可以取代其他材料的部件。VDC 技术即是为生产高质量、低成本钛铸件开发的。其铸件典型的应用包括飞机机体（如舱壁、刹车装置、齿轮、铰链等）以及其他航空航天和工业用零部件。

从熔模铸 Ti-6Al-4V 和真空压铸料的表面显微组织来看，熔模铸件的 α 层接近 375μm，这是由于钛熔液与在陶瓷铸模中所存的氧发生了反应。α 层很脆，可在酸浴中进行化学蚀洗消除，但铸件尺寸有所减小。真空压铸采用带有水冷铜坩埚的感应壳式熔炼，其浇铸系统和模具用的都是金属材料，避免了与陶瓷坩埚接触造成的污染。因此不需进行化学蚀洗，工件的整体尺寸和铸件质量均较好。

真空压铸法仅能浇铸一些整体、单面、形状简单的钛铸件，而熔模铸造则能铸造形状很复杂的铸件、空心铸件。另外，真空压铸每次最多铸 12 件，铸件最大尺寸为 61cm×46cm×25cm，最大质量为 18kg。可铸造钛合金 Ti-6Al-4V、Ti-6Al-2Sn-4Zr-2Mo、Ti-15V-3Al-3Cr-3Sn 和 Alloy C。

与熔模铸造法相比，真空压铸钛铸件的工艺简单，因而成本一般较低。真空压铸工艺不需脱蜡、去壳及化学清洗，工序减少近一半，相对于熔模铸造或锻造工艺，大约可节约

30%的费用。由于真空压铸的模具直接与熔融钛液接触，其使用寿命有所减短，与熔模铸造法相比其模具部分所占的成本则较大。真空压铸工艺是一项可供钛铸件生产厂选用，能提高铸件质量，降低成本的技术。

5.3 凝壳炉的结构

以500kg凝壳炉为例，由炉体及其框架、坩埚及其翻转系统、离心盘及其旋转机构、装料机构、电极杆及其升降系统、快速提升气缸、真空系统、光学摄像系统、电源系统、电气控制系统、气动部分、水冷却系统、操作车等部分组成。如图5-6所示，图中压缩空气、冷却水系统和操作车未表示出。

5.3.1 炉体

凝壳炉的炉体即熔炼室。炉体为一侧开门的卧式圆筒形，炉壁是用普通钢材制成。炉壁无冷却水冷却，仅顶部有局部夹层水套，炉门密封处设有冷却水。炉体内径为3.4m，其刚性、密封性都很好。数人可在炉室内装炉、出炉、清炉，操作也很方便。

5.3.2 坩埚及坩埚翻转系统

坩埚是凝壳炉的心脏，凝壳炉的坩埚与电弧炉坩埚不同，凝壳炉的坩埚是短而粗且可翻转。坩埚的结构尺寸、构成材料，以及附属在它外面的冷却系统，直接关系到被熔化金属的质量、浇铸质量、炉子的技术经济效益和熔化工作安全性。坩埚的结构形式如图5-7中1所示，由构成材料为T_2紫铜锻造和机加工制成，技术条件执行电弧炉坩埚的质检标准。

坩埚翻转系统，如图5-6（坩埚翻转机构）所示：是由坩埚、冷却水套、翻转轴、翻转机构等组成。坩埚为短而粗带底水冷紫铜坩埚，它装配于冷却水套内，水套与两侧翻转轴相接，翻转轴两端与水冷软电缆相接，一端进水、一端出水，坩埚及水套由一台直流电机驱动涡轮减速机，使其倾翻，最大倾翻角度为105°，翻转时水冷电缆与冷却水管（胶管）接头不旋转。见图5-6中坩埚翻转系统示意图。另外在水套内没有设置稳弧线圈，其他结构与电弧炉相同，可参考电弧炉的有关叙述。

（1）坩埚翻转轴：坩埚翻转轴，既要给坩埚翻转传递力矩，又要导电，也要给坩埚供冷却水。对于100kg以上的大型卧式凝壳炉是一道难题，因为各连接处都是以法兰密封，螺栓连接，坩埚水套拆装频繁，因此故障率高。分别从坩埚水套两边进电，两边的电缆完全相同，可以消除熔化过程出现偏弧，有的凝壳炉由于结构限制，供电方式只能由翻转轴一侧进电，或通过坩埚水套底部导入。如图5-5所示，150kg立式凝壳炉，这种结构形式的供电方式存在偏磁现象，一定要做好防磁和消磁处理。供电母排要合理布置。消除一些外部磁场干扰，否则易击穿坩埚，并且炉内焊接较难。

（2）坩埚与凝壳：凝壳炉的坩埚是直接熔化钛及钛合金的地方，所以它是凝壳炉的心脏，它的技术参数直接关系到浇铸效率和工作安全性，凝壳炉与电弧炉一样都是采用正极性连接，即坩埚为正极，自耗电极为负极。图5-7是500kg凝壳炉熔化工艺过程及坩埚结构示意图。它的熔化基本原理与电弧炉相同，但所要求的结果不同。电弧炉是边熔炼边结

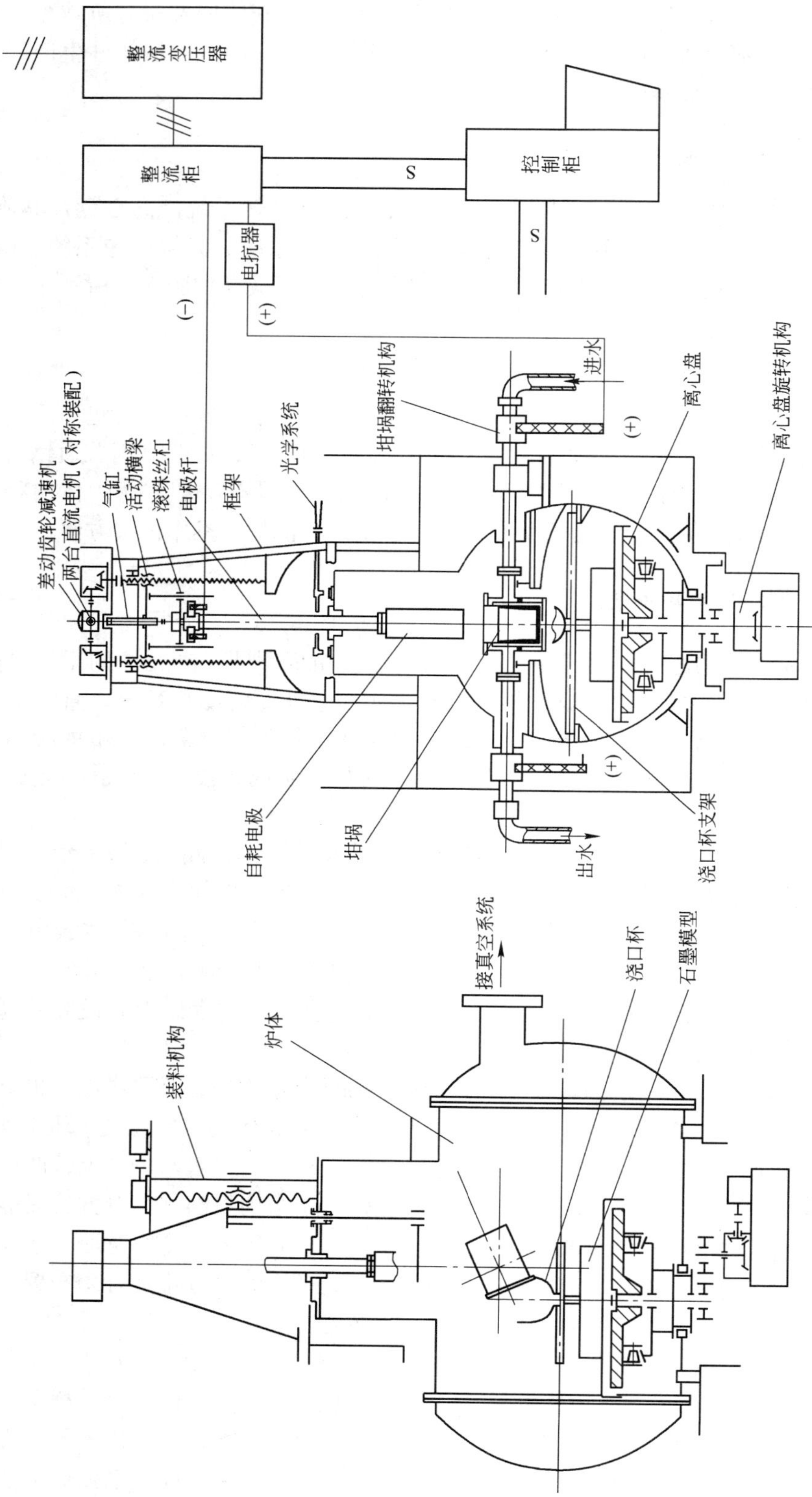

图 5-6 ZT-500kg 凝壳炉示意图

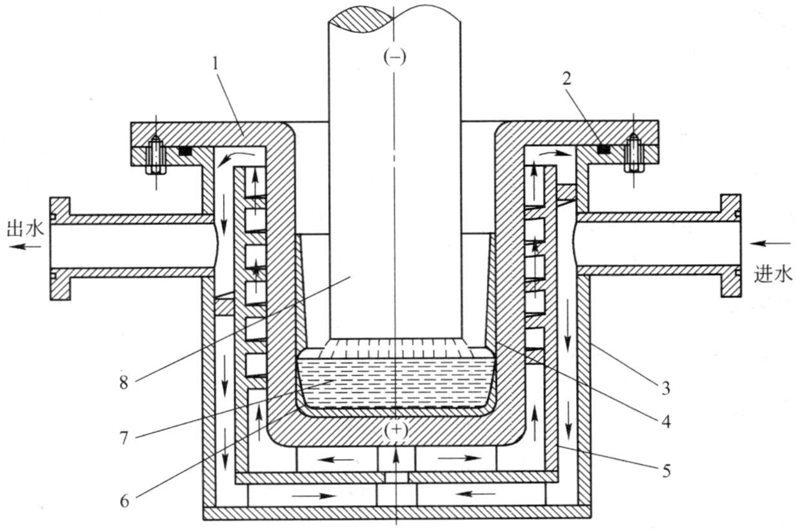

图 5-7 500kg 凝壳炉熔化工艺过程及坩埚结构示意图
1—坩埚；2—密封圈；3—冷却水套；4—凝壳（前壳）；5—隔水套；
6—凝壳（后壳）；7—钛熔液；8—自耗电极

晶成铸锭，而凝壳炉是采用大电流，在很短的时间内快速熔化出所需的液态金属，并且立即倾翻浇铸到模型内。

凝壳炉熔化前（装炉时），首先要将凝壳放入坩埚内，但在第一次或更换熔炼材质时，坩埚内没有凝壳可放，必须自生凝壳。而后熔化时就要将所生成的凝壳（称前壳）放入坩埚内，以维护坩埚和洁净金属。

在熔化过程中前壳是随熔池熔液表面的热流温度连续不断地熔化，同时又连续不断地生成新的凝壳。如图 5-7 所示，这个过程是熔池不断升高，前壳不断熔化而减少，最终熔化完。新的凝壳随即生成。

凝壳炉在熔化过程中，在电弧高温作用下，通过熔池表面的热流密度达 150 ~ 180W/cm^2。电弧释放出的 40% ~70% 的热量通过坩埚传导给冷却水带走，从而在坩埚壁上形成高的温度梯度，由于冷却水的作用，凝壳内表面的温度等于或接近金属的结晶温度，很快金属熔池在坩埚内表面又凝结成一个新壳。当凝壳内表面温度达到钛的结晶相应温度时，与金属坩埚内表面相接触的凝壳的表面温度达 300 ~ 450℃，而从凝壳表面温度传到坩埚外水套时就只有几十摄氏度了[1]。

凝壳炉熔炼过程中，凝壳起双重作用：它避免了液态金属与坩埚直接接触，从而防止了熔池中液态金属被坩埚材料沾污；又保护坩埚的工作表面不受液态金属的破坏，凝壳减少热散失。凝壳厚度的均匀性取决于电弧弧柱相对于坩埚的轴线位置和坩埚冷却的均温效果。凝壳重量一般要小于熔化总量的 30% 较为合理，它与熔炼速度、起弧料的加入量（残料块）、坩埚壁厚、冷却水的出水温度有直接关系。

坩埚的内径 D 取决于炉子的容量和自耗电极的直径 d，通常电极直径与坩埚直径之比

d/D 在 0.5 ~ 0.7 之间选取；而坩埚的深度与直径比 H/D 大约为 1.1 ~ 1.5，紫铜坩埚的壁厚直接关系到凝壳炉工作的安全性，壁厚太小，冷却效果好，但凝壳厚，液态金属溶液相对减少，熔炼过程中易被击穿，发生事故。实践证明紫铜坩埚的壁厚一般控制在 16 ~ 20mm 最好。

表 5-2 给出了几种型号规格凝壳炉的设计基本参数，据此可进行坩埚的热功计算以及其他设计参数的依据。按自耗电弧炉的热功计算方法计算。表 5-2 中所有数据是来自生产现场的实际统计平均值，已被证明是完全可行的。在生产实际中，坩埚使用一段时间后由于反复受热，会产生坩埚中部沿直径方向，向里收缩（收腰）变形，不易出壳的现象，坩埚就无法再继续使用了。设计时必须在结构上考虑。

表 5-2 几种凝壳炉的紫铜坩埚基本参数

基本参数 \ 炉子规格/kg	25	100	150	250	500	参 数
铸件重量/kg	25	100	150	250	500	$d/D = 0.6 \sim 0.8$； 熔化系数 = 熔化速度 ÷ 弧电流，取熔化系数为 0.6 ~ 0.75kg/(kA · min)； $H = (1.1 \sim 1.5)D$； $K = q/q + g \times 100\%$ 越小越好
最大电流/kA	10	24	30	30	36	
熔炼速度/kg · min^{-1}	6	16	22	18	25	
电极直径/mm	150	200	296	350	440	
坩埚直径/mm	230	360	400	460	550	
坩埚深度/mm	360	400	500	600	720	
坩埚壁厚/mm	10	15	15	15	20	
凝壳比/%	<30	<30	<30	<30	<30	

注：D 为坩埚直径；d 为电极直径；H 为坩埚深度；K 为凝壳比；g 为浇注钛液重量；q 为凝壳重量。

我国在 25 ~ 500kg 的凝壳炉上都采用紫铜坩埚。其优点是导电性好以及对活性金属熔炼避免了污染，缺点是易发生电弧击穿坩埚事故，为克服这些缺点，俄罗斯等国为了安全，采用石墨坩埚，图 5-8 为石墨坩埚结构示意图。熔化中与石墨坩埚内表面相接的凝壳的表面温度可达 900 ~ 1200℃，钛在 1100℃时能强烈地吸收碳，使钛增碳，改变熔炼金属成分，因而提出了在该温度下获得最佳凝壳厚度的主张，并把石墨坩埚用于 8kg 以上的凝壳炉上，而我国仅用于 1kg 以下的凝壳炉上，获得了良好的效果，但由此产生的凝壳难以回收再利用。据文献［1］报道，采用石墨坩埚熔炼钛时，每炉次会增碳 0.02%，而且会

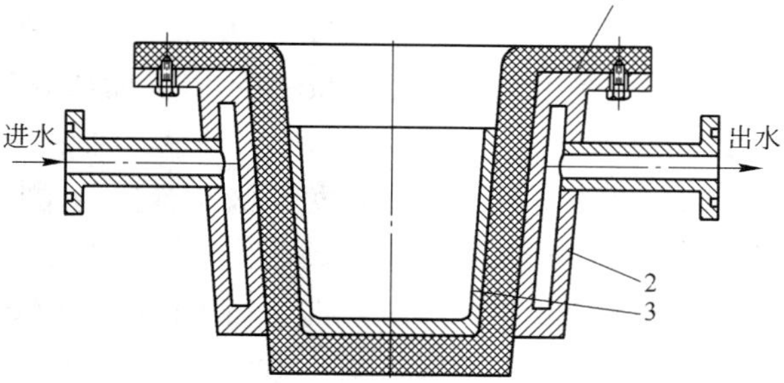

图 5-8 石墨坩埚结构示意图
1—石墨坩埚；2—冷却水套；3—凝壳

影响钛合金的铸造性能（主要是流动性），并使薄壁铸件的成品率降低，同时凝壳消耗的金属量比水冷紫铜坩埚高，熔化完所生成的凝壳外层金属显得非常脆，无法回收再用，成本较高，因此大多数国家工业生产用凝壳炉都采用水冷紫铜坩埚，因为紫铜具有良好的导热性和导电性，它在很长时间内都能够稳定地存储大量的热载荷。

（3）冷却水套：冷却水套主要是为冷却坩埚而设置的装置，即坩埚外侧装配于可拆卸的水套内，图 5-7 为坩埚水套结构示意图。水套及导水套（隔水套）都采用不锈钢制成，有的也可采用碳钢制成。冷却水套的结构和尺寸设计要合理，要保证整个系统的水流畅通，并有足够的流量，保证坩埚各部位都能得到充分均匀的冷却，避免出现“蒸汽袋”或“膜状沸腾”。

凝壳炉坩埚的冷却用水量比较大，通常都要建造蓄水池，作为循环供水系统的水源，水质一般用生活水。如条件许可最好用经过软化处理的含矿物质少的净水。坩埚的冷却是保证凝壳炉安全生产特别重要的环节。冷却水的进出水温差一般应控制在 10℃左右。如温水冷却坩埚的出水，水温控制在 40℃左右最好，产生的凝壳相对较薄。由图 5-7 可见，水由翻转轴一侧进入坩埚，再由另一侧排出。坩埚的冷却水水流方向是自下而上，在冷却水路中不易产生气泡，为了防止水套中的水发生“膜状沸腾”，紫铜坩埚外侧表面上水的流速应达到 3～4m/s。500kg 炉实测：水压 0.27MPa，流速 1.79m/s，可以满足 ϕ550mm × 720mm 的紫铜坩埚熔化过程中的冷却。为使坩埚能够得到完全冷却，在外水套与坩埚之间增置中间导水套（隔水套），使水沿螺旋导水环，充分地冷却坩埚的外侧表面，并达到最高处排出。同样可以减少形成“蒸汽袋”的可能性。

坩埚冷却系统的冷却水强度直接影响着熔池的深度和直径以及熔池中金属液的过热度。坩埚底的冷却强度过高，到底部凝壳的热流量减少，将使底部的凝壳增厚；为了在保持侧面凝壳厚度的情况下，增加熔池的深度，就只有减少坩埚底部的冷却强度。目前工业生产使用的凝壳炉，熔炼过程形成的凝壳通常都是底部比侧壁厚，因为冷却水是先从底部进入的，而底部凝壳比上侧壁所形成的凝壳冷却时间长，底部的冷却强度比侧面大。不仅如此，它还影响熔池过热度，因此一定要控制适当。据文献［1］报道紫铜坩埚与钛凝壳接触表面的最高允许温度只能达到 500℃，如果紫铜坩埚壁的厚度大于 30mm，而水冷系统总管道压力为 0.25～3.0MPa，坩埚水套内的流速不大于 3m/s 的情况下，即使紫铜坩埚与钛凝壳接触表面的温度达到 500℃时，坩埚的冷却表面也不会产生膜状沸腾，仍然可以安全工作。

5.3.3 电极杆及其升降系统

电极杆为双层水冷加套结构，带有气动夹头（结构与电弧炉所用的电极杆相同），可方便地夹紧自耗电极。其升降系统包括快速提升气缸、电极杆、活动横梁、导向柱、滚珠丝杠、传动系统等。传动形式为双导向柱结构，平衡性、稳定性好，传动系统采用两台直流电机通过差动齿轮减速器，使传动机构差速传动，带动电极杆上升下降，使电极正常熔炼（后面通过计算进一步详细表述）。也可采用目前最先进的交流数字伺服电机驱动谐波涡轮减速机，带动滚珠丝杠转动，使电极杆升、降，以满足熔炼时的慢速熔炼和快速反应，并设有手动开关辅助快速升、降，熔炼时具有短路快速提升和长弧快速下降自动控制，电磁制动，保证在工作和断开情况下，不会因电极自身重量而下滑。电极杆的位置行程升降速度可在操作室进行数字显示。当熔化结束时，在断开熔化电源的同时，气缸在2~5s内将电极杆快速提升到上限位，坩埚自动倾翻，浇铸，如图5-9所示。

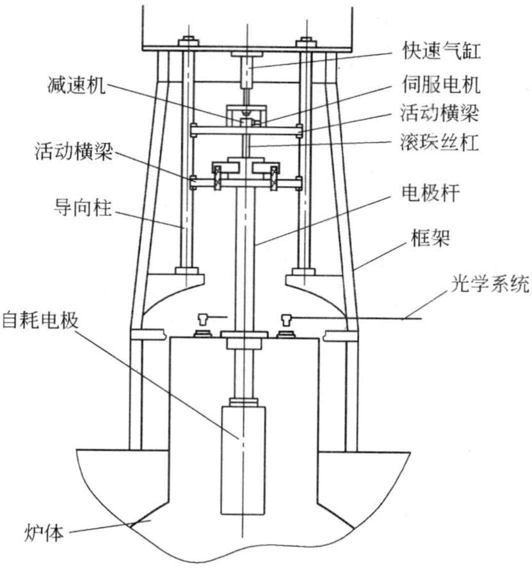

图5-9 ZT-500kg凝壳炉伺服电机驱动电极杆升降示意图

5.3.4 光学观察系统

为了观察、监控熔化过程中弧区电弧情况，采用数字工业摄像机，从炉盖上对称的两个观察孔分别对坩埚中的电弧进行观察，并把信号汇总合成一个完整的图像后传输至操作台上的监视器（视频），使操作人员清晰地掌握炉内的熔化及电弧的稳定情况。摄像机抗干扰能力强。设计有信号屏蔽处理系统，以获得稳定的图像。参照电弧炉的光学装置。

5.3.5 装料机构

根据设备相对较大的特点，设计了专门的装料机构，它是由立柱、电动机、减速器、装料杆、夹具、活动梁、丝杠等组成，见图5-8装料机构部分示意图，装料时（自耗电极）由天车将电极从炉子顶部装料孔吊入炉内，再由装料杆上的夹具卡紧电极，由电机带动减速器，使丝杠转动，带动活动梁，使装料杆上升、下降，并用手动链轮旋转料杆，将电极装入坩埚内或与电极杆装配在一起。

5.3.6 离心转盘机构

该机构由电动机、转动轴、离心盘、机座组成，见图5-6离心转盘机构。采用变频无级调速，可以使铸型得到不同的转速，离心盘的转数范围为0~250r/min。为了使转盘平稳转动，转盘下部装配有6个滚轮，并经过这6个滚轮，把转盘上的负荷接传到机座上，机座坐落在基础上，并与炉体连接，通过机座的支撑，可以大大减少转盘的振动。工作时把铸件的模型放在离心盘上，利用盘上的燕尾槽及螺杆固定好，按工艺要求调节好转数以待浇铸。离心盘直径的大小取决于炉膛的尺寸和炉子的容量，炉子的离心盘直径为2080mm。

5.3.7 真空系统

真空系统是以油增压泵和罗茨泵为主泵，中间泵为两台罗茨泵，再串联两台前级泵，由油增压泵的维持机械泵和预真空机械泵、电磁气动真空挡板阀、测量规管、真空计、真空管道等组成，如图5-13所示。真空系统的特点与真空自耗电弧炉的真空系统相类似，但与此匹配的真空抽气系统比电弧炉的要大。这是因为真空系统除了能满足一般自耗电极熔化的工艺过程排气要求之外，更重要的是浇铸时熔融金属进入浇口杯、浇道、石墨型时，在单位时间内会释放出大量的气体，其放气量大大超过熔化时在单位时间内的放气量，设计时必须考虑。

5.3.8 电源部分

熔化电源为双反星形整流电路，参照电弧炉电源设计计算方法。其参数为20kA/50V两台并联，最大电流为40kA，空载输出电压为70V，电源进线电压为10kV。电源至炉体的供电采用紫铜母排，炉体到电极杆和坩埚翻转轴采用水冷软电缆方式。图5-10为电源系统结构简图。可参考电弧炉电源部分的设计与计算，两者是相同的。

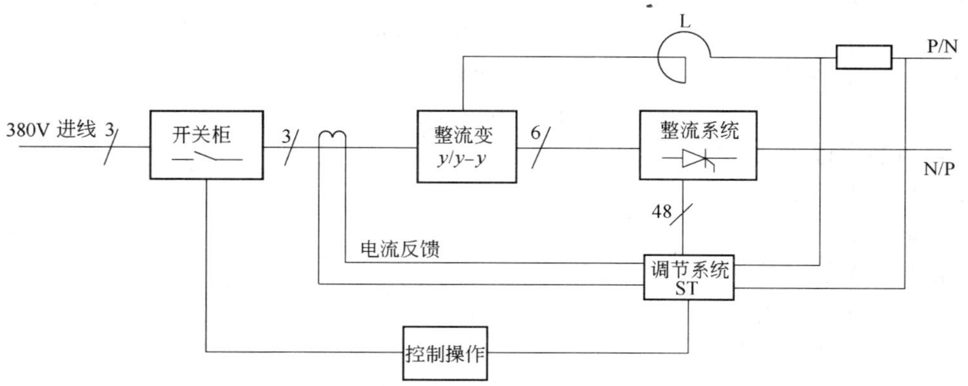

图5-10 电源系统结构简图

5.3.9 电气控制系统

电控系统用于控制整个工作过程。采用可编程控制器来控制所有动作，在操作室远程控制，同时炉前设有操作箱，熔化过程用弧压自动控制，可编程序控制器自动控制熔化、浇铸全过程。并设有水、气、压力、电源等故障的远程诊断，异常报警及必要的保护功能，设有电极熔化长度数字显示器、弧压数字显示器、熔化时直流输出电压表、电流表、熔化时间计时器、真空控制仪、水压指示器、离心盘转数器等，特别是配置最先进的自动起弧并转入自动熔化功能，无需人工干预。参照电弧炉电气控制。

5.3.10 计算机监控系统

采用工业控制计算机，对所有参数实时记录和打印。计算机与程控器进行数据通讯。将炉子的运行状态和故障以图形界面直观地显示在屏幕上，便于操作和维护。所有记录的熔化参数可以保存一年，任意打印每一炉次的参数。参照电弧炉计算机监控系统。

5.3.11 操作车

操作车在图5-6中未表示出，操作车是铲车式结构，在炉门前铺设的轨道上行驶，是装出炉的附属设备。主要是将离心盘连同其上所装置的铸件、铸型等一起铲出炉外，或将在炉外准备好的铸型装入炉内，当坩埚脱壳时可将操作车的两臂插入坩埚前脱出。当更换坩埚时，操作车两臂可以托起坩埚装卸。浇口杯及其托架的装入、取出都由操作车来完成。因为炉室较大，天车无法完成，所以设置了操作车。操作车的升降行程由液压系统驱动。前进、后退由电动机驱动减速器完成。

5.4　500kg 凝壳炉的设计计算实例

5.4.1　主要技术参数

500kg 凝壳炉的主要技术参数如下：

（1）炉子最大浇铸钛液重量：500kg；

（2）坩埚规格：　a　ϕ557mm × 720mm；

　　　　　　　　b　ϕ460mm × 600mm；

（3）自耗电极直径：　a　ϕ440mm；

　　　　　　　　b　ϕ350mm；

（4）可装电极最大长度（含辅助电极）：1600mm；

（5）可装电极最大重量：1000kg；

（6）硅整流电源：

空载电压小于 80V；工作电压 20 ~ 42V；

（7）最大工作电流：40kA；

（8）炉室容积：46200L；

（9）极限真空度：1×10^{-1}Pa；

（10）工作真空度：1Pa；

（11）升压率：1.33L/s；

（12）离心盘直径：ϕ2200mm；

（13）铸型最大尺寸：a　静止浇铸直径　ϕ2000mm，高 1000mm；

　　　　　　　　b　离心浇铸直径　ϕ2000mm，高 1000mm；

（14）离心盘转数：0 ~ 250r/min，可正、反转，变频调速，离心盘最大偏心载荷 30kg/m；

（15）熔化速度：20 ~ 25kg/min；

（16）坩埚翻转角度：0° ~ 105°/1 ~ 2s；

（17）抽空时间（连续生产）小于 40min；

（18）电极杆升降速度：a　电极杆快速提升 520mm/min；

　　　　　　　　b　电极杆下降 0 ~ 350mm/min；

（19）电极杆行程：830mm；

（20）气缸行程：970mm/2s，快速提升速度大于 0.6m/s；

（21）电极杆总行程：1800mm；

（22）自动浇铸周期（从断开熔化电源到浇铸结束）小于 6s；

（23）坩埚进出水温差小于 10℃，最大出水温度小于 45℃；

（24）坩埚耗水量：30m^3/h；

（25）操作车最大重量 5t；行程 3m。

5.4.2　基本参数的设计计算

根据浇铸钛液重量 500kg 或 250kg，确定熔化量 G，按如下公式计算：

$$G = 1.28q \tag{5-1}$$

式中　q——浇铸量，500kg 或 250kg。

浇铸量为 500kg 的熔化量：

$$G = 1.28 \times 500 = 640\text{kg}$$

浇铸量为 250kg 的熔化量：

$$G = 1.28 \times 250 = 320\text{kg}$$

以上两种计算结果，是采用两种不同容量的坩埚和所配备的自耗电极的熔化量。钛液体有约 22% 结晶成凝壳，从坩埚里可倒出的液体分别为 500kg 和 250kg，即浇铸量。

5.4.3　坩埚直径（D）和深度（H）的选择

坩埚直径和深度取决于炉子的熔化量和自耗电极，如图 5-11、图 5-12 所示。

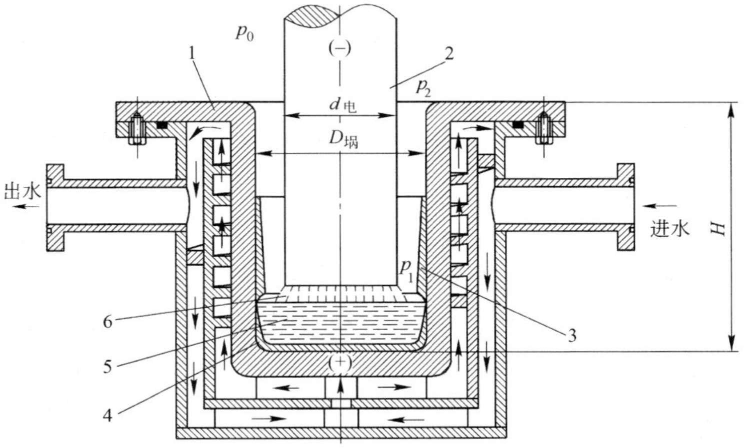

图 5-11　500kg 凝壳炉熔化工艺过程坩埚与电极关系示意图
1—坩埚；2—自耗电极；3—凝壳（前壳）；4—凝壳（后壳）；5—钛熔液；6—电弧

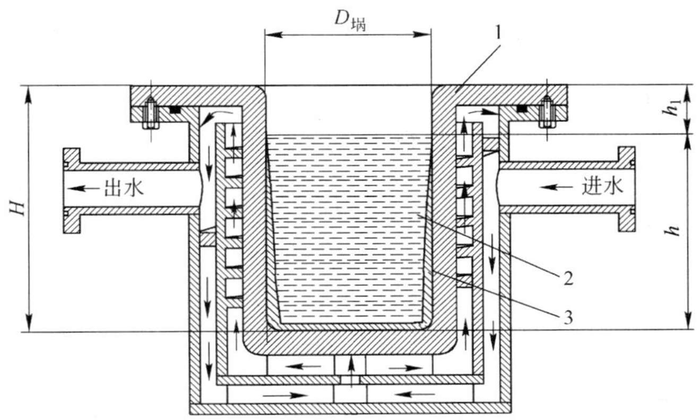

图 5-12　500kg 凝壳炉坩埚及其熔化量尺寸关系图
1—坩埚；2—钛熔液；3—凝壳（后壳）

5.4.3.1 坩埚直径的选择

坩埚内径取决于自耗电极直径，计算和选择坩埚内径，必须符合下面3个条件：

（1）坩埚的最大容量：能满足最大浇铸钛液重量500kg或250kg；

（2）坩埚内径与电极外径的间隙：电极在坩埚内熔化，它们之间的间隙必须大于起弧距离，一般要求在50～60mm范围内，如果间隙小于50mm就必须修正。因为熔化时，坩埚内要放入凝壳，凝壳有一定的厚度，所以要保证自耗电极外径与凝壳内表面之间的间隙大于30mm。

（3）坩埚直径的计算：根据上述条件要求，凝壳炉坩埚直径按下式计算：

$$D = d + (110 \sim 120) \tag{5-2}$$

该凝壳炉采用ϕ440mm和ϕ350mm两种规格的自耗电极，按公式（5-2）分别计算出坩埚直径。

已知自耗电极为ϕ440mm，计算坩埚直径：

$$D = \frac{440}{0.79} = 557\text{mm}$$

$D = 440 + (110 \sim 120) = 550 \sim 560\text{mm}$，取$D = 560\text{mm}$。

间隙判断：$\dfrac{D-d}{2} = \dfrac{560-440}{2} = 60\text{mm}$，间隙在55～60mm范围内选取。

5.4.3.2 坩埚深度（H）值的选择

坩埚深度与熔化电流强度有关，通常水冷铜坩埚的深度与坩埚直径之比H/D为1.3～1.5，我们取$H/D=1.3$，这个数据的选择没有超过1.5，最好选小些为好。如果比值大，则坩埚深，会使炉体加大，更重要的一点是凝壳增厚而不均匀，也增加了浇铸流程不利因素。为了防止熔化过程中金属液体的飞溅和溢出，最高熔池表面到坩埚上沿要有一定的距离空间，所以需将比值适当取大些，故选$H/D=1.3$。将计算出的坩埚直径ϕ560mm代入式中得：

$$H = 1.3 \times 560 = 728\text{mm}$$

还可按图5-12所示标注计算即：

$$H = h + h_1 \tag{5-3}$$

式中 h_1——液面到坩埚上沿高度，cm；

h——钛熔液深度，cm，其值可按下列方程式计算得出，

$$G = \frac{1}{4}D^2\pi h\gamma$$

则

$$h = \frac{4G}{D^2\pi\gamma} \tag{5-4}$$

式中 G——熔化量，其值为640kg；

γ——按钛的密度（液体钛密度不详），$\gamma = 4.5 \times 10^{-3}\text{kg/cm}^3$；

D——坩埚直径，其值为ϕ560cm。

将已知值代入上式得：

$$h = \frac{4 \times 640}{56^2 \times 3.14 \times 4.5 \times 10^{-3}} = 57.8\text{cm} \approx 580\text{mm}$$

根据现场实际，一般 $h_1 = 140\text{mm}$ 最佳。

将已知值代入式（5-3）得：

$$H = h + h_1 = 580 + 140 = 720\text{mm}$$

以上两种计算结果相近，选取 $H = 720\text{mm}$。

对于250kg 浇铸量所用坩埚和自耗电极直径，同理可求出：

$$D = 460\text{mm};\ H = 600\text{mm}$$

5.4.4　熔化速度及熔化时间的确定

（1）熔化速度：即单位时间（min）熔化金属的重量，按下式计算：

$$v = (0.6 \sim 0.75)I \tag{5-5}$$

式中　v——熔化速度，kg/min；

I——熔化电流，取 $I = 36\text{kA}$。

将已知数代入上式得：

$$v = (0.6 \sim 0.75) \times 36 = 21.6 \sim 27\text{kg/min}$$

选取熔化速度为25kg/min（电弧电流36kA，电弧电压为38～42V 时）。

（2）熔化时间，即以平均熔化速度熔化一定重量的自耗电极所需要的时间。熔化时间的长短，取决于熔化速度的快慢、熔化速度和熔化时间的选择，熔化时间的长短直接关系到炉子的浇铸量。在熔速及冷却条件一定时，当熔化时间短时，所形成的凝壳壁薄、重量轻，浇铸量就多。这是主观愿望所期待的，但浇铸量有一定的限度，所以熔化速度也不能太快，故熔化时间的选择是很重要的。熔化时间按下式计算：

$$t = \frac{G}{v} \tag{5-6}$$

式中　t——熔化时间，min；

G——熔化量，其值为640kg；

v——熔化速度，其值为25kg/min。

代入上式得：

$$t = \frac{640}{25} = 25.6\text{min}$$

对于500kg 凝壳炉熔化时间要控制在35min 内，这个数据经实践证明是可行的。对于250kg 浇铸量所用坩埚，同理可计算出，$v = 20\text{kg/min}$（平均值），$t = 16\text{min}$。

5.4.5　热平衡计算炉子的功率

炉子功率的设计计算是依据自耗炉的计算方法并考虑到凝壳炉与自耗炉在熔化过程中存在的差异以及实际状况，对某些参数作了必须的调整。如在电弧炉中熔池内钛金属熔液表面的温度一般取 $t_表 = 1850℃$，而对凝壳炉必须具有一定的过热度，根据文献［2］报告，采用红外光学测温计对凝壳炉熔池表面测温，熔池表面的温度在1730～1820℃之间。熔池的平均过热度在60～200℃之间，难以超过200℃。但这一数据与电流大小、熔速等因素有直接的关系。综合以上数据，对于凝壳炉，我们要求熔池表面的温度愈高愈好，为了提高熔池的过热度，在电源输出电流方面要有一定裕度，所以在电弧炉的取值基础上再提高200℃的过热度，即 $t_{表}=1850+200=2050$℃，作为计算参数。

坩埚的功率计算如图5-13所示，由图5-13分析可知，在熔化过程中，熔化区域的功率或热平衡由下式表述：

$$P_{弧出}=P_{效}+P_{电极}+P_{辐}+P_{辐极}+P_{蒸}+P_{液}+P_{弧柱} \tag{5-7}$$

式中 $P_{弧出}$——电源消耗在电弧上的功率，kW；
$P_{效}$——在单位时间熔化金属所需的有效功率，kW；
$P_{电极}$——由电极传导的热损失功率，kW；
$P_{辐}$——由熔池环形表面热辐射的损失功率，kW；
$P_{辐极}$——熔池向电极端部的辐射热损失功率，kW；
$P_{蒸}$——熔化中由于金属蒸发所带走的热损失功率，kW；
$P_{液}$——经熔池液体金属传导出去的热损失功率，kW；
$P_{弧柱}$——熔化时，电弧弧柱放出的热损失功率，kW。

整个炉子的热平衡功率分析由下式表述：

$$P_{炉}=P_{弧出}+P_{电焦}+P_{杆焦}+P_{导焦}+P_{轴焦} \tag{5-8}$$

式中 $P_{炉}$——炉子消耗的总功率，kW；
$P_{弧出}$——电源消耗在电弧上的功率，kW；
$P_{电焦}$——消耗在自耗电极的热量引起的功率损失，kW；

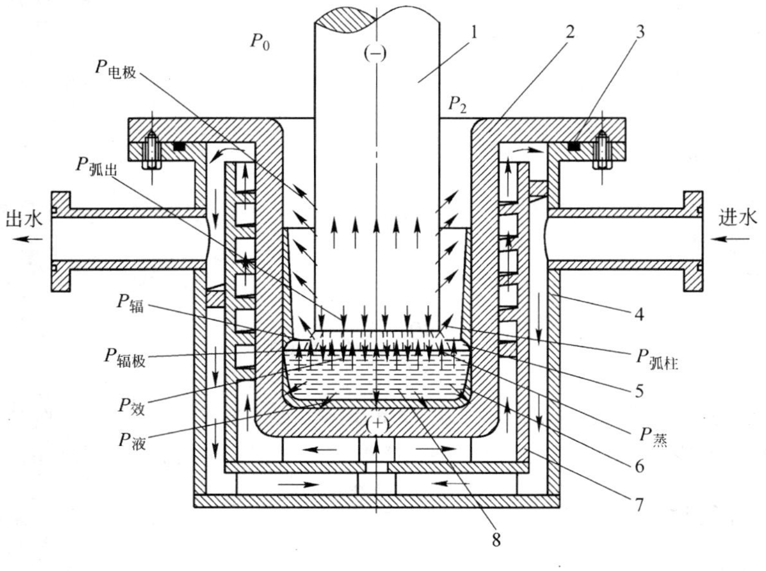

图5-13　500kg凝壳炉熔化工艺过程的热损失示意图
1—自耗电极；2—坩埚；3—密封圈；4—冷却水套；5—凝壳（前壳）；
6—凝壳（后壳）；7—隔水套；8—钛熔液

$P_{杆焦}$——消耗在电极杆热量引起的功率损失，kW；

$P_{导焦}$——消耗在电极杆夹头、导电法兰与辅助电极接触的热量引起的功率损失，kW；

$P_{轴焦}$——消耗在坩埚翻转轴（导电轴）上的热量引起的功率损失，kW。

（1）单位时间内熔化金属所需有效功率 $P_{效}$ 由公式（4-76）得：

$$P_{效} = v\left(a\frac{t_{表}}{t_{熔}} + b\right)$$

式中 v——熔化速度，经计算取 25kg/min；

$t_{表}$——熔池表面金属熔液的温度，钛取 2050℃；

$t_{熔}$——金属钛的熔点，1668℃；

a，b——系数，查表 4-22，钛为 $a = 26.8$，$b = 1.7$。

则
$$P_{效} = 25 \times \left(26.8 \times \frac{2050}{1668} + 1.7\right) = 866\text{kW}$$

（2）熔化工艺过程的热损失计算如下。

1）电极传出的热损失功率 $P_{电极}$，由公式（4-77）得：

$$P_{电极} = eD_{电}^{\frac{3}{2}}\left(\frac{T_{端}}{T_{熔}}\right)^{\frac{5}{2}}$$

式中 e——系数，查表 4-22 钛为 140kW/m^2；

$T_{端}$——电极端部的绝对温度，钛取 1991K；

$T_{熔}$——钛熔化的绝对温度，取 1941K；

$D_{电}$——自耗电极直径，取 $\phi 0.44$m。

则
$$P_{电极} = 140 \times 0.44^{\frac{3}{2}}\left(\frac{1991}{1941}\right)^{\frac{5}{2}} = 43.74\text{kW}$$

2）未被电极遮住部分熔池辐射的热损失功率，由公式（4-78）得：

$$P_{辐} = fD_{埚}^2\left[1 - \left(\frac{D_{电}}{D_{埚}}\right)^2\right]\left(\frac{T_{表}}{T_{熔}}\right)^4$$

式中 f——系数，查表 4-22 钛为 223kW/m^2；

$D_{电}$——自耗电极直径，为 $\phi 0.44$m；

$D_{埚}$——坩埚直径，为 $\phi 0.55$m；

$\frac{T_{表}}{T_{熔}}$——熔池表面与金属熔化的绝对温度比，查表 4-21，钛为 1.09。

则
$$P_{辐} = 223 \times 0.55^2\left[1 - \left(\frac{0.44}{0.55}\right)^2\right](1.09)^4 = 34.3\text{kW}$$

3）熔池向电极端部的辐射热损失功率 $P_{辐极}$，由公式（4-80）得：

$$P_{辐极} = hD_{电}^2\left[\left(\frac{T_{表}}{T_{熔}}\right)^4 - \left(\frac{T_{端}}{T_{熔}}\right)^4\right]$$

式中，h 为系数，查表 4-22，钛为 213kW/m^2；其他符号同上。

则
$$P_{辐极} = 213 \times 0.44^2(1.09^4 - 1.03^4) = 11.55\text{kW}$$

4）液态金属蒸发的热损失功率 $P_{蒸}$，由公式（4-81）得：

$$P_{蒸}=d_1D_{埚}^2\left[1-\left(\frac{D_{电}}{D_{埚}}\right)^2\right]e^{-0.548\sqrt{P_{弧}}}$$

式中　d_1——系数，$d_1=5.8\times10^{-4}g_{蒸}^0\cdot q_{蒸}$。可查表4-22，钛为539.4kW/(m²·h)；

$g_{蒸}^0$——钛液在熔池表面温度下的蒸发速度，由相关曲线查得为500kg/(m²·h)；

e——自然对数的底数，e=2.71828…；

$P_{弧}$——弧区压强，钛熔化工艺条件6.65Pa；

$q_{蒸}$——金属的蒸发热，钛为1860kW/kg。

则
$$P_{蒸}=534.4\times0.55^2\left[1-\left(\frac{0.44}{0.55}\right)^2\right]e^{-0.548\sqrt{6.65}}=14.3\text{kW}$$

5）液态金属的传导热损失功率 $P_{液}$，由公式（4-83）得：

$$P_{液}=\varphi_1D_{埚}^{3/2}\left(\frac{t_{表}}{t_{熔}}-1\right)^{7/6}$$

式中，φ_1 为系数，查表4-22钛为2920；其他符号同上。

则
$$P_{液}=2920\times0.55^{3/2}\left(\frac{2050}{1668}-1\right)^{7/6}=214.3\text{kW}$$

6）电弧弧柱放出的热损失功率 $P_{弧柱}$，由公式（4-84）得：

$$P_{弧柱}=P_{弧出}\frac{4D_{锭}S}{D_{电}^2+D_{埚}^2+4D_{锭}S}$$

式中　$P_{弧出}$——电弧的逸出功率，kW；

S——电弧长度，熔化钛金属，弧长控制在20～30mm，取20mm；

其他符号同上。

则
$$P_{弧柱}=P_{弧出}\frac{4\times0.02\times0.55}{0.44^2+0.55^2+4\times0.55\times0.02}=P_{弧出}0.0814\text{kW}$$

电源消耗于电弧上的功率 $P_{弧出}$ 由公式（5-7）得：

$$P_{弧出}=866+43.74+34.3+11.55+14.3+214.3+0.0814P_{弧出}$$

则
$$P_{弧出}=\frac{1184.19}{0.9186}=1289.12\text{kW}$$

而
$$P_{弧柱}=0.0814\times1289.12=105\text{kW}$$

对于250kg浇铸量，采用ϕ460mm×600mm的紫铜坩埚，用同一方法计算得出，分别为：$P_{弧出}$=1102kW；$P_{效}$=866kW；$P_{电极}$=31kW；$P_{辐}$=28.1kW；$P_{辐极}$=7.31kW；$P_{蒸}$=6.66kW；$P_{液}$=151.6kW；$P_{弧柱}$=110.2kW。

5.4.6　工作电流 I_I 与电弧电压 $U_{弧}$ 的计算

5.4.6.1　工作电流 I_I

工作电流即电弧电流，在短弧熔炼的情况下，电弧电流 I_I 与电弧电压 $U_{弧}$ 由式(4-73)计算：

$$U_{弧} = U_0 + a_1 I_I$$

因为
$$P_{弧出} \times 10^3 = U_{弧} I_I = U_0 I_I + a_1 I_I^2$$

可用二次方程解得：

$$I_I = \frac{-U_0 \pm \sqrt{U_0^2 - 4a_1(-10^3 P_{弧出})}}{2a_1}$$

式中　U_0——电弧的阳极区电压降和阴极区电压降之和，也可称电弧电压不变分量，查表4-22，$U_0 = 19.8\text{V}$；

a_1——系数，查表4-22，$a_1 = 10^{-3}\Omega$。

则
$$I_I = \frac{-19.8 \pm \sqrt{19.8^2 + 4 \times 10^{-3} \times 10^3 \times 1289.12}}{2a_1}$$

$$= \frac{-19.8 \pm 74.49}{2 \times 10^{-3}} = 27345\text{A}$$

用公式 $ax^2 + bx + c = 0$，计算得 $x = \frac{-b \pm \sqrt{b^2 - 4ac}}{2a}$，该计算中根号前取正号，因为电流不能为负值。

5.4.6.2　电弧电压 $U_{弧}$

电弧电压即弧光放电时，两极间的电压降，由公式（4-73）得：

$$U_{弧} = U_0 + a_1 I_I$$

则
$$U_{弧} = 19.8 + 10^{-3} \times 27345 = 47.15\text{V}$$

5.4.7　凝壳炉的热平衡功率及电源输出电压计算

5.4.7.1　凝壳炉的热平衡功率计算

A　电极杆的焦耳热引起的功率损失 $P_{杆焦}$

（1）电极杆上电阻 R_g 按公式（4-65）得：

$$R_g = \rho \frac{L_g}{A}$$

式中　L_g——电极杆长度，已知 $L_g = 2.616\text{m}$；

A——紫铜导电杆通电截面积，已知内径为 $\phi 120\text{mm}$，外径为 $\phi 170\text{mm}$，经计算 $A = 11382.5\text{mm}^2$；

ρ——紫铜的电阻率为 $1.75 \times 10^{-6}\Omega \cdot \text{mm}^2/\text{m}$。

则
$$R_g = 1.75 \times 1.75 \times 10^{-2} \times \frac{2.616}{11382.5} = 4.02 \times 10^{-6}\Omega$$

（2）电极杆上的电压降 $U_{杆}$：

$$U_{杆} = I_I R_g = 27235 \times 4.02 \times 10^{-6} = 0.11\text{V}$$

（3）焦耳热功率 $P_{杆焦}$：

$$P_{杆焦} = 10^{-3} U_{杆} I_I = 10^{-3} \times 0.11 \times 27345 = 3\text{kW}$$

B 电极杆导电法兰与辅助电极接触（夹紧）的热量引起的功率损失 $P_{导焦}$

（1）导电法兰的接触电阻 R_{K0}，由公式（4-66）得：

$$R_{K0} = KP^{-\frac{1}{n}}$$

式中 K，n——常数，查表4-16，取 $K = 3.4 \times 10^{-4}$，取 $n = 0.5$；

P——接触压力，取8kg。

则 $$R_{K0} = 3.4 \times 10^{-4} \times 8^{-\frac{1}{0.5}} = 5.31 \times 10^{-6}\Omega$$

（2）电压降 $U_{导}$：

$$U_{导} = I_I R_{K0} = 27345 \times 5.31 \times 10^{-6} = 0.145\text{V}$$

（3）焦耳热功率 $P_{导焦}$：

$$P_{导焦} = 10^{-3} U_{导} I_I = 10^{-3} \times 0.145 \times 27345 = 3.97\text{kW}$$

C 自耗电极的热量引起的功率损失

（1）自耗电极全电阻 $R_{极}$：

$$R_{极} = \rho_t \frac{L}{A} \tag{5-9}$$

式中 ρ_t——纯钛的电阻率为 $0.47\Omega \cdot \text{mm}^2/\text{m}$，钛合金（TC4）的电阻率为 $1.6\Omega \cdot \text{mm}^2/\text{m}$，取 $\rho_t = 1.6\Omega \cdot \text{mm}^2/\text{m}$；

A——电极断面积，已知自耗电极直径为 ϕ440mm，电极长度为1800mm（考虑了辅助电极长度），经计算 $A = 152100\text{mm}^2$。

则 $$R_{极} = 1.6 \times \frac{1.8}{152100} = 1.9 \times 10^{-5}\Omega$$

平均电阻 $R_{平}$： $$R_{平} = \frac{1}{2} R_{极} = \frac{1}{2} \times 1.9 \times 10^{-5} = 9.5 \times 10^{-6}\Omega$$

（2）电压降 $U_{极}$：

$$U_{极} = I_I R_{平} = 27345 \times 9.5 \times 10^{-6} = 0.26\text{V}$$

（3）热量功率 $P_{极焦}$：

$$P_{极焦} = 10^{-3} I_I U_{导} = 10^{-3} \times 27345 \times 0.26 = 7.1\text{kW}$$

D 坩埚翻转轴（导电轴）的热量引起的功率损失

已知翻转轴外径为 ϕ125mm，内径为 ϕ75mm，轴长1.9m，两根对称轴装配到坩埚水套上，材质为钢。坩埚翻转轴的热量引起的功率损失计算如下。

（1）翻转轴电阻 $R_{轴}$：

$$R_{轴} = \rho_g \frac{L}{A} \tag{5-10}$$

式中 ρ_g——钢的电导率为 $20 \times 10^{-2}\Omega \cdot \text{mm}^2/\text{m}$；

A——导电断面积，经计算 $A = 15700\text{mm}^2$。

则 $$R_{轴} = 20 \times 10^{-2} \frac{3.8}{15700} = 4.84 \times 10^{-5}\Omega$$

（2）电压降 $U_{轴}$

$$U_{轴} = I_I R_{轴} = 27345 \times 4.84 \times 10^{-5} = 1.32\text{V}$$

（3）热量功率 $P_{轴焦}$

$$P_{轴焦} = 10^{-3} I_I R_{轴} = 10^{-3} \times 27345 \times 1.32 = 36.1\text{kW}$$

E　炉子总功率 $P_{炉}$

由公式（5-6）得：

$$P_{炉} = P_{弧出} + P_{杆焦} + P_{导焦} + P_{极焦} + P_{轴焦}$$
$$= 1289.12 + 3 + 3.97 + 7.1 + 36.1 = 1339.29\text{kW}$$

5.4.7.2　电源输出电压计算

A　炉子工作电压 $U_{炉}$

$$U_{炉} = U_{弧} + U_{杆} + U_{导} + U_{极} + U_{轴}$$
$$= 47.15 + 0.11 + 0.145 + 0.26 + 1.32 = 49\text{V}$$

B　电源输出电压 $U_{源}$

粗略地估计母排的压降损失为5%，则：

$$U_{源} = \frac{U_{炉}}{0.95} = \frac{49}{0.95} = 51.6\text{V}$$

5.4.8　单位能耗及炉子效率的计算

单位能耗计算如下：

$$q = \frac{P_{炉}}{60G} = \frac{1339.29}{60 \times 25} = 0.893\text{kW} \cdot \text{h/kg}$$

炉子效率计算如下：

$$\eta = \frac{P_{效}}{P_{炉}} \times 100\% = \frac{866}{1339.29} \times 100\% = 64.7\%$$

对于250kg浇铸量，采用 ϕ460mm×600mm的紫铜坩埚，用同一方法计算得出，分别为：工作电流 $I_I = 24750\text{A}$；电弧电压 $U_{弧} = 44.55\text{V}$；炉子总功率 $P_{炉} = 1102\text{kW}$；炉子工作电压 $U_{炉} = 45.32\text{V}$；电源输出电压 $U_{源} = 47.7\text{V}$；单位能耗 $q = 0.74\text{kW} \cdot \text{h/kg}$；炉子效率 $\eta = 78.6\%$。

为了提高熔池过热度，缩短熔化时间，减小凝壳的形成厚度，又考虑到熔化过程中一旦发生部分整流臂损坏，还可继续熔化，将电流提高40%，故选择输出电流为40kA的整流装置。

5.4.9　坩埚冷却水带走的热量计算

坩埚冷却水带走的热量由下式计算：

$$Q_{埚} = 860(P_{辐} + P_{蒸} + P_{液} + P_{弧柱} + P_{壳}) \tag{5-11}$$

式中，除 $P_{壳}$ 外，其余各项在热平衡计算中均已计算，所以此处仅计算 $P_{壳}$ 如下：

$$P_{壳} = \frac{0.22 \times v \times 60}{860}[C_{平}(t_{熔} - t_{平}) + g_{熔} + C_{液}(t_{表} - t_{熔})] \tag{5-12}$$

式中　$P_{壳}$——钛液冷凝成壳体所放出的热功率；

$C_{平}$——钛由0～1668℃的平均比热为0.196kcal/(kg·℃)；

$t_{熔}$——钛的熔点，1668℃；

$t_{平}$——钛壳的平均温度，$t_{平} = \frac{t_{熔} + t_{壁}}{2} = \frac{1668 + 450}{2} = 1059$℃；

$t_{壁}$——凝壳壁的温度，取450℃；

$g_{熔}$——钛的熔化热，100cal/kg；

$C_{液}$——1668～2050℃钛液的平均比热为0.24kcal/(kg·℃)；

$t_{表}$——钛液表面温度，取$t_{表} = 2050$℃；

v——熔化速度，25kg/min；

0.22——钛壳生成率，统计计算平均值为22%。

则

$$P_{壳} = \frac{0.22 \times 25 \times 60}{860}[0.196(1668 - 1059) + 100 + 0.24(2050 - 1668)]$$

$$= 0.384 \times 311.044 = 119.44\text{kW}$$

对于500kg浇铸量，所用ϕ557mm×720mm的紫铜坩埚，冷却水带走的热量为：

$$Q_{埚} = 860(34.3 + 14.3 + 214.3 + 105 + 119.44) = 419112.4\text{kcal/h}$$

水流量q由公式（4-39）得：

$$q = \frac{Q_{埚底}}{\gamma_{水} C_{水}(t_{出} - t_{入})}$$

式中　$\gamma_{水}$——在$t_{出}$与$t_{入}$的平均温度下水的比重，取$\gamma_{水} = 1000\text{kg/m}^2$；

$C_{水}$——水的热溶量，取$C_{水} = 1\text{kW/(kg·℃)}$；

$t_{出} - t_{入}$——坩埚出口与入口冷却水温差，一般为（40－20）℃＝20℃。

则

$$q = \frac{419112.4}{1000 \times 1 \times (40 - 20)} = 21\text{m}^3/\text{h}$$

最大热流量q_{max}由公式（4-35）得：

$$q_{max} = 0.5\frac{\lambda t_{熔}}{D_{埚}}$$

式中　λ——平均导热系数，查表4-22，钛的平均导热系数为23kcal/(m·℃·h)；

$t_{熔}$——钛金属的熔点为1668℃；

$D_{埚}$——坩埚直径为ϕ0.55cm。

则

$$q_{max} = 0.5\frac{23 \times 1668}{0.55} = 34876\text{kcal/(m}^2\cdot\text{h)}$$

水的流速W由公式（4-37）得：

$$W = \frac{q}{3600\pi(D_{埚} + 2\delta_{埚} + \delta_{水})\delta_{水}}$$

式中　q——坩埚冷却所需要的水流量，为 $21m^2/h$；

$D_{埚}$——坩埚直径为 $\phi0.55cm$；

$\delta_{埚}$——坩埚的壁厚，为 0.02m；

$\delta_{水}$——水套中水层的厚度，为 0.02m。

则 $$W = \frac{21}{3600\pi(0.55 + 2 \times 0.02 + 0.02) \times 0.02} = 0.152m/s$$

临界热流量 $q_{临}$ 由公式（4-36）得：

$$q_{临} = 1.68 \times 10^6 W^{\frac{1}{3}} p^{\frac{1}{3}}$$

式中　W——冷却水套与坩埚间水的流速，m/s；

p——水的压力，取 $p = 0.35mPa = 3.5kgf/cm^2$。

则 $$q_{临} = 1.68 \times 10^6 \times 0.152^{\frac{1}{3}} \times 3.5^{\frac{1}{3}} = 1.364 \times 10^6 kcal/(m^2 \cdot h)$$

$q_{max} < q_{临}$，安全。由于以上计算出的热流量 $q_{临}$ 是临界值，如果 $q_{max} > q_{临}$，则冷却水将产生气泡，水温将大大超过允许值。所以在一般情况下要求 $q_{max} < q_{临}$ 2～3 倍。

对于 250kg 的浇铸量，采用 $\phi460mm \times 600mm$ 的紫铜坩埚，冷却水带走的热量如下：

$$Q_{埚} = 860(28.1 + 6.66 + 151.6 + 110.2 + 119.44) = 357760kcal/h$$

水流量：

$$q = \frac{357760}{1000 \times 1 \times (40 - 20)} = 18m^3/h$$

最大热流量：

$$q_{max} = 0.5\frac{23 \times 1668}{0.46} = 41700kcal/(m^3 \cdot h)$$

5.4.10　电极杆冷却水带走的热量计算

电极杆冷却水带走的热量，由下式计算：

$$\begin{aligned} Q_{杆} &= 860(P_{电极} + P_{导焦} + P_{极焦} + P_{杆焦}) \\ &= 860(43.74 + 3.97 + 7.1 + 3) \\ &= 49716.6kcal/h \end{aligned} \tag{5-13}$$

水流量 q：

$$q = 10^{-3}\frac{Q_{杆}}{t_{出} - t_{入}} = 10^{-3}\frac{49716.6}{40 - 20} = 24.86m^3/h \tag{5-14}$$

水的流速 W：

$$W = \frac{q}{A} \tag{5-15}$$

式中　A——水流通道断面积，$A = \frac{\pi}{4}(D_1^2 - D_2^2) = \frac{\pi}{4}(195^2 - 170^2) = 7160mm^2$。

则 $$W = \frac{24.86}{0.716 \times 10^{-2} \times 3600} = 0.96m/s$$

5.4.11　500kg 凝壳炉的真空系统设计计算

5.4.11.1　技术条件

技术条件如下：

（1）所用的钛电极是在真空自耗电弧炉中经过一次或二次熔炼的钛锭；

（2）钛的熔化速度最大为 25kg/min；

（3）最大浇铸钛液重量为 500kg；

（4）坩埚规格为 ϕ550mm × 720mm；

（5）自耗电极规格（最大）为 ϕ440mm；

（6）真空室容积为 46.32m^3，内表面均为不锈钢；

（7）炉室极限真空度为 1×10^{-1}Pa；

（8）炉室工作真空度为 $1.33\sim6.65\times10^{-1}$Pa；

（9）升压率为 1.33×10^{-1}Pa/min；

（10）炉室真空由大气压强抽到炉子工作真空度不超过 40min（指连续生产），预真空时间不超过 15min，指由大气压强抽到油扩散喷射泵的工作真空度 13.3Pa；

（11）钛液浇铸时所用石墨铸型是先经过加热、除气处理，否则铸型放气太大而影响炉子的工作真空度以及产品质量。

（12）铸型占用空间为 ϕ2100mm × 1100mm；

（13）真空系统操作方便可靠，故障容易诊断，维护修理方便，并能手动和自动操作；

（14）在设计真空系统时，就要根据上述要求，按照系统设计程序进行设计，其中最重要的是选泵及配泵计算。

5.4.11.2　主泵类型和真空系统的确定

5.4.11.1 给出的第 8 条，钛的熔化工作真空度为 $1.33\sim6.65\times10^{-1}$Pa 以及钛在熔化时要放出部分氢气和钛熔化过程中易发生坩埚击穿事故，将产生大量水蒸气，基于这 3 点，选择以油扩散喷射泵（油增压泵）和罗茨泵并联做主泵，串联罗茨泵（中间泵），再串联前级机械泵的真空系统，如图 5-14 所示。这种真空系统的优点是在 $101325\sim1.33\times10^{-1}$Pa 压强范围内，均有抽速最佳的泵在工作，这样使抽气速度加快。主泵由于有油扩散喷射泵，所以排除含有氢气的气体效率高。系统中有 3 台罗茨泵串联使用，可使主罗茨泵抽速范围加宽为 $1.33\times10^{-1}\sim1.33\times10^{3}$Pa，当与油扩散喷射泵并联使用时，抽速比较大。而且当坩埚出现被击穿事故时，将产生大量水蒸气，也能被罗茨泵及时排出，防止发生气体爆炸。它的缺点是设备复杂、投资大、占地面积大。我国自己设计的，也是目前国内最大的第一台 500kg 真空自耗电极凝壳炉，采用的就是这种真空系统。下面对它进行计算。

5.4.11.3　真空室内放气流量的计算

前面已经讲过，主泵大小是由炉内进行熔化时所放出的气体流量大小决定的。故选泵的首要任务是计算炉内在熔化时的放气流量。

（1）工艺过程中被熔化钛放出气体流量 Q_g 用式（3-4）计算。

$$Q_g = \frac{q_1 G p b_1}{\tau_1} n_1$$

式中　q_1——钛含气量在标准状态下由表 3-1 查得为 0.3 ~ 1.0L/kg，该炉使用的炉料较杂，因此这里取大值 1.0L/kg，使用的自耗电极经过一次真空熔炼后钛的剩余含气量不超过原含气量的 25%，故 $q_1 = 1 \times 25\% = 0.25\text{L/kg}$，第二次重熔时钛的含气量为 0.25L/kg；

$\dfrac{G}{\tau_1}$——钛的熔化速度，且 $\dfrac{G}{\tau_1} = \dfrac{25}{60}$，kg/s；

p——标准大气压强，$p = 101325\text{Pa}$；

b_1——放气程度系数，对于钛在第一次熔炼和第二次重熔时，能放出气体为总含气量的 75% ~80%，这里取 $b_1 = 75\%$；

n_1——钛在熔炼时放气的不均系数，凝壳炉属于电弧熔炼，由表 3-6 查得 $n_1 = 1$。

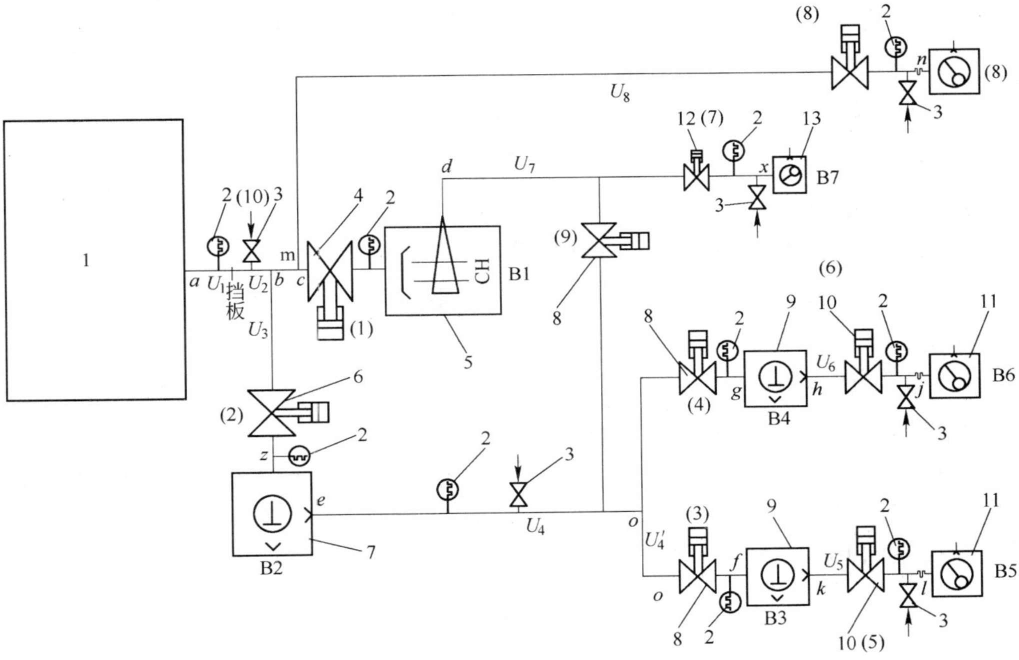

图 5-14　ZH-500kg 真空自耗凝壳炉真空系统示意图

1—熔炼炉室；2—热偶规管；3—电磁充气阀；4—GDQ—J1000 气动阀；5—Z—1000 油扩散喷射泵（主泵）；6—GDQ—J500 气动阀；7—ZJ—5000 罗茨泵（主泵）；8—GDQ—J300 气动阀；9—ZJ—1200 罗茨泵（中间泵）；10—GDQ—J150 气动阀；11—150 机械泵（前级泵）；12—GDQ—J80 气动阀；13—2 × －30 机械泵（维持泵）

第二次重熔过程中钛的气体放出量为：

$$Q_g = \frac{0.25 \times 25 \times 101325 \times 0.75 \times 1}{60} = 7916.02\text{Pa} \cdot \text{L/s}$$

（2）炉内表面和机构表面的放气流量 Q_2 的计算由公式（3-5）得：

$$Q_2 = q_2 A$$

式中　q_2——单位表面积的出气流量，因为炉内壁以及所有构件几乎 90% 以上均为不锈钢件，考虑到使用一段时间后，敷着在构件表面上的挥发物较多，故按原材料查表3-4得：$q_2 = 3.73 \times 10^{-6}\text{Pa} \cdot \text{L}/(\text{cm}^2 \cdot \text{s})$；

A——炉内壁和构件表面积，经计算 $A = 0.8 \times 10^6 \text{cm}^2$。

则
$$Q_2 = 3.73 \times 10^{-6} \times 0.8 \times 10^6 = 2.984\text{Pa} \cdot \text{L/s}$$

（3）石墨铸型的放气流量 Q_3 的计算由公式（3-5）得：

$$Q_3 = q_3 A$$

式中　q_3——石墨型单位表面积的出气流量，石墨型在900℃的真空电阻炉中，经过充分除气后，仍有放气存在，它的放气量为：$1.33 \times 10^{-4} \sim 1.33 \times 10^{-5}\text{Pa} \cdot \text{L}/(\text{cm}^2 \cdot \text{s})$，取 $q_3 = 1.33 \times 10^{-4}\text{Pa} \cdot \text{L}/(\text{cm}^2 \cdot \text{s})$；

A——最大石墨铸型空间的外表面积，经计算 $A = 1.42 \times 10^5 \text{cm}^2$，如考虑最复杂的铸型内表面积，取10倍，则 $A = 1.42 \times 10^5 \times 10 = 1.42 \times 10^6 \text{cm}^2$。

则
$$Q_3 = 1.33 \times 10^{-4} \times 1.42 \times 10^6 = 188.86\text{Pa} \cdot \text{L/s}$$

（4）炉室漏气流量 Q_4 的计算由公式（3-6）得：

$$Q_4 = p_x V$$

式中　p_x——炉室内的升压率，$p_x = 1.3333 \times 10^{-1}\text{Pa} \cdot \text{L/s}$；

V——炉室的体积，经计算 $V = 46320\text{L}$；

则
$$Q_4 = 1.3333 \times 10^{-1} \times 1/60 \times 46320 = 102.91\text{Pa} \cdot \text{L/s}$$

（5）炉室内总放气流量 Q 的计算由公式（3-3）得：

$$Q = Q_g + Q_2 + Q_3 + Q_4 = 7916.02 + 2.984 + 188.86 + 102.91 = 8211\text{Pa} \cdot \text{L/s}$$

5.4.11.4　*炉膛内工作真空度的确定*

5.4.11.1中给出炉子的工作真空度为 $1.33 \sim 6.65 \times 10^{-1}\text{Pa}$，图5-15给出在熔炼时自耗电极在坩埚中的情况，在开始熔炼时，炉膛内的工作压强不同于坩埚内的弧区压强，它们之间的关系如下：

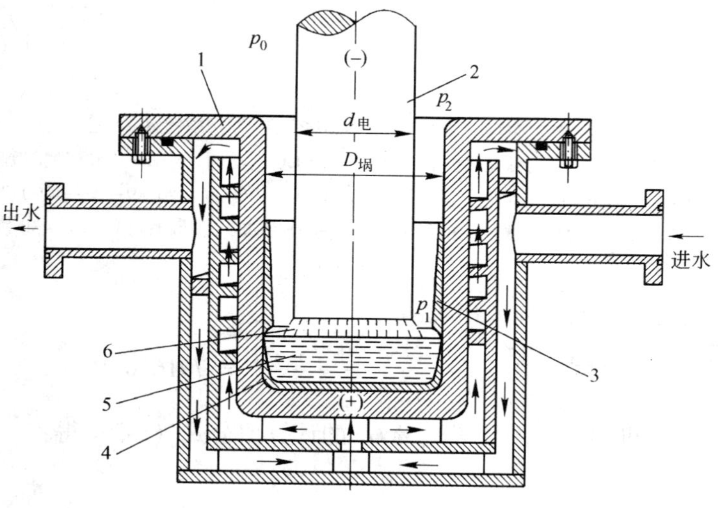

图5-15　500kg凝壳炉熔化工艺过程示意图

1—坩埚；2—自耗电极；3—凝壳（前壳）；4—凝壳（后壳）；5—钛熔液；6—电弧

$$p_0 \leqslant p_2 < p_1 \tag{5-16}$$

式中　p_0——炉膛内工作压强，根据 p_2 值选定；

p_1——坩埚内弧压的压强，通常根据经验来选取。对于熔化金属钛，弧区压强应不高于13.33Pa，从稳弧和防爆来看，弧区压强选为1.33～13.33Pa之间是有利的。综合起来选为6.67Pa即可。为保证安全可将真空度提高到 $p_1=1.33$Pa；

p_2——坩埚口截面上的压强，是未知数，根据计算得到。

由图5-15可知，电极与坩埚间的环形截面的通导能力，按20℃空气分子流状态（此时通导能力为最小）计算如下：

$$C = 0.95 \times 10^{-5} \frac{\sqrt{T} D_1^3 (1 - \varepsilon^2)}{\sqrt{\rho_m} L} K \tag{5-17}$$

式中　ρ_m——在压强 10^{-1}Pa，温度为0℃时，炉料（自耗电极）放出的气体密度，g/cm³，可根据钛熔化时放出的气体种类及其比例来估算，根据实验数据有：氢：氮：氧＝60%：25%：15%。再由表5-3查出各种气体密度，按比例计算得 $\rho_m = 0.55572 \times 10^{-9}$ g/cm³；

L——开始时，由弧区到坩埚口的距离，$L=60$cm；

T——炉料放出气体在坩埚中的平均绝对温度，$T=1000$K；

ε——D_2 与 D_1 之比值，$\varepsilon = \dfrac{D_2}{D_1} = \dfrac{44}{55} = 0.8$；

D_1——坩埚内径，$D_1=55$cm；

D_2——电极最大直径，$D_2=44$cm；

K——修正系数，它与 ε 有关系，可查表5-4得 $K=1.43$。

表5-3　气体的密度 ρ_m 值[2]

气体名称	H_2	N_2	O_2	空气	CO	CO_2
密度/g·cm^{-3}	0.0887×10^{-9}	1.2×10^{-9}	1.35×10^{-9}	1.28×10^{-9}	1.19×10^{-9}	1.85×10^{-9}

注：钛熔炼时混合气体密度 $\rho_m = 0.556\times10^{-9}$g/cm³。

表5-4　环形截面形状修正系数 K 值[2]

ε	0	0.259	0.500	0.707	0.866	0.966
K	1	1.072	1.154	1.254	1.43	1.675

由图5-15和气流量与压差的关系得：

$Q_g = C(p_1 - p_2)$，$p_1 - p_2 = Q_g/C$，即 $p_2 = p_1 - Q_g/C$。

而

$$Q_g = 7916.02\text{Pa}\cdot\text{L/s}$$

将各数代入得：

$$p_2 = 1.33 - \frac{\sqrt{0.55572 \times 10^{-9}} \times 60 \times 7916.02}{0.95 \times 10^{-5} \times \sqrt{1000} \times 55^3 \times (1 - 0.8^2) \times 1.43} = 8.9 \times 10^{-1}\text{Pa}$$

由公式 $p_0 \leqslant p_2 < p_1$ 知：

为了坩埚内电弧稳定可靠，取炉膛内工作真空度为 $p_0 = 6.65\times10^{-1}$Pa。所以 $6.65\times$

10^{-1}Pa $< 8.9\times10^{-1}$Pa < 1.33Pa。对于真空自耗电弧炉，弧区真空度在此范围内完全满足钛熔炼的工艺要求。

5.4.11.5　油扩散喷射泵（油增压泵）抽速的计算

A　油扩散喷射泵抽速的粗算

由公式（3-7）知油扩散喷射泵对炉子的有效抽速为：

$$S_{e1} = \frac{Q}{p_g}$$

式中　Q——炉膛内总的放气流量，$Q = 8211\text{Pa}\cdot\text{L/s}$；

p_g——炉膛内的工作压强，$p_g = p_0 = 6.65\times10^{-1}$Pa；

代入得：

$$S_{e1} = \frac{8211}{6.65\times10^{-1}} = 12347\text{L/s}$$

由式(3-8)得：

$$S_1 = K_S S_{e1} = 2\times12347 = 24694\text{L/s}$$

式中　S_1——油扩散喷射泵的抽速；

K_S——该泵抽速损失参数，因为考虑防止灰尘和金属喷溅物，所以在真空系统主管道内设有挡板，取 $K_S = 2$。

在油扩散喷射泵国产系列表中选取标准规格为 Z—1000 的油扩散喷射泵，其抽速为 25000L/s，又考虑到石墨型在浇铸时要放出大量气体以及利于防爆和排出水蒸气，而并入抽速为 5000L/s 的罗茨泵，现场实际测试证明，这两种类型的泵并联做主泵，抽速可以叠加。所以总的抽速 25000 + 5000 = 30000L/s。

B　油扩散喷射泵的精算

经过粗算得出油扩散喷射泵之后，按泵入口直径选取主真空阀门，然后再根据主阀的入口直径选取相同直径的主真空管道，求其管道的流导进行验算。由图 5-14 可知，主泵入口管道流导 U_1 是由短管流导 $U_{短1}$、挡板 $U_{挡}$、短管流导 $U_{短2}$、主阀流导 $U_{阀}$ 串联组成的。按串联管道的总流导计算：

$$U_1 = \frac{1}{\dfrac{1}{U_{短1}} + \dfrac{1}{U_{挡}} + \dfrac{1}{U_{短2}} + \dfrac{1}{U_{阀}}} \tag{5-18}$$

a　由炉体出口到挡板入口间短管道流导 $U_{短1}$ 的计算

已知其管道直径 $d = 100$cm；管道中的平均压强即两端压强的平均值，在炉室内端的压强，即炉室工作压强为 $1.33\sim6.65\times10^{-1}$Pa 时，而另一低压强端压强未知，只能根据经验近似取平均压强 $\bar{p} = 6.65\times10^{-1}$Pa；管道长度 $L = 58.5$cm。用式（3-20）判定 $\bar{p}d = 0.665\times1 = 0.665\text{Pa}\cdot\text{m}$，则 $0.02\text{Pa}\cdot\text{m} < 0.665\text{Pa}\cdot\text{m} < 0.67\text{Pa}\cdot\text{m}$，为黏滞-分子流。

则有 $\dfrac{L}{d} = \dfrac{58.5}{100} = 0.585$，通常把 $L/d \geqslant 20$ 的管认为长管，所以判定这段管道为短管道，其流导计算为：

$$U_{短1} = \frac{U_{口}\times U_{长}}{U_{口} + U_{长}} \tag{5-19}$$

式中　$U_{口}$——短管道的孔口流导，L/s；

$U_{长}$——长管道的流导，L/s。

由公式

$$U_{长} = 2.45 \times 10^{-4} \frac{d^4}{\eta L}\bar{p} + 3.81\sqrt{\frac{T}{\mu}}\frac{d^3}{L}\frac{1 + 1.253\frac{d}{\lambda}}{1 + 1.547\frac{d}{\lambda}} \tag{5-20}$$

式中　d——管道直径，$d = 100$cm；

L——管道长度，$L = 58.5$cm；

$\bar{p}$——气体平均压强，$\bar{p} = 6.65 \times 10^{-1}$Pa；

T——气体的绝对温度，对于钛熔炼 $T = 472$K；

μ——气体的相对分子质量，由钛在熔炼时的放气比例得：

$$\mu = \mu_{H_2}60\% + \mu_{N_2}25\% + \mu_{O_2}25\% = 2.16 \times 0.6 + 28.013 \times 0.25 + 31.999 \times 0.15 = 13;$$

η——气体内摩擦系数，Pa，

$$\eta = \eta_{0大气}\frac{1 + \frac{c}{273}}{1 + \frac{c}{T}}\sqrt{\frac{T}{273}} = 1.21 \times 10^{-4}\frac{1 + \frac{95.4}{273}}{1 + \frac{95.4}{473}}\sqrt{\frac{473}{273}} \approx 1.79 \times 10^{-4}$$

$\eta_{0大气}$——在 0℃大气压下的内摩擦系数，由钛在熔炼时的放气比例，得 $\eta_{0大气} = 1.21 \times 10^{-4}$Pa；

c——肖节伦特常数，由钛在熔炼时的放气比例，得 $c = 93.4$K，由表 5-4 查得：

$$c = 76 \times 60\% + 112 \times 25\% + 132 \times 15\% = 93.4\text{K};$$

λ——气体分子的平均自由程，cm，

$$\lambda = \frac{KT}{\sqrt{2}\pi\sigma^2\bar{p}} = \frac{1.38 \times 10^{-23} \times 473}{\sqrt{2} \times 3.14 \times (3.38 \times 10^{-10})^2 \times 0.665} = 1.94\text{cm}$$

钛熔炼时放出的是 H_2、N_2、O_2 属多种气体混合气体。

式中　K——玻耳兹曼常数，$K = 1.38 \times 10^{-23}$J/K；

T——气体的热力学温度，根据经验气体温度为：$T = 273 + 200 = 473$K；

σ——平均直径，查表 5-5 得：

$$\sigma = \frac{1}{3}(\sigma_{H_2} + \sigma_{N_2} + \sigma_{O_2})$$
$$= \frac{1}{3}(2.75 \times 10^{-10} + 3.75 \times 10^{-10} + 3.64 \times 10^{-10})$$
$$= 3.38 \times 10^{-10}\text{m}$$

将数值代入式（5-20）得：

$$U_{长} = 2.45 \times 10^{-4}\frac{100^4 \times 0.665}{1.79 \times 10^{-4} \times 58.5} + 3.81 \times \sqrt{\frac{473}{13}} \times \frac{100^3}{58.5} \times \frac{1 + 1.253\frac{100}{1.94}}{1 + 1.547\frac{100}{1.94}}$$

$$= 1875736\text{L/s}$$

表 5-5　气体的有关数据[3]

气　体	分子直径 σ/m	平均自由程 λ/m	内摩擦系数		肖节伦特常数 c /K
			$\eta_{0大气}$/P	$\eta_{020℃}$/P	
H_2	2.75×10^{-10}	1.2×10^{-2}	0.847×10^{-4}	0.895×10^{-4}	76
N_2	3.75×10^{-10}	0.65×10^{-2}	1.666×10^{-4}	1.761×10^{-4}	112
O_2	3.64×10^{-10}	0.69×10^{-2}	1.91×10^{-4}	2.019×10^{-4}	132
空气	3.72×10^{-10}	0.66×10^{-2}	1.722×10^{-4}	1.82×10^{-4}	112
CO	3.8×10^{-10}	0.6×10^{-2}	1.658×10^{-4}	1.75×10^{-4}	100
CO_2	4.65×10^{-10}	0.43×10^{-2}	1.376×10^{-4}	1.454×10^{-4}	273

黏滞流和分子流时孔口流导计算，取平均值：

$$U_{口} = \frac{U_{口黏} + U_{口分}}{2} \tag{5-21}$$

式中　$U_{口黏}$——黏滞流管口流导，由表 5-6 查得 $U_{口黏} = 1.35U_{空气}$，则 $U_{口黏} = 1.35\times15.7d^2$，将 $d = 100$cm 代入，得 $U_{口黏} = 1.35\times15.7\times100^2 = 211950$L/s；

$U_{口分}$——分子流管口流导，由表 5-7 查得 $U_{口分} = 1.92U_{空气}$，则，$U_{口分} = 1.92\times9.1d^2$，将 $d = 100$cm 代入，得 $U_{口分} = 1.92\times9.1\times100^2 = 174720$L/s。

则

$$U_{口} = \frac{211950 + 174720}{2} = 193335\text{L/s}$$

$$U_{短1} = \frac{193335\times1875736}{193335 + 1875736} = 175270\text{L/s}$$

表 5-6　黏滞流时各种气体流导为空气流导的倍数[3]

气体元素	H_2	N_2	O_2	CO	CO_2
倍　数	2.10	1.04	0.90	1.02	0.24
流导 U_n	$2.10U_{空气}$	$1.04U_{空气}$	$0.90U_{空气}$	$1.02U_{空气}$	$1.24U_{空气}$
钛熔炼时	混合气体：$U_n = 1.35U_{空气}$				

表 5-7　分子流时各种气体流导为空气流导的倍数[3]

气体元素	H_2	N_2	O_2	CO	CO_2
倍　数	3.78	1.02	0.95	1.02	0.81
流导 U_f	$3.78U_{空气}$	$1.02U_{空气}$	$0.95U_{空气}$	$1.02U_{空气}$	$0.81U_{空气}$
钛熔炼时	混合气体：$U_f = 1.92U_{空气}$				

b　挡板孔的流导计算

目前在真空系统设计中，大多数采取管道设置半月形挡板。由图 5-14a—c 段管道知管道直径设计为 100cm，挡板弦高为 30cm，弦宽 90cm，经计算圆截面面积为 7850cm^2，孔口面积为 5900cm^2，挡板面积为 1950cm^2。粗略按圆断面薄壁孔计算，根据前面判定为黏滞-分子流。

$$U_{挡} = \frac{U_{dk} + U_{mk}}{2} \tag{5-22}$$

式中　U_{dk}——流经大半月形孔口的黏滞流流导，L/s，则

$$\frac{F_{挡}}{F}=\frac{1950}{7850}=0.25\text{ 大孔}$$

$$U_{dk}=1.35U_{xk}\frac{1}{1-\frac{F_{挡}}{F}}=1.35\times3900\frac{1}{1-\frac{1950}{7850}}=70014\text{L/s}$$

U_{xk}——小孔口流导，$U_{xk}=20F_{挡}=20\times1950=3900$L/s；

U_{mk}——流经半月形孔口的分子流流导，L/s，则

$$U_{mk}=1.92\times11.6F_{孔口}=1.92\times11.6\times5900=131405\text{L/s}$$

$F_{孔口}$——孔口面积，$F_{孔口}=5900\text{cm}^2$。

则

$$U_{挡}=\frac{70014+131405}{2}=100710\text{L/s}$$

c　由挡板出口到 GDQ-J1000 真空阀门入口间管道流导 U 的计算

已知管道 $d=100$cm；管道长 $L=81.5$cm；经用式（3-20）判定为黏滞-分子流，则 $L/d=81.5/100=0.815<20$ 为短管，其流导为：

$$U_2=1.64U_{空气}=1.64\times12.1\frac{d^3}{L}J \tag{5-23}$$

式中　d——管道直径，$d=100$cm；

L——管道长度，$L=81.5$cm；

J——与 d、$\bar{p}$之积有关的系数，$d\bar{p}=0.665\times100=66.5\text{Pa}\cdot\text{cm}$，经查表 3-12，$J=8.38$。

代入式（5-23）得：

$$U_2=1.64\times12.1\frac{100^3}{81.5}8.38=2040401\text{L/s}$$

d　油扩散喷射泵上真空阀门流导 $U_{阀}$ 的计算

已知 $U_{角阀}=0.8U_{直阀}$，在黏滞-分子流情况下其流导计算为：

$$U_{直阀}=15.8K_1F$$

所以

$$U_{角阀}=0.8\times15.8K_1F$$

式中　K_1——阀板对流导的影响系数，可在 1～0.5 间取值，取 $K_1=0.8$；

F——直角阀口截面积，cm²，且 $F=\frac{\pi}{4}d^2$，将 $d=100$cm 代入得 $F=\frac{3.14}{4}\times100^2=7850\text{cm}^2$。

故

$$U_{角阀}=0.8\times15.8\times0.8\times7850=79380\text{L/s}$$

则

$$U_{阀}=1.64U_{角阀}=1.64\times79380=130183\text{L/s}$$

e　油扩散喷射泵的抽速计算

将 $U_{短1}$、$U_{挡}$、U_2、$U_{阀}$值均代入公式（5-18）中得：

$$U_1 = \frac{1}{\frac{1}{175270}+\frac{1}{100710}+\frac{1}{204041}+\frac{1}{130183}} = \frac{1}{2.38 \times 10^{-5}} = 42017\text{L/s}$$

根据有效抽速 S_{e1} 以及泵与真空室之间的连接管道的流导 U_1 确定主泵的抽速 S_1，由流导串联公式（3-9）得：

$$S_1 = \frac{S_{e1} \times U_1}{U_1 - S_{e1}}$$

将 S_{e1}、U_1 代入上式得：

$$S_1 = \frac{12310 \times 42017}{42017 - 12310} = 17411\text{L/s}$$

考虑到真空抽气系统，经过一段时间的运行，系统各泵的性能有所降低，为此将泵的抽速加大，选取 Z—1000 油扩散喷射泵，其抽速为 25000L/s 是合适的。该泵的性能如下：

极限真空度：　　7×10^{-2}Pa

抽气速率：　　25000L/s

最大出口压强：　　133.322 ~ 266.644Pa

加热功率：　　60kW

5.4.11.6　主罗茨泵的有效抽速计算

A　主真空管道点到 Z 点间管道流导的计算

由图 5-14b 到工段设计管道直径为 $d_1 = 50$cm，长度 $L_1 = 147$cm 的管道以及通径 $D_1 = 50$cm 的直角阀。这段管道的平均压强（统计数台设备实测数据）$\bar{p} = \frac{6.5 \times 10^{-1} + 1}{2} = 0.825$Pa，判断气流性质，$d_1 \bar{p} = 0.5 \times 0.825 = 0.41$Pa · m，0.02Pa · m < 0.41Pa · m < 0.67Pa · m 属于黏滞-分子流，且为短管道，并有管口阻力。其串联管道流导为：

$$U_3 = \frac{1}{\frac{1}{U_{短}} + \frac{1}{U_{阀}}} \tag{5-24}$$

式中　$U_{短}$——短管道的流导，L/s；

$U_{阀}$——主罗茨泵真空阀门流导，L/s。

按管口与长管串联公式计算短管道流导：

$$U_{短} = \frac{U_{口} \times U_{长}}{U_{口} + U_{长}}$$

式中　$U_{长}$——黏滞-分子流时长管的流导，L/s；

$U_{口}$——短管道的管口流导，L/s。

由式（3-27）计算，钛熔炼时排出的气体是混合气体，则有：

$$U_{长} = 1.92 U_{空气} = 1.92 \times 12.1 \frac{d^3}{L} J$$

$$= 23.232 \times \frac{50^3}{147} \times 4.21 = 83169\text{L/s}$$

分别计算黏滞流和分子流时的管口流导，并取其平均值：

$$U_{口} = \frac{U_{口黏} \times U_{口分}}{2} \tag{5-25}$$

式中 $U_{口黏}$——黏滞流管口流导，在 $p>26.7\text{kPa}$ 时，黏滞流的管口效应相当于把管子的有效长度增加一个管子半径 R，此段管道是混合气体状态，将公式(3-24)改为：

$$U_{口黏} = 1.35U_{空气} = 1.35 \times 1.34 \frac{d_1^4}{L_1 + R}\bar{p}$$

$$= 1.35 \times 1.34 \times \frac{50^4}{147 + 25} \times 0.85$$

$$= 54230\text{L/s}$$

d_1——管道直径，$d_1 = 50\text{cm}$；

L_1——管道长度，$L_1 = 147\text{cm}$；

R——管道半径，$R = 25\text{cm}$；

$\bar{p}$——平均压强，$\bar{p} = 0.825\text{Pa}$；

$U_{口分}$——分子流管口流导，计算得：

$$U_{口分} = 1.92U_{空气} = 1.92 \times 3.81\sqrt{\frac{T}{\mu}} \times \frac{d_1^3}{L_1} \times \frac{15\frac{L_1}{d_1} + 12\left(\frac{L_1}{d_1}\right)^2}{20 + 38\frac{L_1}{d_1} + 12\left(\frac{L_1}{d_1}\right)^2}$$

$$= 1.92 \times 3.81\sqrt{\frac{293}{28.95}} \times \frac{50^3}{147} \times \frac{15\frac{147}{50} + 12\left(\frac{147}{50}\right)^2}{20 + 38 \times \frac{147}{50} + 12\left(\frac{147}{50}\right)^2}$$

$$= 12405\text{L/s}$$

则 $$U_{口} = \frac{54230 + 12405}{2} = 33318\text{L/s}$$

故 $$U_{短} = \frac{33318 \times 83169}{33318 + 83169} = 23788\text{L/s}$$

B 主罗茨泵上真空阀门 $U_{阀}$ 的计算

已知 $U_{角阀} = 0.8U_{直阀}$，在 20℃ 空气的黏滞-分子流情况下其流导计算式为 $U_{直阀} = 15.8K_1F_1$，所以

$$U_{角阀} = 0.8 \times 15.8K_1F_1$$

式中 K_1——阀板对流导的影响系数，可在 1～0.5 间取值，这里取 $K_1 = 0.8$；

F_1——直角阀口截面积，cm^2，且 $F_1 = \frac{\pi}{4}d_1^2$，将 $d_1 = 50\text{cm}$ 代入得：

$$F_1 = \frac{3.14}{4} \times 50^2 = 1962.5\text{cm}^2$$

故 $$U_{角阀} = 0.8 \times 15.8 \times 0.8 \times 1962.5 = 19845\text{L/s}$$

再根据钛熔炼时放出的气体和种类在黏滞-分子流时和空气的流导关系有：

$$U_{阀} = 1.64U_{角阀} = 1.64 \times 19845 = 32546\text{L/s}$$

将 $U_{短}$、$U_{阀}$ 值均代入公式中得：

$$U_3 = \frac{1}{\frac{1}{23788} + \frac{1}{32546}} + \frac{1}{7.27 \times 10^{-5}} = 13755\text{L/s}$$

C 有效抽速的计算

主罗茨泵对主真空管道 d 处造成的有效抽速：

$$S_{e1} = \frac{S_P \times U_3}{S_P + U_3} = \frac{5000 \times 13755}{5000 + 13755} = 3667\text{L/s}$$

式中 S_P——主罗茨泵的名义抽速；

U_3——主真空管道 b 点到 Z 处间管道流导，$U_3 = 13755\text{L/s}$。

以油扩散喷射泵和罗茨泵为主泵组成的真空抽气系统，在钛熔化过程中对炉室的抽气能力为：

$$S_{总} = S_{e1} + S_{e2} = 23345 + 3667 = 27012\text{L/s} > 13688\text{L/s}$$

完全满足钛熔炼时的最大排气量要求。

5.4.11.7 配泵计算

由于油扩散喷射泵和罗茨泵压缩比不同，需要分别计算配置前级泵。

A 油扩散喷射泵配泵计算

由式（3-11）得：

$$S_3 = (1.11 \sim 1.25)\frac{Q_{max}}{p_{反}}$$

式中 Q_{max}——油扩散喷射泵的最大排气量，$Q_{max} = S_1 p_{大}$；

$p_{大}$——油扩散喷射泵抽速 S_1（名义抽速的最大工作压强，它是个已知数），一般 $p_{大} = 1.33\text{Pa}$；

$p_{反}$——油扩散喷射泵出口的最大排气压强，$p_{反} = 266\text{Pa}$。

$Q_{max} = 25000 \times 1.33 = 33250\text{Pa·L/s}$，取系数 1.25，则：

$$S_3 = 1.25\frac{33250}{266}\text{L/s}$$

求得的 S_3 不能作为前级泵的抽速，由于机械泵比较特殊，其名义抽速是泵的几何抽速，是在大气压下测的，而泵的实际抽速随泵的入口压强降低而下降。在压强 6.67Pa 下，其抽速很大，此时，满足不了要求。在实际生产中，由于机械泵抽气过程压强的变化，又由于该种设备真空炉室内有石墨铸型，泵油易污染，抽气性能下降等原因，为使排气系统工作稳定，建议用下式计算：

$$S_P = (3 \sim 5)S_3,\ \text{取系数 5}$$

则

$$S_P = 5 \times 156 = 780\text{L/s}$$

根据罗茨泵的系列标准，选取 $S_P = 1200\text{L/s}$ 的 ZJ—1200 罗茨泵作为油扩散喷射泵的中间罗茨泵。

下面进行配泵的精算。经过粗算之后，已经配出中间泵，由中间泵入口尺寸和油扩散喷射泵出口尺寸，把管道尺寸确定下来，由式（3-16）得：

$$S_3 \geqslant \frac{Q_{max}}{p_{反} - \frac{Q_{max}}{U_3}}$$

式中，$Q_{max}=33250\text{Pa}\cdot\text{L/s}$；$p_{反}=266\text{Pa}$。

只要将油扩散喷射泵出口 d 到罗茨泵入口 g 间管道流导 U_3 求出，即可精算出 S_3。由于是串联管道，所以有：

$$U_3 = \frac{Q_{max}}{p_{反} - \frac{Q_{max}}{U_3}} \tag{5-26}$$

已知 d—g 间的管道直径 $d_3=30\text{cm}$；管道长度 $L_3=420\text{cm}$；管道有三次弯曲；并装配有通径为 $D=30\text{cm}$ 两个阀门，平均压强取$\bar{p}=3.5\text{Pa}$（通过同类型真空系统测量统计数据，当炉室真空度为 $6.5\times10^{-1}\text{Pa}$ 时测量的）。气流性质的判别：$d\,\bar{p}=0.3\times3.5=1.05\text{Pa}\cdot\text{cm}>0.67\text{Pa}\cdot\text{cm}$ 属于黏滞流，由于 $L_3/d_3<20$，属短管，但无管口阻力。

令 $U_{阀1}$——GDQ—J300 真空气动挡板阀的流导，经查《真空设计手册》得，$U_{阀1}=5000\text{L/s}$，$U_{阀2}=U_{阀1}=5000\text{L/s}$；

U_{dg}——短管流导，L/s，此段管道有 3 个弯管，所排气体为混合气体。则：

$$U_{dg}=1.35U_{空气}=1.35\times1.34\times\frac{d_3^4}{L_3+3R}\bar{p}$$

$$=1.35\times1.34\times\frac{30^4}{420+3\times15}\times3.8$$

$$=11974\text{L/s}$$

将 $U_{阀1}$、$U_{阀2}$、U_{dg}值均代入公式（4-23）得：

$$U_3=\frac{1}{\frac{1}{5000}+\frac{1}{5000}+\frac{1}{11974}}=\frac{1}{4.835\times10^{-4}}=2068\text{L/s}$$

将 U_3 代入式（3-16）得：

$$S_3 \geqslant \frac{33250}{266-\frac{33250}{2068}}=133\text{L/s}$$

同粗配泵一样，考虑到前级机械泵泵油污染，抽气性能下降，用式（3-14）计算，取系数为 5，故 $S_P=5\times133=665\text{L/s}$。可见选用 ZJ—1200 罗茨泵为中间泵是合适的。

B 主泵为罗茨泵配泵计算

由图 5-14 看出，该系统配置两台罗茨泵串联，再串联前级机械泵，此时主泵（罗茨泵）与中间罗茨泵之间的抽速用下式计算：

$$S_{中}=\left(\frac{1}{2}\sim\frac{1}{5}\right)S_2,\text{系数取}\frac{1}{5}$$

式中 $S_{中}$——中间罗茨泵抽速，L/s；

S_2——主泵罗茨泵抽速，L/s，$S_2=5000\text{L/s}$。

代入式得：

$$S_{中} = \frac{1}{5} \times 5000 = 1000\text{L/s}$$

根据国产罗茨泵系列选取抽速为1200L/s的罗茨泵，$S_{中}=1200\text{L/s}$。

下面进行配泵的精算。粗算配出中间罗茨泵后，就可以根据中间罗茨泵入口尺寸，将低真空管道确定下来（包括阀门的元件）。由式（3-15）得：

$$S_{e4} = \frac{S_{中} \times U_4}{S_{中} + U_4} \tag{5-27}$$

式中 S_{e4}——中间罗茨泵通过真空管道对主罗茨泵的有效抽速，L/s；

$S_{中}$——中间罗茨泵的抽速，L/s；

U_4——由主泵出口 e 到中间罗茨泵入口 f 的流导，L/s。

由图5-14知由 e 到 f 间的流导用下式计算：

$$U_4 = \frac{1}{\dfrac{1}{U_{eo}} + \dfrac{1}{U_{oo'}} + \dfrac{1}{U_{阀}}} \tag{5-28}$$

$$U_{oo'} = \frac{U_{口} \times U_{长}}{U_{口} + U_{长}}$$

式中 U_{eo}——主罗茨泵出口 e 到 o 点间管道流导，这段管道直径 $d_4=35\text{cm}$，管道长度 $L_4=385\text{cm}$。管道平均压强 $\bar{p}=3.5\text{Pa}$（实测数据），判别气流性质 $d_4\bar{p}=0.35\times3.5=1.23\text{Pa}\cdot\text{m}>0.67\text{Pa}\cdot\text{m}$，属于黏滞流，由于 $L_4/d_4<20$，则为短管道，无管口阻力，其流导用下式计算：

$$U_{eo} = 1.35U_{空气} = 1.35 \times 1.34 \times \frac{d^4}{L_4 + R_4}\bar{p}$$

$$= 1.35 \times 1.34 \times \frac{35^4}{385 + 17.5} \times 3.5 = 236.6\text{L/s}$$

R——管道半径，$R=17.5\text{cm}$；

$U_{oo'}$——管道 o 到 o' 点间的管道流导，这段管道直径 $d'_4=30\text{cm}$，管道长度 $L'_4=110\text{cm}$，有一个弯管，取平均压强 $\bar{p}=3.5\text{Pa}$，判别属于黏滞流短管，并有管口阻力，这段短管流导按管口和长度串联计算；

$U_{口}$——管口流导，L/s；

$U_{长}$——长管流导，L/s。

$$U_{口} = 1.35U_{空气} = 1.35 \times 1.34 \frac{d'^4_4}{L'_4 + 2R}\bar{p}$$

$$= 1.35 \times 1.34 \times \frac{30^4}{110 + 2 \times 15} \times 3.5$$

$$= 36634\text{L/s}$$

式中 R——管道半径，$R=15\text{cm}$。

$$U_{长} = 1.35U_{空气} = 1.35 \times 1.34 \frac{d'^4_4}{L'_4}\bar{p}$$

$$=1.35\times1.34\times\frac{30^4}{110}\times3.5=46625\mathrm{L/s}$$

则
$$U_{oo'}=\frac{36634\times46625}{36634+46625}=20515\mathrm{L/s}$$

$U_{阀}$——GDQ—J300 真空气动挡板阀的流导，经查《真空设计手册》，$U_{阀}=5000\mathrm{L/s}$。

将 U_{eo}，$U_{oo'}$，$U_{阀}$ 值均代入公式中得：

$$U_4=\frac{1}{\frac{1}{23606}+\frac{1}{20515}+\frac{1}{5000}}=\frac{1}{2.91\times10^{-4}}=3448\mathrm{L/s}$$

故将 U_4 代入式（4-24）得中间罗茨泵在主罗茨泵出口的有效抽速为：

$$S_{e4}=\frac{1200\times3448}{1200+3448}=890\mathrm{L/s}$$

则 $S_{e4}>\frac{1000\times3448}{1000+3448}=775\mathrm{L/s}$，所选配泵 ZJ-1200 罗茨泵是合适的。

两台中间罗茨泵并联，共同对两台主泵抽气，如图 5-14 所示。

5.4.11.8 中间罗茨泵配前级机械泵的计算

通常罗茨泵所配前级泵抽速根据经验公式计算：

$$S_5=\left(\frac{1}{2}\sim\frac{1}{10}\right)S_{中}\text{，取系数}\frac{1}{10}$$

式中 S_5——前级机械泵的抽速，L/s；

$S_{中}$——中间罗茨泵的抽速，L/s，$S_{中}=1200\mathrm{L/s}$。

$$S_5=\frac{1}{10}\times1200=120\mathrm{L/s}$$

按国家标准选取抽速为 150L/s 的机械泵，两台中间罗茨泵并联，各配一台前级机械泵。下面进行配泵的精算。

粗算配出前级机械泵后，就可以根据前级机械泵进气口尺寸将低真空管道直径、真空阀门的通径确定下来，求其流导，进行验算。由图 5-14 可知，前级机械泵入口管道流导 U_5 是由短管流导 $U_{短}$、真空阀门流导 $U_{阀}$ 串联组成的，故计算式为：

$$U_5=\frac{1}{\frac{1}{U_{短}}+\frac{1}{U_{阀}}}\tag{5-29}$$

（1）由 ZJ-1200 罗茨泵出口 K 到 I 点间的管道流导 $U_{短}$ 的计算如下。

已知其管道直径 $d_5=15\mathrm{cm}$；管道长度 $L_5=260\mathrm{cm}$；3 个弯管；平均压强 $\bar{p}=63\mathrm{Pa}$（实测数据），经判定为黏滞流短管，无管口阻力，短管的流导用下式计算：

$$U_{短}=1.35U_{空气}=1.35\times1.34\frac{d_5^4}{L_5+3R}\bar{p}$$

$$=1.35\times1.34\times\frac{15^4}{260+3\times7.5}\times63$$

$$=21329\mathrm{L/s}$$

（2）真空阀门流导 $U_{阀}$ 的计算。经查《真空设计手册》，GDQ—J150 气动挡板阀的流导，$U_{阀}=1200\text{L/s}$。

将 $U_{短}$、$U_{阀}$ 值均代入公式中得：

$$U_5=\frac{1}{\frac{1}{21329}+\frac{1}{1200}}=\frac{1}{8.8\times10^{-4}}=1136\text{L/s}$$

（3）前级机械泵在 ZJ—1200 罗茨泵出口造成的有效抽速计算如下：

$$S_{e5}=\frac{S_P\times U_5}{S_P+U_5}=\frac{150\times1136}{150+1136}=132\text{L/s}$$

式中　S_P——前级机械泵的名义抽速，$S_P=150\text{L/s}$。

故 $10S_{e5}=10\times132=1320\text{L/s}>1200\text{L/s}$（ZJ—1200 罗茨泵抽速），所以，两台 ZJ—1200 罗茨泵各配 1 台抽速为 150L/s 的 H—150 前级机械泵足够大。

5.4.11.9　*主泵需要预真空环境的预抽泵的计算*

该凝壳炉的真空系统是以油扩散喷射泵和罗茨泵作为主泵的真空系统，这两类泵的特点是该泵在抽空之前，需要前级机械泵先将炉室抽到预真空状态方能工作，如油扩散喷射泵预真空为 13.33Pa，罗茨泵预真空为 1333Pa。

上述两种主泵所需要的预真空泵的抽速计算方法一样。将真空室在 t 时间内（一般预真空时间 $t=10\sim15\text{min}$）抽到所要求的预真空度所需要泵的抽速，就是预真空泵抽速的值，其计算可用抽气时间公式，即：

$$S_8=\frac{V}{t}\ln\frac{p_1'-p_U}{p_2''-p_U}\tag{5-30}$$

式中　S_8——机械泵通过预真空管道对真空室出口所造成的有效抽速，L/s；

V——真空室的体积，L，$V=46320+1884=48204\text{L}$；

t——抽到预真空度所需要的时间，s，取 $t=600\text{s}$；

p_1'——抽空开始时真空室内的压强，Pa；

p_2''——所达到的预真空度，Pa，罗茨泵为 1333Pa；油扩散喷射泵为 13.33Pa；

p_U——真空室内的极限压强，Pa，忽略。

代入式（5-30）得：

$$S_8=\frac{48204}{600}\ln\frac{101325}{1333}=348\text{L/s}$$

按国家标准选取抽速为 600L/s 的机械泵一台，作为预抽泵。

下面进行预真空泵的精算。根据选取的 H—600 机械泵进气口直径 30cm，确定用通径为 $D=30\text{cm}$，真空阀门以及管道直径 $L_8=30\text{cm}$，管道长度 $L_8=471.5\text{cm}$，两个弯管，平均压强 $\bar{p}=\frac{1.4\times10^3+7.4\times10^2}{2}=1070\text{Pa}$，经判定这段管道属于黏滞流短管道，其流导 U_8 为：

$$U_8=\frac{1}{\frac{1}{U_{短}}+\frac{1}{U_{阀}}}\tag{5-31}$$

式中 $U_{短}$——由主真空管道 m 到 n 点间管道流导，L/s，

$$U_{短}=1.34\frac{d_8^4}{L_8+2R}\bar{p}=1.34\times\frac{30^4}{471.5+2\times15}\times1070=2316\text{L/s}$$

$U_{阀}$——真空阀门的流导，经查《真空设计手册》，GDQ—J300 气动挡板阀的流导，$U_{阀}=2700\text{L/s}$。

将上述数据代入式（5-31）中得：

$$U_8=\frac{1}{\frac{1}{2316}+\frac{1}{2700}}=\frac{1}{1.102\times10^{-3}}=907\text{L/s}$$

预抽泵的抽速为：

$$S_8=\frac{S_{e8}\times U_8}{U_8-S_{e8}}=\frac{348\times907}{907-348}=565\text{L/s}$$

所选抽速为 600L/s 的 H—600 机械泵是合适的。

5.4.11.10 抽气时间的计算

抽气时间的计算包括 3 个部分：第一部分是用抽速为 600L/s 的 H—600 机械泵预抽炉室，由大气压强 101325Pa 抽到 1333Pa 所需要的时间；第二部分是用两台抽速为 1200L/s 的中间罗茨泵和前级机械泵再继续抽炉室预真空，从 1333Pa 抽到 13.33Pa 所需要的时间；第三部分是用油扩散喷射泵将炉室内压强由 13.33Pa 抽到 6.65×10^{-1}Pa 所需要的时间。

不考虑管道影响和漏放气，真空室从压强 p_1' 抽到 p_2'' 所需抽气时间，因各段流导均大于各个真空泵的名义抽速，则泵的有效抽速等于泵的名义抽速，用式（3-19）近似计算：

$$t=2.3K_q\frac{V}{S_P}\lg\frac{p_1'}{p_2''} \quad 或 \quad t=2.3K_q\frac{V}{S_e}\lg\frac{p_1'}{p_2''}$$

式中 t——抽气时间，s；

V——真空室和主真空管道的容积，$V=48204$L；

S_P——泵的名义抽速，L/s；

p_1'——抽气开始时真空室的压强，Pa；

p_2''——所达到的真空度，Pa；

S_e——泵对炉室出口所造成的有效抽速，L/s；

K_q——修正系数与设备抽气终止时的压强 p 有关，见表 3-8。

由 101325 ~ 1333Pa 的抽气时间为预真空抽气时间 t_1，

$$t_1=2.3\times1.25\frac{48204}{600}\lg\frac{101325}{1333}=435\text{s}$$

压强由 1333Pa 抽到 13.33Pa 的抽气时间为预真空抽气时间 t_2，

$$t_2=2.3\times2\frac{48204}{3667}\lg\frac{1333}{13.33}=121\text{s}$$

压强由 13.33Pa 抽到 6.65×10^{-1}Pa 的抽气时间是用油扩散喷射泵和 ZJ—5000 罗茨泵共同抽到工作真空度的时间 t_3，

$$t_3=2.3\times4\frac{48204}{27012}\lg\frac{13.33}{0.665}=22\text{s}$$

由大气压强抽到0.665Pa工作真空度的时间：

$$t = t_1 + t_2 + t_3 = 435 + 121 + 22 = 578\text{s} \approx 10\text{min}$$

以上是在连续生产的情况下，也就是说经过生产一炉次后，油扩散喷射泵处在正常工作状态下（油温在250℃左右即工作温度），不考虑油扩散喷射泵的加热时间，由大气压强抽到6.65×10^{-1}Pa工作真空度的时间为10min。

若初始开炉时，考虑到油扩散喷射泵的加热时间在45～60min，油温达到230～250℃的工作温度时，炉室由大气压强被抽到6.65×10^{-1}Pa工作真空的时间为$t = 60 + t_3 = 60\text{min}19\text{s}$。

5.4.11.11　维持泵的计算

维持泵使用的目的是节能，它设置在油扩散喷泵的出口处，一般与前级泵并联，如图5-14所示。

A　维持泵的粗算

一般维持泵与前级机械泵是同一类型的泵，其抽速可按经验公式（3-19）计算：

$$S_{维} = \frac{1}{10} \times 2S_5$$

式中　$S_{维}$——维持泵的抽速，L/s；

S_5——前级机械的抽速，L/s。

代入式（3-19）得：

$$S_{维} = \frac{1}{10} \times 2 \times 150 = 30\text{L/s}$$

B　维持泵的精算

维持泵所抽的气体来源是高真空阀到油扩散喷射泵出口到前级管道阀门即c、d、n这一区间的漏气流量Q_L，内表面的放气流量可以忽略。

根据油扩散喷射泵的部颁标准规定其漏气率$Q_L < 6.65 \times 10^{-3}\text{Pa} \cdot \text{L/s}$。则$Q_L < 6.65 \times 10^{-3} \times S_1 = 6.65 \times 10^{-3} \times 25000 = 166.25\text{Pa} \cdot \text{L/s}$。考虑油扩散喷射泵到维持泵的管道漏气量则取$Q_L = 170\text{Pa} \cdot \text{L/s} = Q_{max}$。

油扩散喷射泵出气口d到n点间管道流导计算如下。

由图5-14知d到x点间的管道直径$d_7 = 6.5$cm，长度$L_6 = 160$cm，3个弯管，1台通径为$D = 6.5$cm的真空阀，取平均压强$\bar{p} = 13$Pa，判定为黏滞流短管道，其流导为：

$$U_7 = \frac{1}{\dfrac{1}{U_{dx}} + \dfrac{1}{U_{阀}}} \tag{5-32}$$

式中　U_{dx}——油扩散喷射泵出口d到x点间管道流导，L/s；用公式（3-23）得：$U_{dx} = 1.34\dfrac{d_7^4}{L_6}\bar{p} = 1.34 \times \dfrac{6.5^4}{160} \times 13 = 194\text{L/s}$；

$U_{阀}$——真空阀门的流导，经查《真空设计手册》，GDQ—J65气动挡板阀的流导$U_{阀} = 75\text{L/s}$。

将U_{dx}、$U_{阀}$值代入上式得：

$$U_7 = \frac{1}{\frac{1}{194} + \frac{1}{75}} = 54\text{L/s}$$

维持泵在油扩散喷射泵出口处所造成的有效抽速 S_{e6} 为：

$$S_{e6} = \frac{S_6 \times U_7}{S_6 + U_7} = \frac{30 \times 54}{30 + 54} = 19\text{L/s}$$

则维持泵的名义抽速 S_P 为：

$$S_P = 1.5 \times 19 = 29\text{L/s}$$

所选取 2×—30 机械泵是合适的，其抽速为 30L/s。

故
$$S_6 \geqslant \frac{Q_L \times U_7}{U_6 P_{反} - Q_L} = \frac{170 \times 54}{54 \times 266 - 170} = 0.64\text{L/s}$$

5.4.12　电极杆升降传动系统的设计计算

电极杆升降是熔炼时自耗电极熔化进给机构，与真空自耗电弧基本类似，它是双丝杠传动方式，由两台直流电机同时驱动差动减速器，再经过伞齿轮换向器，驱动两根滚珠丝杠，从而带动活动横梁和电极杆上下运动。活动横梁上部有快速提升气缸，当熔化结束时，该气缸在 2s 内将电极杆快速提升至上限位，使盛满钛液的坩埚迅速倾翻。

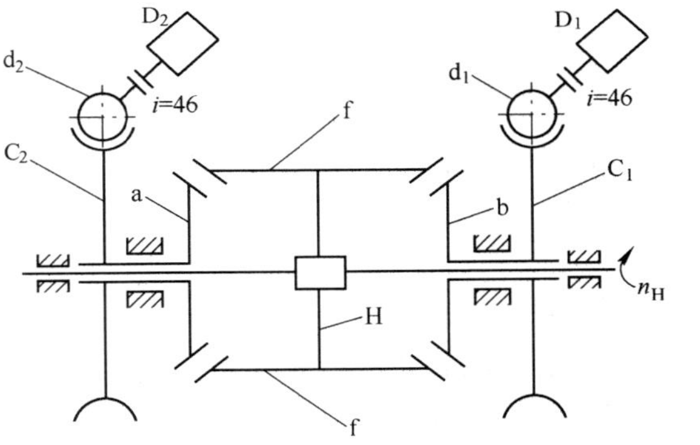

图 5-16　差动减速机传动示意图

a，b—中心轮；C_1，C_2—涡轮；d_1，d_2—蜗杆；D_1，D_2—直流电机；f—行星轮；H—转臂

差动减速器的设计计算如下。差动减速器如图 5-16 所示，由 4 个齿轮数相等的锥齿轮组成差动齿轮组，a、b 是两个中心轮，即输入轴，它们各有一台直流电机（D_1 或 D_2），经过蜗杆（d_1 或 d_2），涡轮（C_1 或 C_2）而被驱动。f 是行星轮（上下共两个）固定在转臂 H 上，与 H 垂直固定连在一起时，长轴即输出轴的转速 n_H 与两台直流电机转速 n_{D1}、n_{D2}，有如下关系（推导见后面）。

$$\bar{n}_H = \frac{1}{92}(\bar{n}_{D1} + \bar{n}_{D2}) \tag{5-33}$$

电极杆升降速度的确定如下。

(1) 快速上升速度的确定。式（5-33）是一代数式，我们规定电极杆上升的转向为正，下降为负，直流电机的最高转数取 3000r，则电极杆上升最快时输出轴的转数为：

$$\bar{n}_H = \frac{1}{92}(3000 + 3000) = \frac{6000}{92} = 65\text{r/min}$$

滚珠丝杠的导程为 16mm，所以最快提升速度为：

$$v_{max} = 65 \times 16 = 1040\text{mm/min}$$

同理当 $\bar{n}_{D1} = 3000\text{r/min}$；$\bar{n}_{D2} = -3000\text{r/min}$ 时，$\bar{n}_H = 0$，即此时输出轴不动，故电极杆不动。自动熔化中需快速提升时，停止下降电机，并使上升电机升至 3000r/min，此时提升速度为：

$$v = 16\bar{n}_H = 16 \times \frac{3000}{92} = 520\text{mm/min}$$

（2）慢速下降速度的确定。熔化速度为 18 ~ 25kg/min，电极杆慢速下降速度最小值为 0，最大值按电机调速范围为 3000 ~ 1000r/min，则输出轴反转的转数为：

$$\bar{n}_{H反} = \frac{1}{92}(1000 - 3000) = -\frac{2000}{92} = -21.7\text{r/min}$$

此时电极杆下降的最快速度为：

$$v_{下} = -21.7 \times 16 = -347\text{mm/min}$$

（3）提升所做的有效功上传动提升的重物最大重量，按 3000kg 考虑（实际 1500kg）。又由前项计算得知：

$$v_{max} = 1040\text{mm/min} = \frac{1.04}{60} = 0.01733\text{m/s}$$

$$N_{效} = GV_{max} = 3000 \times 0.01733 = 52\text{kg} \cdot \text{m/s}$$

式中 G——提升最大重量，$G = 3000\text{kg}$；

v_{max}——最快提升速度，m/s。

$$N_{效} = 52 \div 102 = 0.51\text{kW}$$

国际单位标准 1kW = 102kg · m/s（PS 米制）。

（4）差动减速器中各轴转数的关系见差动减速器的传动示意图 5-16 所示。从该差动减速器的结构可以看出：

$$i_{ab}^{H} = -1 \quad n_a = \frac{n_{D1}}{46} \quad n_b = \frac{n_{D2}}{46}$$

式中 n_{D1}——第一直流电机转数，r/min；

n_{D2}——第二直流电机转数，r/min；

46——涡轮、蜗杆传动比，$i = 46$。

在结构中 H 为输出轴，a、b 为输入轴，它们的转数之间有如下关系：

$$n_H = i_{Ha}^{b} \times n_a + i_{Hb}^{a} \times n_b$$

$$= \frac{n_a}{i_{aH}^{b}} + \frac{n_b}{i_{bH}^{a}} = \frac{n_a}{1 - i_{ab}^{H}} + \frac{n_b}{1 - i_{ba}^{H}} = \frac{n_a}{1 - (-1)} + \frac{n_b}{1 - \frac{1}{i_{ab}^{H}}}$$

$$= \frac{n_a}{2} + \frac{n_b}{1 - \frac{1}{-1}} = \frac{n_a}{2} + \frac{n_b}{2}$$

$$= \frac{1}{2}(n_a + n_b) = \frac{1}{2}\left(\frac{n_{D1}}{46} + \frac{n_{D2}}{46}\right) = \frac{1}{92}(n_{D1} + n_{D2})$$

所以
$$n_H = \frac{1}{92}(n_{D1} + n_{D2}) \tag{5-34}$$

我们规定使电极杆上升的转向为正，反之为负，则上式变为代数式：

$$\bar{n}_H = \frac{1}{92}(\bar{n}_{D1} + \bar{n}_{D2}) \tag{5-35}$$

（5）电机转数的匹配。先假定我们选取两台 3000r/min 的直流电机，则当电极杆上升、下降时，电机转数间的匹配关系计算如下：

1）快速上升时：　　取 $\bar{n}_{D1} = \bar{n}_{D2} = +3000\text{r/min}$

所以：
$$\bar{n}_H = \frac{1}{92}(3000 + 3000) = \frac{6000}{92} = 65\text{r/min}$$

$$v_{上\max} = 65 \times 16 = 1040\text{mm/min}$$

2）慢速下降时：

$$v_上 = 0\ 时，很明显\ \bar{n}_{D1} = -3000\text{r/min},\ \bar{n}_{D2} = +3000\text{r/min}$$

我们取 $\bar{n}_{D2}$ 的调速范围为：+3000 ~ +1000r/min。

则 $\bar{n}_H$ 的最大下降转数为：

$$\bar{n}_H = \frac{1}{92}(1000 - 3000) = -\frac{2000}{92} = -21.7\text{r/min}$$

电极杆下降的最快速度为 −21.7 × 16 = −347mm/min。

（6）传动效率的计算。差动减速器的效率为：

$$\eta = \eta_差 \times \eta_涡 \tag{5-36}$$

式中　$\eta_差$——差动齿轮组的效率；

$\eta_涡$——减速器中涡轮、蜗杆的传动效率，取为 0.7。

差动齿轮组的效率计算如下：

$$\eta_差 = 1 - \left|\frac{n_a - n_H}{(i_{ab}^H - 1)n_H}\right|\beta_H$$

式中　β_H——差动齿轮组啮合损失系数。我们取锥齿轮的啮合效率为 0.96，则 1 对锥齿轮的啮合损失系数为：$\beta_H = 1 - 0.96 = 0.04$。

该机构中是啮合两次，所以总的损失系数为：

$$\beta_H = 2 \times 0.04 = 0.08$$

当快速提升时：$n_a = n_b = \dfrac{+3000}{46} = +65\text{r/min}$

$$n_H = +65\text{r/min}，又知\ i_{ab}^H = -1$$

所以
$$\eta_差 = 1 - \left|\frac{65 - 65}{(-1 - 1) \times 65}\right| \times 0.08 = 1$$

则
$$\eta = 1 \times 0.7 = 0.7$$

当慢速下降（当 $v_下 = -347\text{mm/min}$）时：

$$n_a = \frac{-3000}{46} = -65\text{r/min}$$

$$n_b = \frac{+1000}{46} = +22\text{r/min}$$

$$n_H = -21.7\text{r/min}$$

$$\eta_{差} = 1 - \left| \frac{-65-(-21.7)}{(-1-1)\times(-21.7)} \right| \times 0.08$$

$$= 0.92$$

则 $$\eta = 0.92 \times 0.7 = 0.64$$

取滚珠丝杠的效率为0.98，锥齿轮换向器效率为0.95，则总的传动效率为：

当电极杆上升时：$\eta_{总上} = 0.7 \times 0.95 \times 0.98 = 0.65$

当电极杆下降时：$\eta_{总下} = 0.64 \times 0.95 \times 0.98 = 0.59$

为安全一律取传动效率为：$\eta_{总} = 0.59$

（7）电动机容量和型号的选定。由第2项计算知道提升时所做的功为0.51kW，考虑到传动效率，则电机消耗的功率应为：

$$0.51 \div 0.59 = 0.87\text{kW}$$

取两台直流电机 Z_2-21，当3000r/min时，每台电机功率为1.5kW；当1500r/min时，每台电机功率为0.8kW，是安全的。

（8）差动减速器输入、输出轴的计算。

1）差动减速器输入轴的计算：

输入轴的扭矩 $M_入$

$$M_入 = 97500\frac{N}{n} = 97500\frac{1.5}{3000} = 48.75\text{kg}\cdot\text{cm}$$

式中 N——电机功率（输入轴传递的功率），$N = 1.5$kW；

n——电机转数，$n = 3000$r。

输入轴的直径 $d_入$

根据旋转轴的计算公式 $d_入 \geqslant A\sqrt[3]{\frac{N}{n}} = 11 \times \sqrt[3]{\frac{1.5}{3000}} = 8.7\text{cm}$

式中 A——轴用材料的许用应力［τ］有关的系数，查《机械零件设计手册》45号钢为12—11，取系数 $A = 11$；

其他符号与上述相同。

考虑键槽等影响，则选取标准直径 $d_入 = 14$mm，所以安全。

2）差动减速器输出轴的计算：

输出轴的扭矩 $M_出$

$$M_出 = 97500 \times \frac{N \times \eta}{n_a} = 97500 \times \frac{1.5 \times 1}{65} = 2250\text{kg}\cdot\text{cm}$$

式中 N——电机功率（输入轴转递的功率），$N = 1.5$kW；

n_a——电机转数，$n_a = 65$r；

η——安全系数，设 $\eta = 1$。

由于差动减速箱是两侧输出，所以每侧输出轴受的扭矩，可按一台电机的功率计算，同时由于是提升重物，所以是恒扭矩传动，只计算快速提升时的情况即可。

输出轴的直径 $d_{出}$，根据旋转轴的计算公式

$$d_{出} \geqslant A\sqrt[3]{\frac{N}{n_a}} = 11 \times \sqrt[3]{\frac{1.5}{65}} = 3.13\text{cm}$$

考虑键槽等影响，则选取标准直径 $d_{出}=35\text{mm}$，所以安全。

伞齿轮换向器及滚珠丝杠的轴均比直径35mm要粗，而它们传递的扭矩基本上是相等的，所以就不验算了。

快速提升气缸的设计计算、离心转盘机构的设计计算不一一叙述。

5.4.13 电源与自动控制

A 电极杆自动控制

采用全数字式直流调速装置＋PLC系统＋高性能信号变送器使电极杆升降自动控制的数字化闭环控制。电极杆控制采用两台直流电机通过差速齿轮传动，为两输入轴驱动方式。调速器满足以下条件：当两台直流电机同速时，输出轴的转速为“0”，当两台电机不同速时，输出轴输出转矩。电极杆用手柄控制慢速升降，用手柄控制快速提升和快速下降，并可点动升降。正常熔化时可根据弧压的大小自动控制电极杆的下降速度。当熔化短路时能自动快速提升电极杆，当弧压正常时自动恢复正常熔化。手动有上升、下降和点动上升、下降操作功能。自动控制时，弧压控制。下面分别介绍电极杆的手动控制和自动控制。

(1) 手动（包括上升、下降、远控/近控）：由电极驱动系统直流电机完成。

(2) 自动（采用弧压、速度、电流三环系统进行闭环控制），其控制方式选择和控制参数调节在操作台面板进行。正常熔化状态下，弧压控制；稳态误差≤±1V，动态超调≤±1.5V，调节时间≤5ms；速度控制：稳态误差≤±0.5%。并且系统在该控制方式下具有短路提升自动控制功能，短路消除时间＜0.5s。在熔化过程控制中，人工干预调节为最高操作级。

在上位机HNI界面上，系统各主要工艺和控制参数，各组成部分运行状态，系统的故障报警信息等能在操作界面上完整、可靠地进行显示。

B 坩埚翻转系统控制

当熔化结束并立即断开熔化电源，同时翻转轴的气动导电夹子打开，气缸快速提升电极杆至上限位，坩埚翻转浇铸，整个过程的时间为5～6s。直流调速器调试达到要求后，固定其运转速度，在操作台上设有该系统的调速旋钮。

C 真空操作系统

真空操作系统的操作在模拟盘面上，进行手动抽空/自动抽空操作。泵的启动和冷却水均有相关指示灯指示，并且可以在上位机显示。可参照电弧的真空系统自动控制部分。

D 离心浇铸控制系统

采用变频调速器，进行转速调节。

5.5 真空自耗凝壳炉控制系统的设计概述

5.5.1 真空自耗凝壳炉控制系统的功能要求

真空自耗凝壳炉控制系统的控制对象包括各级真空泵、真空阀门、水泵、用于控制电极上下移动的全数字交流伺服装置、用于浇铸工件离心装置、充氩阀门、熔化电源、各类检测信号等。根据控制对象的需要，控制系统应具备以下功能：（1）数据采集与处理功能；（2）运行监控与报警记录功能；（3）生产过程的安全控制操作功能；（4）统计记录和报表打印功能；（5）智能报警功能；（6）系统具有扩展功能，具有网络通信接口。

5.5.2 硬件构成

根据真空自耗凝壳炉控制系统的特点和要求，设计硬件系统结构，如图5-17硬件构成方框图所示。

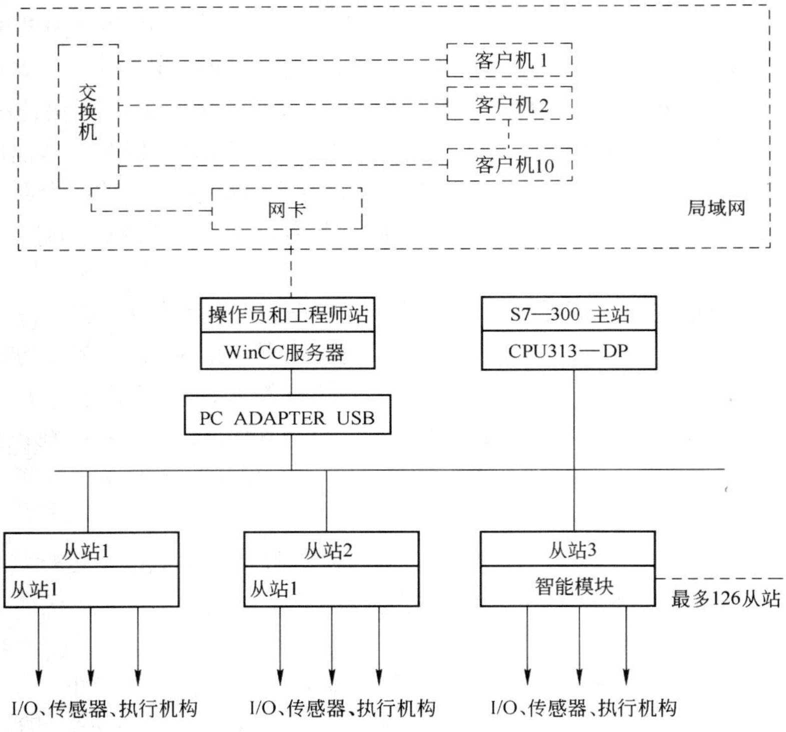

图5-17 硬件构成方框图

下面对各组成部分作具体说明。

（1）主站。一级主站采用西门子S7—300系列的CPU315—DP PLC作为中央控制器，由其运行整个控制程序，且实现与其他站的信息交换。

二级主站采用HP工作站来实现人机界面，通过MPI与S7—300PLC相连，工程师站对整个系统进行组态和编程；操作员站只能对整个系统进行操作、运行和监控，但不能修改组态数据和系统程序。

（2）从站。从站1为WAGO 750—333 I/O总线模块；从站2也为WAGO 750—333 I/O总线模块；从站3为智能模块直接挂在总线上，它们的CPU与PLC的CPU并行工作，占用主机的时间较少，有利于提高PLC的扫描速度和完成特殊功能。还可以连接其他的更多的从站。

5.5.3 软件方案

软件设计部分包括组态编程软件和监控软件。

（1）组态编程软件。采用西门子SIMATIC S7—300的配套软件包SETP7V5.2完成硬件组态、参数设置、PLC程序编制、测试、调试等。SETP7运行于Windows环境下，界面友好，组态编程方便，在线调试直观、便捷，有梯形图（LAD）、语句表（STL）和功能图（FBD）3种编程方式可随意切换和组合使用。硬件连好后，先安装各从站厂家提供的硬件驱动软件，再根据硬件参数首先进行硬件配置和网络配置，然后编制PLC程序，程序由组织块（OB）、功能块（FB、FC）和数据块（DB）构成。

（2）监控软件。上位机主机采用研祥的IPC—810Z工业PC机。为了提高系统的安全性、稳定性，故操作系统为Windows 2000专业版，监控软件采用SIMATIC WinCCV5.2。WinCC包括图形设计器、报警记录、标记记录、报告设计器、全局脚本、控制中心、用户管理等功能，它集控制技术、人机界面技术、图形技术、数据库技术、网络技术于一身，含有实时数据报表、历史数据报表、实时曲线、历史曲线、报表查询等控件，为工程技术人员提供一个很好的二次开发平台。其软件流程如图5-18所示，系统初始主运行界面如图5-19所示。

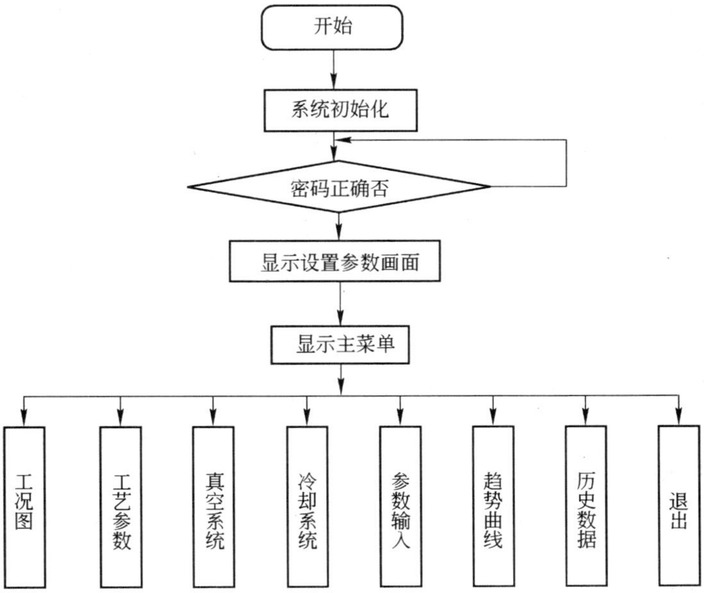

图5-18 软件流程

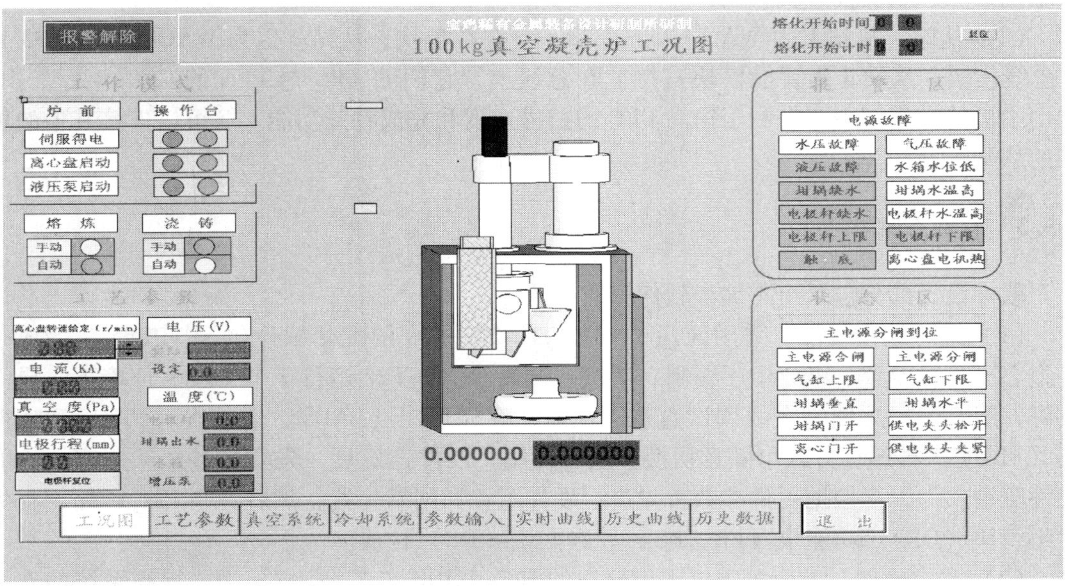

图 5-19 系统初始主运行界面

5.5.4 系统模块

系统主要包括以下模块：

（1）参数设置模块。即要求用户输入报警上下限、熔炼和浇铸记录中有关的常量等。每一炉常量参数设定包括坩埚规格、浇铸规格；报警阀值的设定包括总熔化电流的上下限值、真空度的上限值、电弧电压的上限值、出口水温的上限值等。

（2）实时检测与记录模块。完成数据采集、处理、运算和控制输出，动态模拟工况画面，并对实时数据进行记录，最终以文件的形式保存，可依据需要决定保存的时间。

（3）趋势曲线分析模块。趋势曲线能以图形方式观察一段时间内的过程状态和趋势。本系统定义了一组趋势曲线窗口，一个趋势曲线窗口可同时显示多个过程参数。趋势曲线可分为实时趋势曲线和历史趋势曲线。

实时趋势曲线可“在线”观察过程参数的变化，曲线窗口也可自动卷动以显示最新数据。实时曲线长度事先规定为几种时间间隔，在实际分析时可按当时的情况进行时间间隔变换。

历史趋势曲线用于查看过程参数的所有数据，曲线窗口不会自动翻卷，必须通过操作按钮来实现。历史趋势曲线的优点是工作班完成之后，可对本次的数据曲线进行分析和打印输出，同时亦可对以前保存的历史数据进行操作。

（4）报警提示模块。完善的监控和数据采集系统应能检测到非正常状态的发生，并将报警信息按照正确的顺序登录到数据库，并且不能丢失任何数据，以便事后对它们进行分析。本系统在显示的任一画面中，都设有报警显示，无论何时出现报警都会以声光形式提示用户。

（5）数据打印模块。微机系统对工艺参数进行实时测量、显示并最终打印，打印时间间隔可按需设定。熔炼结束后，对所需重要的工艺参数，如真空度、弧压、弧流、电极行程，能实现集中和分别打印。

5.6 L2000SM—Ti 真空凝壳熔化炉

本节介绍当今比较先进的大型 L2000SM 真空凝壳炉。用于钛及钛合金铸件的生产及静态浇铸。

5.6.1 主要技术参数

L2000SM 真空凝壳炉主要技术参数如下：

（1）最大熔化量：2000kg；

（2）最大熔化电流：52.5kA；

（3）熔化电压：45V；

（4）电极直径：ϕ800mm；

（5）极限真空度：5×10^{-3}Pa；

（6）工作真空度：5×10^{-2}Pa；

（7）漏气率：2.6×10^{-2}Pa · L/s；

（8）电极杆快速提升速度：500mm/s；

（9）坩埚翻转时间：4 ~ 30s；

（10）坩埚规格：ϕ920mm × 1200mm。

5.6.2 真空凝壳炉的结构组成

炉子主要由炉体，电极杆及其支撑框架，电极杆及其滚珠丝杆升降与快速液压提升机构，抽真空系统，大型可移动行车的前、后炉门，电源系统，电气控制柜系统，观察摄像系统，冷却水系统，液压系统，压缩空气系统，充氩装置等组成。如图 5-4 所示。

5.6.3 真空凝壳炉的设计特点

L2000SM 真空凝壳炉与其他真空凝壳炉的结构基本相同。不同之处如下。

（1）炉体卧式上圆下方，炉室容积优化设计，缩小无用空间。

（2）电极杆控制系统能精确地控制、调整和最小限度维持熔化弧长。

（3）同轴供电部分，如图 5-20 所示。从供电母排（阳极）引出对称的两支水冷铜管，并与电极杆同轴，通过炉室顶部进入炉室到坩埚上部，再通过两个液压铜夹头与坩埚面夹紧，实现同轴供电，避免了阴极通过磁场对熔化过程的影响。

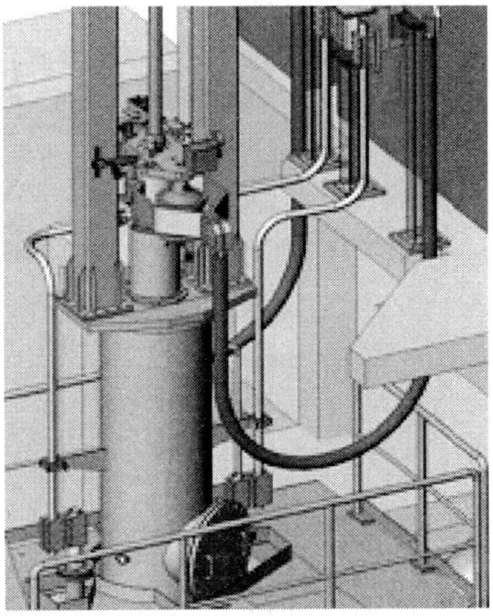

图 5-20 同轴供电

（4）稳弧线圈起到稳弧和熔池搅拌，磁场强度 0 ~ 7A/m，搅拌间隔时间 3 ~ 300s。

（5）所有被监控对象都以图形界面显示在显示器屏幕上，达到可视化操作过程。通过界面图框输入设定的熔化、浇铸工艺参数、数据采集处理，实现炉子自动或半自动化操作。并可修改存储的熔化、浇铸工艺参数，也可避免误操作。

（6）前炉门装置在可移动行车上，炉门上装置有浇口杯和模型盘托架，炉门移动，由装在行车上的电机驱动，如图 5-21 所示。模型盘可以快速放置和卸下，便于装型和出炉。

（7）坩埚安装在可移动后炉门固定支撑架上，炉门移动由装在行车上的电机驱动，如图 5-21 所示，便于坩埚的清洗以及坩埚、水套的维修、更换，还有利于装炉操作。

（8）铸造方式浇铸时，由固定在炉门上的液压缸推动坩埚倾翻，将液态金属倒入浇口杯内聚集流到模型内，如图 5-22 所示。

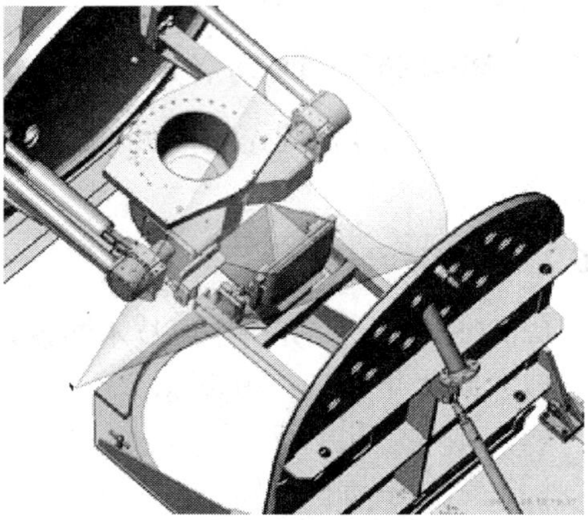

图 5-21　前、后炉门外形图

（9）真空系统由主罗茨泵串联中间罗茨泵再串联前级机械泵以及真空管道、阀门、测量规管组成，如图 5-23 所示。

（10）电气控制系统控制台设置计算机操作界面（OIP）对炉子远程操作。OIP 特点如下：

1）过程可视化；

2）工艺过程参数显示；

3）炉子组件的软关键控制；

4）熔化工艺方案的编辑和操作；

5）数据采集。

图 5-22　浇铸方式示意图

图 5-23　真空机组外形图

根据弧压通过 PLC（可编程逻辑控制器）控制电极下降，实现起弧、弧距和熔化期间的自耗电极进给。可将熔化电流、电压、功率、弧长控制和坩埚倾翻程序等模式设置到计算机，在熔化期间也可实现手动干涉控制。把浇铸重量、前壳重量、电极行程、熔化功率、熔化时间参数输入到计算机，以测量能量消耗，如功率、热辐射、坩埚通过冷却水传导的热量，来确定金属液的重量是现今凝壳炉的控制技术。抽真空系统通过压力控制开关自动按顺序运行，并设有应急操作程序。

（11）冷却水系统。坩埚闭合循环水冷回路分别安装水流量指示仪监控。坩埚冷却回路设置了应急冷却水供给系统。

5.7 凝壳炉的熔化浇铸工艺流程

凝壳炉主要是采用自耗电弧炉熔化的铸锭进行重熔，浇铸成铸件。它的熔化、浇铸过程可分为准备、熔化浇铸、铸件冷却出炉等3个阶段，图5-24是凝壳炉铸件生产的工艺流程。

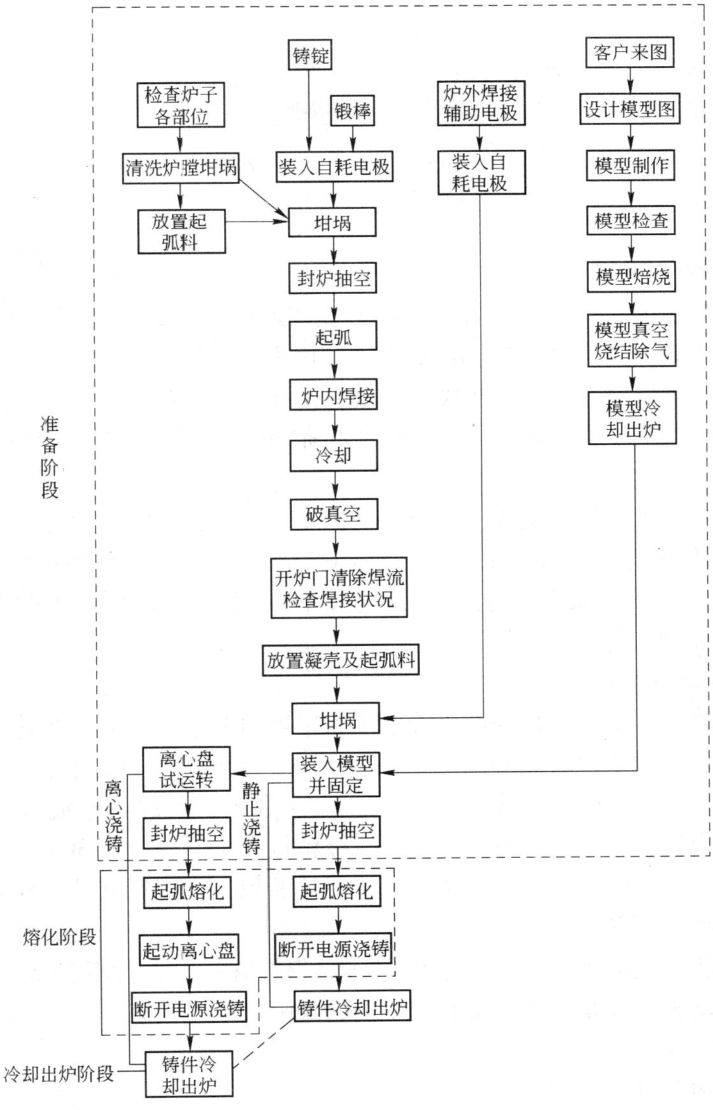

图5-24 凝壳炉铸件生产工艺流程图

5.7.1 准备阶段

5.7.1.1 石墨模型

根据客户来的图纸，设计模型图、制作模型、检验、焙烧、真空加热除气，在钛铸造工艺设计中详细叙述。

5.7.1.2 石墨模型的焙烧与真空加热除气

钛铸造使用的机械加工石墨模型和石墨粉捣实型，本身含有一定量的水分和挥发物以及油污等。浇铸钛液时受热将放出大量气体，会使钛铸件表面氧化，而且也会使内部气孔增加。在装炉前，必须将铸型在电阻炉内烧结初除气，加热至900℃。出炉后铸型再在真空除气炉进行加热除气。图5-25为真空除气工艺曲线。除气后铸型必须尽快装入凝壳炉内进行浇铸。若除气后铸型放置在大气环境中时间过长，大于24h就必须重新除气，通常应放入真空烘干箱存放。

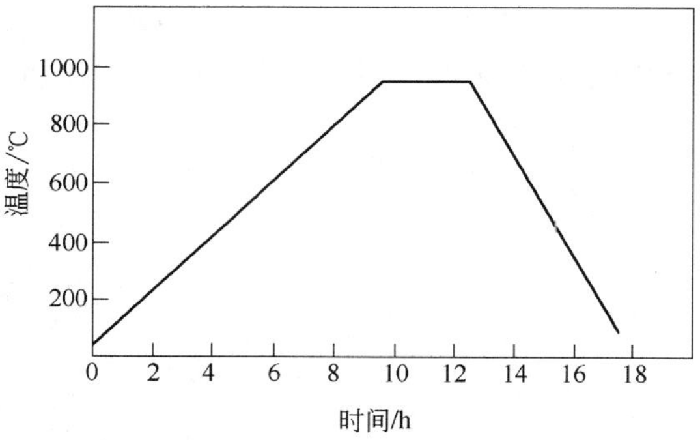

图5-25 真空除气工艺曲线

5.7.1.3 模型的组装

将除过气的模型在炉内或炉外按工艺组装到离心盘上，并固定好。采用离心浇铸时，要对所装置的模型进行试运转检验。静浇时不使用离心机构。

直浇道对准浇口杯中心，防止钛液外溢而产生浇铸不满，同时由于钛液流动速度快，冲击力较大，有时由于固定不够而引起抬箱，在工艺设计时应考虑螺栓夹紧装置。

在组装石墨粉捣实型时，更要注意型芯的固定，以防止浇铸时使芯子浮动而报废钛铸件。对钛铸造型芯撑有以下要求：（1）型芯撑的合金成分必须和铸件要求成分相同；（2）型芯撑的表面必须无氧化，清洁而无灰尘、油污等；（3）型芯撑的大小必须经过热力学计算，使之能同铸件熔合很好。

5.7.1.4 电极的焊接

炉内焊：是将自耗电极与辅助电极分别装入坩埚内及电极杆上，调整电极与坩埚的对中，电极侧面与坩埚内表面之间的间隙，一般不小于50mm，并固定好，封炉抽空至焊接工艺要求的真空度，送上熔化电源，用小电流烘烤数秒，再加大电流熔化，待熔池建全后，断电，下降电极杆，使辅助电极与自耗电极粘接在一起，冷却30min后，方可向炉室充气，打开炉门，清理焊瘤，检查焊接状况，焊接面积必须达到70%～80%以上，否则熔化过程中有掉电极的可能性。

炉外焊：是将自耗电极与辅助电极用氩弧焊焊接在一起，然后把焊好的电极装入炉内，用电极杆气动夹头夹紧，并调整其与坩埚的对中。

5.7.1.5 装入凝壳与检测

装入凝壳与检测过程如下。

（1）放入凝壳。把凝壳（前壳）放入坩埚内，电极的外侧面与凝壳的内表面之间的间隙不小于25~30mm。

（2）放入起弧料。一般用残料，加入量控制在熔化量的4%~8%以下。

（3）预留起弧间隙。下降电极的下端面与起弧料间距为15~25mm。

5.7.1.6 确定熔化量

根据浇铸铸件所需的熔液量，其中铸件占55%；凝壳占22%；铸余占20%；飞溅和其他占3%。依据这些因素就可计算出所需的投料量，即熔化量。

5.7.2 熔化、浇铸阶段

当真空度达到6.67~0.67Pa时，就可送电起弧熔化。起弧后转入正常熔化。其起弧、熔化原理、方式与自耗炉相同，参见自耗炉熔炼工艺过程，不再表述。正常熔化结束前，启动离心盘、转数达到工艺所要求的预定值。待熔化结束时，立即切断电源，气缸快速提升电极杆，在2~3s内提升到最高限位，坩埚同时翻转浇铸。整个过程的完成控制在5s内，浇铸完毕后，将坩埚恢复到熔化前的位置，同时停止离心盘转动。在真空条件下冷却1.5h以上，即可出炉。

5.7.3 凝壳炉的熔化、浇铸工艺

对难熔和活性金属钛及钛合金的熔炼、浇铸有些特殊的要求，熔化的热源在单位面积上要能够输入大的功率，从而达到必须的过热度，因此所配置的熔化电源要比自耗电弧炉大。液态金属钛在水冷坩埚内很快形成冷凝薄壳，将熔融钛液与铜坩埚隔离，从而达到防止热量散失的目的。钛铸件的浇铸有两种方式：一种是静浇；二是离心浇铸，浇铸方式是根据钛铸件结构复杂程度和壁厚及技术上的要求而定的。

钛的熔化和浇铸是钛铸造工艺中重要的组成部分，不正确的熔化和浇铸工艺会使钛铸件产生缺陷，或浇铸不足，使其报废。为了保证钛铸件质量和生产中的安全，使得钛熔化和浇铸过程的顺利进行，正确选择熔化和浇铸工艺参数及控制是非常关键的。

5.7.3.1 自耗电极的选择

根据坩埚直径和所需的总熔化量选择合适的自耗电极直径和长度见表5-2所列参数，同时自耗电极的合金牌号应与铸件要求的相同。为了达到理想的熔化效果，自耗电极直径与坩埚直径之比为0.6~0.75。比值过小，电极与坩埚间隙过大，熔化的热损失增大，熔池的过热度低，液态金属的流动性和充填性变差，不利于铸件的充满。比值过大，间隙小，易击穿坩埚。为了确保熔化过程中的安全，坩埚内熔池深度不得超过坩埚总高度的80%，这是因为水冷铜坩埚上檐附近无水冷却，容易烧坏橡胶密封件，而出现漏水现象。另外，熔池表面离坩埚上檐距离较近飞溅严重。

5.7.3.2 熔化电源参数的确定

熔化电源采用低电压、大电流的直流电源，空载电压为45~80V，起弧电压为20~25V，正常熔化电压为38~42V，45V以上是弧距过长，这个数值与电弧长度有关，在不短路的情况下，采用短弧操作，降低熔化电压。

从上述可知，熔化过程电压的变化范围比较小，因而熔化过程输入功率的调节主要靠熔化电流，表5-8、表5-9分别为500kg和150kg凝壳炉的熔化铸造记录。由表5-8可见，

起弧时，采用小电流，约为正常电流的13%~20%，起弧后小电流维持30s~1min时间，以对自耗电极和起弧料及凝壳进行预热，随后增加电流，加快熔化速度，在进入正常熔化后，通过自耗电极的电流密度一般控制在0.4~0.6A/mm^2，若电极直径增大，电流密度相应低些。熔化速度与熔化电流和电压成正比，即：

表5-8 500kg凝壳炉铸造记录

牌 号	TA2		模型种类	石墨	水压/MPa	0.4
铸造方式	静止	坩埚	ϕ550mm×720mm	电极规格	ϕ440mm×730mm	
熔前电极重量/kg	500+100		熔前壳重量/kg	91	起弧料/kg	6
熔后电极余量/kg	185		熔后壳重量/kg	96		

熔化记录					铸造记录	
时间/min	电流/kA	电压/V	行程	真空/Pa	熔化重量/kg	512
起弧	4	20	0	0.67	浇注重量/kg	402
					铸件重量/kg	280
					熔化时间/min	21
↓	↓	↓	↓	↓	冷却时间/min	120
					铸余重量/kg	122
21	29	39	168	3.07	飞溅重量/kg	14

表5-9 150kg凝壳炉铸造记录

牌 号	TA2		模型种类	型 壳	水压/MPa	0.3
铸造方式	离心	铸型预热温度/℃	400	电极规格/mm	ϕ220×800	
离心转数/r·min^{-1}	300~500			坩埚/mm	ϕ320×450	
熔前电极重量/kg	121		熔前壳重量/kg	91	起弧料/kg	3.3
熔后电极余量/kg	10.3		熔后壳重量/kg	27		

熔化记录					铸造记录	
时间/min	电流/kA	电压/V	行程	真空/Pa	熔化重量/kg	114
起弧	4	26	0	0.9	浇铸重量/kg	87
					铸件重量/kg	68
					熔化时间/r·min^{-1}	9
↓	↓	↓	↓	↓	冷却时间/r·min^{-1}	60
					铸余重量/kg	18
9	15.5	33.5	353	4.5	飞溅重量/kg	1
					备注	熔化时间：$t=0.177\times d^2L/IU=0.177\times 22^2\times 66.7/18.6\times 36=8.5$min 电极长度：$114/d^2 3.14r/4=667$mm 行程：$S=667-315=352$mm

$$v = KIU \tag{5-37}$$

式中 v——熔化速度，kg/min；

K——常数（系数），其值为0.02kg/(min·kW)；

U——熔化电压，V；

I——熔化电流，kA。

增加熔化电流可以加快钛的熔化速度，同时也伴随着使熔池深度变大。因而熔池的深度也与熔化电流成正比，见下式：

$$H = \frac{1.5I}{1000} = 1.5I \times 10^{-3} \tag{5-38}$$

式中 H——熔池深度，cm；

I——熔化电流，A。

随着熔池变深，熔池的过热度也提高了。

5.7.3.3 电极行程的计算

熔化过程中，熔化量是由行程决定的，电极行程是由两台直流电机驱动差动齿轮减速器，带动对称的一对滚珠丝杠旋转使电极下降；或者交流伺服电机驱动减速器，带动滚珠丝杠旋转使电极下降。由所装置的测速装置，把电极杆上升、下降的行程以电信号转换成数字显示在行程计数表上，根据行程可计算出电极熔化的长度与金属液体重量，也可换算出电极剩余长度。上述电极行程与电极熔化的长度，两个参数的任意一个与总的熔化时间，两者结合起来，可监控熔化过程中的电极熔化量至熔化结束。正好是浇铸所需的金属熔液量，也是设计电极杆长度所需的条件。必须指出，若加入了残料，要将残料的加入量计算在内，这样就要减少电极的熔化量，也就是要减少行程。

熔化过程也就是电极长度不断消耗而缩短和熔池熔液不断升高的过程。电极下降与熔液增长两者是呈相对运动，假定熔化过程中的电弧长度保持不变，则电极行程为电极长度与金属液体高度之差。用下式表示（未考虑到残料的加入量）：

$$S = L - H \tag{5-39}$$

式中 S——电极行程，mm；

L——电极长度，mm；

H——金属液体高度（忽略收缩率），mm。

若已知 S 和 H，根据上式可以求出熔化过程中任意时刻的 L 值。上述公式的意义在于：

（1）根据熔化前电极的原始长度 $L_{始}$（取决于电极直径及重量）与重量 $G_{始}$，而计算出来的电极熔化完毕以后钛液体高度 $H_{毕}$ 就可以由公式（5-39）计算出电极熔化完毕时行程表上的读数 $S_{毕}$ 值，据此可以确定熔化终止时间。

（2）假若在引弧熔化开始时，将行程表复位到零位，并且熔化开始的时间为零，根据熔化速度 v 可以计算出熔化过程中任意时刻的 $H_{任}$，根据公式（5-39）就可以计算出任意时刻的电极剩余长度 $L_{任}$。

在进一步推导电极行程公式时，作了下面两个假设：（1）电极和熔化后的液体体积不变，且均为圆柱体；（2）电极的比重 γ 与液体近似相同，则：

$$\frac{1}{4}\pi d^2\gamma L = \frac{1}{4}\pi D^2\gamma H \tag{5-40}$$

$$H = \frac{d^2}{D^2}L \tag{5-41}$$

式中 γ——金属密度，钛为4.5g/cm^3；

d——自耗电极直径，mm；

D——坩埚直径，mm；

L——电极长度，mm；

H——液体高度，mm。

把公式（5-41）代入公式（5-39）中，可得电极行程 S 为：

$$S = L - H = L\left(1 - \frac{d^2}{D^2}\right) \tag{5-42}$$

上式中 $\left(1 - \frac{d^2}{D^2}\right)$ 称为行程系数，行程等于行程系数乘以电极长度。

例如：坩埚直径 $D = 560$mm，钛电极直径 $d = 440$mm，熔化量 $G = 500$kg，则所需自耗电极长度 L 为：

$$\frac{1}{4}\pi d^2\gamma L = 500,\ L = \frac{500}{\frac{1}{4}\pi d^2\gamma} = 73.1\text{cm}$$

则

$$S = L\left(1 - \frac{d^2}{D^2}\right) = \frac{500}{\frac{1}{4}\pi d^2\gamma} = \left(1 - \frac{44^2}{56^2}\right) = 28.0\text{cm}$$

计算结果表明，将731mm长的电极熔化完，其行程为280mm，正好是所需500kg的熔化量。

5.7.3.4 金属熔化量的计算

根据凝壳炉生产实际统计数据分析表明，正常情况下生产一炉铸件，所生成的凝壳重量占熔化量的22%，其余为浇铸量。浇铸量包括铸件、铸余、飞溅和其他重量。其中铸件重量占浇铸量的69.6%。由此推理，浇铸量加上凝壳重量等于浇铸铸件所需的金属熔化量，用下式计算：

$$G = q + G22\%$$

整理后得：

$$G = 1.28q \tag{5-43}$$

又因铸件重量占浇铸量的69.6%，即：

$$G_z = 69.6\% q$$

整理后得：

$$q = 1.44G_z \tag{5-44}$$

将式（5-44）代入式（5-43）整理后得：

$$G = 1.84G_z \tag{5-45}$$

式中 G——熔化量，kg；

q——浇铸量，kg；

G_z——铸件重量，kg。

例如：生产一炉铸件重量为280kg，需要投多少重量的电极，来保证熔化量，以满足浇铸铸件的重量？

解：浇铸量：$q = 1.44G_z = 1.44 \times 280 = 403\text{kg}$；

熔化量：$G = 1.28q = 1.28 \times 403 = 515\text{kg}$

也可以按式（5-43）直接计算得：

$$G = 1.28q = 1.28 \times 280 = 515\text{kg}$$

要想提高铸件的浇铸成品率，取决于铸型的浇铸设计正确性。通常熔化的计算为熔化量等熔化速度乘以时间，即：

$$G = vt \tag{5-46}$$

式中　v——熔化速度，$v = KIU$，kg/min；

K——常数，其值为0.02kg/(kcal·min)；

t——熔化时间，min；

整理得：

$$G = 0.02IUt \tag{5-47}$$

由公式（5-47）得出，熔化量是以熔化时间作为变量进行计算的。在进入正常熔化后，钛的熔化速度一般是比较稳定的，它与熔化电流和电压成正比，但在开始起弧和增加电流的1～2min内，所输入的电能主要消耗在加热自耗电极和凝壳，自耗电极的熔化量很小。而到了正常熔化后期，由于自耗电极已被加热且变短，电极上的电阻损耗功率下降，而熔化速度提高，因此整个熔化过程的熔化速度取它的平均值。

生产中在计算出浇铸铸件所需的金属量后，再加3%～5%的量，以保证浇铸量。对同样的铸件，使用相同的电极和熔化制度，只要经过两次熔化浇铸和调整，则可控制达到所需要金属熔液重量±2kg的范围内。

5.7.3.5　熔化时间的计算

通常是在确定了要浇铸铸件所需金属熔化量后，再选择合适重量的自耗电极规格，根据所需自耗电极的重量除以熔化速度所得商值就是熔化时间，按式（5-46）计算即：

$$t = \frac{G}{v}$$

式中　G——熔化量，即所需自耗电极重量，因自耗电极为圆柱体，所以：$G = \frac{1}{4}d^2\pi L\gamma$，kg；

v——熔化速度，$v = KIU$，kg/min。

又因为熔化速度与熔化电流和电压成比正比，见公式（5-37），熔化时电压变化较小，所以以熔化电流作为变量进行计算。只是在开始起弧的1～1.5min内所输入的电功率较小，在进入正常熔化后，熔化速度一般比较稳定，因此取熔化速度为平均值。所以将公式（5-46）转变为：

$$t = \frac{\frac{1}{4}d^2\pi L\gamma}{KIU} \tag{5-48}$$

式中　d——自耗电极直径，cm；

L——自耗电极长度，cm；

γ——金属密度，钛为 4.5×10^{-3}kg/cm^3；

K——熔化系数，为 0.02kg/(min·kW)；

I——熔化电流，kW；

U——熔化电压，V。

将式（5-47）整理后得：

$$t = 39.25\frac{d^2L\gamma}{IU} = 0.177\frac{d^2L}{IU} \tag{5-49}$$

5.7.3.6 真空度和漏气率

熔化过程的真空度直接影响到被熔金属的质量和性能，以及电弧的行为及操作的安全性。而熔炼的真空度与自耗电极的熔化速度、原料的含气量、抽气能力、漏气率等因素有关。为此在熔化开始前必须把炉子的真空度抽到 0.67Pa 以上，因此在起弧熔化后，随着电极、坩埚、凝壳、炉膛以及石墨型被加热，放气会使炉室真空度短时间下降，这样不至于使真空度下降到允许值 13Pa 以下；钛的正常熔化真空度应在 6.65～0.67Pa 范围内。熔化真空度过高，会导致蒸气压高的合金元素挥发；真空度过低于允许值会使合金增氧，同时还会引发辉光放电，在断电浇铸时，随着液态钛进入石墨模型，它们相互间的作用和铸型及其卡具的被加热会放出大量的气体，使真空度急剧下降。因此凝壳炉的真空系统的抽速配备比电弧炉要大，以确保浇铸过程与冷凝的真空度能维持在所需范围内，或能在 10～60s 内恢复到正常值。若熔化真空度过高（10^{-3}Pa 以上），会导致蒸气压高的合金元素挥发。电子束炉存在这个问题，电弧炉、凝壳炉不存在这种问题。

漏气率也直接影响到被熔化金属钛和铸件的质量与性能，是必须控制的主要技术参数之一，漏气率大于工艺允许值，则炉外的空气不断渗入炉室，使炉内的氧、氮、氢和水分的分压增大，熔融的钛及合金就会被沾污，最终导致铸件性能变坏。凝壳炉的允许漏气率控制在 0.4～0.7Pa·L/s 范围内，当然，漏气率越小越好。

5.7.3.7 熔池的过热度

凝壳炉采用水冷铜坩埚熔化金属钛，由于熔融钛的高化学活性，造成熔池温度难以调控，金属过热度不高，导致钛及其合金的流动性和补缩能力比铸钢差。在熔化过程中，电弧把热能传到熔池表面具有一定的过热度；为确保水冷铜坩埚不被熔化，在坩埚内侧表面与液态金属熔池之间始终保持一个具有一定厚度的完整的凝壳。为此，在熔池与凝壳交界面的温度只能为金属结晶的温度，从而在熔池与这个交界面就形成了一个存在温差变化的温度场，这个温度场的变化取决于：（1）电弧输入的能量，即熔化电压与电流、电弧长度与熔化速度；（2）熔池表面热辐射损失，即电极直径与坩埚直径之比；（3）坩埚冷却水热传导，即冷却水的温度和压力，坩埚材料与结构；（4）熔池尺寸与搅拌，即电弧和电磁搅拌造成的热损失。上述变化的温度场及熔池的体积、平均温度决定了温度浇铸金属的真实过热度。

凝壳炉熔化钛，熔池的平均过热度与熔池的深度和它的直径比有关。例如：当采用侧壁有水冷却而底部没有水冷却的石墨坩埚熔化钛时，钛熔池的深度与直径的比达到 0.9～1.0，此时熔池的最高平均过热度为 160℃左右。且其熔池深度与直径之比只能达到 0.5，这时熔池的平均过热度高达 200～240℃。对于水冷铜坩埚侧壁和底部都有水冷却，此时熔池的深度与直径之比不超过0.5～0.6，因而在水冷铜坩埚内熔化钛，熔池的平均过热度可以达到260～300℃。但是国内的凝壳炉，水冷铜坩埚的深度与直径之比达到1.3～1.45，最高达到1.67。当所需熔化的金属量与坩埚的容量比较接近时，熔化金属的熔池液面的高度经常超过坩埚深度的70%～80%，有时还达到90%，熔池深度与其直径之比远远高于0.5～0.6。因而熔池的平均过热度难以超过200℃，根据采用红外光学测量仪反复测量的数据，熔池表面的温度大约在1730～1820℃之间，熔池的过热度也就在60～200℃之间[1]。但这一数据存在着测量距离问题，仅供参考。

5.7.3.8　浇铸与浇铸方式的确定

当熔化的金属钛量达到预定量时，也就是说，达到按照熔化量计算的熔化时间时，立即切断熔化电源，气缸自动快速提升电极杆到上限位，坩埚立即倾翻进行浇铸。整个过程控制在3～5s内完成。否则坩埚内的金属液体表面很快就会凝结成一层凝固膜，影响到过热度与浇铸质量。

铸型的浇铸方式应根据浇铸铸件的几何形状、尺寸大小、壁厚、重量和质量要求等综合考虑选择确定。对于形状复杂的薄壁（厚度不小于3mm）铸件必须采用离心浇铸；对形状比较简单、重量大的（厚度不小于6mm）铸件可以采用静止浇铸（重力浇铸），铸件浇铸完后，在真空下冷却1.5h以上，充氩冷却比真空冷却快。由于炉室太大，充入的氩气较多，相比成本较高，大工业生产中一般不采用，待温度低于400℃后就可出炉。

5.8　钛铸造工艺设计

本节简单地介绍一下钛及钛合金铸造工艺设计的一般知识和概念，有助于凝壳炉的设计，以满足钛铸造工艺要求。

钛铸造的工艺设计是根据零件图纸所规定的技术要求以及钛及钛合金性能，制定钛铸件具体工艺措施和方法，确保该铸件达到预期设计技术指标和要求。合理的装置工艺设计是以低成本、高效率来生产精度高、装置质量好的优质钛铸件的重要保证。钛铸造工艺设计主要包括铸件收缩率和机械加工余量的确定，铸造工艺孔，工艺肋、排气孔的设计与选择，基准面、铸型分型、型芯的设计与选择、浇铸方式的确定，浇铸系统的设计等，除此之外还必须遵守如下基本原则：

（1）根据钛铸件的结构特点和生产批量大小，确定适当的造型方法。

（2）根据钛铸件的几何形状及复杂程度，选择合理的工艺参数。

（3）根据钛铸件的几何特性及其合金性能，正确设计浇铸系统及冒口。

5.8.1　钛及合金的铸造特性

铸型的设计者，要想生产出优质价廉的钛铸件，还必须了解钛及合金的铸造特性如下：

（1）钛的熔点高，为（1668±14）℃，沸点是（3260±20）℃。

（2）钛的密度小，仅是钢的60%，钛液在铸型中的补缩静压头小。

（3）熔融钛化学活性高，几乎能和目前的各种造型耐火材料发生化学反应，轻者在铸件的表面产生许多凹点（麻点）、气孔，严重时使铸件无法成形。因此，对铸型的质量要求比一般其他金属的铸造要苛刻得多。

（4）目前铸造钛合金用的许多造型材料，如石墨、难溶金属粉等，都具有热导率高、热容量大的特点。用这些材料制成的铸型，如机加工石墨型、捣实型、熔模石墨型、钨面层、陶瓷型壳等，也都具有同样的性能。液态钛浇铸进铸型后，冷却较快，易产生冷隔和充满率低等缺陷，薄壁件成型困难很大。

（5）目前钛及钛合金都采用凝壳炉熔化、浇铸。金属液体过热度低，一般只有 60 ~ 200℃左右。金属液体温度难以控制和调节，温度分布不均匀，靠近坩埚壁和底部低，中间高，导致它的流动性和补缩能力稍差于铸钢，因而复杂的薄壁件（壁厚不大于 3mm）必须采用离心浇铸才能充满[1]。

（6）钛对氢、氧、氮等间隙元素敏感性大，熔炼、浇铸、冷却都必须在真空下进行，而且在液态钛浇铸进铸型过程中要释放出大量气体，易形成气缩孔，这对铸件的内部质量和性能影响很大。

（7）大多数工业钛合金的结晶隔都比较窄（一般都在 50 ~ 60℃之间），因而都有较好的流动性。

（8）补缩能力差，液态钛从液态变为固态要发生体积收缩，易形成缩孔。

5.8.2　钛铸造的造型工艺

钛铸件在工业规模生产中，目前国内外普遍使用的造型工艺、适用范围在表 5-10 中加以概括。每种铸型适应于不同的铸件生产，以保证钛铸件的产品质量和成品率。钛及钛合金铸造常用的造型工艺简述如下。

表 5-10　钛及钛合金铸造的造型工艺[1]

铸造方式	模型种类	适 用 范 围	使用现状
硬模铸造	金属型	适合于单件生产或小批量生产，主要用于生产壁厚不大于 4mm 的铸件	有淘汰趋势
	机械加工石墨型		常　用
砂型铸造	捣实石墨型		有淘汰趋势
	捣实砂型		有淘汰趋势
熔模精密铸造	熔模石墨型壳	适合于大批量生产，用于生产壁厚不大于 3mm，要求较高的，形状复杂的，薄壁大、中、小型铸件	有淘汰趋势
	钨面层陶瓷型壳		常　用
	氧化物面层陶瓷型壳		常　用
壳型铸造	石墨型壳	前苏联广泛应用该工艺生产钛合金铸件	
	氧化物壳型	尚处在试验研究阶段	研究之中
消失模铸造	氧化物面层型壳	适合于大批量生产，用于生产壁厚不大于 3mm，要求较高的，形状复杂的，薄壁大、中、小型铸件	推广使用中

下面分别介绍硬模铸造。

5.8.2.1　机械加工石墨型

石墨型是用于钛合金铸造最早的造型方法，它具有表面光滑、空隙度小、强度较高、硬度低、易于机械加工成形等特点。同时还有下列优点：

（1）具有较高的导热系数和质量热容。因而，液体钛在石墨型中冷却较快，使合金组织变细，从而提高了钛铸件的致密性和力学性能。

（2）具有很高的高温稳定性，能抵抗钛液体的腐蚀。

（3）具有较低的热膨胀系数和高的抗变形能力,因而保证钛铸件具有较高的尺寸精度。

（4）具有合格的熔化温度，熔点为3800℃，而且也具有良好的高温稳定性与较好的抗热冲击性，以及低的线膨胀系数和高的抗变形能力等优点。机械加工石墨型的缺点：铸型造价高；使用寿命短；不适宜铸造形状复杂和薄壁件；同时铸件表面容易产生折皱、冷隔和裂纹；铸型难以清洗。但它仍然主导着钛铸件的生产。

5.8.2.2 机械加工石墨型的结构设计

钛铸造工作者在进行石墨型结构设计时，首先碰到的问题是：由于凝固时，收缩较大而且铸型退让性能很差，在冷却过程中铸型被卡住而损坏，为了解决这个问题，通常多采用楔形活块组合铸型。

机械加工石墨型的厚度，应根据钛铸件的结构和尺寸大小以及使用的次数来考虑，通常不希望太薄，太薄了会影响使用寿命，过厚又浪费大量的石墨电极而提高了钛铸件成本，工厂中经常采用的经验公式为：

$$S = 20 + 0.5\delta \tag{5-50}$$

式中 S——铸型厚度，mm，一般 $S \geqslant 25$mm 为宜；

δ——钛铸件的平均厚度，mm。

由于石墨本身较滑，因此芯头多设计为直的，它的长度在10～15mm为宜。机械加工石墨型为了浇铸后脱模方便，在设计时要有一定的斜度（一般在3°～4°）。铸造收缩在0.1%～0.15%，当钛铸件尺寸较大而且结构复杂时用上限。

机械加工石墨型结构设计的好坏，直接影响钛铸件的质量和铸型的使用寿命。因此设计时要仔细考虑它的结构形式，分型面位置和浇铸冒口的开设，否则就不可能达到预期的效果。石墨铸型经过几次使用后，当发现局部损坏时，必须经过修补才能再次使用，否则将影响钛铸件的表面质量。

5.8.2.3 石墨粉捣实型

由于机械加工石墨型存在不少缺点，又研究发展了石墨粉捣实型的造型方法，这样造型方法材料主要是石墨粉和保证铸型具有需要的湿强度和干拉强度的黏结剂。目前国内多采用合脂残渣为黏结剂制造石墨粉捣实型。这种方法在美国、俄罗斯、日本、中国早已获得了应用。

工业生产实践说明它具有下列优点和缺点：

（1）具有制造经济、透气性好、清砂性好、易于制造形状复杂的钛铸件等优点。

（2）不宜生产单件和小批量，浇铸钛液后要放出大量气体，引起表面污染，甚至出现气孔，因此采用这种方法生产的铸件多数用于石油、化工和普通机械制造。由熔融钛的化学性造成铸件表面质量问题迄今还在限制着这种工艺的使用。

5.8.2.4 金属型

金属型通常用灰铸铁、铸钢、铸铜及耐热铸铁制造。金属型应用的范围比较小，一般用来制造环形、圆柱筒体和薄壁小件。它的最大特点是使用寿命长，从而补偿了加工铸型费用高的缺点。

为了避免由于金属型引起的快速凝固而可能产生的缩孔和表面冷隔等缺陷，经常在金属型内表面作一层复层。俄罗斯用热固性树脂覆膜砂作复层。国内常用难熔金属 W、Mo、粉末等离子喷涂的工艺方法，达到了减小钛铸件表面粗糙度和延长金属型使用寿命的目的。

铸钛金属型的结构设计。金属型铸钛，适用一些形状简单的零件，对于结构复杂的零件不易采用金属型。因此，在选用金属型时不单单考虑生产批量，还要看其铸件复杂程度。

(1) 确定钛铸件在金属型中位置的一般原则如下：

1) 尽力将钛铸件布置在一个半型中，或是将铸件的大部分要放在一个半型中。这样可使铸件的尺寸精确，金属型的制造简单。

2) 尽力以平面分型代替曲面分型，以较少分型代替较多分型，尽力减小活块。这样可使钛铸件披缝减小，尺寸精确，制造简单。

3) 尽力保证钛及钛合金的顺利凝固，以合理设置冒口，创造有利的补缩条件，从而得到无孔洞的钛铸件。

4) 尽量使铸件在金属型中处于最低位置，这样既有利于钛铸件各部分得到补缩，同时可以减少金属液流的冲击作用。

5) 便于排气。用石墨粉捣实型芯时，要特别注意型芯的定位准确，安装方便和固定可靠。

6) 应便于从金属中取出铸件，留斜度，避免铸件卡住在金属型中，一致引起变形和损伤。

在真空凝壳炉内熔化钛及钛合金。很难使钛液的过热度再提高，同时钛及钛合金结晶温度范围狭窄（一般在 50 ~80℃），所以浇铸时应尽力提高浇铸速度，多采用顶注式和侧注式浇铸系统。无论是机械加工石墨型、石墨粉捣实铸型，还是金属型铸造钛均不能采用缝隙式和雨淋式浇道。

(2) 金属型壁厚的确定。金属型的壁厚是决定钛铸件冷却速度的主要因素，对于获得优质钛铸件具有重要的意义。金属型对钛铸件冷却速度的影响，主要取决于型壁的蓄热能力，但由于浇铸后金属型和炉膛温差比较大，金属型的散热能力提高了，而增加壁厚，反而不利于散热。故应适当减少金属型壁厚以提高钛铸件的冷却速度。由于金属型的蓄热和散热能力和金属型材质有关，影响因素很多，因此，现在还没有一个可靠简便的方法来确定不同条件下最理想的金属型壁厚，国内工厂里采用的经验公式为：

$$\delta_{型} = 10 + 0.6\delta_{件} \tag{5-51}$$

式中 $\delta_{型}$——金属型厚，mm；

$\delta_{件}$——钛铸件壁厚，mm。

此公式一般用于 3 ~5kg 重的钛铸件。

5.8.2.5 钛熔模精密铸造

钛熔模铸造是一种精密铸造方法，通常又称“钛的精密铸造”熔模铸造钛铸件与钢、高温合金熔模的制作方法相似，只是铸型（型壳）材料和机加工石墨型及金属型比，有下列优点：

(1) 钛熔模铸造尺寸精度及表面粗糙度较低，而且可以浇铸形状复杂的钛铸件，同时由于加工余量小可以节省大量的金属钛和机械加工工时，特别是较为复杂的 TC_4 铸件，免去了机械难以加工的工序。

（2）生产批量没有太多限制，由几个到大批量生产。它的主要缺点是生产工艺复杂，生产周期较长。国内已生产出 0.1～1kg 的熔模钛铸件。最小的有眼睛架铰链、胸花、高尔夫球头等。其中高尔夫球头已形成规模化生产等。它主要是为了满足航空、航天技术发展的需要而发展起来的。

（3）型壳的制备。钛的熔模铸造时，它的模型（型壳）制作工艺和其他金属熔模铸造相类似，是将石蜡加热熔化压注入已制作好的金属模中，制成所需要的成品——零件石蜡模型。将石蜡型组焊到蜡棒上，这些蜡棒可作为浇铸的冒口，冒口、直浇道、横浇道和铸型组成了钛铸件的浇铸系统。将复杂的石蜡型装配件浸入恒温黏浆桶中，涂挂面层材料，即最重要的耐火材料配方（不与熔融钛发生反应的涂层），滴干、再浸涂挂面层材料，在它们还是湿的时，涂灰、干燥、浸涂细砂、淋砂、干燥。这些过程要反复数次，直到石蜡组合件外表面包上足够的厚度为止，钛的熔模铸造主要工艺流程如下：

零件图（机加工余量）→设计铸件图（加上收缩率）→蜡模设计→铸件工艺设计（包括浇铸系统）→蜡模模具制造→工装、夹具设计→压注蜡模→蜡模浇铸系统组合→清洗→浸涂面层涂料→撒砂→干燥固化→脱蜡→型壳焙烧→装配预热→熔化浇铸→铸件清砂→切割→精整→铸件热等静压→铸件修补→质检→入库。按上述主要工艺流程制作的型壳，经过预热达到浇铸工艺要求就可以装炉、熔化浇铸。其中最主要也是最关键的一道工序是型壳面层涂料的配制，各生产厂家都有自己的配方。

目前钛及钛合金熔模精密铸造的型壳有熔模石模型壳、钨面层陶瓷型壳、氧化物陶瓷型壳、热解炭沉积熔模型壳，它们之间的差别在于面层使用耐火填料和撒砂以及黏结剂不同，而工艺流程基本上是一样的。钛铸造工业使用的上述四种型壳的制作，可参考有关书籍。

表 5-11 是几个主要生产钛及钛合金精密铸件的国家及公司。

表 5-11 主要生产钛及钛合金精密铸件的国家和公司[1]

公司名称	国　家	型壳面层	熔铸炉		最大精铸件/kg
			类　型	容量/kg	
美国霍姆特公司	美　国	纯石墨粉	真空电弧凝壳炉	90.72	23
美国精密钛铸件公司	美　国	氧化物	真空电弧凝壳炉	226.8	113
美国活性金属公司	美　国	金属粉	真空电弧凝壳炉	68	34
美国国际钛工艺公司	美　国	金属粉	真空电弧凝壳炉	362.87	50
钛铝精密铸件公司	德　国	金属粉	真空电弧凝壳炉	100	50
Del. T. S 公司	意大利	纯石墨粉	电子束壳式炉	110	—
宝钛集团公司	中　国	氧化物	真空电弧凝壳炉	25	10
宝钛集团公司	中　国	氧化物	真空电弧凝壳炉	150	18

5.8.2.6 消失模空壳（空腔、无碳）精密铸造

消失模空壳（空腔、无碳）铸造是钛及钛合金、锆、镍精密铸造的一种方式，它利用聚苯乙烯泡塑（expandad polystystyrene，简称 EPS）。板材制成与铸件尺寸形状相似的模型，再将泡塑模型黏结组合成型簇，涂挂面层材料及耐火材料。涂层工序与石蜡模型相同，不同之处是加热脱型时聚苯乙烯泡塑模型会气化消失，形成型壳（空腔），并在真空凝壳炉内熔化浇铸生产出一个与原泡塑模型完全一样的铸件。这种方式的特点是模型不随温度、湿度而变

形，而得到推广应用。目前消失模铸造使用于钛及钛合金铸件的生产，是一项创新的铸造工艺方法。与传统石墨真空铸造技术相比，消失模铸造有下列特点：（1）铸件质量好；（2）尺寸精度高；（3）表面光洁；（4）铸件内部缺陷大大减少，组织致密；（5）铸件大小皆宜；（6）减少机械加工量；（7）可以大大改善作业环境、降低劳动强度、减少能源消耗。

A　消失模铸造工艺流程

泡塑板材→制作模型→模型组合成簇→模型涂层→淋砂造型→型壳晾干→加热脱壳→型壳焙烧→型壳预热→真空熔化浇铸→冷却处理→铸件。

B　消失模铸造工艺简介

下面介绍消失模铸造工艺。

（1）消失模材料选择：选择可发性聚苯乙烯树脂珠粒（简称 EPS）。

泡塑板的珠粒特点：半透明珠粒，预发泡倍数 40 ~ 60，粒径为 0.18 ~ 0.80mm（6 种尺寸），一般选用的原始珠粒的粒径小于或等于铸件的最小壁厚的 1/9 ~ 1/10。

（2）模型制作：由泡塑（EPS）板材制作：泡塑板材—电阻丝切割—加工中心加工—黏接模型。

对简单的模型，可利用电阻丝切割装置，将泡塑板材切割成所需的模型。对复杂模型，首先用电阻丝切割装置将泡塑板材分割成几个部分的坯料，再在数控机床上加工成部件，然后进行黏结，使之成为整体模型。

（3）模型组合成簇：将自行加工好的泡塑模型与浇冒口模型组合黏结在一起，形成模型簇，这种组合是在涂料前进行，是消失模（空型）铸造不可缺少的一道工序。目前使用的黏结材料有橡胶乳液、树脂溶剂和热熔胶。

（4）模型涂层

EPS 模型用于钛及钛合金铸件的型壳内表面涂层与蜡型的涂层材料和工艺相同，形成铸型内壳。其内层涂层的作用是防止耐火材料与液态钛发生反应，外涂层是为了提高 EPS 模型的强度和刚度，防止定形时模型的变形，确保铸件的尺寸精度。

钛及钛合金消失模铸造专用涂料，在涂料搅拌机内加水搅拌，使其得到合适的黏度。搅拌后的涂料放入容器内，用浸、刷、淋和喷的方法将模型组涂覆。一般涂数遍，使涂层厚度为 0.5 ~ 1mm。根据钛及钛合金铸件种类、结构形状及尺寸大小不同选定。涂层在室温下自然干燥。

（5）加热脱壳：将模型放置（口向下）在天然气加热炉内加热脱壳，国内某公司实验表明，EPS 模型一般在 200℃（有资料报道在 80℃）左右软化，420 ~ 480℃时分解，分解产物有气体、液体及固体 3 部分。热分解温度不同，三者含量不同。600 ~ 850℃完全热解气化，形成壳体。特别是尽可能保持燃烧室（加热室）内氧化气氛，聚苯乙烯模燃烧产生的尾气必须进行二次燃烧，聚苯乙烯模在 900℃以上可充分燃烧，可除去残留的碳，达到国家废气排出标准。

（6）型壳焙烧：型壳焙烧温度最高控制在 1050℃。型壳焙烧的目的是提高型壳的强度和刚度，能适应熔融钛液体的冲击以及能承受离心浇铸的离心力。防止离心铸造过程中液态钛金属的冲击及型壳破裂。

（7）浇铸方式：将焙烧好的型壳装置托盘上，在加热炉内加热至 400℃，然后出炉迅速放置在真空自耗凝壳炉内离心盘上，采用离心浇铸。离心机的转数控制在 500r/min 左右。按熔化浇铸工艺熔化，熔化结束迅速浇铸，继续抽空冷却。

（8）出炉处理：出炉后经过振动清砂、气割分离、机加工处理、打磨处、表面喷砂处理、检验等工序处理，铸件入库。

（9）环境保护：泡塑模型加热脱壳时产生废气种类有：苯、甲苯、乙苯、苯乙烯等气体。加热脱壳时可将产生的尾气收集，进行气水分离；在燃烧室中，把化学催化剂和尾气通过自动点火装置点燃再燃烧（2s之内温度达到900℃），使之充分燃烧、裂解，生成无害气体，从而达到净化尾气的效果，低碳排放。

聚苯乙烯和EPMMA（可发性聚甲基乙烯酸甲脂树脂珠粒，简称EPMMA）在燃烧时产生一氧化碳、二氧化碳、水及其他碳氢化合物气体，所排放的气体其有毒气体的含量大大低于国家要求的标准，保证是无害的，其含量均低于欧洲允许的标准。模型使用的涂料是在水中添加黏结剂等辅料组成，不产生污染。

5.8.3 确定工艺方案

根据零件的结构形状尺寸和精度，最小壁厚、铸件重量以及各项技术参数和要求，确定合理的工艺方案，即选用造型工艺，铸型浇铸系统和浇铸方式。

（1）尺寸比较大、壁比较厚（壁厚不小于4mm），需要数量比较少，但有一定批量的铸件选用机加工石墨型、石墨粉捣实型比较好。

（2）尺寸比较大、壁也较厚（壁厚不小于4mm）、形状较简单、所需数量只有一到几件的铸件，可选用机加工石墨型。

（3）形状复杂、壁很薄（壁厚不大于3mm）、尺寸精度要求很高的铸件必须采用熔模精密铸造工艺。

（4）环形、圆柱筒体、壁很厚的、小件的、有一定批量的铸件，选用金属型。钛和钛合金铸件在目前工业生产上采用的浇铸方式只有两种，即重力浇铸和离心浇铸。

1）重力浇铸适用于重量和尺寸比较大、壁厚大于6mm、形状简单或形状比较特殊的铸件，用机加工石墨型或捣实型和金属型等。

2）离心浇铸适用重量和尺寸适中、壁厚比较薄（小于4mm）的铸件，用机加工石墨型、捣实石墨型以及熔模精铸型壳，因为它有助于复杂薄壁铸件的充满，又能提高质量和致密性。

5.8.4 浇铸系统的设计

浇铸系统主要由浇口杯（漏斗）、口杯、直浇道、横浇道、内浇道、铸型、冒口等组成。在铸型上用于将钛液体从坩埚引入型腔内，所经过的一系列通道称为浇铸系统。把液体钛正确、顺畅地引入型腔，对保证钛铸件质量起重要的作用，在实际生产中，由于浇铸系统不良造成浇铸充满率不够等报废现象是常见的。此外，浇铸系统还影响金属的消耗，这些都将影响钛铸件的成本。在进行设计时应遵循下列原则：

（1）熔融钛迅速平稳地从同一方向自上而下地填充铸型型腔，并让型腔中的气体顺利排出铸型外。为此，通常采用底注浇铸系统。必要时也可以采用侧注的浇铸系统以及综合式浇铸系统。

（2）要保证液态钛从内浇口到冒口部分有良好的补缩和顺序凝固。

（3）铸件设计时，尽量避免相邻部分薄厚的突然改变。

（4）铸件设计时在壁厚过度处要留有铸造圆角。

（5）从浇口杯到铸件型腔的距离应尽可能短，以便让液态钛以最短的时间，快速平稳充满型腔。

（6）熔模精密铸造的浇铸系统，要便于脱尽型腔中的蜡，必要时可设辅助脱蜡口，脱完蜡后，再堵上。型壳必须有足够强度，还要进行焙烧。

（7）浇口和冒口应设在合理的位置上，以便切割。

为了获得优质合格的钛铸件，在设计浇铸系统时，应当考虑钛合金的特性和所采用的铸型材料的特点，要合理地选择铸型的分型面和引入位置。由于钛合金的结晶温度范围小、凝固速度快、比重轻，所以浇道距离应尽可能短。采取开放式的浇铸系统，各部比例要合理，从直浇道到横浇道再到内浇道总截面面积比例为：内浇道：横浇道：直浇道 = 1：2：2.5。直浇道的直径通常是钛铸件平均厚度的2～3倍。采用机加工石墨型和金属型时，由于它们的透气性差，加上钛液体在铸型中冷却快，因此必须考虑铸型的排气问题，所以要开设通气道。钛及钛合金在真空凝壳炉内熔化和浇铸没有炉渣等夹杂物，所以在钛铸造的浇铸系统中无需考虑积渣问题。

5.8.5 浇铸系统形式

钛及钛合金铸件的浇铸系统形式有下列几种：

（1）框架式：适用于中小铸件。

（2）圆盘式：适用于 ϕ250mm 以上的圆筒体和圆锥体及其他形状的圆柱体铸件。

（3）底注加缝隙式侧注：适用于直径比较大，较高的薄壁圆筒体式半圆筒体的铸件或其他形状的薄壁铸件。

（4）综合式：以底注为主，同时还有侧注和其他的注入形式，适用于大型复杂薄壁的铸件，尤其是大型复杂薄壁整体精密铸造的结构件。

上述浇铸系统的各种形式，通常都由下列几个主要基本组元组成：

1）大浇口杯：用来承接从坩埚倒出的金属液体并通过它和口环，注入直浇道，浇口杯的容积较大，一次要容纳浇铸金属总量的50%～80%，浇口杯在结构上要防止注入的液态钛外溢。

2）直浇道：它是液态钛从浇口杯环进入铸件型腔的通道，是圆形结构，直径应根据铸件重量和浇铸液态钛量确定，长度根据铸件或模型的高度确定，要求使液态钛迅速畅通，短时间内到达铸件型腔。

3）横浇道和内浇道，它们是承接从直浇道流入的液态钛并使之迅速入铸件型腔的通道，横浇道通常采用矩形的，其尺寸根据铸件大小和壁厚确定，内浇道的形状通常采用梯形椭圆柱体结构，四周的斜度与冒口相同，其截面尺寸大小根据铸件尺寸确定。

4）冒口：它是用来补缩铸件的厚大部位消除缩孔的一种措施，由于钛及钛合金液过热低，又在真空下浇铸，冷凝，钛铸件的冒口的补缩能力不如钢，因而距离比铸钢短，因此冒口应设计得稍大，冒口的形状和尺寸对补缩作用影响很大，冒口的直径与铸件被补缩部位壁厚度的比值可为2：3：1，而冒口高度为补缩部位厚度的3～4倍，它的斜度一般取9较好，冒口的形状多为圆柱形，对于筒体和环形零件则采用环状冒口。

钛及钛合金铸造造型工艺的综合比较见表5-12[1]。

表 5-12 钛及钛合金铸造造型工艺的综合比较

造型工艺		工艺特点	铸件质量	最小壁厚/mm	尺寸精度	表面粗糙度 R_a/μm	表面沾污厚度/mm	应用
硬模铸造	金属型和机加工石墨型	铸型材料为铸铁（钢）或石墨，铸型靠机加工和手工成形，铸件几何形状准确稳定、尺寸精确，当铸型材料退让性差、热导率高，易产生激冷，铸件晶粒比较细小，劳动条件好，生产效率高	铸件表面易出现冷隔、流痕，甚至微裂纹，表面无黏砂，质量稳定，力学性能比砂型铸件高，且稳定	≥4	CT11—11	6.3	0.05～0.15	单件或小批量的，形状不太复杂的大、中型铸件，尤其是化工、海上运输用的铸件
砂型铸造	捣实石墨型和特种砂型	以石墨砂或特种氧化物砂和有机与无机黏结剂为主要原料，铸型通过手工或机器压制，经高温焙烧成形。铸型有较好的退让性，热导率比硬模铸造低，生产周期适中	铸件表面平整，无冷隔、流痕，甚至微裂纹，但铸件有时有气孔和局部黏砂。铸件质量和尺寸精度不如硬铸造稳定。表面沾污层比硬模铸造大		CT11—13	6.3	0.10～0.25	单件或中、小批量的，形状比较复杂的大、中、小型铸件
壳型铸造	石墨基壳型和特种氧化物基壳型	铸型材料与砂型铸造类似。壳型靠翻斗式壳型机成形，壳型的热处理制度与砂型类似。壳型具有好的退让性、低的热导率，铸型材料消耗小，生产效率适中，生产成本低，机械化、自动化程度高	铸件有较高的线性尺寸精度和低的表面粗糙度，不易产生冷隔、流痕，裂纹。但铸件有时会有气孔和局部黏砂，表面沾污层厚度与砂型铸造差不多	>3	CT9—11	6.3	0.10～0.25	批量或大批量中等复杂的平面或壁板类大、中型铸件

续表 5-12

造型工艺	工艺特点	铸件质量												最小壁厚/mm	尺寸精度	表面粗糙度 R_a/μm	表面沾污层厚/mm	应用范围
		表面碳沾污	表面 N_2、H_2、O_2 沾污	非金属夹杂	气孔松	非金属、金属不纯物	冷隔、流痕	充不满	裂纹	表面粗糙	金属表面硬度升高或脆化	渗漏	氧化膜					
氧化物面层陶瓷型壳	前两层型壳材料由特种氧化物构成，其余的壳型材料和制壳工艺与普通熔模精铸工艺相同，是目前铸钛工业应用最广泛的型壳系统	少有	经常	经常	经常	偶尔	少有	少有	有时	少有	经常	没有	有时	1.0（局部）	CT6~8	1.6~3.2	0.10~0.15	大批量的壁厚≤3mm的各种大、中、小型，质量要求高的铸件
钨面层陶瓷型壳	前两层型壳材料由钨粉和二醋酸锆组成，后面的型壳材料与制壳工艺与普通熔模精铸工艺相同，工艺复杂，高温焙烧需在氮氢保护性气氛下进行，成本高、生产周期长、表面沾污少	少有	有时	偶尔	少有	经常	有时	少有	有时	少有	少有	没有	少有	2.0（局部）	CT6~8	1.6~3.2	0.05~0.10	
石墨型壳	型壳材料为石墨粉（砂）有机树脂，制壳工艺与普通熔模精铸工艺相同，高温焙烧需在还原性或保护性气氛下进行，工艺简单、生产周期短、成本低，但收缩大	经常	经常	有时	有时	偶尔	有时	少有	有时	少有	有时	有时	少有	2.0（局部）	CT7~8	1.6~3.2	0.10~0.15	大批量的壁厚≤3mm的各种中、小型铸件，特别是尺寸要求不太严格的铸件
热解炭沉积熔模型壳	普通熔模精铸型壳+热解炭涂层：工艺简单、生产成本低、收缩小，但壳型强度高，退让性差，形状复杂型壳易产生炭	经常	经常	少有	经常	少有	少有	少有	经常	少有	有时	没有有时	少有	1.5（局部）	CT6~8	1.6~3.2	0.10~0.20	大批量的壁厚≤3mm的形状简单的各小型、铸件

5.8.6 钛及钛合金的物理性质、化学性能

5.8.6.1 物理性质

据文献［1］报道，钛的物理性质如下。

（1）钛的密度：α-Ti 20℃时的密度为4.506～4.516g/cm^3，与氧形成间隙固溶体时，晶格发生明显的畸变，其密度也随之增加。β-Ti 900℃时的密度约为4.32g/cm^3，1000℃时约为4.3g/cm^3，在熔化温度时为(4.11±0.08)g/cm^3。钛合金的密度与纯钛是不同的，它们随加入合金元素的种类与数量而变化。

（2）钛的熔点为(1668±4)℃。由于钛几乎可与一切耐火材料发生反应，因此测量其熔化潜热较为困难。现已测得的熔化潜热范围是15.46～20.9kJ/mol。钛的沸点是(3260±20)℃，气化潜热为428.5～470.3kJ/mol。大多数合金元素加入钛后，都会使其熔点降低。

（3）钛的热导性较差，热导率比不锈钢略低。钛的导热性与其纯度有关，杂质的存在会使钛的热导率降低。

（4）线胀系数与光学玻璃的线胀系数非常相近。

（5）质量热容，在298K时纯钛的质量热容为0.011J/(g·K)，它随温度的升高而增加。

（6）导电性能较差，若将纯铜的电导率取为100%，则钛仅为3.1%。钛中杂质的存在会使其导电性降低。

（7）钛与其他金属物理性能的比较见表5-13。

表5-13 钛与部分金属物理性能的比较

物理性能 \ 金属名称	钛	锆	不锈钢	铜
密度/g·cm^{-3}	4.5	6.5	7.9	10.2
比强度/MPa	141.1	170.69	—	—
熔点/℃	1668	1830	1400	1083
线胀系数/K^{-1}	8.5×10^{-6}	2.5×10^{-6}	16.66×10^{-6}	16.6×10^{-6}
热导率/W·(m·K)$^{-1}$	17.04	20.93	16.36	393.56
质量热容/J·(kg·K)$^{-1}$	523.35	276.33	502.32	385.19
弹性模量/MPa	11025	77518	198940	127400
电阻率/μΩ·m	0.195	0.446	0.072	0.017

5.8.6.2 化学性能

钛是一种化学活性金属，据文献［1］报道，它与多种元素和物质发生化学反应，特别是空气中的氧、氮、氢以及碳等。此外还要与卤素、磷和硫以及各种常用的耐火氧化物等发生化学反应。

（1）与氧的反应。致密的钛在常温的空气中是稳定的，当它受热时便开始与氧发生反应。钛在500℃以下是稳定的。当温度高于700℃时，氧向钛内部的扩散加速，当温度达到1200～1300℃时，钛开始与空气中的氧发生剧烈的放热反应。

在纯氧中，钛与氧发生激烈反应的起始温度比在空气中低，500～600℃左右，钛便在氧气中燃烧。钛与氧发生反应，可生成钛的各种氧化物，如Ti_3O_2、Ti_2O_3、TiO、Ti_3O_5、

TiO_2 等。钛中加入合金元素，对其氧化性能会发生一定影响，如钼、钨和锡的加入可降低钛的氧化速度，而锆的加入，则会提高氧化速度。

（2）与氧的反应。常温下钛不与氮发生反应。在 800℃以上，钛是能在氮气中燃烧的少数金属之一。熔融钛与氮的反应十分激烈。钛与氮的反应，生成的产物除 Ti_3N 和 TiN 外，还形成 Ti-N 固溶体。钛被加热，温度达到 500℃时，开始与氮反应，600℃以上，钛吸氮的速度明显加快。但与吸氧的速度比还是慢的。因此，钛在空气中被加热时主要是吸氧。氮与钛反应，也是在表面上生成薄膜，早期所生成的薄膜，可紧密地与钛表面结合，随着厚度增加，膜开始发生破裂。

熔融钛与氮的反应十分激烈，钛与氮的反应，生成 Ti_3N 和 TiN，还形成 Ti-N 固溶体。加热到 500℃时开始与氮反应，600℃以上钛吸氮的速度加快。钛与氮反应生成氮化钛（TiN）薄膜，尽管是钛氮化合物中最稳定的一种化合物，但当它以薄膜形态存在于钛表面时，却不能有效保护钛不受氧化，这是因为固体氮化钛在 1200℃下与氧迅速反应，并将氮释放出来。

（3）与氢的作用和氢脆。钛与氢的反应与钛和氧、氮的反应不同，它是可逆反应。更重要的是，因为氢原子尺寸小，易与扩散到钛晶隔内部形成间隙固溶体。钛吸氢的速度与温度和氢气压力有关。常温下钛吸收氢的质量分数小于 0.002%。当温度升高到 250～300℃时，钛开始明显地吸氢。但过程仍比较缓慢。当温度升高到 300℃时，不带氧化膜的钛吸氢速度明显加快，到 500～600℃时达到最大值，在数秒内即可达到平衡。钛吸收的氢在其表面和基体中形成氢化物相，当它们达到一定浓度时，钛和钛合金将变脆，即氢脆。继续加热到 600℃以上时，随温度升高，钛吸氢量反而下降。

（4）与碳和硅的作用。石墨化的碳相对于钛是惰性的。所以石墨一直被作为钛的铸型材料，甚至作熔炼坩埚使用。但未完全石墨化的碳是要与钛发生反应的，但必须到一定温度后才能发生反应。碳在钛中的溶解度较小，在 900℃时最大溶解度（质量分数）0.48%；在 1750℃时，碳在钛中的溶解度（质量分数）达到最大值 0.8%。随着温度的下降，溶解度急剧下降。正是由于碳在 α-Ti 和 β-Ti 中的溶解度都是很小，当钛中碳含量较大时便会在组织中出现游离的碳化钛结构。钛与硅的反应，也只有在高温下才能发生，反应生成高熔点的硅化物 Ti_5Si_3、TiSi、$TiSi_2$ 等。

（5）与化合物的反应。钛与各种酸，如盐酸、硝酸、氢氟酸等都要发生反应，其中浓硝酸、氢氟酸是钛和钛合金的酸洗液中不可缺少的组分。

除以上外还有耐腐蚀、电化学腐蚀、应力腐蚀裂纹。请参考有关书籍。

5.9 钛铸件的缺陷及防止方法

由于钛及钛合金的高化学活性，在铸件的生产过程中，任何一个工艺参数偏离了最佳值，都可能导致铸件产生缺陷。其常见的缺陷有：（1）内部缺陷，气孔、缩孔、缩松、夹杂、裂纹等；（2）表面缺陷，粗糙、冷隔、裂纹等。

5.9.1 钛铸件常见的内部缺陷

钛铸件最常见的内部缺陷之一是存在于铸件内部的气孔和缩孔。X 射线能够检查发现这类缺陷。

5.9.1.1 钛铸件的气孔

浇铸时铸型受热放出的气体，融熔钛液与铸型反应产生的气体由于钛液浇铸温度太低会阻碍气泡的漂浮和二次溶解，使得这些气泡以气孔形式残留在铸件中[1]。产生原因是铸型温度或浇铸钛液温度低，充型在钛液内压力太低，熔炼真空度低或漏气严重，铸型含气量大，铸型相对融熔钛液惰性差，易发生化学反应。防止方法是采用铸型相对融熔钛液惰性好的造型材料。提高融熔钛液的过热度，提高熔化真空度，控制炉室的升压率到合理范围内，预热铸型，采用热型浇铸。

A 气孔形成的条件

钛合金铸造时极容易产生气孔。钛属于这样一种金属，气体在钛中的溶解具有放热效应，即温度升高时，溶解度降低。从液态向固态转变时，气体在钛中的溶解度发生突变，这是在金属凝固过程中决定气孔形成条件的主要因素之一。

液体钛吸气的来源可以是自耗电极中含有的气体，在真空度不高时，炉内的气体或者炉子漏气率大等。此外，由于浇铸过程中气体从铸型表面放出，这是液体钛和铸型间的化学反应的结果。如果此时产生气体的话，就会浸入钛液中产生气孔。

从铸型表面放出的气体能使液态钛大量地吸气。在真空凝壳炉内浇铸同样钛铸件并采用相同的工艺，更换不同的铸型材料，铸件产生气孔的程度大不相同。实践证明，浇铸以含脂黏结剂的石墨粉捣实型，浇铸后炉子内的真空度明显下降，已经充分地说明了这一点。通过计算说明，放出气体的体积远大于钛铸件本身体积的几倍甚至几十倍。

在黑色金属和有色金属铸件凝固的多数情况下，相界面是以夹杂物或熔融金属中析出的相质点的形成存在的。考虑钛有很高的化学活泼性，很难设想其中某些非金属夹杂物存在的可能性。因此，产生气泡的最可能部位是液相和固相线界面。在该界面上，溶于钛液中的气体浓度应最大。(1) 因为在固态金属中的气体浓度比在液态金属中低。在这种情况下，在熔融金属中的气体浓度大于气体在固态金属中的溶解度极限，气体将从其中析出，因而周围的液相体积中气体饱和度增大。(2) 气体的溶解是一个放热过程。因此在液态金属冷却时，气体力图趋向温度较低的区域，即趋向凝固边界。出现在生长晶体边界上的气泡被晶体挂住，或者挤向铸件中心，或者浮出液面。

在浇铸圆柱铸锭时，经常可以观察到气孔在轴线区域沿底锥边界的聚集，即在该处生长晶体相遇。在大型铸件凝固时，气泡浮出液面的可能性要比薄壁铸件铸造时困难，气体缺陷的出现频繁得多。

在钛合金铸件中气泡产生的条件取决于凝固区结构特点。在具有宽结晶间隔的合金铸件凝固时，位于可补缩温度和固相线温度之间区域可能有较大的尺寸，在该区内液体局部体积的凝固导致缩孔的产生，缩孔内将产生从剩余液体中来的气体，并形成气体缺陷。因此，在钛铸件产生气孔时，多为气孔和缩孔交织在一起，所以称它为气缩孔较为合适。

B 钛铸件气孔的消除方法

了解钛铸件气孔形成的原因，还必须知道气体来源，在工艺过程中采取相应的措施，就能对铸件产生气孔的倾向，进行很大程度的控制。

(1) 钛液体金属中气体的来源。钛中气体首先来源于采用了低品位的自耗电极，这就增加了气体在钛中的含量。同时在炉膛漏气时，也会增加钛中气体含量，所以在进行熔化时一般漏气率不能太大。在浇铸钛合金过程中，钛铸件的气体主要来源于铸型材料。尤其在采用石墨粉捣实型和水溶型砂时更为明显。因此，在装炉浇铸前，必须对铸型进行严格的脱气处理。

（2）消除气孔的方法。在钛铸件凝固时，造成余压力的最简单方法是采用离心铸造法。在离心力的作用下，也很容易将气泡从液态金属中排除。因此，离心浇铸法能得到优质的薄壁钛铸件，而最主要的是保证钛铸件的致密性，其不足之处是必须增设专门离心机构，使铸造工艺过程复杂化。

除此之外，采用静止浇铸方法时，应增加铸型和型芯的通气能力，并且应尽力降低造型材料的发气能力和发气速度。在进行浇冒系统设计时，要特别注意这些问题。

5.9.1.2　钛铸件的缩孔和疏松

钛铸件产生的缩孔和疏松是铸件在凝固过程中，由于补缩不良而产生的孔洞缺陷。产生原因是铸件结构设计或浇铸系统设置不合理，难以用冒口进行补缩。

钛及钛合金铸件的体收缩是表示它在液态和凝固过程中以及在固态冷却时体积的变化。

钛及钛合金冷却时，由热收缩而发生体积的缩小。若铸件原有体积为 V_0，温度为 T_0，当它冷却到 T_1 时，其体积可由下式求得：

$$V_1 = V_0[1 - \alpha_V(T_0 - T_1)] \tag{5-52}$$

体积收缩系数 α_V 和金属的物理性能有关，并决定钛金属在 T_0 到 T_1 的温度间隔内改变体积的能力。

有3种不同的收缩：液体金属的收缩、凝固时的快速收缩和固态金属的收缩。

A　钛铸件缩孔的形成

缩孔和疏松位于钛铸件的比较厚的大部位，从厚壁到薄壁部分的过渡区，在靠近冒口的地方以及在钛铸件其他最后凝固而且得不到液体补缩的那些地方。由于铸钛用的自耗电极真空凝壳炉的浇铸温度变化不太大，而且获得更高的浇铸温度比较困难，所以缩孔多在钛铸件内部较深处生成。

生成缩孔的基本原因是液态金属在铸型中的冷却和随后的凝固过程，体积要收缩而减小，未获得足够液体金属钛的补充而产生的。生产实践中证明，钛铸件缩孔的形成机理，完全和其他黑色和有色金属铸造时形成缩孔的原因相同。同时在铸件生产中还证明，不同的合金元素对集中缩孔体积的影响和这些元素与合金基体组成的相图的形式有密切的关系。

B　消除钛铸件缩孔的方法

改进铸件结构设计，合理设置浇铸系统，在进行钛铸件工艺设计时，要在易形成缩孔的部位设置冒口，用冒口中的液体钛来补缩，使缩孔移到冒口中来。但是由于钛的结晶间隔狭窄，采用比钢大得多的冒口补缩效果仍不明显。一般操作带来一定困难，这样采用明冒口的办法不易实现。

俄罗斯研究了发气冒口，主要是用 Al-Mg 合金或者硅矾土，做成规格大小尺寸的发气棒，应当注意的是发气棒尺寸要通过实验来确定，否则将达不到预期的效果。

另外，对那些不能安放冒口的铸件，采用内冷钛的工艺措施，经过实践证明是有效的。但对冷钛必须提出以下要求：

（1）内冷钛的合金成分必须与铸件成分相同。

（2）内冷钛必须经过酸、碱洗，保证表面无油污和氧化。

（3）酸、碱洗后的内冷钛要在真空中烘干，烘干温度在120～150℃。

内冷钛的形状要根据铸件结构要求来制作，它的尺寸要经过热力学计算，以保证良好的效果。

除此之外，离心铸造，不单单是消除气孔的好方法，它对消除缩孔也是有效的方法，但要采用合理的离心浇铸转数。

以上缺陷的处理方法是通过热等静压和焊堵等方法消除。

5.9.2 钛铸件的表面缺陷

铸件的表面缺陷在大多数情况下是恶化了钛铸件成品外貌，破坏了铸件的几何尺寸和形状，减弱了钛铸件的机械强度，大大地增加了铸件的清理和精整工作。

由于钛及其合金是在真空下进行熔化和浇铸，它不存在像其他金属铸造那样存在有黏砂、结疤、夹砂等缺陷。而真空铸造过程中，最常见表面缺陷主要是粗糙冷隔和吸附层（氧化）、裂纹等。后者比前者更重要。

5.9.2.1 表面粗糙度

机加工石墨型铸件的 R_a 值大于50μm[1]。产生原因石墨的孔隙率太大。防止方法是选用孔隙率小的石墨或采用喷砂和抛丸处理。

5.9.2.2 钛铸件的冷隔

钛合金铸件的一个特点是易于形成冷隔。冷隔一般是在两股快速冷却的金属液流，相遇而未能融合形成的。文献［1］将这种表述是浅性缺陷，是金属液流不连续在铸件表面上的纪录。因为凝壳炉熔炼的金属过热度较小，因此，运动着的液流前端，在进入铸型时冷却很快，当它与其他液流相遇时，不能完全融合。在液流汇合处留下沟槽形的痕迹称为冷隔。因此，在液流前端的固相和氧化物的存在有助于冷隔的形成。冷隔的深度一般在0.1～1mm范围内变化。

在大多数情况下冷隔降低了铸件质量，有损于铸件外观。在特定的情况下，当铸件在交变负荷下工作时，冷隔还会成为一个应力集中源。因此，当铸件表面发现有冷隔时必须进行补焊。消除钛铸件冷隔的主要措施在于使得金属的流动和铸型的充填能避免出现有相交液流的可能性。在静止浇铸时，用虹吸充填，在很大程度上能满足上述要求。

在利用离心法铸造钛铸件时，与冷隔作斗争要困难得多。因为运动的金属在离心力的作用下，离旋转轴愈近，速度就愈大，采用一般的浇铸系统结构时液流就分成几股传给运动着的铸型。

为了消除某飞机前支撑座这种筒体上的冷隔，曾试验过这种方案。用离心铸造的一般浇铸系统，实现了金属的虹吸法导入并不能完全消除此件上的冷隔。从浇道出来的钛液流，由于速度很快，飞溅得很厉害。在铸型尚未充填完毕时，飞溅的液滴早已在铸型表面上凝固。只有改变浇铸系统的结构，使金属流速降低才能满足以下基本原则：

（1）在金属导入时，避免液流相遇；

（2）避免金属飞溅；

（3）用虹吸法充填铸型；

（4）提高金属的浇铸温度。

5.9.2.3　钛铸件的表面吸收层

钛铸件表面层化学成分变化主要是由于表面层吸收了金属与铸型交互作用产物的结果。吸附在铸型表面上的气体也有很大作用，改变了化学成分的表面层通常称为吸收层，它的厚度以显微硬度的剧增来确定。

最有害的杂物是氧，它是由于和氧化物耐火材料的化学反应而产生和从铸型表面上解析出来的。温度达到800℃时，氧就向金属中扩散。钛金属的污染基本上是由于和铸型的交互作用，还可以用光谱分析来证实。在铸型表面上，铸型材料耐火氧化物中元素含量的增大：在刚玉模中浇铸时，铝含量22%，在二氧化锆模中浇铸时锆含量9%。在镁砂模中浇铸的金属含有极少量的镁，这是因为镁在钛液中的溶解度很小。金属在石墨中浇铸时，含碳量高达1%。

铸模温度对铸件和铸型间反应的进行有很大的影响。当金属在加热到600℃以上的铸型中浇铸时，铸件往往会由于气体性缺陷而报废，同时铸件的表面质量也急剧下降。图5-26是两种耐火材料铸型中得到的试样截面上显微硬度的变化。

由图5-26可以看出，钛铸件在刚玉模中沾污最严重，在石墨型中最轻。钛易于和造型材料发生化学交互作用并形成所谓表面吸收层是钛合金的特点之一。

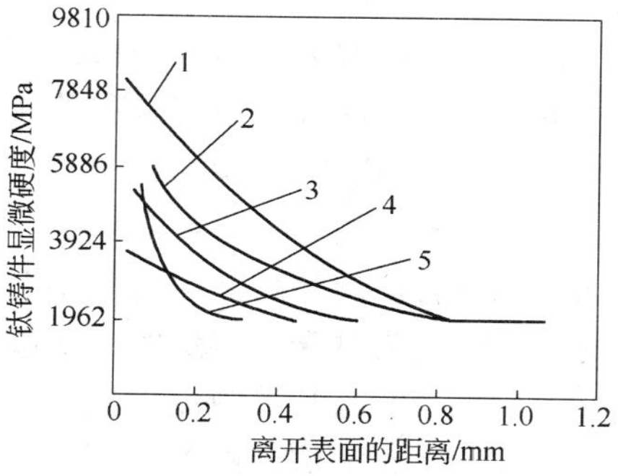

图5-26　在不同耐火材料铸型中浇铸钛试样的显微硬度变化[1]

1—刚玉铸型；2—有色刚玉铸型；3—镁砂铸型；4—石墨型；5—石墨砂型

5.9.2.4　钛铸件的裂纹

在铸造实践中一般有两种类型的裂纹：热裂纹和冷裂纹，这种区分是人为的。一般认为，热裂纹是在接近固相线温度的范围内产生的。从外形来看，这种裂纹具有氧化了的表面。冷裂纹具有光亮的表面，它是在大大低于结晶温度时在弹性变化区内产生的。关于金属和合金形成裂纹的倾向性，在有关著作中已系统地研究和叙述过了。

（1）钛铸件的热裂纹：热裂纹的裂口是沿晶界断裂，主要与铸件冷却过程的氧化程度有关。产生原因钛合金有低的线膨胀系数和在有效的凝固温度区间有高的力学性能[1]。多数钛合金在加入元素达10%后，在受阻收缩时仍不会产生裂纹。这是因为钛合金的特征——弹性模量小，线膨胀系数小，高温强度高以及韧性断裂——使它具有很高的抗裂性。钛及多数合金的特点是它具有良好的抗热裂性，但当外力的作用超过其抗热裂能力也会发生热裂纹。

（2）钛铸件的冷裂纹：冷裂纹是在铸件完全凝固后，在弹性状态下产生的。它是由铸件冷却时产生的铸造应力过大造成的。产生原因在于钛合金的高化学活性要与铸型材料发生化学反应，形成脆性的“α”沾污层。当铸件冷却速度过快或铸型与型芯退让性不好，阻碍收缩；铸件结构不合理，壁厚差过大，急剧突变；浇铸系统设置不合理；铸件在后期处理过程受到撞击或在矫正时作业不当，造成铸件内出现过大的应力，易使铸件产生冷裂纹[1]。

因为铸造钛及钛合金弹性模量和线膨胀系数小，在高温下有高的强度。但由于钛及钛合金具有低的热导率，导致其易产生冷裂。1）合金元素的影响由于合金元素及其含量对自由收缩和受阻收缩成裂纹倾向的影响。2）铸型性能的影响，主要指的是铸型的热导性、强度和退让性以及对融熔钛的稳定性的影响。在普通二氧化锆、电熔刚玉、镁砂等熔模型壳中浇铸铸件，由于铸件表面被间隙元素 N、H、C、O 等沾污。铸件表面的 N、H、C、O 含量与内部相差不大，但表面层的氧含量比中心约大一个数量级（见表 5-14），铸件表面形成“α”脆化层，在热应力作用下容易产生表面裂纹[1]。因此铸件的表面状态是形成冷裂的主要影响因素之一。间隙元素 N、H、C、O 对铸造钛合金力学性能的影响是比较大的，也是钛铸件表面层变脆的最可能原因。

表 5-14　在不同铸型材料型壳中铸出 Ti-5Al 合金试样的间隙元素含量

类　型	样品中间各种元素的含量				样品表面各种元素的含量			
	C	N	O	H	C	N	O	H
二氧化锆	0.05	0.026	0.09	0.0063	0.06	0.027	1.16	0.022
氧化铝	0.10	0.031	0.18	0.0057	0.09	0.03	1.40	0.015
镁　砂	0.10	0.036	0.14	0.0052	0.09	0.031	1.06	0.013

防止和处理方法是控制铸件冷却速度，出炉温度不宜过高，正确设计浇铸系统，采用补焊、打磨加以排除。

5.10　凝壳炉的安全

真空凝壳炉的安全操作规程与真空自耗电弧炉相同。关于这方面请参照 4.7.2 节真空自耗电弧炉熔炼的安全问题。

5.10.1　真空凝壳炉产生爆炸的危险

在熔化过程中，如果坩埚被电弧击穿，水进入熔融金属钛内，就有可能产生爆炸的危险。

（1）水蒸气爆炸：当水进入熔融金属钛液中时，被高温金属加热而汽化，当水蒸气压力足够大时（正压力），就冲开炉体泄压孔而释放压力。为防止水蒸气爆炸，当炉内压力超过 0.05MPa 时，防爆孔开启，失压后能迅速复位，将防爆孔关闭，防止大量空气进入炉内。

（2）金属爆炸：坩埚被击穿，水直接进入钛熔池产生大量水蒸气，水蒸气使液态钛喷溅到炉壁上，而把炉壁烧穿可能发生爆炸事故[1]。

（3）氢氧爆炸：当坩埚被击穿进水时，活性金属钛、锆吸收水中的氧，释放出大量氢气，一旦空气进入炉内就与氢气剧烈反应，从而产生氢爆炸。爆炸后的冲击波摧毁设备，造成严重的人身伤亡事故发生。防爆孔防止氢气是无济于事的，必须将炉体用防爆墙围起来，一旦爆炸发生可以避免人身伤亡。

5.10.2　安全措施

安全措施如下：

（1）正确控制弧长，使弧长经常小于坩埚内壁与电极之间的间隙。

（2）配备有效的真空系统，保证炉内压力小于0.05MPa，以免产生边弧和辉光放电击穿坩埚壁。

（3）采用可靠的水冷系统，防止因水量不足使坩埚局部过热而烧穿。因此，水冷却系统要安装水压继电器，当水量不足时，发出警报信号并切断电弧电源。

（4）供电电缆对称分布，减小大电流磁场，使电弧产生的偏移（磁吹现象）而烧穿坩埚的不良后果。

（5）炉子周围应建造防爆墙，熔化时操作人员与炉子防爆墙隔离，一定要远距离操作。

参考文献

[1] 谢成木．钛及钛合金铸造[M]．北京：机械工业出版社，2005.
[2] 郭鸿震．真空系统设计与计算[M]．北京：冶金工业出版社，1986.
[3] 达道安．真空设计手册[M]．第3版．北京：国防工业出版社，2004.

6 电 子 束 炉

6.1 电子束熔炼概况

电子束炉是利用高速运动的电子束流的动能转变的热能作为热源，来进行熔炼或加热的一种电炉。它是一种主要用于难熔金属熔炼的真空冶金设备。

随着科学技术的迅速发展，对高纯金属及合金的需要量越来越大，常规的冶炼方法已很难满足要求，而真空电子束熔炼是一种有效的提纯方法。我国已自行设计制造出60kW、120kW、300kW、500kW、1000kW 的电子束炉。在国外，美国有 120kW、225kW、300kW、1000kW、1500kW、3000kW、6000kW 的电子束炉，最大功率是 12000kW，德国着重制造多枪式的炉子，如 1800kW、2400kW 电子束冷炉床，20 世纪 90 年代日本较大的 2500kW 电子束熔炼炉投产。

电子束炉熔炼可以保证合金的纯度，甚至超高纯。电子束炉不仅用于难熔、高纯、稀有金属的熔炼，也用于炼钢，炼出来的钢杂质含量大大减少，抗疲劳强度和塑性大大提高。

电子束熔炼炉通常使用间热式轴向电子枪，有的炉子装置几支枪，呈环状布置，多方位轰击物料。熔炼分滴熔和池熔两种。滴熔时，原料制成棒状，可以垂直或水平方向进料，电子束轰击料棒端部，熔化成熔滴，滴入结晶器熔池中。池熔时，将块状或颗粒状断续直接加到熔池中，电子束轰击炉料使其熔化。滴熔除气、去杂冶金效果好，池熔一般合金成分好，因此两者可配合使用。由于结晶器用水冷却，随着熔炼的进行，熔池底部逐渐冷凝成锭。

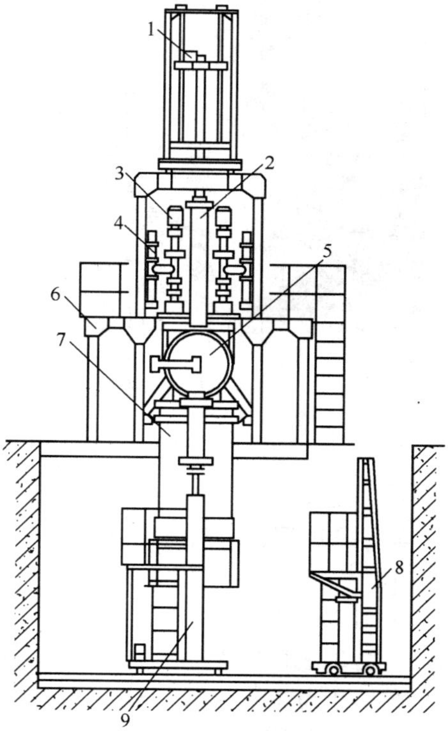

图 6-1　120kW 电子束熔炼炉结构示意图[1]

1—料棒送进装置传动机构；2—装料室；3—电子枪；4—电子枪真空系统；5—炉体；6—工作台；7—真空系统；8—出料小车；9—拉锭机构

电子束炉主要用来熔炼在熔点时蒸汽压低的金属及合金和高温时能导电的非金属材料。熔炼钽、铌、铪、锆及其合金时，电子束熔炼是最好的熔炼方法，其在工业上已大规模应用。其次是熔炼钼和钨，但规模较小。电子束熔炼在熔炼优质合金钢，特别是镍基和钴基合金钢方面有相当大的发展，在实验室里，还用来熔炼硼化物、碳化物和氮化物的小试样，比其他方法简单。这种炉子还用来制取半导体材料和高温合金的单晶。另外，电子束加热还用于焊接、热处理等许多方面，采用电子束加热的连续退火炉也用于工业生产。电子束熔炼在回收残钛料和真空浇铸方面应用也有较大的发展。普通电子束炉熔炼法（简称 EB 法）。图 6-1、图 6-2 为 120kW 电子束熔炼炉结构示意图和外形图；图 6-3 为 200kW 电子束熔炼炉结构示意图；图 6-4 为 1200kW 电子束熔炼炉结构示意图。

近年来美国、德国、日本、中国在钛的熔炼方面已先后采用电子束冷炉床熔炼法（EBCHM 法）。冷床熔炼技术是 20 世纪 80 年代才开始发展的一种先进熔炼技术，目前世界上能生产冷床炉的公司主要有 4 家，即美国的 Retech 公司、Consarc 公司，德国的 ALD 公司和乌克兰的巴顿焊接研究所。

图 6-2　120kW 电子束熔炼炉外形

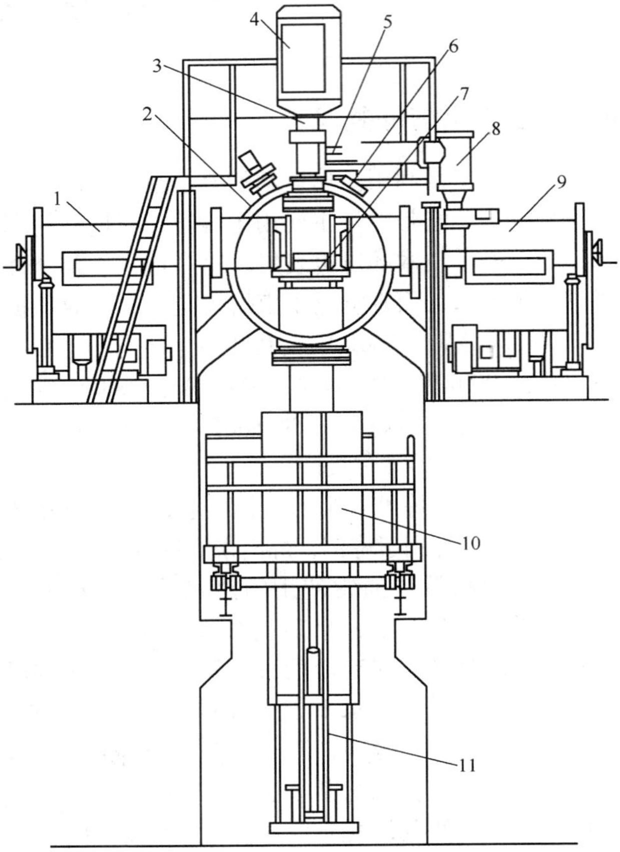

图 6-3　200kW 电子束熔炼炉结构示意图[1]

1，9—加料室；2—炉体；3—电子束导管；4—电子枪；5—聚焦系统；6—观察孔；7—结晶器（坩埚）；8—电子枪真空系统；10—液压小车；11—拉锭机构

美国是冷床炉发展最快的国家之一，4 万吨的冷床炉熔炼能力中 EBCHM 占 3 万吨，总功率达 30MW，占钛铸锭总熔炼能力的 30%，EBCHM 熔炼的最大圆锭重 22. 7t，最大偏锭重 16t[3]。

美国 Axel Johnson Metals 公司（现属于 Timet 公司）。1991 年安装了 3300kW 电子束冷床炉，由 3 支 600kW，两支 750kW 的电子枪，真空系统由 6 台 50000L/s 的扩散泵组成。可生产尺寸为 508mm × 1524mm × 4699mm、重达 16. 4t 的钛板坯和直径 914mm × 4699mm、重达 13. 6t 的钛铸锭[3]。美国 Allvac 公司（Allegheny Technologies Company 的子公司）于 1999 年安装了全世界最大的 5600kW 电子束冷床熔炼炉，由 8 支电子枪，两个炉床，两个结晶器，两个供料系统，每小时可熔化原料 4000kg，最大铸锭 ϕ760mm，最大板坯截面尺寸为 860mm × 1420mm 扁锭，直接轧成板材，最大铸锭 22. 7t（圆锭）。EBCHM 熔炼的钛

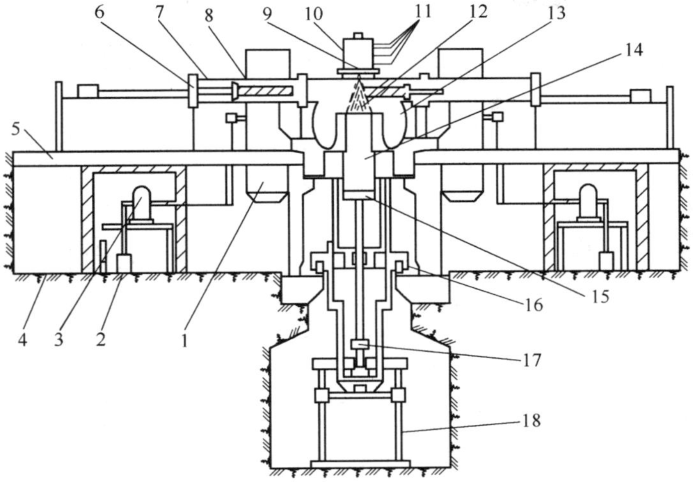

图 6-4 1200kW 电子束熔炼炉结构示意图[2]

1—油扩散泵；2—预真空机械泵，加料室；3—罗茨泵；4—工作地面，电子束导管；5—操作平台；6—装料阀门；7—料棒推进机构；8—料棒；9—电子束偏转系统；10—电子枪；11—电子枪真空接口；12—电子束；13—熔炼室；14—水冷铜结晶器；15—水冷锭模座；16—锭子车；17—拉锭机构；18—拉锭机构架

合金材料主要应用在坦克装甲上和航空上。

我国冷床熔炼技术发展较晚，主要是我国航空发展对优质钛合金铸锭的需求较小。2000 年，西北有色金属研究院安装了 1 台德国 ALD 公司生产的 500kW 电子束冷床熔炼炉。熔炼的钛合金铸锭最大重量可达 450kg。

2007 年我国宝钛集团引进德国 ALD 公司制造的 EBCHM4/600/2400 电子束冷床炉，可生产 10t 重的钛及钛合金圆锭、扁锭、方锭。是目前国内熔炼钛及钛合金铸锭最大的电子束冷床炉。如图 6-5 与图 6-6 所示。2400kW 电子束冷床炉的建成投产，使中国的钛及钛合金熔炼装备水平和工艺技术实现了重大跨越，达到了国际先进水平。随着我国大飞机项目的启动，对航空发动机用优质高洁净钛合金的需求增加，我国冷床熔炼技术的开发和应用将得到加强。宝钛集团正在引进和建设 3300kW 电子束冷床炉，它可生产 15t 重的钛锭；上海宝钢特钢引进一台大型电子束冷床炉，已进入调试阶段。中国的钛及钛合金熔炼装备

图 6-5 2400kW 电子束冷床炉[4]

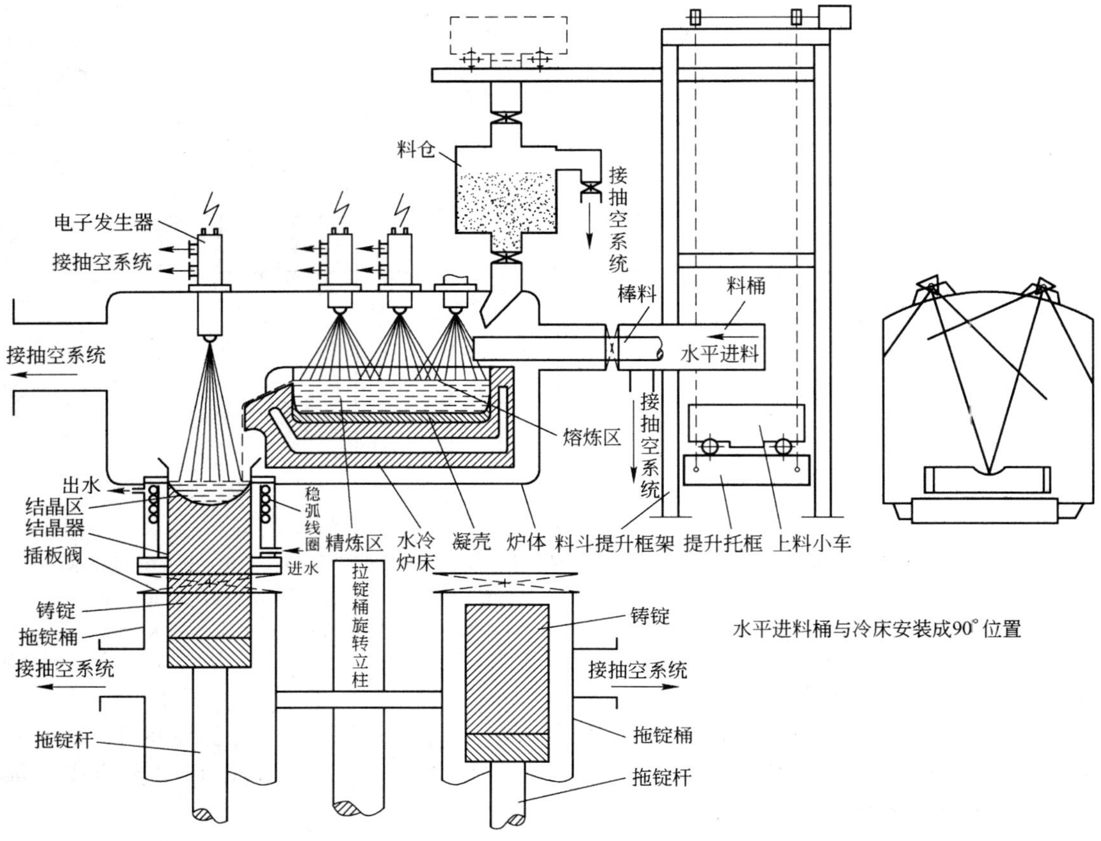

图 6-6 2400kW 电子束冷床炉示意图

水平和工艺技术实现了重大跨越，达到了国际先进水平。

电子束熔炼是利用炉中的电子枪可将几十至数百千瓦的高能电子束聚焦在 1cm^2 左右的焦点上，产生 3500℃以上的高温。当高能电子束聚焦在被熔炼的钨、钼、钽、铌、钛、锆等难熔金属原料上时，就能够将这些金属熔化，达到熔炼或提纯的目的。特别是熔炼超导线的基体材料（纯度 99.99% 以上），要求结构致密，无气孔等缺陷。由于高温区域有限，熔化的金属需要一点一点地滴入下面的熔池，经结晶器冷却，凝固成锭。或者在冷炉床（坩埚）内熔炼成液态金属，流入结晶器冷却，凝固成方锭、圆锭。在高真空和高温的作用下，液态金属中的气体和杂质大量蒸发，从而得到高纯度的致密的凝固态金属锭。

电子束熔炼在高真空下进行，熔炼时的过热温度高，维持液态的时间长，使材料的精炼提纯作用得以充分有效地进行。电子束熔炼时，材料主要发生脱气、分解、脱氧、金属杂质的挥发和不熔杂质的上浮等。其中，不熔杂质上浮而富集在铸锭顶部，可在切头时去除。电子束熔炼具有以下优点：

（1）功率密度较高，可达到 $10^4 \sim 10^5$W/cm^2，熔池表面温度可达 3000℃以上，温度分布均匀，能使任何种难熔金属熔化。

（2）在进行金属熔炼时，能使金属变成熔滴滴下，而熔池表面真空度高，因此能得到好的除气和杂质挥发效果。

（3）可熔炼任何形状的材料（棒、屑、块、粉等）。料棒制备费用低。

（4）金属熔炼或加热速度可以在很大范围内调节。

（5）炉内真空度高，炉料处于熔融状态的时间可按需要控制。所以熔炼的提纯效果较好，容易获得高纯材料。

电子束炉熔炼具有以下缺点：

（1）熔炼钛合金废料时，易于蒸发的铝等成分要蒸发损失掉，并且很难调整成分。

（2）在海绵钛中含有 $MgCl_2$ 和 NaCl 等挥发成分，蒸发阻碍 EB 发生。因此，在熔炼海绵钛配料比率高的原料时，需要选用含 $MgCl_2$ 和 NaCl 含量低的海绵钛。

（3）电子束炉在高真空下工作（1.33×10^{-4}Pa），使蒸汽压较高的合金元素如铝、锡等蒸发损失严重，致使铸锭合金成分波动大，难以控制，再加上电子束炉造价高、维护困难、成本高。

（4）这种炉子结构上比较复杂，需要采用直流高压电源，运行费用也比较高，对操作、维护技术要求较高。

（5）合金成分的控制比电弧炉、真空感应熔炼困难。

（6）所产生的 X 射线对人体有害，必须采取防护措施。

6.2 电子束炉的工作原理

6.2.1 电能转换成热能

设具有负电荷 e 的电子处于两块极板之间（如电容器），如图 6-7 所示，其中一块极板带正电，另一块极板带负电。在电场力的作用下，电子将从负极板向正极板运动。场作用在电子上的力 $F_电$ 等于电子量（$-e$）与电场强度 E 的乘积即：$F_电=-eE$。由于电子带负电荷，这个力与电场强度失量方向相反。如果在场形成的瞬间，电子在左边极板的附近，而且电子运动的初速度为零（符合熔炼时电子枪的发射条件），那么场将电子由电位 u_1（低电位）的极板移向电位为 u_2（高电位）的极板。电场力所作用的功为 eu，u 为电位差（u_2-u_1），即电压。运动所获得的速度为 v，则电子获得的动能为 $\frac{1}{2}mv^2$。根据能量守恒定律，电子所获得的动能就等于电场力所做的功，由此可以得到：

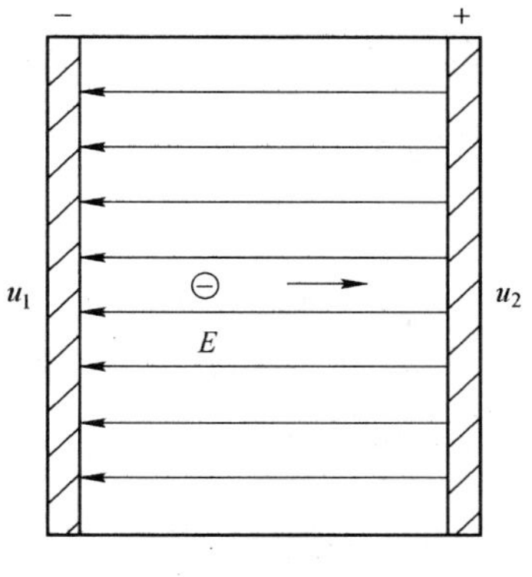

图 6-7 电子在电场中运动

$$\frac{1}{2}mv^2 = eu \tag{6-1}$$

式中 m——电子的质量，$m=9.1\times10^{-31}$C；

v——电子在路径终点的速度，km/s；

e——电子电量，$e=1.6\times10^{-19}$C；

u——电压，V。

则电子在路径终点的速度由式（6-1）整理得：

$$v = \sqrt{\frac{2e}{m}u} = \sqrt{\frac{2 \times 1.6 \times 10^{-19}}{9.1 \times 10^{-31}}u} = 593\sqrt{u} \quad \text{km/s} \tag{6-2}$$

电子的动能通常用电子伏表示。1 电子伏等于 1 个电子通过终点与起点电位差为 1V 的路程后具有的能量。因而，具有 1 电子伏能量的电子飞行速度为：

$$v = 593\sqrt{u} = 593\sqrt{1} = 593 \quad \text{km/s}$$

因此，落入电场中的各个电子向正电极运动的同时，并得到相当大的速度，这个速度仅仅由电子路径的终点与起点之间的电位差来决定，由式（6-1）中可知，电子运动速度与电压的平方根成正比，阳极电压越高，电子运动的速度越大，因此常把电子发射的电压称为加速电压。为了得到高速运动的电压，必须提高电压，目前电子束炉采用的电压在 2 万 ~4 万伏，若超过 4 万伏，会产生大量的 X 射线。表 6-1 所列为电子速度和它所经过的电位差的关系。

表 6-1　电子运动速度与电压的关系[1]

u/V	1	100	1000	10000	20000	25000	27000	30000	40000
v/km·s^{-1}	593	5930	18600	59300	84000	94000	100000	102700	118600
P_a/kW					60	120	200		

电子经过电场加速，以高速打到阳极上时，其巨大的动能主要转变为热能，使阳极温度升高。每一个电子达到阳极时所具有的动能已知为 $W_0 = \frac{1}{2}mV^2 = eu$，若每秒跑到阳极的电子数为 n 个，则每秒内，电子交给阳极的能量，或阳极所获的功率为：

$$P_a = n\frac{1}{2}mV^2 = neu = Iu \tag{6-3}$$

式中　P_a——每秒内阳极所获的功率，W；

ne——每秒内达到阳极的电荷量，即为阳极电流 I，A。

如果保持这个功率不变，经过时间 t 秒后，阳极上所获得的电子束热效应为：

$$W = P_a t = Iut \tag{6-4}$$

式中　W——热能，J；

I——电子束的电流，A；

u——电压，V；

t——电子作用时间，s。

这些能量主要为热量。若使阳极所得到的这些能量远大于因散热所带走的热量，则阳极在电子的轰击下，温度会不断上升，因此阳极材料就过热而熔化。这就是电子轰击炉热源的基本原理。由此可见，电子束加热与一般二极电子管很类似。初期最简单的电子轰击炉就是依这种结构而制成的，只是它们的工作性质有所不同。

电子轰击加热需要在发生电子的发射器（灯丝）和待加热件（阳极）之间产生受控制的电子流，才有实际意义。显然这只有在真空中才能做到，实践证明上述过程只有在能量低于 $10^{-3}E$ 时才是可行的。有效的电子轰击加热器可以是很简单的，与二极管原理相似，如图 6-8 所示。一般

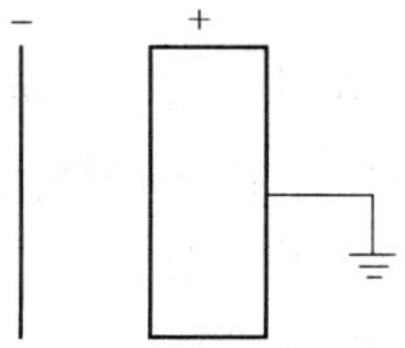

图 6-8　电子轰击加热器原理图

用钨丝构成低电压加热的电子发射器，并在其上加负电位。待加热的料在近旁支持着，相对于发射器它处于正电位（通常是接地的），然后将电子向待加热的料上加速轰击，它们的动能以热能的形式在料上放出。上述装置适用于加热面积较大的物料。

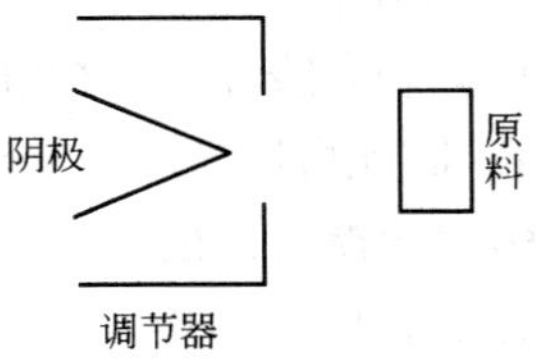

图 6-9　改进的电子轰击加热器原理图

将上述一个装置中加以改进后，如图 6-9 所示，用一金属屏（调节器）环绕在灯丝周围来控制加热面积。调节器保持在灯丝同样电位或比灯丝更负的电位上，这样，一束定向的电子流可以穿过调节器上的洞孔而冲向待加热的原料。

在上述装置中再加以改进，如图 6-10 所示。电子向阳极加速以代替向原料上加速。这些电子通过阳极孔而形成电子束，可用电磁或静电透镜聚焦。电子束还可用电磁场或静电场控制偏转。这就是当前电子轰击炉中应用最广泛的一种形式。只要调节一下聚焦线圈的电流，电子束的加热面积即可视需要而任意改变。电子束的方向可通过调节偏转线圈的电流来改变，以便精确地选择加热区域。电子束的功率（发射功率）可通过改变加速电压或阴极发射来控制（如调节栅极或灯丝功率）[5]。

6.2.2　电子束熔炼的基本原理

利用高速电子束流的动能转变为热能进行的熔炼铸锭过程，叫做电子束熔炼。高速运动的电子束，则必须在真空状态下，由受控制发射高速电子束装置即电子枪也称电子束发生器来获得，如图 6-10 所示。发射电子的阴极和作为阳极的被加热材料共同处在一个高真空中（炉室），并分别接到直流电源的负极和正极（坩埚）上，阴极用其他的电源加热。它是用在高温时能发射电子的材料，如钽或钨做成的。工作时，阴极在高真空环境中被加热到足以使电子发射的温度时发射热电子流，电子经过高压电场加速，以极高的速度向阳极运动（速度仅仅由电子路径的起点与终点之间的位差来决定，1V 时的电子飞行速度为 593km/s）。通过聚焦、偏转、聚焦、使电子成束，准确地轰击到炉料和熔池表面时，其巨大的动能就转变成为热能而使阳极得到加热。其能量除极少部分被反射出 X 射线，还可能消耗在反射

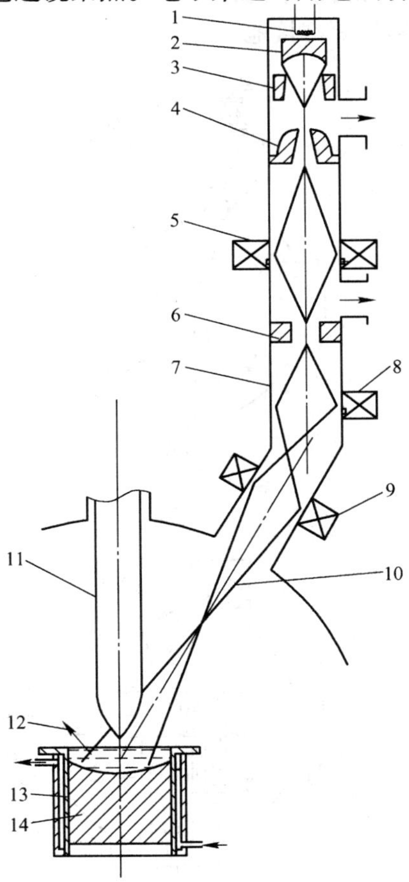

图 6-10　电子束熔炼炉工作原理示意图

1—灯丝；2—阴极；3—集束极；4—阳极；5—一次聚焦线圈；6—光阑（栏孔）；7—光筒；8—偏转线圈；9—二次聚焦线圈；10—电子束流；11—料棒；12—电磁波辐射和 X 射线；13—水冷结晶器（坩埚）；14—铸锭

出金属自身的电子（二次反射）或产生其他效应。

理论计算和实践证明，在电子束熔炼炉使用电压一般是几千到几万伏（目前不超过 4 万伏范围内）。因此可以把阳极加热到很高的温度，引起 X 射线放射的损失最大不超过 0.5%，二次发射引起的损失也很小。总之，电子束从电场获得的能量几乎全被转换成热能[1]。

在工作过程中，由电子形成的电子束高速运动源源不断地从阴极射向阳极，则阳极在电子的不断轰击下，温度会不断上升，因此阳极材料就被过热而熔化。在此过程中发生一系列的物理化学反应使金属得到精炼和提纯。因此，这种电炉称为电子束炉。又因为阳极是被电子轰击而加热的，所以这种电炉也有人称为电子轰击炉。

6.3 电子枪的种类

电子枪是这种电炉的关键部分，用来发射电子束，电子枪根据电子束发射系统结构的不同可分为以下四种，如图 6-11 所示，图中闪电形箭头符号表示阴极；作为阳极的结晶器、料棒等都接地。

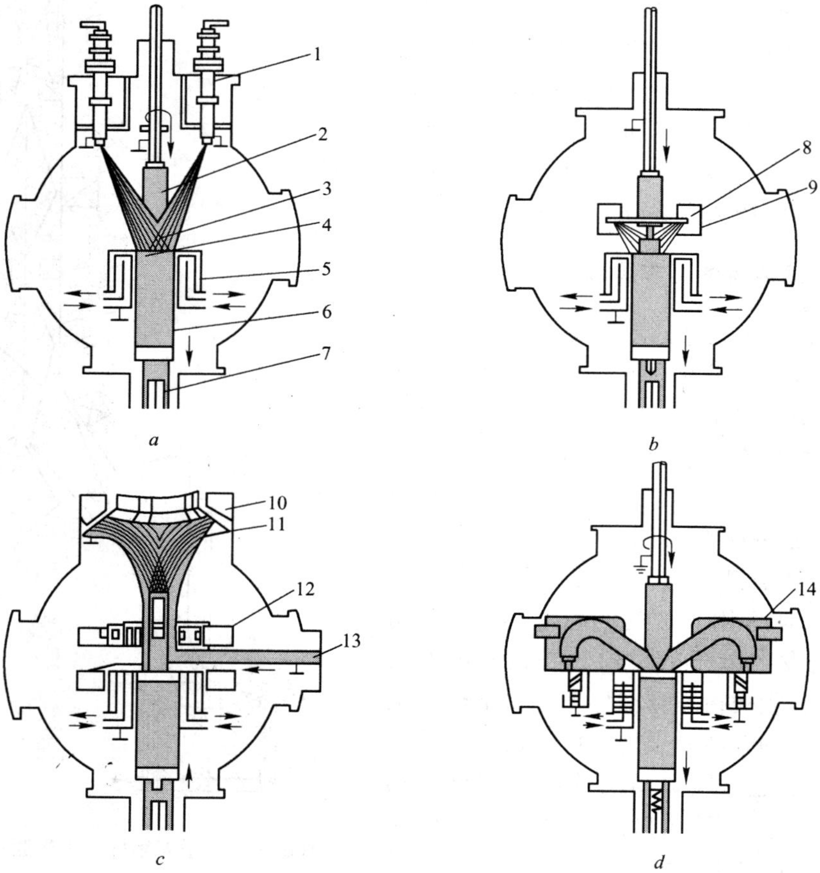

图 6-11 几种电子枪的基本结构和工作情况[2]

a—轴向枪；*b*—近环形枪；*c*—远环形枪；*d*—横向枪

1—轴向枪；2—料棒；3—电子束；4—熔池；5—结晶器（坩埚）；6—锭子；7—拉锭机构；8—非自加速环形枪；9—聚束极；10—自加速环形枪；11—加速阳极；12—聚焦线圈；13—料棒；14—横向枪

6.3.1 远聚焦枪

远聚焦枪又叫轴向枪、直聚焦枪或皮尔斯枪。其内部结构如图 6-12 所示。这种枪的形状像一个直筒，阴极是用钽或钨块制成的球面体，由另一个加热阴极的灯丝间接加热；但也有做成丝状而直接通电加热的，即所谓直热式阴极[2]。阴极和灯丝更换较方便。单枪最大功率：直热式 60kW；间热式 1200kW。电子光路系统结构一般有两个电磁透镜，1 个偏转扫描器。偏转角可达 40°，能作圆扫描或程序扫描；由于阴极发射出来的电子流经过加速阳极，磁聚焦和偏转线圈，按控制的一定方向射到被加热的料棒和熔池上。块状阴极和加速阳极的形状和期间的电场分布是这样设计的：电子在这两者之间受到极大的加速，但是绝大多数电子不会打到加速阳极上，而是通过加速阳极中的空隙射向被加热的料棒和熔池上。块状阴极和加速阳极的电位是相同的，两者都接地。

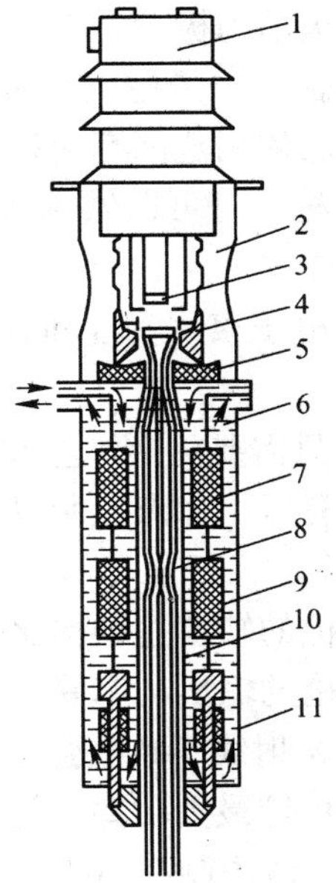

图 6-12 远聚焦枪内部结构示意图[2]
1—绝缘瓷瓶；2—真空抽气口；3—加热阴极（灯丝）；4—块状阴极（由电子束加热）；5—加速阳极；6—冷却水；7—聚焦线圈；8—电子束；9—聚焦线圈；10—电子束导管；11—偏转线圈

电子枪室有两个或三个压力分级室组成，如图 6-13和图 6-14 所示。箭头表示抽真空。各室分别抽真空。

这种枪的优点如下：

（1）枪的阴极离熔区较远，一般可达 1000mm 以上。几乎没有蒸汽和飞溅物到阴极，

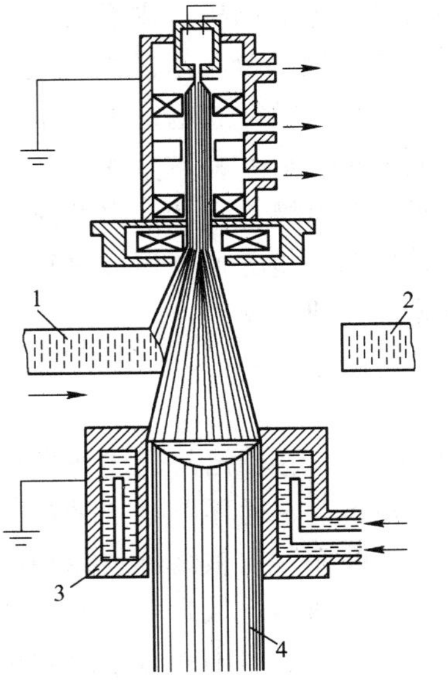

图 6-13 远聚焦单枪工作示意图之一[1]
1，2—料棒；3—水冷结晶器（坩埚）；4—铸锭

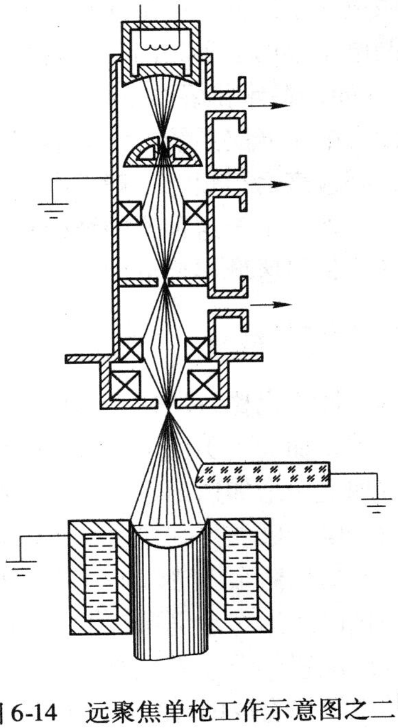

图 6-14 远聚焦单枪工作示意图之二[1]

间热式阴极沾污极少，在正常情况下，阴极寿命可达100～150h[1]；直热式30～50h。

（2）由于电子枪室与熔炼室分开抽真空，从而克服了环状枪和横向枪的缺点，使电子束熔炼方法使用范围有所扩大，可熔炼气体含量大的金属材料。

（3）枪本身可以做成独立的组件，枪室与炉室隔开，单独抽气。一台电炉可以用多支枪联合工作。

（4）电子束的密度和方向可根据需要灵活调节，从而炉内所用的结晶器的内径变化范围大。

（5）只需要更换灯丝和阴极，其他部件不易损坏，工作稳定可靠。

由于有以上优点，所以这种枪是几种枪中用得最多的一种。这种枪已经系列化和标准化。

这种枪的缺点是结构比较复杂，并且需要有单独的真空系统，电能消耗也较大。

电子枪的输出功率等于电子束的加速电压和电子束电流两者的乘积。为了使从阳极表面发射的X射线不致太强，对用电子束炉熔炼来说，加速电压一般限制在2万～3万伏范围内[2]。单枪最大功率：间热式1200kW；直热式60kW。另外，从轴向枪的设计考虑，电子束电流一般限制在10A以下，所以轴向枪的功率一般不超过每支枪200～250kW。通常是采用多支枪联合使用的办法来获得大的输出功率，但目前有的轴向枪的功率达到400kW、600kW，还有个别轴向枪达到1200kW。

图6-11*a*所示是两支轴向枪联合工作的情况，电子束一部分打在料棒上使料棒熔化，一部分打在熔池表面上，使熔池表面保持液态。这有利于金属的充分除气和精炼。

6.3.2　近环形枪

近环形枪也称非自加速环形枪，其基本结构如图6-11*b*所示。发射电子的阴极——钨丝，做成一个圆环，围绕在被熔材料的周围和结晶的近处上方。阴极四周具有聚束极，用来控制电子束的运动方向。曲线轨迹近环形，本身无加速阳极，枪距熔区距离很近，约为10～30mm，料棒和熔池作为阳极。在电场空间进行熔炼时，经常放电，工作不稳定。其结构没有电子光路系统，结晶器直径不同时，要装不同的枪。灯丝易被金属蒸气和喷溅物沾污，阴极寿命很短，一般只有2～6h。灯丝更换频繁，聚束极易损坏，损坏时需整个枪更换。另外，由于这种枪的结构特点，使用上也不及其他几种枪方便。所以这种枪只限于在半导体材料区域熔炼方面有某些应用。枪的最大功率约为300kW。

6.3.3　远环形枪

远环形枪也称自加速环形枪，基本结构如图6-11*c*所示。这种枪是上述非自加速环形枪的改进，加大了阴极至熔区的距离，距离达300～500mm[1]。远环形枪就是在环形阴极的下方加上一个加速阳极。电子束通过加速阳极的环形缝隙而射向被熔炼料棒和熔池表面上。由于电子已先得到加速，所以阴极可以布置得离被熔炼料棒比较远。另外，加速阳极也有一定的屏蔽金属蒸气的作用，对阴极的损坏情况有所改善。但不能有效地避免蒸发沾污，阴极的使用寿命仍只有10～20h左右。为了改进这种枪的聚焦性能，常在结晶器的上方同心地配置两个聚焦线圈，使电子束沿着磁力线打到熔池上。它属于皮尔斯直线电子束类型的电子枪卷成的环形电子枪，带加速阳极，电子束是锥形空心束，电子枪与电子束一起处于聚焦线圈所产生的磁场中。这种枪比上面那种环形枪好一些，但由于阴极污染问题仍不能很好解决，熔池上的聚焦线圈易损坏，而要更换整个系统，坩埚直径变化范围很小，所以应用很少。枪的最大功率约为400kW。

6.3.4 横向枪

横向枪又叫做平面发射电子枪。如图6-11d所示，枪设在远离或低于熔池表面位置，用横向磁场，电磁铁极靴装在电子枪上面并一直延伸到坩埚的边缘。阴极同环状枪一样，是直接加热的，结构简单，制造容易。

发射电子的阴极是两根相当长的平行的钨丝，阳极也为两根平行的钨丝，产生带状电子束。电子发射后受到聚束极的聚束，加速阳极的加速电子进入到一个电磁铁两块极板之间的磁场中，这磁场使电子的运动方向大幅度地偏转（偏转角大于180°）。采用这种枪时，发射电子的阴极可以装设得离熔炼区比较远，阴极到熔区的距离可加大到300～600mm，甚至还可以装设得低于熔池表面位置，从而阴极受污染的程度显著减弱。阴极的使用寿命仍只有50～100h。这种枪可同时使用多支枪，一般采用3支枪联合工作以获得轴向对称的能量分布，不需要单独的真空系统，所以这种枪的应用范围仅次于轴向枪。枪的最大功率约400kW。另外，未水冷的阳极易损坏，极靴板受溅射及熔池热辐射严重，坩埚直径变化范围小，应用较少。

近环形枪、远环形枪、横向枪三种电子枪的共同特点是：电子束发射系统与熔炼室合在一起。采用这种结构形式，当熔炼室内的工作真空度低于2.66×10^{-2}Pa时，便产生气体放电，使熔炼操作出现故障，停止工作，必须待真空度抽到高于此值后方可送电继续熔炼。因此这类电子枪目前在工业生产中已很少被采用[1,2]。

6.4 120kW 电子枪的工作原理

图6-15是120kW电子束发射系统的示意图。当枪室真空抽到$5\times10^{-2}\sim5\times10^{-3}$Pa时，送上灯丝，阴极工作电源，当阴极加热时，阴极块中的电子由于温度的升高而运动速度加快，动能增加；当温度达到一定时，电子运动的动能足以克服金属表面对它的束缚力，从阴极表面逸出，这种用加热的方法使金属发射电子的现象叫做阴极的热电子发射，电子从金属表面逸出所需外界供给的最小能量叫做电子的逸出功。不同的金属，电子逸出功也不同，电子逸出功小的计算容易发射电子。

当加热温度超过阴极材料的逸出功时，电子就会逸出阴极表面，并在加速电压的作用下，在加速电压（大于20kV）的作用下，热电子向阳极（零电位）加速运动，形成电子流，这个电子流就叫做电子束。

根据电子束的发射原理，在阴极上面设有灯丝，电源E_1供给灯丝交流电，电压为5～10V，电流40～50A，可使灯丝加热；在灯丝和阴极间加一个直流电源E_2，正极接在阴极上，负极接在灯丝上，E_2的电压为1500V，这样灯丝上的热电子在电源E的作用下飞向阴极，阴极块在灯丝发射热电子的打击下得到加热，温度可达到3500℃，阴极的这种加热方法叫做间接加热。

电源E_3是高压电源如图6-15电子束炉的E_3电源电压为25kV，它的负极接在阴极上，正极接在阳极上，为了安全，阳极接地。阴极上的电子在电源E_3的作用下获得高速飞向

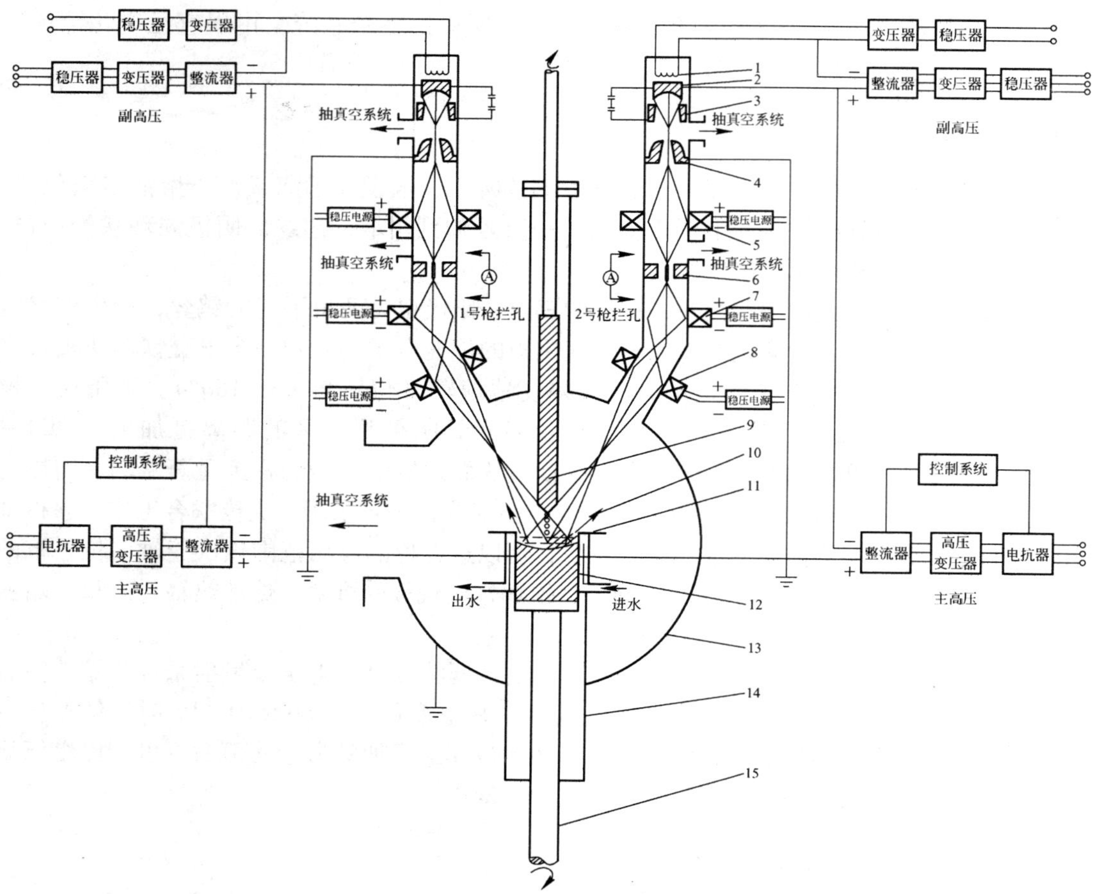

图 6-15 轴向枪电子束熔炼炉示意简图

1—灯丝；2—阴极；3—聚束极；4—加速阳极；5—聚焦线圈；6—栏孔；7—偏转线圈；8—二次聚焦线圈；9—金属料棒；10—X 射线；11—水冷坩埚；12—铸锭；13—炉室；14—拖锭杆；15—拉锭杆

阳极，阴极发射面为凹球面，以借助等位线的变化使电子束集中；在阴极和阳极之间有聚束极，聚束极与阴极同电位，也就是都与电源 E_3 的负极相接；当电子束脱离阴极穿过聚束极飞向阳极时，电子束在聚束极斥力的作用下，断面减小得到聚集，由于聚束极的作用，电子束从阳极的中心孔通过，向下继续运动，经磁聚焦透镜的多次聚焦和磁偏转扫描透镜的调节，使电子束准确而集中地轰击到原料棒的表面和金属熔池中。在原料和熔池表面产生 3000°C 以上的温度，原料的表面被加热、熔化、滴入熔池中。熔池就是锭上端的熔化部分，其周围是水冷铜坩埚（结晶器）。由于电子束的加热作用，熔池保持不断地上下、内外对流。随着熔化的原料不断滴入，熔池表面不断上升，拖锭装置又将锭不断向下拉动，使熔池表面保持一定高度。

电子束在飞行中与枪室中的残余气体相撞时，会使气体分子电离成正离子和电子，正离子向阴极飞去，打到阴极块上，经过一定时间后，阴极块有可能被打穿，并且正离子将穿过孔洞打到电子枪的其他部件上，为了防止正离子打坏其他部件，在阴极和灯丝的上面装的正离子捕集器，使正离子捕集器，使正离子捕集器与阴极同电位，当正离子穿过阴极后就收集到捕集器中，从而保护了其他部件。

6.5　电子束炉的结构及其设计计算

电子束熔炼炉的结构、类型主要与电子枪的结构有关。炉型分卧式和立式两种，一般卧式的最多。由于篇幅所限，本节只讲轴向枪多室式构成的卧式电子束熔炼炉。

轴向枪又称远聚焦多室式电子束熔炼炉，有单枪式和多枪式两种类型。由于原料状态和进料方式的不同而各有差异，如图 6-16 所示为轴向枪单枪电子束熔炼炉主要结构示意图；图 6-17 为轴向枪双枪电子束熔炼炉主要结构示意图[1]。

多枪式与单枪式相比较，更易于实现电子束能量的合理分布。但其结构比单枪式复杂。

电子束熔炼的基本作业方式有两种方法：一种是池熔，电子束主要打在结晶器（坩埚）中的熔池表面上，颗粒料、屑料直接加进到熔池里面，如图 6-16 所示。另一种是滴熔，电子束主要打在料棒上，使料棒端头熔化，逐滴滴进结晶器（坩埚）中，如图 6-17 所示。在实际熔炼时也可把两种方法结合起来一起使用，如图 6-2 所示。

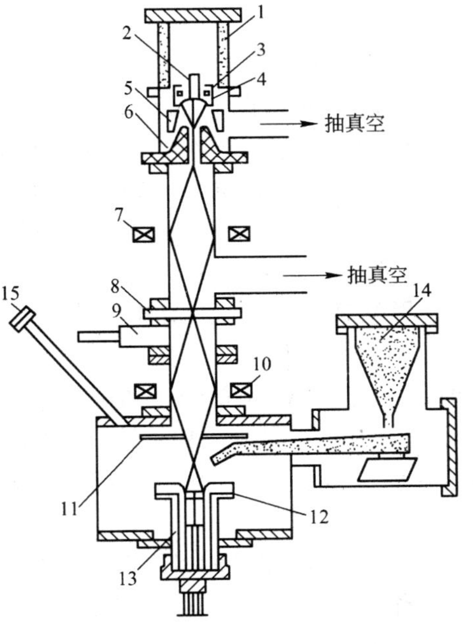

图 6-16　远聚焦单枪电子束熔炼炉结构示意图[1]

1—电子枪罩；2—钽阴极；3—钨丝；4—屏蔽极；5—聚束极；6—加速阳极；7——次聚焦线圈；8—拦孔；9—阀门；10—二次聚焦线圈；11—隔射板；12—结晶器（坩埚）；13—铸锭；14—料仓；15—观察孔

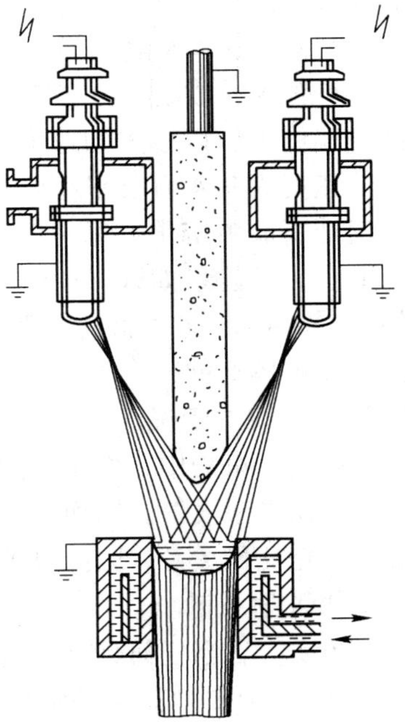

图 6-17　远聚焦双枪电子束熔炼炉结构示意图[1]

以上这些主要条件就可以确定炉体的基本结构形式。以轴向枪多枪式构建的电子束熔炼炉如图 6-2 和图 6-17 所示，它们的组成是庞大而复杂的。我们以轴向枪双枪电子束熔炼炉为例进行表述。整个电子束熔炼炉主要由炉体、电子发生器（电子枪）、结晶器（坩埚）、进料机构、拖锭机构、真空系统、高压电源、自动控制系统、水冷却系统、观察装置等部分组成。如图 6-15 所示。

6.5.1 炉体

炉体是整个设备的基础，炉体的结构形式与电子枪的类型、支数和原料及进料方式有关，有水平式和垂直式两种。炉型分卧式和立式两种。炉体为一真空容器，它是炉子的主体部分，整个熔炼过程都是在这里面进行的。熔炼室一般均采用 1Cr18Ni9Ti 不锈钢材料制造成双壁夹套水冷结构，设有活动炉门。炉体分别与电子枪、拖锭机构、进料机构、真空系统、水冷铜坩埚、观察装置等相连接。电子枪及枪室的真空系统装在炉体上部或斜上方。有的设备受到限制可以将真空管道延长，真空机组装于地面上。单枪式的炉子，多将电子枪垂直安装在炉室上部正中央，由侧面水平进料。双枪式炉子，一般将枪对称地布置于炉体斜上方，进料方式如图 6-15 所示，也可以不同。由于炉体是用来熔炼金属的空间，被熔炼金属料就在其中获得能量和进行熔炼或提纯，因此，真空室空间相对比较大，金属放气时有足够的扩散空间。炉体的结构设计方法在第 4 章已有详述，不再赘述。设计时还必须考虑，主扩散泵的真空阀门入口连接，电子光路、结晶器、送料杆和拖锭的传动、炉门等结构装配以及隔热屏。

X 射线的形成。电子束轰击被加热物料时，电子枪阴极发射出来的热电子在高压阳极的作用下，以极大的速度飞向被熔金属料棒或坩埚，若加速电压为 25kV 时，则电子运动速度为 9.4 万公里/秒，其巨大的动能轰击到料棒上后主要转变为热能，使料棒的温度升高而被熔化。每一个电子所具有的动能如式（6-1）。若每秒打到靶（料）上有 n 个电子，其能量如式（6-3）。如果保持功率不变，经过时间 t 后，则料上所获得总能量如式（6-4）。这些能量主要变为热能；而有一小部分能量转变成 X 射线，一部分能量损失在炉体空间残余气体分子的碰撞电离上；这里忽略了带电粒子在电场作用下的 γ 射线和 β 射线的情况。

在电子束炉中，由于高能电子束轰击金属时，一次电子与金属原子的内层电子作用而产生二次电子发射，因而会发射出相应于各种元素的特征 X 射线，其波长和元素的原子序数有一定比例关系，因此电子束炉在熔炼不同金属时，所散射出来的 X 射线将相应地形成不同的 X 射线谱。

事实上，当任何具有一定能量的带电粒子以高速与金属相碰撞时，即可产生 X 射线。图 6-15 中 10 是电子束炉常用的强流轴向枪，在工作时产生 X 射线的示意图。由于料棒及熔池周围没有任何屏蔽物质，故 X 射线呈漫散射状向空间发射，在真空中能以每秒 30 万公里的速度传播。近者穿透炉体的薄弱部位，而成为有害射线。

在电子束炉中，由电子枪发射出来强流电子束（一次电子）轰击到料棒和熔池上时，所产生的 X 射线主要是二次电子发射（又称反电流）。

X 射线的另一个重要的特性就是和白色光相似，也是各种波长的辐射射线的混合体。

X 射线的防护。若工作电压大于 10kV 时，被熔金属料在高速度电子轰击下会产生相当可观的 X 射线。当工作电压低于 25kV 时，一般炉体结构材料，选择不锈钢和钢等能有效阻止 X 射线。观察孔玻璃用铅玻璃屏蔽，而铅制的部件上涂上几层红丹漆，也可起防护作用。若工作电压高于 25kV，最好在电子轰击区周围装以金属铅制成的屏蔽罩[5]。X 射线对人体有害，所以必须采取特殊的防御措施。请参考有关书籍。

6.5.2 电子束发生器（电子枪）结构及设计计算

6.5.2.1 基本结构

轴向电子束发生器即轴向枪，它由电子枪头和电子光路系统两个大部分组成，其基本结构见图6-15。电子枪头包括灯丝、阴极、聚束极、加速阳极等。电子光路系统包括一次、二次电磁透镜（又称聚焦线圈），光阑（栏孔）、偏转器等部件组成，有的还有扫描装置。电子束轰击到金属表面上，其动能变成热能，为熔炼提供热源。

6.5.2.2 电子枪的加速电压、电流和功率的计算

A 加速电压和电流

加速电压一般为直流10～35V。加速电压值的选择应考虑以下方面：(1) 加速电压过高，则所产生的X射线的波长很短，对安全防护有利；(2) 加速电压过低，在大功率的情况下，束流会过大，将给电子枪设计造成困难。此外，还要考虑瞬间过电压，整流元件串联数的合理性和束能量损失问题。

束流值由束功率除以加速电压求得。通常轰击熔池的电子束流总小于电子枪总的束电流，两者之差称为总截获电流。轰击熔池的电子束流占电子枪总束流的百分比称为电子束的流通率。截获电流的大小与电子枪的设计、制造，光路系统的真空度，聚焦和偏转的调节等因素有关。电子束发生器的流通率一般为90%～95%。当真空度为1.33×10^{-2}Pa时，若聚焦好，流通率可达99%左右[5]。

B 电子枪的伏安特性曲线

电子枪发射的电子束电流密度随着电压变化的关系曲线称为电子枪的伏安特性曲线。如图6-18所示，图中两条曲线分别是不同温度下测定的伏安特性曲线，从中可以看出温度对电流密度的影响。当电压一定时，温度愈高，电子束电流密度愈大。虚线将曲线分为两部分，左边叫空间放电区，右边叫饱和区。在空间放电区，电流随着电压的升高而升高；在饱和区，电流处于饱和状态，即电压升高，电流不再升高；另外，从曲线上还可以看出，在空间放电区，温度对电流的影响不太显著，而在饱和区，温度对电流的影响很大。

通过以上分析可知，电子枪应工作在空间放电区，因为在这个区域中，每个电压值都

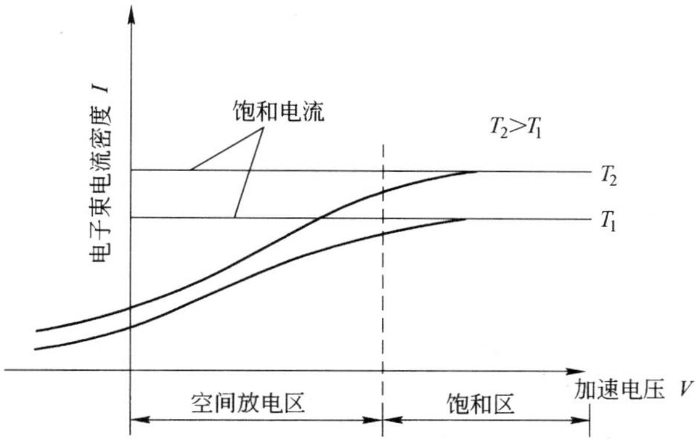

图6-18 电子枪工作特性曲线

对应一个电流值，同时温度对电流的影响较小，所以工作稳定。而在饱和区，尽管电压升高，但电流并不增加，对电源的功率利用极不合理，并且温度对电流的影响很大，容易造成电流不稳定，使电子枪的工作难以控制。另外，若电压超过4万伏以上，还会产生大量的X射线[13]。

综上所述，电子束炉尽管要求高压，但也不是愈高愈好，无限制地提高电压，则变得有害而无利。

C　电子枪的功率

电子枪的功率等于阴极的加速电压与电子束电流密度的乘积：

$$P = IU \tag{6-5}$$

式中　I——电子束电流密度，A；

U——加速电压，kV。

电子枪的加速电压最大值称为额定电压，在额定电压时的最大电流称为额定电流，额定电压与额定电流的乘积叫做电子枪的额定功率。如果设备有两个电子枪，总功率等于两个电子枪功率之和。

$$P = I_1U_1 + I_2U_2 \tag{6-6}$$

式中　I_1，I_2——分别表示两个电子枪的电流，A；

U_1，U_2——分别表示两个电子枪的电压值，V。

在熔炼时，通过调节电压的高低可以改变功率的大小，使电子枪发射的功率符合工艺要求[13]。

6.5.2.3　电子枪头

A　灯丝

灯丝包括用作直热式阴极和间热式阴极的灯丝。两者都在一定的电压下发射电流。直流式阴极灯丝是用于小功率的电子枪上做阴极使用。间热式阴极灯丝是用于大功率电子枪上，它的电压称为轰击电压，其发射电流称为轰击电流，两者的设计计算基本相同[5]。

间热式阴极灯丝是用来轰击加热阴极的，使阴极加热到其工作温度而发射电子束。

轴向电子束发生器中常用的灯丝形状如图6-19所示，其中图6-19a、c两种灯丝用于间热式电子枪，多数采用直径为0.5～1.5mm的钨丝制作，其工作温度一般为2550～2650K[5]。

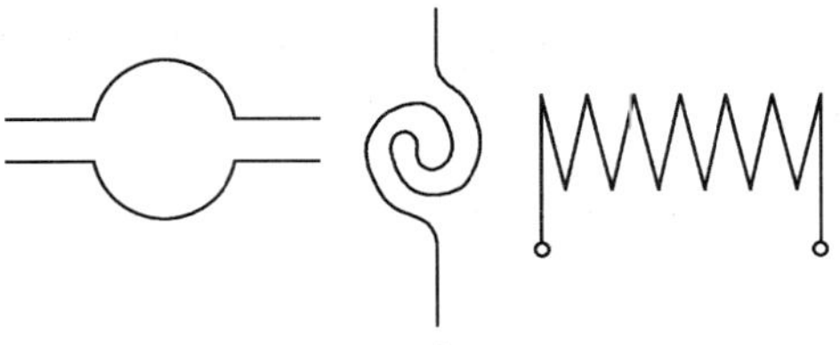

图6-19　常见的灯丝形状

灯丝寿命主要取决于氧化、蒸发和飞溅沾污，蒸发主要与枪室真空度和灯丝工作温度有关，此外在灯丝结构方面要注意以下几点：

（1）高温时的变形和下垂问题（参见表6-2中l_T/l_{293}栏的值）；

（2）中心部分要留有空隙，以避开正离子轰击；

（3）灯丝加热电流产生的磁场应尽可能相互抵消；

（4）对于加热间热式阴极的灯丝，其形状要使轰击阴极的电子尽可能均匀。

灯丝尺寸的确定，一般先按试经验选定灯丝直径d_f（通常为0.5～1.5mm）；再用式（6-7）求出灯丝有效长度l_{fe}。如l_{fe}能满足结构方面的要求，则灯丝尺寸就此确定。否则就

要重新选定 d_f 和 l_{fe} 直到符合结构要求为止。这里的灯丝按温度限制状态设计。

$$l_{fe} = \frac{I}{C_2 \pi d_f J_s} \tag{6-7}$$

式中　I——灯丝发射的饱和电流，A；对直热式阴极为束电流，对间热式阴极为轰击电流 I_b，见式（6-16）；

d_f——灯丝直径，cm；

J_s——温度限制状态下灯丝发射的饱和电流密度，A/cm^2，见表 6-2；

C_2——由灯丝形状决定的系数，约为灯丝实际长度的 1/3。

$$l_f = l_{fe} + 2\Delta l \tag{6-8}$$

式中　l_{fe}——灯丝有效长度，cm；

Δl——冷端长度，指灯丝两端供支撑和引出用，而温度较低部分的长度，一般按结构要求确定，cm。

灯丝加热电流 I_f 和加热电压 u_f 分别按下式计算[5]：

$$I_f = I_1 d_f^{3/2} \tag{6-9}$$

$$u_f = u_1 \frac{l_f}{d_f^{1/2}} \tag{6-10}$$

式中　I_1——单位灯丝（直径 1cm、长度 1cm 的灯丝）的加热电流 $A/cm^{3/2}$，见表 6-2；

d_f——灯丝的直径，cm；

u_1——单位灯丝的加热电压，$V/cm^{1/2}$，见表 6-2；

l_f——灯丝的实际长度，cm。

表 6-2　钽与钨的性质

真空温度 T/K	钽					
	亮度温度 $S_{0.665\mu m}$/K	全辐射强度 $\eta/W \cdot cm^{-2}$	饱和电流密度① $J_s/A \cdot cm^{-2}$	单位灯丝的加热电流 I_1 $/A \cdot cm^{-3/2}$	单位灯丝的加热电压 u_1 $/V \cdot cm^{-1/2}$	不同温度下的相对长度 l_T/l_{300}
2000	1852	21.63	2.21×10^{-2}	828	0.0821	1.0127
2100	1933	27.11	7.58×10^{-2}	910	0.0936	1.0135
2200	2018	34.16	2.33×10^{-1}	1002	0.1072	1.0144
2300	2099	42.23	6.52×10^{-1}	1095	0.1212	1.0152
2400	2181	51.27	1.68	1189	0.1357	1.0161
2500	2261	62.38	4.04	1288	0.1522	1.0170
2600	2341	75.37	9.08	1394	0.1699	1.0179
2700	2421	89.89	—	1502	0.1880	1.0188
2800	2499	105.5	—	1606	0.2064	1.0197
2900	2575	123.0	—	1715	0.2267	1.0206
3000	2652	144.4	—	1830	0.2479	1.0216

续表 6-2

真空温度 T/K	钨					
	亮度温度 $S_{0.665\mu m}$/K	全辐射强度 η/W·cm^{-2}	饱和电流密度① J_s/A·cm^{-2}	单位灯丝的加热电流 I_1 /A·cm$^{-3/2}$	单位灯丝的加热电压 u_1 /V·cm$^{-1/2}$	不同温度下的相对长度 l_T/l_{293}
2000	1857	23.65	1.62×10^{-3}	1022	0.0738	1.00904
2100	1934	29.85	6.29×10^{-3}	1119	0.0857	1.00971
2200	2026	37.20	2.17×10^{-2}	1217	0.0984	1.01039
2300	2109	45.70	6.73×10^{-2}	1319	0.1124	1.01109
2400	2192	55.70	1.91×10^{-1}	1422	0.1275	1.01180
2500	2274	67.20	4.99×10^{-1}	1526	0.1436	1.01253
2600	2356	80.60	1.22	1632	0.1611	1.01328
2700	2437	95.60	2.79	1741	0.1797	1.01404
2800	2516	112.5	6.03	1849	0.1995	1.01479
2900	2595	132.5	12.4	1961	0.2206	1.01561
3000	2673	154.5	24.3	2072	0.2430	1.01642

①根据 $A_0=120\text{A}/(\text{cm}^2\cdot\text{K}^2)$ 计算出的理论值。

B　阴极

阴极是发射电子的源泉，按加热方式可分直热式和间热式两种。直热式阴极（通常为灯丝）是自身加热并发射电子流。直热式阴极的结构比较简单，但只能用于小功率电子枪。间热式阴极的寿命较长，工作稳定，能用于大功率电子枪。

阴极材料主要用钨，有的用钽，其性质见表 6-2。阴极的工作状态有温度限制状态和空间电荷限制状态两种。

a　热电子发射及阴极材料的选择

在温度限制状态下，阴极材料热电子发射的饱和电流密度用下式计算[1]：

$$J_s = A_0T^2\mathrm{e}^{-l_0\phi_0/KT} \tag{6-11}$$

式中　J_s——阴极发射的饱和电流密度，A/cm^2；

A_0——常数，一般为 120A/(cm^2·K^2)；

T——阴极加热温度，K；

K——玻耳兹曼常数，$K=1.38\times10^{-23}$J/K；

$l_0\phi_0$——阴极材料电子逸出功，V；

e——自然对数的底。

从上式可以看出，阴极热电子发射电流密度主要取决于阴极加热温度和阴极材料的电子逸出功，加热温度高，电子逸出功小，饱和电流密度就大。在选择阴极材料时，必须选择能承受高温并且电子逸出功小的材料。由于温度的影响更为显著，所以一般阴极材料都选用熔点很高的钨或钽。其中钨的电子逸出功是 4.52eV，熔点为 3380℃；钽的电子逸出功是4.1eV，熔点为2988℃；还有钨-钍合金、铌等做阴极材料。其工作特性见表6-3。

表6-3 几种阴极材料的工作特性

阴极材料	阴极温度/℃	电子逸出功/eV	发射电流密度/A·cm^{-2}	
			静定的	脉冲的
钨	2600	4.52	0.5	0.5
钽	2400	4.1	0.5	0.5
铌	2300	4.0	0.5	0.5
钨-钍	2000	2.7	1.0～3.0	1.0～3.0

在空间电荷限制状态下，平板电极间的电流密度：

$$J_{SP} = \frac{2.33\times10^{-6}u^{3/2}}{d^2} \tag{6-12}$$

式中 u——加速电压，V；

d——平板电极间的距离，cm。

b 间热式阴极[5]

间热式阴极，通常用钽或钨制造，其形态如图6-20所示，图6-20*a*为钽、图6-20*b*为钨，这是一端面为凹球面的圆柱体。在大功率情况下，圆柱体的中心开有圆孔，圆孔的大小与穿过的正离子轨迹有关（由正离子轰击而发射电子）。阴极发射电子束是垂直阴极曲面而发射的。间热式阴极的寿命一般要求在50～100h以上，通常由正离子轰击穿孔的程度决定。

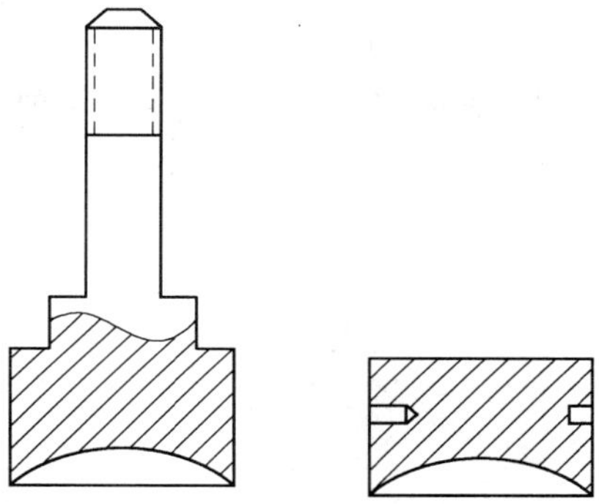

a *b*

图6-20 常用阴极形状

间热式阴极直径的确定：球型轴向枪的间热式阴极大多工作在空间电荷限制下，阴极直径用下式计算[5]：

$$d_c = \sqrt{\frac{4I}{\pi J_{SP}}} \tag{6-13}$$

式中 I——电子束电流，A（见6.2节）；

J_{SP}——空间电荷限制下，阴极的电流密度，A/cm^2。

由于阳极孔很大，阴、阳极间电位分布偏离球面，阴极面的发射电流密度不均匀，阴极边缘的发射电流密度最大。为了防止阴极边缘部分处于温度限制状态，计算时J_{SP}的值取为相应的J_s值的1/3～1/2。对钨制阴极，J_{SP}一般可取2.7～4A/cm^2；钽制阴极J_{SP}取0.5～2A/cm^2。

间热式阴极的制造 钽块阴极，钽棒经过锻造到所需的毛坯尺寸，再由车床加工成型。钨块阴极的制造：采用烧结钨棒，在氢气钼丝炉内加热到1450～1500℃，保温45～60min，锻打到所需的毛坯尺寸，再由床加工成型，阴极固定孔一般用合金钻头或电火花加工。

间热式阴极的加热功率[5]

$$P_b = \eta S \tag{6-14}$$

式中 S——阴极向外的辐射表面积，cm^2；

η——阴极的全辐射强度，W/cm^2，对钨阴极在 2750 ~ 2850K 时，η 为 98.1 ~ 122.5W/cm^2；钽阴极在 2400 ~ 2550K 时，η 为 51.27 ~ 68.87W/cm^2，通常大约低于其饱和蒸汽压 10^{-3}Pa 时的温度，在式（6-14）中未考虑支撑杆的热传导损失。

C 阴极与灯丝之间的距离 d_{fc}

$$d_{fc} = \sqrt{\frac{2.33 \times 10^{-6} U_b^{3/2}}{J_{SP}}} \tag{6-15}$$

式中 U_b——轰击电压，V；

J_{SP}——空间电荷限制下，灯丝发射的电流密度，对钨丝 J_{SP}一般取 0.7 ~ 1A/cm^2。

D 轰击电压和轰击电流

间热式阴极的轰击电压 U_b 一般取 1000 ~ 3000V。通常轰击电压是固定的。轰击电流可通过调节灯丝的加热电压来调节。轰击电流为：

$$I_b = C_1 \frac{P_b}{U_b} \tag{6-16}$$

式中 P_b——阴极的热功率，W；

U_b——轰击电压，V；

C_1——轰击电流损失系数和枪的结构有关，一般取 1.5 ~ 2.5。

E 电子枪的阴极参数和电子束外形

轴向电子束发生器通常采用球形电子枪。这种枪的主要阴极参数和电子束外形如图 6-21所示。

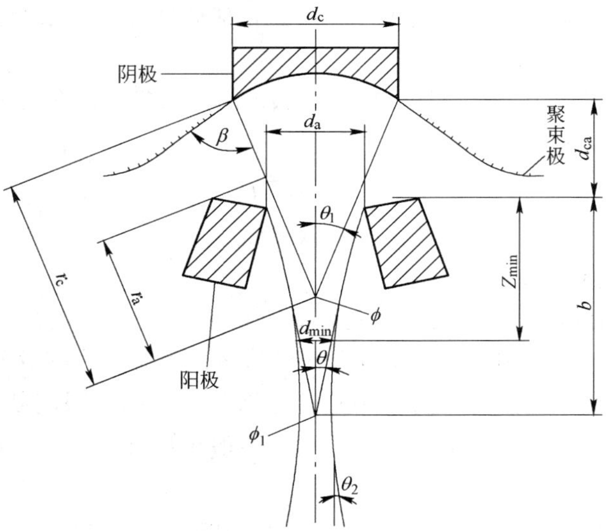

图 6-21 球型电子枪的电极参数和电子束外形参数

d_c—阴极直径，cm；d_a—阳极孔内径，cm；d_{min}—束腰直径，cm；θ_1—阴极半收敛角，(°)；d_{ca}—阴、阳极间距，cm；r_c—阴极曲率半径，cm；r_a—阳极曲率半径，cm；b—阳极孔至焦点距离，cm；Z_{min}—阳极孔至束腰距离，cm；β—聚束极与边缘夹角，(°)；θ—出阳极孔后电子束的半收敛角，(°)；θ_2—束腰后某一点的电子束的半发散角，(°)

根据所确定的电子束功率 P，加速电压 U 和束电流 I，就可以求出相应的电子枪阴极参数和电子束阳极孔后的束腰 d_{min} 和束腰至阳极孔的距离 Z_{min} 等电子束外形参数。计算方法见表6-4。

表6-4　参数和电子束外形计算

原始数据				
加速电压 U（V）；束电流 I（A）；阴极直径 d_c①，cm；设定 r_c/r_a 值				
计算程序				
计算项目	符号	单位	公式或图表	
			$P_\theta \leq 1$ 微朴④	$P_\theta > 1$ 微朴
导流系数	P_θ	微朴	$(I/U^{3/2})\times 10^6$③	
$(-a_a)^2$	$(-a_a)^2$	—	查表6-4	—
阴极半收敛角	θ_1	deg	$\arccos\left[1-\frac{P_\theta\ (-a_a)^2}{14.67}\right]$查图6-26	
阴极曲率半径②	r_c	cm	$d_c/2\sin\theta_1$	
阳极曲率半径	r_a	cm	按以上得到的 r_c 值及 r_c/r_a 值计算	
阴阳极间距	d_{ca}	cm	$(r_c-r_a)\cos\theta_1$	$r_c\cos\theta_1-r_a$
理论阳极孔直径	d_a	cm	$2r_a\sin\theta_1$	$2r_a\tan\theta_1$
实际阳极孔直径	d_{aa}	cm	$(1.2\sim1.6)\ d_a$	
b/r_c	b/r_c	—	查图6-22	—
d_{min}/d_c	d_{min}/d_c	—	查图6-23	查图6-25
Z_{min}/r_c	Z_{min}/r_c	—	查图6-24	查图6-25
阳极孔与焦点的距离	b	cm	按 b/r_c 值和 r_c 值计算	—
束腰直径	d_{min}	cm	按 d_{min}/d_c 值和 d_c 值计算	
阳极孔至束腰距离	Z_{min}	cm	按 Z_{min}/r_c 值和 r_c 值计算	
电子束斜率	$\tan\theta$	—	$d_a/2b$	—

①直热式阴极可取其外接圆直径。
②直热式阴极近似地按球面来计算。
③ U 为相对论修正的加速电压。
④ 1 微朴 $=10^{-6}$朴 $=10^{-6}\mathrm{A/V^{3/2}}$。

导流系数 P_θ 值不同的电子枪，计算方法也不同。当 $P_\theta>1$ 微朴时，按图6-25所列的谬勒设计曲线。$P_\theta<1$ 时按图6-22～图6-24所列皮尔斯设计曲线计算。

电子枪工作时，如果发射的电子束的电流密度没有达到饱和状态，这时的电流密度与电压的3/2次方成正比关系：

$$I = P_\theta U^{3/2}\times 10^6 \tag{6-17}$$

式中 I——电子束电流密度，A；
U——加速电压，V；
P_θ——导流系数，朴。

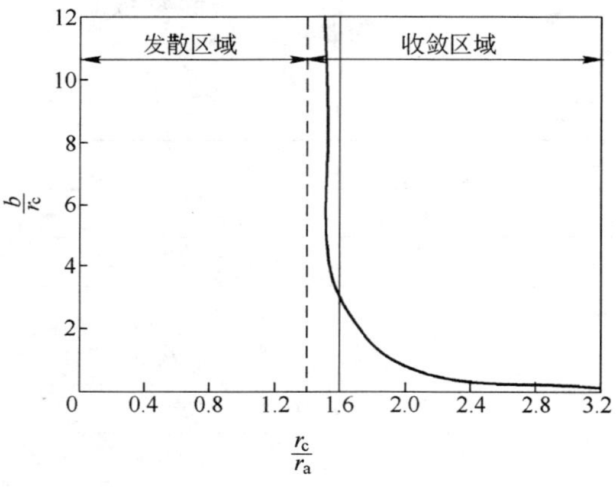

图 6-22 皮尔斯的 b/r_c 值设计曲线

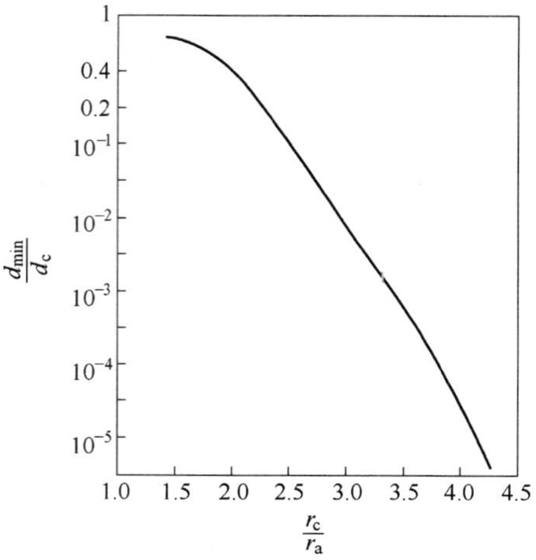

图 6-23 皮尔斯的 d_{min}/d_c 值设计曲线

公式（6-17）说明当发射电流没有达到饱和时，电流密度与电压的3/2次方成正比，导流系数 P_θ 是与阴极的曲面半径和阴、阳极之间的3/2次方成正比，导流系数 P_θ 是与阴极的曲面半径和阴、阳极之间的距离以及阴、阳极的几何形状有关的系数，一般来说，阴极球面的曲率半径大，阴、阳极之间的距离小，P_θ 值大，因而电流也大。

对于一般设备来说，我们可以计算出导流系数的大小。

$$P_\theta = \frac{I}{U^{3/2} \times 10^6} \qquad (6\text{-}18)$$

导流系数是衡量电子枪性能的重要参数，它能反映出电子枪的设计水平和性能好坏。

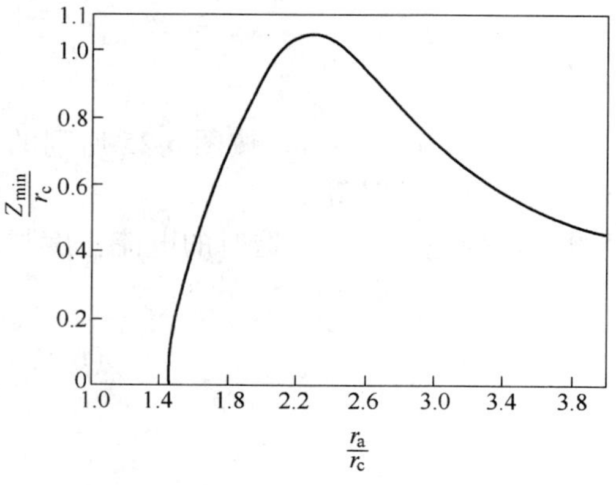

图 6-24 皮尔斯的 Z_{min}/r_c 值设计曲线

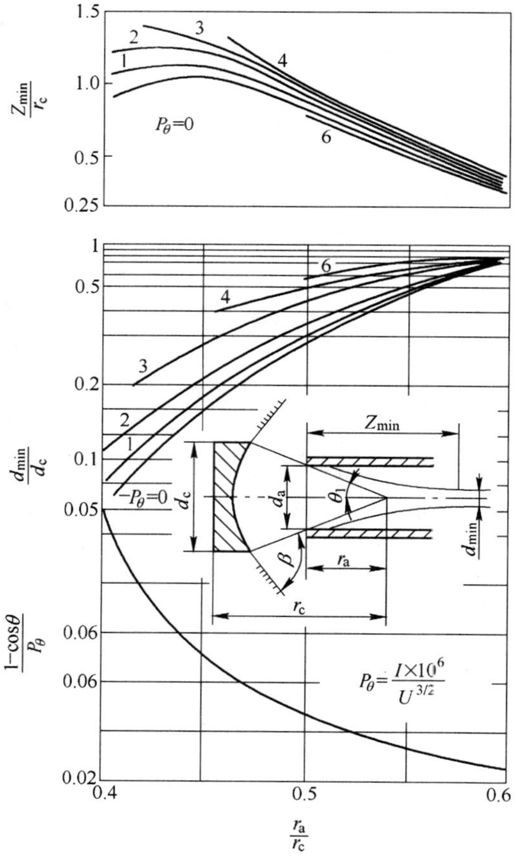

图 6-25 谬勒设计曲线

用表6-5进行计算时，可选定一个适当的阴极曲率半径与阳极曲率半径之比 r_c/r_a（约在1.5~2.5之内选取）。一般小功率电子枪 r_c/r_a 值取较大值，大功率枪取较小值。所取 r_c/r_a 的值是否合适，要由电子光路系统计算来校核。用取定的 r_c/r_a 值计算所得的 d_{min} 和 Z_{min} 值进行光路系统计算；若计算结果满足结构和熔炼要求，则所取的 r_c/r_a 值可用，否则要另取 r_c/r_a 值，重新计算。

$$(-a)^2 = f(r_c/r) \tag{6-19}$$

阴极的主要参数计算确定后，阴极的具体形状，可在电解槽中作模拟试验确定。近年来，国内外均已用电子计算机计算电子轨迹，进行设计分析，确定最佳方案。实践证明，枪的束腰 d_{min} 的实测值比计算值大，束腰离阳极孔的距离 Z_{min} 的实测值比计算值小。由于轴向电子束发生器中电子束的压缩比不大，为改善聚焦，一般可使 β 角大于67.5°。同时也可适当增大 θ 角，改变阴极的面积和曲率半径，以减小阳极透镜的像差，改善电子束的层流性，从而保证电子束很好地通过光路系统[5]。

表6-5 r_c/r 与 $(-a)^2$ 的对应关系

r_c/r	$(-a)^2$	r_c/r	$(-a)^2$	r_c/r	$(-a)^2$	r_c/r	$(-a)^2$
1.0	0.0000	1.4	0.1396	2.1	0.888	2.9	2.302
1.05	0.0024	1.45	0.1740	2.2	1.036	3.0	2.512
1.1	0.0096	1.5	0.2118	2.3	1.193	3.2	2.954
1.15	0.0218	1.6	0.2958	2.4	1.358	3.4	3.421
1.2	0.0372	1.7	0.3940	2.5	1.531	3.6	3.913
1.25	0.0571	1.8	0.5020	2.6	1.712	3.8	4.429
1.3	0.0809	1.9	0.5210	2.7	1.901	4.0	4.968
1.35	0.1084	2.0	0.7500	2.8	2.098	4.2	5.528

注：1. $r \leq r_c$；

2. 当 $r = r_a$ 时，$(-a)^2 = (-a_a)^2$。

F 聚束极

由于阳极孔很大，阴、阳极之间电位分布偏离球面，阴极面发射电流密度不均匀，阴极边缘的发射电流密度最大，为了防止阴极边缘部分处于温度限制状态下的电子束发散，而设置聚束极。

当阴极在正常使用一段时间后，其球面中心部位晶粒长大并出现孔洞，这是由于聚束极效应，使阴极中心部位温度最高，发射电流密度最大而电子束不发散，属正常情况。

G 加速阳极

阴极发射电子束后通过加速阳极的加速，也就是电子在这两者之间受到大的加速，但是绝大多数电子不会打到加速阳极上，而是通过加速阳极中的孔隙，聚焦、偏转、聚焦射向被加热的料棒和熔池上。

6.5.2.4 电子光路系统

轴向电子束发生器的光路系统，它是由一次聚焦线圈（第一透镜）、栏孔、偏转线圈、电子束导管、二次聚焦线圈（第二透镜）等组成。如图6-26所示。

A 设计要点

轴向枪电子束发生器的光路系统和电子束的外形，一般可用图6-26表示。设计时主要考虑以下方面。

（1）从电子枪头到熔池的整个光路系统中保证电子束90%以上轰击到被熔炼料棒上和熔池中。

（2）聚焦线圈（透镜）的数目主要取决于光路的长短和满足真空压差的要求。最常见的是设置两个聚焦线圈。一次聚焦线圈用来产生合适的电子束束腰，如图6-26所示，由于上炉体中间设置有进料管，所以两支枪下部导管有一个弯曲，因此光路中设置磁偏转器；二次聚焦用来调节电子束轰击到被熔料棒上和熔池中的大小。为了满足熔炼工艺，二次聚焦线圈有较大的调节范围。每个聚焦线圈上，束功率的损失不大于1%～2%；因此聚焦气隙处电子束直径与透镜内径之比不能过大，一般取0.5～0.6左右。有的聚焦线圈带有水冷铜管，以吸收散射在聚焦线圈上的电子束功率。

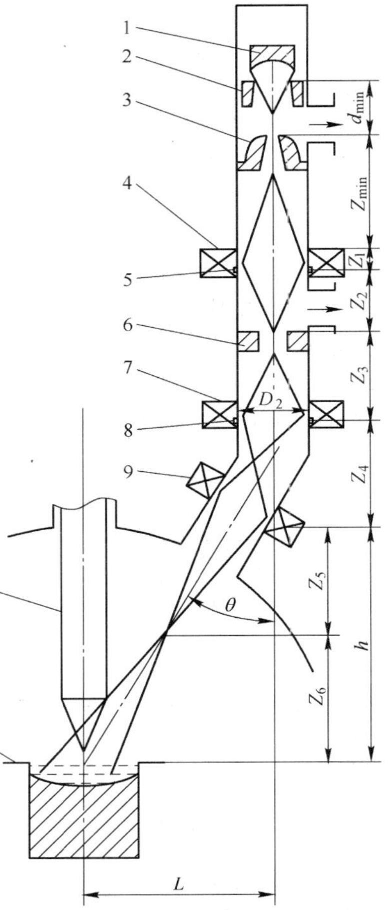

图6-26　电子光路系统示意图

1—阴极；2—集束极；3—阳极；4—一次聚焦线圈；5—透镜气隙；6—光阑（栏孔）；7—偏转线圈；8—透镜气隙；9—二次聚焦线圈；10—料棒；11—坩埚

（3）炉室与枪室之间的真空度一般要求相差两个数量级，以保证电子束发生器在炉室之间的真空度波动较大时仍能稳定地工作；为此在两个聚焦线圈之间的束腰处设置有适当长度的光阑（栏孔）光路，有时设置两个栏孔，根据栏孔被电子束轰击后电流大小情况来判断电子束聚焦的好坏。

（4）光路中的偏转扫描器，偏转角应小于40°。偏转扫描器离聚焦线圈要有足够的距离，以减少两种磁场的相互影响。偏转扫描器到熔池的距离不宜过长，以免束功率损失过大。

（5）设计光路系统时，一次聚焦线圈以下，要考虑正离子中和效应，所以要采用等效系数 $P_{\theta eq}$ 进行设计计算。有时还在光路系统的中间真空管道上设置一个真空阀门，以改变管道内的真空度，调节离子聚焦的真空度[5]。

B　电子束聚焦

电子束聚焦是利于聚焦线圈对电子束导向并调节其外形的一种方法。聚焦设计主要是确定光路系统中电子束的外形，并根据所要求的电子束外形设计聚焦线圈（透镜）的参数。

光路系统中电子束外形的设计：在等电位空间（亦称漂移空间）中的电子束外形通常

用圆柱坐标表示。为计算方便引入归一化参数，实际参数与归一化参数的关系见表6-6[5]，归一化曲线见图6-27[5]。

表6-6 电子束实际参数和归一化参数对照表

项目		实际参数	归一化参数	互相关系式
动点坐标	纵向	z	Z	$Z=174P_\theta^{1/2}z/r_{min}$ (1)
	径向	r	R	$R=r/r_{min}$ (2)
	角向	θ_1	—	
电子束外形的坐标		$r(z)$	$R(Z)$	
电子束—外形上某点的斜率		$\tan\theta$	R'	$R'=\tan\theta/174P_\theta^{1/2}=\sqrt{l_n R}$ (3)

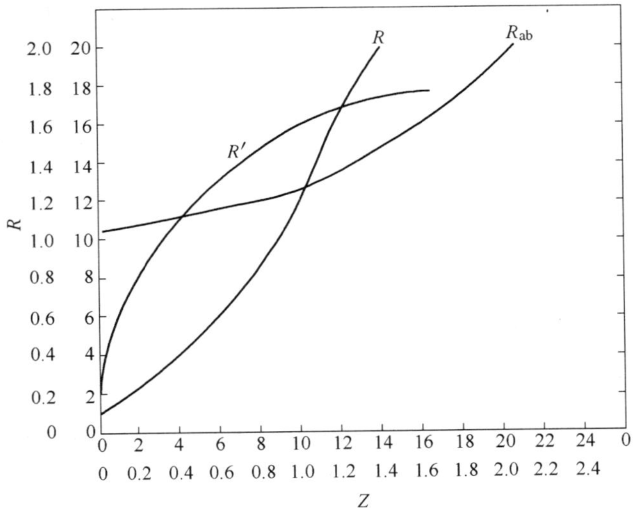

图6-27 归一化曲线

曲线 R_{ab} 为曲线 R 的 ab 段放大10倍，其坐标为外圈坐标

利用归一化曲线可以方便地计算光路系统中的电子束外形，如图6-28所示。

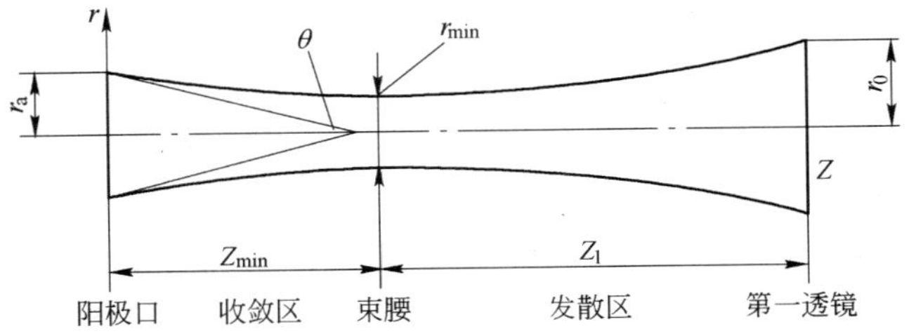

图6-28 利用归一化曲线计算示意图

a 收敛区域

若已知入射斜率 $\tan\theta$ 和 r_a 值，则可求出 r_{min} 和 Z_{min} 值。计算方法是：由导流系数 P_θ 和

$\tan\theta$ 值按表6-6 中式（3）求出 R' 值；由 R' 值可从归一化曲线中求出 Z_{min} 和 R_{min} 值；把 Z_{min}、R_{min} 值、r_a 值代入表6-6 中式（1）和式（2）就可求得 r_{min} 和 z_{min} 值[5]。

b 发散区域

若已知电子束束腰的半径 r_{min} 和离开束腰的距离 z_1，就可求出 z_1 处的电子束半径 r_0。计算方法如下：由 P_θ、z_1、r_{min} 值按表6-6 中的式（1）求出 Z_1；按归一化曲线，由 Z_1 值取 R_1 值；把 R_1 值代入表6-6 中的式（2）即可求得 r_0 值[5]。

c 聚焦系统的作用

电子束是高速运动的电子流，电子之间存在着相互排斥的作用，所以电子束逐渐发散。即电子束的断面越来越大，导致能力分散，降低了轰击温度，同时当电子束断面大于导管断面时，电子束将打坏导管，且功率损失增加，为了克服电子束的发散现象，在导管上装有聚焦装置，使电子束的断面大小得到控制。

聚焦系统包括两个线圈，放置在电子枪的导管上如图6-26 中4 叫做一次聚焦，它的作用是控制电子束束腰能顺利通过导管；图6-26 中9 叫做二次聚焦，它的作用是控制偏转后的电子束打在料棒和坩埚熔池中的断面大小。

当线圈中通以直流电时，在线圈两极之间产生磁场，磁场强度与线圈匝数和线圈电流密度的乘积成正比：

$$H \propto NJ \tag{6-20}$$

式中 H——磁场强度，A/cm；

J——线圈通入的电流密度，A/cm^2；

N——线圈匝数。

当电子束通过磁场时，在磁场力的作用下，电子产生螺旋式运动，穿过磁场后，电子沿着螺旋线的切线方向运动，并且相交于一点，这点叫做焦点，焦点到线圈的距离叫做焦距，如图6-26 所示。

线圈对电子束的聚焦作用和透镜对光的聚焦作用相似，所以，线圈也叫做磁透镜。下面以第一个线圈为例说明电压和线圈磁场强度对聚焦情况的影响。

聚焦情况可用焦距的倒数来表示，并与电压和磁场强度有以下关系：

$$\frac{1}{f} \propto \frac{H^2}{U} \tag{6-21}$$

式中 f——焦距；

$1/f$——焦距的倒数，也称折射率；

U——加速电压，V；

H——线圈的磁场强度，A/cm。

由公式（6-21）看出折射率 $1/f$ 的大小，说明了聚焦情况的强弱，$1/f$ 值大，说明聚焦力强，$1/f$ 值小，说明聚焦力弱。从公式（6-21）可知，折射率 $1/f$ 与电压成反比，与磁场强度的平方成正比。对于一台设备来说，聚焦 f 有一个最佳值，过大或过小都会出现电子打着导管的现象。当电压变化时，主要通过调节线圈的电流密度来改变磁场强度的大小，使焦点保持最佳距离，当电压升高时，线圈的电流也增加，使焦距不变。聚集情况的好坏是在阳极栏孔处接有电流表，当电子束聚焦不好时，会有电子打到栏孔上，电流表便有指示。调节聚焦电流使电流表指示为0时，说明聚焦情况良好。也可通过测量栏孔的水温来判断电子束聚焦情况，水温的升高一般不超过4℃，水温升高，说明电子束已打在栏孔上。

二次聚焦线圈的聚焦原理与一次聚焦线圈完全相同。但二次线圈的作用是通过聚集电子束来调节电子束打在坩埚中的断面大小。根据坩埚大小和所熔化金属材料的不同，电子束打在坩埚中的断面大小也应有所不同。

聚焦线圈根据安装形式有固定式和可调节式两种，双枪的聚焦线圈，安装高度和倾斜角度都是可调节的，通过安装位置和角度的调节，也可以改善聚焦效果和调节电子束的位置。单枪的聚焦线圈是固定式，它的安装不可调节[13]。

d 聚焦线圈设计计算[5]

聚焦线圈的焦距计算如下：

$$f = \frac{r_0}{174P_{\theta eq}^{1/2}}(R_1' + R_2') \tag{6-22}$$

式中 r_0——聚焦线圈气隙中心面上电子束半径，cm；

$P_{\theta eq}$——等效导流系数，这是考虑到正离子中和效应的影响（主要取决于真空度），一般取为导流系数 P_θ 的10%～30%；

R_1'——聚焦线圈气隙中心面上电子束的归一化入射斜率；

R_2'——聚焦线圈气隙中心面上电子束的归一化出射斜率；

r_0、R_1'和R_2'的值由上述电子束外形计算确定。

聚焦线圈的安匝数计算如下：

$$W = \left(\frac{K^2 U_r}{\beta}\right)^{1/2} \tag{6-23}$$

$$U_r = U(1 + 10^{-6}U)$$

式中 K^2——聚焦线圈激励参数，由图6-29查得；

β——相对气隙长度，由图6-30查得；

U_r——按相对论修正的加速电压；

U——加速电压，V。

电磁透镜的安匝数确定以后，就可进行透镜的磁路计算和具体结构的设计[5]。

C 偏转系统

偏转系统是通过线圈的磁场作用，改变电子束的运动方向，从而可以调节电子束打在坩埚中的位置。偏转线圈成对使用，对称地放置在导管两侧，每对线圈串联，通入直流电，因此在一对线圈之间形成磁场。当电子束穿过磁场时，在磁场力的作用下，运动方向会产生一定角度的偏转，偏移大小与磁场强度有关，而偏移方向则与磁场方向有关。用左手定则可以判定偏移方向。使用偏转线圈时必须注意极性，否则电子束的偏转方向搞错会击穿设备，改变磁场的方向只需改变电流的方向即可。

偏转和扫描。根据轴向电子束发生器结构形式，在光路中设置所需的偏转器，常用的偏转和扫描有3种：单纯偏转、圆扫描和程序扫描。单纯偏转是用一种磁偏转板和一个线圈组成，如图6-31所示，是一种磁偏转器的结构简图，它用于如图6-15所示的电子束炉上两支

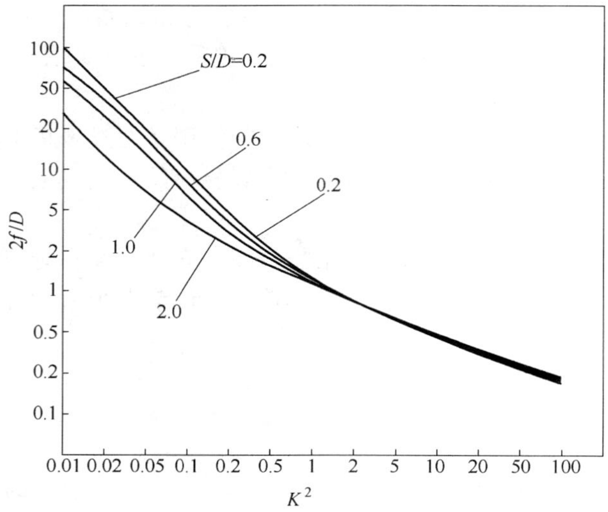

图 6-29　激励参数 K^2

f—聚焦线圈（透镜）的焦距，cm；D—聚焦线圈（透镜）的内径，cm；S—聚焦线圈（透镜）的气隙宽度，cm

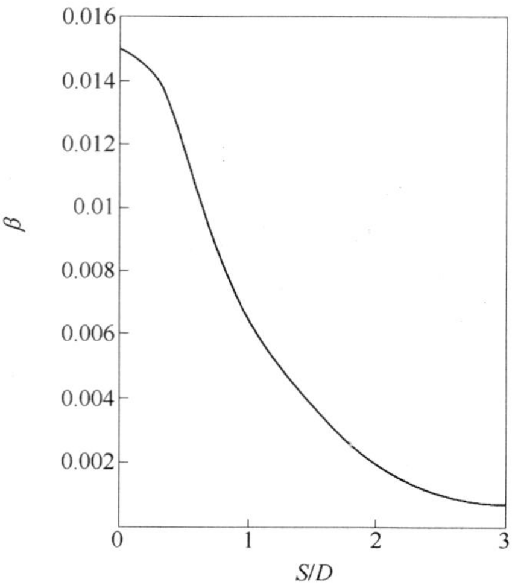

图 6-30　相对气隙长度 β

S—聚焦线圈（透镜）的气隙宽度，cm；D—聚焦线圈（透镜）的内径，cm

枪，各有一个偏转线圈，可以调节电子束的位移，从而使电子束偏转一定角度（一般不超过40°），配合锭子本身的旋转，保证熔池上电子束分布均匀。这种方式一般用于小型炉子。

圆扫描采用两对磁偏转板，每对偏转板有两个线圈，一个直流线圈和一个交流线圈。两个直流线圈中通入直流电，使电子束产生位移；两个交流线圈中分别通入相位相差90°的工频交流电，使电子束作圆扫描。扫描圆的直径取决于交流电的幅值。圆扫描主要用于中小型炉子。

程序扫描适用于大型炉子。这种扫描方式也用两对磁偏转板，每对偏转板都有一个直流线圈和一个交流线圈。直流线圈中通入直流电，使电子束产生位移。两个交流线圈中分别通入低频（0.8Hz）等幅值交流电和幅值随时间变化的工频交流电，使电子束作程序扫描。电子束轰击料棒的时间 t_1 和轰击熔池的时间 t_2 都可以调节，一般 $t_2/t_1=1\sim4$。图6-31是一种磁偏转器的结构简图。电子束偏转 r 角见图6-32所需的磁场强度[5]。

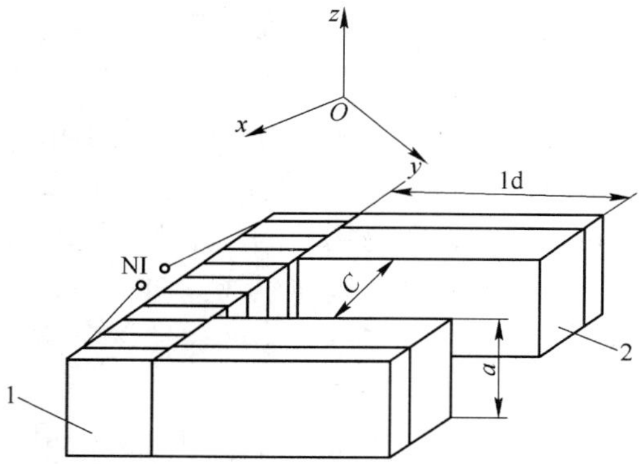

图 6-31　磁偏转器结构图

1—线圈；2—磁偏转板

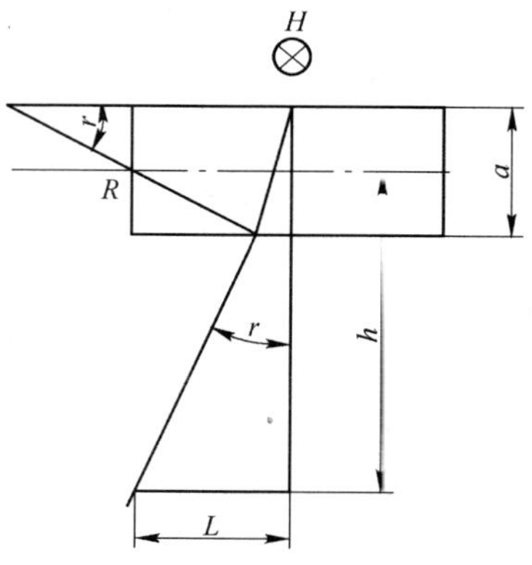

图 6-32　电子束偏转示意图

$$H = 2.69 \frac{\sin r}{a} \sqrt{U_r} \tag{6-24}$$

式中　r——偏转角，(°)；

U_r——相对论修正的加速电压，V；

a——偏转板高度，cm。

偏转板产生磁场强度 H 所需的安匝数：

$$W = K_1 HC \tag{6-25}$$

式中　H——磁场强度，A/cm；

C——偏转板间距，cm；

K_1——考虑铁心、磁轭等损耗以及偏转板漏磁的修正系数，一般取 1.5 ~2。

6.5.2.5　试验和调整

轴向电子束发生器制成后，除需要进行真空性能试验和绝缘耐压试验外，一般还要作如下的试验并进行必要的调整。试验的目的是为了得出合理的电子枪参数、考核枪的结构可靠性、验证电子光路系统、测定电子束的流通率等，有以下试验项目：

（1）热性能试验：本试验的目的是确定电子枪在额定状态下的灯丝电流和灯丝电压、轰击电流和轰击电压，以及阴极加热功率的调节范围。试验内容有：

1）测定灯丝温度和灯丝加热功率的关系。

2）对于间热式电子枪，测定阴极温度和阴极加热功率的关系，并观察阴极温度的均匀性。

3）在额定状态下，阴极连续运行 8h，以考核枪结构的热性能，并初步确定枪的冷却水流量。

（2）脉冲模拟试验：1000kW 以下的电子束发生器，可采用脉冲宽度为 500 ~1500μs、脉冲重复频率为 20 ~50Hz、脉冲幅值为 5 ~20kV 的、负的脉冲作为模拟试验的加速电压。试验内容有：

1）在不同的加速电压和阴极温度下，改变各电极的形状和相对位置，测定各种情况下的束电流 I、阳极和聚焦线圈的截获电流；绘出束流 I 和加速电压 U 之间，导流系数 P_θ 和加速电压 U 之间的关系曲线族；计算电子束经过光路系统的流通率。

2）在枪室真空度一定的条件下，观察测定一次聚焦的聚焦性能和一次聚焦线圈电流的调节范围。

3）在枪室和炉室真空压差一定的条件下，观察、测定二次聚焦线圈的聚焦性能；测定靶上的电子束斑点由最大到最小时的二次聚焦线圈的电流调节范围，并观察束斑点的形状。

4）测定真空度对阴极发射电流和电子束聚焦性能的影响[5]。

（3）两对偏转线圈的偏转系统。如有的设备为单枪，它设有两对偏转线圈，如图 6-33 是两对偏转线圈分布示意图。其作用原理如下：

图 6-34 所示是将 Ⅰ—Ⅰ 线圈通电，产生磁场 B_1，当电子束通过时，根据左手定则，电子束将向 y 轴上移动。若通入的电流方向改变，磁场方向也随之改变，电子束将向 y 轴下方移动，因此线圈可以使电子束在 y 轴上移动。

同理，Ⅱ—Ⅱ 线圈通入电流，可以使电子束在 x 轴上改变位置。如果 Ⅰ—Ⅰ 线圈和

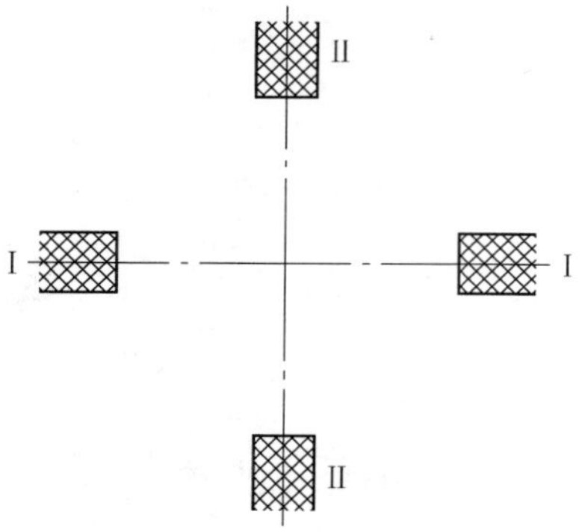

图 6-33 偏转线圈分布示意图

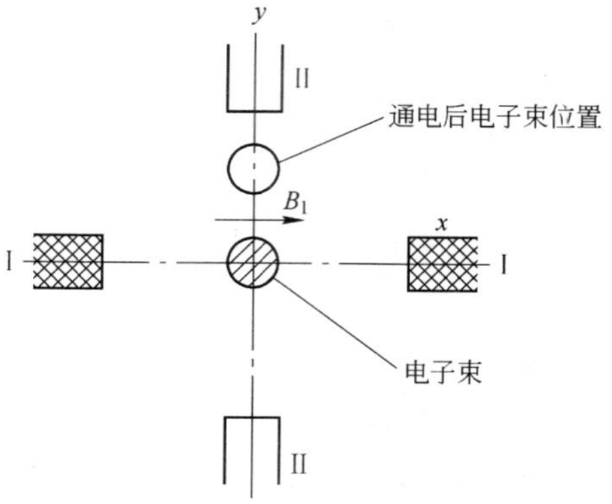

图 6-34 Ⅰ—Ⅰ线圈通入直流电流时电子束的运动情况

Ⅱ—Ⅱ线圈同时通入直流电，产生两个 B_1 和 B_2，电子束在两个磁场的作用下，偏转方向将是两个磁场合成作用方向，如图 6-35 所示。通过改变两个线圈的极性和电流大小，可以调节电子束打在坩埚中的任何位置。单枪轴向枪的两对偏转线圈不仅通入直流电，而且好叠加交流电源。直流电产生的磁场可以调节电子束的位置，交流电产生的交变磁场可以使电子束做圆周运动。电子束在坩埚中做圆周运动，使能量的分布得到改善，坩埚中的温度接近于均匀，对提高熔炼质量有很大意义，尤其是功率高，坩埚大的情况下更为重要。

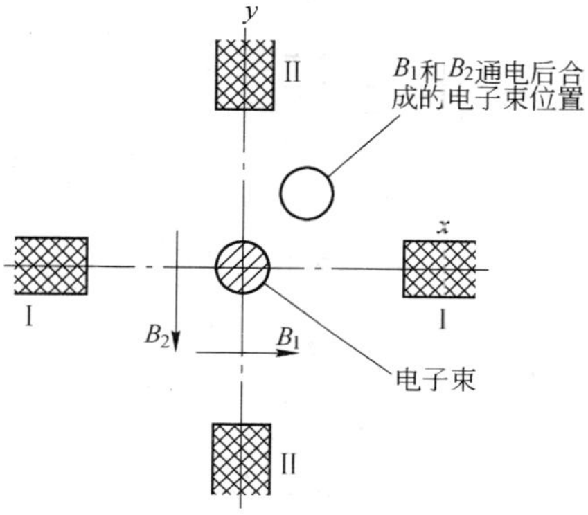

图 6-35 当两对线圈都通入直流电流时电子束的运动情况

首先假定给Ⅰ—Ⅰ线圈通入交流电，在 x 轴方向产生交变磁场，电子束在交变磁场的作用下，沿着 y 轴方向做摆动，摆动与电流的关系为：

$$J_{\mathrm{I}} = I_0 \sin(\omega t)$$

$$Y = Y_0 \sin(\omega t) \tag{6-26}$$

同理，只给Ⅱ—Ⅱ线圈通入交流电，电子束在 x 轴方向上摆动：

$$J_{\mathrm{II}} = I_0 \sin(\omega t)$$

$$X = X_0 \sin(\omega t) \tag{6-27}$$

如果给Ⅰ—Ⅰ线圈和Ⅱ—Ⅱ线圈同时通入交流电，并使两对线圈的电流相位差为 $\pi/2$，电流密度相等，电子束在两个交变磁场的作用下，将做圆周运动。这一点可用下列关系得以证明。

如果将Ⅰ—Ⅰ线圈通入交流电的位差比Ⅱ—Ⅱ线圈提前 $\pi/2$，则电流方程为：

$$J_{\mathrm{I}} = I_0 \sin\left(\omega t + \frac{\pi}{2}\right)$$

$$J_{\mathrm{II}} = I_0 \sin(\omega t) \tag{6-28}$$

摆动方程为：

$$Y = Y_0 \sin\left(\omega t + \frac{\pi}{2}\right)$$

$$X = X_0 \sin(\omega t) \tag{6-29}$$

因为电流相等，所以摆动的振幅也相等，并用 r_0 表示，$r_0 = X_0 + Y_0$。如果将上述两个等式两边平方后相加得：

$$X_0^2 + Y_0^2 = r_0^2 \sin^2\left(\omega t + \frac{\pi}{2}\right) + r_0^2 \sin(\omega t)$$

即

$$X_0^2 + Y_0^2 = r_0^2$$

这是圆的方程，r_0 为半径。此结果证明了当两对线圈同时通入交流电，并且电流大小相等，相位差为 π/2 时，电子束在两个交变磁场的合成作用下，做圆周运动，如图 6-36 所示。

如果两个线圈通入交流电的电流密度不相等，电子束的运动轨迹为椭圆，如图 6-37 所示，Ⅰ—Ⅰ线圈的电流大于Ⅱ—Ⅱ线圈的电流时（$I_{\mathrm{I}} > I_{\mathrm{II}}$），电子束在 y 轴上的摆动振幅大，椭圆以 y 轴为长轴。如果Ⅱ—Ⅱ线圈的电流大于Ⅰ—Ⅰ线圈的电流（$I_{\mathrm{II}} > I_{\mathrm{I}}$），电子束在 x 轴上的振幅大，椭圆以 x 轴为长轴。在实际操作时，两个线圈的电流都可以调节，根据坩埚的大小和形状不同，电子束运动的轨迹也不同。一般使用圆形坩埚，电子束的运动轨迹是圆周运动，其圆周半径 r_0 等于坩埚半径的 1/2 ~ 2/3。如果坩埚是椭圆形，电子束的运动轨迹也是椭圆形，并使长轴方向与坩埚长轴方向一致[13]。

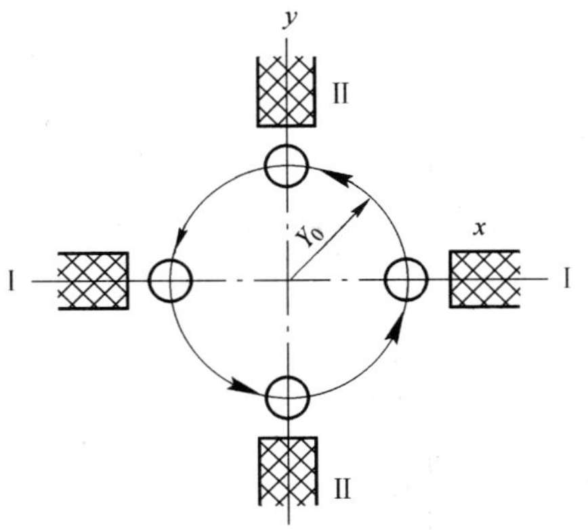

图 6-36　两个线圈都通入交流电流时电子束的运动情况

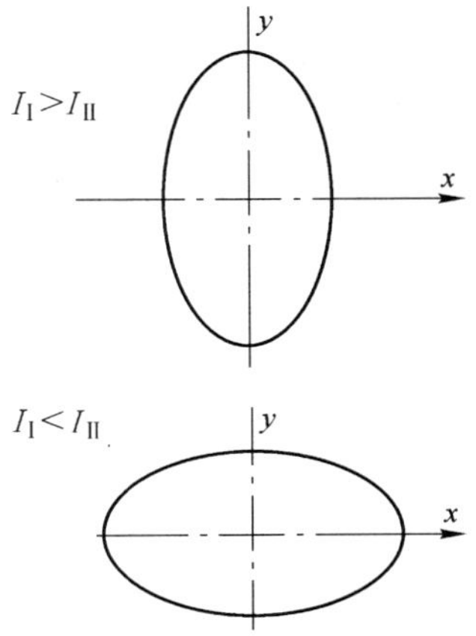

图 6-37　两个线圈都通入交流电流时电子束的运动情况

6.5.3　进料机构

进料机构主要是由传动系统和料杆组成。它的作用是将被熔炼的金属棒料平稳送到结晶器（坩埚）的上方，接受电子束的轰击而熔化，料棒在未熔化前，存储在料筒内。根据进料方向，进料机构可分为水平进料和垂直进料。水平进料的料筒有两个，水平放置在炉体两侧。垂直进料有一个料筒，垂直地放置在炉体的上方。电子束冷床炉是一侧水平进料（锭状）和上部料仓震动给料（屑料或块状料）。

6.5.3.1 垂直进料机构

垂直进料适合双枪工作的电子束炉，图6-38是垂直进料机构的示意图。电机带动传动系统使两根丝杠做旋转运动，通过活动横梁两侧与丝杆相配合的导流管使活动横梁上下运动，上料杆装配于活动横梁上，所以料杆随着活动横梁上下运动。料杆下端有连接头，可使棒料连接在料杆上，料杆的上端与一套旋转机构相连接，使料杆能做旋转运动。料杆上装置一个滑动法兰，这个法兰相当于料筒的小门，装出料时要把滑动法兰打开，封炉时要把它与料筒法兰连接，在滑动法兰中有动密封与料杆配合，使料杆在运动时不会漏气。在料筒下方装有插板阀，连续装料时可以将插板阀关闭，料筒放气而不影响炉体真空。整

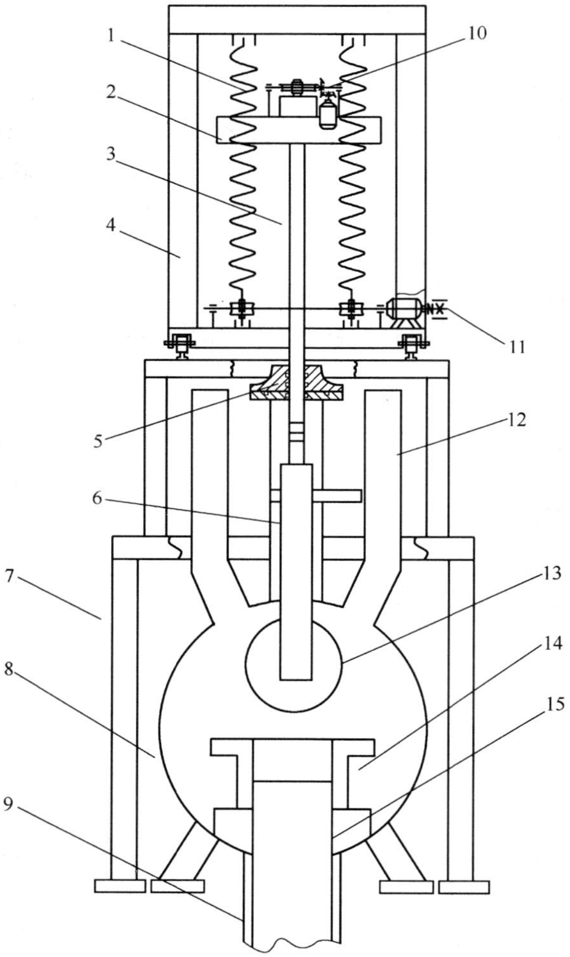

图6-38　电子束炉料棒进给丝杠传动机构

1—滚珠丝杠；2—活动横梁；3—电极杆；4—上传动小车；5—活动法兰；6—料棒；7—框架；8—炉室；9—拖锭筒；10—电极杆旋转结构；11—料棒进给传动结构；12—电子枪；13—真空管道接口；14—坩埚；15—铸锭

个传动系统安装在可移动的小车上，装料和出料时可将小车移开，使料杆离开料筒上方，方便操作，同时料杆通冷水冷却。料杆的上下运动和旋转运动的速度都可以通过调节电机的电压得以实现。

6.5.3.2 水平进料

单枪电子束炉是水平进料形式，两个水平进料筒放置在炉体的两侧，有两套完全相同的进料机构，图6-39是其中一套的示意图。

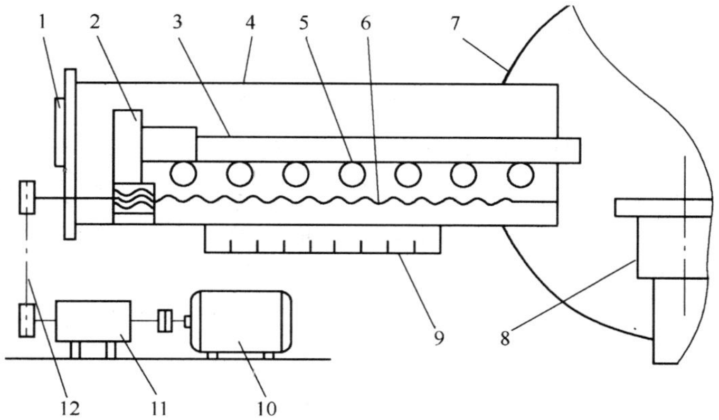

图6-39 水平进料机构

1—料筒门；2—活动料夹；3—料棒；4—料筒；5—滚道；6—传动丝杠；7—炉室；8—坩埚；9—标尺；10—电动机；11—减速机；12—链条

在料筒内装有一根传动丝杠，活动横梁上的螺母与丝杠配合，丝杠通过伺服电机和减速器使其旋转，使活动横梁带着料棒在辊道上做水平运动。运动速度根据需要调节。料筒端面设有门，装料时可将门打开。料筒外侧面设有标尺和指针，可以计算料棒的熔化长度，从而掌握进料速度和熔化速度。

6.5.3.3 两种进料方式的比较

进料方式是由设备结构决定的。垂直进料适合于双枪，水平进料适合于单枪。垂直进料在坩埚中不会形成阴影，水平进料在坩埚中有阴影，如图6-40所示，当料棒在进料过

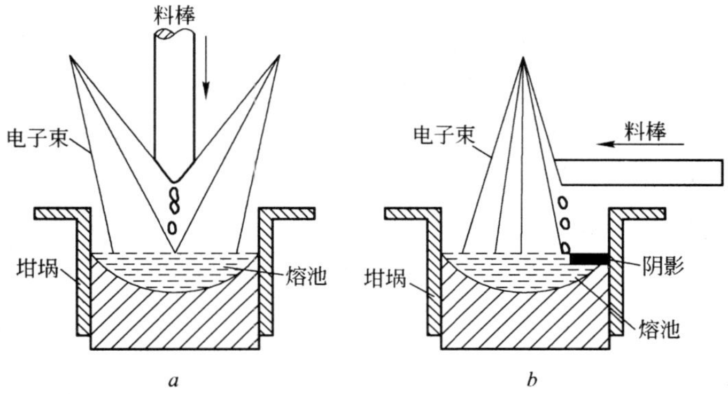

图6-40 阴影效应示意图

a—垂直进料；*b*—水平进料

程中处于坩埚上口位置时，电子束被料棒遮住，其正下方的熔池就不能直接接受到电子束的轰击能，即熔池中的该处是在电子束阴影区。这种阴影效应在单枪横向进料的炉子熔炼时尤其严重，由于该区温度降低；对于提纯、合金化及铸锭表面质量都造成不良影响。在拖锭机构中设置旋转装置，可以在较大的程度上克服阴影效应的后果。

6.5.4 坩埚及拖锭机构

6.5.4.1 坩埚

坩埚主要是熔炼和结晶铸锭的装置。一般坩埚的长度为铸锭直径的 1 ~ 1.5 倍。工业生产中坩埚的底由活动的拖锭头构成，并与拖锭杆连接在一起。

在熔炼时，坩埚接受被熔的金属液，在电子束的合金下，坩埚内保持一定深度的熔池，液态金属中的气体和杂质在这里进行一系列的化学反应，使金属达到精炼。坩埚在冷却水的强制冷却下，使坩埚中下面的金属凝固形成铸锭，棒料不断熔化流入到坩埚中，铸锭不断被拖锭机构引出坩埚，这样就形成了一个连续铸锭过程，坩埚起到了连续铸锭模具的作用。可以用比较短的坩埚生产出比较长的铸锭；使用不同规格大小的坩埚，可以得到不同直径的铸锭，以满足加工的需要。坩埚的结构基本相同，用紫铜制成，上下带有法兰，中间相当于圆筒。坩埚装置在外水套中，在坩埚与外水套之间装有内水套，形成两个间隙，如图 6-41 所示，冷却水从外水套下部引进，沿着坩埚与内水套的间隙上升，然后通过内水套上部的孔或间隙流到水管。内水套加工成螺旋线，当水沿着螺旋线上升时产生旋转水，这种冷却方式可以消除“死区”。所谓“死区”，就是局部的冷却水得不到流动，温度升高，甚至汽化，对冷却十分不利。

6.5.4.2 拖锭机构

拖锭机构的作用主要是将坩埚中的铸锭引出坩埚，使熔池表面到坩埚上表面保持一定距离。拖锭机构装配在可移动小车上，出炉时可移动小车便于取锭。

根据传动形式的不同，拖锭机构可分为单丝杠传动和双丝杠传动。图 6-41 是双丝杠传动的拖锭机构示意图。单丝杠传动的拖锭机构只能上下运动，不能旋转运动，因为它没有旋转系统装置，这是与双丝杠传动的最大差别。

拖锭杆旋转，可带动铸锭在坩埚内旋转，并向下移动，这种方式较不旋转式生产的铸锭表面质量好，成品率高。

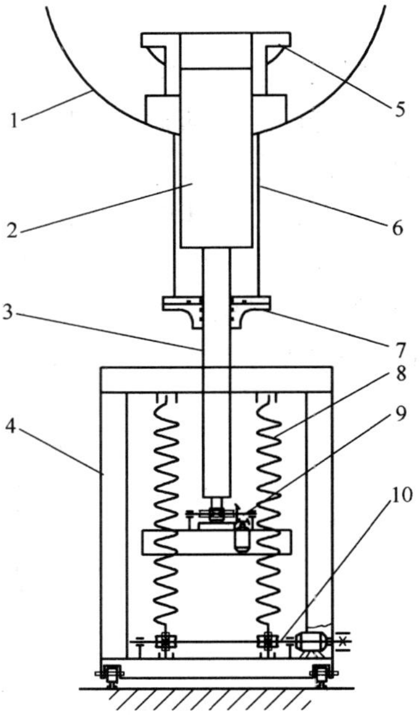

图 6-41 电子束炉拖锭机构

1—炉室；2—铸锭；3—拖锭杆；4—拖锭小车；5—坩埚；6—拖锭筒；7—活动法兰；8—滚珠丝杠；9—铸锭旋转结构；10—拖锭机构

6.5.5 真空系统

轴向电子束发生器的枪室是单独抽气系统。电子枪室的真空系度，一般是在 $5\times10^{-2}\sim5\times10^{-3}$ Pa 的压力范围内。当真空度低于 $3\times10^{-2}\sim4\times10^{-2}$ Pa

时，就会出现放电现象。单位时间内放电的次数随着压力的增高而增加。熔炼室内允许的工作真空度与电子枪的结构有关，也就是与电子枪的压力分级室的数量有关。如果仅有一个压力分级室，熔炼室的工作压力不应低于 1×10^{-1}Pa；如果有 2 ~ 3 个压力分级室，则熔炼室的工作压力达 1Pa 时，电子枪仍能正常工作。

熔炼室的工作真空度，主要取决于材料的放气量和熔炼速度。一般在 $2\times10^{-2}\sim5\times10^{-3}$Pa 压力范围，也可在 10^{-1}Pa 压力级，根据被熔炼材料的放气量和产品质量要求，按技术-经济统一的原则具体决定。

熔炼室真空系统，一般由油扩散泵、油扩散喷射泵（油增压泵）或罗茨泵和机械泵组成。以油扩散泵为主泵的名义抽速和电子束功率之比为 150 ~ 200L/(s · kW)。油扩散泵的名义抽气速率可用经验公式计算[1]：

$$S = (150 \sim 200)P \tag{6-30}$$

式中 S——油扩散泵的名义抽气速率，s^{-1}；

P——炉子额定功率，kW。

枪室之间管道的流阻设计应足够大。这样当炉室内气体压力低于 2×10^{-1}Pa 时，对枪室真空度的影响也不会太大。图 6-42 所示为 120kW 电子束熔炼炉的真空系统。图 6-43 所示为 200kW 电子束熔炼炉的真空系统。真空系统的设计计算在第 3 章已有详述，请参照，不再赘述。

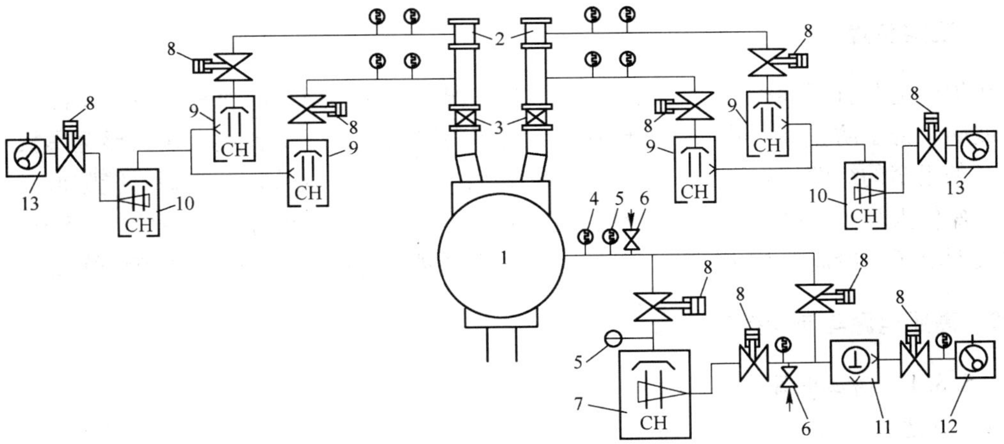

图 6-42 120kW 电子束炉真空系统示意图

1—炉室；2—电子枪；3—插板阀；4—热偶规管；5—电离管；6—充气阀；7—油扩散泵（主泵）；8—真空气动挡板阀；9—油扩散泵；10—油扩散喷射泵；11—罗茨泵；12—前级机械泵；13—前级机构泵

6.5.6 水冷却系统

各冷却部位通水冷却，并设有水压和流量继电器，但水压太低或流量不足时能自动切断高压。出水端装设报警用温度计，当水温过高时能发出报警信号。有的炉子为缩短抽真空的时间，还配备有热水装置，水温约 50℃。

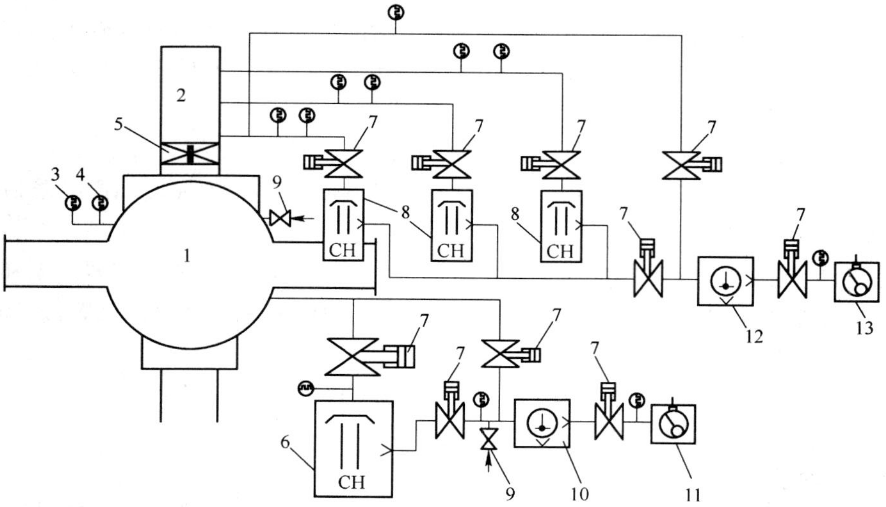

图 6-43 200kW 电子束炉真空系统示意图

1—炉室；2—电子枪；3—热偶规管；4—电离管；5—插板阀；6—油扩散泵（主泵）；7—真空气动挡板阀；8—油扩散泵；9—充气阀；10，12—罗茨泵；11—前级机械泵；13—机械泵

6.5.7 观察装置

在炉门上装置观察孔，用来观察调节聚焦情况、监控熔炼等。观察孔装有吸收 X 射线的铅玻璃。为了防止挥发物沾污玻璃片而设置了闪屏装置。闪屏装置是在圆形金属板上加工出一条很窄的缝隙，宽约 1mm，通过转轴，由电机驱动高速旋转，光通过缝隙形成一个光区，操作人员可清晰地观察到料棒、熔池的熔化状况，以便很好地控制熔炼。500kW 以上的大型电子束冷床炉均采用工业摄像机与工业电视通过观察孔远距离监控熔炼过程。

6.5.8 高压电源与自动控制系统

6.5.8.1 高压电源

A 概述

电子束熔炼炉的供电系统包括主电源回路系统与控制电源系统。供给电子枪阴极发射的高压直流电源；供给阴极加热的直流电源；供给灯丝加热的交流电源；真空系统的各泵、阀门、送料机构、拉锭机构等的供电回路，见图 6-15。

电子束电源系统的主回路高压部分主要由以下组成：主高压电源、副高压电源、灯丝电源 3 部分组成。图 6-44 为电子束熔炼炉的主供电系统图，也是 3 个电源的组成和 3 个电源的连接关系。

（1）主高压部分：由晶闸管交流相控装置、交流调压器、主高压变压器、高压三相整流器、平波电抗器、滤波电容器及保护、取样部分组成。晶闸管相控电路组成及截止保护，主高压调节范围 10～25kV，直流电流输出能力 7.0A，电压闭环控制，稳压精度 1%，取样电路接地系统由需方提供可靠的稳定接地点[6]。

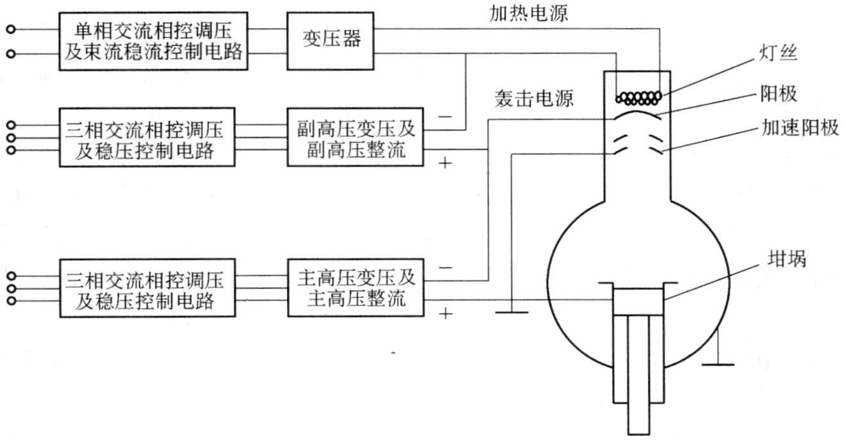

图 6-44 电子束炉的主供电方框图[2]

（2）副高压部分：由晶闸管交流相控装置、副高压隔离升压变压器、三相桥式整流电路、副高压平波电抗器组成。晶闸管交流相控装置按束流电流闭环设计，束流控制和调节由该部分实现。输出直流电压的调节范围 300 ~ 3000V，束流反馈由分流器提供[6]。

（3）灯丝部分：由晶闸管交流相控装置、隔离变压器、电流取样部分组成。交流相控装置按灯丝电流闭环设计，灯丝电流 2.4A，电压 25V，灯丝电流稳定度 1%，灯丝可脱离主高压、副高压单独设定[6]。

从图 6-44 可知三个电源的连接关系，阴极接负的高电位，阳极接地，聚束极通常与阴极同电位或更低，阴、阳极间形成加速电场。

灯丝加热电源对于间热式电子枪的炉子还有轰击电源即阴极加热电源、用作电子束加速电压的高压电源，以及电磁透镜（聚焦线圈）和偏转磁场的低压交流电源。

1）灯丝加热回路用于加热块状阴极的，灯丝一般由单相变压器供给交流电，通过装在变压器一次侧的电位器或饱和电抗器控制其输出功率，由于灯丝处于高压负电位，所以供电回路中需用高压隔离变压器。

2）阴极加热回路作为电子源的块状阴极是用被高压电场加速的电子束加热。高压直流电是由单相高压变压器经桥式整流器供给直流电，轰击阴极电源的输出电压一般为 1 ~ 3kV。其输出端的负极接到灯丝上，正极接到阴极上。输出端的电压调节是通过装在变压器一次侧的调压器或饱和电抗器进行的。

3）电子束加热回路（阳极回路），三相主电路由电抗器稳流，通过升压变压器升压，再由硅整流器整流成直流电压，采用负高压接法，输出端的负极接到阴极上，正极接到加速阳极上，这个电压 1 万 ~ 3.5 万伏。这样，阳极和坩埚等都可以接地了。为了保证电子束流稳定，主电路中通常都用磁饱和电抗器来稳压和稳流。

4）为了限制因放电而引起的电子束电流急剧增加，在阴极回路和阳极回路上，不仅采用饱和电抗器或轭流圈等限流环接，而且还有过流保护环接。电子束电流系统伴随着熔炼炉内的放电，可能在高压回路产生高频冲击波。因此当电子束电流剧烈增加和变化非常迅速时，饱和电抗器来不及反应，高频冲击波不能被吸收，在阻抗高的地方将会产生高压击穿现象。为吸收这部分高频电能，通常在电子枪和其他部位加装电容器和放电间隙。

5）在电磁透镜（聚焦线圈），偏转线圈的激磁回路中，聚焦激磁回路由单相变压器和单相全波整流器供电，用装在变压器一次侧的电位器调节激磁电流。

6）偏转线圈的激磁回路，在多枪系统中，可以采用与聚焦激磁回路一样的供电方式，如120kW电子束熔炼炉。在单枪系统中，通常是采用两个垂直相交的偏转磁场；其中一个是直流磁场，另一个是交流磁场，如200kW电子束熔炼炉。由单相变压器和全波整流器供给直流磁场，给电子束以恒定的偏转，而由单相变压器供给50Hz的交流磁场，使电子束摆动。两个磁场叠加的结果，使电子束产生圆形摆动，以均匀地加热熔池。通过装在变压器一侧的电位器，可以调节偏转和摆动的幅度。聚焦和偏转线圈的激磁回路要求电源电压稳定，其波动值不超过5%。

7）电子束功率的稳定。为了满足熔炼工艺，不仅要求电子束功率能够调节，而且还要求束功率稳定。束功率的波动与加速电压和束电流的波动的关系可用下式表示：
在温度限制状态下：

$$\frac{\Delta P}{P} = \frac{\Delta I}{I} + \frac{\Delta U}{U} \tag{6-31}$$

在空间电荷限制状态下：

$$\frac{\Delta P}{P} = 2.5\frac{\Delta U}{U} \tag{6-32}$$

式中　$\frac{\Delta P}{P}$——束功率的波动值,%；

$\frac{\Delta I}{I}$——束电流波动值,%；

$\frac{\Delta U}{U}$——加速电压波动值,%。

由式（6-32）可见，在空间电荷限制状态下，只要稳定加速电压就能稳定束功率，而在温度限制状态下，除了要稳定加速电压外，还要稳定束电流。在熔炼炉中，为了得到较稳定的发射特性和便于调节电子束功率，电子束往往工作在两种状态的“过渡区”，所以既要求加速电压稳定，又要求束电流稳定。为此对电源的不稳定度有一定的要求[5]。

8）几种电子束熔炼炉的主要技术特性列于表6-7。

表6-7　几种电子束熔炼炉的主要技术特性

炉子型号	60kW	120kW	200kW	500kW	1800kW	2400kW
电子枪结构形式	远聚焦	远聚焦	远聚焦	远聚焦	远聚焦	远聚焦
电子枪支数	2	2	1	2	3	4
阴极材料	钽	钽	钨	钨	钨	钨
单枪功率/kW	30	60	200	250	600	600
单枪加速电压/kV	20	25	27	35	40	45
单枪最大束流（直流）/A	1.5	2.4	7.5	7.5		
额定总输出功率/kW	60	120	200	500	1800	2400

续表 6-7

炉子型号		60kW	120kW	200kW	500kW	1800kW	2400kW
灯丝电源（交流）		10V，50A	6V，50A	10V			3kV
阴极电压/kV		1.25	5	2.1			3
电子枪室真空度/Pa		3×10^{-4}	3×10^{-4}	5×10^{-3}	$10^{-3}\sim10^{-2}$	$10^{-3}\sim10^{-2}$	10^{-5}
炉室真空度/Pa		$10^{-2}\sim3\times10^{-2}$	10^{-2}	2×10^{-2}	2×10^{-2}	$10^{-2}\sim10^{-1}$	10^{-2}
真空系统	枪室	350L/s 油扩散泵等	450L/s 油扩散泵等	500L/s 油扩散泵等	涡轮分子泵等	涡轮分子泵等	涡轮分子泵等
	炉室	13000L/s 油扩散泵等	27000L/s 油扩散泵等	30000L/s 油扩散泵等	50000L/s 油扩散泵等		油扩散泵等
进料方式		垂直料棒进给	垂直料棒进给	双侧横向进给	水平、垂直料棒进给	振动进给散状料	水平料棒进给+垂直散状料
铸锭直径/mm		30、55、70、84、90、110	55、70、75、92	60～230	300	660	ϕ736 方 270 偏 370×1340
铸锭长度/mm		490	1170	1500	1800	6500	5000
电源电压/V		380	3300	380			

9）对电源的要求。电子枪的灯丝电源一般为单相交流电源。由于灯丝处于高压负电位，所以供电回路中需用高压隔离变压器。

轰击电源的输出电压一般为直流 1～3kV，常用单相桥式整流，其整流变压器也要用高压隔离变压器。轰击电压的不稳定度不大于 1%。

用于电磁透镜和偏转器的低压直流电源，要求电压能平滑调节。其电流不稳定度一般应不大于 1%。

高压电源的输出电压一般为直流 10～35kV。对高压电压的主要要求如下：

（1）要求电压能自动稳定。一般要求当电网电压波动 ±10%，负载由半负载变动到满负载时，高压的不稳定度不大于 5%。

（2）输出电压能够调节。为避免在操作过程中产生硬 X 射线，不允许在阴阳极间突然加上额定加速电压。一般采用连续升压或逐级升压的方式。逐级升压时第一次所加电压不宜超过 70% 额定加速电压。

（3）当发生过电压或过电流时，高压能自动截止，并自动恢复，要求截止时间与电压上升速率可以控制。要适应熔炼炉频繁短路的运行状态，并具备人工脉冲强制锁定按钮[5]。

（4）正常运行时，主高压、副高压、灯丝、束流均为闭环稳定工作状态。当负载打火时，主高压、副高压均可自行软恢复，软恢复时间可调整[6]。

（5）系统要具有主高压、副高压、灯丝电压、电流、束流等各种电参数显示，并能由远控台进行操作[5]。

（6）以上三个部分的隔离变压器均按 30kV 耐压设计，试验电压要求 80kV/min[6]。

B 高压电源的形式

高压电源的整流方式，大多采用三相桥式。整流元件采用硅二极管，具有体积小、效率高、启动方便等优点，但过载能力差。整流元件也有用高压硅堆的。

高压电源的电压调节方式通常有两种：调压器和饱和电抗器-磁放大器调压。调压器调压方式：小型炉多数采用自耦调压器或感应调压器，大型炉可采用带有有载调压开关的变压器。调压范围和挡数按实际需要确定。一般要稳压装置，高压不稳定度不大于1% ~ 2%。这种调压方式需要限流电抗器，其电抗值根据短路限流倍数（$K=2\sim4$）确定。

饱和电抗器调节电压是通过改变饱和电抗器的激磁来实现。高压不稳定度一般不大于2% ~4%。

以上两种调压方式简单可靠，用得很广，但外特性较差、惯性较大。近年来，出现了一种可控硅调压方式，还出现了一种四极管限流电源。后一种电源的不稳定度可以小于1%，并且惯性很小，能在微秒级的时间内自动切断高压，而在毫秒级的时间内自动恢复到给定值。同时，由于整流变压器一次回路中没有限流电感元件，所以变压器的容量也可以相应减小[5]。

C　某些参数的确定

（1）整流变压器容量。考虑到电子束熔炼炉中经常放电，整流变压器常处于频繁的冲击过负荷状态，所以整流变压器的容量应有充分的余量，一般为束功率的1.25 ~ 1.5倍。

（2）整流元件。由于熔炼过程中经常放电而造成短路。硅二极管的过载能力较差，所以其电流和电压应有较大的储备系数。硅二极管的额定电流一般取回路计算值的5倍，反向峰值电压取回路计算值的3 ~5倍。

（3）限流电阻。限流电阻 R 是无感电阻，一般接在整流桥臂中，也可以接在高压直流侧，计算公式如下：

$$R_a = \frac{(0.005 \sim 0.02)U}{I_a} \tag{6-33}$$

式中　U——加速电压，V；

I_a——硅二极管工作电流，A。

R_a 的值大，保护效果好，但能量损耗也大。在电压损耗（和功率损耗）允许的条件下，可取较大值。

（4）均压电阻。当同规格（主要是反向峰值电压相同）的硅二极管串联使用时，需在每个硅二极管上并接均压电阻 R_P，其值可按下式计算：

$$R_P = \frac{(K-1)U_r}{i_{max} - i_{min}} \tag{6-34}$$

式中　K——均压系数，一般取1.06 ~1.1；

U_r——硅二极管的工作反向峰值电压，V；

i_{max}，i_{min}——分别为额定工作电压下硅二极管的最大和最小反向电流，A。

（5）均压电容。当整流元件串联使用时，考虑到分布电容等因素的影响，往往需要在整流元件两端并联均压电容（或者还并联均压电阻）来实现均压。多个硅二极管串联时，其均压电容值一般比它的结电容大100倍[5]。

以上计算结果应经过实测验证后再作适当调整。

D 高压电源的保护及安全

（1）过电流保护。一般在低压侧设有限流电抗器；在整流元件中串联限流电阻以限制短路电流。此外，设有过电流保护装置，常见的过电流保护装置一般是采用直流过电流继电器，直接控制高压电源开关或接触器，过流时能自动切断高压，并能在0.3～3s内自动恢复高压。过电流保护装置的整流值一般为额定值的1.2～4倍。

（2）过电压保护。一般在整流变压器的二次侧，或者两侧接或电阻-电容来吸收过电压。另外在高压直流侧装过电压保护装置（阀型避雷器或过压放电器）。过压保护的整定值约为1.25～1.5倍的额定加速电压值。过压保护装置动作时，可以快速切断高压。

（3）高压接触保护。高压电源设备应安装在一个单独的房间内，并设有“门开关”，开门时能自动切断电源。操作人员进入高压房时，需用接地棒将高压整流器等接地。高压电源要有专用接地线。接地电阻值不得大于4Ω。

（4）高压连锁。只有满足下列条件时高压才能接通：炉室压力小于1×10^{-1}Pa，枪室压力小于2×10^{-2}Pa；电子枪的阴极已加热；聚焦透镜和偏转器已通电；冷却水路水流量正常[5]。

6.5.8.2 自动控制系统

控制系统由上位机、大型触摸屏、PLC可编程控制器、A/D接口、通讯接口、变送器、编码器等组成，实现对以下各条的控制。

（1）真空系统的所有泵、阀在满足所需真空条件时开启、关闭的全自动及手动控制。

（2）拖动系统：送料、摆料、拖锭、转锭、料车、料筒、定位气缸等电机在熔炼、出料全过程的运行、定位、限位的全自动运行及手动控制。

（3）熔炼参数：主高压电压、电流；副高压电压、电流；灯丝电压电流、聚焦电流、偏转电流、扫描电流、炉室真空度、料位显示等参数均由变送器经A/D转换后送至PLC、上位机进行实时动态监控，工业电视观测熔炼全过程。操作台上有大型触摸屏可进行参数动态系统控制图显示、参数修改和手动操作。

（4）保护系统：水压、水流、水温、电子枪、炉室真空、高压系统的保护连锁、控制功能。

（5）送料、拉锭、摆料系统采用交流变频调速器控制。

（6）整个控制系统都具有手动、自动控制功能。

（7）熔炼窗观察系统由直接观察和电视观察两套组成，供熔炼操作使用。

6.6 基本工艺及参数

电子束熔炼的工艺参数包括有熔炼功率、熔化速度、熔炼真空度、料棒直径、坩埚直径等。

6.6.1 熔炼功率的确定

在电子束熔炼中，功率主要消耗如下：（1）使熔炼金属升温及熔化吸热；（2）使液态金属过热吸热；（3）金属杂质挥发吸热；（4）某些热损失等。同时还与生产某一规格铸锭所需熔炼功率、炉料的金属品种、料棒直径、坩埚比、熔化速度以及热损失等因素有关。热损失主要包括熔池的辐射热损失，水冷结晶壁的传导热损失，料棒的传导热损失和辐射热损失。

熔炼功率可按有关热工学公式计算，也可参照经验曲线确定。图6-45所示为小型电子束熔炼炉在一般熔化速度下，熔炼功率与结晶器（坩埚）直径或料棒直径的关系。从图6-45查熔炼功率时，对池熔来说，熔炼功率只与结晶器（坩埚）直径有关，例如，结晶器直径为70mm，池熔钽，由曲线可得熔炼功率为90kW。对滴熔来说，熔炼功率为结晶内池熔所需功率和熔化料棒所需功率之和。例如，结晶器直径为60mm，滴熔直径40mm的钼棒，由图6-46中虚线查得熔化料棒的功率为19kW，由实线查得池熔功率为50kW。所以实际熔炼功率为两者之和为69kW[5]。

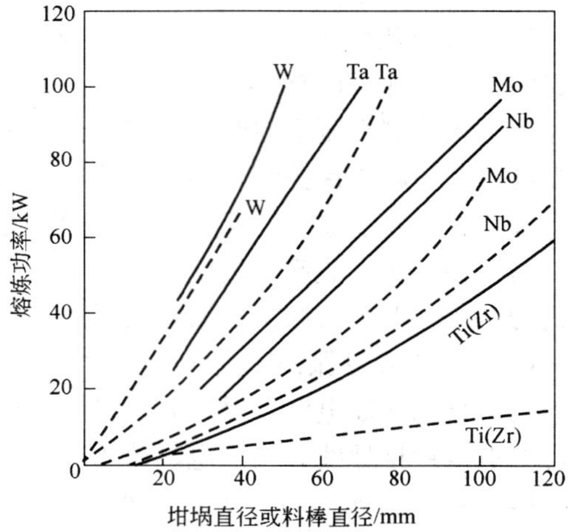

图6-45 熔炼功率与坩埚直径或料棒直径的关系
——池熔所需要的功率；------熔化料棒所需的功率

对于大型电子束熔炼炉在实际运用中，一般可查图6-47获取，如已知电子束功率为125kW，查所能熔炼的钨、钼、钽、铌锭直径从图右边电子束功率数值中找出125kW斜线，再分别从图顶边找出各金属熔点与该斜线的交点，沿水平方向往左找到与铸锭直径值的交点，它们分别是钨锭51mm，钼锭85mm，钽锭66mm，铌锭95mm[1]。如已知铸锭直径，查不同材料所需的熔炼功率，则可用相反的程序从图中找出。

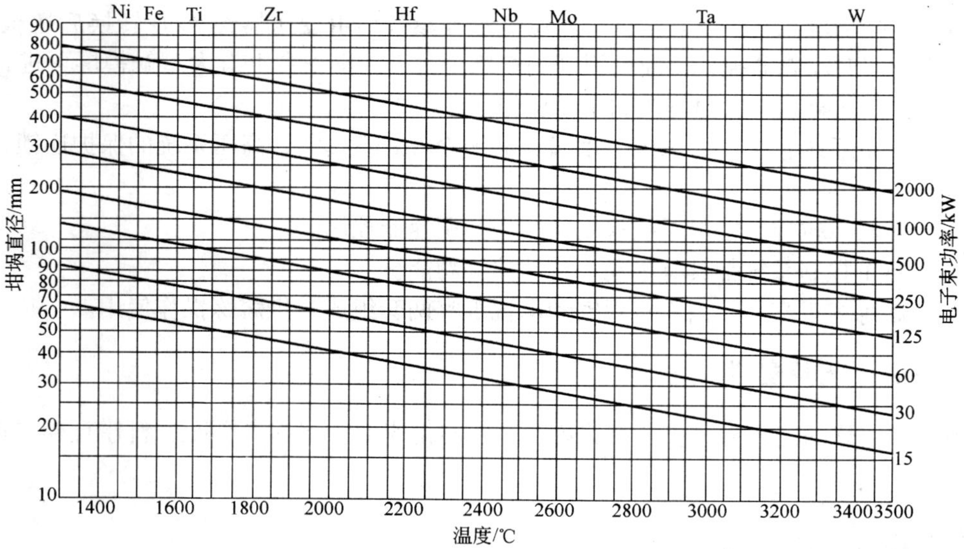

图6-46 电子束熔炼功率与金属熔点和铸锭直径的关系[1]

实践证明：实际使用的熔炼功率还与熔化速度、铸锭质量要求等技术经济指标有关：如用60kW熔炼直径110mm铪锭、200kW熔炼直径80mm钨锭等都能保证质量，取得较好的经济效果。

6.6.2 比电能

熔炼单位重量材料所需的电子束功率（kW·h/kg）叫做比电能。它与熔炼功率，熔化速度的关系可用下式表示：

$$q = P/v \tag{6-35}$$

式中 q——比电能，kW·h/kg；

P——熔炼功率，kW；

v——熔化速度，kg/h。

一些金属材料电子束熔炼的比电能经验值列于表6-8。我们可以从中选择合适的比电能来计算熔速[1]。

表6-8 一些金属材料电子束熔炼的比电能范围

金属	W	Mo	Ta	Nb	Ti	Zr	Hf	Cu	Ni	Fe
比电能/度·kg^{-1}	12~32	3~10	6~15	6~14	2~3	2~4	3~10	1~2	1~2	1.2~2

6.6.3 熔化速度

熔化速度主要取决于熔炼功率、金属的熔点及提纯程度要求，由进料速度控制。为了得到均匀电熔炼速度，我们通常是用进料速度来做保证，在熔炼功率一定的情况下，进料速度小，则较多的功率施加到金属物料及熔池，可增加熔池的深度和液态金属保持时间，进料速度是一致的，都与比电能消耗成反比。在功率和比电能为已知时，进料速度由下式计算：

$$v_s = \frac{P \times 1000}{qF\rho \times 60} = 16.6\frac{P}{qF\rho} \tag{6-36}$$

式中 v_s——进料速度，cm/min；

P——熔炼功率，kW；

q——比电能，kW·h/kg；

F——料棒横断面积，cm^2；

ρ——料棒密度，g/cm^3。

若已知熔速，其进料速度则可由下式确定：

$$v_s = 16.6\frac{v}{F\rho} \tag{6-37}$$

式中 v——熔化速度，kg/h。

熔炼功率 P，比电能 q 和熔化速度 v 为电子束熔炼三要素，决定了铸锭的冶金质量、提纯效果和收得率。一般先从图6-46找出已知材料，铸锭规格所需的熔炼功率，根据原材料状态和铸锭质量要求在表6-8所指出的范围内确定比电能，所需控制的熔化速度即可确定。

在电子束熔炼时，也和自耗熔炼类似：在熔炼初期、中期和末期的功率应有所变化，以适应铸锭质量和补缩的需要。图 6-47 为电子束熔炼 Nb-10W-2. 5Zr 合金的功率与时间的关系实例[1]。

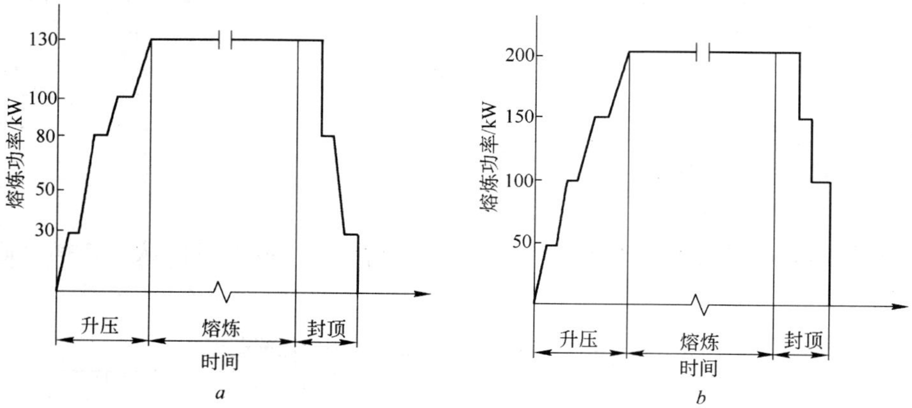

图 6-47　Nb-10W-2. 5Zr 合金电子束熔炼功率与时间关系[2]

a—ϕ80mm 锭一次熔炼；*b*—ϕ130mm 锭二次熔炼

6. 6. 4　熔炼真空度

真空度是保证设备正常工作和提纯效果的重要参数之一。电子束熔炼是在高真空高温条件下进行的，故对真空度有一定的要求。首先，真空度应满足电子枪能正常工作。电子束熔炼一般在 $5\times10^{-2}\sim10^{-3}$Pa 压力范围进行，以满足金属提纯反应所需要的基本压力条件，并充分发挥其优异的冶金提纯能力。其次，在电子束熔炼中，根据设备真空系统配备情况的不同，熔炼次数的不同，工艺所要求的真空度也不同。如一次熔炼采用的原料多气体杂质较高，在熔炼中，这些气体杂质的大量析出，会使真空度下降较多，但为保证电子枪的正常工作和熔炼金属的提纯，对熔炼时的真空度不得低于最低值。再次，对于远聚焦式电子束熔炼炉，在熔炼钛及残料时可以在 10^{-1}Pa 压力级进行。最后，对枪室、炉室的漏气率一般要求小于 6.65×10^{-1}Pa。见表 3-5 所要求的允许漏气率。

6. 6. 5　熔炼次数

在电子束熔炼难熔金属时，往往要求进行两次或三次熔炼，其目的在于第一次熔炼期间采用低的熔炼速度使被熔金属达到最大的杂质去除效果，以基本上达到所要求的金属纯度。在第二次熔炼期间则采用较高的熔炼速度，使金属再次得到提纯，达到铸锭化学成分要求，同时也提高铸锭的表面质量，使金属成品率提高。在一般情况下无需采用第三次熔炼。因为通过前两次熔炼后，已经将各种杂质有效地去除，如果再进行第三次或更多次熔炼，对杂质的去除效果与前两次熔炼效果相同，而且熔炼次数越多，铸锭的收得率越低。所以，难熔金属的电子束熔炼，一般都是两次熔炼出成品。如果是采用烧结条和颗粒等散状原料时，一次熔炼分配的比电能过大，会导致喷溅严重而增大损失。一般只经一次熔炼铸锭的表面缺陷也较严重。两次熔炼可合理地减少喷溅损失，提高铸锭表面质量，改善合金成分分布均匀度。此外，也可以与自耗熔炼互相配合完成一次熔炼或重熔出成品。

6.6.6 拉锭工艺

电子束熔炼大多数采用拉锭熔炼。拉锭速度应与熔化速度相适应，使正熔池液面基本恒定。不良的拉锭操作往往导致铸锭产生横裂纹、细径、生料夹杂等缺陷。

6.7 EB 法熔炼铸锭质量

6.7.1 铸锭组织

EB 法熔炼的熔池温度高，过热度大，维持液态的时间也比自耗熔炼时间要长，因此凝固时的柱状晶特别发达，晶粒度极粗。特别纯钨、纯钼几乎基本上由粗长的柱状晶组成，对压力加工开坯很不利，一般都只能通过挤压开坯。

柱状晶的生长还与熔炼工艺有关；当电子束集中，比电能过大时，熔池较深，柱状晶的轴线与坩埚壁的交角趋向垂直，在相反的条件下，即熔池很浅时则柱状晶轴线趋向与坩埚壁平行，后者的组织对压力加工开坯较合理。

6.7.2 铸锭化学成分

在电子束熔炼中，金属原料经过几次熔炼，其杂质成分都得到有效的去除，铸锭中的杂质含量已大大减少，但仍有微量的杂质存在于铸锭之中。对于这些微量杂质元素在铸锭的化学成分标准中，都详细地规定了它们的允许范围，因为这些杂质元素中的某个元素超限，都可能影响产品的力学性能和其他性能，特别是气体杂质 O、C、N、H 元素的影响最大。

另外，在我们选择原料时，应选择那些杂质含量较低的原料，特别是对个别高熔点杂质元素，如，Nb 中的 Mo、W；Ta 中的 W、Mo、Nb 等要严格在原料中就加以控制，因为这些元素在熔炼中都无法去除，最终会遗留在铸锭中，使产品化学成分不合标准而造成报废。

6.7.3 合金成分的控制

合金成分控制困难是电子束熔炼制取合金锭的主要障碍。熔炼中，熔池温度高，液态金属保持的时间长，一般合金组元的挥发损失率都较大。在同样配料成分的条件下，由于在熔炼温度下的蒸汽压力、维持液态时间的不同而有较大的波动[1]。合金元素由于蒸气压的不同，挥发速度也相差极大。因此，合金元素的含量及成分均匀性都不如真空自耗电弧炉那样容易控制。

要得到良好的合金铸锭，熔炼合金时，保证合金成分合格而分布均匀的主要措施是：一方面要根据合金各组元在熔炼温度下挥发损失率的不同确定合理的配料成分，然后在熔炼中要严格控制均一的熔炼工艺参数。另一方面在考虑配料成分时应根据技术、经济统一的原则适当地选取比电能值，如在 Nb-10W-2.5Zr 合金配料时，用低锆配料比能满足合金杂质含量要求时，就不必选取高锆配料比，以减少金属损失和节省电力[1]。在熔炼中严格控制熔炼功率和熔炼速度，并使进料速度均匀等，才有可能获得合金元素分布均匀、合金含量达到要求的良好铸锭。

6.7.4 EB 法熔炼铸锭缺陷及防止措施

电子束熔炼的铸锭表面质量，与熔化速度、熔化功率、拉锭方式及速度有关，特别是与电子束的能量在坩埚熔池中合理分配有关。EB 法熔炼铸锭常见缺陷及防止措施列于表 6-9[1]中。

表 6-9 EB 法熔炼铸锭常见缺陷及防止措施

缺陷名称	现 象	产生原因	防止措施
表面横裂纹	一般宽 1 ~2mm，深 1 ~3mm，严重者甚至断裂	（1）拉锭速度过快或一次拉锭距离太长； （2）熔池温度分布不均； （3）坩埚表面不光滑	（1）采用勤拉和顶拉的拉锭操作方式； （2）调整电子束聚焦和扫描，均热熔池； （3）注意清理坩埚表面
生料夹杂	未熔化的料棒成块地嵌在锭中	（1）料棒捆扎、焊接不牢； （2）进料速度过快； （3）功率过小	（1）提高料棒质量； （2）控制进料速度； （3）合理提高功率
表面缺陷严重	缺陷锭表面有规律性的凸凹，呈螺线状，或一侧有冷隔、气孔	（1）功率小，熔池不到边； （2）拉锭速度不均； （3）阴影效应	（1）适当提高功率； （2）加强拉锭操作； （3）旋转拉锭
顶部缩孔	顶部以下存在缩孔、疏松	熔池凝固时的体积收缩	在熔炼完毕前逐渐降功率补缩

6.8 EB 法熔炼时炉内的反应

EB 法熔炼在高真空下进行，熔炼时的过热温度大，维持液态的时间长，为材料的精炼提供了优越的条件，使所有提纯反应得以充分有效地进行。

电子束熔炼时炉内的基本反应如下：

（1）脱气：对于大多数金属及合金中的氢脱除较完全，甚至在进入液态前即已基本完成。对熔解在金属中的氮的脱除也很有效。

（2）分解：金属在的氢化物和大部分氮化物在电子束熔炼中被分解脱除。如钽经电子束熔炼后的氮含量可低于 0.001%，锆经电子束熔炼后的氮含量可低于 0.0022%。但铪中氮的脱除受到一定的限制，表现为经多次熔炼后氮含量反而有上升的趋势。

（3）脱氧：一般通过 C—O 反应和低价氧化物挥发等途径脱除。但 Ti、Zr、Hf 不能通过 C—O 反应脱氧，Ti 不能通过低价氧化物脱氧，钨、钼、钽、铌通过碳脱氧的效果很明显。但具体对铌，以 NbO 形式脱氧的速度比以 CO 形式脱氧的速度约快 4 倍，因此铌原料中氧含量与碳含量之比值对熔炼后的脱氧程度有很大的影响。

（4）金属杂质的挥发：在电子束熔炼温度下，比基体金属蒸气压高的金属杂质，都能不同程度地通过挥发去除。挥发对于提纯是极有利的，但对于合金熔炼，则使配料比和合金成分的控制复杂化。另外，也伴随有相当数量基体金属的损失。

（5）非金属不熔杂质的上浮：由下而上的顺序凝固铸锭方式，有利于非金属不熔杂质上浮而富集在铸锭顶部，在切头时去除。但是电子束熔炼不能像真空感应炉熔炼那样有一个整体熔池，使整个锭内的合金组元和杂质充分反应和均匀化。在某种意义上讲电子束熔炼只能在料棒的基础上进一步提纯，而对整个铸锭内合金成分和杂质含量的均匀化是有限的[1]。

6.9 电子束冷床炉熔炼技术概况

6.9.1 2400kW 电子束冷床炉

该炉是德国 ALD 公司设计制造的，如图 6-1 和图 6-2 所示，主要性能参数见表 6-10。装有 4 支独立式的双泵电子枪，每支额定功率为 600kW。设有先进的水平和垂直两种进料系统，具有“皮尔格步骤”功能的先进拖锭系统。皮尔斯型电子枪 4 支，每支功率为 600kW，总功率 2400kW。适用于纯钛和典型钛合金锭，如 Ti-6Al-4V 的熔炼。该电子束冷床炉可熔炼钛及钛合金圆锭、偏锭、方锭。化学成分均匀，结晶组织良好，无气孔、缩孔、裂纹，无夹杂，成材率高。

表 6-10 2400kW EBCHM 炉主要性能参数

总功率/kW	2400
电子枪	600kW × 4，45kV
灯丝电压/kV	3
熔炼真空度/Pa	$10^{-1} \sim 10^{-2}$
原料投入速度/$kg \cdot h^{-1}$	0 ~ 800
拉锭速度/$mm \cdot min^{-1}$	0 ~ 50
锭 坯 规 格	ϕ736mm × (0 ~ 5000) mm 最大锭重 10t
	方 270mm × 1085mm × (0 ~ 5000) mm 最大锭重 6.5t
	方 370mm × 1340mm × (0 ~ 5000) mm 最大锭重 11t

6.9.1.1 2400kW 电子束冷床炉熔炼原理及特点

随着现代科学技术的发展，人们对材料的要求愈来愈高，传统的 VAR 法熔炼工艺过程异常引起的钛及钛合金铸锭的冶金夹杂缺陷，一直影响着钛合金在航空、航天领域的应用，VAR 法已经不能满足某些“超合金”如飞机发动机部件用合金的要求。近年来，人们开发研制出了冷床炉先进熔炼技术，如电子束冷炉床熔炼炉（简称 EBCHM 法）。它是由普通电子束炉（简称 EB 法）加一个水冷铜炉床（简称 EBCHM 法）组成的。电子束冷床熔炼原理见图 6-3 示意图。熔炼过程是原料被电子束加热熔化，在水冷铜床（简称冷床）右端上方流入冷床，然后在冷床中对钛进行精炼，从冷床左侧流出，进入结晶器，凝固成铸锭，经拉锭机构拖入铸锭室冷却。整个系统的热量由 4 支电子枪提供：两支枪熔化原料并维持冷床内液态金属的温度；1 支枪进行精炼并保证冷床内熔液的过热度；1 支枪维持结晶器内液态熔池表面温度的过热度，避免局部凝固引起铸锭表面质量下降。因此，除了具有普通电子束炉可熔炼提纯高熔点合金的优点外，电子束冷炉床熔炼炉的最大的特点是将熔化、通过将原料熔化、精炼和铸锭凝固过程分离，即熔化后进入冷床的精炼区进行精炼，最后流入结晶内凝固成锭。

物料可以接收多种加料方式进入水冷铜炉床上方，被高密度电子束轰击熔入床形成熔池。可根据物料纯度和成分要求选择液态金属在熔池的停留时间，在有效提纯的同时，可使熔池内高密度杂质沉入熔池底部，由于冷炉床床壁能形成凝壳，它的“黏滞区”能够捕捉如 WC、Mo、Ta 等高密度夹杂物（HDI）。同时，在精炼区，低密度夹杂（LDI）颗粒在高温液体中滞留时间延长，可以确保 LDI 的完全溶解，从而有效地清除夹杂缺陷。也就是说，冷床熔炼的提纯机理可分为比重分离和溶解分离两种[6]。捕捉高密度夹杂，低密度杂质浮在熔池表面，在高温液体中滞留时间延长，可以确保低密度杂质溶解或被电子挡渣板挡住，有效地防止了高、低两种密度杂质流入结晶器内，从而清除了夹杂缺陷，达到常规熔炼方法难以达到的提纯效果，提高了钛合金铸锭质量。EBCHM 熔炼提纯机理见图 6-48[7]。

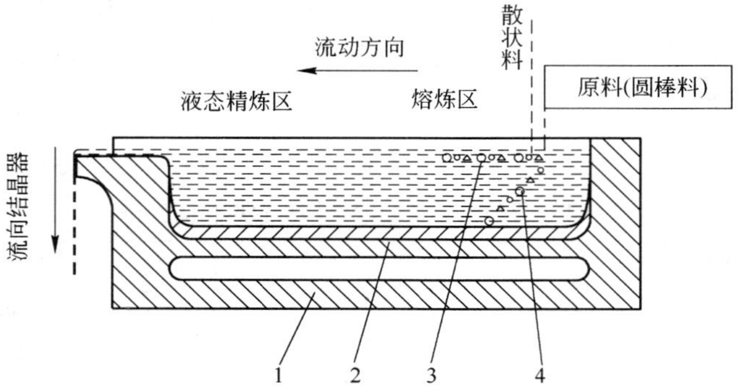

图 6-48 EBCHM 熔炼提纯机理示意图

1—水冷铜床；2—固态钛渣壳；3—氮钛粒子熔解流入熔池；4—在液态熔流中粒子沉到固体面被捕获

EBCHM 法具有传统熔炼法不具备的优异功能，如下。

（1）有效地去除钽、钼、钨、碳化钨等高密度夹杂（HDI）和氮化钛、氧化钛等低密度夹杂（LDI），提高钛合金部件的疲劳性能。

（2）可以采用多种形式的原料，无需压制和焊接电极，减少了工序；原料可以是海绵钛或回收的钛及钛合金屑状料，钛残料添加比例可达 100%，实现资源的循环利用，即可以使用其他熔炼法无法回收的废料，仍能制得纯净的钛锭。一次熔炼就可以得到化学成分和铸锭宏观、微观组织合格的铸锭，大幅度降低生产成本。

（3）装有粒状料加料系统，可随时调整合金成分。

（4）可直接由金属液中取样分析化验。

（5）可生产异型锭坯，如圆锭、扁锭、方锭、空心锭减少生产工序，降低原料消耗，提高成品率。

EBCHM 法还存在以下缺点：

（1）熔炼需要在高真空条件下进行，因此不能使用含卤化物、氯化物较高的海绵钛直接熔炼[6]。

（2）在高真空的冷床炉熔炼中必然出现 Al、Cr 等高蒸气压元素的蒸发损失，难以控制合金元素化学成分[6]。探索合金元素挥发的动力学规律，建立合金成分挥发过程的数学模型，合理控制元素挥发并进行合金补偿，确保既定的化学成分要求，是一个亟待研究的课题。

不同熔炼方法的比较。作为钛熔炼用 EBCHM 法，有与过去的真空自耗炉熔炼和其他熔炼法不具备的优异功能。熔铸钛锭质量对其后续的热冷加材的组织和性能起着决定性的影响，可简化下道锻造工序。钛及钛合金铸锭质量优劣主要从以下几个方面衡量：

（1）铸锭的不同部位化学成分是否均匀一致；

（2）主要杂质（Fe、O 等）是否控制在适当的范围；

（3）铸锭内部有无杂质、偏析、气孔、裂纹、缩孔和疏松等缺陷；

（4）铸锭表面是否光滑、无冷隔、头部缩孔切除量大小。

表 6-11 对比列出了 EBCHM 法和 VAR 法两种方法所具有的特征和具体特点[7]。

表 6-11 EBCHM 法和 VAR 法两种熔炼方法的比较

项目名称	EBCHM	VAR	项目名称	EBCHM	VAR
原料状态	散状料、棒料均可	需制备自耗电极	表　面	良好	一般
铸锭规格	大、中、小	大、中、小	熔炼速率/$kg \cdot h^{-1}$	500～1800	800～2000
铸锭端面形状	圆、异型	仅限于圆形	回炉料使用	较大	有限
脱气效果	最优	有限	比电能消耗	较大	小
去除 HDL、LDI	最优	有限	操作	难	易
真空度/Pa	$0.133 \sim 10^{-3}$	0.013～6.65	设备投资	最高	低
化学成分的控制	成分烧损难控制	易控制、良好	应用范围	铸锭	铸锭
相对密度/%	100	100	综合评价	良	优

从经济的观点出发，VAR 法作为主要生产方法将继续为航空领域和非航空领域提供高质量钛材，仍将是钛及钛合金熔炼的理想方法，但还需解决电极制备和铸锭清洁问题。EBCHM 法以其特有的优势可为航空、航天等领域提供质量要求更高的钛和钛合金铸锭，使熔炼装备水平和工艺技术水平实现了重大跨越，在不久的将来必将会成为标准熔炼工艺的一个重要组成部分。因此电子束冷床熔炼技术是代替传统电弧熔炼的先进工艺技术。冷床炉熔炼技术将推动我国高端钛产品的开发，并提升我国钛工业的基础技术水平。该技术迅速发展，已经出现可熔炼 24t 的大型冷床炉。

6.9.1.2 2400kW 电子束冷床炉的结构特点

该炉由炉体、电源系统、电子枪系统、真空系统、熔炼水冷床系统、结晶器系统、拉锭系统、水平进料系统、垂直添加料系统、上料机构系统、冷却系统、电气控制系统、气动系统、观察系统、储料仓等组成。

A 电子枪

皮尔斯型电子枪结构见图 6-52，它的工作原理见轴向枪。该电子发生器使用一种特殊的磁射束偏转系统。电子枪的工作电压最大为 45kV，灯丝电压为 3kV。除具有轴向枪特性外，还具有以下特点：

（1）两个方向上（x、y）独立射束偏转；

（2）在 x、y 方向上的最大偏转角 ±45°；

（3）最大 1250Hz 偏转率；

（4）射束点尺寸小于 ϕ20mm 和 ϕ1000mm 射束长度；

（5）可获得均匀能量分布，最小射束点过热。

共装置4支电子枪，其中两支用于熔炼区的熔炼，1支用于精炼区的熔炼，1支用于结晶区内维持熔池的温度以及铸锭的后期补缩。

B　真空系统

该设备真空系统比较繁多，如图6-49所示。共配备8套真空系统：电子枪是以涡轮分子真空泵作主泵串联旋片真空泵组成真空系统。共有4支枪，在每支电子枪上、下部位各装置一组真空系统；熔炼室是以油扩散泵为主泵＋中间罗茨泵再串联前级机械泵组成的真空系统；加料仓是以油扩散喷射泵为主泵＋中间罗茨泵再串联前级机械泵组成的真空系统；铸锭拉锭室是以罗茨泵串联机械泵组成的真空系统；水平进料桶和加料漏斗是以罗茨泵串联机械泵组成的真空系统。在熔炼过程中，电子枪室的真空度保持在$10^{-3}\sim10^{-5}$Pa，熔炼室内的真空度保持在$10^{-1}\sim10^{-2}$Pa。

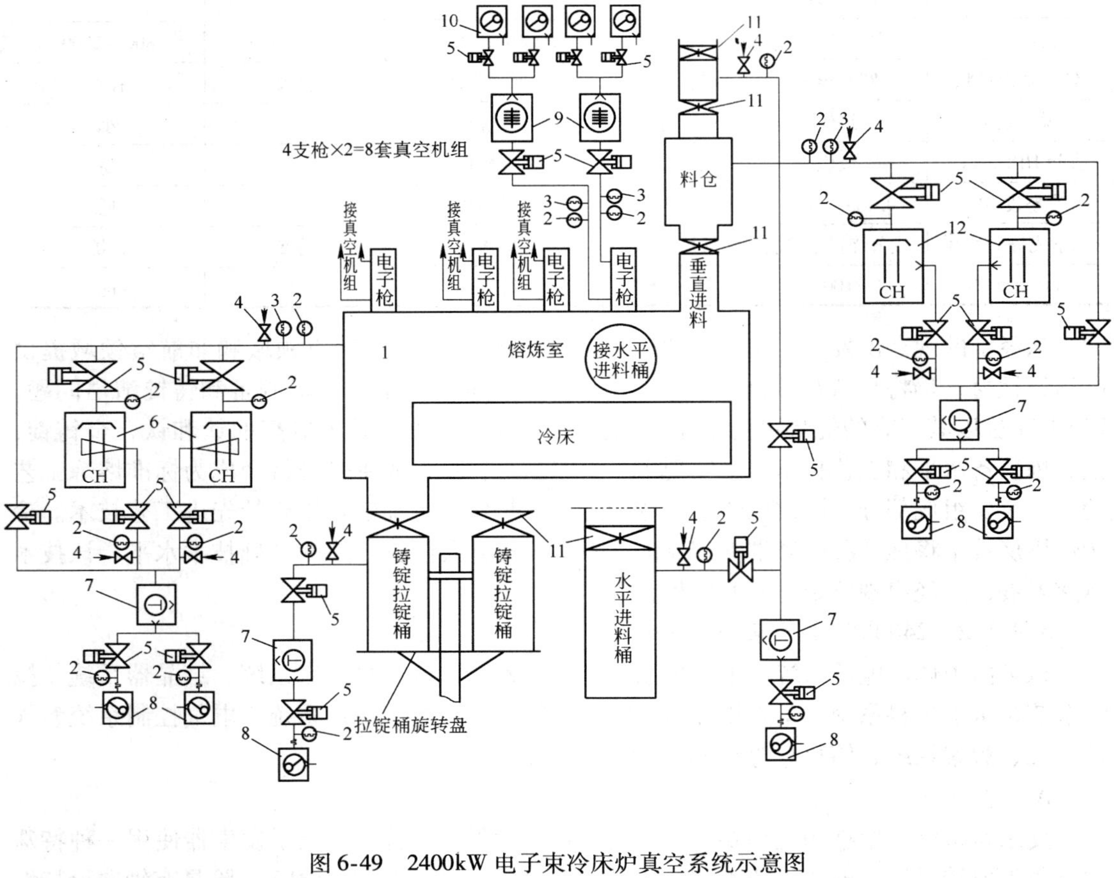

图6-49　2400kW电子束冷床炉真空系统示意图

1—熔炼室；2—热偶管；3—电离规管；4—充气阀；5—气动挡板阀；6—油扩散泵；7—罗茨泵；8—滑阀机械泵；9—涡轮分子泵；10—旋片机械泵；11—插板阀；12—油喷射扩散泵

C　原料

电子束冷床炉熔炼纯钛用原料是海绵钛及返回料（如铸锭切屑、板边角料、废钛管等）。目前水平进料系统使用的返回料比例为50%～90%，只用少部分海绵钛来达到调整铸锭成分的作用，进料系统运转顺畅，可实现连续生产铸锭；垂直进料系统使用的返回料比例为50% ~90%。

D 进料系统装置

进料系统装置有水平进料系统和垂直进料系统两种。水平进料系统是由料桶体与推进装置、插板阀等组成，可用于放置大型棒料（电极）。原料可通过推进装置供给炉料连续不断熔化，推进速度可以根据需要进行控制。水平进料系统分为装料室和进料室，两者中间用插板阀隔开，装料时不影响熔炼室的真空度；垂直进料系统由料仓、电子秤、斗式定量秤、混料器、桶式进料器、装料系统和预热部分组成。用于散状料：即海绵钛、切屑料、中间合金分别装入不同的料仓内，根据工艺要求由电子秤进行称重，倒入混料器内进行混料，然后通过桶式进料器装料系统进入预热真空室，预热真空室具有预热和除气功能，使炉料在熔化前预热到400 ~500℃，去除吸附在物料表面的气体[6]。原料通过振动加料器加入炉床内。料仓上部装置插板阀，可实现给冷床加料时不会影响到熔炼室的真空度，可间接或连续不断的加料熔化。料仓下部装置插板阀与熔炼室隔开，给料仓加料时不会影响到熔炼室的真空度。

E 冷床熔炼与凝固铸锭系统

该系统由冷床、结晶器、电子枪组成，并分为熔炼区和精炼区、结晶区3部分。冷床与结晶器同排列在一条直线上，为了防止熔化时飞溅，用一挡板放置在熔炼区和精炼区之间。

由水平进料系统或垂直进料系统投入到冷床内的原料，由两支枪将电子束打到被熔化的原料上，电子束按预先设定的扫描图形进行自动扫描，使原料熔化并维持熔炼区的熔体温度，必要时可以采用手动调整电子束扫描图形，实现熔炼顺畅。待原料熔化后滴入冷床内即熔炼区流向精炼区，并维持冷床内液态金属温度；再由一支枪进行精炼并保证冷床内熔液的过热度，使熔液能顺利流动，精炼（熔液充满冷床）后的钛金属熔液溢出冷床流到设有托锭结构的结晶器内；1支枪维持结晶器内液态熔池表面温度并均温、过热，在结晶器内顺序凝固成铸锭。

为了得到良好的铸锭表面和有效控制铸锭化学成分，维持结晶器内液态熔池表面温度的电子枪，按照设定功率及特定扫描图形花样自动扫描，来调节结晶区热量分布，以控制结晶器金属液面温度，从而控制金属结晶过程，以获得成分均匀、表面质量好的铸锭。

原料的熔化速率受给料速度、熔化功率、原料种类、熔化真空度、拉锭速度等因素的影响，目前熔化速度约为800kg/h，今后通过工艺改进熔炼速度有望达到并超过1000kg/h[8]。

F 熔炼铸锭拉锭装置

冷床炉拉锭机构，如图6-50所示，它是由旋转立柱、托盘、两个可旋转交替使用的拉锭桶（双工位）及各自的伺服电机、减速器、滚珠丝杠、拉锭杆、真空系统、冷却水系统等组成。主要作用是将金属钛液在水冷结晶器内顺序凝固成的铸锭，连续拉入铸锭室中继续冷却，并使熔池表面距结晶器顶部保持一定距离，使熔炼不断进行，直到结束。拉锭杆只能上下运动，不能旋转，当第一个拉锭桶在熔炼结束后，铸锭连续冷却时，关闭阀门，旋转立柱将拉锭桶整体旋转一个位置，待冷却后出炉。而另一个拉锭桶正好转到结晶器下部位置并与其对接，可进行下一炉次抽空熔炼，其主要目的是充分利用设备，提高生产率。

金属钛液在水冷结晶器内顺序凝固成铸锭的下拉速度，按皮尔格步骤0 ~50mm/min下拉，最大速度为700mm/min[8]。实际生产中可根据熔炼功率、速度等参数控制拉锭速

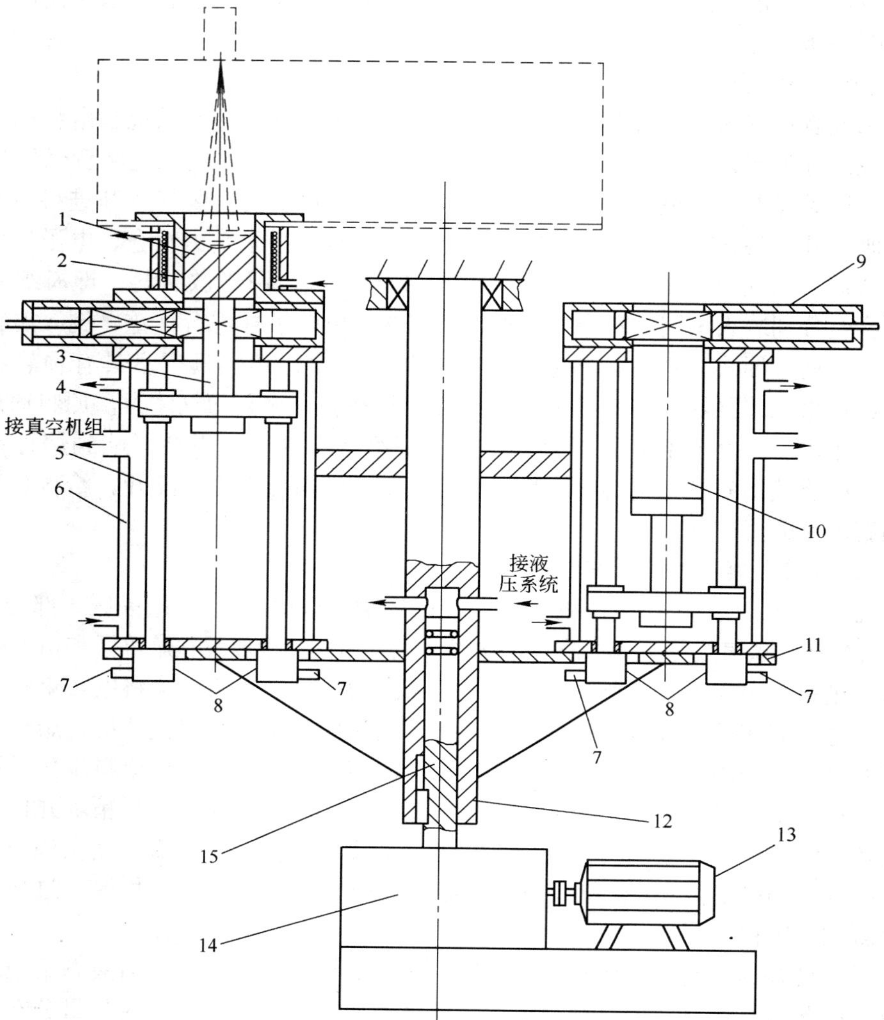

图 6-50 2400kW 电子束冷床炉拖锭机构

1—正在熔炼中的铸锭；2—坩埚；3—拉锭桶；4—滚珠丝杠；5—拉锭杆；6—活动横梁；7—伺服电机；8—涡轮减速器；9—闭锁阀；10—冷却中的铸锭；11—拉锭桶托盘；12—旋转立柱；13—电动机；14—减速机；15—液压活塞

度。铸锭长度 5000mm，铸锭重量 11t。

G 冷床熔炼钛及钛合金铸锭工艺控制

该设备工艺控制采用先进 ESCOSYS 软件控制系统进行功率分布，根据熔池表面温度状况进行功率调整，并结合使用测量表面温度分布的热成像系统，使熔池温度达到理想状态，各工艺参数达到合理匹配。在熔化阶段输入的电子束能量集中在待熔化的原料、冷床、熔池及铸锭的外部，以补偿由于冷床及结晶器造成的能量损失；在补缩阶段从铸锭外部到中心建立一定梯度的递减温度场，使铸锭的缩孔位置抬高甚至无缩孔[8]。

H 挥发损失

据有关资料介绍，电子束冷床炉熔炼钛金属一般情况下损耗为 2% ~5%，与真空自耗电弧炉相比金属挥发量明显偏高。影响挥发损失的主要因素包括使用的原料种类、熔炼真空度、熔化功率、扫描花样及延迟时间、熔化速率等。目前宝钛集团经过大量试验及工艺优化，通过提高使用返回料比例、恒压熔炼、优化熔化功率和熔化速度的匹配关系来有效控制冷床钛金属熔液的过热度等措施，不但提高料生产效率，而且有效地降低了金属损失，金属损失可控制在3%以内[8]。

6.9.2 1800kW 电子束冷床炉

6.9.2.1 炉子概况

该 EBCHM 炉是德国制造的，如图 6-51 所示，日矿公司购进，用于超合金和钽、铌、钨等高熔点金属的二次熔炼，现经改造，用于钛及钛合金铸锭的生产，改造后的炉子基本性能参数见表 6-12。

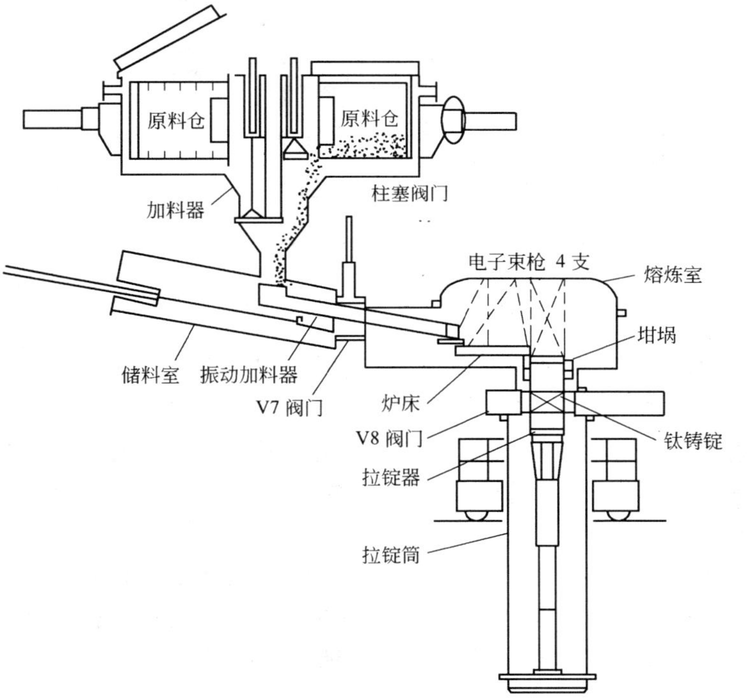

图 6-51　1800kW 电子束冷床炉结构简图

表 6-12　1800kW EBCHM 炉性能参数

项　目	基 本 参 数
总输出功率/kW	1800
电子枪/kW	600 × 3 = 1800
工作真空度/Pa	枪　室：$10^{-3} \sim 10^{-2}$
	熔炼室：$10^{-1} \sim 10^{-2}$
原料投入速度/kg · h^{-1}	100 ~ 1000
锭坯尺寸/mm × mm	ϕ660 × (1350 ~ 2600)
重量/t	10

A 电子束枪

该炉装有600kW的电子束枪3支，总输出功率为1800kW。其中，两支枪用于冷床熔炼，1支枪用于结晶器。图6-52为电子束枪结构简图。

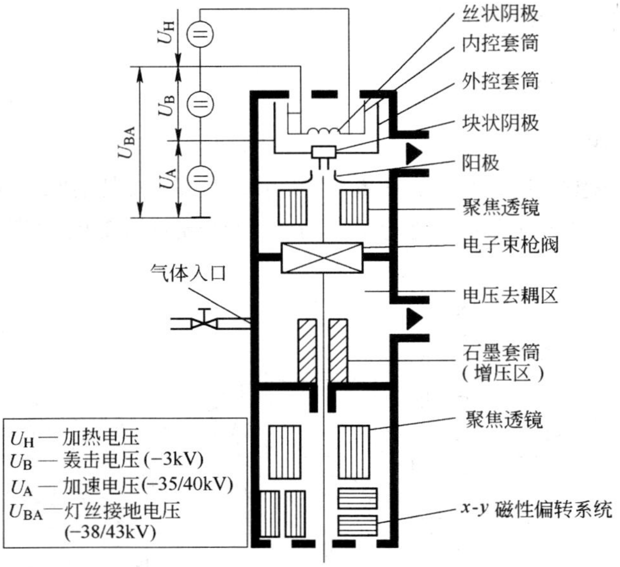

图6-52 电子束枪结构简图

电流首先通过丝状阴极、加热块状阴极，电子枪开始工作。块状阴极与被熔物之间的电压最大为40kV，丝状阴极（灯丝）与块状阴极电压为3kV，一通过电流，块状阴极被激发，向阳极射出电子束。被射出的电子束穿过阳极中心的孔，通过聚焦透镜F_2，石墨套筒，聚焦透镜F_2，偏转系统等控制，射到被熔物。

B 真空抽气系统

电子枪的抽气系统是独立系统，在各枪的上部、下部各装一台涡轮分子泵，与小型的机械泵连接。电子枪室独立抽气，以消除熔炼室的压力变动对电子枪室真空度的影响，保证电子枪发生稳定电子束。这是该炉的最大特征。熔炼过程中，电子枪室真空度保持在$10^{-3}\sim10^{-4}$Pa。

该炉熔炼室的抽气系统是以油扩散泵和油增压泵并联为主泵+中间罗茨泵+前级机械泵的真空抽气系统。熔炼室内真空度保持在$10^{-1}\sim10^{-2}$Pa。

C 原料供给装置

生产钛及钛合金铸锭的原料为松散的海绵钛以及专用添加料，其原料供给如图6-51所示。松散的原料由旋转式原料缸送出，再由振动进给加料器投入到炉床内，原料缸有两台，交替使用，一台投料期间，另一台备料，因此，可以不间歇地供给原料。

另外，装备振动进给装置的储料室与熔炼室之间用阀门V_7隔开，因此，其维修与保养可以在保持熔炼室真空度的情况下完成。

D 熔炼铸锭装置

该炉配置了大型的水冷铜炉床及结晶器，可生产最大尺寸为ϕ660mm×(1350～2600)

mm，重10t的钛锭，在设计炉床尺寸时，考虑到了金属熔炼液要在足够长的炉床内有一定的滞留时间，因为万一高密度夹杂和低密度夹杂混入到原料中，则可通过沉淀分离或熔化的方式来防止其混入到金属锭中。

6.9.2.2　操作概要

由振动进给装置投入到炉内的原料，首先由两支电子束枪进行熔化，其中一支枪专门用于原料的熔化，为手动扫描电子束。另一支枪用于原料熔化并维持炉内熔液温度，按预先设定的曲线对炉内进行自动扫描。炉内原料的熔化速度，受振动进给装置的投料速度和射向炉床内原料的电子束大小两方面的影响。试生产时的熔炼速度约为600kg/h，正式生产后已约为800kg/h，希望今后能达到并超过1000kg/h。

被熔化的钛流到炉床中，经炉床流进结晶器，在结晶器内凝固铸锭。为了得到良好的铸锭表面，使用其余的两支枪，每支分担结晶器液面的一半，按设定的特性曲线进行全面自动扫描，以控制金属液面温度的均匀，从而控制结晶器内的计算凝固[9]。

电子束能量的分配为，冷炉床熔炼1200kW，结晶器600kW，熔炼负荷为70%～80%，铸造凝固负荷大体上100%。其操作过程，由操作者在操作室通过5台电视监视器完成。

由于原料筒的容量为2000～2500kg，所以完成一根铸锭的熔炼过程，要进行4～5次的装料操作。原料全部熔化后，便进行顶部保温，结束熔炼。经过一定时间后，关闭阀门V8，牵引铸锭，铸锭室放气，与炉体隔离，取出铸锭。

接着，炉子进行简单保养后，不放气，继续进行下一个锭的熔炼之前留在炉床中的金属溶液作为凝壳凝固下来，同一品种不用更换，连续进行熔炼，直到炉内蒸发物不断增加而造成继续熔炼困难为止。熔炼炉这种不需破坏真空而进行的连续熔炼称为周期，一个周期中能够熔炼多少吨铸锭，对经济效益有很大的影响。在作业周期中，电子束枪的维护和振动进给这种的端部检修，监视窗的检修等，利用阀门将其与熔炼室隔开，只将检修部分通入大气即可进行。

熔炼周期结束后，将设备全部向大气开放，此时，炉内附着的蒸发物产生大量的热而燃烧，蒸发物燃烧结束后，进行炉内氧化物、氮化物的清理，电子束枪及各部件的检修、整修，下一周期凝壳的更换等。

6.9.2.3　原料

电子束冷炉床熔炼的原料是海绵体及回收料（如铸锭切屑、板边角料等）目前回收料使用的比例为40%，以后还有再提高的可能[9]。

6.9.3　500kW电子束冷炉床熔炼炉

6.9.3.1　500kW电子束冷炉床熔炼概况

这台炉子有两支250kW的电子枪，一个电子枪用于原料的熔化和冷床中液态熔池的维持，另一个电子枪用于结晶内铸锭凝固的热量维持。生产直径为100～300mm，长度为1800mm的铸锭，熔炼的钛合金铸锭最大质量可达450kg。这台炉子的外形如图6-53所示。

500kW电子束冷炉床熔炼炉的主要特点如下：

（1）装有两支250kW带中间压力室的新型电子枪，中间室用涡轮分子泵抽空，大大降低了炉室压力对电子束发生系统的影响，可在炉室压力为5Pa时稳定运行，将高挥发合

图 6-53 500kW 电子束冷床炉[10]

金元素蒸发损失限制到最小。

（2）装有水平和垂直两种进料系统，提纯效果好。

（3）电子束偏转和扫描可编程控制，可组合多种工艺制度，达到最佳铸锭质量。

（4）一个抽速为 50000L/s 的油扩散泵与熔炼室底部连接，抽速可得到充分利用，且泵的上方装有温度 -40℃的冷阱，有效地防止油蒸气进入熔炼室，这对要求极低碳含量的合金是十分必要的。

（5）可熔炼活性金属、难熔金属和超合金。

（6）铸锭规格：可生产 Ta、Nbϕ(120 ~ 160)mm × 1600mm，Ti 和超合金 ϕ(100 ~ 300)mm × 1800mm。

6.9.3.2 500kW 电子束冷床熔炼温度场和功率分配

一个电子枪为熔化原料和维持冷床熔池温度提供热量，另一个电子枪为结晶器内铸锭的凝固提供热量。电子束冷床熔炼过程中，熔池温度的控制对熔炼过程的正常进行、钛合金铸锭的表面质量，以及铸锭的化学成分的影响尤为重要。而熔池温度受熔炼速度和加热功率的影响。据文献［11］报道，在 500kW 电子束冷床中熔炼，其条件为：冷床尺寸为 500mm × 300mm × 80mm；结晶器直径为 ϕ220mm；原料直径为 ϕ220mmTC4 合金棒；熔炼速度 100kg/h；熔炼真空度小于 2×10^{-2}Pa 的条件下进行实验。通过对 TC4 合金电子束冷床熔炼过程的热平衡进行计算，并采用美国 MiKron Infrared 公司生产的 M9100pyrovision® 图像高温仪（测温范围 600 ~ 3000℃，精度 ±1℃），对冷床区及结晶器熔池表面温度测量。测量验证理论计算结果是：计算温度下所需功率与在此功率下实际测量冷床内、结晶器熔池液态表面的温度是相符的。计算结果表明，维持冷床液态熔池表面 125℃过热和结晶器内 100℃过热的条件下，随着熔炼速度从 60kg/h 增加到 150kg/h，冷床所需热量稍微增加，熔炼原料的功率明显增加，而结晶器内所需热量有所降低。在提高冷床内和结晶器内的过热度时，其所需的热量都增加。因而，为制定合理的冷床熔炼钛合金工艺参数提供理论基础和计算依据。

冷床区、结晶器内温度场的温度分布情况很复杂，它与原料材料、熔炼速度、输入电流大小、冷却效果等有关。500kW 电子束冷床熔炼原理与2400kW 电子束冷床熔炼基本相同，见图 6-54。熔炼过程中，原料被电子束加热熔化，在冷床右上方滴入冷床，然后在冷床中进行精炼，从冷床左侧溢流进入结晶器内，凝固成铸锭，经拉锭机构拉入铸锭室冷却。整个系统的热量由两支电子枪提供：由图 6-54 可知 1 号电子枪熔化原料和维持冷床内液态金属的温度；2 号电子枪维持结晶器内液态熔池表面温度，电子束按照设定的参数进行自动扫描，以控制金属液面温度均匀，形成利于金属结晶的热量场，从而控制结晶器内的金属顺序凝固，避免局部凝固引起铸锭表面质量下降。

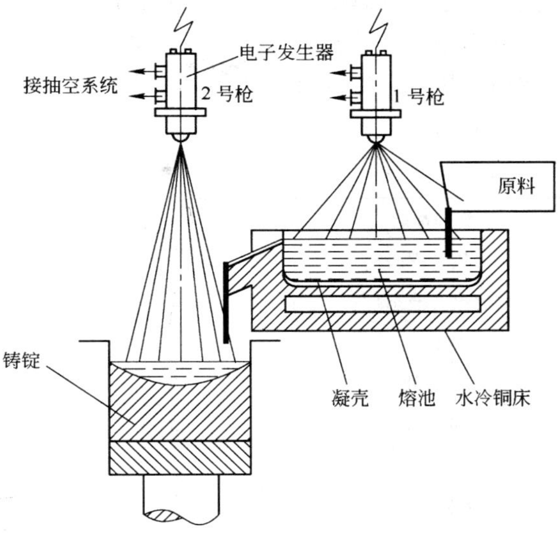

图 6-54　电子束冷床炉熔炼过程示意图

A　冷床熔炼温度场和能量分配计算理论

冷床熔炼过程的热量损失包括原料从固态室温被加热到液态所需要的热量，冷床和结晶器通过冷却水带走的热量，液态金属表面通过热辐射损失的热量。熔炼过程冷床区、结晶器内温度场分布见图 6-55 和图 6-56。可以看出 1 号枪热量一部分分布于原料，其余大部

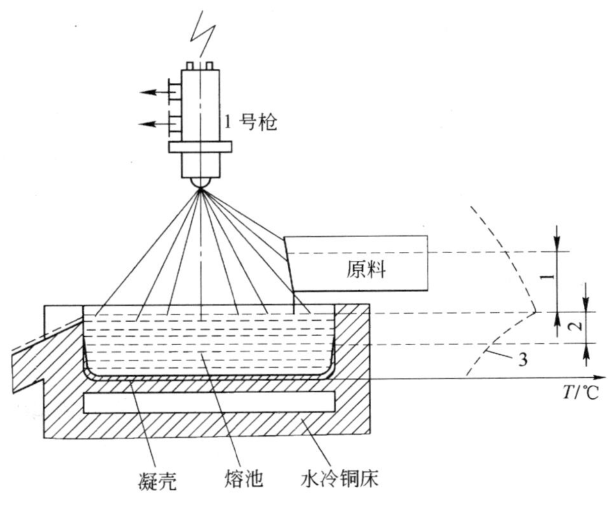

图 6-55　电子束冷床炉熔炼时熔化原料、维持冷床内温度分布示意图
1—原料部分；2—维持冷床内液态区；3—温度分布曲线

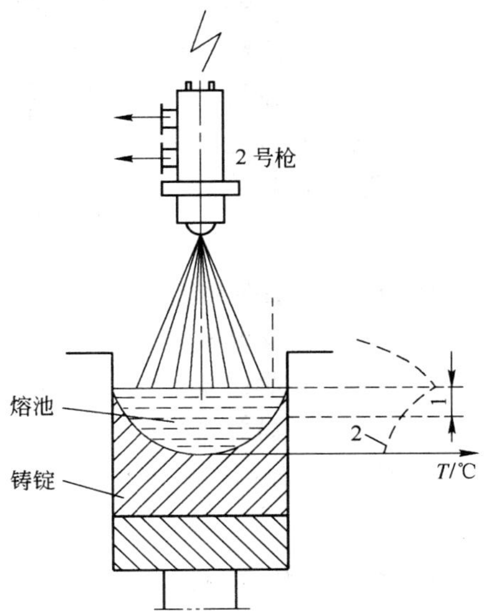

图 6-56　电子束冷床熔炼时结晶器区温度的分布
1—结晶器区；2—温度分布曲线

分则分布于冷床熔炼区；2号枪热量分布于结晶器内。

计算中TC4合金的物理参数见表6-13。化学成分对TC4比热的影响不大，其值和纯钛的数值很接近，但温度对比热容的影响较大，在这里采用900℃的比热容值850J/(kg·K)作为计算值。

表6-13 TC4合金的物理参数

物理性能	符号	单位	数值
比热（固态）	c_{ps}	J/(kg·K)	850
比热（液态）	c_{pl}	J/(kg·K)	986
熔化热	c_f	J/kg	393261
固相线	T_s	℃	1605
液相线	T_l	℃	1650
热导率（固态）	λ_s	W/(m·K)	15
热导率（液态）	λ_l	W/(m·K)	30
发射率（固态）	ε_s		0.4
发射率（液态）	ε_l		0.45

原料从室温到某液相温度单位时间所需要的热量可用下式计算[11]：

$$Q_m = v \times (c_{ps} \times \Delta T_s + c_{pl} \times \Delta T_{sl} + c_f) \tag{6-38}$$

式中 Q_m——单位时间熔炼的原料从室温加热到某液相温度单位时间所需要的热量，W；

v——熔炼速度，kg/s；

c_{ps}——原料固相比热容，J/(kg·K)；

ΔT_s——原料从室温到液相线的温度变化，K；

c_{pl}——原料液相比热容，J/(kg·K)；

ΔT_{sl}——原料从固相线到液相线的温度变化，K；

c_f——熔化潜热。

辐射热损失用下式计算：

$$Q_r = \varepsilon k S_r \Delta T_s^4 \tag{6-39}$$

式中 Q_r——辐射热损失，W；

ε——发射率；

k——斯忒藩-玻耳兹曼常数 5.67×10^{-8} W/(m^2·K^4)；

S_r——辐射面积，m^2。

金属和结晶器接触的传导热损失用下式计算：

$$Q_t = S_t K \Delta T \tag{6-40}$$

式中 Q_t——传导热损失，W；

S_t——传热面积，m^2；

K——传热系数，W/(m^2·K)；

ΔT——传热接触面的温度变化。

热平衡计算如下[10]：

（1）在计算原料熔炼时，假设 TC4 原料熔化为液态过热 50℃ 后流入冷床，即约 1700℃熔炼原料（电极）的热量包括使原料（电极）端过热 50℃所需的热量和热辐射损失的热量。

（2）冷床中的热平衡包括电子束输入的热量和加热流入的液态 TC4 到所需要的过热温度、液态熔炼池表面的辐射热损失、冷床和凝壳的接触热传导损失。

$$W_e = Q_m + Q_r + Q_t \tag{6-41}$$

式中 W_e——电子束输入的能量，W。

冷床的传导热损失，包括从液态熔池表面经过液态熔池、凝壳、水冷铜床，到冷却水的连续传导过程，如图 6-57 所示。因为凝壳的热胀冷缩，凝壳与水冷铜床的接触热传导传热系数约为 250W/(m^2·K)。

水冷铜床和冷却水的表面传热系数和铜的导热系数值都很大，其传热过程热阻与从液态表面到冷床的传热过程热阻相比很小，可以忽略不计。

（3）在结晶器内主要是维持液态 TC4 合金表面的温度。其热平衡主要是电子束输入的热量，液态金属凝固释放的凝固潜热，液态熔池表面的辐射热损失和 TC4 铸锭与结晶器的接触热损失。

B 计算与实验结果

a 熔炼速度对功率的影响

在冷床内维持一定过热度有利于熔炼的顺利进行，这里采用的过热度是 125℃ 过热，即 1775℃。计算中为了保证凝固铸锭的表面质量，假设表面温度 100℃过热，即 1750℃。在不同熔炼速度下所需要的功率见图 6-58。由图 6-58 可以看出，电子束冷床熔炼所需的功率主要用于维持冷床内液态熔池的温度。维持冷床内液态熔池温度的功率随熔炼速度提高而稍微增高，基本维持在 125kW 左右。用于熔化进入冷床内原料的功率随着熔炼速度的提高显著增加，从 49kW 快速增加到 96kW 左右。用于维持冷却结晶器内的功率随着熔炼速度的提高而明显降低，从 68kW 降到 55kW[11]。

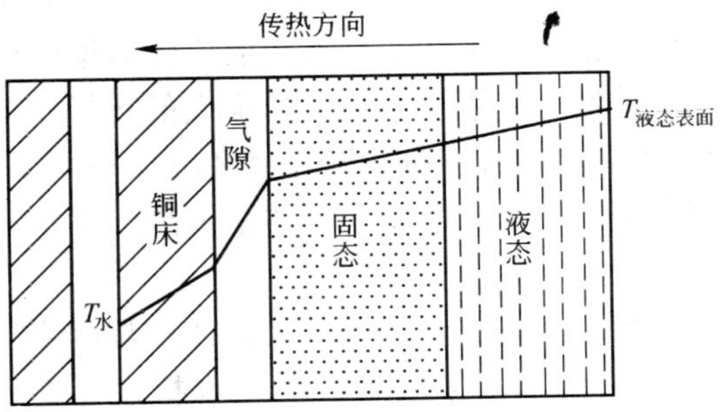

图 6-57 冷床内传热示意图

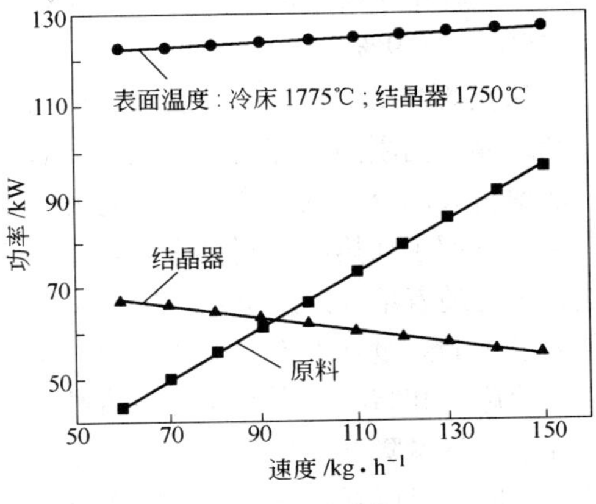

图 6-58 电子束冷床熔炼速度对功率的影响

b 冷床中的表面过热度对功率的影响

冷床中过热度对功率的影响见图 6-59。由图 6-59 可以看出，随着过热度的增高，所需功率增加很快，当熔池过热度从 100℃ 增加到 200℃ 时，从其功率 121kW 增加到 136kW[11]。

c 结晶器中的表面过热度对功率的影响

结晶器内熔池过热度对功率的影响见图 6-60。由图 6-60 可以看出，当熔池过热度从 60℃增加到 150℃时，所需功率从 61kW 线性地增加到 65kW[11]。

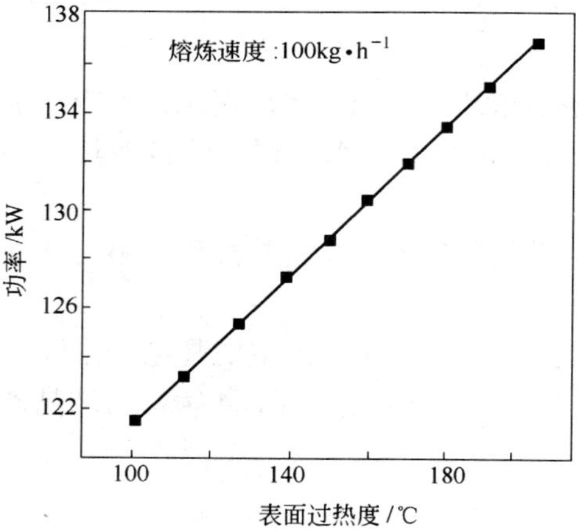

图 6-59 冷床内熔池过热度对功率的影响

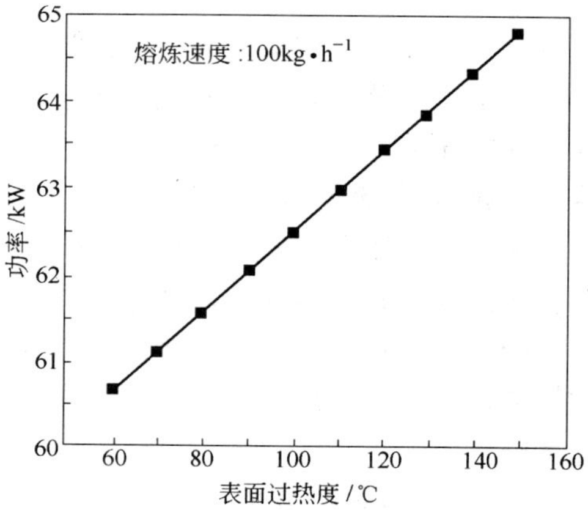

图 6-60 结晶器内熔池过热度对功率的影响

d 实验原料、冷床区、结晶器所需的温度场和功率分配

测量结果表明冷床中液态熔池表面的温度 1775℃，结晶器内液态熔池表面温度 1750℃。实际的熔炼功率分配为：原料（电极）熔化 69kW；维持冷床内液态熔池功率 116kW；维持结晶器液态熔池功率 62kW。计算温度下所需功率和在此功率下冷床内液态熔池表面的温度是吻合的。在 100kg/h 熔炼速度下和 100℃ 过热下，熔炼所需总功率为 254kW，熔化原料电极、维持冷床内和结晶器内液态熔池的功率分别占总功率的 27.6%，47.45%，24.9%[11]。

从上述结果分析电子束冷床熔炼的顺利进行需要合理地在原料（电极）熔化、冷床精炼和结晶器内凝固分配功率。从图 6-58 所需功率和熔炼速度可以看出，维持冷床温度所需功率占大部分。维持冷床温度的大部分功率用于补偿由热辐射和热传导损失的热量。只有少部分用于加热原料到冷床内熔池。而维持结晶器内的功率随着熔炼速度增加而减少。这是因为随着熔炼速度增加，进入结晶器内的液态金属增加，即进入的热量增加，而结晶器内散失的热量基本不变，从而使所需的热量减少。

冷床中和结晶器中所需要的热量都随着过热度增加而增加。因此，在保证正常熔炼的前提下，尽量降低过热度可以降低熔炼成本，特别是在熔炼含有 Al、Cr 等易挥发元素的钛合金时，可以降低这些元素的挥发损失。

6.10 60kW 电子枪的设计计算实例

推荐日本川村 120kW 电子束炉，60kW（两支）电子枪的设计计算实例。

6.10.1 60kW 电子枪的设计[12]

设电子束的加速电压为25kV，则电子束电流为：

$$I = \frac{P_1}{V} = \frac{60 \times 10^3}{25 \times 10^3} = 2.4\text{A}$$

导电系数 P 为：

$$P = \frac{I}{V^{3/2}} = \frac{2.4}{(2.5 \times 10^4)^{3/2}} = 0.606 \times 10^{-6}\text{A/V}$$

取 $P = 1.0 \times 10^{-6}$A/V，电子枪为皮尔斯型的集聚电子枪。

6.10.1.1　阴极表面积的确定

由于阴极要求加工性能好，没有热脆性，所以采用金属钽，钽的热电子发射能，文献说法不一，这里首先考虑，加热到2500K时可以得到0.5A/cm² 的发射电流，这样阴极表面积为：

$$A = \frac{I}{0.5} = \frac{2.4}{0.5} = 4.8\text{cm}^2$$

经计算选取 ϕ2.5cm 的锻造钽棒制作。

6.10.1.2　阴极、灯丝的加热功率的确定

阴极制成如图6-61所示的形状与尺寸。阴极的热损失可分为两部分：

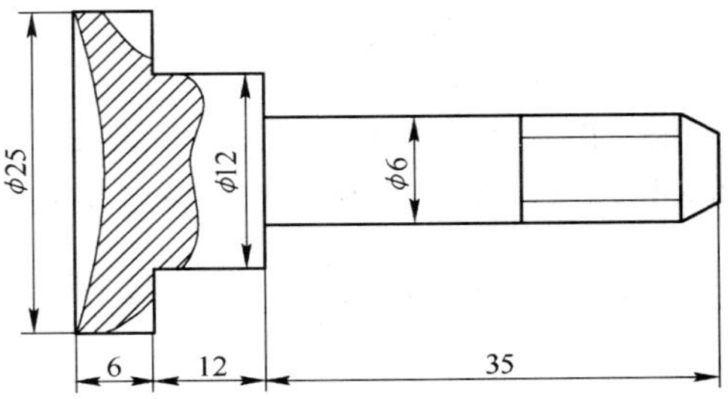

图6-61　钽阴极

（1）阴极体辐射热损失；

（2）通过支架的热传导；

阴极体表面积为：

$$S = \frac{\pi}{4} \times 2.5^2 \times 2 + \pi \times 2.5 \times 0.6 + \pi \times 1.2^2 + \pi \times 0.6 \times 3.5 = 26\text{cm}^2$$

如其在2500K附近辐射热约为70W/cm² 的话，则辐射热损失为：

$$F_{损} = SF = 26 \times 70 = 1820\text{W} \tag{6-42}$$

因为热传导的损失为数10W左右，所以在整个阴极加热功率的计算上，热损失有2kW就可以，故拟采用5kW。

灯丝的平行平板电极的空间电荷极限电流是：

$$i = 2.33 \times 10^{-6} \times \frac{(Va)^{3/2}}{d^2}(\text{A/cm}^2) \tag{6-43}$$

当 $Va = 5000$V，空间电荷极限电流 $i = 1$A 时，

$$d^2 = 2.33 \times 10^{-6} \times \frac{5000^{3/2}}{1} = 8.24 \times 10^{-1}\text{cm}$$

所以 $d = 9.07 \times 10^{-1}$cm。

因此阴极棒的直径为 ϕ12cm。灯丝的内径为 ϕ17 ~ 18cm 时就得到满足。

6.10.1.3　阴极、阳极的相对关系

根据 Pjerce 流入具有半角 θ 的圆锥里的电流 I 由下式计算：

$$I_0 = 14.67 \times 10^{-6} \times \frac{1 - \cos\theta}{(-\alpha)^2} V^{3/2} \tag{6-44}$$

式中，$(-\alpha)^2$ 是阴极的球面半径$\bar{r}_c$同阴极的球面半径$\bar{r}$比的系数，由表 6-15 求出。

当 $\bar{r}_c/\bar{r}=1.5$、1.6、1.7、1.8，将电子束形状做成坐标绘图，如图 6-62 所示。在 $\bar{r}_c/\bar{r}=1.7$、1.8 的情况下，电子束宽度大；在 $\bar{r}_c/\bar{r}=1.6$ 情况下可以传送到最远而电子束不扩展。因此，决定用 $\bar{r}_c/\bar{r}=1.6$ 来进行电子枪的计算。

对于 $\bar{r}_c/\bar{r}=1.6$ 时，$(-\alpha)^2=0.2968$

代入式(6-44) 中得： $1-\cos\theta = 2.025\times10^{-2}$

式中 $\cos\theta=0.9798$；

$\theta=11°30'$；

$\bar{r}_c=\frac{r_c}{\tan\theta}=6.15$；

$\bar{r}=\frac{\bar{r}_c}{1.6}=3.84$。

最小的电子束半径由图 6-63 查出，可见当$\bar{r}_c/\bar{r}=1.6$ 时，$r_{最小}/r_c=0.6$ 因此，$r_{最小}=0.6\times1.25=0.75$cm。从阴极孔到电子束最小直径的距离是相同的。由图 6-64 可见：

当$\bar{r}_c/\bar{r}=1.6$ 时，则$\frac{Z_{zx}}{\bar{r}_c}=0.3$，因此，$Z_{zx}=0.3\times6.15=1.85$cm。

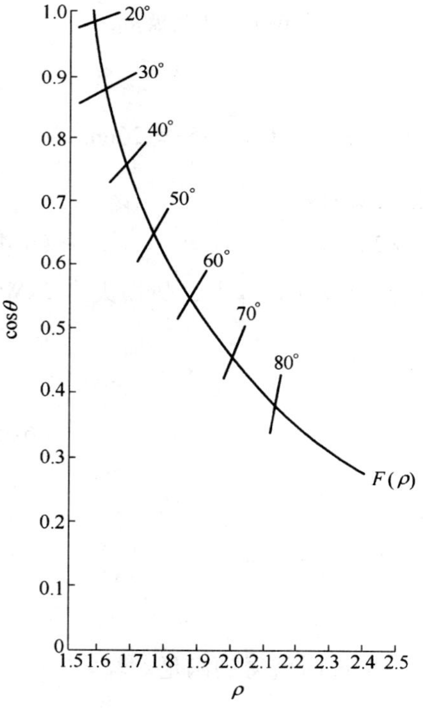

图 6-62 阴极形状图解

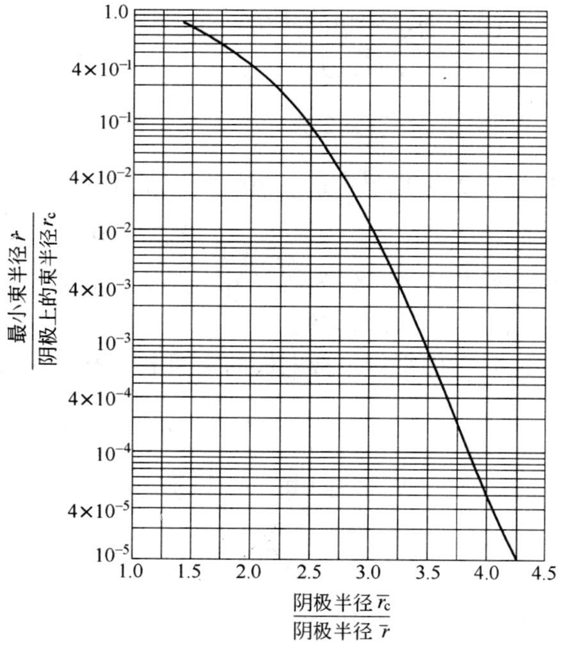

图 6-63 发射出的电子流最小半径对阴极半径与阴极半径的比值画出的曲线

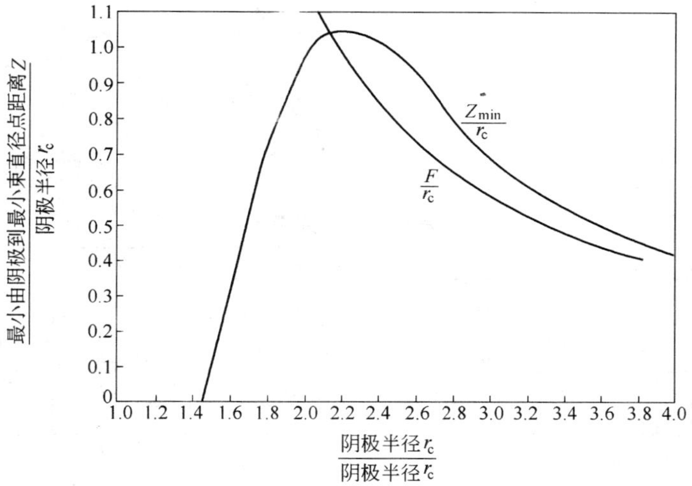

图 6-64　由阴极到最小束直径点的距离与阴极半径的比值，对阴极半径与阴极半径比值的曲线

6.10.1.4　聚束极、阳极形状的计算

聚束极、阳极形状根据日本学者川村的计算法进行，把球坐标的拉普拉斯（37°37′）方程式展开为级数得到下面解：

$$V(r,\theta) = h\left(\frac{\bar{r}_c}{r} - 1\right)^{4/3}\left[1 + \frac{4\left(\frac{\bar{r}_c}{r}\right)^2}{9\left(\frac{\bar{r}_c}{r} - 1\right)^2}G(\theta)\right] \tag{6-45}$$

而
$$G(\theta) = \tan\frac{2\theta_0}{2} - \frac{\tan^2\frac{\theta}{2}}{1 + \tan^2\frac{\theta}{2}}(1 - 9.2)\frac{\tan^2\frac{\theta_0}{2}}{\tan^2\frac{\theta}{2}} \times \frac{1 - \tan^2\frac{\theta}{2}}{2} \times \log_{10}\frac{\tan\frac{\theta}{2}}{\tan\frac{\theta_0}{2}}\cdots \tag{6-46}$$

又
$$V(r,\theta) = h\left(\frac{i}{\frac{16\pi\varepsilon}{9}\sqrt{2\eta}\sin\frac{\theta_0}{2}}\right)^{2/3}\cdots \tag{6-47}$$

A　韦氏电极的计算

求出韦氏电极同阴极等电位面，即：

设 $V(r,\theta) = 0$

$$\left[1 + \frac{4}{9}\frac{\left(\frac{\bar{r}_c}{r}\right)^2}{\left(\frac{\bar{r}_c}{r} - 1\right)^2}G(\theta)\right] = 0$$

$$1 + \left(\frac{2}{3}\frac{\bar{r}_c}{\bar{r}_c - r}\right)^2 G(\theta) = 0$$

$$\left(\frac{\bar{r}_c}{\bar{r}_c - r}\right)^2 = -\left(\frac{3}{2}\right)^2 / G(\theta)$$

$$\frac{r}{\bar{r}_c} = 1 - \frac{\sqrt{|G(\theta)|}}{1.5}$$

$$r = \bar{r}_c\left(1 - \frac{\sqrt{|G(\theta)|}}{1.5}\right) \cdots \quad (6\text{-}48)$$

给出$\bar{r}_c = 6.15$，$\theta_0 = 11°30'$求出对θ的聚束极的半径r_n，计算结果如表6-14所示。

表6-14　聚束极

θ/(°)	20	30	40	50	60	70	80
$1 - \frac{\sqrt{\|G(\theta)\|}}{1.5}$	0.938	0.867	0.804	0.744	0.686	0.633	0.580
r_w	5.76	5.34	4.95	4.58	4.22	3.90	3.57
x_w/cm	1.97	2.67	3.18	3.51	3.66	3.67	3.52
y_w/cm	5.41	4.63	3.79	2.95	2.11	1.34	0.62

注：$x_w = r_w \sin\theta$；$y_w = r_w \cos\theta$。

B　阳极形状的计算

设式（6-45）的$r_c/r = l$时，算式做如下的变换：

$$\frac{V}{h}(l-1)^{-4/3} = 1 + \frac{4}{9}\frac{l^2}{(l-1)^2}G(\theta) \cdots \quad (6\text{-}49)$$

$$F(l) = \frac{V}{h}(l-1)^{-4/3} \cdots \quad (6\text{-}50)$$

$$H(l) = 1 + \frac{4}{9}\frac{l^2}{(l-1)^2}G(\theta) \cdots \quad (6\text{-}51)$$

$F(l) = H(l)$点的轨迹是计算阳极半径与θ的关系。

由于V/h是：

$$V = h(-\alpha)^{4/3}$$

$$V^{3/2} = h^{3/2}(-\alpha)^2$$

$$\left(\frac{V}{h}\right)^{3/2} = (-\alpha)^2 = 0.2968$$

$$\frac{V}{h} = 0.445$$

用图6-62解法得出其聚点，如表6-15所示。

表6-15　阳极

θ/(°)	20	30	40	50	60	70	80
$r_a/\bar{r}_c$	1.57	1.60	1.67	1.76	1.86	1.99	2.13
r_a	3.92	3.84	3.68	3.50	3.31	3.09	2.89
x_a/cm	1.34	1.92	2.36	2.68	2.87	2.90	2.85
y_a/cm	3.68	3.33	2.82	2.25	1.65	1.06	0.5

注：$x_a = r_a \sin\theta$；$y_a = r_a \cos\theta$。

当阴极直径为ϕ25mm，功率为25kW×2.5A，工作温度2600K，真空度为1.33Pa，θ为30°时，阳极形状如图6-65所示。

6.10.2　电子束光路系统的计算

虽然由以上的计算得出能够从电子枪射出电子束，但是电子束由于空间电荷效应，其直径逐渐地扩展，所以在光路系统中（中间）设置适当的聚焦线圈来聚集电子束是必要的。电子束光路系统的计算，聚集偏转线圈的设计方法如下。

（1）从阳极射出的电子束最小直径的位置，到一次聚焦线圈的电子束宽度。

电子束开始的半径作为 $r_0(Z=0)$，由于空间电荷效应在任意位置 z。设扩展的电子束半径为 r，为了将 r 及 z 改为无量纲的参数进行如下的变换：

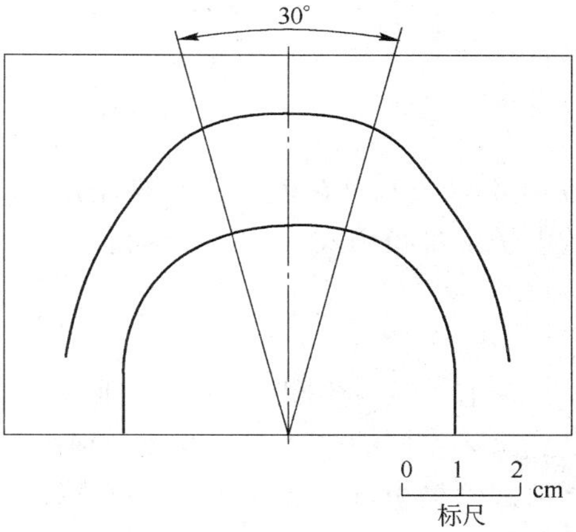

图 6-65　θ 为 30°，r_c/r 为 1.6 时阳极形状

$$R=\frac{r}{r_0}\cdots \tag{6-52}$$

$$Z=\left(\frac{I}{2\sqrt{2}\pi\varepsilon\eta^{1/2}V^{3/2}}\right)^{1/2}\frac{z}{r_0}=174\frac{I^{1/2}}{V^{3/4}}\frac{z}{r_0}\cdots \tag{6-53}$$

R 和 Z 的关系由 Pirrcl 求出，如图 6-66 所示，称为万能电子束扩展曲线。图 6-67 是终管 $Z>5$ 时，图 6-66 曲线的外插曲线。

以电子束最小直径的位置作为基点，以后的一次聚焦线圈、二次聚焦线圈等全都从此基点开始，规定距离（cm）电子束最小直径位置在 6.10.1.3 求出，从阳极顶部开始是 1.85cm，在此点上的电子束半径是 0.75cm，由距离远点 34cm 放置一次聚焦线圈，在那点上的电子束半径由式（6-53）计算出：

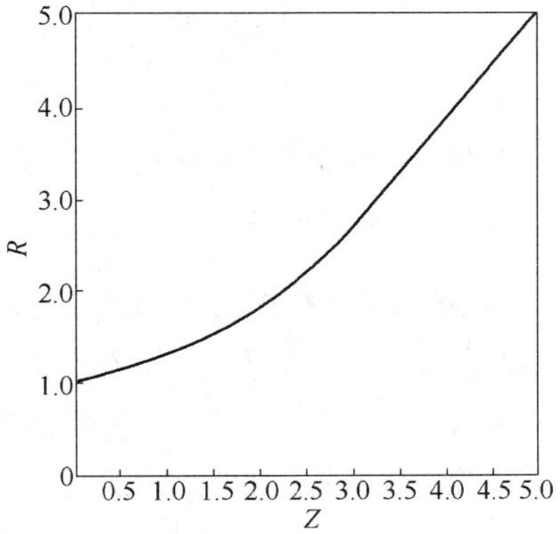

图 6-66　电子束的扩展

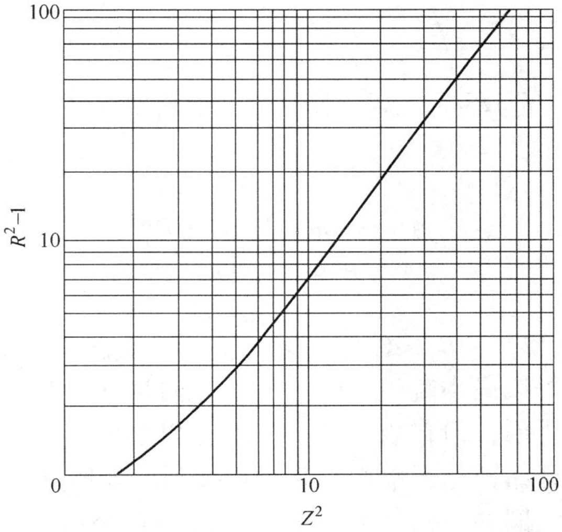

图 6-67　电子散射曲线的全对数图

$$Z = 174 \frac{I^{1/2}}{V^{3/4}} \frac{z}{r_0} = 174 \frac{2.4^{1/2}}{(2.5 \times 10^4)^{3/4}} \frac{z}{r_0}$$

$$= 0.136 \frac{z}{r_0} = 0.136 \times \frac{34}{0.75} = 6.17$$

对应于 $Z = 6.17$ 的 R 值由图 6-67 的曲线求出：$R = 6.65$。所以离开电子束最小直径 34cm 处的电子束半径用式（6-52）求得：

$$r = 0.75 \times 6.65 = 4.99\text{cm}$$

（2）由一次聚焦线圈射出后到偏转线圈、二次聚焦线圈为止的电子束流。由于聚焦线圈受到聚束作用的电子束一度减少到最小直径后再开始扩展，如根据皮尔斯法，则在决定电子束回到最小直径或最初电子束直径的位置的电子束聚焦线圈下（正确地说刚刚超越聚焦线圈的点）的梯度 R'_0（因此这是负数）和从聚焦线圈开始的距离 Z 之间有图 6-68 的关系，已知电子束最小直径 R_m 同 Z 之间具有如图 6-69 所示的关系，即：这些图可知，不存在超过 $Z = 2.16$ 值的 R'_0，且以 $-R'_0 = 0.92$ 为中心，可认为：

1）$-R'_0 < 0.92$，由于弱透镜的作用虽然电子束能聚集，但聚焦方法缓慢，$R_m > 0.4$。

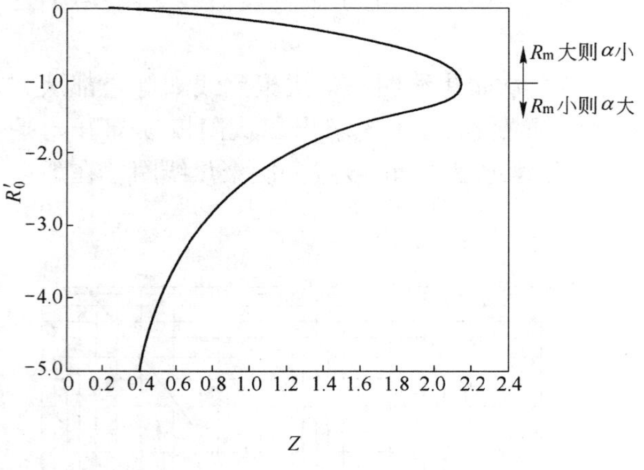

图 6-68　电子束直径为 r'_0 时 R'_0 与 Z 的关系

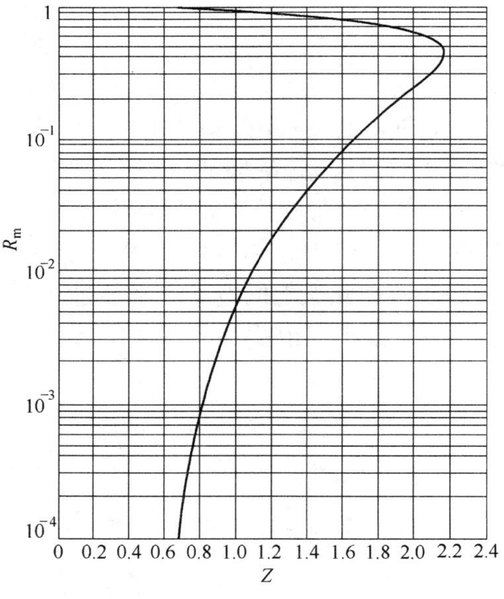

图 6-69　电子束最小直径 R_m 与 Z 之间的关系

2）$-R'_0 < 0.92$，$Z = 2.16$，$R_m \approx 0.4$。在上面 1）的范围内增加强透镜作用时，电子束最小直径点向 Z 大的方向移动（即远离聚焦线圈的方向）而且电子束最小值是小的，但在相当 $Z = 2.16$ 点以上不会有电子束最小直径的位置。换言之，从聚焦线圈开始把电子束最小直径投掷到最远地点，为此在电子束聚焦线圈下的梯度必须把聚焦线圈调整到 $R'_0 = 0.92$，这时的最小电子束直径是电子束进入聚焦线圈时电子束直径的 40%。

3）$-R_0'>0.92$ 时，超过上面 2）中的值，进一步增强聚焦线圈的透镜作用时，则电子束的最小直径减少，其最小位置再次向聚焦线圈方向接近，准备时间虽然增长，但在这电子束系统里，电子束再次进入一次聚焦线圈和返回到相同的电子束直径为止的距离，设距一次聚焦线圈 70cm 时，Z 值由式（6-52）计算：

$$Z = 0.136 \times \frac{70}{5} = 1.9$$

电子束化成的最小直径是返回到原来电子束直径的距离的一半，设其为 L 时：

$$L = \frac{Z}{2} = \frac{70}{2} = 35\text{cm}$$

在这点的电子束直径由图 6-68 求出与 $Z=1.9$ 对应的 $R_m=0.2$ 及 $R_m=0.7$ 则：

$$孔径\ r_m = 1.0 = 3.5\text{mm}$$

作为 r_m 取 1cm，且在熔炼室里压力急剧上升（真空度降低）的情况下，使电子枪室的真空度不直接受其影响，为此，设有缝隙。在这点的电子束直径是 $2\times1.0=2.0$cm，所以取其 1.8 倍时，缝隙的孔径为 3.6cm。

此后电子束再次由二次聚焦线圈聚集，射入到坩埚内，在即将进入二次聚焦线圈时，作出与电子束走行方向成角平行磁场，规定电子束在炉中心偏转角度为 20°。偏转中心距缝隙中心 35cm 的一点，如图 6-70 所示，在此点上生成具有断面形状的磁场。通过中心轴在电子偏转磁场中的旋转半径由图求出，约为 32cm，距偏转中心 12.7cm 处设置二次聚焦线圈。

（3）由二次聚焦线圈射出后到达试样上的电子束流，在二次聚焦线圈上的电子束直径 12.0cm，半径是 6.0cm。确定在距二次聚焦线圈约 60cm 的地方放置试样。式（6-53）的 Z 为 2.16，在最远的点上，电子束最小直径射入时那样，则再次返回到 6.0cm 的距离。

式（6-49）变为：

$$Z = \frac{Z \times r_0}{0.136} = \frac{2.16 \times 6.0}{0.136} = 95.3\text{cm}$$

由此，电子束最小直径的距离 L 为：

$$L = \frac{Z}{2} = \frac{95.3}{2} = 47.7\text{cm}$$

在此点的电子束直径如 6.10.2 的（2）中 2）项所述为最初电子束直径的 0.4 倍，故：$r_m=2.4$cm。

距聚焦线圈中心 60cm 处的电子束半径，假设电子束的扩展是直线，则求近似值时，参照图 6-71。

$$\begin{aligned} r_T &= \frac{(r_0 - r_m)}{L}(60 - L) + r_m \\ &= \frac{6.0 - 2.4}{47.4}(60 - 47.7) + 2.4 \\ &= 0.929 + 2.4 = 3.33\text{cm} \end{aligned}$$

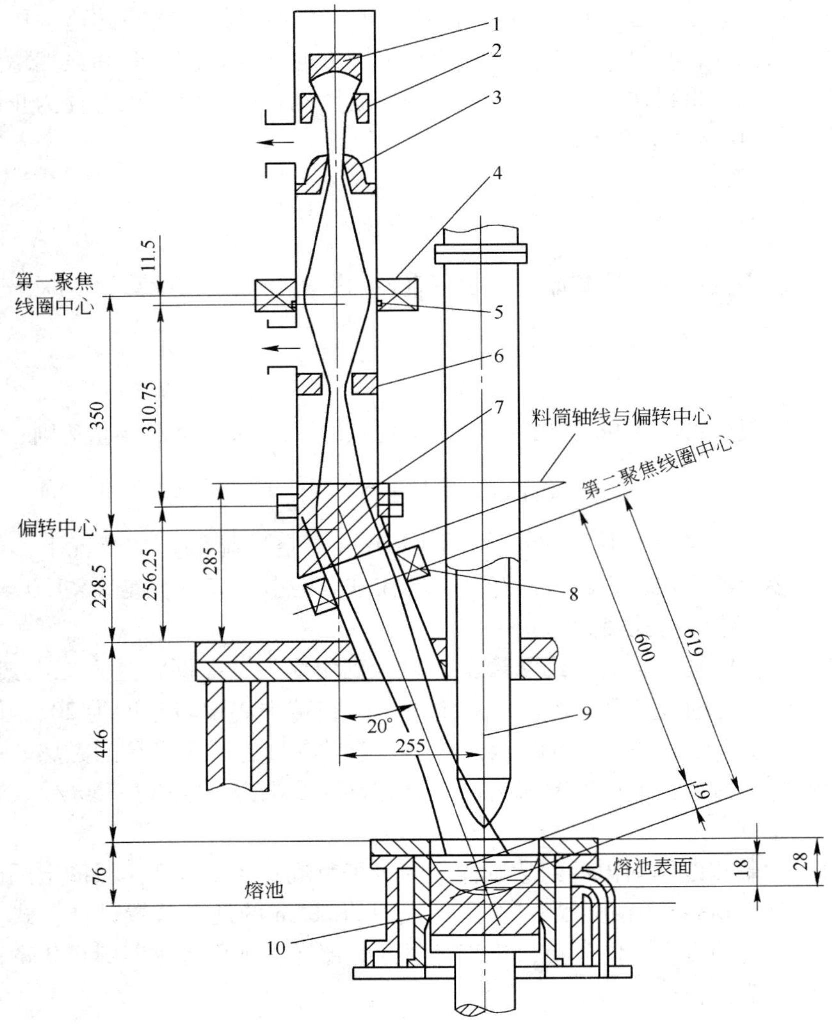

图 6-70 60kW 电子束流线图

1—阴极；2—集束极；3—阳极；4——次聚焦线圈；5—透镜气隙；6—光阑（栏孔）；7—偏转线圈；8—二次聚焦线圈；9—料棒；10—坩埚及水套

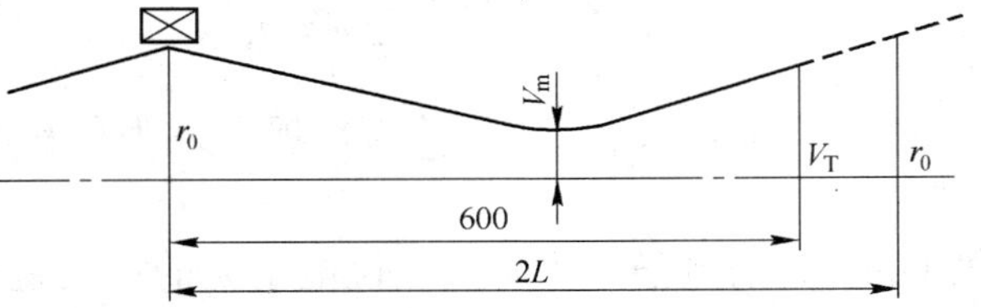

图 6-71 聚焦线圈中心电子束扩展

电子束 20°。入射角入射在料棒上，电子束稍近似于圆形的形状，其直径为 6. 66cm，长直径为：

$$D = \frac{D}{\cos 20^\circ} \frac{2 \times 3.23}{0.94} = 7.09\text{cm}$$

6.10.3 一次聚焦线圈、偏转线圈、二次聚焦线圈的设计

6.10.3.1 一次聚焦线圈的设计

如6.10.2中（2）所求，电子束由一次聚焦线圈出来后，再回复到原来直径，把这一段距离从第一聚束线圈算起设为70cm的话，那么$Z=1.9$，因此，为了做成这种电子束，电子束一次聚焦线圈下的梯度（正确地说是刚刚超越聚束线圈时的梯度）由图6-68可见为-1.35或-0.65。由于不采用3.5mm做r_m，故聚焦线圈设计上采用$R_0'=-1.35$cm。根据Piercl[2]所述，聚焦线圈的焦点距离f和R_0'，L、Z之间存在着下面的关系：

$$f=-\frac{L}{R_0'Z} \quad 或 \quad f=\frac{r_0}{2\tan\alpha} \tag{6-54}$$

故对应$R_0'=-1.35$时，则：

$$f=-\frac{L}{R_0'Z}=\frac{35}{1.35\times1.9}=13.7\text{cm}$$

可变范围为9～18cm。对此所要求的NI（磁通势）值由下式可以算出：

$$(NI)_{最小}=F_K\times7\sqrt{V}\sqrt{\frac{2r_\rho}{f}} \tag{6-55}$$

此处r_ρ是磁极片内半径，在电子束管道管路采用4英寸（外径ϕ114.3）的情况下，确定为7.5cm。如果F_K如上所述是0.81的话，对应$f=9$cm时，则：

$$(NI)_{最小}=F_K\times7\sqrt{V}\sqrt{\frac{2r_\rho}{f}}=0.81\times7\times\sqrt{2.5\times10^4}\times\sqrt{\frac{2\times7.5}{9}}=1160\text{AT}$$

当$f=18$cm时，根据同样的计算得出：

$$(NI)_{最小}=817\text{AT}$$

800～1200AT可以变化。

线圈可使用O型聚乙烯ϕ0.6mm的导线，最大电流为0.5A，故规定匝数是2400匝。将其纵向绕60匝，横向绕40匝时（由于铜线加工外径是ϕ0.7mm），则线圈的断面就成为$0.7\times60=42$mm，$0.7\times40=28$mm。由于线圈的中心直径是ϕ19.2cm，故线圈全长是：

$$l=\pi DN=3.14\times19.2\times2400=14.5\times10^4\text{cm}$$

线圈的电阻，在20℃时，为：

$$R=1.45\times66.59=96.5\Omega$$

线圈铁壳厚度确定为5mm。

6.10.3.2 偏转线圈的设计

电子在磁场强度H中，以v_0速度移动时，用下式绘出半径轨道。

$$R=\frac{v_0m}{eH} \tag{6-56}$$

另外，电子速度v_0与加速电压的关系是：

$$v_0=\left(2\frac{e}{m}V\right)^{1/2} \tag{6-57}$$

将：

$$e = 1.602 \times 10^{-19}\text{C}$$

$$m = 0.91 \times 10^{-30}\text{kg}$$

当 $V = 2.5 \times 10^4$V 时，代入得：

$$v_0 = \left(2\frac{e}{m}V\right)^{1/2} = \left(2 \times \frac{1.602 \times 10^{-19}}{0.91 \times 10^{-30}} \times 2.5 \times 10^4\right)^{1/2} = 9.4 \times 10^7 \text{m/s}$$

电子束中心的电子所描出的轨道半径是32cm，所需的磁束密度用式（6-56）求出：

$$B = \frac{mv_0}{eR} = \frac{0.91 \times 10^{-30} \times 9.4 \times 10^7}{1.602 \times 10^{-19} \times 0.32} = 1.67 \times 10^{-3}\text{Wb/m}^2$$

设计出能在管内产生最大达到 $1.8 \times 10^{-3}\text{Wb/m}^2$ 磁场的磁体为宜。现将磁力回路如图6-72 所示分为①、②、③、④ 4 部分，尺寸如图 6-72 所示。平均磁路采用点线表示，各部分的断面积及回路的长度如图 6-72 所示。

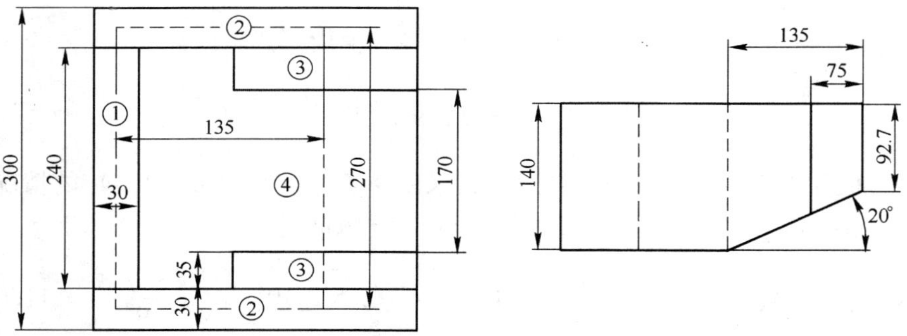

图 6-72 磁偏转线圈尺寸

在图 6-72 中：

①断面积：$S_1 = 30 \times 10^{-3} \times 140 \times 10^{-3} = 4.2 \times 10^{-3}\text{cm}^2$

长度：$L_1 = (240 + 30) \times 10^{-3} = 2.7 \times 10^{-1}\text{m}$

②断面积：$S_2 = 30 \times 140 \times 10^{-6} = 4.2 \times 10^{-3}\text{cm}^2$

长度：$L_2 = 135 \times 10^{-3}\text{m}$

③断面积：$S_3 = 1.57 \times 10^{-2}\text{cm}^2$

长度：$L_3 = (35 + 15) \times 10^{-3} = 5 \times 10^{-2}\text{m}$

④断面积：$S_4 = S_3 = 1.57 \times 10^{-2}\text{cm}^2$

长度：$L_4 = 170 \times 10^{-3} = 1.7 \times 10^{-1}\text{m}$

由于实际上有效（规定）磁束密度是 $1.8 \times 10^{-3}\text{Wb/m}^2$，如果泄漏系数确定，则全磁束为 Φ_t 时：

$$\Phi_t = 3 \times 1.8 \times 10^{-3} \times 1.57 \times 10^{-2} = 8.49 \times 10^{-5}\text{Wb}$$

在①中的磁束密度 B_1：

$$B_1 = \frac{\Phi_t}{S_1} = \frac{8.49 \times 10^{-5}}{4.2 \times 10^{-3}} = 2.02 \times 10^{-2}\text{Wb/m}^2$$

②中的磁束密度 B_2：

$$B_2=\frac{\Phi_t}{S_2}=\frac{8.49\times10^{-5}}{4.2\times10^{-3}}=2.02\times10^{-2}\text{Wb/m}^2$$

③中的磁束密度 B_3：

$$B_3=\frac{\Phi_t}{S_3}=\frac{8.49\times10^{-5}}{1.57\times10^{-2}}=5.4\times10^{-3}\text{Wb/m}^2$$

④中的磁束密度 B_4：

$$B_4=\frac{\Phi_t}{S_4}=\frac{8.49\times10^{-5}}{1.57\times10^{-2}}=5.4\times10^{-3}\text{Wb/m}^2$$

在④中所必要的磁场强度 H_4，用真空磁导率：

$$\mu_0=4\pi\times10^{-7}$$

则

$$H_4=\frac{B_4}{\mu_0}=\frac{5.4\times10^{-3}}{4\pi\times10^{-7}}=4.3\times10^{3}\text{AT/m}$$

由于空隙部的长度 $L_4=1.7\times10^{-1}\text{m}$

故

$$(NI)_{最小}=H_4\times L_4=4.3\times10^{3}\times1.7\times10^{-1}=7.31\times10^{2}\text{AT}$$

关于铁制部分的①②③由材料（铸钢）磁化特性曲线求出对应于所要磁束密度的磁场强度 H，算出激磁力为宜。由图 6-73 的曲线可见，对上述大小的 B，磁场强度得非常小，因此是大略的情况，包括安全系数在内，全部的激磁力由下式确定：

$$NI=2\times731\approx1500\text{AT}$$

常用电流为 0.5A，匝数为 3000 匝。在①的铁制部分绕 1 层。电流为 250A 时，绕 $3000\div250=12$ 层就可以了。所使用的电线为 O 型聚乙烯线，线径 $\phi0.6$mm。最大加工外径为 $\phi0.7$mm 时，则 1 层的长度为 $0.7\times250=175$mm；厚度为 $0.7\times12=8.4$mm。

线圈的电阻长度：

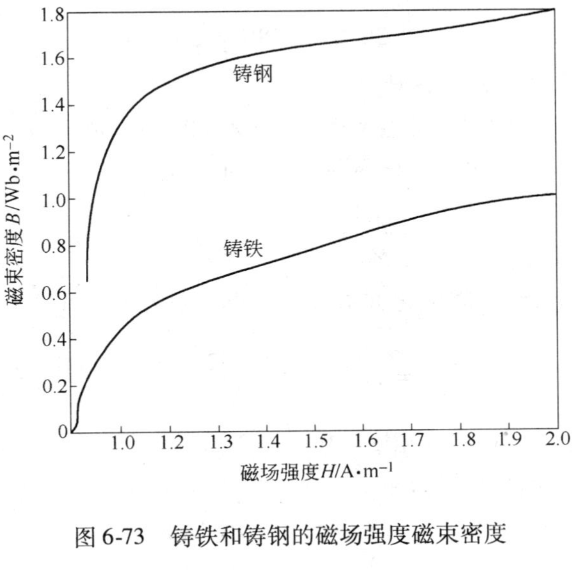

图 6-73　铸铁和铸钢的磁场强度磁束密度

$$L_a = 2(30 + 8.4) + 2(140 + 8.4) = 374\text{mm}$$

故线的全长：

$$L = 3000 \times 374 \times 10^{-3} = 1120\text{m}$$

线圈的线径为 ϕ0.6mm 时，电阻大概为 66.6Ω/km，如线全长 1.1km 时，电阻则为：

$$R = 1.12 \times 66.6 = 74.5\Omega$$

重量计算如下：

如图 6-72 所示的铁心结构时，铁心体积分别求出：

①断面积：$S_1 = 4.2 \times 10^{-3}\text{cm}^2$

长度：$L_1 = 2.4 \times 10^{-1}\text{m}$

体积：$V_1 = 1.01 \times 10^{-3}\text{cm}^3$

②断面积：$S_2 = 4.2 \times 10^{-3}\text{cm}^2$

长度：$L_2 = 95 \times 10^{-3}\text{m}$

体积：$V_2 = 0.399 \times 10^{-3}\text{m}^3$

③断面积：$S_3 = 1.57 \times 10^{-2}\text{cm}^2$

长度：$L_3 = (30 + 35) \times 10^{-3} = 6.5 \times 10^{-2}\text{m}$

体积：$V_3 = 1.02 \times 10^{-3}\text{m}^3$

总体积为：$V = V_1 + 2V_2 + 2V_3 = 1.01 \times 10^{-3} + 2 \times 0.399 \times 10^{-3} + 2 \times 1.02 \times 10^{-3}$
$= 3.85 \times 10^{-3}\text{m}^3$

铁的比重为 $7.87 \times 10^3\text{kg/m}^3$ 时，则：

$$W_i = 7.87 \times 10^3 \times 3.85 \times 10^{-3} = 30.3\text{kg}$$

另外，线圈用 ϕ0.6mm 的导线时，重量为 2.6kg/km 时，1.1km 时重量为：

$$W_c = 2.6 \times 1.1 = 2.86\text{kg}$$

故总重量为：

$$W = 30.3 + 2.86 = 33.16\text{kg}$$

6.10.3.3　二次聚焦线圈的设计

为使 6.10.2 中（2）的二次聚焦线圈得到 $Z = 2.16$，则 $R_0' = -0.92$ 是必要的条件，故由式（6-54）中可求出二次聚焦线圈固有焦点距离为：

$$f = -\frac{L}{R_0' Z} = \frac{47.7}{0.92 \times 2.16} = 24\text{cm}$$

焦点距离可以在 20～30cm 之间变化，由式（6-55）中可求出 NI 安匝值：

$$(NI)_{最小} = F_K \times 7\sqrt{V}\sqrt{\frac{2r_\rho}{f}} = 0.81 \times 7 \times \sqrt{\frac{2.5 \times 10^4 \times 21.6}{20}} = 9.31 \times 10^2\text{AT}$$

由图 6-70 所示，二次聚焦线圈铁壳内定为 $2r_\rho = 21.6$。

对于 $f = 30$cm，同样可以计算出：

$$NT = 7.6 \times 10^{-2}\text{AT}$$

因此，700 ~ 1000AT 可以变化。绕制的线圈与第一聚束线圈相同，采用 O 型聚乙烯 ϕ0. 6mm 的导线，加工直径 0. 7mm 的话，则最大电流为 0. 5A，故线圈是 2000 匝，其纵向绕 80 匝，横向绕 25 匝时，线圈断面尺寸纵向 0. 7 ×80 =56mm；横向 0. 7 ×25 =18mm。

线圈中心径约 25cm，故线的全长为：

$$L = \pi DN = 3.14 \times 25 \times 2000 = 1570 \approx 1600\text{m}$$

线圈的电阻在 20℃时，则：

$$R = 1.6 \times 66.59 = 107\Omega$$

线圈的铁壳厚度为 5mm。

参 考 文 献

[1] 稀有金属加工手册编写组．稀有金属材料加工手册[M]．北京：冶金工业出版社，1984.
[2] 西安电炉研究所．电炉[M]．北京：机械工业出版社，1977.
[3] Entrekin C H，Harker H R. State of the Art in ElectronBeam Melting of Titanium. Titanium'92 Science and Technology[C]. Arrendale，PA：TMS-AIME，1993：2339.
[4] 宝钛集团有限公司广告．2008.
[5] 张继玉，等．真空电炉[M]．沈阳：东北工学院，1987.
[6] 尹中荣，马元，等．新型电子束熔炼炉的研制[J]．沈阳《真空》杂志社，2003. 6.
[7] 李献军．钛铸锭现代熔炼技术[J]．钛工业进展，1999(2).
[8] 陈战乾，国斌，等．2400kW 电子束冷床炉熔炼纯钛生产实践及工艺控制[J]．金属世界，2009(2).
[9] 王立新．日本东邦公司的 1800kW 电子束冷床炉[J]．钛工业进展，2000(4).
[10] 西北有色金属研究院．《钛工业进展》编辑部．2001 年第 6 期．
[11] 张英明，周廉，等．电子束冷床熔炼 TC4 合金的热平衡分析[J]．钛工业发展，2008，25(6).
[12] 日本真空技术株式会社内部资料．60kW 电子枪的设计．
[13] 徐颖．稀有金属真空熔炼．宝鸡有色金属加工厂职工教育培训中心．1999-10.

7 真空感应炉

真空感应炉是在真空状态下，利用电磁感应作用在导体内产生感应电流，由于导体的电阻而产生热能的一种电炉。真空感应炉根据用途的不同，有真空感应熔炼炉、真空感应烧结炉、真空感应钎焊炉等许多种。

真空感应熔炼炉，也是一种无芯感应熔炼炉，这种电炉的坩埚装置置于封闭的炉室内，将金属炉料放置在坩埚内。熔炼时，炉室内被真空机组抽到工艺规定的真空度，金属及其合金就在真空状态下进行熔炼和浇铸，可以避免空气对热态金属与合金的污染，熔炼产生的物化反应快而完全，感应熔炼的特点能够得到充分发挥等，从而得到高质量的材料。主要用来熔炼耐热合金、磁性材料、镍及电工材料、高强度钢、原子能反应堆用材料等。钛的大型熔铸目前还在研发阶段。

真空感应熔炼炉一般具有加热速度快，金属损失少，功率控制方便，熔炼质量好，易于实现机械化、自动化一系列的优点，因此，在许多工业部门中得到广泛的应用。真空感应烧结炉，主要用于金属材料加热，热处理以及粉末冶金烧结等。

其中真空感应熔炼炉和真空感应烧结炉用得最多，现着重介绍真空感应熔炼炉。图7-1为200kg卧式真空中频感应炉，它主要由以下五大部分组成。

图7-1　200kg 真空感应熔炼炉[1]

（1）炉体部分。它由合金加料装置、观察装置、取样装置、测温装置、浇铸系统、炉体驱动系统组成。

（2）感应器部分。它是由耐火材料打结制成的坩埚、感应圈、坩埚翻转机构包括翻转轴（导电杆）、支架等组成。

（3）真空系统。由真空泵、真空管道、真空阀门、真空测量等组成。

（4）电源及电控部分。由可控硅中频电源、电气控制系统等组成。

（5）水冷却系统。由水箱、水管、阀门等组成。

它们的主要部件作用及设计在后面章节中着重叙述。

7.1 感应加热与熔炼的物理基础

7.1.1 电磁感应现象与感应加热的物理实质

当给一个导体通电流时，则在导体周围产生磁场，这个磁场可以用磁力线来形象地描绘出来。以长直导线和螺旋形导体（又称为螺线管）为例，导体中通过的电流及其所产生的磁场如图 7-2 所示。

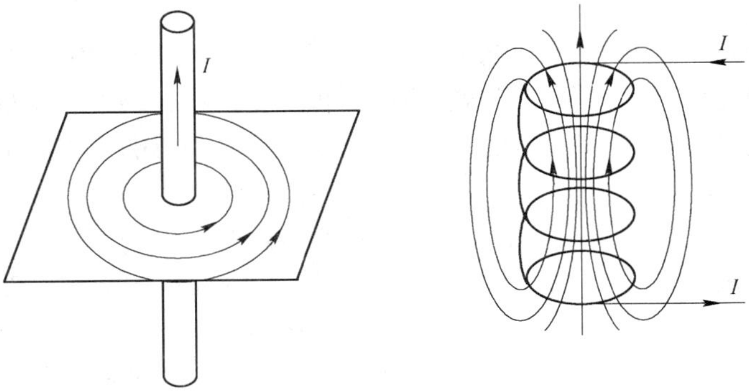

图 7-2 电流与磁力线方向

带电导体所产生的磁场强度大小和方向都直接受电流的大小和方向影响，在图 7-2 中给出了电流方向和相应的磁力线方向。当电流方向改换时，磁力线亦改换方向，它们之间服从右手定则。应用右手定则对直导线所产生磁场的判别方法是：右手半握空拳，大拇指伸直，其余四指成半弯曲状，若空拳握住直导线，且用大拇指指向电流方向，其余四指指向即为磁场的磁力线方向。对螺线管形导体的判别方法：右手亦取半握空拳，大拇指伸直，四指顺螺线管形包绕，若这时四指指向导体中电流方向，则大拇指的指向为磁力线方向。图 7-2 为相应的磁力线形状和方向。

与带电导体产生磁场的相反的现象，即为电磁感应现象，当把一根磁铁棒向着螺线管的空心中部移进或移出时，如图 7-3 所示，发现线圈中有电流产生，其表现是连接于线圈回路中的电流表的指针有偏转。进一步试验，又观察到如下现象：当把磁铁棒移进和移出时，发现电流表指针的偏转方向不同，这说明在上述两种状态下，线圈中所产生的电流方向是不一样的；当磁铁棒不动，而把螺线管拿来做上述相对运动，则发现亦有上述同类现象产生；而最后发现当磁铁棒和线圈相对静止时，电流表指针不再动，说明这时线圈中无电流产生。

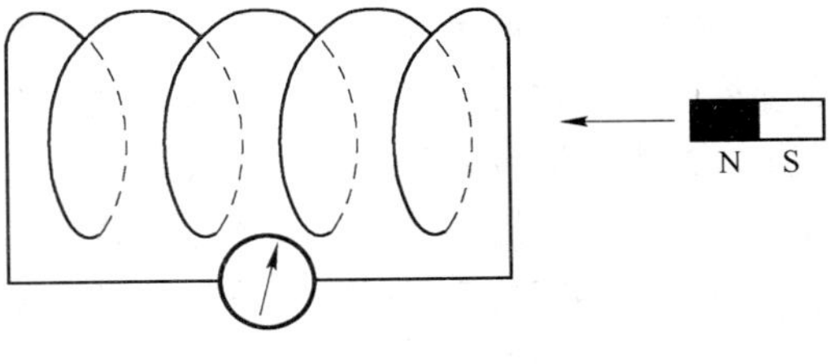

图 7-3 电磁感应现象

概括后一实验而得知，在一定的条件下磁亦能产生电，总结前后两个实验，可以做如下结论：磁和电是可以互相转换的，在一定的条件下电可以产生磁，磁亦可以产生电。关于这种转换的实质通过下述试验得到进一步的揭示。

有一闭合导电回路如图 7-4 中 $abcd$，如把 $abcd$ 回路放置在均匀恒定磁场 B 中，磁场 B 垂直于纸面而向外，回路中导线 ab 可以左右自由滑动，但所连回路不断，在 $abcd$ 构成的回路中有一个电流表。

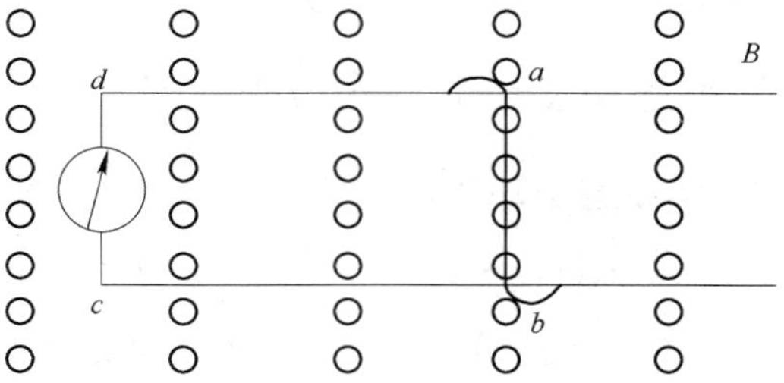

图 7-4　电磁感应原理

在这个实验中我们看到，当 ab 导线左右快速滑动时，回路 $abcd$ 所包围的磁通量发生变化，这时电流表中有电流流过，指针有偏转，即这时回路中产生了电流。又看到，当 ab 左移（即回路包围磁通减少）和右移（即回路包围磁通增加）时电流的方向不一致。实验中还可看到，保持回路所包围面积不变，将其绕垂直于磁场的轴旋转，这时回路中也有电流显示；如不改变回路面积，只是将回路顺着磁场方向平移（回路包围的磁通不增减），这时就无电流显示。

通过以上实验，我们可以得出如下结论：如有一闭合导电回路，当通过这个回路所包围的面积内的磁通量发生变化时，回路中就产生电流，这种电流称为“感应电流”。电磁感应现象及感应电流是感应加热中基本现象与基本参量。

关于电磁感应现象的物理解释。物理学对电磁感应现象的物理实质，给出如下极简单明了的解释：电场和磁场间有着互相依存的关系，当磁场发生变化时（如把磁铁棒移近或移远时，线圈所处磁场就发生变化），就将产生电场，反之当电场变化时，也将产生磁场，交变磁场必将产生交变的电场。置身于这种交变电磁场中的金属物料，其中的自由电子受到电场力的作用，发生定向移动，即形成电流，这就是感应电流产生的物理解释。

在掌握了上述知识后，我们就可以对于感应加热的原理，做一初步介绍。感应加热基本模型如图 7-5 所示。线圈中放一导体（被熔炼的金属料棒），当给线圈通以交变电流时，线圈产生交变磁场，穿过金属料棒的磁通也相伴发生变化（即相当于回路所包围的面积内的磁通发生变化），因此金属料棒中就产生感应电流（在交变磁场下产生的电场对金属料棒中电子的作用）。感应电流不断地流过有电阻的导体（料棒）时，因料棒自身电阻而发热，即感应加热。这就是一切感应加热的基本原理。

为了对感应电流有深入的了解，下面再对其有关性质加以说明与比较。由交变磁场所产生的电场，与普通电场有所不同，它的电力线是闭合的（通常电场中的电力线是不闭合的），因此这种电场又叫涡旋电场。由涡旋电场作用而在导体中产生的电流叫涡流。涡流在金属导体中自己构成闭合回路，又因金属的电阻很小，这个电流可达到很大，因此所产生热效应也很大，足可把金属加热至熔化。普通感应熔炼与真空感应熔炼都是利用这种原理，所以感应加热又称为涡流加热。

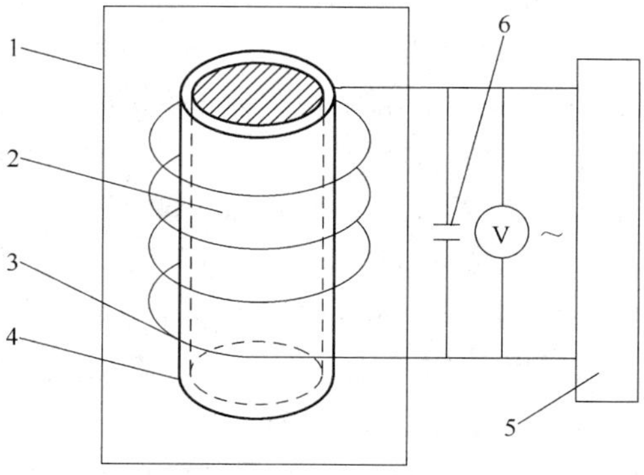

图 7-5　真空感应加热基本模型
1—真空室；2—金属物料；3—感应圈；
4—坩埚；5—电源；6—电容

感应加热与电阻加热的区别如下。电阻

加热是电源通过有形导线，直接和有很大电阻的发热体的金属导体相接，当电源电流通过发热体时，由于发热体自身的电阻作用而发热，发热体以这种热能来对外做功，即再加热其他物体。而感应加热的被加热的物体（如料棒）不和电源直接进行有形导线的连接，而是借助于电磁变换，在被加热物体内产生电流，可以说这是一种“无形”的连接。另外，被加热物所产生的热，即用来加热自身。当然两者的相同点都是电流流动遇电阻而发热。

进一步实验得知，感应电流的方向，始终与原来的电流方向相反，因此感应电流所产生的磁场，总是与原电流磁场相反，原电流磁场变化才有感应电流磁场产生，所以感应电流磁场总是抵抗任何电磁感应变化，而力图保持原来的磁场不变[2]。

7.1.2　集肤效应与透入深度

7.1.2.1　集肤效应

取一根圆形断面直导线，当给导体通以直流电流时，电流在导体截面上分布是均匀的，即整个截面都导电。若用电流密度 δ 这一概念(即通过截面的电流 I 被截面积 S 除之商)来表征时，即可以说在导体截面上电流密度处处相等，但由于导体不同截面上电流 I 不相等，所以在一根导体的不同截面上电流密度也不相等，电流密度的方向平行于导体轴线，如图 7-6 所示。

当电流通过导体时，在导体内部或导体周围空间中都将产生磁场，导体为圆形截面时产生的磁力线是一系列的同心圆。圆的中心位于导体轴线上，圆周围上任何一点的磁场强度方向都与该圆周相切。

而当给一圆柱形长导体通以交流电时，这时电流沿导体截面分布是不均匀的，导体表面的电流密度最大，而在其中心轴线上电流密度最小，由外向内发生连续变化。交流电流在通过导体时，在导体截面上电流分布不均匀（即电流密度 δ 不相等），表面电流密度大，中心电流密度小，这种现象称为交流电的“集肤效应”。在感应加热中，电源电流是交流电，感应电流也是交流电，因此都同样有集肤效应，其表面电流密度很大。

关于集肤效应的解释如下。当给一个导体通以交流电流时，实际上就意味着电源在导体中建立了交变电场，这个电场的强度在导体不同截面而不同，但在同一截面上却处处相同。当给导体通以交变电流后，围绕导体产生交变磁场。根据电磁感应原理，交变电流所产生的交变磁场还将在导体中产生交变电场及感应电流，并且这一个电场及其感应电流都与电源电场及电源电流方向相反，如图 7-7 所示。

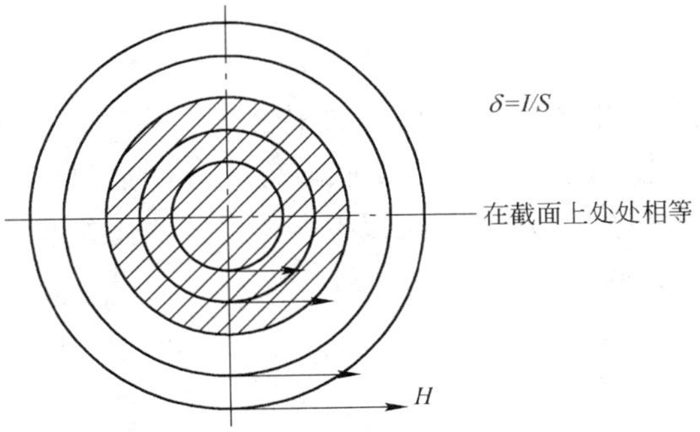

图 7-6　通电截面电流密度分布

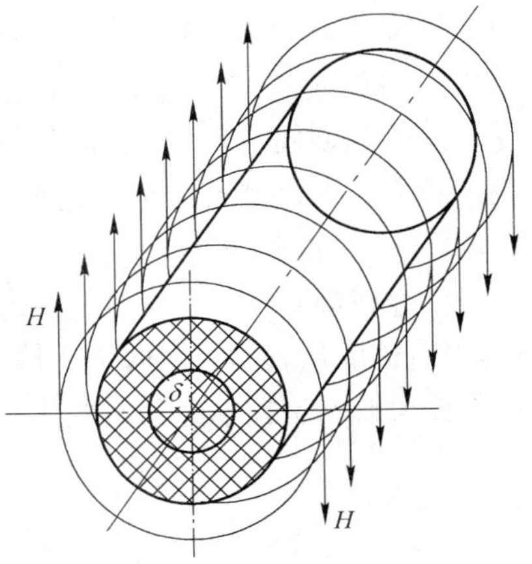

图 7-7　集肤效应

δ—电流密度分布；H—磁场强度分布

若把导体看成是由若干无限小的细电流线所构成，全部电流线汇总组成该导体，全部电流线所通过的电流总和等于导体所通过的电流。这时我们发现在导体轴线附近的电流线，交链着全部的磁通（包括导体内部的和导体外部的），然而导体表面上的电流线，仅交链着部分磁通（里层部分未交链上），根据电磁感应定律，交链磁通多，感应电场强，交链磁通少，感应电场弱。因而由感应而产生的电场强度必然是靠近导体轴线处大，而在外表面处小（因为感应电势与 $\mathrm{d}\Phi/\mathrm{d}t$ 成正比，中心部分交链磁通多，所以 $\mathrm{d}\Phi/\mathrm{d}t$ 大），从导体中心最大向外连续变化到最小。

综上所述，在这种情况下，在导体内同时有两种电场存在：一种是电源电场，它在导体截面上处处相等；另一种是电磁感应产生的交变电场，可称为感应电场，这一电场在导体截面上分布是不均匀的，里大外小。两种电场的方向是相反的。它们的综合作用结果，决定导体内最终的场强分布关系。两种电场的作用结果是：总电场方向是电源电场的方向，而大小则是外表电场强，中心电场弱，这种变化是连续的，从外表面最强连续变化到中心最弱。导体内电流密度总是受总场强作用决定的，所以电流密度也是外表大，中心小。这种变化关系见图 7-8 和图 7-9。

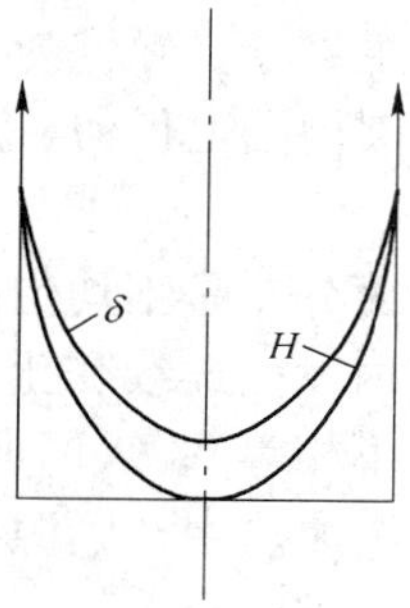

图 7-8 电流密度与磁场强度分布

δ—电流密度分布；H—磁场强度分布

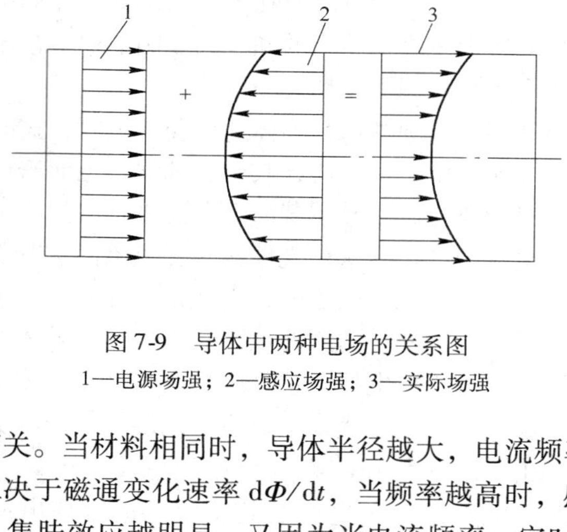

图 7-9 导体中两种电场的关系图

1—电源场强；2—感应场强；3—实际场强

集肤效应和导体半径大小、电流频率有关。当材料相同时，导体半径越大，电流频率越高，则集肤效应越明显。因为感应电势取决于磁通变化速率 $\mathrm{d}\Phi/\mathrm{d}t$，当频率越高时，感应电势作用越强，所以当导体半径一定时，集肤效应越明显。又因为当电流频率一定时，通过导体的磁通随导体半径的增大而增加，而通过导体的磁通越多，则导体内外的感应电势差别越大，所以集肤效应也越明显[2]。

7.1.2.2 透入深度

由于存在集肤效应，交流电在导体中流动时，单位面积的有功功率也是表层大，而中心小，即电流密度从表面最大向中心最小而连续变化。这种变化，当集肤效应十分明显时（如因导体半径大或电流频率高），其变化规律服从指数规律衰减，并可用以下方程表达变化关系：

$$\delta_X = \delta_0 e^{-aX} \tag{7-1}$$

式中 δ_0——导体表面上的电流密度；

X——从导体表面到内部某点的距离；

δ_X——导体内 X 点的电流密度；

e——自然对数之底数，e＝2.718；

a——系数。

$$a = 0.2\pi\sqrt{\frac{f}{1000}\frac{\mu}{\rho}} \tag{7-2}$$

当取 $X=1/a$ 时，则式（7-1）简化为：

$$\delta_X = \delta_0/e = 0.368\delta_0 \tag{7-3}$$

我们称 $X=1/a$ 时的 X 为电流透入深度，并重新命以代号为“Δ”，单位为 cm，从式（7-2）解得 Δ 的表达式为：

$$\Delta = \frac{1}{a} = 5030\sqrt{\frac{\rho}{f\mu}} \tag{7-4}$$

式中 ρ——导体的电阻率，Ω·cm；

μ——导体的相对磁导率；

f——电流频率，Hz。

由式（7-3）可知，透入深度表示这样一种概念，在电流分布不均匀的情况下，在透入深度这一层内集中着大部分电流，若假设表面电流密度为 1 时，在透入深度的最里层处电流密度为表面电流密度的 36.8%。显然再往里层时，电流密度更小了。这种变化见图 7-10。

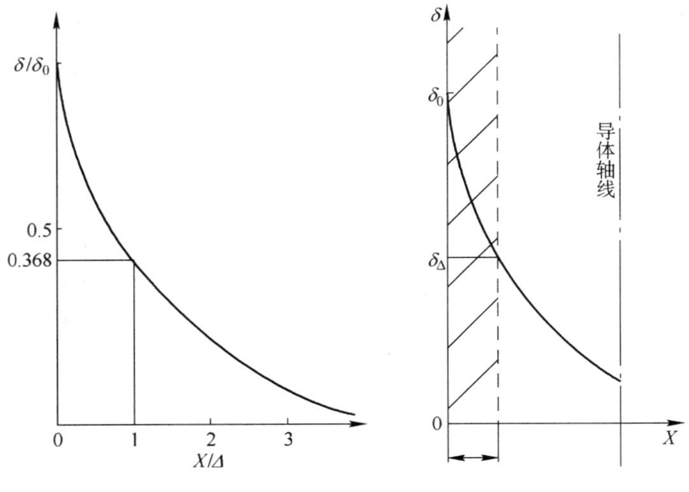

图 7-10 电流密度与透入深度关系图

由式（7-4）可知导体的透入深度取决于它的比电阻和磁导率及电源的频率。由于导体的比电阻材料的磁导率都与温度有关，所以透入深度也与温度有关。比电阻随温度升高而增大，因此，高温下的透入深度较大。比电阻和磁导率都是材料固有的物理特性，所以感应加热时，只有电源频率是可控的参数，改变频率就可以改变透入深度。那么引入透入深度这一概念有什么实际意义呢？

透入深度是表达集肤效应的具体数值，简化计算，既然在交流电路中，电流在导体中都不是均匀分布，而是按指数规律分布，在做有关电工计算时，必将十分麻烦，当引入这一概念后，就可以作一定的假设，使电流分布是一种易于计算的规律。这种假设就是：在交流电路中，导体中流过的电流，全都集中在 Δ 层内，并且在 Δ 层中电流是均匀分布的，而平均电流密度为 $\delta_0/\sqrt{2}=0.71\delta_0$。根据这种假设，计算导体电阻时，导体的截面积就不再以 $S_0=\pi R_0^2$ 算，而是以 $2\pi R_0\Delta$，即用环形面积代替圆面积。

在理论上，经过分析计算得知，在 Δ 层的最里边，电流密度仅为表面电流密度的 36.8%，也就是说导体通过的电流，大部分集中在 Δ 层中，通过 Δ 层以外的部分是很少的。又因为电流在导体中所产生的热量，是与电流的平方成正比的，因此功率密度由表面向中心的衰减程度较电流的衰减更为剧烈，在 Δ 层的里边处，功率已降为表面的 13.6%，有功功率的 86.4% 集中在厚度为 Δ 层的表面层内，这个表面层厚度称为“透入深度”。因此，若忽略其余部分，作近似计算是完全可以的。在作感应炉设计时，即用这一概念，相应地进行近似计算，其计算结果完全满足要求。根据理论分析得知，当导体半径大于 7Δ 时，上述这种假设相当符合实际。而在实际中虽达不到这一数值范围，但计算都可满足要求[2]。

7.1.3 邻近效应与圆环效应

7.1.3.1 邻近效应及物理解释

当有两根都通以交流电的导体相互靠近时，或将一根通电导体移近另一根通电导体时，在相互的影响下，两根导体中的电流都要作重新分布，这种现象叫邻近效应。这是感应加热中继集肤效应的又一个重要效应。

邻近效应指出，当两根相互靠近的导体中，通以方向相同的交流电流时，则两根导体外侧的电流密度大于内侧，如图 7-11*b* 所示。而当两根导体中通以方向相反的电流时，则两根导体内侧的电流密度大于外侧，如图 7-11*a* 所示。当邻近效应十分明显时，导体中的电流都只从这一薄层通过。很显然，由于这种效应的存在，又将引起新的变化。

邻近效应的物理解释如下。

若两根导体中在任何瞬间都通以大小相等，方向相同的电流时，如图 7-11*b* 所示。每根导体各自产生自己的磁场，当两根导体靠近，两磁场相互作用，总的作用结果是，在两

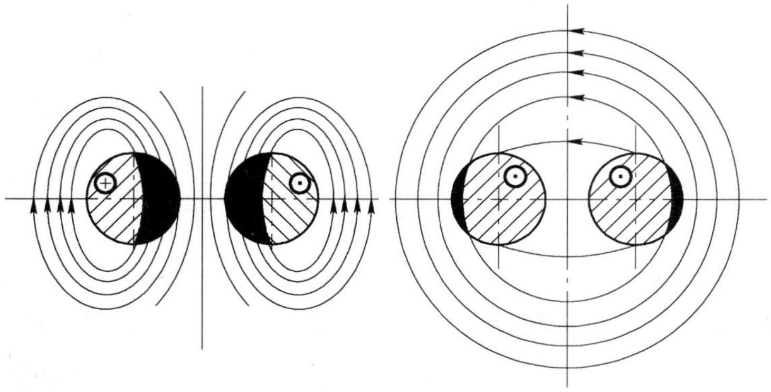

a *b*

图 7-11 邻近效应

根导体之间磁场互相抵消，而导体外侧磁场加强。总的磁力线将包围两根导体，并有一部分磁力线穿过导体外侧截面，采用与集肤效应相同的分析方法，两根导体内侧的电流线将有交链多的磁通，外侧交链的磁通较少，因而内侧自感电场强，外侧感应电场弱，电源电场和感应电场合成总电场则是外侧电场强，内侧电场弱，电流最后分布合成总电场决定外侧电流密度大，内侧电流密度小。

若两根导体在任何瞬间都通以大小相等，方向相反的交流电流时，如图 7-11*a* 所示，由于两根导体的自身磁场互相作用结果是，导体之间的磁场加强，而外侧的磁场互相抵消而削弱。

总的磁通不仅通过导体之间的气隙，而且也穿过导体内侧截面，这样导体外侧的电流线将交链较多的磁通，因而自感电场强，由电源电场和感应电场所合成的总电场，在导体外侧弱，内侧强，因此导体内侧的电流密度大，外侧电流密度小。

邻近效应和导体间的距离有关，距离越近邻近效应越明显。邻近效应与集肤效应不同之处在于，集肤效应是导体中电流分布只受自身磁场影响。而邻近效应表明，电流的分布不仅受自身磁场影响，而且还要受到邻近效应的影响，最终的电流分布关系是各种磁场的综合作用结果[2]。

7.1.3.2 圆环效应及物理解释

当给一圆环形导体通以交流电流时，则在圆环的内侧出现电流密度大的现象，这种现象叫圆环效应（也称线圈效应）。

当一根直的导体有电流流过时，所产生的磁场的磁力线，是以导体轴线为中心的同心圆，其分布是均匀的。此时若将直导线弯成圆环形时，磁力线也相应随之变化，磁力线在圆环内部密集，而在外部则分散，这时有一部分磁力线穿过圆环内侧截面，其形状如图7-12*a* 所示。因此截面外侧的电流线交链有较多的磁通，因此感应电场较强，电源电场与感应电场合成的总电场则是内侧电场强，外侧电场弱。所以内侧电流密度大于外侧。受圆环效应影响，圆截面的环形导体中电流密度分布规律如图 7-12 所示。感应炉上的感应圈是典型的环形导体，因此通电工作后必将产生圆环效应[2]。

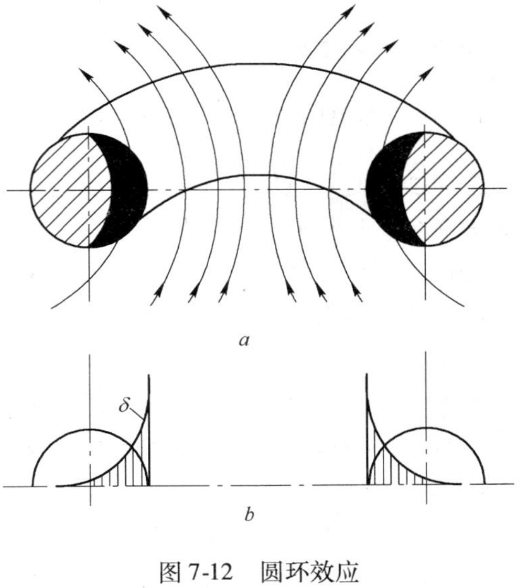

图 7-12 圆环效应

7.1.3.3 关于感应加热原理的综合分析

感应炉的结构模型如图 7-13*a* 所示。在感应器 1 中放置金属物料 2，当感应器通以交变电流，则产生交变磁场，金属物料中产生感应电流，感应圈本身则表现为圆环效应，感应圈与金属物料间即表现为邻近效应，而金属物料本身表现为集肤效应。感应圈和金属物料中的电流分布如图 7-13*b* 所示。

由于金属物料的电阻很小，所以感应电流相当于普通电路的短路状态电流，其值很大，又由上述效应综合作用结果，强大的电流其分布又很集中，电流密度十分大，因此热

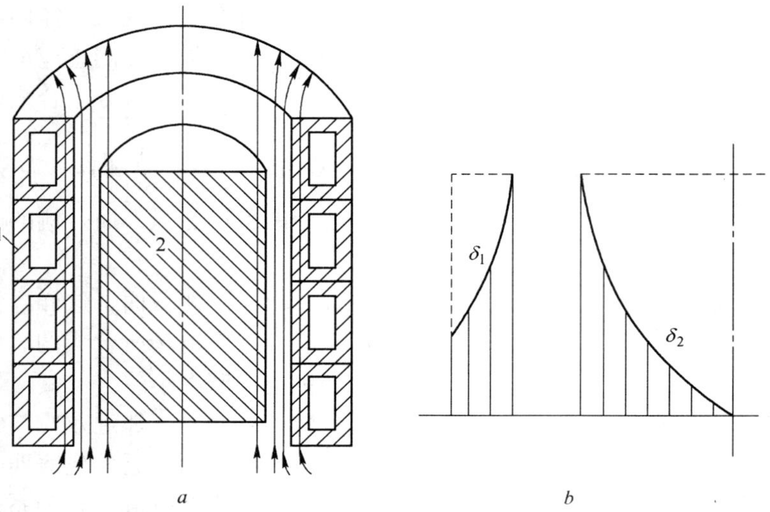

图 7-13　总合效应

1—感应圈；2—金属物料；δ_1—感应圈中电流密度；δ_2—金属物料中电流

效应十分大，足可以把金属加热以致熔化。这就是当今被广泛应用作感应加热与感应熔炼的工作热源的基本原理[2]。

7.1.4　感应加热时的传热及温度分布

感应加热时，电能是靠电磁感应而输入到金属材料中去的，并在集肤效应作用下，电流集中在金属物料外层中（即透入深度），该层首先发生由电能到热能的转变，金属物料内层是靠热传导而被升温加热的，所以在加热过程中，始终存在由 Δ 层向中心的传热过程。因此金属物料导体内各点的温度是不一致的，并且在一直变化着。

当集肤效应非常明显时，Δ 层很小，电流密度很大，因此热效应也十分显著，这样外层的金属很快被加热而熔化。很显然，Δ 层越小，电流密度越大，外层熔化越快，但向内传热的时间要增长，整个工件温升慢；反之，若 Δ 层大，电流密度小，外层加热慢，但向内层传热的时间减少。

在实际坩埚中，由于有上述传热过程产生的温差，还由于散热条件不一样，所以坩埚中温度分布是不均匀的。一般分布如图 7-14 所示。这就要求我们在设计炉子和使用时也要注意[2]。

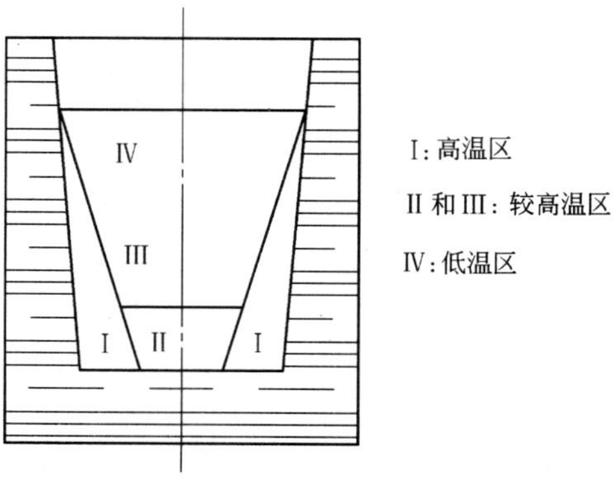

图 7-14　坩埚中温度分布

7.1.5　电动力效应与搅拌作用

当将一带电导体移入磁场中时，磁场对带电导体产生一种力，使它产生运动，这种力在物理上叫电动力效应。电动力方向服从左手定则：左手四指并拢伸直，大拇指与四指垂直伸开，手心对着磁场的方向，手掌心紧贴导体，让电流由掌心流向四指尖。这时大拇指所指方向即为电动力的方向，也即带电导体的运动方向。

电动力 $F(\mathrm{kg/cm^2})$ 的大小可用下式确定：

$$F = K\frac{P_2}{\sqrt{f}} \tag{7-5}$$

式中　P_2——炉料吸收功率，kW；

f——电源频率，Hz；

K——系数。

式（7-5）说明，电动力 F 与炉料吸收的功率 P_2 成正比，与电流频率的平方根成反比，f 对电动力 F 的影响较大。

感应炉中的熔融金属物料就是一带电导体（带感应电流），它又置身于感应器所产生的强磁场中就构成产生电动力效应的全部条件，因此必然会产生电动力效应。关于这种电动力效应及相应产生的搅拌作用，见图 7-15。

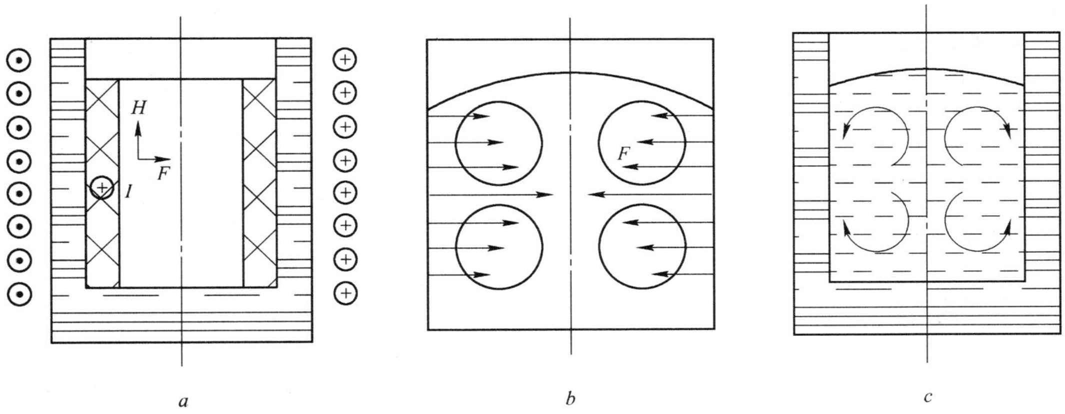

图 7-15　电动力效应

在熔融状态的金属物料中，由于受三种效应的综合作用结果，感应电流集肤于外表层 Δ 中，此时，可以把它近似看成是一带电圆环形导体，其感应电流方向始终与感应圈中电源电流方向相反，用左手定则判定出电动力方向，它始终是指向坩埚轴线的，见图 7-15a。但由于感应圈是短线圈，两头有端部效应，感应圈两头相应的电动力变小，电动力的分布为：两头小，中间大，见图 7-15b。受电动力作用，液体金属产生运动，运动规律服从受力规律。由于中间力大，两头力小，金属首先从中部开始向坩埚轴线运动，到中心相汇后，分别向上和向下流去，后续金属液体推动，这种现象连续不断循环下去，便形成了金属的循环运动。在坩埚的垂直剖面内，可以看到金属运动所形成的 4 个区，如图 7-15c 所示。很显然，只要感应器不停送电，金属又保持液体状态，这种运动就会永不停息。液体金属运动对自身的搅拌作用，运动不停，搅拌不止。

由于这种效应带来了对熔融金属的强烈搅拌作用，在工业上叫做电磁搅拌。如前所述，电磁搅拌构成感应熔炼的一大特色。真空感应炉的自我搅拌作用发生在真空条件下，其优点是借助于搅拌作用，能加速熔炼中的物化反应，使合金成分分布均匀，熔融金属温度一致，并能充分脱气和排除夹杂。但激烈的金属运动不断冲刷着高温下的坩埚，不但降低坩埚的使用寿命，还有一部分坩埚材料冲掉混入金属物料中，这是不利的[2]。

7.1.6 感应加热过程中材料物理性能的变化

材料的物理性能，如导电、导磁性能，对感应加热有很重要的影响，在此以前，我们都是把它们看成是不变的常数，而实际则不然，在加热过程中，它们都将发生变化。

截面为$1mm^2$，长为1m的导体所具有的电阻值叫某种材料的电阻率，一般说来，导体的温度越高，其电阻率越大，当温度从0℃升高到800～900℃时，钢的电阻率增加4～5倍，如图7-16所示。电阻率与电场强度及磁场强度都无关。在800～900℃温度范围内，各类钢的电阻率几乎相等。

磁导率（$\mu_0 = B/H$）是表征材料导磁性能好坏的参数，根据材料的导磁性能好坏，即μ_0值大小，可把材料分为两类：磁性材料和非磁性材料。

非磁性材料包括铜、青铜、铝、不锈钢等，$\mu_0 = 1$，而且与温度和磁场强度都无关。磁性材料包括铁、镍、钴、钢等多种，它们的导磁能力很强，磁导率与温度有关，与所处之磁场强度有关。磁性材料的磁导率μ_0在磁场强度一定时，随着温度升高而下降，其下降规律如图7-17所示。从图中看到，开始时μ下降得很慢，而当温度超过某一临界温度（居里点）后，便急剧下降，直到相当于真空中的磁导率μ_0，以后不再有什么变化。

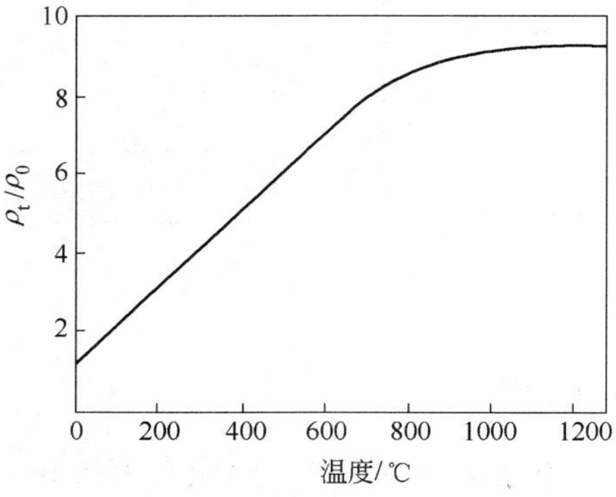

图7-16 温度与电阻率

ρ_t—温度为t℃时的电阻率；ρ_0—温度为0℃时的电阻率

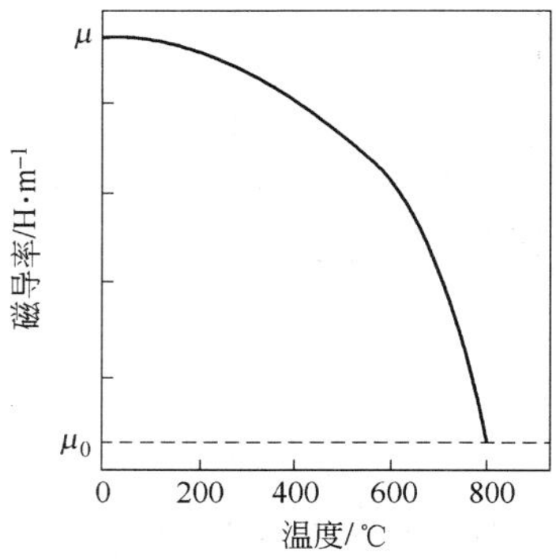

图7-17 温度与磁导率

在感应加热中，若当温度一定时，磁导率随磁场强度增加而减少，如前所述，导体内部的磁场强度是不均匀的，由表面向中心衰弱，因此磁导率从表面向中心增强，在加热过程中，由于被加热金属的内外温度不均，因此截面各点的ρ_0、μ_0值也不同，而且是不断变化的，如钢在居里点（730～760℃）前后相比，电流透入深度随温度升高变化很大，这样感应加热与熔炼炉的电参数也将随温度变化而变化。

被加热的金属材料所吸收的功率是与磁场强度、材料本身电阻率和磁导率都有关的。因此在设计感应炉时，必须充分注意在不同温度时，这些参数的变化，如所吸收功率的大小能否满足生产率的要求[2]。

7.2 真空感应炉的发展概况

7.2.1 国内部分

真空感应炉的工业应用，虽然早在几十年前就已从原理上得到解决，但真正用于工业生产中，还是在20世纪60年代。由于近代尖端科学技术的发展，对金属与合金材料的要求日益严格，它作为一种生产特殊材料的重要手段和工具而相随发展起来了。真空感应炉主要用于熔炼耐热合金、磁性合金、电工合金和高强度钢等。

我国从1960年开始制造真空感应炉，到目前为止，已具备有一定的规模，已有许多制造公司，产品种类也较多，并各自构成了系列。据不完全统计，其中立式系列有：10kg、25kg、150kg、500kg、1500kg容量的5种规格。卧式系列有：10kg、25kg、50kg、200kg、500kg、1500kg容量的6种规格，或者更大。国产真空感应炉性能参数见表7-1。

表7-1 国产真空感应炉性能参数表

型号	容量/kg	炉型	真空度		电源参数			制造厂
			极限真空度/Pa	工作真空度/Pa	功率/kW	频率/Hz	中频电压/V	
ZG-0.01	10	立式周期炉	6.65×10^{-2}	10^{-1}	40	4000	300/600	锦州北方电炉设备公司
ZG-0.025	25	立式周期炉	6.65×10^{-2}	10^{-1}	50	2500	375/750	
ZG-0.05	50	卧式双室周期炉	6.65×10^{-2}	1	50	2500	380	
ZG-0.2	200	卧式双室周期炉	6.65×10^{-2}	10^{-1}	200	2500	370	
ZG-0.5	500	卧式双室周期炉	6.65×10^{-2}	10^{-1}	500	2500	750	
ZG-1.5-B2	1500	半连续炉	6.65×10^{-2}	10^{-1}	600	150	500	
ZG-10	10	立式周期炉	6.65×10^{-2}	10^{-1}	50	2500	380	上海电炉厂
ZG-25	25	立式周期炉	6.65×10^{-2}	10^{-1}	50	2500	380	
ZG-150	150	立式周期炉	6.65×10^{-2}	10^{-1}	100	2500	750	
ZG-500	500	立式周期炉	6.65×10^{-2}	10^{-1}	500	2500	750	
ZG-1500	1500	卧式半连续炉	6.65×10^{-2}	10^{-1}	900	1000	750	

真空感应炉的使用，在国内已比较普遍，无论从使用范围上，还是使用数量上，在各种真空炉中都列居前位。随着工业的发展，所制造的真空感应炉无论在数量，还是从质量上都满足不了要求，因此很多科研和生产单位，都自行设计制造了很多的所谓非标准设备，如科研部门搞的试验炉，为小型或超小型，其容量只有几克。而生产单位制造大型真空感应炉，如上钢某厂所用的5t真空精炼炉（感应加热）即是很多科研部门和企业联合制造的，这也是当前我国最大的真空感应炉。但对于烧结钨、钼粉末冶金的300kg以上的真空感应炉还处于研究阶段，对熔炼钛金属的真空感应炉还需要人们继续

研究和探索。为了解决生产急需，我国从英国引进了3000lb真空感应炉，从德国引进了3t真空感应炉等。

7.2.2 国外部分

目前在世界上，无论从设备制造上，还是从使用上，真空感应炉都达到了相当高的水平，总结起来，可从几个方面说明这种发展速度及当今水平。

就设备制造而言，很多国家都已生产多年，产品构成完整系列，产品质量优良。如日本的FMI系列（日本真空技术公司）有12个规格，容量5~2000kg，功率15~600kW，频率500~10000Hz，最大容量为25t（熔炼钢）。德国IS系列（海拉斯公司）中，工业用炉有8个规格，坩埚容量3~25L，功率30~200kW，频率200~4000Hz。IS系列的大型炉子有12个规格，坩埚容量80~350L。IS系列特殊用途的炉子有6个规格，容量0.15~3L，功率25~50kW，频率4000~10000Hz。英国VSG系列（EIPHIAC公司）有6个规格，容量0.3~5t，功率220~1800kW，频率500~2500Hz。除此之外，德国的德古刹公司、瑞典ASEA公司制造的真空感应炉水平都相当高。ASEA公司制造的真空感应炉都是用中频电流熔炼，用低频（50~250Hz）进行搅拌，即所谓“双频炉”。这些国家制造的真空感应炉，性能都较好，配套完整，销往世界各地，它不但为生产提供了优良的设备，也把一些新技术带到全世界。

在一些经济发达的国家，如美国、德国、日本、俄罗斯等，真空感应炉不但使用早，而且相当普及。美国通用电气公司，使用一台容量为27t的真空感应炉，功率为6650kW，能在2.5h内熔炼料27t，其特点是功率比较大，比世界上炼钢的54t真空感应炉功率还大33%，浇铸室和熔炼室是分开的，这就可以实现连续生产。装料机构一次装5t，还配有一个13t的坩埚，供小容量用，全套设备自动化，由两个人操作。目前美国最大的真空感应炉有90~100t（炼钢）。对于熔炼有色金属的真空感应炉有60~1000kg等。

美国拉特罗布钢铁公司一个工厂，有一台容量为27t的真空感应炉，真空系统采用一台五级蒸汽喷射泵和20台油扩散喷射泵（油增压泵），冷态真空度可达10^{-1}Pa；工作真空度为$6.65\times10^{-1}\sim1.33$Pa；真空系统的漏气率为$2.6\times10^{-2}$Pa/min；炉内还装有7t和14t两种坩埚，共计3种坩埚，设备功率为2400kW。在热坩埚冷料的情况下，所需熔炼时间分别为：7t需2~2.5h，14t需4~5h，27t需5~9h。

在技术发展方面，双频搅拌、三倍频率电源、功率及功率因数的自动控制等先进技术，均已在真空感应炉上得到应用。就设备容量而言，各国都在向大型设备发展。

综合归纳：当感应圈通交变电流电源时，在感应圈中形成交变的电磁场，若其中存在金属材料，材料中因电磁感应产生感应电流，它在材料中流动，必须克服材料自身电阻而做功，因而电能转变为热能，把材料加热甚至熔化。

由于存在集肤效应，感应电流在材料截面上分布是不均匀的，表面电流密度最大。电能转变为热能差不多是在厚度等于透入深度的表面层内完成的。由于电动效应，熔体受到搅拌，成分因此均匀。

7.2.3 真空感应熔炼炉在钛工业的发展趋势

目前，世界各国对钛铸锭的生产主要是真空自耗电弧炉重熔（VAR）法，该方法的特点是熔炼速度快，可生产大型铸锭，生产的铸锭基本上可满足一般工业的要求。

真空自耗电弧炉熔炼和凝固结晶的基本特征是自耗电极不断地熔化,同时,铸锭自下而上地在坩埚内连续凝固增高。在熔炼过程中,冷却条件、熔池形状和深度等均不是一成不变的,而且,合金元素在凝固结晶时的分配系数各异，这样，不可避免地使合金元素或化合物在树枝状晶间富集而形成偏析。虽然人们已采取各种防范措施，但由于合金成分、原料状况、工序质量控制、实际熔炼条件、员工操作水平等各不相同，仍不可避免地会出现一些宏观和微观偏析，这是 VAR 法固有的缺点。合金的偏析对合金的性能影响极大，偏析与原料质量、粒度、合金在电极中的分布、熔炼时的掉块、熔池深浅、熔炼速度、磁场搅拌等多种因素有关。随着 VAR 法工艺的改进及管理的完善，钛锭生产中的宏观偏析是可以得到控制的。

近年来航空、航天工业及其他领域对钛材质量要求的提高，推动了人们着力研究开发出电子束、等离子冷炉床熔炼等新技术。同时，国外对钛感应熔炼的研究也比较活跃。

感应熔炼采用电磁感应加热原理，具有以下特点：（1）搅拌能力强，磁场产生强烈搅拌，使合金化学成分和温度非常均匀，从而提高了产品质量；（2）对熔炼炉料没有特殊要求，只要在尺寸外形上能放进坩埚就可以了，可把残废料，如块状、板边、车屑、管材、海绵钛，甚至粉末等直接作为熔炼原料，并不需要向电弧炉熔炼那样必须专门制备自耗电极，从而减少了电极制备的费用；（3）可把熔池提高到更高的过热度，这有利于复杂薄壁铸件的充满率，凝壳炉就无法做到。

图 7-18 水冷铜坩埚感应熔炼炉[3]

感应熔炼的缺点是：钛是活性金属，在高温下几乎与所有的耐火材料打制的坩埚起反应，被污染的钛将失去原有的良好工艺性能。因此人们着力解决坩埚材料以及熔炼方式的设备研究。在一些经济发达国家，如美国 BMI 研究所、法国 TARAMM 公司、德国 ALD 公司研究出水冷铜坩埚感应炉（称壳式感应熔炼），如图 7-18 所示。冷坩埚由水冷扇形铜片制造，用于浇铸钛精密铸件，真空感应水冷铜坩埚熔炼炉（钛的悬浮熔炼）。日本推出了使用 CaO 耐火材料坩埚的感应炉。详见 7.7 节。

7.3 真空感应熔炼的优点与缺点

7.3.1 感应熔炼炉的优点

感应熔炼炉同电弧炉、凝壳炉相比较有以下几个显著优点。

（1）不需要制备电极，减少其他辅助设备，可降低由于电极制备所需各种消耗及费用，可直接把原料投入坩埚内，也可以回收返回残料。

（2）被熔材料，从熔化完毕直到浇铸锭前，整体始终保持全液体状态。在具备全液体状态的条件下，就便于随时补充添加合金元素，以调整其合金成分，这是做到获取高性能材料的首要条件[2]。

（3）由于电磁力引起金属搅动，熔化所得的金属成分均匀，质量高，非金属夹杂少，吸收氧气比电弧炉少40%。

（4）炉温易于控制，温度可达1600℃以上，金属可过热。真空度、熔炼时间等比较容易控制，因而可以广泛应用于黑色及有色金属的熔炼。

（5）熔化升温快，生产效率高。

（6）合金收得率高，熔炼得到的金属材料中，实际含有某元素的量与冶炼中投入量之比称为合金收得率。在冶炼生产中，当投入炉内某一元素时，都会由于烧损、挥发等产生损失，一种合金材料性能的好坏只取决于最后的结果。真空感应熔炼炉，由于有可能采取相应措施，可以保证合金元素，特别是一些贵重元素烧损最小，这就既可以做到保证合金成分，又能保证贵重、稀有金属的有效利用。生产过程中一般采取3种措施来提高收得率。第一种方法是控制合金元素的加入顺序，第二是控制合金元素的加入时间，第三是控制合金元素的加入条件，做到这几点，就可使合金元素在熔炼过程中损失最小[2]。

（7）送电功率可调，调节方便。感应炉本身的主回路是电阻、电感串联，然后并联电容进行调节，以提高其功率因数。这个回路是很简单的，因此调节十分方便。这点首先是有利于对生产过程实现控制，同时做到电能的合理利用[2]。

7.3.2 感应熔炼炉的缺点

感应熔炼炉的缺点如下。

（1）耐火材料对被冶炼金属材料的污染。感应熔炼中，要用耐火材料打制的坩埚盛装被熔金属材料，在高温下，耐火材料常产生分解，其分解产物融入液体金属中，构成对被冶炼材料再次污染的主要来源。更由于感应炉的自我搅拌作用，加剧了这种危害程度，并且坩埚需经常打制[2]。

（2）感应熔炼的成本高。根据有关统计资料介绍，对于各种中小型真空炉而言，以生产每千克材料所花去的成本看，感应炉居首位，成本高。各种真空炉的成本排列次序为：真空感应炉 > 电子轰击炉 > 真空电弧炉。各种大型炉子成本相近。如果从制备电极相比，真空感应炉成本还是比较低的[2]。

（3）不适用于难熔金属的熔炼。真空感应熔炼炉用耐火材料做坩埚，因此，不能用来熔炼熔点高的难熔金属，如钨、钼、钽等。这些金属要用真空自耗电弧炉、电子束炉、真空等离子炉来熔炼。真空感应熔炼炉也不能用来熔炼会同耐火材料起作用的活泼金属，如钛、锆等纯金属及合金。钛是一种化学活性金属，钛熔液可与多种元素和物质发生化学反应，特别是空气中的氧、氮、氢、碳等，此外还会与卤素、磷和硫以及常用的耐火氧化物等发生化学反应。如果解决了耐火材料与钛及其合金在高温中发生反应的问题，将是钛工业的一个大的发展。因此，有待研究解决这一课题。

7.4 真空感应熔炼炉的分类

真空感应炉的分类标准尚不明确统一，因此，分法很不相同。各种书及杂志上的讲法也不一致。但就其电源设备通常用的电源频率分为：（1）50Hz，称为工频感应熔炼炉，用于铸铁、钢、铜、铝等熔炼，最小经济容量为750kg，最大容量为60t；（2）50~10000Hz，称为中频感应熔炼炉或烧结炉，用于耐热合金、镍、电工材料的熔炼或难熔金属粉末制品的烧结等；当为1000Hz时，最小经济容量75kg，最大容量20t。3倍频率（150Hz）时，最小经济容量为250kg；（3）10000Hz以上称为高频感应炉，用于特殊合金、特种钢的熔炼，最小经济容量8kg，最大容量50kg；频率不同，感应器也就不同。

根据真空感应熔炼炉的炉体形式，坩埚形式，以及两者相对位置与运动形式的不同而划分为不同的类型。正是由于上述特点的不同，才导致炉子结构发生了变化，相互间产生了差异。在这里仅以真空中频感应熔炼炉为例介绍。

根据以上分类标准，真空中频感应熔炼炉分为4种炉型：（1）卧式；（2）立式；（3）炉体倾动式；（4）下铸底漏式。

7.4.1 卧式炉

以ZG-250真空中频感应熔炼炉为代表，如图7-19所示。卧式炉的炉体轴线平行于地表安装，故称为卧式。生产中浇铸时，炉体不动，坩埚在转轴带动下倾转，实现浇铸工

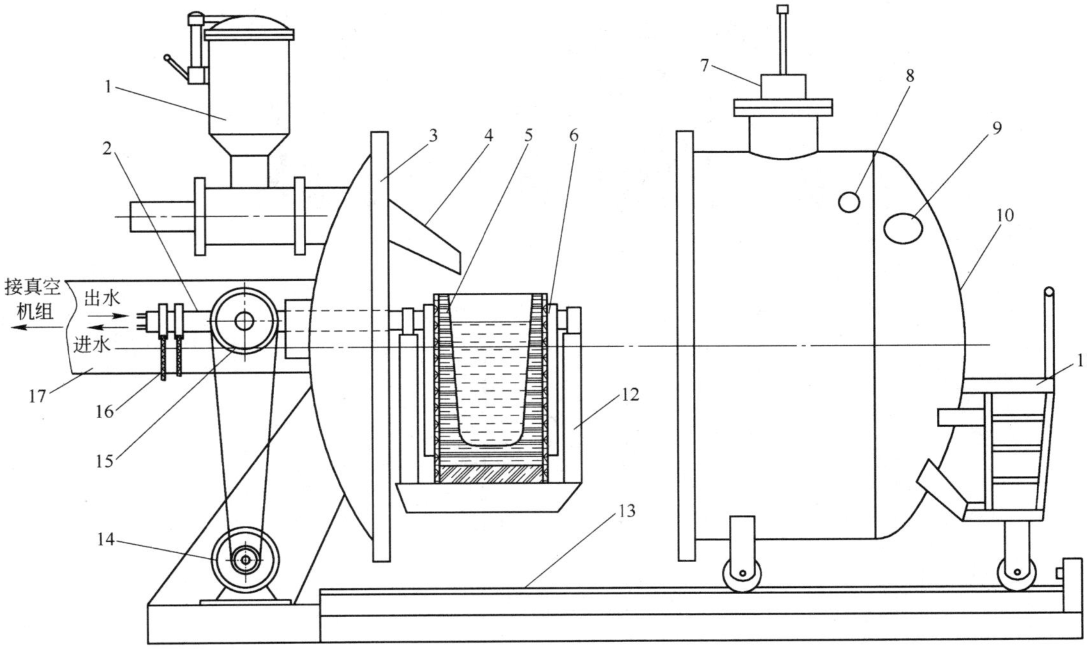

图7-19 真空感应熔炼炉结构图

1—加料仓；2—倾翻轴；3—固定炉体（炉盖）；4—给料嘴；5—坩埚；6—感应器；7—捣料装置；8—测温孔；9—观察孔；10—可动炉体；11—工作平台；12—支架；13—炉体轨道；14—倾翻电机；15—倾翻机构；16—水冷电缆；17—真空管道

艺，转轴则是由外部的转动机构带动，实现其正转和反转的机械运动。因此坩埚等可做成倾翻浇铸和复位。

卧式炉的炉体多数都由可动炉体部分和固定炉盖部分两部分组成。坩埚、感应器等都借炉盖部分进行支撑安装，当可动炉体脱离后，感应炉的核心部分全部裸露在外。这种结构的一个突出特点是便于生产操作，当进行连续生产的条件下，装炉、清炉都是很艰苦的操作作业，当感应器坩埚部分裸露在外时，操作者的回旋余地就大多了，也可采取相应的保护措施。这种结构的另一个特点是便于维护检修，感应器坩埚裸露在外，操作者既能看见又便于整修。根据诸多特点，卧式炉型是很宜于制造大型炉和连续式生产的炉子。当前我国中大型炉都采用卧式结构[2]。

7.4.2　立式炉

立式炉如图 7-20 所示，图 7-21 为 ZG—0.25 真空中频感应熔炼炉炉体结构示意图。立式炉相对于卧式炉而言，这种炉型的炉体中心线垂直于地表安装，故称立式。

图 7-20　250kg 真空中频感应熔炼炉[1]

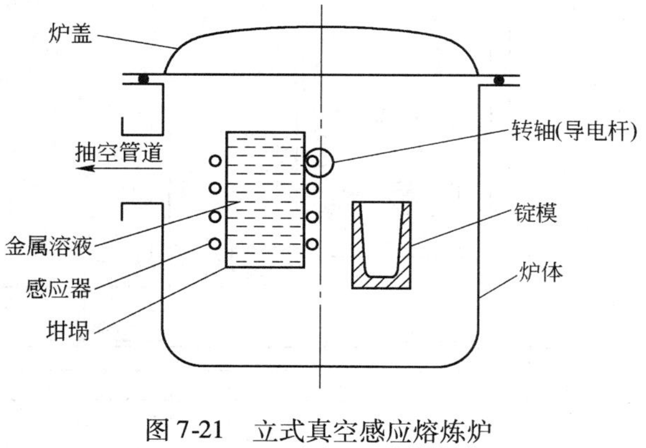

图 7-21　立式真空感应熔炼炉

立式炉在生产操作中，也是坩埚在转轴带动下倾翻，但转轴是借外部机械传动带动的，炉体在任何情况下都保持不动，装料出炉打开炉盖进行，炉盖的开启与关闭也是手动。

立式炉的感应器和坩埚系统，都是放置于下炉体深处，这种结构的炉子，清炉、装料、检修等都要在打开炉盖后，站在炉体四周进行，在容量稍大的炉子上，常需骑在炉体上缘上进行，由于操作空间的限制，所以立式炉的操作条件较艰苦，小型炉还好，立式炉最突出的问题是维护检修不便。感应器系统常常需要拆下移到外面进行检修，它不但增大劳动量，也要拖长生产周期。

由于立式炉具有以上特点，所以它适宜于做成中小型产品。当前，无论国内还是国外，都是这样。我国内25kg容量以下的炉子，都做成立式结构。近年来，国外对大型炉又采用立式，这是由于大型炉子的操作都实现机械化、自动化，很多艰苦作业由机械取代了人，对劳动条件不再苛刻要求。另外，大型炉做成立式，对散热等都合理方便了[2]。

7.4.3 炉体倾动式

这种炉子结构示意图如图7-22所示。以国内生产的ZT-150型真空中频感应熔炼炉为代表。这种类型的炉子，其炉体是悬空垂直于地面安装的，同立式炉一样，坩埚和线圈（感应器）都安装在炉体深处，与炉体间没有相对运动，清炉、装料和检修等也都要打开炉盖进行，锭模平时倾斜放置，只有在浇铸时连同炉体一同倾翻到直立状态。炉体及炉内全部设备，都用专门的拖动机构，绕转轴回旋，实现其浇铸工艺，炉盖上安装有加料装置等各种机构，加料装置仅为添加合金及碎料，炉盖非常笨重，每炉都要吊起，真空系统是不随炉体倾翻的，所以炉体与真空管道连接需要有一大型活动密封连接结构，以实现动与静的结合[2]。这种炉型主要缺点是检修不便，因此用得比较少。

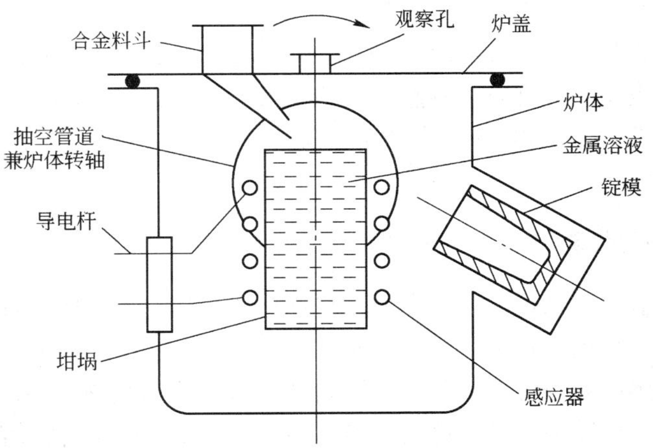

图7-22　炉体倾翻式真空感应熔炼炉

7.4.4 下铸式（底漏式）

下铸式炉型如图7-23所示，是用于熔炼铀的专用设备，熔炼铀这种材料极易混渣，若在熔炼后仍采用普通的方法实现上铸时，原来浮在上面的渣有可能再次混进纯净的铀中，为避免这种现象发生，则采用下铸式，使熔炼好的纯净铀从下部浇口漏入锭模中，故称为下铸式。

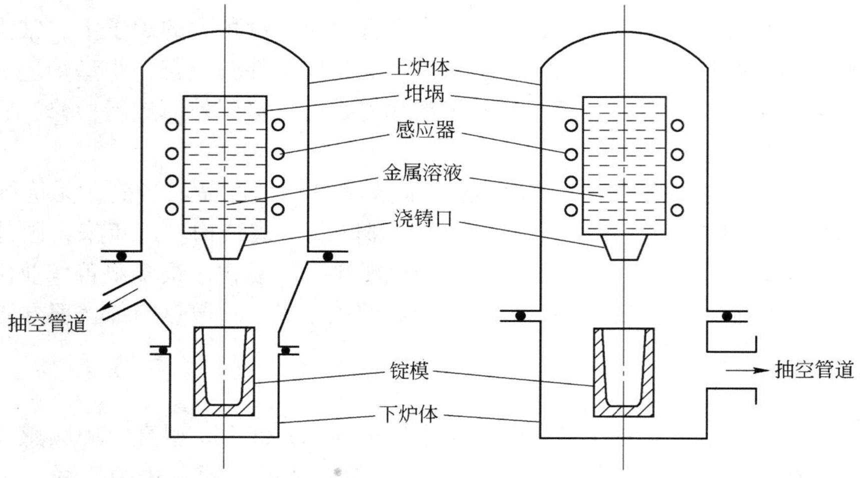

图 7-23 下铸式真空感应熔炼炉

下铸式炉子，炉体直立安装，坩埚和锭模都安置于炉体内，它们与炉体间无相对运动，坩埚底下有一个浇口，平时堵上，在浇铸前打开。这种炉型还有一种新结构，即把感应器移出炉体外，这时炉体用石英管制作，感应器移到炉外后，感应器的放电与绝缘都得到了解决，维修也大大方便了[2]。

7.5 真空感应炉的结构及设计计算

以熔炼金属镍 250kg（钢 200kg）的 GZ-250 半连续式真空中频感应炉为例，如图 7-19 所示，它基本上代表了一般真空中频感应炉的总体结构。其组成部分为：炉体部分、坩埚及感应器部分、真空系统、中频电源设备、电气控制系统、压缩空气系统、水冷却系统等。

7.5.1 炉体结构设计计算

炉体由固定炉盖、可动炉体、合金加料装置、观察装置、取样装置、测温装置、浇铸系统、可动炉体驱动系统（活塞油缸）组成。

固定炉盖承载感应圈及坩埚，并连接坩埚倾转机构（倾转轴即导电杆）、电源供电电缆线、真空管道等。可动炉体是浇铸室，铸模装配炉室内。炉体由驱动机构带动移动。

真空感应炉的炉体是设备的主要组成部分，是整个炉子的骨架，由它构成设备的基本形态。作为真空感应炉的炉体，又是进行真空熔炼的场所和空间（真空室）。因此它必须具备如下条件。

（1）在正常工作状态下，炉体内为真空状态，而炉体外部为大气状态，炉体内外经常承受着一个大气压压差所产生的力的作用，这个力是足够大的，因此对炉体提出的第一个要求是炉体应有足够的强度和刚度。另外，在考虑炉体强度和刚度时，也还必须考虑以下诸因素：为对炉体进行冷却，炉体外常设有水冷夹层，而冷却用水的压力为 0.2 ~ 0.4MPa，所以炉体所承受的外压远不止大气压力，而是大气压力和水压两者作用之和。

真空感应炉的炉体，并非只是一个简单的几何体，常要做成开有各种孔洞的复杂形体，以便安装各种仪表和各种机构实现工艺操作，显然，这是会削弱炉体强度的。炉体上还装有各种附属机构，如合金加料斗，它又成为炉体上的一个外加负荷[2]。

炉体设计时应防止感应损失，通常用非磁性钢制造，并且使感应圈和炉壳之间的间距相当大。所以和容量相等的普通气氛炉比较，真空炉的炉壳尺寸大很多。

炉体在工作中承受较高温度的烘烤，而且受热情况不均，这也对其强度不利，总之，炉体在上述诸因素的综合作用之下，不但不能破坏也不能变形。

（2）炉体是整个真空炉之真空系统的真空室，因此对炉体另一要求条件便是有良好的密封性。主要从以下几方面加以选择：首先是材料材质的选择上要适宜，其次，结构上要易于加工及检查，最后，真空密封结构要合理，密封材质要优良。

（3）对炉体的第三点要求是，要有一定的容积和形式。保证在静止状态下，能容下坩埚和锭模等装置；在工作状态下能保证实现各种工艺运作。

（4）对炉体的第四点要求是，要便于操作，便于维修。炉体是真空感应炉的主要结构部分，各种工艺操作和检修项目都围绕它进行，不但要求各种结构安放合理，而且要求使用维修都方便[2]。

7.5.1.1 炉体的结构设计

炉型的选择是结构设计的第一步，选择炉型，常需考虑以下三方面条件，择优选用。这三方面的条件是：炉子的容量，炉子的使用目的，炉子的使用条件。依据现今人们的经验，中小型炉子以立式为好，大型以卧式为好。这不但看能否方便地实现技术指标，而且还要看劳动操作条件。

炉体的冷却。在冶炼工作中，高温热源坩埚，通过辐射和传导等方式，把热量传给炉体及有关部件，为消除温度升得过高，对炉体要实行冷却。根据实际工作条件，对炉体实行自然冷却和一般的风冷都不行，需要采用水冷。水冷结构有两种：单层盘管式和双层水冷夹层式。单层盘管式，是在炉体外部盘绕铜管，通水冷却，这种结构机动性大，在受热大的地方可盘管密集一些，受热小的地方盘管稀疏些，但总的说来，这种结构冷却能力较小，适用于大型结构（因热负荷小），但它节省材料。双层水套冷却，是在两层壳体间盘以铜管或钢管，并将它焊在内层壳体的外表面上，外层壳体是后套上去的。二层壳体简单空心管，既是进水管又是隔挡，返回是从管的空当进行的。这种结构冷却能力强，但消耗材料多，一般用于热负荷大的炉子上。

感应炉坩埚中的熔炼材料，可升温高达1600℃，因此炉体上的温度也会很高，一般材料在高温下其性能都急剧下降，真空感应炉的炉体又受前述巨大的外负荷，因此，若不进行冷却降温，必然发生变形以至于受到破坏。另外，炉体上有多处可拆卸的活动密封接口，在高温下，密封材料要受到破坏，如以往使用的普通橡胶密封材料，其适宜的工作温度在50℃左右，为保证其密封性能，对凡温度升得过高的地方都必须冷却，总之冷却效果要符合设计要求。设计出口水温不超过密封材质适应范围。对感应炉炉体材料的选择，要考虑以下几点：

（1）材料质地密实，无裂纹，不透气；

（2）具有良好的机械加工性能和焊接性能；

（3）非磁性材料；

（4）不易生锈的材料。

不锈钢的性质基本上符合这些要求，一般都推荐用它作炉体材料，但因其价格较贵，又有推荐用双层炉体结构，即内层仍用不锈钢，外层用普通钢板。

7.5.1.2 炉室尺寸的确定

炉室直径大小主要取决于炉子容量和使用目的。因为当容量一定时，坩埚、锭模等基本部件的磁场就确定了，这些基本部件都要装在炉室内。当使用目的确定后，基本部件的工艺运动也就确定了，炉室不但要容纳下静止状态的基本部件，还要能保证它们工艺运动的实现。

以熔炼金属镍250kg（钢200kg）卧式真空感应炉炉室工艺运动为例，图7-24所示为确定其尺寸实例图。在通常情况下，熔炼后浇成铸锭，因此在炉室内，要能放下坩埚、锭模、支架等。为实现浇铸工艺而必须的基本部件运动，是坩埚要绕转轴转105°，最大旋转半径为780mm，这些运动要在炉室内实现，并不能碰撞到其他部分，因此需要留有空位，确定炉体直径为 ϕ1844mm，这时坩埚倾转到最终位量，坩埚与炉室内壁之间的间隙为40mm。

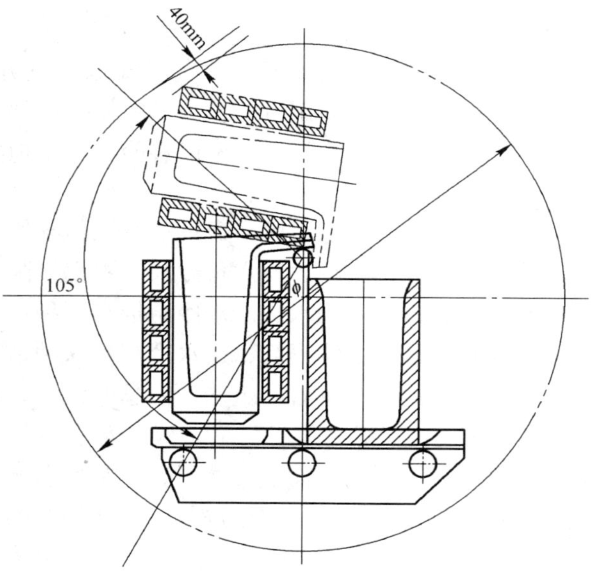

图7-24 卧式真空感应炉炉室直径图示

确定感应炉炉室尺寸，还有一个很重要的因素要考虑，即有关电磁损耗问题。金属壳体对于感应器来说，相当于有关屏蔽体，它受到感应器产生的交变磁场的作用，这样炉壳就吸收部分电能，因而引起炉子的附加损耗，此外它还可能产生一个和感应器磁场方向相反的磁场，从而削弱了感应器磁场和炉料吸收的有功功率，炉壳上的电能损耗和炉料中有功功率的减小，都将导致感应电炉效率的降低，若炉室直径为 D_0，感应器直径为 D，实验测得 D_0/D 越小，炉子电效率降低越多，当炉子容量一定时，D_0 是一定的，那么 D_0/D 越小，则 D_0 越小。即炉体越小，电能损耗越多，故炉体不能做得过小，俄罗斯的学者根据实验测得，$D_0/D=2\sim2.5$ 时电能的损耗较小，设计中可以不计算此种附加损失，由此可以推出炉室直径（mm）为：

$$D_0 = (2 \sim 2.5)D \tag{7-6}$$

很显然由式（7-6）求得的炉体尺寸为最小尺寸，但一般情况下，只要前面的条件能符合，这个条件是都能满足的[2]。

7.5.1.3 炉体壁厚计算

真空室有两个特点，如下。

（1）真空室结构特点——受外压的薄壁壳体[4]。从力学的角度去看待各种真空炉的炉体（亦即真空室）时，由下述三个基本条件，使它构成为受外压的薄壁壳体。

真空室是真空系统中的重要元件，是各种真空炉中从事生产工艺过程的低压空间，工作中既不能受到破坏，也不能有变形。保持其原设计形状和尺寸，是它能正常工作的条件之一。

条件之二，真空室都是壁板很薄的金属壳体，以圆形居多，符合于工程中的“薄壁壳体”条件：

$$S \leqslant \frac{D}{100} \tag{7-7}$$

式中 S——壁厚，mm；

D——壳体直径，mm。

真空室外部受大气压或大于大气压，内部为真空，所以真空室属于“外压容器类”，这是条件之三。

（2）变形特点——失去稳定性。当一个薄壁壳体，受均匀外压超过某一定值时，壳体断面形状开始歪曲，因此壳体丧失了原来的形状，薄壁壳体的这种性质叫“失去稳定性”，失去稳定性是薄壁壳体破坏的主要形式，因此，对薄壁壳体，主要不是计算其强度，而是计算其稳定性，真空炉的炉体，是真空室的一种，是属于受外压的薄壁壳体类，因此对它也主要是计算其稳定性。

受外压的圆柱形壳体稳定性计算常采用图解法。对于受外压的薄壁壳体，进行稳定性计算，现今有两种方法，一种是解析法，另一种是图解法。解析法虽然其计算精度较高，但计算程序太复杂，不便于应用，故这里主要介绍图解法，实践表明图解法其计算精度完全可以满足工程要求。

进行图解法计算的已知条件：当进行图解法计算时，需要掌握的已知条件有：壳体直径 D；壳体的计算长度 L；壳体工作温度；制作壳体材料的力学性质（如屈服极限）。

图解法计算程序：

参照《真空设计手册》（第 3 版）第八章真空室壳体设计，并按国家标准（GB 150—98）中外压圆筒和球壳壁厚计算公式计算。计算方法如下。

（1）预选板厚 S，并求出 L/D 及 D/S 值；

（2）根据所选用的材料选用《真空设计手册（第 3 版）》第 8 章图 8-21 ~ 图 8-28，从中查得系数 B 值。并按公式（7-8）计算

$$p = \frac{B \times S}{D} \tag{7-8}$$

式中 p——允许工作压力，MPa；

B——系数；

S——壁厚，mm。

（3）比较壳体实际外压力与允许工作压力 p，要求满足允许工作压力 $p \geqslant$ 设计外压力。S 即为设计板厚。

（4）若所选 S 不符合上述条件，则重新选 S，并作上述重复计算，直到达到条件为止。

关于图解法计算的有关规定如下。

（1）L 称为壳体的计算长度，是指壳体上两个刚性构件间的距离，除特设的加强圈外，法兰、筋、底盖等两者间的长度都可视为计算长度。如壳体太长，除法兰外，中间设有加强圈时，应按图 7-25 考虑。

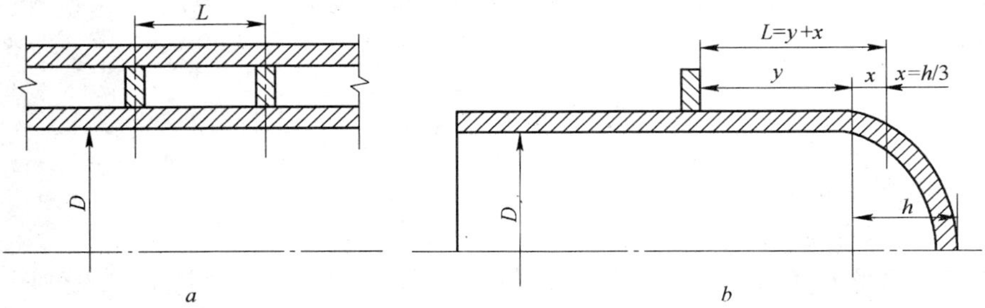

图 7-25　外压圆筒的计算长度

a—夹套（双壁壳体）；b—视封头为筋

在壳体外侧焊制加强圈，是提高壳体稳定性，减少壳体板厚的重要方法，因此被广泛采用。

（2）壳体工作时的外压力 p，在一般情况下 $p=0.1\text{MPa}$，若采用水冷套时，壳体所受外压为水压加大气压，若水压取 0.4MPa 时，则 $p=0.1+0.4=0.5\text{MPa}$。根据计算程序规定，则应有 $p \geqslant 0.5\text{MPa}$。

以上我们介绍了用图解法计算薄壳体的壁厚的方法。对于在某些特定条件下，也有给出经验公式或图表的。用经验公式可方便计算出壁厚，而用图表时，不需计算可直接查得。

如假设外部为一个大气压，内部为真空的条件时，薄壁圆筒的壁厚可用下述经验公式计算。

$$S = 0.0468L^{0.409}D^{0.541} \tag{7-9}$$

式中 S——壳体最小板厚，in，1in = 0.0254m；

L——壳体长度，ft，1ft = 0.3048m；

D——壳体直径，ft。

公式（7-9）适用范围为 $15 > L/D > 0.2$，L 与 D 由结构设计确定后为已知，S 即可求得。在同样条件下，也可查表 7-2 求壁厚。

表 7-2 受外压 0.1MPa 圆柱壳体壁厚 (mm)

L/D	公称直径												
	400	500	600	700	800	900	1000	1200	1400	1600	1800	2000	2200
	推荐壁厚值 S												
1	3	3	4	4	4	4.5	5	6	6	8	8	8	10
2	3	4	4	4.5	5	6	6	8	8	10	10	12	12
3	4	4	4.5	5	6	8	8	8	8	10	12	14	14
4	4	4.5	5	6	8	8	8	10	10	12	14	14	16
5	4	5	6	6	8	8	10	10	12	12	14	14	16

最后还需指出，由于对已制成的真空室需进行检漏试验，若采用打内压（水压或气压）方法进行，则对真空室除作上述稳定性计算外，还须做有关打水压的强度校核，这种校核不但包括计算壳体的强度，有时还要校核法兰上的螺钉，以保证试验安全[2]。

7.5.2 坩埚结构设计计算

坩埚是在特定的环境之下（高温、强的交变磁场）盛装金属材料的器具，坩埚也是金属或合金进行激烈的物理化学反应的熔池。所装的材料有常温下的块状固体，也有1600℃高温下的熔融金属液体，为很好地胜任这一任务，坩埚必须具有如下特点。

（1）坩埚在工作中，里面装的是1600℃的高温金属，而其外部温度不超过200～300℃，坩埚壁内外温差在1000℃以上，这样在坩埚壁中，温降梯度是相当大的，可达200℃/cm以上，在这样大的温度梯度之下，如坩埚材料的线膨胀系数过大，必然要引起坩埚发生裂纹，特别是当生产中，反复进行装炉→熔炼→出镍→装炉，而此时坩埚处于冷却、加热、冷却的不断循环之中，更会加剧裂纹的产生，因此对坩埚的第一点要求是：坩埚应有较大的适应温差应力的本领，即要求制造坩埚的材料，有较小的线膨胀系数。

（2）坩埚在装冷料时，要受到料块的冲击力，而料熔融后，坩埚底和侧壁又承受着液体金属产生的静压力，当炉子容量较大时，此力可达到0.8～1MPa之大。而为不使电效率降低过大，坩埚壁不能做得很厚。在很薄壁厚之下，又承受较大的力，因此坩埚必须有较大的机械强度，特别在高温1600℃下的强度要好，耐火性能即耐火度、高荷重软化点高，抗渣性与耐急冷急热性好。这就是对坩埚的第二点要求。

（3）在高温又在较高真空度之下，碳常常表现有很强的还原能力，它能和多种坩埚材料发生化学反应，反应生成物有的溶于钢中，这就是耐火材料对熔融金属重新污染的根源所在，因此，对坩埚的第三点要求是：制作坩埚的材料，有良好的化学稳定性。

（4）在200～1650℃范围内，有良好的绝缘性能。坩埚壁直接介于感应器和熔融金属之间，工作上要求绝对绝缘。

（5）耐火材料有较小的放气量。耐火材料是真空感应炉的真空室内放气源之一，我们要求其放气量尽量少才好。

一个好的设计，应是能充分满足这些要求的，以下分别介绍坩埚的结构设计计算。要实现对坩埚提出的上述要求，必须选取优质的材料、合理的结构及适当的制作方法[2]。

7.5.2.1 制作坩埚的材料

根据冶金过程不同和熔炼金属材料种类不同，制作坩埚的材料也不同，现今使用的坩埚材料基本有3种。

酸性材料：主要成分是SiO_2，含量占90%以上，其他成分还有Al_2O_3、Fe_2O_3、MnO、TiO、CaO、MgO等。适用于熔炼铜、特种钢等。

碱性材料：主要成分是熔融的镁石MgO，含量占85%以上，其他成分还有CaO、SiO、Al_2O_3、Fe_2O_3等。适用于熔炼镍、特种钢。

中性材料：主要成分是ZrO_2-SiO_2，占70%以上，其他成分有熔融镁石MgO。

制作坩埚的材料，不但有上述成分配比要求，对各种材料还有粒度要求，这根据使用条件不同而各有不同。上述各种材料，都是构成坩埚的主要材料，除此之外，还有一些辅助性材料，如黏结剂。常用的黏结剂有水玻璃、硼酸粉、硼砂等几种。国内使用碱性材料制作的坩埚居多。

对材料的纯度要求一定要保证。这是因为制造坩埚的各种材料，在高温高真空下，其化学稳定性都不佳，都要发生分解，以MgO为例，其分解反应为：

$$2MgO_{(固)} \longrightarrow 2Mg_{(气)} + O_{2(气)}$$

分解产物O_2就溶于钢中，例如在1×10^{-1}Pa的真空下（精炼期炉内正常压力），由MgO分解产生氧，就有可能使纯铁中的氧含量达到饱和，所以MgO的分解就是向钢液中供氧的来源。精炼期的条件非常适宜MgO分解，这虽然可采用控制精炼期时间的办法加以调节，但精炼期毕竟是炼钢中的重要生产过程，有其自己的规律，不能完全人为改变，这就回过头来要对坩埚材料提出限制，一般精炼期过长，都是要造成钢中O_2大量增加的。

未经电炉熔解的镁砂，它的分解倾向特别大，若用这种镁砂制作坩埚，会使炼出的钢中含氧量比在大气中炼得钢的含氧量还高。所以，真空感应炉用的镁砂是要经过电炉熔解的，常称电熔镁砂。对其他材料也各有要求[2]。

7.5.2.2 坩埚的形状与结构

正如前面所讲述的那样，坩埚的形状结构，是保证坩埚具有要求性能的一个重要因素，所以对此不能轻视。在确定坩埚的形状与结构时，需要考虑以下3个方面的因素，即生产中使用的方便性、热损失大小、电效率大小。

从生产操作角度看，坩埚应做成短而粗的形状，便于使用。因短而粗的结构，坩埚中液体金属的自由表面大，相对讲液柱深度小，有利于物化反应，也有利于真空除气。若坩埚尺寸以h与d代表高和直径时，这时应$d/h > 1$为好。

从另一个因素来考虑时，坩埚应做成$d/h = 1$的形状，即高等于直径。因为从几何学上可知，只有这种形状时，体积最大而表面积最小，当然有最小的外表面散热也是最少的，可以做到热损失最小。

为保证电效率最高，坩埚恰又应做成细而长的形状，即$d/h < 1$。因为当坩埚为细而长时，感应器也要细而长，长感应器与短感应器相比，当然短感应器端部效应强，端部能量损失大，而长感应器优于短感应器，电效率高。

综上所述，很显然要想找到一种结构形状同时满足上述要求是不可能实现的。那么这个矛盾是如何解决的呢？

实际设计中，根据经验来确定坩埚的形状与结构。根据坩埚的容量不同，其结构形状也略有不同；但变化有一定范围。这种变化范围即为：$d/h=2/3\sim1.0$。

由于钢液对坩埚壁所施的静压力，是从上往下逐渐加大的，所以坩埚壁厚也做成上薄下厚，一般是锥角为：$\tan\alpha=0.05\sim0.1$。坩埚的平均壁厚取从 10mm 到平均直径的 25% 之范围内。坩埚中最薄弱的地方是坩埚侧壁和底的连接处，因此切忌做成尖角过渡，而采用圆弧过渡或做成 45°～50°的倒角过渡[2]。

综上所述，坩埚的几何图形如图 7-26 所示。

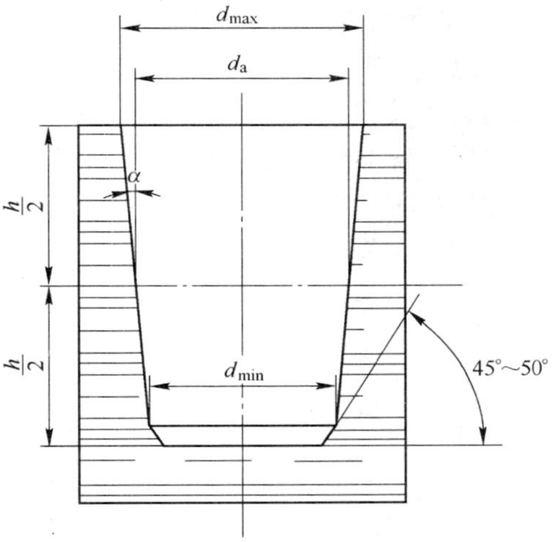

图 7-26　坩埚几何图形

7.5.2.3　坩埚几何尺寸确定

坩埚的有效容积 $V_{坩}$ 和实际容积 V_q 的确定方法如下：

通常情况下，每炉需要熔炼出的金属量 $G_{坩}$ 是已知的，或事先可求得，很显然，金属材料量 $G_{坩}$ 所具有的液态体积应是坩埚的最小容积，我们称这个容积为坩埚的有效容积，以 $V_{坩}$ 表示。因此 $V_{坩}$ 可用下式表示：

$$V_{坩}=\frac{10^3G_{坩}}{r_{液}} \tag{7-10}$$

式中　$G_{坩}$——每炉需熔炼金属料重，kg；

$r_{液}$——液态金属料的比重，g/cm³，可查表 7-15。

当已知 $G_{坩}$、$r_{液}$，$V_{坩}$ 即可求得。对于镍取 $r_{液}=8.64\text{g/cm}^3$，对于钢取 $r_{液}=7.2\text{g/cm}^3$。

$V_{坩}$ 虽已求得，但它只有参考意义，并无实际意义，因为坩埚的实际容积远应比 $V_{坩}$ 大得多，原因是，首先，在真空状态下熔化与冶炼金属时，金属中原来溶解的气体必然要大量排出来，在排气的带动下，熔融金属产生沸腾现象，这时的体积比理论值大许多，所以坩埚必然要做得大些。其次，感应炉有电磁搅拌作用，熔融的液态金属，在熔炼中产生激烈的运动，结果钢液面凸起成突面，若坩埚只有理论容积那么大，钢液必将溅出坩埚外。最后，坩埚大些，也可以适当调整装炉量 $G_{坩}$ 以适应不同要求。

总之，根据上述几种原因，都要求把坩埚做大些，以保证生产安全。反之，当坩埚确定后，金属料在坩埚中所占的体积，必须控制在一定比例之内，不可装得太满。根据国内外的经验指出，在真空感应炉上，金属占整个坩埚容积的 75% 左右为宜，一般称此数值为占积率。若坩埚的整个容积以 V_q 表示，据此应有 $V_{坩}/V_q=75\%$。所以坩埚的实际容积 V_q 可用下式计算：

$$V_q=\frac{V_{坩}}{75\%}=1.3V_{坩}$$

所以
$$V_q = \frac{1.3 \times 10^3 G_{坩}}{r_{液}} \tag{7-11}$$

由上式即可最后确定坩埚的大小了[2]。

A　坩埚的直径和高度的确定

在以上的内容中，已讲述了如何确定坩埚的结构及坩埚的容积，下面就可以转入确定坩埚的具体尺寸了，即确定直径和高度两个重要尺寸。

坩埚的各部分尺寸见图 7-27。根据前面坩埚的结构所讲述内容可知，当进行坩埚各部分尺寸计算时，应首先选择合适的比值 d_2/h_2，并知 d_2/h_2 又是随炉子容量不同而不同。根据推荐，d_2/h_2 值与炉子容量有下述关系。

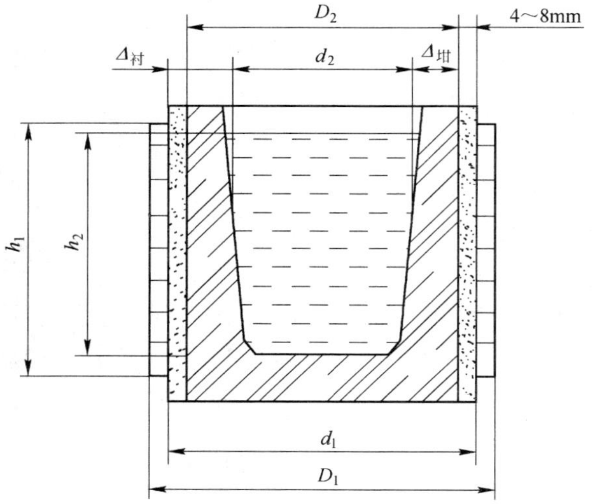

图 7-27　坩埚结构图

令 $a_1 = d_2/h_2$，根据图 7-27，$V_{坩}$ 可近似用下式表示：

$$V_{坩} = \frac{\pi d_2^2}{4} h_2 = \frac{\pi d_2^3}{4a_1}$$

则
$$d_2 = \sqrt[3]{\frac{4\dfrac{d_2^2}{A_2}V_{坩}}{\pi}} \quad 或 \quad d_2 = \sqrt[3]{\frac{4a_1 V_{坩}}{\pi}} \tag{7-12}$$

上式中，a_1 根据表 7-3 选取，$V_{坩}$ 由式（7-10）计算，d_2 即可求得。当 d_2 求得后，a_1 为选取之值，则可求 h_2：

$$h_2 = \frac{d_2}{a_1} \tag{7-13}$$

表 7-3　d_2/h_2 与炉子容积的关系

炉子容量/kg	推荐 d_2/h_2 值	炉子容量/kg	推荐 d_2/h_2 值
500 以下	1/2 ~ 2/3	1500 ~ 3000	3/4 ~ 4/5
500 ~ 1500	2/3 ~ 3/4	3000 以上	4/5 ~ 1

d_2 与 h_2 为坩埚的基本尺寸，分别由式（7-12）和式（7-13）计算出。但还需指出，d_2 为坩埚的平均直径，实际坩埚要做成圆锥筒形，直径向下逐渐缩小的锥体。h_2 为坩埚中金属液面高度，实际坩埚高度，应根据 $V_{埚}$ 与 V_q 的关系求出[2]。坩埚的装料体积比有效容积要大 25% ~30%，此坩埚的总高度就应比有效高度 h_2 大。

B 确定坩埚的壁厚

坩埚的壁厚与绝热层统称为炉衬，其厚度也是随炉子容量不同而不同。绝热层一般为 4 ~8mm（石棉板），常取 5mm 的石棉板（4 ~8 层之间），根据图 7-27 可知，炉衬 $\Delta_{衬}$ 为：

$$\Delta_{衬} = \Delta_{埚} + 5 \tag{7-14}$$

所以坩埚的壁厚：

$$\Delta_{埚} = \Delta_{衬} - 5$$

显然，当由表 7-4 选取 $\Delta_{衬}$ 后，坩埚厚度 $\Delta_{埚}$ 即可求得。以上把坩埚各部分尺寸确定了[2]。

表 7-4 $\Delta_{衬}$ 与炉子容量关系有下述推荐关系

炉子容量/kg	$\Delta_{衬}$ 推荐值/mm	炉子容量/kg	$\Delta_{衬}$ 推荐值/mm
500 以下	$d_2/4 \sim d_2/6$	1500 ~ 3000	$d_2/6 \sim d_2/8$
500 ~ 1500	$d_2/5 \sim d_2/7$	3000 以上	$d_2/8 \sim d_2/10$

7.5.3 坩埚的制作

以上从材料的选择和结构设计上，谈了如何实现对坩埚所提出的各点要求，在这里再谈一下关于坩埚的制作问题，这是保证坩埚性能 3 大因素的最后一点。

当将一个制作完毕待用的坩埚，或生产中使用的好坩埚拿来进行解剖时，我们从坩埚壁的剖面上，可以看出它是由 3 ~4 种不同层组成，它们是炉渣层（新坩埚上没有）、烧结层、半烧结层和松散层。

烧结层位于坩埚壁最里面，它是打结之后的坩埚经过烧结后，而得到的一层坚硬的壳体，它直接与金属接触，直接承受各种力的作用，所以这层对坩埚是十分重要的，它保证坩埚具有一定的机械强度，它使传出的热量分布均匀，因此烧结层应有一定的厚度，内表面应光滑平整，质地密实。

松散层位于坩埚壁的最外面，它是未经烧结或只经轻微烧结的层，它相对烧结层来说是松散的，这层所起的作用有 3 个。首先，它是一个绝热层，因为这层结构松散，传热能力差，使从里往外传出的热量少，实现绝热保温。其次，这个层又是一个保护层。因为烧结层已成壳体，直接与液体金属接触容易发生裂纹，当它产生裂纹时，熔融的液体金属要从缝中向外渗。而松散层，由于结构疏散，一般不易产生裂纹，从里层渗出的金属被它堵住，对液体金属和外面的感应器都起保护作用。松散层还是一个缓冲区。因烧结层已形成坚硬壳体，受热和冷却时总要产生整体体积膨胀和收缩现象，这种胀缩都被松散层所吸收，这就保证了感应器不致受到过大的张力而破坏。

半烧结层，这层是介于烧结层和松散层之间的一层。因此其作用也是兼而有之。

要保证坩埚具有上述的组织结构，就要控制以下几个环节：选择合适的材料粒度及配比、好的黏结剂，正确的烧结温度以及适宜的打结工艺。

打结坩埚有湿打和干打两种，但不论哪种，都采用分层打结的方法，从下往上分几层打结成形。而要特别注意四壁保持均匀密实，这样就可保证坩埚壁厚度一致[2]。

关于坩埚的打结，已有很多经验，也有许多资料，我们略对其中几点加以说明。

（1）坩埚捣打工艺。坩埚捣打工艺方法如下：

1）坩埚所需耐火材料必须干燥，石英砂应在65℃左右烘干4～6h，然后使用。

2）绝缘层和绝热层要用整块材料围成，不允许有横向接缝，尽量减少纵向接缝，接头处必须搭接，云母片应加热变软后，按预定尺寸压成圆筒形，层与层间应铺得平整、紧密，每铺一层都要用钢制张力环顶紧，使之压紧、贴实于感应线圈内。

3）酸性坩埚材料配比，国内基本相同，但石英砂粒度配比、纯度要求等略有不同。表7-5中所列举的坩埚材料百分比，可供参考。

表7-5　坩埚材料的百分比[5]

配料方案	石英砂粒度/mm				硼酸（＜0.5mm）	备　注
	4～9	1.5～3	0.8～1.5	120目		
1	—	40	30	30	1.7～2	大修配料比
2	15	35	15	35	1.1～1.3	中修配料比
3	35	15	15	35	1～1.3	热补配料比
4	—	—	100	—	—	粘补配料比

石英砂需经过磁选，完全清除磁性杂质，并用手工除掉非磁性杂质，如泥土、草根等。

4）打结料应搅拌均匀，拌料、运料和打结过程中，都应防止因操作不当而导致颗粒度和黏结剂偏析，使坩埚致密度降低。

5）坩埚底的捣固，第一层铺虚砂高度约70mm，以后各层为50mm。加完料、扒平料面，先用铁杈子捣实，再用平头锤修平，每层捣打时间不少于15min。捣打工具只能垂直运动，不要前后左右摇摆。第一层捣打后，需将表面扒松，然后将高出部分刮平。装入坩埚的石墨或钢模必须对准中心位置，误差应不大于3mm，随后再加打结料捣打。

6）坩埚壁层的捣固，每层加入的虚砂量应不大于50～60mm或捣实后高度不大于40mm，将表面扒松后，再加入第二层料，并依次进行捣固。

7）捣固完后，坩埚上封口用水玻璃砂铺上一层，其厚度约20mm。

8）碱性坩埚，卤水镁砂配比如下：

烧结镁砂55%（10～30号占80%，40～70号占20%）；烧结镁砂粉45%（100～140号占60%，20号以上为40%）；卤水5%（密度1.30～1.40g/cm^3），一般使用红卤水。

（2）真空感应炉熔炼金属镍的坩埚材料配方和工艺。国内某250kg真空感应炉熔炼金属镍，坩埚制作的镁砂配比及工艺如表7-6所示。

表7-6　镁砂坩埚材料的配比

项　目	镁砂粒度/mm					Al_2O_3	H_2BO_3
	2～4	1～2	0.5～1	0.5	0.08		
配比/%	35	15	10	15	20	5	1
重量/kg	73.5	31.5	21	31.5	42	10.5	2.1

在室温下向镁砂中加入卤水，拌匀后用湿草袋盖好，封闭2h，过筛使用。打结方法与酸性坩埚相同。在烘炉时，根据 MgCl 的结晶水在 116～118℃分解汽化及 MgCl 在 768℃分解的特点，在这两个温度附近应保温一段时间。碱性坩埚升温可参考图 7-28[5]。

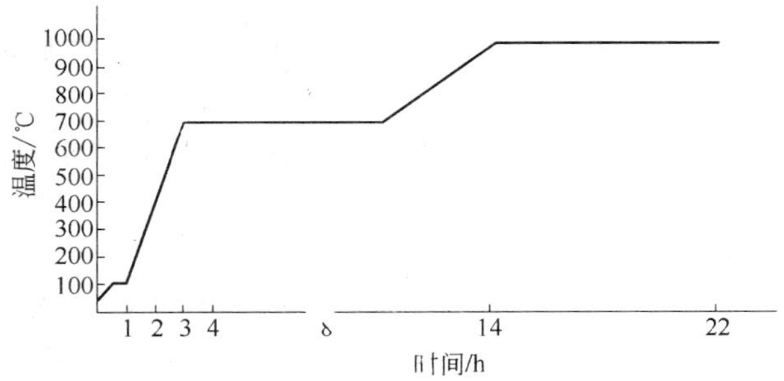

图 7-28　碱性坩埚烘炉曲线

无论是酸性或碱性坩埚，打结后的坩埚都要进行烧结，使其最后成形，烧结时一定要按烧结工艺曲线进行。一般是初始阶段升温要慢，以使坩埚材料中所含的水分和气体慢慢放出，最后才可迅速加温，以便形成一个坚硬的壳层。如初始升温过快，很快形成外表的坚硬层，而内部的水分和气体不易放出，在继续加热时，它们还要跑出，破坏原已形成的坚硬壳层，即发生龟裂现象，严重时坩埚要受到破坏而不能使用。烧结好的坩埚，内壁平整光滑，质地密实无孔洞，表面呈黑褐色。

坩埚的寿命直接决定炉子的生产率，制造坩埚要十分注意，维护好也十分重要，及时检查，及时维护，提高坩埚的使用次数，提高生产率[2]。

7.5.4　感应器结构设计计算

感应器是指感应圈及固定它的附属构件如构架等。它是感应炉的核心部件，它直接承担着电能的输出及转换任务，其性能的好坏，在很大程度上决定着炉子的技术经济指标。具体说来，感应器的职能有两点，一是建立强的交变磁场，以此使置于其中的金属料产生感应电流而加热，另一个职能是拢拖坩埚，实现各种工艺过程。感应圈必须要用非磁性金属构架支撑并固定，防止感应损失，防止感应电流短路损失，应避免金属构件形成闭合回路。对于容量大的炉子，为使钢结构的感应损失不致超过允许的限度，应有防护钢结构避免磁感应的措施。主要措施是在感应圈和钢结构之间设置磁轭或者隔磁屏。根据感应器的上述职能，对感应器有以下要求：

（1）满足电工要求。感应圈即电工上的线圈，要令线圈产生一定交变磁场，除对电源有要求外，线圈本身应具有一定的尺寸结构，一定的匝数等。

（2）满足机械要求。感应器要具备第二个职能，拢拖坩埚，实现工艺过程，必须具备一定的强度和刚度。另外从电工要求上，也必须是这样，较大的线圈没有一定的机械强度作保证，其电气性能也是实现不了的。

（3）满足水冷要求。线圈通以较大的电流时，所产生的电阻热是相当可观的，何况还有从坩埚中传过来的热，只有进行很好的水冷，才可保证线圈电阻不过大，允许通过要求的电流，只有温度不过高，才有较好的机械强度。只有很好地冷却，才能保证线圈的绝缘性能。

（4）满足绝缘要求。作为感应器的线圈，其匝间电压都是比较高，因此需要进行绝缘处理，不然其端电压是不能过高的。如未经处理的感应器，其端电压不能超过250V。但是，当炉子增大时，这样的低电压，会造成很大的电能损耗，在电工上是不合理的，因此需要对感应器进行绝缘处理。感应器工作条件是温度高，周围还有金属蒸气，这些都需要提高对绝缘的要求。

（5）满足使用要求。感应器既然是感应炉的核心部件，就要求制造简单，拆卸方便，便于维护检修[2]。

7.5.4.1 感应圈的结构

根据上述要求，感应圈都采用紫铜管绕制而成，空心中通冷却水。紫铜管的断面形状可有以下几种，如图7-29所示，其中 a 为轧制管，b、c 两种由圆管后加工成形，而 d 是特制管。前3种主要用于中频炉，d 主要用于工频炉。因为在工频炉上，电流透入深度较大，用这种管可减少电能损失[2]。

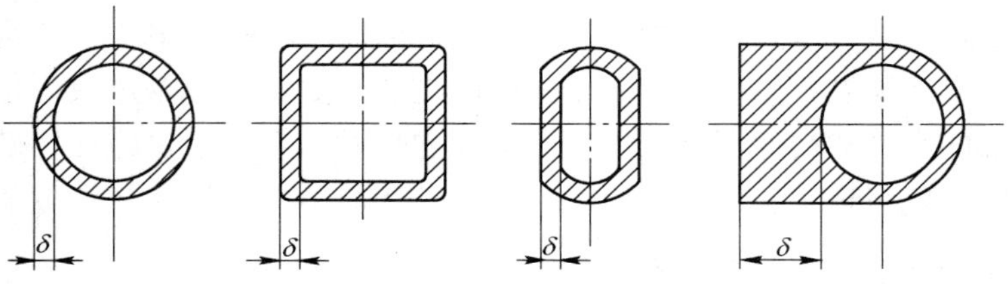

图7-29 感应器紫铜管的断面形状

7.5.4.2 感应圈紫铜管壁厚

感应圈的紫铜管壁厚 Δ，根据损耗最小的条件，由电磁理论推导给出，由下式表示：

$$\Delta \geqslant 1.3\delta \tag{7-15}$$

式中 δ——电流透入深度，可由公式（7-4）计算。

例如频率为2500Hz时，$\delta = 1.34$mm，则管壁厚度 $\Delta = 1.3 \times 1.34 = 1.74$mm。

绕制好的感应圈，光靠本身不加其他措施给以固定是不行的，都要采用匝间固定措施。一般采用的固定方法是在感应圈圆周方向上（匝间）加几块绝缘电木块，保证匝间距离不窜动，满足电工上的要求，并要保证整体性好、机械强度高，能拢拖住坩埚。

感应圈相当于一个线圈，其接线方式有三种：（1）单一线圈；（2）串联线圈，中间带水冷抽头，可进行分段式冷却，保证冷却效果，提高送电电流密度；（3）并联线圈，线圈两部分旋向不一致，保证合成总磁场是加强的，另外相邻匝间电压相同，降低了对绝缘的要求[2]。

7.5.4.3 感应圈的冷却

根据对感应圈的水冷要求，对感应圈要实行冷却。有资料介绍，在感应圈上，由于电阻发热而损耗的功率，可达炉子有功率的25%左右。显然，对这样大的发热，必须实行人工冷却，以防感应圈温升过高。冷却方式均为水冷，即在感应圈的紫铜管里通水冷却。冷却应遵守下列条件：

(1) 出口水温不要高于结垢温度(50℃左右),否则在管中结垢,堵塞孔径,降低水流量,水冷能力变坏。

(2) 感应圈的温度,不能低于环境温度。否则空气中的水蒸气将在感应器外部结露,即产生感应圈“出汗”现象,出汗的结果是感应圈外部绝缘物受潮,降低绝缘性能。

7.5.4.4 感应圈的放电与绝缘

一般感应圈的端电压都高达数百伏,匝间电压也很高,在匝与匝间距离很小,而电压很高的情况下,就可能产生放电现象,即匝间气隙中的气体导电了。在真空感应炉中,除有较高的环境温度、强大的磁场外,在真空室中还有大量的金属蒸气存在,这些都必然给气体放电提供有利条件。因此,对真空感应炉来说,感应圈匝间放电是经常发生的事,也是一个要害的问题。匝间放电,又称为击穿,即破坏了匝间的绝缘,当然也就破坏了感应圈的正常工作条件,这是不允许的。实践证明,当真空炉内压强为 50 ~ 1000Pa 时,感应圈的端电压高于 300V,就可能产生放电,故人们把电压限制在 250V 以下,但对于大炉子,250V 的电压又太低,因此人们采取绝缘措施,提高电压,以利于提高电能的利用率。经过绝缘处理后,电压可提高到 500 ~ 2000V。

对感应圈进行绝缘处理,现在多数用有机硅绝缘漆和玻璃丝布带、聚四氟乙烯带进行包裹和涂漆,一般是分几次进行,每处理一次后都要进行加热烘干,然后再进行下一次处理。对经过绝缘处理后的感应器,要进行绝缘性能的检查,这些工作既可参照有关标准进行,还可按经验去做[2]。

7.5.4.5 感应圈尺寸的确定

由图 7-27 可知感应圈内径 d_1 等于坩埚内径 d_2,坩埚壁厚 $\Delta_{衬}$ 及绝热层厚之和即:

$$d_1 = d_2 + 2\Delta_{衬} \tag{7-16}$$

d_2 与 $\Delta_{衬}$ 已由前面计算或查表求得。

感应圈高度 h_1 的确定。若令 $h_1/d_1 = b$,则 b 值与炉子容量之间关系见表 7-7 的推荐值。

表 7-7 b 值与炉子容量之间的关系

炉子容量/kg	推荐值 $b = h_1/d_1$	炉子容量/kg	推荐值 $b = h_1/d_1$
500 以下	1.2	1500 以上	1.0 ~ 1.1
500 ~ 1500	1.1 ~ 1.2		

根据炉子容量选出 b 值,则 h_1 即可得:

$$h_1 = d_1 b \tag{7-17}$$

也可按 $C = \frac{h_1}{h_2}$ 求得。因为感应圈要保证炉衬及其内部的被熔化金属充分加热,就必须使整个炉料处于感应圈磁场之中,所以感应圈高度 h_1 应小于坩埚高度 h_2,设计时可参考:按 $C = \frac{h_1}{h_2} = 1.1 \sim 1.3$。

关于感应圈的布置位置。在中频感应炉上,因电动力较小,所以感应圈上檐要在金属液面之上,以加强其搅拌作用,下檐处于坩埚底之下,一般是把坩埚底置于感应圈的下面 1 至 2 匝之间的位置[2]。

7.5.5　感应熔炼炉的电工计算

首先由工艺人员提出感应熔炼计算所需的原始技术条件：生产流程、作业方式、熔化温度、作业时间、被熔化材料的材质和尺寸、产量等。计算的任务是结合实际经验和条件，计算确定熔炼频率和加热时间、炉子的有功功率和电源的供电功率、功率因数和补偿电容、感应圈匝数和尺寸、冷却方式和冷却水量、电能单耗和电热效率等。

按照理论关系式计算所得的结果，都有误差，应该和实际数据对比，做必要的校正，理论计算结果的要求实践上不一定能满足，也应该按实际条件做必要的校正。

电工计算有两种方法：一种是“变压器”法，即把感应器当作一个空心变压器，与交流电源连接。计算出变压器的阻抗，进一步按电源电压和所需的功率求出感应圈的阻抗及其他电工数据；另一种方法是“电磁法”，是把感应圈当作放在电磁场中两个吸收电磁能的物体，直接算出加热所需的有功功率和无功功率，从而确定感应圈的匝数和其他电工数据。

7.5.5.1　电流频率的选择

在感应加热过程中，电流频率的变化将影响很多因素发生变化，如电流频率与加热功率的关系，频率与透入深度的关系，频率与功率因数的关系，频率与电动力的关系，频率与电效率的关系等。因此在选择电流频率时，也必须对这些因素加以考虑，但在不同的场合下，对上述诸多因素并不能同样对待，要分别对待，不同情况，分别对待，并要抓住主要矛盾。

在感应加热与熔炼中，选择电流频率时，主要考虑两个方面的因素：一是设备的运行经济性，二是设备成本。

衡量经济性的指标是炉子的效率（包括热效率和电效率），但热效率与频率无关，而电效率与频率有关，电效率与电流频率有下述关系：从图7-30曲线中可以看到，有一个电效率 η_a 最高而频率却最小的值 f_{min}，因为频率过高会有许多问题，故不能把频率搞得很高。又从图7-30中得知，当 η_a 最高时有一 f_{min} 相对应，故从电效率来考虑时，即可选 f_{min} 为送电电流频率。

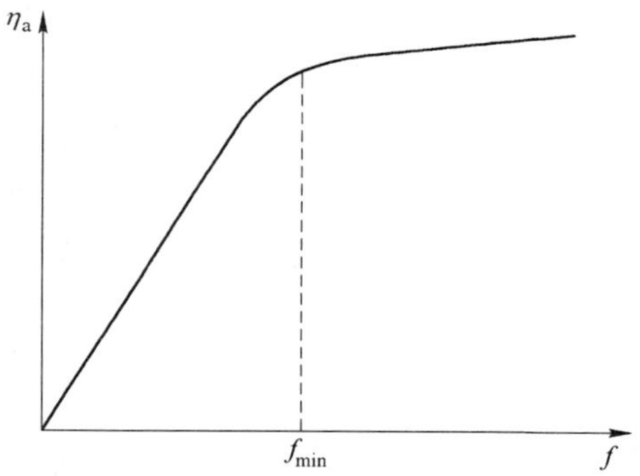

图7-30　电效率与电流频率关系曲线

经过理论分析，推导出来的 f_{min}（Hz）计算公式如下[5]：

$$f_{min} = \frac{25 \times 10^8 \rho_2}{d_2^2 \mu} \tag{7-18}$$

式中　ρ_2——金属材料的电阻率，Ω·cm；

d_2——金属材料的直径（即坩埚直径），cm；

μ——金属材料的相对磁导率。

材料的 ρ_2 与 μ 都随温度变化。材料的直径在熔炼过程中也不是固定的，在低温时，材料是散料，材料的直径可理解为平均块状；到产生熔体以后，散料块凝成整体，材料的直径增大，到后来等于熔池（坩埚）的直径。因此，熔炼过程中各阶段要求的工作频率不相同。若炉子由频率固定的电源供电，则应以各个阶段的频率中最大的值作为炉子的工作频率。对于镍的熔炼，可以1550℃作为确定工作频率的计算温度。根据国内外的设计经验，中频真空感应熔炼炉的容量与电流频率的电气参数可按表7-8选择。

表7-8 中频感应熔炼炉容量（钢计）与电流频率

感应炉容量/kg	必须的中频功率/kW	最佳频率/Hz	最佳电压/V
25	30	10000	125～250
100	70	40000	250
150	150	2500	750
200	200	2500	750
250	150～250	2000～3000	750
500	300	2000	250～500
1000	800	500	700
1500	1000	500	700
2000	660	500～10000	600
5000	1500	500～1000	600

实践证明，表7-8中所推荐的参数是比较合适的，可供设计参考。分析表7-8，有两点规律需要说明。

（1）炉子容量增大时，频率f下降。这是一条普遍规律。其原理可作如下解释：就镍锭加热来说，因为当炉子容量增大后，镍锭较粗了，如这时仍采用较高频率，虽电流可密集于表层（集肤效应），能量集中，表层可加热快，但相对小镍锭来说，这时余下的芯子较大，芯子全靠热传导加热，这相对较慢；反之，若降低频率，透入深度层变大，使芯子相对变小，传热快了，综合分析，炉子容量越大，频率越低[2]。

（2）炉子容量增大后，电压增高。这是因为炉子容量增大，炉子的功率必然也要增大，如这时仍用低电压，则电能损耗太大，不然就要用粗导体送电，这都不合理，所以炉子容量越大，电压亦越高[2]。以上这两点规律不但表现于上面推荐表中，也可以从其他系列产品的参数表中得到（可参见表7-1国产真空感应炉性能参数表）。

另外选定感应加热炉的工作频率的依据也与感应熔炼炉不同。对于感应加热炉要考虑材料的表面和中心的温差，提高效率引起降低热效率，故根据提高电热效率的要求选定工作频率。对于感应熔炼炉没有这种温差的限制，通常按提高电效率的要求选定炉子的工作频率。

7.5.5.2 炉子有功功率P_{a2}的确定

炉子有功功率P_{a2}（kW）是单位时间内，为加热给定的材料所必须传给材料的热流量。其大小决定于炉子的生产率及在浇铸温度时金属的热含量和被熔炼金属材料的物理性质。可按下式近似确定[2]：

$$P_{a2} = \frac{G_{坩} C_i}{860 t_{熔} \eta_{热}} \tag{7-19}$$

式中 $G_{坩}$——炉子装料量，kg；

C_i——金属在浇铸温度时的热含量，kcal/kg。查表 7-14，镍的 $C_i=267.4$kcal/kg，铸钢的 $C_i=340$kcal/kg，其余金属的热含量见表 7-14；

860——电热当量，即 1kW · h 的电能相对于 860kcal 热能；

$t_{熔}$——金属熔化时间，h；

$\eta_{热}$——炉子的热效率，通常 $\eta_{热}=0.7\sim0.85$。炉子热效率是指传递给炉壁以内的能量被利用的程度，它只与炉子的热损失有关，而与感应圈的发热、由冷却水带走的热损失无关。

炉子有功功率（不计感应器损失）P_{a2} 可以由热平衡算出，而用前述求 P_{a2} 的公式进行校验。

$$P_{a2}=P_{a20}+P_{失} \tag{7-20}$$

式中　$P_{失}$——炉子的热损失功率，kW；

P_{a20}——金属熔化的理论电能消耗所需的功率，kW，

$$P_{a20}=\frac{G_{坩}C_i}{860t_{熔}} \tag{7-21}$$

式中　$G_{坩}$——炉子装料量，kg；

C_i——每千克金属加热至浇铸温度时的理论热量消耗，kcal/kg；

$t_{熔}$——熔化 $G_{坩}$ 金属的时间，h。

$$P_{失}=P_{失1}+P_{失2} \tag{7-22a}$$

$P_{失1}$——炉壁热损失，kW，按式（7-22b）计算，

$$P_{失1}=13.2K\Delta th_2(D_2/\Delta_{衬}+1)\times10^{-3} \tag{7-22b}$$

式中　K——导热系数（对于酸性炉衬，K 值为 0.0018～0.0024cal/(cm² · ℃ · s)；对于碱性炉衬，K 值为 0.0036cal/(cm² · ℃ · s)）；

Δt——坩埚壁内、外温度差（℃），通常坩埚内壁以金属浇铸温度计算，如镍为 1550℃，铸钢为 1600℃，坩埚外壁的温度以感应圈温度计算，一般为40～50℃；

D_2——坩埚外径，cm；

$\Delta_{衬}$——坩埚壁的平均厚度，cm；

h_2——坩埚有效高度（不包括金属液面以上的坩埚空间的高度），cm；

$P_{失2}$——炉盖及其他热损失，kW。

$$P_{失2}=(0.4\sim0.5)P_{失1} \tag{7-23}$$

于是炉子有功功率（不计感应器损失）为：

$$P_{a2}=P_{a20}+P_{失}=\frac{G_{坩}C_i}{860\tau_{熔}}+(0.4\sim1.5)P_{失1} \tag{7-24}$$

炉子热效率 $\eta_{热}$[5]：

$$\eta_{热}=\frac{P_{a20}}{P_{a2}}\times100\% \tag{7-25}$$

7.5.5.3 总功率的确定

感应加热熔炼设备的电气原理如图 4-7 所示，故总功率 $P_{总}$(kW)可用下式计算：

$$P_{总}=\frac{P_{a20}}{\eta_{总}} \tag{7-26}$$

总效率：

$$\eta_{总}=\eta_1\eta_2\eta_3\eta_4$$

式中 η_1——可控硅中频电源，$\eta_1=0.92$；

η_2——电容器组的效率，$\eta_2=0.97$；

η_3——中频感应器的电效率，$\eta_3=0.8$；

η_4——输电线路的电效率，$\eta_4=0.95$。

计算出总效率 $\eta_{总}=0.68$，总功率 $P_{总}$ 即可求出[2]。

7.5.5.4 感应圈的电气参数计算

感应圈的电气参数计算方法有多种，这里按应用最普遍的“变压器”计算方法，均为半经验公式，供读者设计参考。参数计算是建立在一定的假设条件的基础之上的，这些条件是：

（1）由交变磁场在金属炉料中感应而产生的电流 I_2，全集中于炉料表面层 Δ_2 内，因此，实际炉料虽为一圆柱体，但在计算时，假设炉料为一壁厚 Δ_2 的空心圆柱体，并且还假定在这 Δ_2 层中电流是均匀分布的。

（2）尽管电流集中于表层 Δ_2 中，而炉料的电阻 R_2 同炉料的电抗 X_2 相比，实际上仍是非常小的电抗

$$X_2 = L_2\omega$$

式中 L_2——炉料的自感系数；

ω——角频率，$\omega=2\pi f$。

（3）因为熔化的绝大部分时间，发生在居里点温度以上。因此，计算时磁导率 $\mu_2=1$ 来计算。

据资料［6］报道，有色金属及其合金和不锈钢是非磁性材料，相对磁导率 μ_2 接近于 1。铁磁性材料的磁导率常温时与其成分及磁场强度有关，大约在 60 ~ 120 之间；730 ~ 760℃是磁性变态点（居里点），在此点以前加热时间相对很短，且导磁性没有明显变化，很快就可达到变化点，此时突然失去磁性，此后的磁导率也是接近于 1。所以物料由磁性变化点温度加热到终了温度所需的时间，也就是非磁性阶段的加热时间，因此设计计算时磁导率按 $\mu=1$ 来计算。铁磁性材料磁导率也是随着温度上升而变化的，当达到变态点（居里点）时它们突然失去磁性，此后的磁导率也是接近于 1。在国际单位制（SI）中，相对磁导率 μ_2 是无量纲的纯数。但感应圈的计算，仍不能完全由理论推导出全部计算公式，还要借助一些实验数据，采用一些半经验公式。不过实践表明。这是完全能够满足生产要求的，叙述如下[2,5]：

（1）电流在金属炉料中的透入深度 δ_2(cm)。计算方法如下：根据式（7-4）可写成：

$$\delta_2 = 5030\sqrt{\frac{\rho_2}{f\mu_2}} \tag{7-27}$$

式中 ρ_2——液态金属炉料的电阻率，Ω · cm，查附表 7-15 选取；

μ_2——液态金属炉料的相对磁导率，通常以居里点以上温度计算，$\mu_2=1$；

f——电流频率（与电源电流频率相同），Hz。

（2）在感应圈中的电流透入速度 δ_1（cm）：

$$\delta_1 = 5030\sqrt{\frac{\rho_1}{f\mu_1}} \tag{7-28}$$

式中　ρ_1——感应圈的电阻率，Ω·cm；

μ_1——感应圈的磁导率（或紫铜的磁导率），$\mu_1=1$；

f——电流频率，Hz。

（3）金属炉料有效电阻 R_2 的计算。根据前面的假定条件，电流 I_2 主要是在炉料厚度等于 δ_2 的表面层内，因此，炉料中感应产生的电流 I_2 通过截面为 δ_2 的 h_2，电流的平均路径长度 l_2 将等于 $\pi d_2'$，这里 $d_2'=d_2-\delta_2$ 为炉料的有效直径。电阻 R_2 值与平均路径长度成正比，与电流通过的截面积成反比，比例常数就是炉料的电阻率 ρ_2[5]，故炉料电阻 R_2（Ω）即：

$$R_2 = \rho_2\frac{l_2}{\delta_2 h_2} = \rho_2\frac{\pi d_2'}{\delta_2 h_2} \tag{7-29a}$$

式中　d_2'，h_2——分别为炉料的有效直径与高度，由公式（7-12）和公式（7-13）求得，cm；

δ_2——其意义见公式（7-27）；

ρ_2——炉料的电阻率，Ω·cm。

将 $\delta_2=5030\sqrt{\frac{\rho_2}{f\mu_2}}$ 代入式（7-29a）中得：

$$R_2 = 6.25\times10^{-4}\frac{d_2'}{h_2}\sqrt{\rho_2 f\mu_2}(\Omega) \tag{7-29b}$$

式中，ρ_2 单位为 $\Omega\cdot cm^2/cm$。

若 ρ_2 采用 $\Omega\cdot mm^2/m$ 作单位，则有：

$$R_2 = 6.25\times10^{-6}\frac{d_2'}{h_2}\sqrt{\rho_2 f\mu_2}(\Omega) \tag{7-29c}$$

$$[1\Omega\cdot cm^2/cm = 10^4\Omega\cdot mm^2/m]$$

（4）感应器的有效电阻 R_1（Ω·匝）[2]：

$$R_1 = \rho_1\frac{\pi d_1}{\delta_1 h_1 k_3} \tag{7-30}$$

式中　d_1，h_1——分别为感应器的内径与高度，由公式（7-16）和公式（7-17）求得；

δ_1——见公式（7-28）；

k_3——感应器的填充系数，$k_3=0.7\sim0.95$；

ρ_1——紫铜材料的电阻率，Ω·cm。

（5）计算炉料、感应圈及系统的自感系数。对于 1 匝线圈自感系数对炉料为 L_{21}、感应圈为 L_{11}、感应圈-炉料系统为 L_{01} 则有：

1）感应圈自感系数 L_1(H)[5]。

$$L_1 = W_1^2 L_{11} \tag{7-31}$$

$$L_{11} = \frac{1}{2} d_1' F_1\left(\frac{d_1'}{h_1}\right) \times 10^9 (\text{H/匝}^2) \tag{7-32}$$

2）金属炉料的自感系数 L_2(H)。

因炉料的匝数可视为1[5]。

则

$$L_2 = L_{21} = \frac{1}{2} d_2' F_1\left(\frac{d_2'}{h_2}\right) \times 10^{-9} \tag{7-33}$$

3）炉料-感应圈系统的单位自感系数 L_{01}(H/匝^2)。

$$L_{01} = L_{12} - \frac{0.976 F_2 F_3 L_2}{10 F_2 \dfrac{d_2'}{h_2}(1 + K_{变}^2)} \tag{7-34}$$

在式(7-33)和式(7-34)中：

$$d_2' = d_1 + \delta_1$$

式中 W_1——感应圈的匝数，匝；

d_1——感应圈内径，cm；

δ_1——电流在感应圈内的渗透深度，cm；

$F_1\left(\frac{d_1'}{h_1}\right)$——$\frac{d_1'}{h_1}$比值的函数，$h_1$是感应圈高度，cm。

$F_1\left(\frac{d_1'}{h_1}\right)$的值由图7-31的曲线查出。即首先算出比值$\frac{d_1'}{h_1}$，然后由曲线查出 $F_1\left(\frac{d_1'}{h_1}\right)$。图7-31曲线是根据表7-9制出。

表7-9 $F_1\left(\frac{d_1}{h_1}\right)$或$F_1\left(\frac{d_1'}{h_1}\right)$的值

$\frac{d_1}{h_1}$或$\frac{d_1'}{h_1}$	$F_1\left(\frac{d_1}{h_1}\right)$或$F_1\left(\frac{d_1'}{h_1}\right)$	$\frac{d_1}{h_1}$或$\frac{d_1'}{h_1}$	$F_1\left(\frac{d_1}{h_1}\right)$或$F_1\left(\frac{d_1'}{h_1}\right)$
0.2	3.5	1.6	18.2
0.4	6.5	2	21
0.5	8	2.6	24
0.6	9	3	25
0.8	11.5	3.7	28
1	13.5	4	29
1.4	17		

$$d_2' = d_1 - \delta_2$$

$K_{变} = \frac{R_2}{\omega L_2} = \frac{R_2}{2\pi f L_2}$，称为变压器调整系数。

$F_1\left(\frac{d_2'}{h_2}\right)$是$\frac{d_2'}{h_2}$的函数，在计算出$\frac{d_2'}{h_2}$值后，同样可由图7-31及表7-9中查出。$F_2$ 值即

$F_2\left(\frac{d_2'}{h_2}\right)$，是$\frac{d_2'}{h_2}$的函数，由图7-32中曲线查出。$F_3$ 值即 $F_3\left(\frac{d_1}{h_1}, \frac{h_1}{h_2}\right)$，是$\frac{d_1}{h_1}$及$\frac{h_1}{h_2}$的函数，由表7-10查出[5]。

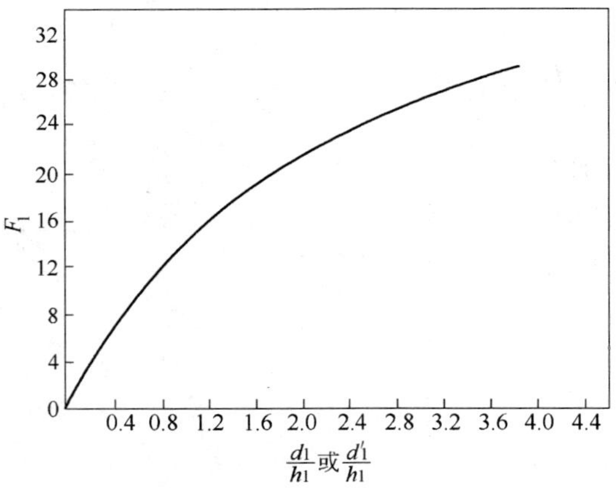

图7-31 F_1 函数值与$\frac{d_1}{h_1}$或$\frac{d_1'}{h_1}$的关系曲线

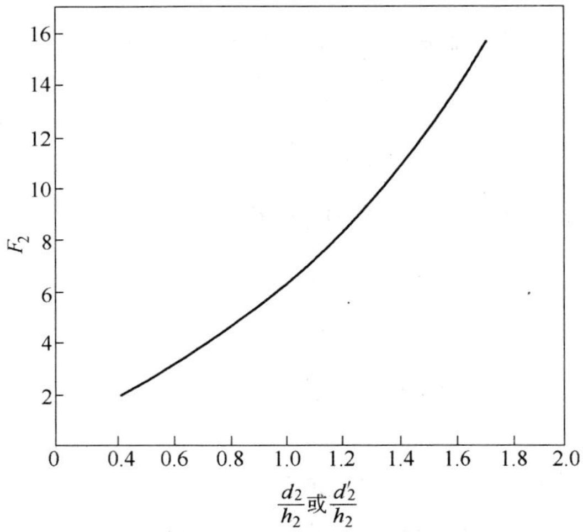

图7-32 F_2 函数值与$\frac{d_2}{h_2}$或$\frac{d_2'}{h_2}$的关系曲线

表7-10 F_3 值

d_1/h_1 \ h_1/h_2	1.0	1.1	1.2	1.3	1.4	1.5	1.6	1.75	2.0	2.5
0.4	2.69	2.37	2.07	1.82	1.60	1.43	1.27	1.06	0.83	0.55
0.5	2.44	2.15	1.88	1.66	1.46	1.30	1.16	0.97	0.76	0.50
0.6	2.22	1.94	1.69	1.50	1.33	1.18	1.05	0.88	0.70	0.45
0.7	2.02	1.77	1.54	1.36	1.20	1.07	0.95	0.80	0.63	0.41
0.8	1.84	1.60	1.39	1.23	1.08	0.97	0.86	0.72	0.57	0.37
0.9	1.67	1.46	1.25	1.12	0.98	0.88	0.78	0.65	0.52	0.34
1.0	1.53	1.33	1.15	1.00	0.89	0.79	0.71	0.59	0.47	0.31
1.1	1.40	1.22	1.04	0.92	0.81	0.72	0.64	0.54	0.43	0.28
1.2	1.23	1.10	0.95	0.84	0.74	0.65	0.58	0.49	0.38	0.25
1.5	1.00	0.86	0.73	1.65	0.56	0.50	0.44	0.37	0.29	0.19
2.0	0.69	0.58	0.50	0.43	0.38	0.33	0.30	0.25	0.19	0.12

（6）计算感应圈的安匝数 I_1W_1。由变压器的自感及互感原理，并根据感应炉条件引入修正系数之后，炉子的有功功率 P_{a2}(kW)可用下式表示[5]：

$$P_{a2} = 6.1F_2F_3\sqrt{\rho_2 f\mu_2}\frac{(I_1W_1)^2}{1+K_{变}^2}\times 10^{-10} \tag{7-35a}$$

式中，各符号及意义同前，式（7-35a）中 ρ_2 单位为 $\Omega\cdot mm^2/m$。若用 ρ_2 单位为 $\Omega\cdot cm^2/cm$ 时则：

$$P_{a2} = 6.1F_2F_3\sqrt{\rho_2 f\mu_2}\frac{(I_1W_1)^2}{1+K_{变}^2}\times 10^{-8} \tag{7-35b}$$

于是
$$I_1W_1 = \sqrt{\frac{10^8P_{a2}(1+K_{变}^2)}{6.1F_2F_3\sqrt{\rho_2 f\mu_2}}} \tag{7-36}$$

式中，P_{a2}前面式（7-25）已算出（$P_{a2}=P_{a20}+P_{失}$），符号同前，故 I_1W_1 可求出。

（7）计算感应圈匝数 W_1[5]。认为感应电势 E_S(V)可以用加在匝数为 W_1(匝)的感应圈上的电压 U_1 代替，而不会产生多大误差[5]。

即
$$E_S \approx U_1 = 2\pi fL_{01}W_1(I_1W_1) \tag{7-37}$$

$$W_1 = \frac{U_1}{2\pi fL_{01}(I_1W_1)} \tag{7-38a}$$

式中，L_{01}单位为亨利（H）；如 L_{01}用 cm 为单位，则：

$$W_1 = \frac{10^9U_1}{2\pi fL_{01}(I_1W_1)} \tag{7-38b}$$

式中，其他各符号及意义同前。

感应圈电压 U_1 是已知的，我国目前所用的中频感应炉 U_1 如表 7-8 中 150～500kg 容量的炉子最佳电压为 750V，取得很好的效果，因此，在条件允许时 U_1 可以适当提高。

（8）计算感应圈电流 I_1(A)[5]：

$$I_1 = \frac{(I_1W_1)}{W_1} \tag{7-39}$$

（9）由 W_1 及 h_1 确定感应圈尺寸[5]：

每匝高度：
$$t_1 = \frac{h_1}{W_1}(\text{cm/匝})$$

对矩形管，选定管子截面、管高 a_1(cm)及管子壁厚 δ(cm)；

匝间间隙高度 $\Delta_{隙}=\dfrac{h_1}{W_1}-a_1$(cm)，见图 7-42。

对于圆形管，感应圈铜管外径 $d_{管}$(cm)：

$$d_{管} = \frac{h_1K_3}{W_1} \tag{7-40}$$

式中　h_1——感应圈高度，cm；

K_3——感应圈填充系数，$K_3=0.7\sim0.95$；

W_1——感应圈匝数。

感应圈铜管壁厚 δ 见表 7-11。

表 7-11　紫铜管壁厚 δ 的推荐值

电流频率/Hz	电流透入深度/cm	推荐铜管壁厚 δ/mm
2500	0.14	2
1000	0.23	3
500	0.32	5

根据 $d_{管}$ 和壁厚，可选取国产合适的标准紫铜管。

（10）感应圈上有效截面积上的电流密度 ρ_0(A/mm^2)计算如下[2]：

$$\rho_0 = \frac{I_1}{F} \tag{7-41}$$

式中　F——感应圈紫铜管的有效面积，cm^2。

水冷紫铜管，在冷却良好的情况下，允许的中频电流密度可达100A/mm^2，但设计中一般采用的中频电流密度值为40A/mm^2，或低于此值[2]。

（11）感应圈的有效电阻 R_1(Ω)计算如下[5]：

$$R_1 = 6.25 \times 10^{-4} \frac{d'_1}{h'_1} \sqrt{\rho_1 f \mu_1} W_1^2 \tag{7-42a}$$

$$d'_1 = d_1 + \delta_1$$

$$h'_1 = h_1 - \frac{1}{2} W_1 \Delta_{隙}$$

式中　ρ_1——感应圈（紫铜材料）的电阻率，Ω·cm^2；

μ_1——感应圈的磁导率，$\mu_1 = 1$；

W_1——感应圈匝数。

如果 ρ_1 采用的单位为 Ω·mm^2/m 时，则：

$$R_1 = 6.25 \times 10^{-6} \frac{d'_1}{h'_1} \sqrt{\rho_1 f \mu_1} W_1^2 \tag{7-42b}$$

（12）计算感应圈的自感系数 L_1(H)[5]：

$$L_1 = L_{11} W_1^2$$

（13）计算互感系数 M(H)[5]：

$$M = R_1 = \frac{\pi^2 (d'_2)^2}{2h_2} W_1 \sqrt{F_3} \times 10^{-9} \tag{7-43}$$

（14）计算变压器系数（也称拆合系数）P：

$$P^2 = \frac{X_M^2}{R_2^2 + X_2^2} \tag{7-44}$$

$$X_M = \omega M = 2\pi f M \tag{7-45}$$

$$X_2 = \omega L_2 = 2\pi f L_2 \tag{7-46}$$

式中，其他各符号同前。

求出 P^2 后，$\sqrt{P^2} = P$ 即得变压系数。这里计算变压器系数没有使用 $R_2^2 << W^2 L_2^2$ 这一条，因此，即使 R_2 同 X_2 相比相差不大，也无需修正[5]。

（15）确定炉料-感应圈系统的自感系数 L_0(H)计算如下[5]：

$$L_0 = L_1 - P^2 L_2 \tag{7-47}$$

（16）炉料-感应圈系统的电抗 X_0(Ω)计算如下[5]：

$$X_0 = \omega L_0 = 2\pi f L_0 \tag{7-48}$$

（17）炉料-感应圈系统的电阻 $R_0(\Omega)$ 计算如下[5]：

$$R_0 = R_1 + P^2 R_2 \tag{7-49}$$

（18）炉料-感应圈系统的阻抗 $Z_0(\Omega)$ 计算如下[5]：

$$Z_0 = \sqrt{R_0^2 + X_0^2} \tag{7-50}$$

（19）电流校正值 $I_1'(\mathrm{A})$ 计算如下[5]：

$$I_1' \approx \frac{U_1}{Z_0} \approx \frac{E_S}{Z_0} \tag{7-51}$$

I_1' 值应与 I_1 值接近，在以后的计算中将使用 I_1' 值[5]。

（20）决定在感应圈中损失功率（感应器发热应由冷却水带走的损失功率）$P_{a1}(\mathrm{kW})$ 按下式计算[5]：

$$P_{a1} = 10^{-3} I_1'^2 R_1 \tag{7-52}$$

式中 I_1'——感应圈电流校正值，A；

R_1——感应圈电阻，Ω。

（21）供给感应圈的功率 $P_a(\mathrm{kW})$ 计算如下：

$$P_a = P_{a1} + P_{a2} = I_1'^2 R_0 \times 10^{-3} \tag{7-53}$$

即供给感应圈的有功功率 P_a 由两部分组成：

$P_{a1} = I_1'^2 R_1 \times 10^{-3}$ 是在感应圈中的损失功率；

$P_{a2} = I_1'^2 P_1 \times 10^{-3}$ 是引入炉料的有功功率，P_{a2} 一部分为 $P_{失}$，向周围散失，其余的 P_{a20} 才是炉料真正吸收的电功率[5]。

（22）炉子的电效率 $\eta_{电}$ 计算如下[5]：

$$\eta_{电} = \frac{P_{a2}}{P_{a1} + P_{a2}} \times 100\% \tag{7-54}$$

（23）决定炉子的无功功率 $P_P(\mathrm{kvar})$ 计算如下[5]：

$$P_P = I_1'^2 X_0 \times 10^{-3} \tag{7-55}$$

（24）炉子感应圈的视在功率 $P_0(\mathrm{kW})$ 计算如下[5]：

$$P_0 = \sqrt{P_a^2 + P_P^2} \tag{7-56}$$

（25）求炉子的功率因数 $\cos\varphi$[5]：

$$\cos\varphi = \frac{P_a}{\sqrt{P_a^2 + P_P^2}} = \frac{I_1'^2 R_0}{I_1'^2 Z_0} = \frac{R_0}{Z_0} \tag{7-57a}$$

或

$$\cos\varphi = \frac{P_a}{P_0} \tag{7-57b}$$

（26）无功功率的补偿[5]。为把系统自然功率因数 $\cos\varphi$（一般为 0.1～0.3）补偿到 $\cos\varphi_1$（通常取 $\cos\varphi_1 = 0.8 \sim 1$）所需的电容器组无功容量 $Q_1(\mathrm{kvar})$ 按下式计算[5]：

$$Q_1 = P_a(\tan\varphi - \tan\varphi_1) \tag{7-58a}$$

或按电容器组的无功功率：

$$Q_1 = \frac{P_f}{\cos\varphi} = \frac{P_a}{\cos\varphi} \tag{7-58b}$$

式中　Q_1——电容器组的无功容量（无功功率），kvar；

P_f——供给感应圈的功率，kW。如果将中频电源的全部功率都输入，则 $P_f = P_a$。

（27）所需补偿电容器组容量 $C_{熔}$[5]。把功率因数 $\cos\varphi$ 提高到 1 时所需的补偿电容量 $C_{熔}(\mu F)$ 计算如下：

$$C_{熔} = \frac{Q_1 \times 10^9}{2\pi f U_1^2} \tag{7-59}$$

式中　U_1——感应圈的最高工作电压，V，U_1 应等于或稍低于电容器的额定工作电压。

（28）电容器的数量 n_c 计算如下[2]：

$$n_c = \frac{C_{容}}{C_m} \tag{7-60}$$

式中　C_m——每个电容器的电容量，μF。

（29）电容器中的损失功率（补偿电容器的功率损失）$P_K(kW)$[5]：

$$P_K = (2.5 \sim 3) Q_1 \times 10^{-3} \tag{7-61}$$

（30）炉子的效率计算如下[5]：

1）炉子的热效率

$$\eta_{热} = \frac{P_{a20}}{P_{a2}} \times 100\% \tag{7-62a}$$

2）炉子的电效率（即感应圈的电效率）

$$\eta_{电} = \frac{P_{a2}}{P_{a1} + P_{a2}} \times 100\% \tag{7-62b}$$

3）炉子总效率

$$\eta_{炉} = \frac{P_{a20}}{P_{a1} + P_{a2}} = \eta_{热}\eta_{电} \quad 或 \quad \eta_{炉} = \frac{P'_{a20}}{P_a} \times 100\% \tag{7-62c}$$

4）系统总效率

$$\eta_{总} = \frac{P_{a20}}{P_{a1} + P_{a2} + P_K} \times 100\% \tag{7-62d}$$

（31）熔炼初期对非整体炉料的校正[5]。上述计算是以整个炉料为一熔融的整体为出发点，而在熔炼初期的炉料通常是个别的冷料块。此时阻抗较大，输入炉料的功率减小。为保证足够的输入功率，则应适当提高感应器两端电压，为此要进行必要的校正计算。

1）假定装料为 n 根圆柱棒料，直径为 d_n(cm)，高度为 h'_2(cm)，则在熔炼初期炉料吸收的功率：

$$P'_{a20} = P'_{a20} n \frac{q'}{q} \tag{7-63a}$$

$$q' = F\left(\frac{d'_n}{h'_2}\right)$$

$$q = F\left(\frac{d'_n}{h'_2}\right)$$

$$d'_n = d_n - \delta'_2$$

$$d'_2 = d_2 - \delta'_2$$

$$\delta'_2 = 5030\sqrt{\frac{\rho'_2}{\mu_{冷} f}}$$

式中 P'_{a20}——消耗于整体炉料冷料的理论有功功率，kW；

d_2——整体炉料直径，即坩埚平均直径，cm；

δ'_2——炉料在熔点以下，冷金属的电流渗入深度，cm；

d_n——单个料块的直径，cm（此时将料块折换成长度为 h'_2 的圆柱，直径为 d_n）；

d'_2——炉料的有效直径，cm；

$\mu_{冷}$——冷料的磁导率。

q 值查表 7-12。

表 7-12　q 值函数表

$\frac{d}{h}$	q	$\frac{d}{h}$	q	$\frac{d}{h}$	q	$\frac{d}{h}$	q	$\frac{d}{h}$	q
0.00	0.000	0.20	0.607	0.40	1.420	0.60	2.48	0.80	3.80
0.01	0.026	0.21	0.643	0.41	1.468	0.61	2.54	81	3.87
0.02	0.052	0.22	0.677	0.42	1.515	0.62	2.60	0.82	3.95
0.03	0.079	0.23	0.715	0.43	1.563	0.63	2.66	0.83	4.02
0.04	0.106	0.24	0.753	0.44	1.612	0.64	2.72	0.84	4.10
0.05	0.134	0.25	0.789	0.45	1.661	0.65	2.78	0.85	4.18
0.06	0.162	0.26	0.825	0.46	1.710	0.66	2.84	0.86	4.26
0.07	0.190	0.27	0.865	0.47	1.760	0.67	2.91	0.87	4.34
0.08	0.220	0.28	0.905	0.48	1.812	0.68	2.98	0.88	4.40
0.09	0.249	0.29	0.945	0.49	1.860	0.69	3.04	0.89	4.48
0.10	0.279	0.30	0.986	0.50	1.915	0.70	3.10	0.90	4.56
0.11	0.310	0.31	1.026	0.51	1.972	0.71	3.18	0.91	4.66
0.12	0.341	0.32	1.068	0.52	2.02	0.72	3.23	0.92	4.74
0.13	0.372	0.33	1.110	0.53	2.08	0.73	3.31	0.93	4.82
0.14	0.405	0.34	1.152	0.54	2.13	0.74	3.38	0.94	4.90
0.15	0.437	0.35	1.193	0.55	2.19	0.75	3.44	0.95	4.98
0.16	0.470	0.36	1.241	0.56	2.24	0.76	3.52	0.96	5.06
0.17	0.503	0.37	1.285	0.57	2.30	0.77	3.59	0.97	5.16
0.18	0.538	0.38	1.329	0.58	2.36	0.78	3.65	0.98	5.24
0.19	0.571	0.39	1.371	0.59	2.41	0.79	3.72	0.99	5.33

续表 7-12

$\frac{d}{h}$	q	$\frac{d}{h}$	q	$\frac{d}{h}$	q	$\frac{d}{h}$	q	$\frac{d}{h}$	q
1.00	5.42	0.88	6.69	0.76	8.62	0.64	11.70	0.52	17.29
0.99	5.50	0.87	6.81	0.75	8.81	0.63	12.03	0.51	17.90
0.98	5.59	0.86	6.97	0.74	9.02	0.62	12.41	0.50	18.60
0.97	5.69	0.85	7.10	0.73	9.24	0.61	12.80	0.49	19.38
0.96	5.81	0.84	7.24	0.72	9.47	0.60	13.19	0.48	20.11
0.95	5.91	0.83	7.40	0.71	9.71	0.59	13.61	0.47	20.18
0.94	6.01	0.82	7.56	0.70	9.98	0.58	14.05	0.46	21.87
0.93	6.09	0.81	7.72	0.69	10.21	0.57	14.48	0.45	22.47
0.92	6.19	0.80	7.89	0.68	10.50	0.56	14.96	0.44	23.82
0.91	6.33	0.79	8.05	0.67	10.79	0.55	15.50	0.43	24.94
0.90	6.45	0.78	8.23	0.66	11.06	0.54	16.04	0.42	26.18
0.89	6.57	0.77	8.44	0.65	11.38	0.53	16.64	0.41	27.43
								0.40	28.80

对于较薄的块状料其$\frac{d'_n}{h_2}$较小，此时有如下关系：

$$q' = 2.54\frac{d'_2}{h_2} \text{ 及 } d'_n = d_n\left(1 - \frac{\delta'_2}{d_n}\right)$$

于是：

$$P'_{a2n} = P'_{a20}\frac{n}{m} \times \frac{2.54}{q} \times \frac{d_2}{h'_2}\left(1 - \frac{\delta'_2}{d_n}\right) \tag{7-63b}$$

$$m = \frac{d_2}{d_n}$$

2）系统的功率

$$P'_a = P'_{a20} + P_{失} + P'_{a1} \tag{7-64}$$

式中 $P_{失}$——炉子热损失功率，kW；

P'_{a1}——感应圈内的损失功率，kW，计算时令P'_{a1}等于整体冷炉料下感应圈内的损耗功率。

3）固体冷炉料的阻抗。在冷炉料时工作，炉子的阻抗急剧增加，为了得到必须的功率，要求相应提高感应圈两端的电压。计算时先算出整体冷炉料的系统值R_1、R'_2、P'^2、x'_0、Z'_0、P'_0、P'_a、P'_P等，并且由于$R'_0 \ll x_0$，实际上$Z'_0 \approx x'_0$。

4）相应的电压

$$U_1' = I_1 Z_0'$$

5）炉子的视在功率

$$P' = U' I_1 \times 10^{-3}$$

6）炉子电效率

$$\eta_e' = \frac{P_{a20}' + P_{失}}{P_a'} \times 100\%$$

7）功率因数

$$\cos\varphi' = \frac{P_a'}{P'}$$

8）炉料启动制电压的最后确定。在对整体冷料和冷块料（n 块）进行计算和修正计算后，为保证规定的技术指标，只需满足 $P_{a20}' = P_{a20}$。如果 P_a'大于 P_a，为保证规定的技术指标，必须根据 $P_{a20}' = P_{a20}$确定工作电压 U''，并在变压器设计时，提供这一电压值。实际上供电电压达不到这一值时，熔炼初期冷块炉料吸收的功率就会有较大的降低，炉子的熔化率也随着显著下降。这就是一般情况下，冷料熔化而又不能向炉子供给更大功率时，炉子熔化速度显著降低的原因[5]。

（32）感应圈的水冷计算[2]。在进行感应圈设计时，选择制造感应圈的紫铜管应遵守 3 个条件：即保证电损耗最小；在一定的高度上，设置必要的匝数；紫铜管内要能保证通过必须的冷却水量。这 3 个条件，便是水冷计算的前提条件。在结构设计中和电工计算中，已把紫铜管的尺寸确定了，因此，现在的工作，实际上是进行一次校核。

根据保证感应圈始终处于良好工作状态的要求，冷却水应保证带走的热量，是感应圈自身的电损耗发热及炉衬向感应圈传过来的热。用于冷却的水源，一般都是自来水，水流速度在 1 ~2m/s 左右。为保证冷却能力，可加大冷却水流量。但单从水流速着眼，就可能受到限制，因为设计冷却水流速不能超过 2m/s。并根据传热原理要求，要保持管中水流紊流，此时冷却能力最强。以上所述各点，既是水冷计算的基本原则，也是计算的已知条件。依据通常的计算程序讲述如下[2]。

1）必须由冷却水带走的热量功率数 $P_{冷}$（kW）。

$$P_{冷} = P_{a1} + P_{失1} \tag{7-65}$$

P_{a1}、$P_{失1}$在前节已都求出，$P_{冷}$ 可计算得出。

2）冷却水需要量 $G_{冷}$（L/s）。上述功率 $P_{冷}$ 所产生的热，用水冷带走，所必需的水量为：

$$G_{冷} = \frac{0.24 P_{冷}}{t_{出} - t_{入}} \tag{7-66}$$

式中 $t_{入}$——感应圈入口水温，℃，$t_{入} \leqslant 20$℃；

$t_{出}$——感应圈出口水温，℃，$t_{出} \leqslant 50$℃。

3）感应圈内的水流速 v（m/s）。

$$v = \frac{G_{冷}}{S_K} \times 10^{-3} \tag{7-67}$$

式中　$G_{冷}$——由式（7-66）求出；

S_K——管孔截面积，m^2。

4）紊流程度校验。根据热交换原理，水流为紊流时，水在管内产生一种强烈的具有搅拌作用的运动，此时热交换最彻底。若对感应圈来讲，这是一种理想的冷却条件，为保证此条件的实现，根据流体力学原理，为实现上述状态，必须具备的条件是，雷诺数 $Re>2300$，而 Re 的表达式为：

$$Re = \frac{d_{内} v}{\mu} \tag{7-68}$$

式中　$d_{内}$——紫铜管内径，m；

v——管中水流速，m/s，由式（7-67）计算；

μ——水的运动黏度，m^2/s，它受温度影响，与水的平均温度 t_P 的关系如表 7-13 所示。

表 7-13　水的运动黏度与水的平均温度的关系

t_P/℃	20	35	40	60	80	100
μ	1.0×10^{-6}	0.7×10^{-6}	0.66×10^{-6}	0.48×10^{-6}	0.37×10^{-6}	0.30×10^{-6}

当 $d_{内}$、v、μ 等已知后，由式（7-68）即可求得 Re，根据要求 $Re>2300$ 为合格。若不合于此条件，一是调整 v 值（但不能超过 2m/s），二是重新考虑选择紫铜管，即改变 $d_{内}$。

5）沿感应圈管长的压差。铜管对水流的阻力使水压下降，其压差 Δp(MPa) 由下式计算：

$$\Delta p = \frac{\lambda v^2 E l_g}{2d_{内} \times 10^6} \times 10^{-4} \times 9.80665 \times 10^4 \tag{7-69}$$

式中　λ——一类粗糙度的阻力系数，由下式计算：

$$\lambda = \left(\frac{3}{d_{内}}\right)^{0.214} \times 10^{-2} \tag{7-70}$$

E——水的单质，$E=101kg\cdot s/m^4$；

l_g——感应圈紫铜管长度，m，

$$l_g = \pi w_1 (d_1 + d_{管}) \tag{7-71}$$

d_1——感应圈内径，m；

$d_{管}$——感应圈紫铜管外径，m；

$d_{内}$——感应圈紫铜管内径，m；

w_1——感应圈的匝数。

根据上式所得 Δp，若用生活水冷却的情况下，应有 $\Delta p\leqslant2$（大气压），否则前面的条件达不到。

6）各冷却支路最大允许长度 l_{max}。如果由前式 $\Delta p>0.2MPa$ 时，则应把感应圈分成几段，以使每段中压降小于 0.2MPa。而在这种条件下的最大允许感应圈长度 l_{max}(m)，由下式计算：

$$l_{max}=\frac{2d\Delta p}{\lambda v^2E}\times 10^4 \tag{7-72}$$

7）感应圈冷却支路数 n_0

$$n_0=\frac{l_g}{l_{max}} \tag{7-73}$$

7.5.6 真空中频感应熔炼炉感应圈的结构设计计算实例

我们以 ZG-250kg 真空中频感应熔炼炉感应圈为计算实例，该设备主要用于在真空状态下熔炼镍及镍合金铸锭。本计算仅供参考。

7.5.6.1 已知参数

（1）炉子额定容量（液体镍）：250kg；

（2）最高温度：1800℃；

（3）熔化镍的浇铸温度：1550℃；

（4）每炉熔化时间：2.0h；

（5）极限真空度：1.33×10^{-2}Pa；

（6）工作真空度：6.67×10^{-2}Pa；

（7）升压率：1.33×10^{-1}Pa/min；

（8）1550℃时镍的热含量 $C_i=267.4$kcal/kg；

（9）镍 $\rho_{20}=10^{-6}\Omega\cdot$cm，$\rho_{1550}=1.08\times10^{-4}\Omega\cdot$cm；

（10）炉料宽为 100mm、厚 10mm 等的电解镍板条捆绑的圆形原料。

7.5.6.2 确定感应圈和坩埚的几何尺寸

（1）计算坩埚的有效容积 $V_坩$ 方法如下。按公式（7-10）计算：

$$V_坩=\frac{G_坩\times10^3}{r_液}$$

式中 $G_坩$——坩埚容量，$G_坩=250$kg；

$r_液$——液体金属的密度，g/cm³，查表 7-15，液体镍的密度约为 $r_液=8.64$g/cm³。

则
$$V_坩=\frac{250\times10^3}{8.64}=28935$$

（2）确定坩埚的直径和有效高度。坩埚平均内直径 d_2，按公式（7-12）计算：

$$d_2=\sqrt[3]{\frac{4\dfrac{d_2}{h_2}V_坩}{3.14}}$$

式中 $\dfrac{d_2}{h_2}$——坩埚直径与高度的比值，查表 7-3，依据 500kg 以下炉子 $\dfrac{d_2}{h_2}=\dfrac{1}{2}\sim\dfrac{2}{3}$，取比值 $\dfrac{2}{3}$，则 $\dfrac{d_2}{h_2}=0.67$；

d_2——坩埚平均直径，cm；

h_2——坩埚有效高度，cm。

则
$$d_2 = \sqrt[3]{\frac{4\frac{d_2}{h_2}V_{坩}}{3.14}} = \sqrt[3]{\frac{4 \times 0.67 \times 28935}{3.14}} = 29.12\text{cm}$$

坩埚有效高度 h_2，按公式（7-13）计算：

$$h_2 = \frac{d_2}{a_1} = \frac{29.12}{0.67} = 43.46\text{cm}$$

坩埚外径 D_2：

$$D_2 = d_2 + 2\Delta_{坩} = 29.12 + 2 \times 5.82 \approx 41\text{cm}$$

7.5.6.3　*确定感应圈直径和高度*

（1）坩埚厚度。按表 7-4，$\Delta_{坩} = \frac{d_2}{5} = \frac{29.12}{5} \approx 5.82\text{cm}$，绝缘层厚度用 0.5cm 厚的石棉板。而炉衬 $\Delta_{衬} = \Delta_{坩} + 0.5 = 5.82 + 0.5 = 6.32\text{cm}$。

（2）感应圈内径。

$$d_1 = d_2 + 2\Delta_{衬} = 29.12 + 2 \times 6.32 \approx 42\text{cm}$$

（3）感应圈高度。按 $C = \frac{h_1}{h_2} = 1.1 \sim 13$，取 $C = 1.1$，则感应圈高度为：

$$h_1 = 1.1h_2 = 1.1 \times 43.46 = 47.8\text{cm}$$

以计算结果绘出图 7-33。

7.5.6.4　*炉子有功功率 P_{a2} 的确定*

炉子有功功率 P_{a2} 的确定方法如下：

（1）P_{a2} 值按公式（7-19）计算近似确定：

$$P_{a2} = \frac{G_{坩} C_i}{860 t_{熔} \eta_{热}}$$

式中　$G_{坩}$——炉子容量，$G_{坩} = 250\text{kg}$；

C_i——1kg 金属加热至浇铸温度时的理论消耗，kcal/kg，镍 $C_i = 267.4\text{kcal/kg}$，查表 7-14；

$t_{熔}$——金属熔化时间，h，$t_{熔} = 2\text{h}$；

$\eta_{热}$——炉子的热效率，通常 $\eta_{热} = 0.7 \sim 0.85$，取 0.8；

860——电热当量，即 1kW·h 的电能，相当于 860kcal 热能。

把上述数值代入式中得：

$$P_{a2} = \frac{250 \times 267.4}{860 \times 2 \times 0.8} = 48.6$$

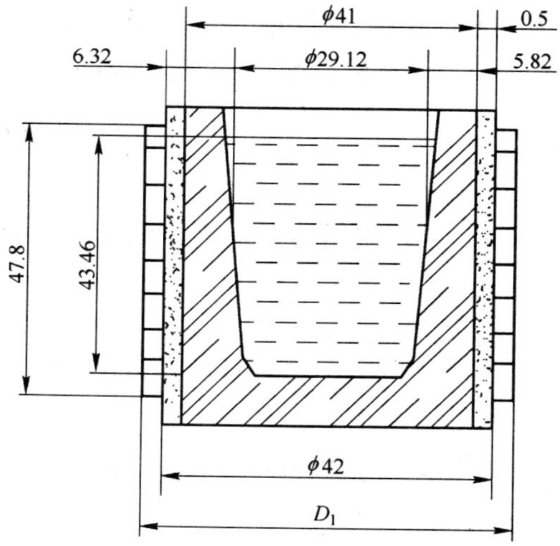

图 7-33　坩埚结构示意图

表 7-14 金属的热焓(kcal/kg)[5]

金属 \ 温度/℃	50	100	200	300	400	500	600	700	800	900	1000	1100	1200	1300	1400	1500	1600
铋	1. 38	2. 86	6. 18	23. 7	27. 42	31. 16	34. 9	—	—	—	—	—	—	—	—	—	—
锡	2. 79	5. 78	12. 78	32. 71	37. 75	42. 8	47. 98	—	—	—	—	—	—	—	—	—	—
镉	2. 76	5. 59	11. 34	17. 4	36. 7	43. 08	49. 40	55. 75	—	—	—	—	—	—	—	—	—
铅	1. 28	2. 59	5. 60	9. 06	18. 07	21. 03	24. 50	27. 86	31. 1	—	—	—	—	—	—	—	—
锌	4. 70	9. 46	19. 22	29. 43	40. 08	76. 10	88. 38	101. 08	113. 84	—	—	—	—	—	—	—	—
锑	—	4. 85	9. 84	14. 83	20. 24	25. 41	31. 01	77. 2	84. 5	91. 12	97. 71	—	—	—	—	—	—
镁	—	25. 6	53. 4	83. 1	114. 8	148. 5	186. 0	—	—	—	—	—	—	—	—	—	—
铝	—	22. 4	45. 3	65. 25	91. 52	116. 05	140. 24	243. 1	256. 4	290. 5	313. 5	—	—	—	—	—	—
铜	—	9. 31	19. 0	29. 25	39. 52	50. 5	62. 16	73. 85	85. 52	95. 1	110. 5	173. 8	186. 2	198. 4	210. 3	222. 6	—
镍	—	10. 79	22. 15	34. 03	47. 2	60. 1	72. 9	85. 3	97. 6	111. 5	124. 3	137. 6	151. 7	166. 2	180. 4	267. 4	285. 0
铬	—	11. 78	23. 8	36. 01	48. 4	61. 1	74. 8	88. 7	103. 3	118. 7	134. 8	152. 0	170. 5	189. 3	210. 1	231. 0	325. 1
钴	—	10. 90	22. 14	33. 7	45. 8	59. 3	72. 8	87. 6	103. 8	120. 3	137. 7	156. 28	177. 6	198. 5	221. 0	—	
钢 0. 3% C	—	11. 2	22. 9	36. 0	49. 3	63. 9	81. 4	100. 4	131. 5	150. 0	166. 9	183. 5	201. 0	218. 5	235		
钢 0. 8% C	—	11. 5	23. 1	36. 9	50. 2	64. 8	82. 3	101. 4	129. 5	145. 9	162. 2	179. 0	196. 1	213. 0	230		
钢 1. 6% C	—	12. 0	24. 1	37. 5	51. 1	66. 1	83. 9	103. 0	132. 3	146. 1	160. 0	172. 0	187. 0	203. 0	218. 0		
生铁 3. 7% C 1. 5% Si 0. 6% Mn	—	—	22. 0	35. 3	48. 5	61. 7	76. 6	100. 7	127. 3	145. 4	160. 3	176. 5	250. 0	273. 0	296. 0		
生铁 3. 7% C 1. 5% Si 0. 6% Mn	—	13. 0	27. 0	40. 0	54. 0	70. 0	87. 0	107. 0	132. 0	153. 0	172. 0	192. 0	260. 0	282. 0	305. 0		

（2）炉子有功功率（不计感应圈损失）P_{a2}可以由热平衡算出，再用公式（7-20）对P_{a2}进行校验。

$$P_{a2} = P_{a20} + P_{失}$$

式中　P_{a20}——金属熔化的理论电能消耗所需的功率，kW，$P_{a20} = \frac{G_{坩} C_i}{860 t_{熔}} = \frac{250 \times 267.4}{860 \times 2} = 38.9\text{kW}$；

$P_{失}$——炉子的热损失功率，kW，按公式（7-22a）计算。

$$P_{失} = P_{失1} + P_{失2}$$

$$P_{失1} = 13.2 K \Delta t h_2 \left(\frac{D_2}{\Delta_{坩}} + 1 \right) \times 10^{-3}$$

式中　$P_{失1}$——炉壁热损失，按公式（7-22b）计算；

K——导热系数，对于碱性炉衬，K值为0.0036cal/(cm^2·℃·s)；

Δt——坩埚壁内外温度差,℃，通常坩埚内壁温度以金属浇铸温度计，镍为1550℃，坩埚外壁的温度以感应圈计算，一般为40～50℃，则$\Delta t = 1550 - 50 = 1500$℃；

$\Delta_{坩}$——坩埚壁的平均厚度，$\Delta_{坩} = 5.82\text{cm}$；

h_2——坩埚有效高度，$h_2 = 43.46\text{cm}$；

D_2——坩埚外径，$D_2 = 41\text{cm}$。

将已知数代入上式得：

$$P_{失1} = 13.2 \times 0.0036 \times 1500 \times 43.46 \times \left(\frac{41}{5.82} + 1 \right) \times 10^{-3} \approx 24.97\text{kW}$$

$P_{失2}$为炉盖及其他热损失，按式（7-23）计算如下：

$$P_{失2} = 0.4 \times 24.97 = 9.99\text{kW}$$

则

$$P_{失} = 9.99 + 24.97 = 34.96\text{kW}$$

于是

$$P_{a2} = 48.6 + 34.96 = 83.56\text{kW}$$

（3）炉子热效率$\eta_{热}$按公式（7-25）计算：

$$\eta_{热} = \frac{P_{a20}}{P_{a2}} \times 100\% = \frac{38.9}{83.56} \times 100\% = 46.6\%$$

7.5.6.5　炉子电气参数计算（用变压器法计算）

炉子电气参数计算如下：

（1）炉子的工作频率按公式（7-18）计算，参考表7-8校正。

$$f_{min} = \frac{25 \times 10^8 \rho_2}{d_2^2 \mu}$$

式中　ρ_2——金属镍的电阻率，1550℃时，$\rho_2 = 1.08 \times 10^{-4} \Omega \cdot \text{cm}$；

μ——金属镍的相对磁导率，对于铁磁性材料在磁性变态点时它们因失去磁性发生突变，此时 $\mu=1$；

d_2——被熔化（加热）金属材料的直径（即坩埚直径），$d_2=29.12\text{cm}$。

由于被加热材料直径 d_2 = 初始加热时的原料为板条状，捆绑装入坩埚内，此时以当量直径作为计算直径，设料的断面尺寸宽为 a、厚为 b（已知），则 $d_{当}=\frac{2ab}{\sqrt{\pi}}=\frac{2\times10\times1}{\sqrt{3.14}}=$ 11.29cm 为辅助计算条件。当材料熔化后即转变成等于坩埚内径 d_2 的材料直径。

因为坩埚内装满许多不同尺寸的材料，于是，我们以最大尺寸的材料直径的加热作为基本计算，以最小尺寸的材料的加热作为辅助计算，兼顾两者要求确定计算条件。

将已知数值代入式（7-18）得最小工作频率：

$$f_{\min}=\frac{25\times10^8\times1.08\times10^{-4}}{29.12^2\times1}\approx319\text{Hz}$$

将 $d_2=d_{当}$ 代入式并以 $d_{当}$ 换取 d_2，所以可得辅助计算频率：

$$f_{辅}=\frac{25\times10^8\times1.08\times10^{-4}}{11.29^2\times1}\approx2118\text{Hz}$$

综合两者计算结果，按表 7-12 校正，选取 2500Hz 为工作频率。

（2）物料的穿透深度（炉料中电流渗透深度）Δ_2，按公式（7-27）计算，以 800℃作为计算比电阻和磁导率的温度物料的穿透深度得：

$$\Delta_2=5030\sqrt{\frac{\rho_2}{f\mu_2}}$$

式中　ρ_2——液态金属镍（炉料）电阻率，查表 7-15 选取，$\rho_2=108\times10^{-6}\Omega$；

μ_2——已熔化金属炉料的相对磁导率，$\mu_2=1$；

f——频率，$f=2500\text{Hz}$。

则

$$\Delta_2=5030\sqrt{\frac{108\times10^{-6}}{2500\times1}}=1.05\text{cm}$$

（3）炉料的电阻 R_2，按公式（7-29b）计算：

$$R_2=6.25\times10^{-4}\frac{d_2'}{h_2}\sqrt{\rho_2 f\mu_2}$$

因为 $d_2'=d_2-\Delta_2=29.12-1.05=28.07\text{cm}$，$h_2=43.46\text{cm}$，则

$$R_2=6.25\times10^{-4}\times\frac{28.07}{43.46}\times\sqrt{108\times10^{-6}\times2500\times1}=2.15\times10^{-4}\Omega$$

（4）计算炉料的自感系数 L_2。因为炉料可视为单匝，即匝数为 1，按公式（7-33）计算：

$$L_2=\frac{1}{2}d_2'F_1\left(\frac{d_2'}{h_2}\right)\times10^{-9}$$

表 7-15 被熔化金属材料的有关物理参数[5]

金属或合金	化学成分/%	温度/℃		电阻率/Ω·cm		液态时的比热容/kcal·(kg·℃)$^{-1}$		比重/t·m^{-3}		温度 t℃的比热容/kcal·(kg·℃)$^{-1}$	熔化潜热/kcal·kg^{-1}
		熔化	过热浇铸	在20℃时	液态	在熔化温度时	在过热温度时	在20℃时	液态		
钢	C0.22 Fe99.78	1520	1650	10×10^{-6}	136.6×10^{-6}			7.8	7.2		44.0
黄铜	Zn30～33 Cu 余量	940	1140	7.0×10^{-6}	38.5×10^{-6}	0.1132	0.1175	8.6	8.0	$0.0929+0.0000217t$	
黄铜 62	Zn36.6～39.5 Cu 余量	905	1070	6.8×10^{-6}	40×10^{-6}	0.1124	0.1126	8.5	7.8	$0.0929+0.0000216t$	35.5
高锌黄铜	Zn20 Cu80	1000	1160	5.1×10^{-6}	33.5×10^{-6}	0.1138	0.1171	8.7	8.1	$0.0933+0.0000205t$	39.0
含 Zn 黄铜	Zn10 Cu90	1045	1225	4.2×10^{-6}	28×10^{-6}	0.1139	0.1174	8.8	8.2	$0.0935+0.0000195t$	41.0
铜	Cu100	1083	1255	1.75×10^{-6}	21×10^{-6}	0.13	0.1335	8.89	8.3	$0.104+0.000024t$	42～50
白铜	Cu80 Ni20	1180	1250	3.0×10^{-6}	55×10^{-6}	0.1169	0.118			$0.0933+0.00002t$	47.0
铝	Al100	658	700	2.9×10^{-6}	24×10^{-6}	0.297	0.3	2.7	2.4	$0.246+0.000078t$	92.4
铝	Al94.4 Cu4.69 Mg0.5 Mn0.5	658	700	4.95×10^{-6}	28×10^{-6}	0.297	0.3	2.8	2.5	$0.246+0.000078t$	97
锰青铜	Cu58 Zn40 Sn2	920	1070	6.5×10^{-6}	42×10^{-6}	0.113	0.1164	8.5	7.8	$0.0924+0.0000224t$	34.5
磷青铜	Cu9.3 Zn3 Sn4	1060	1225	8.5×10^{-6}	35×10^{-6}	0.1137	0.1168	8.6	8.0	$0.0935+0.000019t$	41.0
镍	Ni100	1452	1550	10.0×10^{-6} 12.0×10^{-6}	108×10^{-6}～ 109×10^{-6}	0.11		8.3（铸块） 8.6～8.9 （压延）	8.64	0.11（0～100℃）	73
锌	Zn100	419.4	500	6.0×10^{-6}～ 6.2×10^{-6}	33.4×10^{-6}～ 36.4×10^{-6}			6.86（铸块） 7.13～7.2 （压延）		$0.0936+0.000019t$	24～28
镁	Mg100	651	700	4.4×10^{-6}～ 4.8×10^{-6}				1.74		0.25（0～100℃）	72

因为 $$\frac{d_2'}{h_2} = \frac{28.07}{43.46} = 0.65$$

由图 7-31 查得：$F_1(0.65) \approx 10$

则 $$L_2 = \frac{1}{2} \times 28.07 \times 10 \times 10^{-9} = 1.4 \times 10^{-7}\text{H}$$

（5）计算感应器 1 匝的自感系数 L_{11}，按公式（7-32）计算：

$$L_{11} = \frac{1}{2} d_1' F_1\left(\frac{d_1'}{h_1}\right) \times 10^{-9}$$

因为感应圈中的电流渗透深度 Δ_1，50℃时铜管的穿透深度：

$$\Delta_1 = 5030 \sqrt{\frac{\rho_1}{f\mu_1}}$$

式中　ρ_1——铜的电阻率(感应圈的电阻率)，查表 7-15 得 $\rho_1 = 1.75 \times 10^{-6} \approx 2 \times 10^{-6}\Omega \cdot \text{cm}$；

μ_1——感应圈的磁导率，$\mu_1 = 1$；

f——频率，$f = 2500\text{Hz}$。

则 $$\Delta_1 = 5030 \sqrt{\frac{2 \times 10^{-6}}{2500 \times 1}} = 0.142\text{cm}$$

$$d_1' = d_1 + \Delta_1 = 42 + 0.142 = 42.142\text{cm}$$

$$F_1\left(\frac{d_1'}{h_1}\right) = F_1\left(\frac{42.142}{47.8}\right) \approx F_1(0.9)$$

查图 7-31 选取 $F_1(0.9) = 12.5$

则 $$L_{11} = \frac{1}{2} \times 42.142 \times 12.5 \times 10^{-9} = 2.63 \times 10^{-7}\text{H/匝}$$

（6）炉料-感应圈系统的单匝自感系数 L_{01}，按公式（7-34）计算

$$L_{01} = L_{11} - \frac{0.976 F_2 F_3 L_2}{10\left(\frac{d_2'}{h_2}\right)(1 + K_{变}^2)}$$

因为 $$F_2 = F_2\left(\frac{d_2'}{h_2}\right) = F_2\left(\frac{28.07}{43.46}\right) = F_2(0.65)$$

查图 7-32 得 $F_2(0.65) = 3.3$

$$F_3 = F_3\left(\frac{d_1}{h_1}, \frac{h_1}{h_2}\right) = F_3\left(\frac{42}{47.8}, \frac{47.8}{43.46}\right) = F_3(0.88, 1.1)$$

查表 7-9 得：$F_3(0.88, 1.1) = 1.46$

$$K_{变} = \frac{R_2}{2\pi f L_2} = \frac{2.15 \times 10^{-4}}{2 \times 3.14 \times 2500 \times 1.4 \times 10^{-7}} = 0.098$$

于是
$$L_{01}=2.596\times10^{-7}-\frac{0.975\times3.3\times1.46\times1.4\times10^{-7}}{10\times\frac{42}{47.8}(1+0.098^2)}$$
$$=1.89\times10^{-7}\text{H/匝}^2$$

（7）计算感应圈的磁通势 I_1W_1，按公式（7-36）计算：

$$I_1W_1=\sqrt{\frac{P_{a2}\times10^8(1+0.098^2)}{6.1F_2F_3\sqrt{1.08\times10^{-4}\times2500\times1}}}$$
$$=\sqrt{\frac{83.56\times10^8(1+0.098^2)}{6.1\times3.3\times1.46\times\sqrt{108\times10^{-6}\times2500\times1}}}$$
$$=23504\text{AT}$$

（8）感应圈匝数 W_1，按公式（7-38a）计算：

$$W_1=\frac{U_1}{2\pi fL_{01}(I_1W_1)}=\frac{750}{2\times3.14\times2500\times1.89\times10^{-7}\times23504}\approx11\text{ 匝}$$

式中感应圈工作电压 U_1，根据炉子容量250kg、频率2500Hz查表7-8，选取最佳电压 U_1 为750V。

考虑到调整和制造，取感应圈匝数 $W_1=12$ 匝，且在11、10、9匝处抽头，可以调整感应器匝数。

（9）计算感应圈电流 I_1，按公式（7-39）计算：

$$I_1=\frac{I_1W_1}{W_1}=\frac{23504}{11}=2137\text{A}$$

（10）确定感应圈尺寸，方法如下：

1）感应圈紫铜管外径 $d_{管}$，按公式（7-40）计算：

$$d_{管}=\frac{h_1K_3}{W_1}=\frac{47.8\times0.8}{11}=3.47\approx3.5\text{cm}$$

式中　K_3——感应圈填充系数，$K_3=0.7\sim0.95$，取 $K_3=0.8$。

2）感应圈管壁厚 B。依据2500Hz，电流透入深度0.142cm，查表7-11选取紫铜管壁厚2mm，选取国产标准紫铜管 ϕ35mm×2mm。

3）每匝高度：

$$t_1=\frac{h_1}{W_1}=\frac{47.8}{11}=4.3\text{cm}$$

4）匝间间隙 $\Delta_{隙}$：

$$\Delta_{隙}=\frac{h_1}{W_1}-d_{管}=\frac{47.8}{11}-3.5=0.85\text{cm}$$

（11）感应圈上有效截面积上的电流密度 ρ_0，按公式（7-41）计算：

$$\rho_0 = \frac{I_1}{F} = \frac{2137}{207.24} = 10.3\text{A/mm}^2$$

$\rho_0 < 40\text{A/mm}^2$，故允许进行工作。

式中 F——紫铜管的有效截面面积，$F = [(35 \div 2)^2 - (31 \div 2)^2] \times 3.14 = 207.24\text{mm}^2$。

（12）计算感应圈电阻 R_1，按公式（7-42a）计算。

$$R_1 = 6.25 \times 10^{-4} \frac{d'_1}{h'_1} \sqrt{\rho_1 f \mu_1} W_1^2$$

因为
$$h'_1 = h_1 - \frac{1}{2} W_1 \Delta_{\text{隙}} = 47.8 - \frac{1}{2} \times 11 \times 0.85 = 43.125\text{cm}$$

式中，$d'_1 = 42.142\text{cm}$；$\rho_1 = 2 \times 10^{-6}\Omega \cdot \text{cm}$；$\mu_1 = 1$。

则
$$R_1 = 6.25 \times 10^{-4} \times \frac{42.142}{43.125} \sqrt{2 \times 10^{-6} \times 2500 \times 1} \times 11^2$$
$$= 5.26 \times 10^{-3}\Omega$$

（13）计算感应圈的自感系数 L_1，按公式（7-31）计算：

$$L_1 = L_{11} W_1^2 = 2.63 \times 10^{-7} \times 11^2 = 3.18 \times 10^{-5}\text{H}$$

（14）计算系数的互感系数 M，按公式（7-43）计算：

$$M = \frac{\pi^2 (d'_2)^2}{2h_2} W_1 \sqrt{F_3} \times 10^{-9}$$
$$= \frac{3.14^2 \times 28.07^2}{2 \times 43.46} \times 11 \times \sqrt{1.46} \times 10^{-9}$$
$$= 1.19 \times 10^{-6}\text{H}$$

（15）感应圈-金属炉料系统间的折换系数 P，按公式（7-44）~公式(7-46）计算：

$$P^2 = \frac{X_\text{M}^2}{R_2^2 + X_2^2}$$

式中 $X_\text{M} = 2\pi f M = 2 \times 3.14 \times 2500 \times 1.19 \times 10^{-6} = 1.87 \times 10^{-2}\Omega$

$X_2 = 2\pi f L_2 = 2 \times 3.14 \times 2500 \times 1.4 \times 10^{-7} = 2.2 \times 10^{-3}\Omega$

$R_2 = 2.15 \times 10^{-4}\Omega$

则
$$P^2 = \frac{(1.87 \times 10^{-2})^2}{(2.15 \times 10^{-4})^2 + (2.2 \times 10^{-3})^2} = 71.57$$
$$P = \sqrt{71.57} = 8.46$$

（16）炉料-感应圈系统的自感 L_0，按公式（7-47）计算：

$$L_0 = L_1 - P^2 L_2 = 3.74 \times 10^{-5} - 8.46^2 \times 1.4 \times 10^{-7}$$
$$= 2.178 \times 10^{-5}\text{H}$$

（17）炉料-感应圈系统的电抗 X_0，按公式（7-48）计算：

$$X_0 = \omega L_0 = 2\pi f L_0 = 2\times 3.14\times 2500\times 2.178\times 10^{-5} = 0.342\Omega$$

（18）炉料-感应圈系统的电阻 R_0，按公式（7-49）计算：

$$R_0 = R_1 + P^2 R_2 = 5.26\times 10^{-3} + 8.46^2\times 2.15\times 10^{-4} = 0.021\Omega$$

（19）感应圈-金属炉料系统的总阻抗 Z_0，按公式（7-50）计算：

$$Z_0 = \sqrt{R_0^2 + X_0^2} = \sqrt{0.021^2 + 0.342^2} = 0.343$$

（20）感应圈电流校正值 I_1'，按公式（7-51）计算：

$$I_1' = \frac{U_1}{Z_0} = \frac{750}{0.343} = 2186.6\text{A}$$

（21）感应圈中损失功率 P_{a1}，按公式（7-52）计算：

$$P_{a1} = I_1'^2 R_1\times 10^{-3} = 2186.6^2\times 5.26\times 10^{-3}\times 10^{-3} = 25.15\text{kW}$$

（22）校正引入炉料中的实际有功功率 P'_{a2}

$$P'_{a2} = I_1'^2 P^2 R_2\times 10^{-3} = 2186.6^2\times 8.46^2\times 2.15\times 10^{-4}\times 10^{-3} = 73.57\text{kW}$$

则实际被炉料吸收的功率 P_{a20}为：

$$P'_{a20} = P'_{a2} - P_{失} = 73.57 - 34.96 = 38.61\text{kW}$$

$P'_{a20} < P_{a20}$，因此实际熔化时间 $t'_{熔}$将比 $t_{熔}$ 长。

$$t'_{熔} = 1.5\frac{P'_{a2}}{P'_{a20}} = 1.5\times\frac{73.57}{38.61} = 2.86\text{h}$$

若在其他条件不变的情况下，通过调整感应圈匝数可以改变输入功率，提高熔化率。例如将匝数调整为9.5匝，引入炉料中的有功功率 P'_{a2}，增加约为96kW，熔化时间 $t'_{熔}$可缩短至2.4h。在感应圈9匝、10匝处设有中间抽头，以便调整炉子功率。将适宜的匝数应该在调整过程中确定，然后加以固定，不再改变。

（23）供给炉子感应圈的总有功功率 P_a，按公式（7-53）计算：

$$P_a = I_1'^2 R_0\times 10^{-3} = 2186.6^2\times 0.021\times 10^{-3} = 100\text{kW}$$

或

$$P_a = P_{a1} + P'_{a2} = 25.15 + 73.57 = 98.72\text{kW}$$

（24）炉子的电效率 $\eta_{电}$，按公式（7-54）计算：

$$\eta_{电} = \frac{P'_{a2}}{P_a}\times 100\% = \frac{73.57}{100}\times 100\% = 73.57\%$$

（25）炉子的无功功率 P_P，按公式（7-55）计算：

$$P_P = I_1'^2 X_0\times 10^{-3} = 2186.6^2\times 0.342\times 10^{-3} = 1635.2\text{kvar}$$

（26）炉子的视在功率 P_0，按公式（7-56）计算：

$$P_0 = \sqrt{P_a^2 + P_P^2} = \sqrt{100^2 + 1635.2^2} = 1638\text{kW}$$

（27）炉子的功率因数 $\cos\varphi$，按公式（7-57a）计算：

$$\cos\varphi = \frac{P_a}{P_0} = \frac{R_0}{Z_0} = \frac{100}{1638} = 0.06105$$

（28）无功功率的补偿

为把系统的 $\cos\varphi$ 由 0.06105 提高到 1，所需的电容器无功容量 Q_1（kvar），按公式（7-58a）计算：

$$Q_1 = P_a(\tan\varphi - \tan\varphi_1)$$

要求　$\cos\varphi = 1$，则 $\tan\varphi_1 = 0$

而　$\cos\varphi = 0.06105$，则 $\varphi = 86°30'$；所以 $\tan 86°30' = 16.35$

$$Q_1 = 100 \times 16.35 = 1635\text{kvar}$$

（29）补偿电容器组电容量 $C_{容}$，按公式（7-59）计算：

$$C_{容} = \frac{Q_1 \times 10^9}{2\pi f U_1^2} = \frac{1635 \times 10^9}{2 \times 3.14 \times 2500 \times 750^2} = 185\mu\text{F}$$

电容器的数量 n_c，按公式（7-60）计算：

$$n_c = \frac{C_{容}}{C_m} = \frac{185}{7.66} \approx 24 \text{个}$$

式中　C_m——每个电容器的电容量，μF。

考虑到在炉衬侵蚀后容量和功率的增加也能得到补偿，因此增加电容器的安装量 20%，选取符合 GB 3984—83 和 IEC110 标准的 Rwm1—125—2.5，容量为 125kvar，频率为 2500Hz，电容 7.66，10μF 的补偿电容器。并在线路设计上，将其中一部分电容作为可调节的活动电容组，大部分为固定电容组。

（30）电容器中的损失功率 P_K，按公式（7-61）计算：

$$P_K = 2.5Q_1 \times 10^{-3} = 2.5 \times 1635 \times 10^{-3} = 4.1\text{kW}$$

（31）炉子的效率

1）炉子的热效率，按公式（7-62a）计算：

$$\eta_{热} = \frac{P'_{a20}}{P'_{a2}} \times 100\% = \frac{38.61}{73.57} \times 100\% = 52.5\%$$

2）炉子感应圈的电效率，按公式（7-62b）计算：

$$\eta_{电} = \frac{P_{a2}}{P_{a1} + P_{a2}} \times 100\% = \frac{83.56}{25.15 + 83.56} \times 100\% = 76.9\%$$

3）炉子总效率，按公式（7-62c）计算：

$$\eta_{炉} = \frac{P'_{a20}}{P_a} \times 100\% = \frac{38.61}{100} \times 100\% = 38.61\%$$

4）系数的总效率，按公式（7-62d）计算：

$$\eta_{总} = \frac{P'_{a20}}{P_a + P_K} \times 100\% = \frac{38.61}{100 + 4.1} \times 100\% = 37.1\%$$

7.5.6.6 主要参数的计算结果

主要参数的计算结果如下：

（1）坩埚几何尺寸如下：

1）坩埚的有效容积 $V_{坩}$ 为 28.9L；

2）坩埚的有效高度 h_2 为 43.46cm；

3）坩埚壁厚 $\Delta_{坩}$ 为 5.82cm；

4）坩埚内径 d_2 为 29.12cm；

5）坩埚外径 D_2 为 41cm。

（2）感应圈的几何尺寸如下：

1）感应圈紫铜管的规格为 ϕ35mm×2mm；

2）感应圈的内径 d_1 为 42cm；

3）感应圈的匝数 11 匝；

4）感应圈的高度 h_1 为 47.8cm；

5）匝间距为 4cm。

（3）感应炉的电气参数如下：

1）感应炉的工作频率 f 为 2500Hz；

2）感应炉最高工作电压 U_1 为 750V；

3）感应炉的有功功率 P_{a2} 为 73.57kW；

4）感应炉的总有功功率 P_a 理论计算为 100kW。为了提高生产率，将总 P_a 有效功率提高到 150kW；

5）感应炉的熔化时间计算值 $t_{熔}$ 为 2.86h。若把感应器匝数改为 9.5 匝时，P'_{a2} 功率提高 136kW，熔化时可缩短至 2h。

6）中频炉的频率较高，穿透深度较小，所以电动效应与工频炉相比较弱，因此不必使液体液面高度显著超过感应圈的上端，通常维持两者大体齐平。

7.5.6.7 感应圈的水冷却计算

感应圈的水冷却计算方法如下：

（1）冷却水带走的热量功率数 $P_{冷}$，按公式（7-65）计算：

$$P_{冷} = P_{a1} + P_{失1} = 25.15 + 24.97 = 50.12\text{kW}$$

（2）冷却水需要量 $G_{冷}$，按公式（7-66）计算：

$$G_{冷} = \frac{0.24P_{冷}}{t_{出} - t_{入}} = \frac{0.24 \times 50.12}{50 - 20} = 0.4\text{L/s}$$

式中 $t_{入}$——感应圈入口水温,℃, $t_{入}=20℃$;

$t_{出}$——感应圈出口水温,℃, $t_{出}=50℃$。

(3) 感应圈内水流速 v,按公式 (7-67) 计算:

$$v=\frac{G_{冷}\times 10^{-3}}{S_K}=\frac{0.4\times 10^{-3}}{7.54\times 10^{-4}}\approx 0.53\text{m/s}$$

式中 S_K——管孔截面积, m^2, 而 $S_K=(0.031\div 2)^2\times 3.14=7.54\times 10^{-4}m^2$。

(4) 紊流程度校验,按公式 (7-68) 计算:

$$Re=\frac{d_{内}v}{\mu}=\frac{0.031\times 0.53}{7\times 10^{-7}}=23471$$

式中 $d_{内}$——紫铜管内径, m, $d_{内}=0.031$m;

v——管中水的流速, m/s, $v=0.53$m/s;

μ——水的运动黏度, m^2/s, $t_P=\frac{1}{2}(t_{入}+t_{出})=\frac{1}{2}\times(50+20)=35℃$。查表7-13水的运动黏度为 7×10^{-7}。

根据计算得的 $Re=23471>2300$, 所以流动为紊流运动特性, 合格。

(5) 沿感应器管长压差 Δp (MPa), 按公式 (7-69) 计算:

$$\Delta p=\frac{\lambda v^2 E l_g}{2d_{内}\times 10^6}\times 10^{-4}\times 9.80665\times 10^4$$

式中 λ———类粗糙度阻力系数,由下式计算: $\lambda=\left(\frac{3}{d_{内}}\right)^{0.214}\times 10^{-2}=\left(\frac{3}{0.031}\right)^{0.214}\times 10^{-2}$

$=2.7\times 10^{-2}$;

$d_{内}$——感应圈紫铜管内径, m, $d_{内}=0.031$m;

E——水的单质, $E=101\text{kg}\cdot\text{s/m}^4$;

l_g——感应圈紫铜管长, m, 由下式计算:

$$l_g=\pi W_1(d_1+d_{管})$$

W_1——感应圈的匝数, $W_1=11$ 匝;

d_1——感应圈内径, m, $d_1=0.45$m;

$d_{管}$——感应圈紫铜管外径, m, $d_{管}=0.035$m;

$d_{内}$——感应圈紫铜管内径, m, $d_{内}=0.031$m;

则

$$l_g=3.14\times 11\times(0.42+0.035)=15.7\text{m}$$

代入上式得:

$$\Delta p=\frac{2.7\times 10^{-2}\times 0.53^2\times 101\times 15.7}{2\times 0.031\times 10^6}\times 10^{-4}\times 9.80665\times 10^4$$

$$=1.9\times 10^{-3}\text{MPa}$$

根据计算所得 $\Delta p\leqslant 0.2$MPa, 达到条件要求。

7.5.7 能量消耗

从感应炉的设计得知，从电网吸收的全部有功功率只有一部分为炉料吸收，其余的能量均变为各种形式的损失。为了改善炉子的技术经济指标，应当了解各部分能量消耗及其影响因素。感应炉的有效热即计算中的 P_{a20}，它等于被熔化金属的热含量与重量的乘积。各种液态金属的热含量如表 7-16 所示。

表 7-16 各种液态金属的热含量

金 属	钛	镍	钢①		紫 铜		黄 铜	
温度/℃	1668	1600	1700	1600	1200	1100	1100	1000
热含量/$kW \cdot h \cdot t^{-1}$	—	285kcal/kg	410	387	206.5	193.5	182.5	172

①随钢成分的不同热含量值也不同，见有关资料。

真空感应炉除有效热之外，还有以下 3 种损失：

（1）感应器电流热损失，反映此种损失程度的炉子的电效率 $\eta_{电}$，影响炉子电效率的因素很多，主要是：

1）炉料的导电性，电导愈小（或电阻愈大），电效率愈高。钛的导电性能较差，若将纯铜的电导率取为 100%，则钛仅为 3.1%。钛中杂质的存在会使其导电性降低。α-Ti 的电导率随温度升高而降低，当达到相变（α-Ti→β-Ti）温度时，电导率突升，此后 β-Ti 的电导率随温度升高略有下降。20℃时，纯钛的电阻率为 $0.42 \times 10^{-6}\Omega \cdot m$，在 800 ~ 900℃时，β-Ti 的电阻率已达到 $1.6 \times 10^{-6}\Omega \cdot m$。钛的合金牌号不同，电阻率也不同。可参见有关资料。镍液态时电阻率 ρ 为 $1.08 \times 10^{-3}\Omega \cdot cm$，钢铁在液态时电阻率 ρ 为 $1.4 \times 10^{-6} \sim 2 \times 10^{-6}\Omega \cdot m$，黄铜 ρ 为 $0.41 \times 10^{-6}\Omega \cdot m$，紫铜 ρ 为 $0.22 \times 10^{-6}\Omega \cdot m$。因此，熔化钢铁的炉子比熔化有色金属的炉子电效率高。

2）线圈高度 h_1 与线圈内径 d_1 的比值的影响。h_1/d_1 较大时对炉子效率有利，但从线圈几何形状及熔池的搅动来考虑，感应器过于细长也不好。

3）坩埚内径 d_2 与线圈内径 d_1 的比值的影响。d_2/d_1 由炉衬厚度决定，炉衬厚度越大 d_2/d_1 就越小，此时无功功率将显著增加，$\cos\varphi$ 降低。但炉衬厚度在一定范围内变化时，由于炉壁热损失随炉衬厚度的增加而减小，炉衬厚度增加对电效率的不利影响可以克服，因而实际上炉衬在一定范围内变化，会出现对电效率无显著影响的情况。

4）熔池高度的影响，当金属液面高于感应圈上表面时，降低熔池高度不仅使电效率降低，同时也降低了输入功率 p_a。

（2）坩埚壁损失。用计算求出的坩埚壁损失是近似的，这一方面的数据应在生产实践中进行测定和积累。表 7-17 的数据为感应熔钢炉稳定状态时，坩埚壳体单位面积的炉壁热损失，使用酸性捣固材料，熔池温度 1500℃，根据生产设备测定的，可供参考。

表 7-17 坩埚壳体对炉壁热损失

炉衬厚度/mm	石棉层厚度/mm	坩埚壳体单位面积对炉壁热损失/$kW \cdot m^{-2}$
75	4	30
95	4	21
115	5	11

坩埚底部炉衬较厚，热阻高，热损失比炉壁要小得多[5]。

(3) 其他损失。主要是炉子导线、电容器、电抗器及炉子变压器等引起的损失，通常这几项损失与前面两项相比是较小的。导线损失与导线的长度和截面积有关，此损失主要出现在电容器组及炉子线圈之间，其值一般可调节到电容器功率的0.2%。在电容器中的电介质损失，可以调整在电容器安装容量的0.25%～0.3%，即1000kvar电容器其电介质损失为2.5～3kW。平衡电抗的损失，每个1000kvar无功功率的损失为10～20kW。炉子变压器的效率很高，100～1000kV·A的变压器效率约为97%，超过1000kV·A的变压器效率约为98%或更高[5]。

7.5.8 电源设备

真空感应炉的供电电源设备，按使用频率的不同有中频和高频两种，可供产生中频电流的电源有3种，即中频发电机组、晶闸管中频电源、三倍频变压器。

A 中频发电机组

中频发电机组组成的主电路中包括感应圈、电容器、中频发电机组和高（低）压开关等。中频发电机组由发电机和电动机两部分组成。其中电动机的工作电压（6kV或10kV）和低压（380V）两种形式。高压中频发电机组用于大容量真空感应炉，低压中频发电机组用于小容量真空感应炉。电动机均为鼠笼型异步电动机。发电机由电动机拖动，并产生中频电流供给感应圈。

中频发电机组分卧式和立式两种。中频发电机组的输出电流的频率不随负载而变化，它具有过载能力强、运行可靠、安装维修方便等优点，但与晶闸管电源相比，它因噪声大、振动大、用料多、耗能大、体积笨重以及电效率低（仅80%～85%）等缺点，如今已被淘汰。

B 晶闸管中频电源

晶闸管中频电源，通过三相桥式全控整流电路，将三相交流电（380V或660V）整流为直流电，先经电抗器滤波后获得一个波形平稳的直流电流源，供给逆变器，利用接为单相桥式逆变器中的晶闸管轮番导通和关断，使直流电变成可调的中频电后提供给负载回路。负载回路由感应圈和补偿电容器组成，一般多连接成并联谐振电路，也有连接成串联谐振电路的。

中频负载是感应圈，运行时它具有较大的电感，除了能吸取有功功率外，还要吸取无功功率。有功功率是晶闸管中频电源供给的，无功功率则须用中频电容器来补偿。此时，电容器可以与感应圈接成串联，也可以接成并联，组成中频逆变器。目前，并联逆变器应用较多。

晶闸管中频电源与中频发电机组相比较有许多优点：

(1) 效率高，晶闸管中频电源的效率一般在90%以上；

(2) 运行可靠，维护简单，并且运行中噪声小；

(3) 体积小，重量轻；

(4) 安装简单，不需要特殊的设备基础；

(5) 可根据负载需要在较大范围内调节输出频率；

(6) 运行中能适应负载变化的情况而自动调整频率，这样可保证系统的输出功率一直保持在额定值上，从而使感应熔炼和感应加热作业能在较短的时间内完成。

目前晶闸管中频电源产品已系列化，输出频率也分几挡，一般最高到50kHz，单台输出功率一般为50～3000kW，这种变频器可以并联运行，因此，输出功率根据需要可进一步提高。现在大中小型中频炉几乎都使用晶闸管中频电源供电。

C 三倍频率变压器

三倍频率变压器是一种特殊结构的变压器，在其初级线圈中输入工频电流，就可在其初级线圈中得到输出频率为工频3倍（50×3＝150Hz）的中频电流。其缺点是功率因数极低，只有0.3左右。不能满足较高的要求。其优点是效率可达90%以上，成本只有发电机组成本的50%～70%左右，过载能力强，优于晶闸管中频电源[2]。这种电源适宜于较大型的感应熔炼炉。这是因为大型炉子对电源频率都要求不高，恰好把3倍频率电源的缺点给掩盖了，而对其优点都可得到充分发挥，是一种较理想的电源。其系列产品输出功率最大为2000kW左右。如今，由于晶闸管中频电源的容量已可做到数千千瓦，因此3倍频变压器已很少使用。

7.5.9 功率因数和补偿电容

中频感应炉的有功功率与其视在功率之比称为中频感应炉的功率因数，即：

$$\cos\varphi = P/S \tag{7-74}$$

式中，P为有功功率；S为视在功率，功率因数表示视在功率的组成情况。功率因数高表示有功功率所占的比例大。

由于感应圈和被加热材料的不同，加热系统的功率因数$\cos\varphi$不同，按上述关系确定了有关的有功功率和无功功率之后，即可求出系统的功率因数。

对于熔炼感应炉来讲，熔炼初期为冷块料感应加热期，待材料熔化后转变为熔炼期，所以熔炼炉也就是加热炉与熔炼炉的结合体。

现在讨论理想条件下的功率因数，它使我们明确功率因数的极限值、设材料的半径远远大于它的透入深度，感应圈的管壁厚度远远大于它的透入深度。材料和感应圈之间没有间隙而且两者的高度一致，材料的高度远远大于它的直径，在这些条件下，$\cos\varphi = \frac{1}{\sqrt{2}} = 0.707$。也就是说，感应加热系统的功率因数的极限值等于0.707。

把有关功率代入上述计算无感应加热系统功率因数的关系式，就可以明确影响$\cos\varphi$的因数，如图7-34所示。该图说明，$\cos\varphi$和感应圈中的电流与感应圈每厘米高度的匝数的乘积无关，只是取决于感应圈和被加热材料两者的直径和被加热材料的透入深度。感应圈通常用紫铜管制作，内通循环水冷却，因此它的透入深度是固定数值。而紫铜管的壁厚δ也是固定数值。

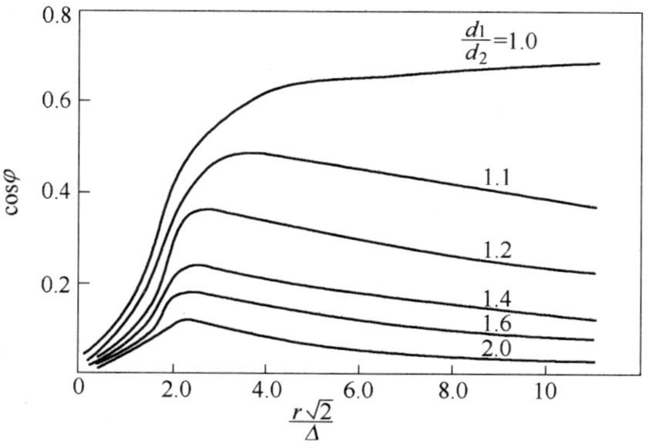

图7-34 感应加热的功率因数

d_1—感应圈内径；d_2—被加热材料（坩埚）直径；r—被加热材料的半径；Δ—透入深度

该图表明，在$\frac{r\sqrt{2}}{\Delta}\geqslant 10$及$\frac{d_1}{d_2}=1$时$\cos\varphi$趋近于0.707（其中$r$为被加热材料的半径，cm；$\Delta$为被加热材料的透入深度，cm），趋近于极限值。间隙对功率因数影响很大。比较有关无功功率的关系式，可知通常是间隙中无功功率最大，材料次之，感应圈的最小。间隙的无功功率往往是后两者之和的几倍或十几倍，这是感应加热装置功率因数很低的根本原因。所以，尽量减小材料与感应圈之间的间隙，是设计、制造和使用中频感应炉的一个基本原则。在$\frac{d_1}{d_2}<1$时$\cos\varphi$随$\frac{r\sqrt{2}}{\Delta}$变化，并存在峰值，它的原因请读者自行分析。

感应圈和材料之间的间隙的尺寸，主要取决于绝热层的厚度，绝热层和材料之间的缝隙。材料的直径较小而要求加热温度较高时，在其他条件相同下$\frac{d_1}{d_2}$的比值较大，因此$\cos\varphi$较小。通常中频感应炉加热装置的$\frac{d_1}{d_2}=1.2\sim2.0$，故功率因数$\cos\varphi=0.1\sim0.3$，通常在0.9左右，不可能大于1。

功率因数太低，若不设法提高将造成供电方面的困难，电源向用电设备提供的能量得不到充分利用，大量的无功电流在电源供电线路中流动，造成附加的电能损耗。提高功率因数的办法是用电容器和感应圈并联，利用电容器的充放电作用，供给感应加热系统所需的无功电流。从而补偿了加热系统的无功功率。而电容器的无功功率等于$U_1^2 2\pi f C_{熔}\times10^{-2}$ kvar，故把功率因数提高到1所需要的补偿电容量按公式（7-59）计算。在$\cos\varphi=1$时，感应炉要求电源供给的功率等于炉子的有功功率[6]。

7.5.10 真空系统

真空感应熔炼炉真空系统的选择与配泵，与真空自耗电弧炉基本相同。确定真空系统的依据是被熔炼材料的放气量、耐火材料坩埚、真空室内壁及铸型的放气速率、熔炼真空度、熔炼速度、极限真空度和抽气时间。其中熔炼真空度是选择真空机组匹配方式的主要依据，决定抽气能力的主要因素是被熔炼材料的放气量。例如ZG-250型真空感应熔炼炉，每炉熔炼250kg镍，炉子的工作真空度为10^{-1}Pa，冷炉的极限真空度不低于8×10^{-2}Pa，根据以上条件，参照真空自耗电弧炉真空系统选配泵计算（略），选择主泵为Z-500型油扩散喷射泵，串联ZPL-600罗茨泵（中间泵），再串联2X-70机械泵的真空系统，如图7-35所示。

7.5.11 转轴结构设计

转轴是真空感应熔炼炉，特别是中小型炉子上的一种重要部件，它承担输电、输水和传递动力3项任务。它的结构紧凑，使用维护方便。转轴有同感应器相类似的职能，因此，对转轴也有同样的几点要求（见7.5.4节）。

7.5.11.1 转轴的结构

实现中频电流向真空室内传递，一般有三种方式，即水冷电缆（多股或单股）；同轴水冷电缆；同轴导体。水冷电缆虽然结构简单，但压降较大；同轴水冷电缆结构，电压降

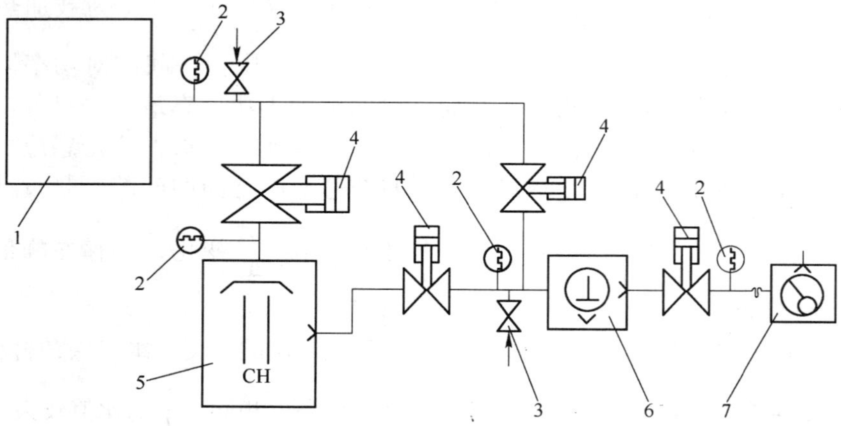

图 7-35 ZG-250kg 真空感应熔炼炉真空系统示意图

1—炉室；2—热偶规管；3—充气阀；4—电磁气动阀；5—油扩散泵；6—罗茨泵；7—前级机械泵

小，值得推荐，但制造工艺复杂些；同轴导体结构，电压降小，制造工艺尚好，但同轴导体与汇流排的动连接较困难。转轴属于同轴导体之列，它的制造工艺虽然复杂一些，但是由于这能实现输电、输水、传力三位一体，从总体布置上，是一种最简单的结构，因此在中小型感应炉上得到普遍应用。

转轴的基本结构是由内电极、外电极、不锈钢套以及绝缘层等组成。其结构示意图如图 7-36 所示。

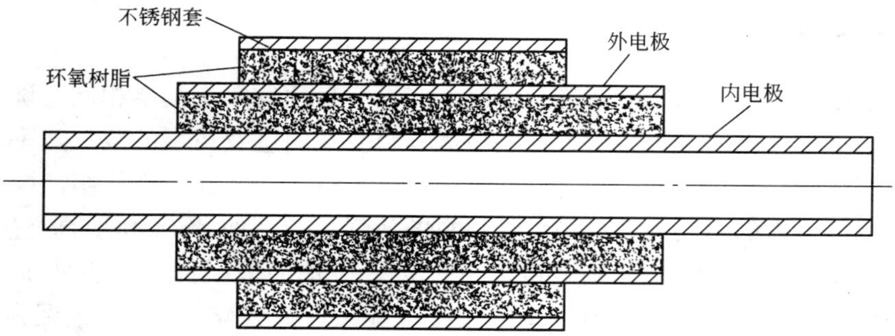

图 7-36 转轴结构示意图

如图 7-36 所示，一根转轴，都是由多层不同直径的管，套装在一起所组成，为实现水冷，内外电极本身也都作成双层水套式结构，这样在上述结构的转轴上，将有 7 层套管组成。为实现内外电极间绝缘（也包括外电极与不锈钢套之间），在它们之间浇灌环氧树脂，由于环氧树脂硬化后，有足够的绝缘强度和机械强度，把内外电极及不锈钢套，牢牢黏结在一起，成为一个永久性构件。外层不锈钢套为补充加强转轴的强度。这样一种结构，就完全可以胜任三位一体的职责。较大的转轴，有作成两段，便于加工制造。转轴也有可拆卸式的，用胶木作绝缘套，传力靠其他方法，内外电极不受力矩作用，这种结构更便于拆装检修了[2]。

7.5.11.2 转轴的冷却

转轴自身需要冷却，同时转轴还负有向感应器送冷却水的任务，因此对转轴结构设计上，不但要保证有合理的通水系统回路，还要保证有足够的通水截面积。国产真空感应熔炼炉上的转轴冷却水系统如图7-37所示[2]。

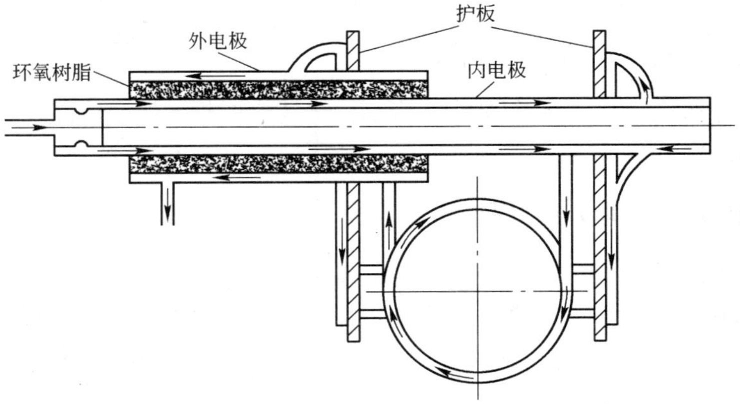

图7-37 转轴冷却系统示意图

7.5.11.3 转轴的材料

转轴的内外电极主要材料为紫铜，导电性好，外套为不锈钢，其他一些零件为黄铜，黄铜和不锈钢均为非磁性材料。一般不用高导磁材料。绝缘材料有酚醛树脂、环氧树脂、硅胶等[2]。

7.6 真空感应熔炼工艺

真空感应熔炼工艺包括装料、熔化、精炼、浇铸四个阶段。

（1）装料。在真空感应熔炼炉内进行的熔炼过程是在真空室内完成，所以装料与普通感应熔炼相比也有所不同。首先要把全部原料分成两部分，一部分直接装入坩埚，另一部分装入料箱中，以便在熔炼过程中相续投入熔池。

（2）熔化。熔化期的主要任务是使炉料熔化、去气、去除低熔点有害杂质和非金属夹杂物，使金属液有适当的温度，熔池上保持适当的真空度，为精炼创造条件。熔化期在整个熔炼过程中所占时间最长。真空感应熔炼的熔化期需掌握以下3点。

1）熔化期真空度。熔化期内，熔池由浅渐深，新的金属液面不断裸露出来，非常有利于气体、有害杂质和非金属夹杂物的排除。从这个意义上讲，熔化期应具有较高的真空度，以保证上述过程顺利进行。若真空度低于20Pa以下会产生辉光放电，易击穿感应圈或其他部件，严重时还会使熔炼工作无法进行下去。

2）熔化期供电。合理的供电制度能保证炉料充分预热而又不致局部过热，使炉料能充分去气而不产生飞溅，因此，熔化期一般采取逐渐升功率法，特别是当炉料加热到赤红色接近熔化时，应保持一定功率，缓慢升温，使炉料中气体尽量排出。

3）熔化期的喷溅。熔化速度过快，熔池中落入大块冷料，补加料太快或含气量过多，金属液温度过高等都会引起熔化期金属液的大量喷溅。喷出的金属液大都黏附在坩埚壁上部，形成环形壳，不但损失大量金属材料，使熔炼工作无法进行。

严防发生喷溅是悬空感应熔炼操作的要点，认真执行工艺制度，精心操作，喷溅是可以避免的。发生喷溅后，首先要适当降温，减缓反应速度，使喷溅沸腾逐渐减弱下来，再继续熔炼。

（3）精炼。精炼期的主要任务是进一步净化炉料（脱气、脱氧、去除有害杂质）、调整成分、调整温度。精炼期的重要工艺参数有3个，即精炼期温度、真空度和真空度保持时间。精炼期主要操作是高温沸腾与调整成分。

（4）浇铸。浇铸是把精炼获得的合格金属液浇铸成锭材、精密铸件等。浇铸的主要工艺参数是浇铸温度。

7.7 真空感应氧化物坩埚熔炼法

真空感应氧化物坩埚熔炼法，是利用感应熔炼技术，其坩埚采用普通的耐火氧化物制成，用来熔炼金属钛及钛合金的真空感应熔炼炉。坩埚式真空感应熔炼钛具有两个优点：有强烈的电磁搅拌，这有利于消除成分偏析，得到冶金质量好的钛材；金属过热度可达150～200℃，有利于良好的钛铸件。

真空感应熔炼钛的耐火材料坩埚概述。钛是活性金属，在高温下几乎与所有的氧化物、氮化物反应。参见5.8.6节钛及钛合金的物理性质、化学性能。制造耐火材料坩埚式真空感应熔炼钛的前提是必须找到与钛及钛合金不发生化学反应，并有足够的耐火度的坩埚材料。尽管国内外研究者已经进行了大量这方面的研究，并取得了一些进展，但是直到目前尚未见到工业化生产钛及钛合金使用的耐火材料坩埚研究有实质性的突破。

早在20世纪90年代，钛及钛合金的精密铸造才出现，晚于钛的应用，原因主要是钛的熔点高，且有很高的化学活性。液态钛几乎与所有耐火材料都有不同程度的化学反应，同时在目前的熔炼条件下，想获得大于100℃的过热钛液非常困难，因而导致了铸件表面质量差，力学性能降低。国内外研究者进行了大量的研究，迄今为止，在钛工业上使用过的，目前正在使用的钛及钛合金精密铸造的型壳材料有：人造石墨；难熔金属粉，钨、钼、钽、铌粉等；特种耐火氧化物，ZrO_2、Y_2O_3和一些稀土金属氧化物以及CaO等已获得成功。从某种程度也可以说精密铸造的发展史就是寻求高化学稳定的耐火材料的发展过程。

精密铸造要使钛液能获得一定的过热度，目前的熔炼设备只能考虑真空感应熔炼，因此，就衍生了真空感应水冷铜坩埚、真空感应磁悬浮熔炼，其最大容量为8L（相当于Ti-Al合金30kg）。因而人们致力研究耐火材料坩埚。从钛的精密铸造型壳材料获得，上述这些材料也是人们研究耐火材料坩埚式真空感应熔炼钛的首选材料。

在俄罗斯工业生产中，曾广泛使用石墨坩埚。石墨坩埚一般由整体人造石墨车制而成，壁厚约为20～60mm，底厚100mm，在大型凝壳炉，坩埚是用块状石墨拼合而成。在一个不锈钢套上，内壁衬上由厚度为10～40mm石墨块，抹上石墨腻子将其固定，干燥除气之后，形成所需要尺寸的坩埚。石墨坩埚的使用寿命，取决于正确的熔炼工艺，一般可达几百次。石墨坩埚熔炼的主要优点是安全，能耗相对也较低，缺点是钛合金增碳（每炉次0.02%）[7]。

氧化物坩埚在钛合金的熔炼中也有一定的应用。各种氧化物材料按其对熔融钛合金的化学稳定性由低到高排列的顺序如下：SiO_2、MgO、Al_2O_3、CaO、ZrO_2、Y_2O_3、ThO_2 等。人们对化学稳定性较高的几种氧化物开展过熔钛坩埚的制造的相应研究。钛与几种耐火材料的反应程度及耐火材料特性见表7-18。其中 ThO_2 有放射性，不能使用，Y_2O_3 材料资源少，价格较贵，所以用于氧化物坩埚感应熔炼钛就受到耐火材料的限制，因而人们还在不断地研究解决用于钛熔炼的坩埚材料。

表7-18 钛与一些耐火材料的反应程度及耐火材料特性[8]

材料名称	熔点/℃	耐火度/℃	密度/t·m^{-3}	晶体结构	反应温度与程度			化学性质
					1400℃	1600℃	1800℃	
氧化钙 CaO_2（再结晶）	2600	2400	3.32	立方	—	无	微弱	碱性
氧化钇 Y_2O_3	2700	—	4.84	—	—	无	微弱	碱性
氧化钍 ThO_2	3300	2700	9.63	立方	—	无	微弱	—
三氧化铝 Al_2O_3	2015	1590	3.97	六方	—	微弱	剧烈	两性
氧化镁 MgO_2	2800	—	—	—	微弱	微弱	剧烈	碱性
氧化铍 BeO_2	2570	—	—	—	—	微弱	剧烈	—
氧化锆 $ZrO_2$①	2677	2500	5.56	立方	无	微弱	剧烈	弱酸性②
氧化钛 TiO_2	1840	—	—	—	—	—	高于二氧化钛熔点	—
碳化钛 TiC_2	3107	—	—	—	—	—	微弱	—
碳化硅 SiC_2	2200	1680	2.32	六方	—	—	剧烈	—
二氧化硅 SiO_2	1713	—	—	—	—	—	剧烈	酸性
锆石	—	—	—	—	—	—	剧烈	—
石墨	3900	—	—	—	—	无	微弱	—
硅酸钠	—	—	—	—	—	—	剧烈	碱性

①稳定化的 ZrO_2。

②有人认为是中性。

下面分别介绍几种钛及钛合金精密铸造的型壳材料。

（1）氧化锆[8]。未经稳定化处理的氧化锆不能直接与熔融钛接触，因为它存在着三种同质异晶体：常温下为单斜晶体，高温下为四方晶体，温度更高则转变为立方晶体。晶体的转变如下：

$$\text{单斜 } ZrO_2 \underset{\text{约 }1000℃}{\overset{\text{约 }1200℃}{\rightleftharpoons}} \text{四方 } ZrO_2 \xrightleftharpoons{\text{约 }2370℃} \text{立方 } ZrO$$

单斜晶体转变为四方晶体时，伴随着9.0%左右的体积变化。图7-38为 ZrO_2 的热胀曲线，图7-39为 ZrO_2 的差热分析曲线。由图7-38和图7-39可见，这种收缩与膨胀并非发生在同一温度，前者发生在1200℃，后者发生在1000℃附近。若用未经稳定化处理的 ZrO_2 作型壳材料，在焙烧和冷却过程中势必要开裂。为解决这个问题，通常采取向 ZrO_2

中加入氧化钙（CaO）、氧化镁（MgO）、氧化钇（Y_2O_3）、氧化铈（CeO_2）等，一般都采用 CaO，加入量4%～8%。经高温电熔或煅烧后就可以得到从室温直至2000℃以上都稳定的立方晶体的氧化锆固熔体，称为稳定氧化锆。

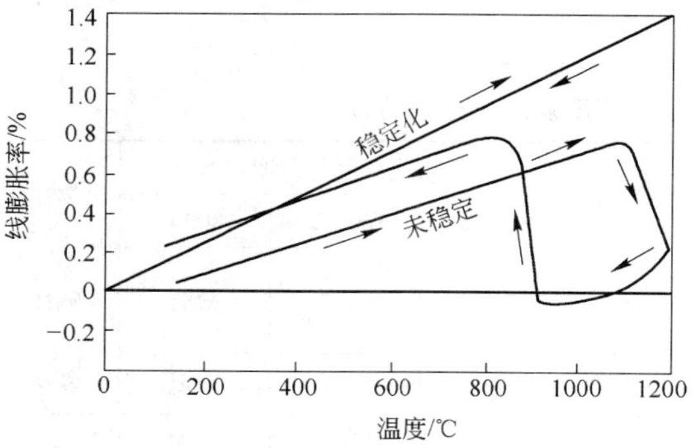

图 7-38 ZrO_2 的热胀曲线

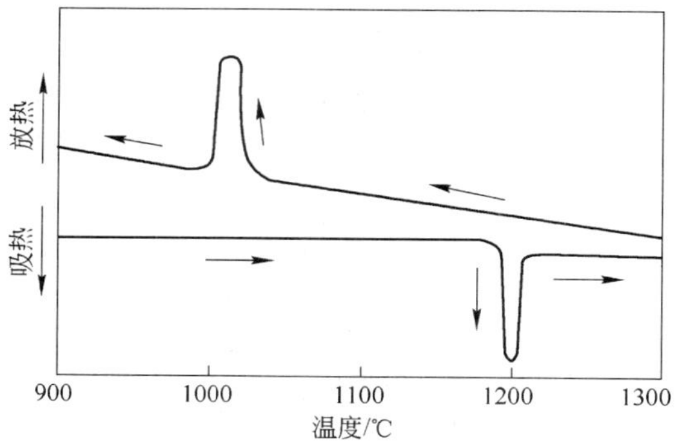

图 7-39 ZrO_2 的差热分析曲线

经过高温电熔稳定化处理后的氧化锆，常温抗压强可达2100MPa，在氧化性气氛中十分稳定。表7-19为用于钛和钛合金熔模精铸的电熔稳定化的 ZrO_2 粉（砂）的粒度和典型成分与主要性能。在 ZrO_2 捣打的耐火材料坩埚内表面涂上 Y_2O_3 涂层，熔炼 Ti-48Al（at%）合金是稳定的[8]。

表 7-19 电熔 ZrO_2 粉（砂）的粒度和典型成分及主要性能

粉（砂）粒度/目	典型化学成分		主要物理性能		
	组分	质量分数/%	项目名称		技术指标
325	ZrO_2+HfO_2	94.85	晶 型		立方晶格
−30～+80	HfO_2	1.5	熔点/℃		2550
−12～+30	CaO	3.8	真密度/$g\cdot cm^{-3}$		5.6～5.7
	SiO_2	0.40	松装密度/$g\cdot cm^{-3}$		
	TiO_2	0.30	粒度/目	−12～+30	2.84
	Fe_2O_2	0.05		−30～+80	3.12～3.36
	Al_2O_3	0.55	325		2.96
			努普硬度		1160
			热导率 /$W\cdot(m\cdot K)^{-1}$	425℃	0.69
				870℃	0.79
				1100℃	0.85
			平均线胀系数/K^{-1}		5.2×10^{-6}
			化学性质		中 性

注：上述数据来源于美国 Norton 公司。

（2）氧化钇。从矿物提纯出来的细粉状氧化钇比表面积很大，具有很高的活性。不能直接用来与熔融钛接触。必须经电熔或煅烧稳定化处理后才能使用。

从矿物提取的氧化钇是白色或淡黄色的粉末，熔点是2410℃，理论密度5.96g/cm^3。氧化钇粉经过电熔或煅烧处理后成为一种多孔的、硬度很高的团块，见图7-40。电熔或煅烧过程中不发生晶型转变，它的总灼减量一般小于1%。电熔或煅烧后的氧化钇团块经破碎、筛分成所需粒度的粉和砂。

图7-40 电熔或煅烧后的氧化钇团块

真空感应熔炼钛比较有前途的坩埚材料主要是Y_2O_3和CaO。美国海军研究中心曾以99%的Y_2O_3制备坩埚材料，与其他耐火材料相比化学稳定性能是优越的，只是制品的抗震性差。氧化钇虽然是目前用于熔炼钛合金的一种比较好的坩埚耐火材料，但是来源困难，价格昂贵。

（3）氧化钙。氧化钙（CaO）坩埚熔炼法与普通真空感应熔炼炉相同，只是坩埚由CaO耐火材料制成。CaO熔炼法是熔融钛液体与CaO坩埚直接接触，由于CaO是热力学非常稳定的耐火材料，不存在CaO对钛熔体的污染等问题，CaO相对与熔融钛是稳定的，见图7-41。可是其工艺性不好，容易吸潮，阻碍了它的应用。有人用CaO材料制作型壳用于浇铸Ti-15-3合金时，发现反应层较薄，但是有皮下气孔分布，说明CaO材料易于吸收水分，使得反应性气孔的形成倾向增大，指出使用此种材料时要尽量去除水分[7]。但是，人们都一直希望把CaO应用到钛的熔炼坩埚和铸型上，因为CaO与Y_2O_3、ZrO_2相比，资源丰富，价格低廉，因此用CaO作熔钛坩埚具有很大的吸引力。但由于单独的CaO成形困难，无法烧结成坩埚。因此，CaO坩埚制作时的添加黏结剂的选择和烧结技术，成为CaO坩埚应用的核心问题。目前，已开发了用乙醇作黏结剂的冲压成形方法，高压压制，高温烧结。为了避免CaO作坩埚材料在空气中的吸潮和水合作用，改用碳酸钙作坩埚

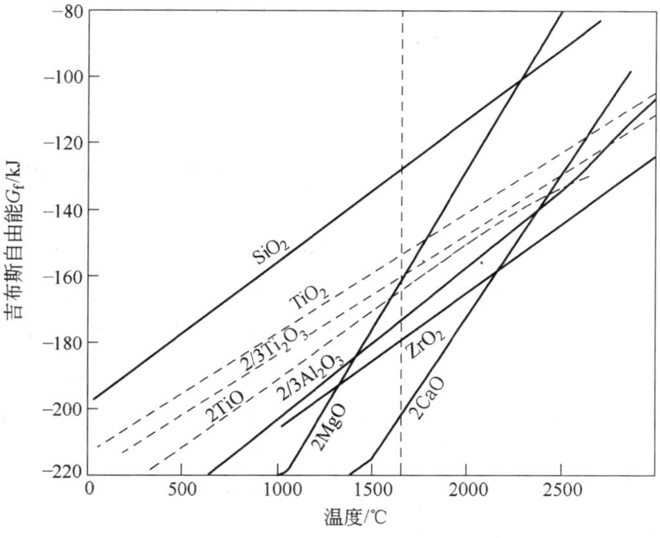

图7-41 氧化物的生成吉布斯自由能与温度的关系

材料，然后捣打的坩埚经1000℃焙烧使 $CaCO_3$ 发生热分解生成 CaO，从而获得致密结实的氧化钙坩埚。其反应式如下：

$$CaCO_3 = CaO + CO_2$$

用此方法生产钛铸件和钛精密铸件，产品成本可大幅度地下降，省略了电极的前期制备、电弧炉熔炼电极的工艺过程，发展前景可观。

不论是 CaO 或 $CaCO_3$ 用作坩埚材料，都要经过预先处理。CaO 必须进行电熔或煅烧。除去其中的有害杂质，使其化学成分达到表7-20要求才能使用。$CaCO_3$ 必须经过致密化处理，去除杂质达到较高纯度后才能使用。采用 $CaCO_3$ 解决了 CaO 的吸潮和水合作用，降低成本和解决原料来源[8]。

表 7-20 用作钛及钛合金铸造的氧化钙的化学成分要求

处理工艺	氧化钙的质量分数/%				
	CaO	MgO	Al_2O_3	SiO_2	Fe_2O_3
电熔或煅烧	>99.1	0.01~0.41	0.006~0.04	0.005~0.09	0.005~0.02

沈阳金属研究所探索了利用 CaO 作为钛镍合金熔炼坩埚的可行性，并实现了中试规模的钛镍合金真空熔炼。还有研究表明，CaO 坩埚熔炼钛合金具有较高的含氧量。Sakamoto 等人的研究表明 CaO 坩埚熔炼钛铝合金，合金中氧含量达0.13%（质量分数）。CaO 坩埚熔炼钛镍合金，氧含量可控制在小于0.07%（质量分数）。近年来，CaO 坩埚熔炼钛镍合金实践表明，目前的研制的 CaO 坩埚在熔化温度较低的钛镍合金熔炼中应用是可行的，但是仍存在着增氧和耐火度低的问题，实验已表明，用 CaO 坩埚熔炼高熔点的 Ti-6Al-4V 时，有严重的坩埚反应。高钛含量的合金及对含氧量有严格要求的合金的熔炼中就无法用 CaO 坩埚了[7]。

Kostov 研究了 Y_2O_3、ZrO_2、CaO、Al_2O_3、MgO 和 SiO_2 等氧化物坩埚在熔炼钛及钛合金时的热力学稳定性，研究表明：这些氧化物坩埚的稳定性与熔炼钛及其合金的温度及成分有关，Y_2O_3、ZrO_2、CaO 和 Al_2O_3 坩埚可以用于钛及钛合金的熔炼，而 MgO 和 SiO_2 坩埚不能用于钛的熔炼。但 Y_2O_3、ZrO_2、CaO 等或多或少与熔融钛液发生反应，钛熔体中氧的含量也会增加[7]，因此大多只能用作钛的熔模精密铸造的模壳材料，而用作钛及钛合金内热式的真空感应熔炼的耐火材料坩埚还有待进一步研究。而 MgO 和 SiO_2 坩埚只能用于熔炼某些合金，而不能用于钛的熔炼。

文献［7］报道了一种熔炼钛坩埚的陶瓷成分：Mo 30%~45%，Al_2O_3 1%~5%，ZrO_2 1%~5%，混合稀土氧化物40%~50%（Y_2O_3 含量为66.5%，Dy_2O_3 <5%，Gd_2O_3 <5%）。金属钼能显著提高混合重稀土氧化物陶瓷的强度和抗震性。Mo-RE_2O_3 金属陶瓷与熔融钛接触热力学上是稳定的，没有发生激烈的化学反应，坩埚与钛液的接触面没有含钛的化合物生成。钛合金熔化后氧浓度增量很小。金属陶瓷中稀土元素向钛合金中的扩散是非常微弱的，钼向钛合金中的扩散也是微量的。钛向金属陶瓷一侧的扩散主要是通过钛向钼中的扩散形成的。但这种金属陶瓷坩埚制作的难度、使用寿命以及金属陶瓷材料中元素对钛溶液的污染都将是它实现产业化应用必须解决的问题。

坩埚式真空感应熔炼方法，是解决目前常规钛及钛合金铸件能耗及材料收得率极低的一条有效途径。因此寻求新型的熔钛坩埚材料及其制备技术，实现内热式的真空感应熔炼，是实现钛合金低成本优质高效熔炼的关键，如实现可减少设备的投入又可节能减排，并可大大降低钛铸件生产成本，对钛铸件的规模应用有着重要的社会意义和经济效益。

7.8　真空感应水冷铜坩埚熔炼法

7.8.1　真空感应水冷铜坩埚熔炼法（钛的悬浮熔炼）的基本原理

真空感应水冷铜坩埚熔炼法是利用一个分瓣的水冷紫铜坩埚熔炼和铸造金属钛的生产过程，其避免了各种陶瓷类坩埚对熔炼金属造成的污染。悬浮熔炼实际上就是电磁感应熔炼。它利用 Faraday 电磁感应定律，在坩埚外侧布置螺旋线圈，给线圈通交变电流，交变电流会产生一个交变磁场，交变磁场的磁力线穿过置于坩埚内的金属炉料，就会在金属炉料中产生感生电动势 E，其大小可用下式表示：

$$E = 4.44f\Phi \tag{7-75}$$

式中　E——感生电动势，V；

f——交变电流的频率，Hz；

Φ——交变磁场的磁通量，Wb。

金属炉料在感生电动势的作用下产生感生电流，感生电流的大小服从欧姆定律：

$$I = E/R = 4.44f\Phi/R \tag{7-76}$$

式中　I——感生电流，A；

R——金属炉料的有效电阻，Ω。

金属炉料内产生的感生电流在流动过程中要克服电阻功，从而将电能转换成热能，这种电—热能转换服从 Joule-Lenz 定律：

$$Q = 0.24I^2Rt \tag{7-77}$$

式中　Q——热量，J；

I——通过金属炉料的电流，A；

R——金属炉料的有效电阻，Ω；

t——通电时间，s。

金属料炉料内有感生电流流过，又处在交变磁场中，必然会受到电磁力的作用，且作用力方向是指向圆心的，如图 7-42 所示。根据 Faraday 电磁感应定律和 Biot-Savart 定律可推导出金属液在通电线圈的作用下所受的电磁力，可用下式表达：

$$F = \mu_0\mu_R I^2 a G_x^3 K \tag{7-78}$$

式中　μ_0——真空中的磁导率，$\mu_0 = 4\pi \times 10^{-7}$H/m；

μ_R——金属的比磁导率，对于顺磁性金属为 1；

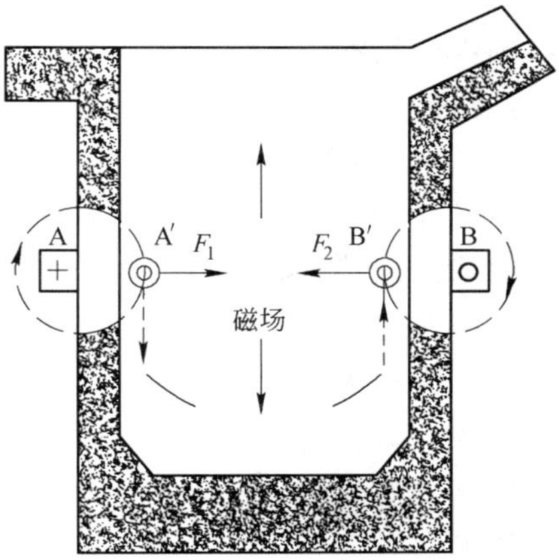

图 7-42　电磁力对金属液的作用示意图

I——线圈电流，A；

a——金属球半径，m；

G_x——与集肤效应有关的修正系数，是与金属种类有关的悬浮影响因子；

K——由线圈尺寸和金属位置确定的常数。

电磁力作用于金属液，既会使金属液产生强烈的运动，起到搅拌作用，又会使金属液面向上隆起，离开坩埚壁。冷坩埚内部能够形成一个强磁场使熔炼金属处于半悬浮或全悬浮的熔炼状态下。由公式（7-78）可知，改变励磁线圈电流的大小或励磁频率都可以改变作用于熔融金属上的电磁场力大小，从而改变金属液隆起的高度，也就是改变熔融金属液与坩埚壁的接触面积，实现金属的悬浮熔炼[9]。悬浮熔炼简称 CCM 或 ISM。

CCM 熔炼法原理与一般感应熔炼原理相同，不同的是坩埚是沿着坩埚竖直方向，分割成数条的水冷铜弧形瓣块制成，而不是传统的耐火材料。研究之初，有人就期望将感应熔炼技术略加改造后用来熔铸钛及钛合金。首先将普通的耐火氧化物坩埚改换成致密的人造石墨坩埚。用石墨作坩埚材料，熔炼金属钛时石墨表面生成一层稳定的碳化钛层阻止了熔融金属钛与坩埚基体的接触，碳在钛中的溶解只能通过碳化物的扩散来进行，因而渗碳比较缓慢，尽管这样，熔融钛与石墨长期作用，渗碳量最终可达 0.7% ~0.8%，这样的碳含量也足以影响钛熔铸件的力学性能，尤其是塑性，用可导电金属铜坩埚代替石墨或陶瓷坩埚，可避免坩埚对熔化金属的污染，若将水冷坩埚做成如图 7-18 所示的整体铜坩埚，则由于感应电流的集肤效应，感生电流主要集中在坩埚壁，首先被加热的是铜坩埚，若对坩埚进行通水冷却，这样熔化金属所需的热量就不存在了。

为解决渗碳，在坩埚的内工作表面上涂敷氧化钇或其他相对熔融钛为惰性的耐火材料涂层，经过试验发现，虽然可减少碳对钛的沾污，但这涂层的寿命很短。尽管如此，人们并没有放弃这种努力[8]。

1957 ~1965 年美国 BMI 研究所的 G. H. Sohippereit 先后发表了有关这方面的专利，提出了用整体水冷铜坩埚取代普通氧化物坩埚。熔炼时用 CaF_2 等矿渣在熔融金属和坩埚之间形成矿渣层（即电渣熔炼法），以防止铜坩埚与熔融金属直接接触，这样在熔炼钛、锆等活性高熔点金属时受到来自矿渣的污染。因此把整体铜坩埚改换为由四块铜的弧形瓣块组合成的铜坩埚，块间用陶瓷绝缘，然后将铜坩埚与感应线圈通以冷却水，以此装置感应熔炼钛，并获得成功。此后美国的冶金矿山局 P. G. Clites 等人在此基础上发展了以 CaF_2 作为绝缘层的感应熔炼工艺，成功地熔炼出了钛和锆的铸锭，进一步促进了水冷铜坩埚感应熔炼活性金属工艺的研究与发展。整体铜坩埚改为由多块弧形瓣块组合的铜坩埚后，根本改变了感应电源集肤效应，避免了原先存在的整体铜坩埚本身首先被加热，铜坩埚壁上的电流过高，导致炉料的加热功率小，熔化慢，效率低的问题。整体水冷铜坩埚被开成弧形瓣块后，改变了铜坩埚内的磁场强度，美国的活性金属公司 BMI 研究所在直径为 503mm 的铜坩埚上，开缝切断电流环路，然后测定在不同频率下铜坩埚内的磁场衰减变化，表7-21为测定结果（以钛料为例）。

由表 7-21 中数据可知，在试验测定的频率范围内，当采用整体水冷铜坩埚时，铜坩埚内的磁场衰减殆尽，功率主要集中到坩埚壁上，钛炉料只得到很少功率，所以熔化肯定慢。当铜坩埚开一条或几条缝后，铜坩埚内的磁场衰减就很少，熔化功率主要消耗在加热炉料上，因而熔炼速度就快了。试验表明，整体铜坩埚切成弧形瓣块，切断电流回路，是改善水冷铜坩埚感应凝壳熔炼和电效率的关键[8]。

表 7-21　铜坩埚开缝数和频率对铜坩埚内磁场和功率的影响[8]

铜坩埚开缝数	铜坩埚内磁场衰减/%						铜坩埚壁功率/kW	钛料上的理论功率/kW
	60Hz	200Hz	500Hz	1000Hz	2000Hz	5000Hz		
0	97	99	99	99	99	99	0.576	0.016
1	12	14	10	12	11	12	0.238	13.4
2	10	12	9	12	11	12	0.294	14.2
3	8	9	11	13	10	11	0.384	15.6

文献［8］报道冷坩埚熔炼时，电磁场频率和冷坩埚结构决定坩埚的透磁能力，随频率上升，坩埚内磁通密度下降，且频率高于 100kHz 时下降趋势加大；其次，冷坩埚的分瓣结构使其涡流损耗降低，且磁场频率越高效果越明显。对 100kHz 以上的超高频磁场，坩埚应分割为 16～20 瓣；对 10k～100kHz 的高频磁场，坩埚可分割为 8～12 瓣；而对低于 10kHz 的中高频磁场，坩埚只需分割 4～8 瓣，再者，熔体的磁悬浮力与感应圈电流成平方关系，且电磁场频率越高则磁悬浮力越大。

整体铜坩埚切成弧形瓣块后，各瓣块之间的缝隙埋入陶瓷，使其缝隙间绝缘，虽瓣与瓣相互绝缘，不形成回路，但在每瓣块截面中，都产生感应电流，见图 7-43。当感应线圈上的瞬间电流 I 为反时针方向时，则在每个瓣块的截面内同时产生了顺时针方向的感应电流 I，在相邻两个瓣块邻近截面上，电流方向是反向的，彼此在瓣块间建立的磁场方向都是相同的，由弧面向外，显示出磁场增强的邻近效应。因此，由弧形瓣块组合成铜的坩埚瓣块间的每一个缝隙处，都是一个强磁场。由于环形效应所致，在铜坩埚内形成了一个强化的磁场。导致组合铜坩埚如同一个强流器一样，将磁力效果集中到铜坩埚内的炉料上[8]。与此同时由铜坩埚内壁处的磁场方向与该处炉料的感应电流方向，产生了一个单向的将熔融金属液推向铜坩埚中心的电磁力，即磁压缩效应。减少了熔融金属和水冷铜坩埚

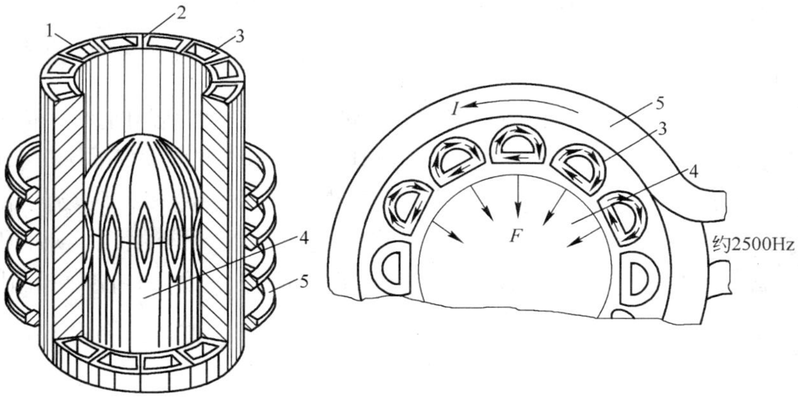

图 7-43　弧形瓣块组合铜坩埚每个瓣块中的感应电流、磁场及磁力线方向[8]

1—弧形铜瓣块；2—绝缘层；3—水冷导管；4—金属溶液；5—感应线圈

直接接触的机会，即使和铜坩埚接触，也会因铜坩埚的水冷却作用而直接凝固壳，不会造成铜坩埚熔损。附着在铜坩埚上的凝固层，因感应线圈附近有较强的趋肤效应，还会被再度熔化。熔炼过程中坩埚周围的凝固和溶解交替往复，放热量最大，致使这种熔炼法的耗电量大，据报道，单位耗电量可达 2 ~ 10kW · h/kg。而用耐火材料坩埚单位耗电量仅为 0.5 ~ 1.5kW · h/kg。从表 7-21 看出，单位耗电量与组成坩埚的分割弧形瓣块有关，分割坩埚弧形瓣块块数增加，作用于坩埚的耗电量呈下降的趋势，作用于炉料上的功率就增加。因此强化的磁场促进了炉料的迅速熔化，而且这种组合式铜坩埚感应熔炼的高功率及强化磁场所产生的磁力，促使铜坩埚内的金属溶液形成比一般感应熔炼大得多的搅拌驼峰，形成金属的悬浮熔炼，从而使金属溶液温度和成分很快达到均匀，并能保持相当一致的过热度。

由于这种组合式水冷铜坩埚及其熔炼工艺具有一系列的优点和广泛的发展前景。从 20 世纪 80 年代开始，世界上一些工业发达国家如美国、俄罗斯、德国、日本、法国等都对真空感应组合式水冷铜坩埚凝壳炉及熔炼工艺产生了极大的兴趣，并进行了广泛深入的研究，从而加快了对该炉种熔炼工艺的工业化发展和应用，如前苏联已先后制造了 ϕ215.5mm 和 ϕ508mm 的组合式水冷铜坩埚感应凝壳炉［也称为冷壁坩埚感应凝壳炉(ISM)］，据报道，还正在研制 ϕ1016mm 的大容量炉。美国的 Consarc 公司目前已经能够制造从 9 ~ 150kg 的批量式或半连续式的这种组合式水冷铜坩埚感应凝壳炉，广泛用于熔炼钛及钛合金及其他活性金属以及超洁净的高温合金，其他国家也都开展了这方面的研究并进入工业化应用。图 7-44 为美国 Consarc 公司制造的组合式水冷铜坩埚感应凝壳炉。人们也称钛的悬浮熔炼。

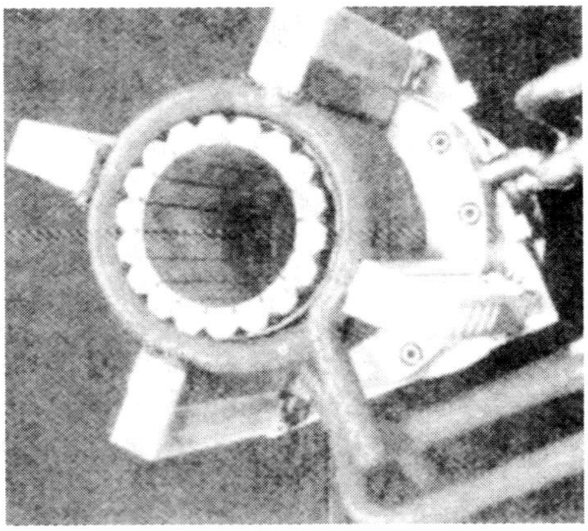
图 7-44　组合式水冷铜坩埚感应凝壳炉

美国活性金属公司测试了频率、坩埚切开缝隙数对坩埚磁场和功率的影响。结果表明，切开坩埚壁上的电流环路对改善熔炼炉的电效率是十分重要的。因此，必须将水冷铜坩埚分割成许多瓣状的小块，如图 7-44 所示。每块均通水冷却，相邻两瓣块之间充填耐火绝缘材料。在通电励磁线圈的作用下，处在交变磁场中的每一铜瓣块，都可成为一个闭合回路，都有感生电流产生，且相邻两瓣块之间产生的感生电流的方向相反，而磁场方向是相同的，显示出磁场的增强效应。在频率相同的励磁电流作用下，组成坩埚的瓣块越多，磁场的增强效应就越强，将熔融金属推向坩埚中心的向心力——电磁力也就越大，熔池搅拌越强烈，熔化金属隆起的高度越高，同时金属熔体的温度在瞬间就可均匀一致，并能保持相当一致的过热度。

7.8.2　钛悬浮熔炼的特点

悬浮熔炼较其他熔炼方法具有如下特点：

(1) 能够熔炼高熔点的金属材料、活泼金属、高纯材料、难熔合金、半导体材料、放射性材料；

（2）可熔炼任何形状的装填材料，如块状、粉状、片状、屑状、海绵状，可利用回收的废料作为熔炼原料，降低了原料成本等；

（3）熔融金属热量损耗小，流动性好；

（4）金属凝壳小（只有底部很小的一部分），金属利用率高；

（5）熔融金属与坩埚接触少，甚至不接触，无来自坩埚的污染，特别适合熔炼活性金属及金属间化合物；

（6）由于没有来自坩埚的杂质，可以熔炼超高纯度的金属材料及活泼的金属材料；

（7）由于很强的电磁搅拌，能够生产成分组织均匀的合金，不受熔炼材料成分密度的影响；

（8）缩短熔化时间，达到快速熔化；

（9）对坩埚的损伤较小，水冷紫铜坩埚具有良好的使用寿命；

（10）冷态的坩埚和熔融的金属液之间不直接接触，减少了坩埚的冷却负载，减少了热量损失，降低能耗；

（11）金属溶液在非接触状态下容易从坩埚内倒出；

（12）高纯紫铜锻制的分瓣坩埚具有超长的坩埚使用寿命；

（13）高效电源供应系统；

（14）计算机或 PLC 自动控制系统；

（15）多组装料机构满足合金添加和快速熔炼的需要。

7.8.3 钛的悬浮熔炼与铸造

日本大同特殊钢公司对钛的感应熔炼炉进行了研究和改进，设计制造了水冷铜坩埚感应熔炼炉——悬浮熔炼铸造炉，其结构见图 7-43。

悬浮铸造法具有如下特点：

（1）悬浮铸造能够将过热度控制在范围内；

（2）熔炼周期短，约 2min；

（3）熔融金属能够充满浇道口；

（4）浇铸速度快，湍流少，几乎没有气泡卷入，铸造缺陷少；

（5）对铸件高度要求，不能超过极限高度；

（6）适用于钛、锆、稀土材料等活性金属的熔炼，钛铝合金的熔炼与精密铸造；

（7）与铸造技术结合实现精密铸造。

用悬浮熔炼工艺熔铸金属钛，是较理想的熔铸方法，为航空航天工业、国防军事工业、电子工业、冶金工业、机械工业的发展提供了重要手段，在军事、民用领域均有广阔的应用空间和发展前景。

感应凝壳熔炼有两种方法：一种和电子束、等离子熔炼拖锭装置相同，它是置于坩埚中的金属边熔化边凝固，并通过炉子底部的拖锭装置将铸锭逐渐拖出；另一种和通常的感应熔炼方法相同，置于坩埚的金属，一旦完全熔化，便将其浇铸到所需的模腔内，制成铸锭或钛铸件。

感应凝壳熔炼最大的研究课题是炉子的大型化，现有的熔炼炉只能生产 150kg 以下的小铸锭，5～6t 规模的炉子还未实用化，如果能大型化，钛也可像批量生产钢材那样熔炼和铸造，就能显著提高其生产率。

由于水冷坩埚感应凝壳熔炼用于钛的精密铸造，除有上述优点外，特别是熔池可长时间保温，并可把熔池提高到更高的过热度，这有利于复杂薄壁铸件的充满，同时使用离心浇铸技术，进一步改进了钛精密铸造的熔炼方式等。

当熔融钛达到所需温度，倾斜坩埚使钛液注入高速旋转的陶瓷模壳中，在整个浇铸过程中仍向线圈供电加热，以维持熔化金属的温度。熔融钛注入模壳后，立刻受到因模壳旋转而产生的离心力作用沿着模壳径向方向向外的压力持续增大，故充填模壳型腔的速度增大。离心力一直保持到钛液完全凝固。在离心力的作用下，加上钛液的过热，即使填充0.5mm厚的薄壁截面型腔也能获得精细的轮廓尺寸，以及较理想的铸造表面，几乎不存在缩孔及疏松。因此改变了钛的精密铸造依赖于真空自耗电弧凝壳炉熔炼的生产工艺过程以及生产率低、成本高的状态。据来自台湾某一公司生产 Ti-6Al-4V 合金高尔夫球头的统计数据得到，感应凝壳熔炼与正在广泛使用自耗电弧凝壳炉相比，每个（件）生产成本降低了60%。在高生产率的生产环境下，水冷铜坩埚的寿命至少在100万次以上。为生产优质、低价的钛及钛合金铸件开辟了一条有发展前途的途径。随着感应凝壳熔炼技术的进一步完善和发展，不久的将来，中、小型（150kg以下）的真空自耗电弧凝壳炉会被真空感应水冷铜坩埚凝壳炉所取代。

7.9 真空吸铸式水冷铜坩埚感应凝壳炉

真空吸铸式水冷铜坩埚感应凝壳炉，是日本大同特殊钢公司发展的一种钛及钛合金铸件成形工艺，是在普通钢和高温合金的真空吸铸工艺的基础上改进发展的。熔炼设备采用水冷坩埚感应凝壳炉。图7-45为日本大同特殊钢公司发明的钛及钛合金的真空吸铸的试验装置，图7-46为该试验装置采用的水冷铜坩埚的结构示意图。

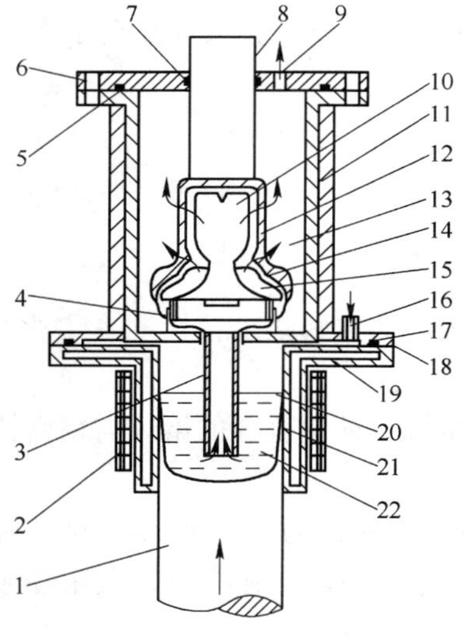

图7-45 真空吸入式水冷铜感应凝壳炉

1—钛合金铸锭；2—感应加热线圈；3—钛液吸入管；4—内浇道；5，7，17—密封圈；6—顶盖；8—铸型顶杆；9—抽真空口；10—补缩冒口；11—铸型室导向圆柱体；12—保温层；13—铸型室；14—型壳；15—铸件型腔；16—惰性气体进气口；18—铸型室导向圆柱体法兰；19—坩埚法兰；20—熔炼室；21—水冷铜坩埚；22—钛及钛合金溶液

该试验装置由熔炼室20和铸型室13两部分组成。熔炼室20的上方连接

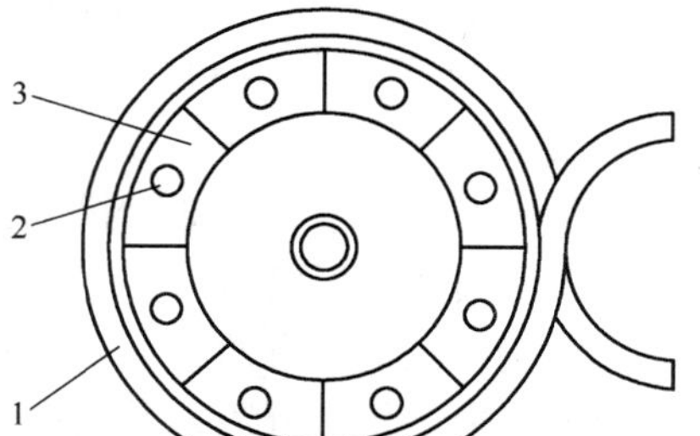

图7-46 水冷铜坩埚结构示意图

1—感应线圈；2—冷却水管；3—水冷铜坩埚的圆弧形瓣的组成块

着一个与铸型室 13 相配的带有密封法兰 18 的圆柱体 11，法兰 18 上开设有一个输送惰性气体的进气口 16，法兰 18 与坩埚上的法兰 19 密封连接（法兰 18 带有密封圈）。熔炼的钛及钛合金料从坩埚底部自下而上供料，要浇铸的有透气性的型壳 14，从铸型室 13 的顶部装进去，装铸型前先打开顶盖 6，它与铸型室 13 的直立圆柱体（其上有密封圈 5）通过螺栓坚固密封，顶盖 6 上开有供抽真空用的出气口 9 和铸型的顶杆 8，顶杆靠密封圈 7 与顶盖密封。铸型 14 中的 15 为铸件型腔，10 为补缩冒口，4 为 12 根 ϕ18mm 的内浇道。铸型 14 的外部有一层用耐热材料做的保温层 12，铸型 14 的下部装有钛及钛合金溶液的注入口。

该试验装置采用功率为 60kW、30000Hz 的高频感应加热为熔炼热源，熔炼是在惰性气体（从进气口 16 输送进来）保护下进行，要浇铸时铸型室被抽真空至 465.5×10^2Pa，在熔炼室与铸型室不同压差的作用下，熔化了的钛及钛合金液体被吸入铸型，从而获得内部质量致密的钛及钛合金铸件。大同特殊钢公司已用该试验装置铸出外径为 140mm，重 1.2kg 的 Ti-Al 基合金叶轮[8]。

参 考 文 献

[1] 锦州电炉厂．有色冶金节能，2007，2.
[2] 张继玉，等．真空电炉[M]. 沈阳：东北工学院，1987.
[3] 德国 ALD 公司（内部资料），2008.
[4] 达道安．真空设计手册[M]. 第 3 版．北京：国防工业出版社，2004.
[5] 第一机械工业部天津设计院．无芯工频感应熔化炉[M]. 北京：机械工业出版社，1973.
[6] 东北工学院钢冶系．冶金炉热工与构造（工业电炉部分）[M]. 沈阳：东北工学院，1975.
[7] 董和泉、国子明，等．低能耗节约型钛及钛合金熔炼技术的发展趋势[J]. 金属世界，2009.
[8] 谢成木．钛及钛合金铸造[M]. 北京：机械工业出版社，2005.
[9] 黄淑梅，等．钛的悬浮熔炼与铸造[J]. 金属学报，2002（38）增刊．

8 真空等离子熔炼炉

真空等离子熔炼炉是利用电能与惰性气体电离产生等离子体作热源，加热被熔炼金属，使之熔化的一种电炉。

真空等离子熔炼电炉是在真空状态下，向等离子枪体内（腔内）充入惰性气体，接通引弧电源触发电弧，使等离子枪的阴极和阳极间的气体（如氩气等）受到阴极射向阳极的电子的冲击而电离或在该频电源的触发下发生电离，形成等离子体，当其由枪口喷出时就形成等离子焰。同时输入直流电源并且使电弧在钨钍阴极和阳极（坩埚内的金属物料）间稳定燃烧，将水冷紫铜坩埚内的金属物料加热并熔化，熔融金属被水冷坩埚快速定向结晶，冷凝成铸锭或连续浇铸入水冷紫铜模中，冷凝成异型锭，再由拉锭机构将成形铸锭下拉。同时在熔炼过程中连续投入原料、熔化、冷凝、下拉成为一定规格的圆铸锭或扁锭。工作时一面不断地向枪内充入惰性气体到炉内，一面从炉内由抽空机组抽出，使炉内工作压力在 $13.3 \sim 1.33 \times 10^{-1}$Pa 范围，可稳定地熔炼钛及钛合金，这种方式称为真空等离子熔炼炉。

真空等离子熔炼炉主要是用来熔炼钛、锆和钨、钼、钽、铌等难熔金属，以钛残料的回收最多，也能用来熔炼合金钢和铸钢。

8.1 等离子枪基本工作原理

我们知道，气体分子是由原子构成的，而气体原子则是由原子核和在其周围运转的电子构成的。当给气体原子的外层电子以一定的能量时，外层电子会脱离原子核的吸引而成为自由电子，而原子则变成正离子，这种现象叫做电离。等离子体就是自由电子、正离子以及气体的原子和分子等组成的混合体，等离子体在电的性质方面呈中性，因为其中自由电子的负电荷的总量同其中正离子的电荷的总量相等，但由于影响而改变其中自由电荷的运动方向。等离子体的电阻系数取决于气体的种类、气压和温度，如氩等离子体在大气压下 3000℃时的电阻系数约为 0.0065Ω · cm。

等离子体视其产生和存在条件的不同而有许多种，如温度在几万度以上的高温等离子体；温度从几千到几万度的为低温等离子体；压力在几十、几百个大气压以上的为高压等离子体；压力在一个大气压左右和一个大气压以下的为低压等离子体；存在于电弧放电中的为电弧等离子体；存在于星际空间中的为星际等离子体等。在工业上目前仍利用低温低压等离子体。

工业上产生等离子体的方法主要有电弧法和高频感应法两种，所用的工作气体有氩，氦，氮，氩、氢的混合气，氩、氮的混合气等。其中以氩用得最多，因为这种气体是单原子气体，容易电离，并且它是惰性气体，对于电极和被加热的材料可以起到保护作用。另外，在几种惰性气体中，氩是价格最低的一种。

工业上用来产生等离子体的装置通常叫做等离子枪，等离子枪主要有电弧等离子枪和高频感应等离子枪两大类。其中电弧等离子枪又有非转移弧式、转移弧式和中空阴极式等几种。几种枪的工作原理如图 8-1 所示。

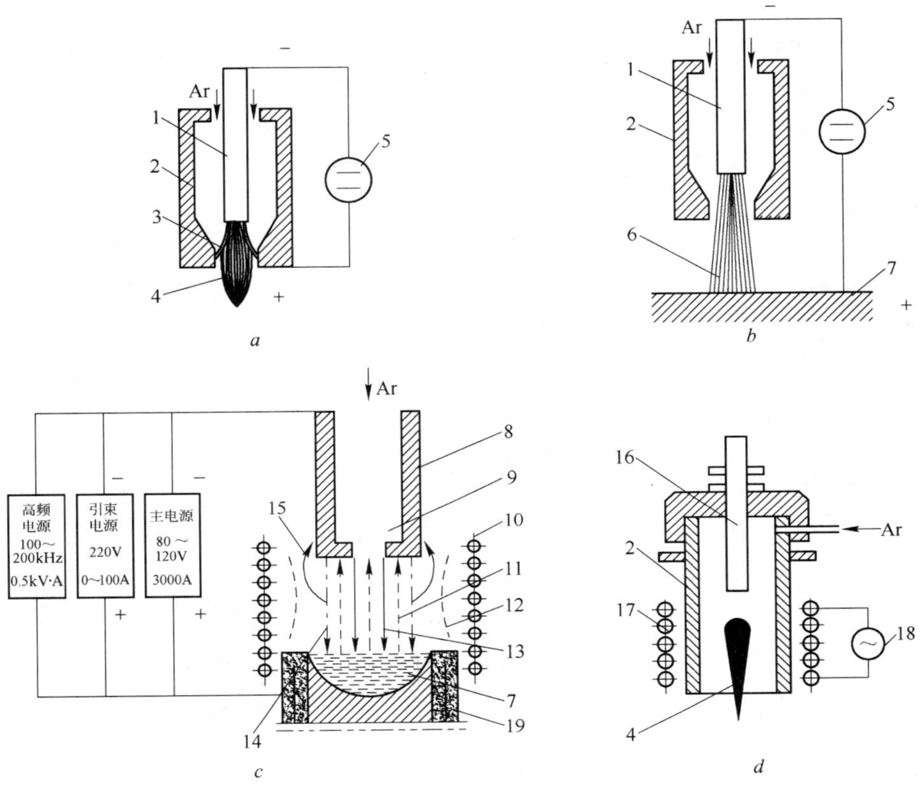

图 8-1　几种等离子枪的工作原理图

a—非转移弧式电弧等离子枪；*b*—热阴极式电弧等离子枪；*c*—转移弧式电弧等离子枪；*d*—高频感应等离子束枪
1—无氧铜或钨钍阴极；2—喷口；3—电弧；4—等离子焰；5—电源；6—电弧等离子流；7—被加热材料；8—阴极（钽管）；9—等离子弧区；10—聚焦线圈；11—正离子流；12—磁力线；13—来自等离子区的电子流；14—阴极表面发射的电子流；15—回到阴极的正离子；16—引燃电极；17—高频线圈；18—高频电源；19—阳极（坩埚）

图 8-1*a* 为非转移弧式等离子枪，它主要由阴极和阳极两者构成。阴极通常是一根钨棒或表面敷有二氧化钍的钨棒（即钨钍电极）；阳极是一个用水冷却的铜电极，其端头做成喷口形状，工作气体从上面引入，从喷口喷出。工作时先用其他电源，如电火花式高频发生器，使阴极和阳极之间触发电弧，在一定条件下，电弧会在阴极和阳极之间稳定燃烧，这里的电弧放电过程和前面所讲的电弧炉中的电弧放电过程是一样的，即阴极由于受到正离子的撞击被加热到高温而不断发射电子，这电子由于电场的加速而射向阳极，并在其途中撞击其他气体原子而使之电离，从而产生等离子体。不同的是这里存在着工作气体的气流。这气流使等离子体从喷口喷出而形成等离子焰。等离子体在离开枪的喷口以后，其中的自由电子和正离子随即复合为气体的原子和分子，并放出原先在

电弧中所吸收的能量，这能量使等离子焰达到比电弧更高的温度，如氩的等离子焰，其中心温度就可达15000℃以上。这种等离子焰可供金属喷涂、焊接等使用。但是非转移弧式等离子枪所产生的等离子焰一般都比较短，功率也做不大，所以在电炉上几乎没有得到应用。

图8-1*b*为转移弧式等离子枪，它在枪体结构上同非转移弧式的几乎一样，起弧方式也一样，只是在起弧以后电源的正极即从枪体的喷口转移到被加热的材料上。因此在工作时，电弧产生在枪的阴极和被加热的材料（阳极）之间。这种加热和电弧有很多类似的地方。事实上，在采用这样的等离子枪时，被加热材料所吸收的能量中有约2/3左右就是由电弧直接供给的，即由电弧中的自由电子撞击阳极产生的。但是同电弧加热不同的地方是这里存在着由工作气体的等离子体形成的等离子流。这等离子流存在于阴极和阳极之间，其长度（即阴极和阳极间的距离）可以达到1m以上，比一般工业上利用的电弧和上面所说的等离子焰的长度都大得多。这等离子流以细束形状从等离子枪的喷口喷出，而在离开喷口以后，由于其中存在着很大的电流，所以受到由这电流产生的磁场的压缩；另外，它还受到它本身的热压缩，就是在其喷射过程中，由于外层气流的冷却作用，电离过程只可能产生中间温度高的部分。由于这三方面的原因，所以这等离子流始终能保持细束形状而不至于有显著的扩散。

由于在截面不大的等离子流中有很大的电流通过，所以等离子流中的功率密度很高，从而其温度比一般电弧的要高得多，电弧最高温度为6000～7000℃，而氩弧等离子流的温度一般能达到20000℃左右。这等离子流以极高的速度（约100～500m/s）射到被加热的材料上，除了将其本身的热能传给被加热的材料以外，还由于其中自由电子和正离子的复合而释放出大量热能，加上前面所说的电弧的能量，使材料得到迅速的加热，并熔化，称其为等离子弧熔炼。

这样的电弧等离子流在电学性质上同电子束类似，它也可以被磁场线圈所聚焦和偏转，不同之处是产生电子束需要高达几千～几万伏的高压电源，而产生电弧等离子流只用几十或几百伏的低压电源就已足够。

图8-1*c*为热阴极（也称中空阴极）式等离子枪，它在结构上很简单，通常由易于发射电子的钽管制成空心阴极，之所以采用钽管，是因为在同样的条件下，钽阴极发射电子的能力要比钨阴极大十倍左右。这种枪是中间通入氩气或氦气，在阴极与阳极间加一高频电场，它的放电使氩气或氦气电离，同时还在阴极与阳极间加了直流引束电源。在引束电源电场的作用下电子流向阳极的被加热材料，正离子轰击并加热阴极，使阴极达到热电子发射状态，热电子在电场作用下使氩气或氦气电离维持正常放电（自持放电）。此时接入主电源，切断高频电源和引束电源，电弧束流在阴极和阳极之间稳定燃烧使材料加热，并熔化，称其为等离子束熔炼。

由于钽容易氧化，所以在工作时，炉内必须保持真空状态。另外，炉内保持真空时，工作气体的消耗量可大大减少，如日本一台10kW的等离子束炉，炉内保持真空时的氩气消耗量为0.03L/min，而在炉内保持一个大气压时则为45L/min。真空等离子体的工作压力，一般在0.13～13Pa范围内。采用真空等离子体作热源的熔炼钛及钛合金，具有电流密度高、可调性大、工作特性稳定等优点，同时由于采用低压电流，工作安全操作方便。

高频感应式等离子枪在结构上，同上面所说的电弧等离子枪完全不同，如图 8-1*d* 所示。枪体是用石英管做成的。石英管的外面绕有连接高频电源（频率为 5 ~ 20MHz）的感应线圈。工作气体从管子上端送入，从下端管口喷出，通过石英管的上端有一根用石墨或钨做成的引发棒，供引发工作气体电离用。工作时先把引发棒移下到感应线圈的中间，用高频感应电流把它加热到高温，从而使其周围的工作气体电离。这以后高频电能就能直接输送到工作气体中，而在其中形成稳定的等离子体。等离子体随着工作气体的气流而喷出管外，形成等离子焰，等离子体的温度在氩为工作气体时约为 10000 ~ 15000℃，气流的喷射速度在 10 ~ 100m/s 的范围内，比电弧等离子流要低得多，而且由于没有电极材料的沾污，所以比电弧等离子焰更洁净。由于这些特点，等离子枪在制取高纯氧化物和其他材料单晶上得到了一些应用，这种枪的缺点是功率不能做得太大，效率也比较低[1]。

上述介绍了 4 种等离子枪的基本结构及工作原理，依据各种枪的特点，并结合钛熔炼的工艺条件要求，目前工业上选用转移弧式等离子弧（喷枪）型和热阴极式等离子束型两种方式放电的等离子体作热源来熔炼钛及钛合金等。因此就出现了真空等离子弧熔炼炉，即 PA 熔炼法和等离子束熔炼炉，即 PACHM 熔炼法。这两种方式的熔炼炉，在一些方面类似电弧炉，在另一方面又类似电子束炉，所以炉型多种多样。就炉内结构来说，有像真空电弧炉和电子束炉那样采用水冷紫铜坩埚的；从炉内气体压力来说，有把炉内气体抽成真空的，也有在炉内保持一个大气压的；从加料方式来说，有像非自耗电弧炉那样装块料或散料的，也有像电子束那样从垂直或横向进棒料或粉粒料的；拉锭方式同电子束炉一样；从枪的支数来说，像电子束那样，有单枪，也有多枪的。另外，还有把等离子熔炼同感应熔炼配合使用的情况等。总之以等离子枪的支数、进料方式、熔炼以及冷凝铸锭方式来确定炉型结构形式。下面就 PA 法和 PACHM 法两种熔炼设备方法进行叙述。

8.2 真空等离子束炉

8.2.1 真空等离子束熔炼炉（PA 法）

真空等离子束熔炼炉是利于等离子体的高温熔炼难熔金属、活性金属及合金，是一种新型的真空熔炼技术。20 世纪 60 年代后期，美国和日本发展了等离子体在冶金工业中的应用，并成功地制造了多种功率、多种结构形式和不同用途的等离子束炉。日本已把等离子束炉标准化、系列化，最大功率达到 2400kW，可生产扁形钛铸锭，其重量为 3500kg。我国在 20 世纪 70 年代初开始研制等离子束炉，在 1975 年制造出一台 400kW 等离子束炉，主要用于钛屑的回收熔炼。

与其他真空熔炼方法相比较，等离子束炉具有明显的优越性，主要表现在它能将处理好的钛屑直接加入坩埚内熔炼铸锭，不需要压制电极，不用配入海绵钛，生产效率高，成本低，是残料回收的理想设备。同时还有以下独特的优点：

（1）真空度要求不高，在 $10 \sim 10^{-1}$Pa 范围内就能稳定地工作，比电子束炉明显优越。

（2）由于利于惰性气体保护，因此，能在中真空工作压力下，获得与高真空效果相同的清洁熔炼气氛，同时就氧气分压而言，又与高真空的电子束炉相差无几，故能进行钛、锆和铌等高熔点活性金属的精炼和合金化，精炼效果好。

（3）由于真空度不高，金属挥发损失减少，对易挥发的合金元素的熔炼及合金更为有利，合金元素的烧失特别小。

（4）等离子束炉是在低电压、大电流下工作，所以不存在绝缘和 X 射线防护问题，这点与电弧炉相同，比电子束炉优越。

（5）其熔炼速度与电子束炉相同，可在很大的范围内调节，比电弧炉优越。

（6）效率介于电弧炉与电子束炉之间。

（7）由于等离子束炉的工作电流很大，所以不能像电子束炉那样把能量集中于很小的截面上。

（8）电源设备比较简单，工作时，电流、电压波动小，功率调节方便、调节范围广。

（9）温度高、能量集中、熔化速度快。

（10）可生产圆锭。

8.2.2 等离子束炉的工作原理

真空等离子束熔炼法的工作原理如图 8-1*c* 所示。由纯钽管制成的阴极，是等离子束枪的核心组成部件。水冷铜坩埚及加入其内的金属物料为阳极。其工作原理是：在低真空下，在阴极和阳极之间施加一高频电场。同时，将氩气引入钽管，气体被电离，形成高频放电，继而加入直流引束电源。在电场作用下，正离子冲击钽阴极，使阴极末端温度迅速升高，从而在阴极表面发射出热电子和二次电子，它们与氩气碰撞，进一步促成电离，在阴极内形成等离子区。在引束电场作用下，从等离子区引出电子束，射向阳极。此时，由于放电已转为自持放电，可切除高频交流电源。随着电子束流增加，电压突变至稳定状态。此时可加入主电源，切断引束电源，在聚焦磁场作用下，电子束密集地轰击作为阳极的散状金属物料，产生大量热能，可使进入坩埚内的物料熔化。

坩埚内熔化的金属在冷却水的强制冷却下，凝固成铸锭，由拉锭机构拉出坩埚，而要熔化的金属又不断地由加料机构送入坩埚而被熔化，这样便形成了被熔化金属在坩埚内形成一定深度的熔池，在熔池中，气体杂质、金属和非金属杂质进行一系列物理化学变化，通过扩散、挥发和上浮，从熔池中去除杂质，金属得到精炼和提纯[9]。

8.2.3 等离子束炉的放电过程

当通入氩气后，在炉内压力为 10 ~ 0.1Pa 的条件下，首先用高频电源使氩气电离，得到氩气等离子体，高频放电是依靠电离后的电子束维持自持放电。高频电源通常叫启动电源。

氩气被电离后，在阴极与阳极间加入较高的直流电源，等离子体的正离子在直流电场作用下向阴极运动，并轰击阴极表面，使阴极产生二次电子发射，同时阴极在正离子打击下，温度迅速升高到 2200 ~ 2400kW，使阴极能够产生热电子发射，这时自持放电通过热电子和二次电子起主导作用，而高频电离的电子退居次要地位，放电已转为自持放电，高频电源即可关闭。这里的直流电源叫做引束电源，其电压要求高些，就在增加正离子功能，以便打击阴极时温度升快，使热电子和二次电子运动速度增加，电离气体的能力更强，提高等离子体中正离子和电子浓度，使等离子体的温度升高，为大电流低电压的主电源工作提供条件。

当引束电流已使阴极得到加热。并且产生等离子束后，随着电子束流的增加，电压突变至 40 ~ 80V 稳定状态。此时可断开引弧电源，加入大电流、低电压的直流主电源。在聚焦磁场作用下，电子束密集地轰击作为阳极的金属物料，产生大量热能，可使物料熔化。主电源的电压较低，但不会使放电熄灭，因为引束电源已使阴极加热到发射热电子的温度，阴极一旦发射热电子，气体电离程度会迅速提高，电流密度也随之增加，大量的正离子向阴极运动，并在阴极附近形成一密集的正离子层，这些正离子所形成的空间电荷使电场发生很大的变化，破坏了从阴极到阳极间的电场的均匀分布特性。由于正离子在阴极附近的空间电荷效应，使阴极电位降最大，占全部电压的绝大部分，这个电压称为阴极位降，阴极位降的宽度很小，用 d_k 表示，它远小于两极间距 d。根据帕邢曲线，$p \cdot d_k$（压强与 d_k 乘积）远小于 $p \cdot d$，相对应的破裂电压也随之降低，如图 8-2 所示。

破裂电压是指非自持放电过渡到自持放电的瞬间所需的最低电压值。从图 8-2 中可以看出，d_k 对应的破裂电压低于 d 所对应的破裂电压，因此，主电源的电压尽管低，但只要高于最小破裂电压，放电即能维持。由于主电源的工作，可使放电电流达到几千安培，因此能将金属熔化。

归纳起来，等离子束炉的气体放电过程可分两步，第一步是电离气体，得到气体的等离子体；第二步是使阴极加热，发射热电子。这两步分别由高频电源和引束电源来实现，它们为主电源的工作创造了条件。图 8-3 是等离子束炉的伏安特性曲线。就气体放电的本质而言，主电源和引束电源没有区别，只是功率不同[9]。

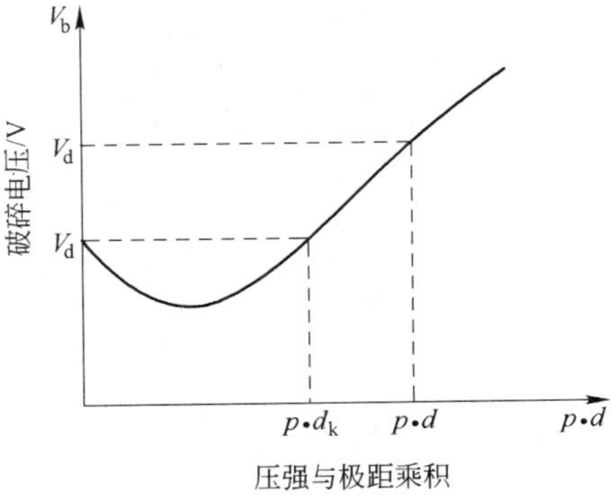

图 8-2　空间电荷对破裂电压的影响

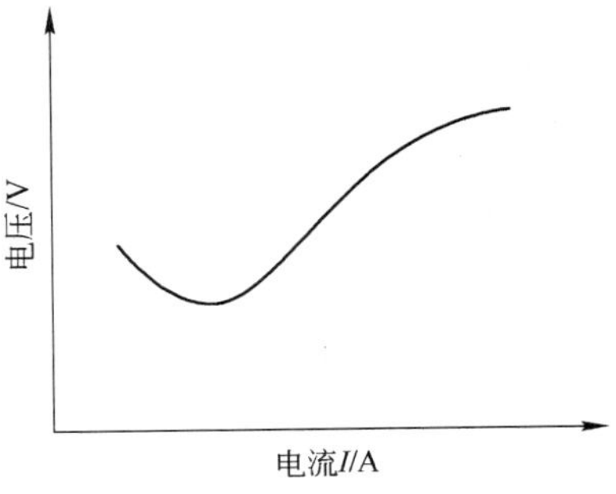

图 8-3　等离子束炉的伏安特性曲线

8.3　400kW 等离子束熔炼炉

20 世纪 70 年代初由宝钛集团研制的 400kW 等离子束炉，如图 8-4 所示。它共有两支等离子束枪，坩埚为 ϕ350mm × 1500mm、活动上炉室是通过辊式给料器和振动式送料器给坩埚加料。可回收 100% 钛屑。铸锭最大尺寸为 ϕ350mm × 1500mm。每个铸锭重 620kg，可供真空自耗电弧炉重熔为 ϕ 440mm 的铸锭，其主要工艺参数如下：

单枪参数：

规格　ϕ38mm×2.5mm×350mm；

电压　50～55V；

电流　2200～2400A；

氩气流量　0.8～1L/min；

熔速　2～2.2kg/min；

预真空度　6.65×10^{-2}Pa；

工作真空度　1.33～1.33×10^{-1}Pa。

图 8-4　400kW 等离子束炉[2]

等离子束炉的结构。等离子束炉是比较复杂的真空熔炼设备之一，根据各部位作用的不同，可将等离子束炉主要分为：炉体、等离子枪、加料系统、坩埚及拉锭机构、真空系统、充氩系统、电源、水冷系统、观察系统等部分，现以图 8-5 所示的国产 400kW 等离子束炉为例，将其与电子束炉结构不同之处简述如下。

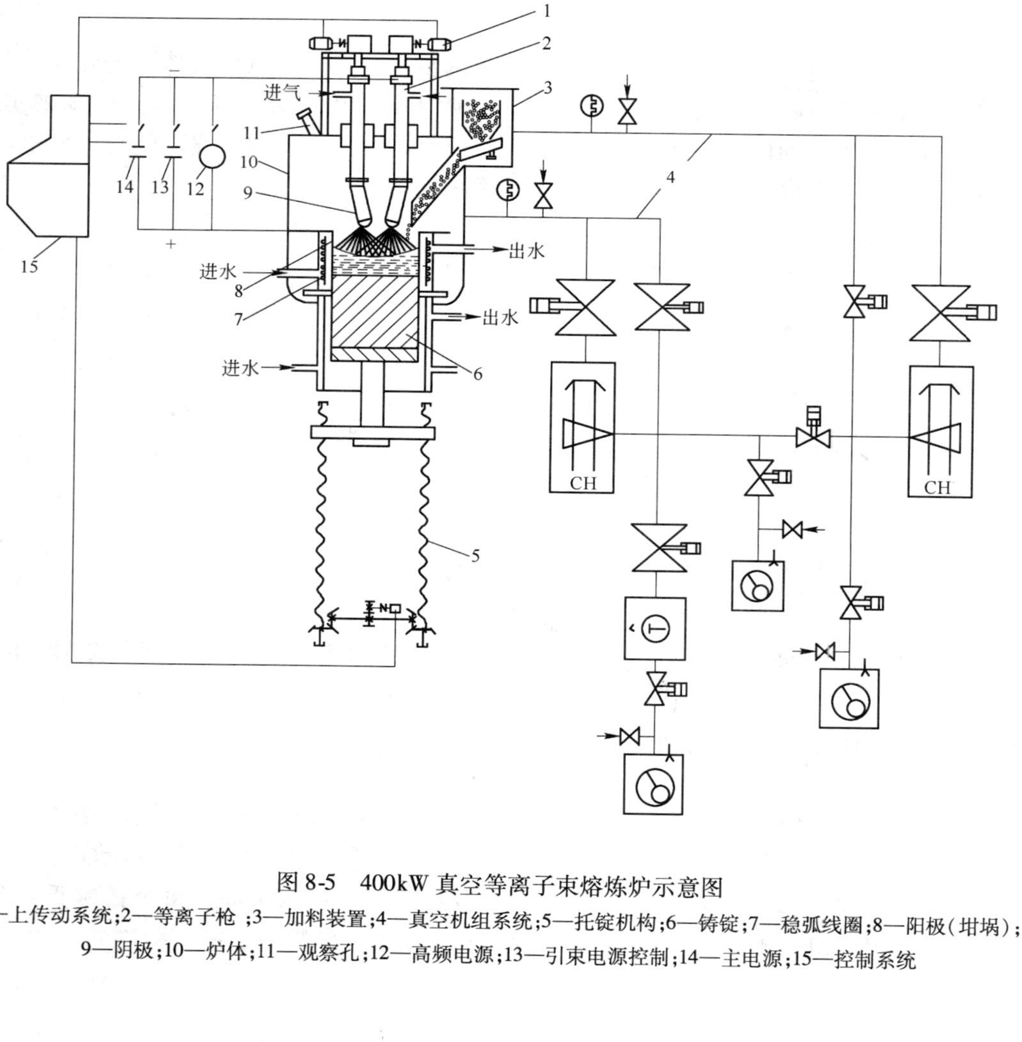

图 8-5　400kW 真空等离子束熔炼炉示意图

1—上传动系统；2—等离子枪；3—加料装置；4—真空机组系统；5—托锭机构；6—铸锭；7—稳弧线圈；8—阳极（坩埚）；9—阴极；10—炉体；11—观察孔；12—高频电源；13—引束电源控制；14—主电源；15—控制系统

8.3.1 等离子枪与聚焦线圈

等离子枪也叫阴极，它与电源的负极相接。等离子枪是将电能在等离子体和电场的作用下，转变成热能的工作元件。电能转变成热能的形式，通过等离子束，由于等离子体的存在，阴极电子通过等离子体的导电作用，在电场力的作用下向阳极运动形成电子束，这种电子束并不是由于高压电场形成的电子发射产生，而是由于等离子体的导电作用产生的，所以叫等离子束。

等离子枪由钽管制成，管子上端焊有铜法兰，法兰与导电杆相连。国产等离子束炉目前仅使用两支枪工作，每支枪的功率各为200kW。为使两支枪的等离子束都能打到坩埚内，特将钽管做成弯形，两支枪按其弯曲方向相对放置，以减少两束等离子束的距离，从而保证了两束等离子束都能打到坩埚内合适的位置。这样不但减少了能量损失，也使坩埚内的能量分布得到了改善，图8-6是等离子枪系统简图。

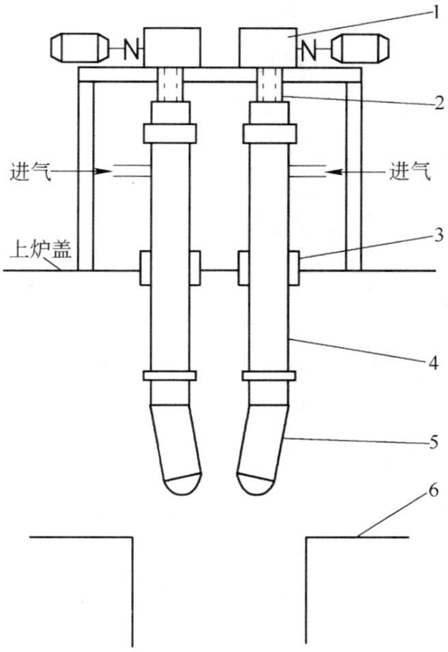

图8-6 等离子枪系统简图
1—传动系统；2—传动丝杠；
3—绝缘法兰及动密封；4—导电杆；
5—阴极（钽管）；6—坩埚（阳极）

导电杆主要起导电作用，导电杆上端与电源负极母线连接，下端与等离子枪连接。导电杆的上端还与传动丝杠连接，通过丝杠的旋转带动导电杆上下运动，从而能调节等离子枪到坩埚的距离。因枪是阴极，坩埚是阳极，所以枪到坩埚的距离又叫极距。极距大小是影响热效率的主要因素，所以根据熔炼时的具体情况，有时也要调节极距。

导电杆是由3层管子组成，内外层为不锈钢管，中间是紫铜管，主要起导电作用。3层管子之间都有一定间隙，冷却水从其间流过，使导电杆和等离子枪的连接法兰得到冷却。在内层管子中间还有一根细铜管，其上端接充氩系统，下端伸入等离子枪，它的作用是将氩气输入枪内。

导电杆和等离子枪的法兰连接处用石墨套或绝缘瓷管包上，防止导电杆或连接法兰发生放电。通常把这些地方的放电现象叫“爬弧”。放置保护套后，有效地防止了爬弧现象的产生。爬弧现象会使等离子束不能稳定的工作，同时发生爬弧的部位产生高温，烧坏零件。

聚焦线圈的作用是产生磁场，等离子枪、等离子束和坩埚都置于聚焦线圈之内，因此，都受磁场作用，主要功能有以下3个方面：

（1）等离子束在磁场作用下得到良好的聚焦，使束的断面缩小，都能打到坩埚内，提高了热效率。

（2）当多支枪同时工作时，等离子束几乎相当于平行的截流导体，且电流方向相同，在其自身产生的磁场作用下，会发生相互吸引的现象，使束的方向发生偏移，甚至会相交到一起。当聚焦线圈的磁场强度足够时，就能克服束间的引力，使等离子束垂直地打到坩埚中。

（3）坩埚中的液态金属在磁场的作用下，会产生旋转。熔池的旋转带动坩埚内未熔化的料跟着旋转，使料能在坩埚中便于熔化，因此提高了熔化速度，也促使熔池温度分布均匀。同时，熔池旋转也起到了搅拌作用，对气体和夹杂的去除、合金元素的均匀化、细化晶粒等都是有利的。

聚焦线圈是由 3 层不锈钢圆筒组成，线圈绕在中间一层的圆筒上，三层之间均有间隙，冷却水从中间流出，线圈得到冷却[9]。

8.3.2 料仓和加料机构

料仓和加料机构如图 8-7 所示。料仓是一个钢制圆筒，里面装有不锈钢制成的多孔装料筒，装料筒下端呈漏斗形状（容积为 $2m^3$，一次装钛屑 800kg）。料仓上部是升降旋转式上盖，盖上装有手柄，可以旋转的轴为支点，利用杠杆原理操作手柄可将上盖提升到一定高度，并通过支点轴的旋转可以将上盖转动移开料仓位置，便于装料。

加料机构由给料器、电磁振动送料器和流槽组成。给料器装在料筒下面，由一对带有多刺的辊子组成，两个辊子由电机和转动装置带动做相对运动。屑料在辊子刺的带动下从两辊之间的间隙中送出，辊子的形状像一对狼牙棒，辊子上的刺相当于耙子的作用。给料器只有在发生堵料时才启动工作，当屑能自动下流时，不必启动给料器。

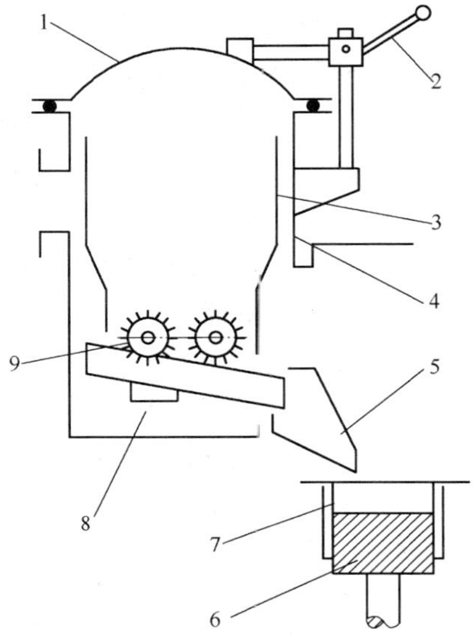

图 8-7 加料仓

1—料仓盖；2—手柄；3—装料筒；4—料仓；5—流槽；6—拉锭杆；7—坩埚；8—振动送料槽；9—给料器

电磁振动送料器是有一定斜度的槽子，安装在给料器下面。给料器送出的料落在槽内，槽上装有电磁振动器使槽发生振动，料沿槽的倾斜方向边振动边下滑，故送料器起着输送的作用。送料器末端有一个漏斗形状的料槽，料落入流槽后流入坩埚内熔化。加料速度通过控制电磁振动器的工作来实现，当电磁振动器通电后，送料器料槽开始振动，料被送入坩埚[9]。

8.3.3 坩埚和拉锭机构

坩埚和拉锭机构与电子束炉相同，故不赘述。

8.3.4 真空系统

等离子束炉的真空系统一般包括两套，一套用来排除炉室气体，另一套用来排除料仓气体。因等离子束炉要求真空度不高，所以选用油喷射扩散泵为主泵。炉室真空系统的主泵为 Z-1000 油喷射扩散泵，最大排气能力为 2500L/s，极限真空度为 6×10^{-2}Pa。其设计计算参照凝壳炉。

8.3.5 充氩系统

等离子束炉是借助于氩气的等离子体进行工作的，所以必须连续均匀地供给阴极氩气。充氩系统包括氩气瓶、减压阀、流量控制阀、浮子流量计及连接管路。每支枪都要有一套充氩系统。流量控制阀与浮子流量计是装在一起的整体结构。氩气流量通过调节阀来控制。浮子流量计能够读出流量的数量值来。从浮子流量计输出的定氩气，通过管路流入钽管阴极中，在阴极出口处得到电离形成氩的等离子体，使阳极（坩埚）与阴极之间产生等离子束。

8.3.6 电源

电源是提供等离子枪工作的供电系统，其中包括高频启动电源，直流引束电源和主电源。图 8-8 是电源回路示意图。

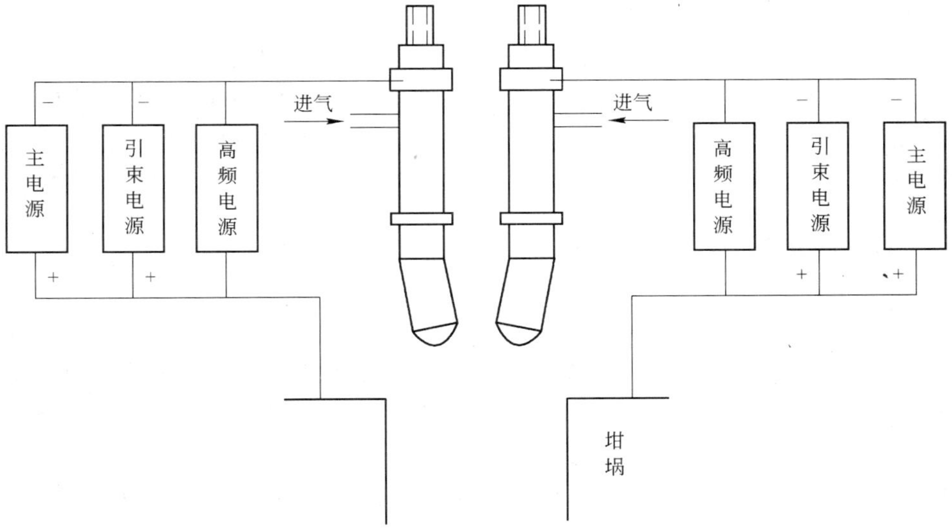

图 8-8 电源回路简图

8.3.6.1 高频启动电源

高频启动电源是利用电感和电容并联，通过振动产生高频。等离子束炉利用高频电源作电离剂，使氩气电离成等离子体，通常称高频电源为启动电源。

在高频回路中串联火花发生器，火花发生器是利用尖端放电原理，使两个带尖接线柱的尖端相对，并有一定距离（3mm 左右），当电场没有达到足够强时，尖端并不放电，只有电场足够强时，通过尖端放电，使高频线路接通，这时等离子枪（阴极）和坩埚（阳极）之间，氩气被高频电场击穿，电子随高频电场的振荡在阴极与阳极之间产生振荡，轰击氩气分子使其电离，得到氩气等离子体。等离子束炉的电源电压为 220V，频率为 100Hz。

8.3.6.2 直流引束电源

引束电源与主电源的区别在于引束电源电压较高，为220V，电流很小，为200A。而主电源电压较低，为120V，电流较大，额定电流为3000A。

引束电源的作用是将氩气被激放电变成放电，这个转变过程需要比较高的电压。当阴极与阳极加上引束电源后，在引束电源直流电场作用下，使等离子体中的正离子飞向阴极，电子飞向阳极。阴极在正离子轰击下温度迅速升高，能产生热电子发射，同时在正离子的撞击下能使阴极产生二次电子发射，热发射和二次发射的电子具有很高能量飞向阳极，在飞行中撞击氩气分子时，会使其发生电离，这个电离过程不需要电离剂，是自激放电过程，所以当引束电源加入后，高频电源就可断开。自激放电不但能维持等离子体的存在，而且还使氩气进一步电离。提高等离子体中的离子浓度和温度，为主电源工作创造了条件，当主电源加入后，引束电源可断开，所以引束电源是个过度电源。

8.3.6.3 主电源

主电源为硅整流直流电源。空载电压为120V，工作电压为40～80V，电流30000A。主电源功率极大，它是供熔炼时所需功率的电源，功率大小通过调节电流大小来实现。

主电源工作过程中等离子体的产生也是自激放电过程。因引束电源已使阴极加热，具有热电子发射能力。主电源工作时，正离子撞击阴极表面使阴极保持高温，从而能保证有热电子发射和二次电子发射，这些电子又能使氩气分子电离，故能维持等离子体的存在。大量电子在电场作用下向阳极移动，形成等离子束。等离子束将电能转换成热能，使金属熔化[9]。

8.4 等离子束炉熔炼工艺

8.4.1 等离子束炉熔炼工艺

等离子束炉在国内外用于钛、锆残料回收。在我国主要利用等离子束炉回收钛屑成锭。从钛屑到成品锭要经过以下工艺过程：

钛屑→破碎→碱洗→水洗→磁选→烘干→等离子束炉一次熔炼

上述工艺流程可分两大部分，等离子束炉一次熔炼以前属于原料处理部分，之后为铸锭熔炼部分。

8.4.2 等离子束炉熔炼参数

等离子束炉熔炼主要工艺参数包括熔炼功率、熔炼速度、真空度、氩气供给量、阴极与阳极间的距离、聚焦线圈电流大小和方向、铸锭冷却时间等。这些参数对铸锭质量和等离子束的稳定性都会产生很大的影响。而参数的选择不仅要根据理论进行计算，更重要的是通过试验和生产实践找出各参数的最佳值。

8.4.2.1 熔炼功率和熔炼速度

熔炼功率是指主电源输出功率的大小。每支枪都由1台主电源供电，所以每支枪的功率等于电源电压与电流的乘积，总功率等于每支枪功率之和。

等离子束炉的电压值波动范围很小，所以功率大小的调节不能通过调节电压来实现，而是通过调节电流的大小来改变功率的大小。

比电能是把功率和熔炼速度有机地联系在一起的最好方法。同时利用比电能计算熔炼速度是最简便的方法。电子束熔炼的比电能要比电弧炉熔炼同种金属的比电能大，等离子束炉熔炼的比电能介于电子束与电弧炉之间。

8.4.2.2　氩气流量

氩气是易被电离的气体，同时氩气的等离子体稳定，氩气与液态金属不发生反应，对金属不存在污染问题，因为氩气作为介质在等离子束熔炼中被广泛应用。

氩气流量是等离子束炉熔炼的重要参数，它的大小直接影响等离子束工作的稳定性。流量过低，不能产生足够量的等离子体，使等离子束工作不稳定；流量过大，会使电压降低，真空度也降低，也会影响等离子束的稳定性。

氩气的纯度应该是越纯越好。因为氩气中的杂质主要是氧气和水分，与钽管阴极发生化学反应，降低阴极的使用寿命。所以氩气流量在保证束稳定工作条件下，应尽量减少。

8.4.2.3　真空度

等离子束炉工作的真空度范围很广，可以在 0.8 ~ 10Pa 范围内稳定工作。虽然真空度不高，但炉内的气体是以氩气为主，所以有害气体的成分并不高。就气体分压而言，等离子束炉相当于在无氩设备 10^{-3} ~ 10^{-5}Pa 的真空度范围内的熔炼，所以熔炼效果可与电子束炉相比。

8.4.2.4　阴极与阳极间距离

阴极与阳极间距离是指钽管阴极出口到阳极坩埚平面的距离，也叫极距。极距对熔炼过程有很大影响，它主要影响热效率。等离子束是借助等离子体而产生的电子束。而氩气等离子体的温度最低为 5000K，一般在 9000 ~ 10000K。功率越大等离子体的温度越高，在高温下，对外辐射热损失很大，极距越大，束也就越长，向外辐射的面积大，所以热损失增加，热效率降低。相反，极距小，束的长度也小，辐射面积也小，热损失减少，因为热效率增高。极距与热效率关系列于表 8-1。

表 8-1　极距与热效率关系

极距/mm	40	80	140	180
热效率/%	88.5	82.5	67	63

由表 8-1 可以看出，减小极距对提高热效率是明显的。但是极距也不能太小，一旦熔池中金属飞溅，会冲击到阴极上，使阴极损坏和污染，降低阴极的使用寿命。合适的极距值应根据熔炼时的具体情况而定，如熔池喷溅严重，金属严重冲击阴极，这时可把极距加大。如熔池平稳，喷溅较小可适当减小极距。在一般条件下，极距控制在 180 ~ 220mm。

8.4.2.5　聚焦线圈电流大小和方向

聚焦线圈必须有足够的磁场强度，以保证等离子束有良好的聚焦，功率集中，提高热效率。同时能使熔池旋转，使热量分布均匀。但磁场过强会使熔池旋转加剧，甚至会使熔池金属溢出坩埚，熔池不平稳。磁场强弱通过调节聚焦线圈电流大小来实现。在生产中线圈电流为 25 ~ 30A 就可以保证正常熔炼。

磁场方向改变，熔池的旋转方向也随之改变。根据熔炼需要，可以选择或改变磁场方向。而改变磁场方向只需改变线圈电流方向即可实现[9]。

8.5 真空等离子束冷床炉

真空等离子束冷床炉熔炼法（Plasma Arc Cold Hearth Melting，简称 PACHM 法）是在真空等离子束炉（单枪）的基础上发展的一种新型熔炼炉。

8.5.1 真空等离子束冷床炉概况

等离子束冷床炉的冷床、结晶器、供料系统类似于电子束冷床炉，且熔炼室与结晶分离。它是利用电流通过惰性气体如氦气或氩气时使气体电离产生等离子束作热源加热被熔化金属料使之熔化。等离子束冷床炉熔炼技术的发展使被电离的气体可以循环利用，正因为如此才可以用氦气作电离气体，以氦为电离气体时比用氩气作电离气体时的熔炼速度快1倍。也有人研究了以氦氩混合气体作电离气体时对熔体熔炼速度的影响。等离子枪的功率可以做得较大，可以设计多个等离子枪。等离子枪是在接近大气压的惰性气氛下工作，可以防止 Al、Cr、Sn、Mn 等高挥发性元素的挥发，化学成分控制相对容易。同时能容易地去除氢、氯等元素，同电子束冷床炉一样可以除去 Ta、Mo、W 等高密度杂质及其钛的氮化物、氧化物。比电子束冷床炉电效率高、生产费用低，便于维护等。等离子束冷床炉也可生产圆锭、扁锭。要比真空自耗电弧炉稳定，可为电弧炉提供一次电极，其生产的一次电极相对密度可达 98% 以上。相对独立的能量进给系统、搅拌系统和供料系统，可以保证铸锭的质量，诸如良好的表面、很少的疏松、微量的偏析等[3]。等离子枪的自动控制旋转对铸锭的质量有重要的影响。等离子束冷床炉的系统结构设计可参照电子束冷床炉与等离子炉。

8.5.2 钛合金等离子束冷床炉熔炼技术的发展

传统 VAR 法是钛工业中历史最长的熔炼方法，VAR 法熔炼钛合金存在的冶金缺陷主要是夹杂物和化学偏析。钛合金中的夹杂物一般分为两类，即低密度夹杂物（Low Density Inclusions，简称 LDI）和高密度夹杂物（High Density Inclusions，简称 HDI）。常见的 LDI 主要是钛的氧化物或氮化物，尽管钛的氧化物和氮化物的密度还略高于钛基体（如 TiN 的密度为 5.22g/cm^3，钛的密度为 4.5g/cm^3），但因与 HDI 相比密度要低得多而得其名。另外，因钛的氧、氮化物的硬度远高于钛基体，而且很脆，因为这些都是 α 夹杂。HDI 主要是指熔炼过程中因未完全熔解而残余的高熔点金属或金属间化合物，常见的有 Mo、Ta、W、WC 等。

硬 α 夹杂具有比钛高得多的熔点，如 TiO_2 的熔点为 1825℃，TiN 的熔点约为 2950℃，而边熔化边凝固方式的 VAR 熔炼时，熔池的温度一般在 1700℃ 左右，而且熔池液面保持时间较短，难以将钛的氧化物或氮化物彻底熔化。因 TiN 的熔点更高，因此，更难以熔化，与 TiO_2 相比，在实际中出现的几率更大。硬 α 夹杂的存在极大地降低了钛合金的高、低周疲劳寿命，因此，可以认为是钛合金中最为危险的冶金缺陷[4]。

VAR 熔炼工艺一直是钛合金熔炼的主要方法，对于通用的钛合金铸锭，一般采用两次 VAR 工艺；对于航空发动机零件用钛合金，为了提高钛铸锭成分的均匀性和尽可能消除偏析等缺陷，对于质量要求高的钛合金铸锭，一般采用 3 次 VAR 熔炼，以获得成分均匀、缺陷率低的铸锭。VAR 熔炼炉可以看作是一个封闭系统，电极材料经过电弧熔化后都进入了铸锭（或下一次熔炼的电极），无法将熔池与不熔物分离，从而无法过滤掉硬 α 夹杂和 HDI。电极材料熔化后在高温段保留的时间很短，来不及让高熔点的硬 α 夹杂和 HDI 充分熔化。Reddy 测试了 TiN 颗粒在 1650℃ 静止 Ti 熔池条件下的熔解速度，大约为 0.004cm/min。Rudinge 等研究了 WC 夹杂物颗粒在 VAR 熔炼过程中的熔解情况，经过 1 次 VAR 熔炼仅能熔化尺寸 0.4mm 的颗粒；经过 2 次 VAR 熔炼，90% 左右的尺寸 0.6mm 的 WC 颗粒得以熔化，经过 3 次 VAR 熔炼都无法充分熔化。因此，采用 VAR 熔炼工艺想要得到高纯的钛合金铸锭是非常困难的，即使采用 3 次 VAR 熔炼结果都不是很理想。大量研究表明，VAR 工艺消除钛合金中的高密度夹杂物和低密度夹杂物的能力有限[4~6]。从而降低了材料的使用可靠性，直接影响航空发动机和飞机的使用可靠性。

HDI 一般是因在原料中混入了高熔点的金属（如 W、Mo、Nb、Ta）或金属间化合物（如 WC），而在熔炼过程中又没有得到充分的熔化而造成的。在进行钛的机械加工时经常用到 WC 硬质合金刀具，难免在钛屑或残钛中混入 WC 刀具崩块，由钛屑或残钛回收时带入铸锭中。HDI 的存在也会严重降低钛合金零件的疲劳性能和使用可靠性，航空用钛合金时禁止配料采用回收料。

尽管通过熔炼过程的现场材料管理的严格控制，在一定程度上降低了钛合金中的各类夹杂物的出现概率，而且随着无损检测灵敏度的提高，发现夹杂物的几率也在增加，但这些措施都无法从根本上解决钛合金夹杂的问题，因此，必须从熔炼技术本身的改变来降低钛合金的缺陷率，实现钛合金的高纯化。促使人们着力新型熔炼工艺——冷床熔炼技术的研究。冷床炉熔炼分 EBCHM 法和 PACHM 法，冷床炉熔炼技术独特的精炼水平可以有效地消除钛合金中的各类夹杂物，解决了长期困扰钛工业界和航空企业的一大难题，EBCHM 法适用于纯钛锭和典型钛合金锭，如 Ti6Al4V 的熔炼。PACHM 法用于复杂成分钛合金的熔炼。两者相比，PACHM 法熔炼技术更理想，可以认为是钛合金熔炼技术发展史上的一次飞跃。

8.5.3 等离子束冷床炉工作原理

与 VAR 熔炼相比，等离子束冷床炉熔炼可以看作是一个开放系统，冷床炉在设计上将水冷铜炉床和坩埚分开，允许输入能量和熔炼速率的独立控制，因此实现了原材料熔化和铸锭熔炼凝固的分离，冷床炉的工作示意图见图 8-9。在水冷铜炉床中，钛合金原料在图 8-9 中“B”处经受等离子束“A”的高温高能轰击熔化后滴入冷床中形成熔池，在熔炼区“C”中熔炼，并流到精炼区“D”处精炼，同时一些高密度杂质沉淀在冷床凝壳，熔池中钛溶液的保留时间可以自由控制。在水冷铜炉床中经过精炼、搅拌后的熔液经“E”处的槽口溢流入水冷铜结晶器中，通过结晶器上的等离子枪的再次加热和搅拌，顺序凝固后形成铸锭。硬 α 夹杂或 HDI 夹杂物通过模式进入拉锭坩埚中，一种是夹杂物在熔池中在极高的温度下且有充分的时间来熔化，等离子枪产生的等离子束的温度可达到 20000℃ 以上，冷床中的熔池可被加热到足够高的温度（熔炼时一般可达 2000℃），因此，炉床中的熔液可以获得一个非常大的过热度，加大了硬 α 夹杂物的熔解速率，使之可以在短时间内充分熔化，冷床中熔液的保留时间可以自由控制，这促进高熔点杂物的熔解，且通过在冷炉床和坩埚两级熔炼，又促进了硬 α 夹杂物的熔解；另一种是因 HDI 与钛液的

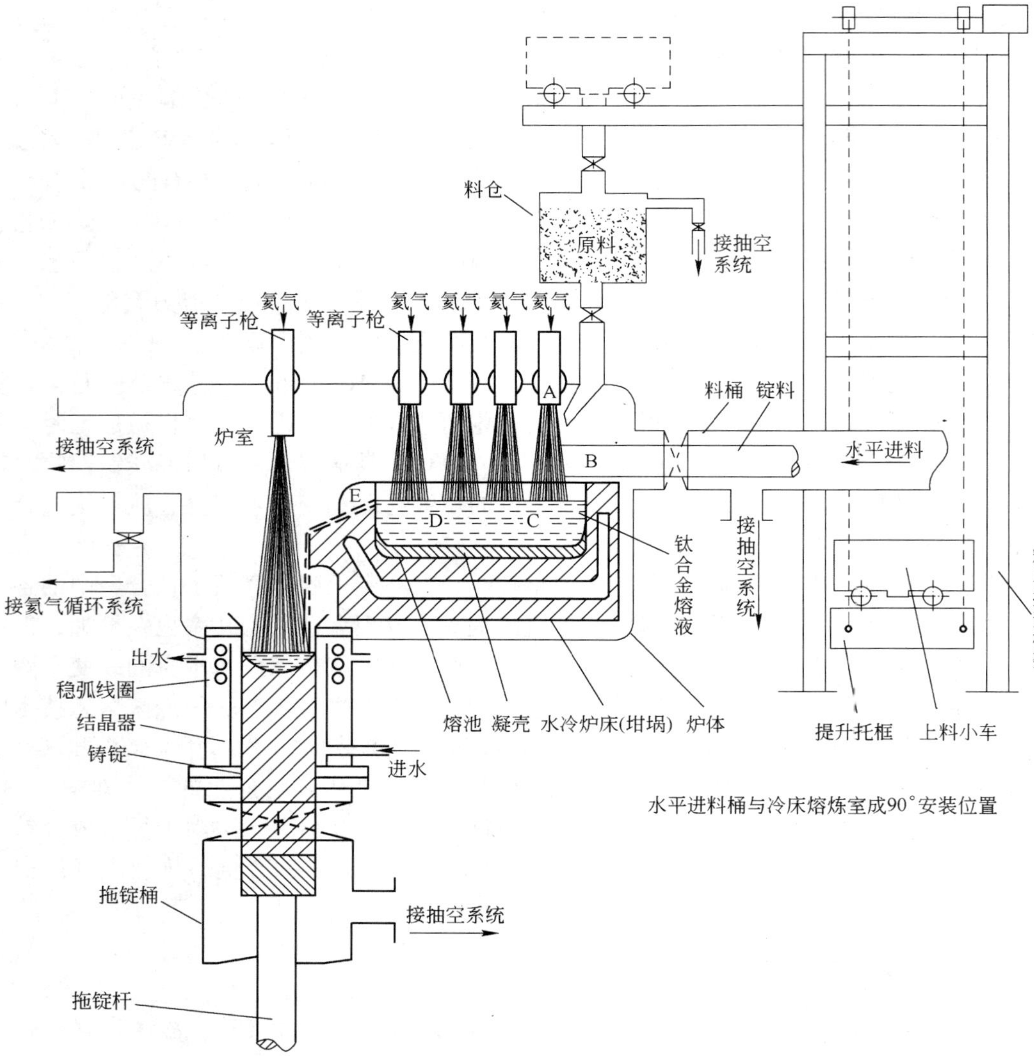

图 8-9 等离子束冷床炉熔炼示意图

较大密度差异，HDI 会沉入水冷炉床底部而被凝壳所捕获。熔池保温时间长和熔液温度高可以保证钛合金中的合金元素能充分熔解和扩散，且通过在冷床和坩埚两级熔炼，铸锭的成分偏析能得以很好消除。

与采用单一的进料方式（压制的电极）和只能得到圆形铸锭的 VAR 熔炼工艺相比，冷床炉熔炼工艺的加料形式多样，可采用残料、回收料、压制的电极等；根据需要，通过拉锭坩埚的设计，可实现生产多种形状的铸锭，如圆形、方形和矩形。而且冷床炉熔炼采用边熔炼、边搅拌、边凝固拉锭的办法，虽然炉床尺寸不大，但所熔炼的合金成分均匀，凝固后拉出的铸锭可以较大。

等离子束熔炼用钽管作热阴极，寿命比较短，成本高。但相比于电子束冷床炉熔炼钛合金还是有它的优点，如生产成本低，还可用作废料回收。目前在工业生产钛合金中得到推广应用。

8.5.4　等离子束冷床炉熔炼技术的优点

等离子束冷床炉熔炼工艺是利用等离子枪发射的集中和可控制稳定化的等离子束流作为热源来熔融、精炼和重熔金属的一种新型熔炼方法。与电子束冷床炉相比，主要是热源不同。等离子束与自由电弧不同，它是一种压缩束，能量集中，束柱细长。与自由电弧相比，等离子束具有较好的稳定性、较大的长度和较广的扫描能力，从而使它在熔炼、铸造领域中具备特有的优势。PACHM 与 EBCHM 工艺相比具有以下的优点。

（1）等离子作为热源熔炼钛合金时，等离子枪是在接近大气压的惰性气氛下工作，可以防止 Al、Sn、Mn、Cr 等高挥发性元素的挥发，可以实现高合金化和复杂合金化钛合金元素含量的精确控制；因电子束冷床炉必须在高真空条件下熔炼，因此，熔炼含高挥发性元素的钛合金非常困难，合金的化学成分无法精确控制。而在高真空的 EBCHM 炉中，必然会出现 Al、Mn、Cr 等高蒸气压元素的蒸发损失。

（2）等离子枪产生的 He 或 Ar 等离子束是高速和旋转的，对熔池内的钛液能起到搅拌作用，有助于合金成分的均匀化。

（3）等离子束冷床炉熔炼时熔池大、深度相对较深，可以实现熔液的充分扩散。

（4）等离子是在接近大气压气氛下工作，因此不受原材料种类的限制，可以利用散状料，如海绵钛、钛屑、块状料等，而电子束炉需要在高真空度下（不小于 0.1Pa）工作，在熔炼由海绵钛组成的进料时，因海绵钛中释放的气体会使得真空度下降，无法保证电子束枪的正常工作。但等离子束冷床炉熔炼对 O_2 的提纯效果差。

为了改进和优化 PACHM 工艺，目前美国通过计算机模拟技术，对熔体流动、热量和物质转移、电磁场、熔池表面、夹杂物熔化、铸锭凝固及宏观和微观偏析等进行模拟，并已开发了一个名为 COMPACT 的软件，正在逐渐应用于各个钛生产商的等离子冷炉床熔炼。

8.5.5　等离子束冷床炉熔炼技术的发展应用

20 世纪 60 年代后期在美国和日本发展起来的真空等离子炉，其功率为 2000kW，共 6 支等离子枪，如图 8-10 所示。这种炉子由中空阴极式电弧等离子枪、电源（其结构外部电气连线见图 8-1*c*）、料仓和给料装置、水冷炉床及结晶器、真空室与真空抽气机组、电磁聚焦及偏转线圈、充气装置、控制系统及观察监视系统、拉锭机构等组成。实际上也是等离子束冷床炉的雏形。等离子束炉又像电子束炉那样可以依靠偏转线圈来控制偏转，靠聚焦线圈来集束。真空等离子束冷床炉除了与电子束冷床炉的枪不同以外，其他结构、熔炼方式等基本相同。

它不需要制备自耗电极、只是把块状料、屑料以及海绵钛直接放在料仓，通过送料机构将料自动送入冷床，即熔池，被等离子束加热熔化，熔融金属液充满熔池后溢出流进结晶器内，再被其上部的等离子枪继续熔炼，而凝固结晶成所需的坯料。这种熔炼方法可使炉料中高比重夹杂在炉料熔炼过程中沉降到熔池底部，从而除去高比重夹杂，达到提纯净化目的。它可以生产出理想的铸锭，还可以产出扁坯，减少深度加工时的开坯工序过程。

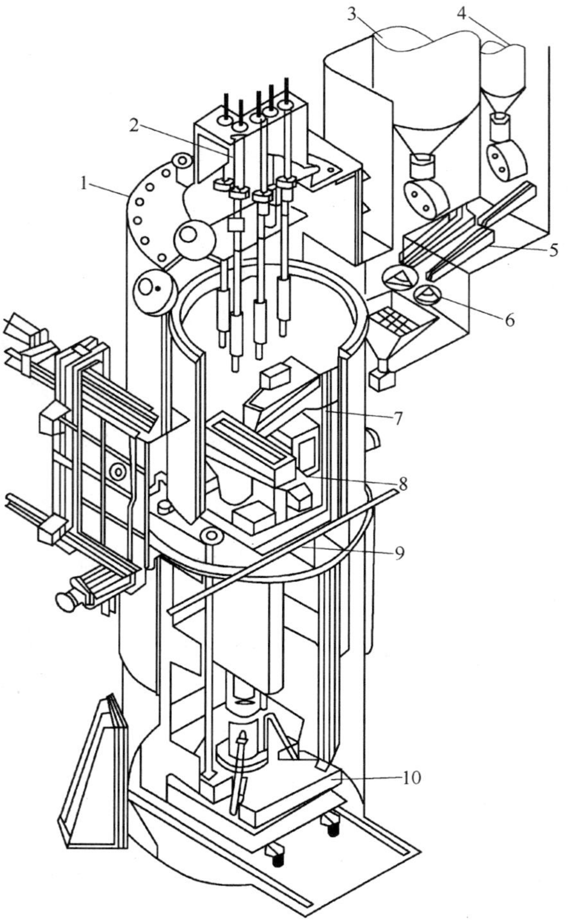

图 8-10　2000kW 中空阴极等离子束炉结构简图[1]

1—真空室；2—等离子束枪；3—海绵体（残料）料仓；4—合金料仓；5—给料装置；6—电子秤；7—冷炉床；8—结晶器；9—结晶器小车；10—拉（拖）锭机构（小车）

若用于浇铸异型铸件，结晶器可改为可倾翻的坩埚，同时还装设铸型室和离心铸造装置，即离心转盘[3]。

钛的冷床炉熔炼开始发展，首先是用电子束，然后是等离子束，美国在 20 世纪 80 年代开始进行钛合金新的熔炼工艺——冷床炉熔炼技术的研究、开发与应用。经大量的研究表明，电子束冷床炉（EBCHM）和等离子束冷床炉（PACHM）熔炼方法在消除钛合金的 HDL 和 LDI 夹杂效果非常好。1988 年冷床炉熔炼技术在美国开始被用于实际生产，在短短不到 20 年的时间内得到了迅猛发展。目前世界上能生产冷床炉的公司主要有美国 Retech 公司、Consarc 公司，德国 ALD 公司和乌克兰的巴顿焊接研究所。其中 Retech 公司装备了世界上大部分的 PACHM 炉子。目前美国拥有了世界上大部分的 PACHM 炉子，且开发时间早，如 GEAE 发动机公司在 1991 年就与 Allvac 公司采用 PACHM + VAR 工艺生产钛合金，用于发动机部件等关键领域。经过十几年的大力发展，美国具备了批量生产优质钛合金铸锭的能力，美国年生产铸锭的能力为85300t，其中20%是基于冷床熔炼技术。冷床熔炼能力中，20%是采用等离子冷炉床生产的[7]。单台设备的功率也在提高，如美国RMI公司在2001年安装了1台两支枪的等离子束冷床炉，总功率1000kW。可生产圆锭和扁锭，质量可达7000kg。采用PACHM一次熔炼生产Ti-Al铸锭，最大尺寸可达ϕ660mm，重2000kg。俄罗斯的上萨尔达冶金生产联合体（VSMPO）于2003年安装了美国Retech公司生产的8t级的等离子冷炉床熔炼炉，该设备有5支等离子枪，功率为4.8MW，可生产圆锭、扁锭，圆锭的最大直径可达810mm，扁锭的最大截面积尺寸为1260mm×320mm，重量可达8000kg[7]，可直接投入板坯生产。随着VSMPO新的等离子炉的投产，目前世界范围内等离子束炉的总生产能力每年可达11000t。

采用等离子束冷床炉熔炼技术生产的钛合金已经应用于美国海军F/A-18飞机用的F404和F414发动机等。尽管目前美国航空发动机转动部件等关键钛合金铸锭仍采用“COLD+VAR”的工艺，但单一炉床熔炼技术正在发展。根据目前的研究结果来看，单一的冷床炉熔炼工艺对于航空结构件用钛合金也是可行的。这样，通过减少熔炼次数和炉床熔炼生产扁锭的优势，可以节约加工成本20%～40%。

与传统的钛合金相比，Ti-Al基金属间化合物是非常难以熔炼和加工的。铸态粗晶组织的塑性很差，生产大型Ti-Al铸锭是一个非常大的挑战。美国Allvac公司采用两台等离子冷床炉（一台炉子为4枪，总功率为3000kW；另一台为两枪，总功率为1000kW）尝试了生产小型和大型铸锭，生产的铸锭尺寸可从ϕ(165～760)mm，质量从200～5450kg。

虽然电子束冷床炉熔炼时成分的控制比较困难，宝钛集团公司通过试验，已经可以比较好地熔炼出了Ti-6Al-4V铸锭，适用于纯钛锭和典型钛合金锭。如美国THT公司采用3.2MW电子束冷炉床一次熔炼成直径为760mm的Ti-6Al-4V铸锭，铸锭成分均匀，Al、V含量的标准偏差不大于0.15%。但在熔炼其他一些复杂成分及Al含量较高的合金，如Ti-Al基金属间化合物时成分的控制就非常困难。英国伯明翰大学也采用等离子冷炉床熔炼Ti-Al合金铸锭，取得了较好的效果。适用于复杂成分钛合金的熔炼。

8.5.6 我国等离子束冷床炉熔炼技术的发展

目前我国钛合金的熔炼，主要是VAR法，冷床炉熔炼比例十分低。与国外先进水平相比，我国钛及钛合金的冷床炉熔炼刚刚起步。但就钛工业技术发展趋势而言，冷床炉熔炼方法将逐渐成为主流。为了提高我国钛合金的熔炼水平和航空用钛合金的质量控制，我国的航空部门和冶金部门等相关单位非常重视，截至2005年，先后有3个单位各自引进并安装了电子束冷炉床熔炼和等离子束冷床熔铸炉。

北京航空材料研究院于2003年安装了1台美国Retech公司制造的型号为PAM525的等离子束冷床炉熔铸炉，兼拉锭与浇铸功能于一身。PAM525炉有两支枪，配备两台电源，总功率达600kW，外形见图8-11所示。PAM525炉具有拉锭和浇铸两个功能，拉锭坩埚尺寸为ϕ100mm、ϕ150mm和ϕ200mm 3种，最大拉锭长度可达1500mm，熔炼的钛铸锭最大重量为200kg。采用熔化浇铸坩埚中的钛合金材料，通过底注的方式实现铸件的生产，而且铸造模具安装在液压驱动的速度可调节的离心盘上，因此，可以进行离心铸造。

目前宝钢特钢事业部从美国进口了等离子冷床、电子束冷床，设备目前已安装完毕，

图 8-11 PAM525 型等离子束冷床炉熔铸炉[8]

进入单体调试阶段。可以相信，冷炉床熔炼技术将推动我国高端钛产品的开发，并提升我国钛工业的基础技术水平。我们理应高度重视冷炉床熔炼技术的发展，并不断提高冷炉床熔炼在我国钛锭熔炼能力中的比重。

8.6 真空等离子弧炉

真空等离子弧熔炼炉（PA 法）与真空等离子束熔炼炉在结构上基本一样，它们所不同的在于等离子枪的结构，真空等离子弧熔炼炉的等离子枪是喷枪式的，如图 8-1*b* 所示。

真空等离子弧（PA 法），用来熔炼钛、锆、钨、钼、钽、铌等难溶金属，也能用来熔炼合金钢和铸钢，主要用于钛残料熔炼回收。它是由炉体、等离子枪、充气装置、水冷铜坩埚及冷却水套、稳弧线圈、水冷拉锭筒、拉锭机构、加料仓、真空系统、电源、引弧装置、电控系统等组成，如图 8-12 所示。

（1）炉体。炉体为直筒形，双层水冷夹套结构，内层不锈钢，外层碳钢，在炉体上部两侧设置两个自动加料仓，炉盖上部设有球形动密封及观察窗，中部设有抽空接口。

（2）等离子枪。等离子喷枪是转移弧式的，阴极用钨钍或无氧铜等材料制成，并设有进气及水冷装置，其结构如图 8-13 所示[1]。垂直地装在炉子中心线上（单枪式），即可利用转动机构，使其旋转并可进行 x-y 方向扫描，可使熔池各部位都得到均匀加热，成本低，寿命长[5]。

（3）坩埚。坩埚设置在炉室中部，它是用紫铜制成无低坩埚，熔炼时将拉锭杆伸进坩埚适当位置，加入金属物料而被等离子弧加热并熔化，冷凝结晶，下拉，最终制成所要求的铸锭。

（4）稳弧线圈。它主要是用来在熔炼时，通以直流电，能使电弧稳定，并起搅拌熔池的作用。它的原理参看自耗电弧炉有关章节。

（5）主电源。主电路采用饱和电抗器稳弧和限流，用硅整流电源，工作时先用电火花高频发生器，使阴极与等离子枪喷口间产生电弧，电弧随即转移到熔池炉料上。它的电气

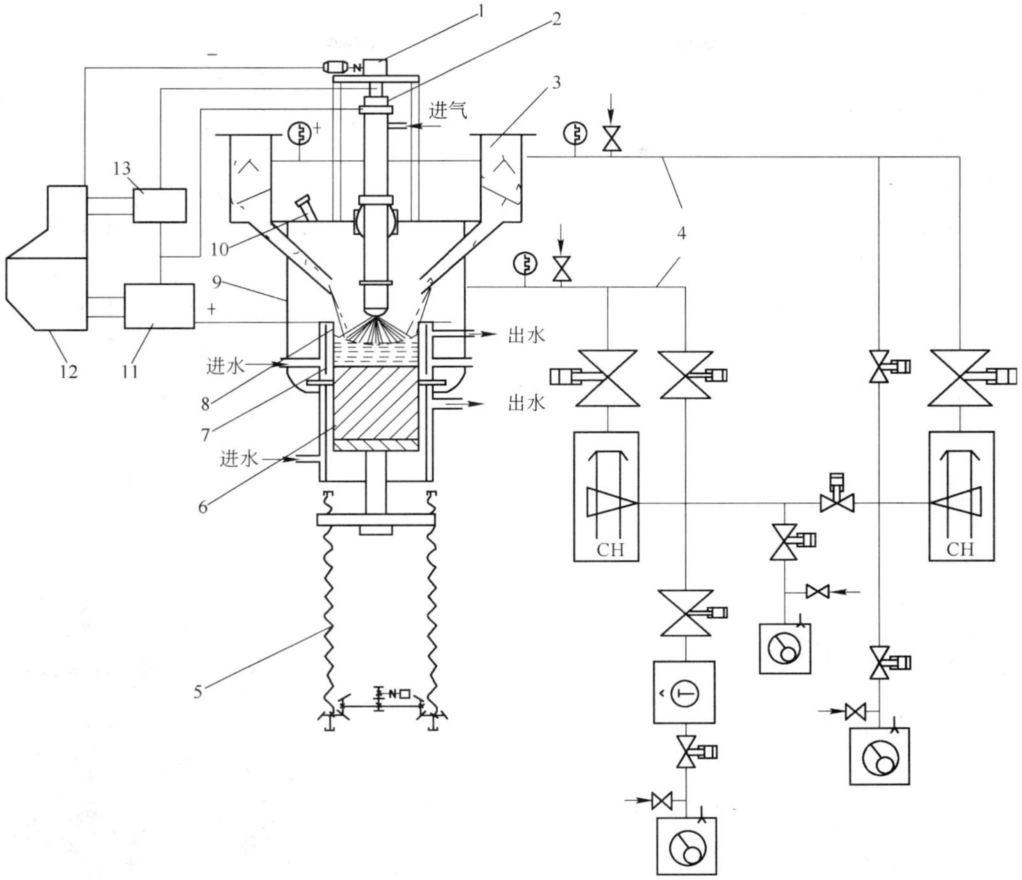

图 8-12 等离子弧炉示意图

1—上传动系统；2—等离子枪；3—加料仓；4—真空机组系统；5—拖锭机构；6—铸锭；7—稳弧线圈；8—紫铜坩埚；9—炉体；10—观察孔；11—电源系统；12—电控系统；13—高频引弧电源

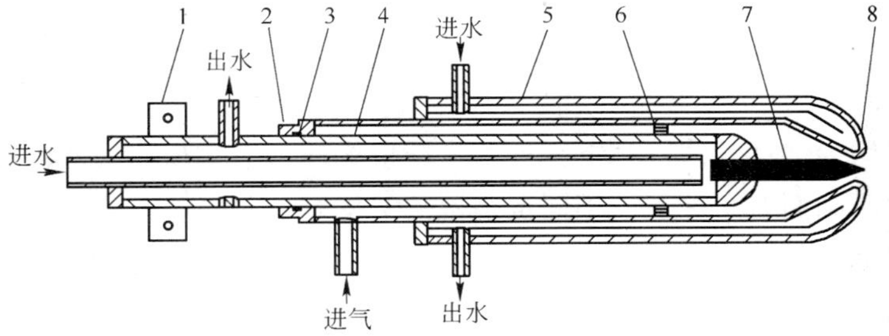

图 8-13 转移弧式等离子枪结构简图

1—电线接头；2—压盖；3—密封填料；4—阴极杆；5—枪体；6—分流环；7—钨钍阴极；8—喷口

外部连线方式如图 8-14 所示[1]，如钛容量为 500kg 的炉子，最大电流 1800A，电压 45～55V。等离子弧的长度可到约 300mm。

（6）工作气体采用工业纯氩。工作时惰性气体（氩）通过枪体内电离，而喷到炉内，氩气流量（500kg 炉子）为 $1.5m^3/h$，再从炉内由真空机组抽出。炉内真空度维持在 1.33Pa。

目前真空等离子弧炉有单枪、两枪、三枪式。20 世纪 80 年代德国的 Leybold-Heraleus 公司研制成功工业型的真空等离子弧冷坩埚凝壳炉，如图 8-15 所示，可用于浇铸钛和钛合金以及高温合金铸件，真空等离子弧凝壳炉的特点与真空非自耗电极电弧凝壳炉相似，但所需功率要比非自耗电极电弧凝壳炉大，另外由于真空等离子弧凝壳炉的熔池较浅，熔池面积较大，且无遮盖，热辐射损失大，熔池的过热度不高，只适用于浇铸厚壁铸件，因此这种炉子还没有获得工业生产推广应用，但它非常适合用作回收钛残废料[8]。

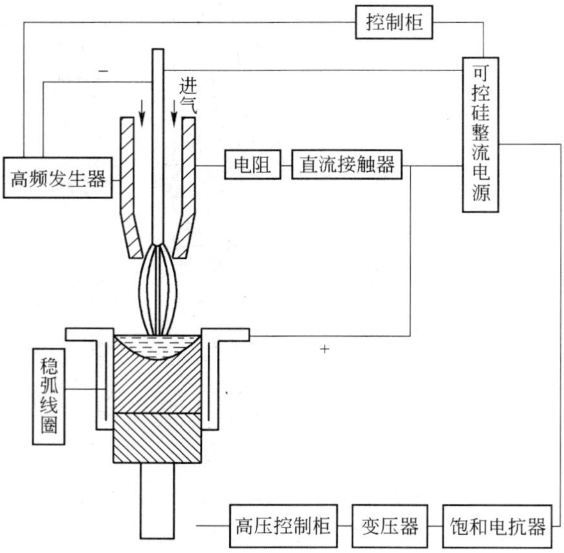

图 8-14　真空等离子弧炉电气外部连线示意图

图 8-15　德国 L-H 公司研制的工业型真空等离子弧凝壳炉

以上 PACHM 和 PA 炉型及枪，均属等离子炉熔炼。它们有共同点，也有不同点。共同点是工作气体均为惰性气体；真空系统、拉锭机构基本上相似，大小上有所差异；炉型是依据枪的支数不同而有所区别；不同点是枪的结构有所不同。

真空系统的配置与真空自耗炉基本相同，但它不仅要将钛熔炼时所放出的气体及时排出，而且还要把充到炉内的氩气排出，使炉内真空度维持在 $13.3 \sim 1.33 \times 10^{-1}$Pa。因此与真空度和熔化速度相当的真空自耗电弧炉相比要庞大。选泵、配泵计算参照真空自耗电弧炉或真空自耗凝壳炉的有关章节。

PACHM 和 PA 的缺点是：熔炼时要向炉内连续输入氩气之类的惰性工作气体，当炉内压强在接近大压强的条件下工作时，工作气体的消耗量虽然比较小，但其真空系统比较庞大。另外，对于大容量的炉子，其直流电源设备比较昂贵。

主电源当前实用的炉子多数采用低电压直流电源，但也有采用三相交流电源的炉子。

参 考 文 献

[1] 西安电炉研究所．电炉[M]．北京：机械工业出版社，1977.

[2] 稀有金属加工手册编写组．稀有金属加工手册[M]．北京：冶金工业出版社，1986.

[3] 董和泉，国子明．低能耗节约型钛合金熔炼技术的发展趋势[J]．金属世界，2009.

[4] 马济民，蔡建明，等．稀有金属材料与工程，2005（34），增刊：3.

[5] Mitchell A，Tripp D W. Six Word Conference on Titanium[C]. France，1988：603.

[6] Eschenbach R C，Schlienger M P. Six Word Conference on Titanium[C]. France，1988：587.

[7] Rolling. 钛合金冷床熔炼技术发展[N]．中国重型机械综合资讯，2008-4-10.

[8] 谢成木．钛及钛合金铸造[M]．北京：机械工业出版社，2004.

[9] 徐颖．稀有金属真空熔炼．宝鸡有色金属加工厂职工教育培训中心．1999-10.

9 高真空垂熔烧结炉

高真空垂熔烧结炉，简称垂熔炉，属真空直接电阻加热炉即真空电阻炉的一种。其基本原理是在高真空状态下，将被加热金属材料直接接在电源上，当电流通过时，靠材料自身的电阻而发热。图9-1为直接电阻加热炉的原理示意图。其电源由工业网路（380V或220V）输入到降压变压器如图9-1中5的原级线圈，并由次级线圈出来的低电压，大电流通过短网导致导电夹头如图9-1中1，输入到被加热材料如图9-1中3，由于材料本身的电阻，遂将电能转换成热能并将其自身进行加热。其特点是被加热材料本身为电路上的一个电阻。当被加热材料温度接近熔化而熔结，将呈粉末状的难熔金属转化为致密的金属，这样就改变了材料的组织结构，提高了力学性能。

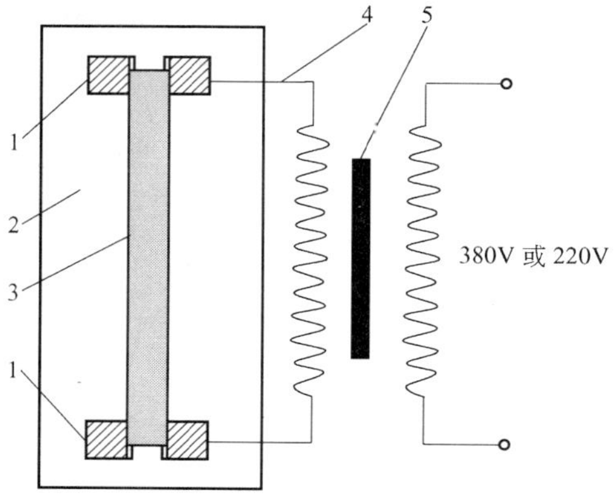

图9-1　直接电阻加热的原理示意图

1—导电夹头；2—真空炉室；3—被加热材料；4—电缆线；5—变压器

这种烧结炉用于其他烧结炉和熔铸方法不能制造难溶金属材料粉末冶金的场合。由于没有加热元件，也不受耐火材料的限制，加热温度不受限制，可得到很高的温度。提纯效果良好。所以用这种烧结炉可以进行钨、钽、铌、钼等高熔点金属及合金的粉末冶金坯料的烧结。例如钨的熔点在3410℃，其烧结温度应该在2300℃以上，目前的烧结炉温度很难达到。为了使钨及其合金坯条在较高的温度下致密烧结，只能采用垂熔这种特殊的烧结方法。

随着科学技术的发展，粉末冶金仍是生产难熔金属及合金的唯一方法，烧结是粉末冶金不可缺少的一部分。垂熔烧结具有优点也有缺点。

垂熔烧结炉有许多优点：（1）由于热量不是从外界传给，而是在被加热的材料自身产生的，所以在其他条件相同的情况下，材料内部的温度差就很小。（2）在加热过程中，热量在材料本身中产生的，与间接作用电阻炉比较，加热速度较快，热损失主要是材料表面向空间的散热，且热损失很小，因此，这种加热装置往往不用任何保温措施以防止热损失等。（3）热效率较高：工作时电流直接通过被加热的材料，可在长达数十小时的2600～3000℃高温中工作。

为了保证坯料内杂质的充分挥发，需要真空度高而稳定。垂熔烧结过程中主要控制工艺参数为升温速度、保温电流和时间等。特别在低温时，升温速度不宜过快或保温时间相应延长。保温电流及时间应依据坯条粉末性能的改变而调节。

垂熔烧结炉的缺点是：对被加热材料的形状有严格的要求，被加热的坯料质地要均匀，截面要相同和细长。因为只有在这样的条件下，才能保证材料的均匀烧结，仅适用于棒、板坯的材料；由水冷导电夹头，所夹持的料棒两端头部不能利用，成品率相对比较低；利用光学高温计测量温度误差大，控制温度比较困难等；且也有本身在应用上的局限性和需要解决的问题，如下。

（1）因在加热过程中材料所产生的热量，主要取决于材料本身的电阻，而被加热材料的电阻又往往很小，故接触加热通常在低电压（4～20V）大电流下工作，必须采用较大的降压变压器和短网。

（2）为避免被加热材料的加热温度局部地偏高或偏低，在被加热的整个长度上，电阻必须均匀，故接触加热只适用于加热沿整个长度上截面均匀的材料，如棒材、板材的加热或退火等；对于沿长度上截面变化的材料，必须用多接头供电的办法，在断面均匀的某一段上进行接触加热，或逐段加热。但这样的操作和设备都将复杂得多。

（3）由于接触加热必须向被加热材料输送很大的电流，若接触不良，常常会引起夹紧装置与物料产生强烈的电弧，使夹紧装置损失而停止加热。因此，设计夹紧装置是一个非常重要的问题。

9.1 真空烧结一般理论根据

烧结坯料是用金属粉末压制成的棒或板坯料，或者首先经过预烧结后，装于直接电阻炉的电极夹头上，并夹紧。在高真空状态下，依靠电流通过金属坯料自身的电阻发出热量，温度高达2000～3000℃，接近金属材料的熔化温度而熔结。这样就改变了材料的组织结构，提高了力学性能。

材料不同，电阻不一样，烧结温度也不同，根据焦耳-楞茨定律，电流通过材料在单位时间内金属坯料自身所放出的热量与电流平方、电阻、时间的乘积成正比，如下：

$$Q = 860Pt = 860UIt = 860I^2R_t t \times 10^{-3} \tag{9-1}$$

式中 Q——热量，kcal；

P——功率，kW；

U——供给材料的端电压（工作电压），V；

I——通过材料的电流，A；

R_t——材料在工作温度下的电阻值，Ω；

t——加热时间，h；

860——电的热工当量，1kW·h＝860kcal。

由式（9-1）表明，在电流相同的情况下材料的电阻值愈大，产生的热量也愈多。此外还必须考虑辐射，传导热损失，R_t 是随着温度而变化的电阻，开始时电阻 R_t 与压制料棒的致密度及均匀程度有关，所以用一个包含各种因素在内的公式来计算热量、电流、温度的关系是比较困难的，随各种粉末金属坯料不同，所用的电流及温度也不同，一般是：

$$T_{烧结} = \frac{2}{3}T_{熔点} \tag{9-2}$$

式中 $T_{烧结}$——坯料烧结的最高温度，℃；

$T_{熔点}$——金属材料的熔点,℃。

只要不熔化，温度愈接近熔点愈好，有些试验数据指出了各种金属粉末坯料的加热温度以及加热所需的电流大小、升温速度、保温时间（将在第9.4节中讲到）。

直接电阻加热的电热转换具有下列特征。

9.1.1　电流的集肤效应

从被加热材料中通过的电流，由于集肤效应的存在，产生截面上电流密度分布不均匀的现象，越靠表层，电流密度越大，并按指数函数的关系向中心递减，在物料的直径足够大时，其中心部分甚至没有电流通过。详见真空感应熔炼炉部分。电流相对值的变化关系如图9-2所示[1]。

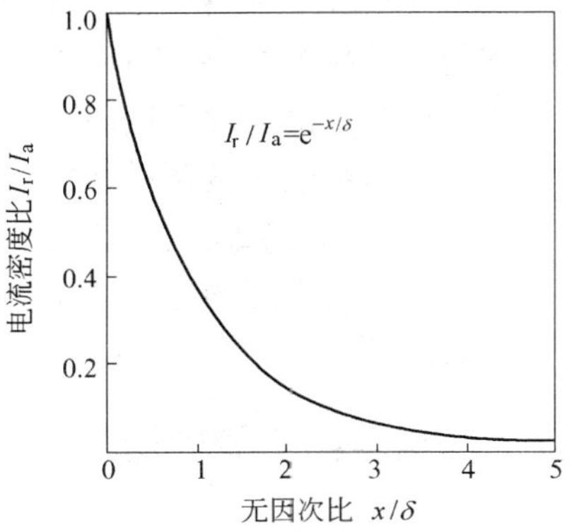

图9-2　电流密度在材料截面上的分布

9.1.2　被加热材料截面上温度分布

由式（9-1）可以看到，电流通过材料时所放出的热量与电流的平方成正比。加热材料的热量86%以上集中地形成于称为“电流穿透深度δ”的表层内。因此，被加热材料截面上的温度分布，在开始时和电流密度一样，也是极其不均匀的，表层温度高，中心温度低，中心部分的加热主要靠高温表层向中心的传导作用，在极端的情况下，加热时间主要决定于这种导热的过程。然而，由于材料辐射（有时还有对流）的热损失，虽然材料表面的电流密度最大，但最高的温度却是在离表面一定距离的薄层上。图9-3表示了温度的分布情况。由图9-3*b*可以清楚地看到热损失对温度分布的影响[1]。

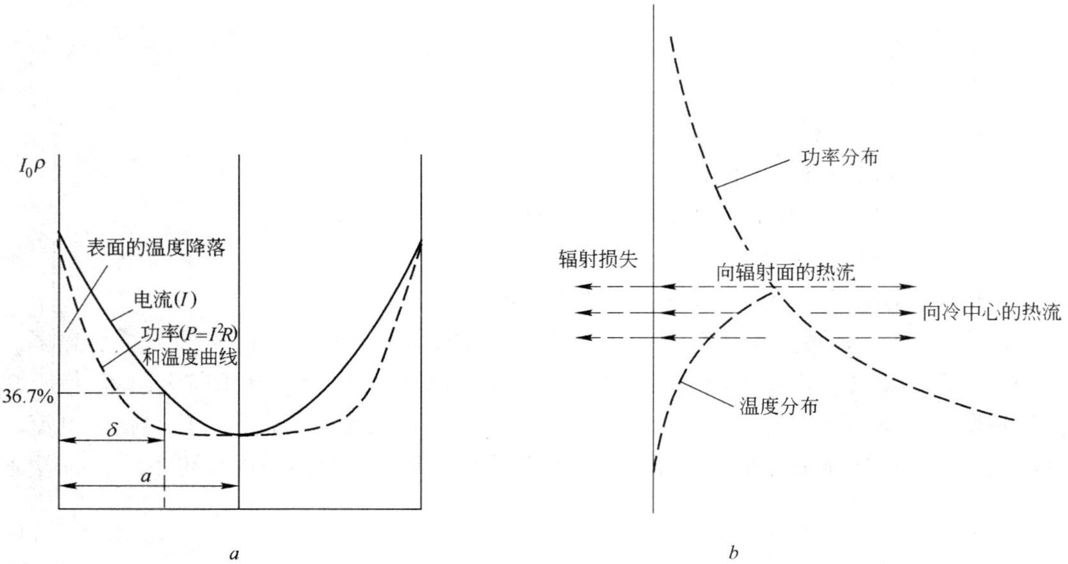

图9-3　被加热材料截面上的温度分布

9.1.3 加热过程中材料温度随时间的变化

图9-4表示了钢坯在接触加热过程中表面和中心温度的变化。由曲线可以看到，加热的开始阶段，中心的温度明显地低于表面温度，但随着时间的延长，材料温度升高，表面散热损失增加，加热时间足够长以后，中心温度等于表面温度（曲线的交叉点处），甚至超过表面温度，之后，随着时间的延长，两者的差值增大。由此可以理解，材料接触时，加热时间应当选择在曲线的交叉点上，或稍前一些的允许的温度差范围内，并据此来考虑材料的加热速度和时间[1]。

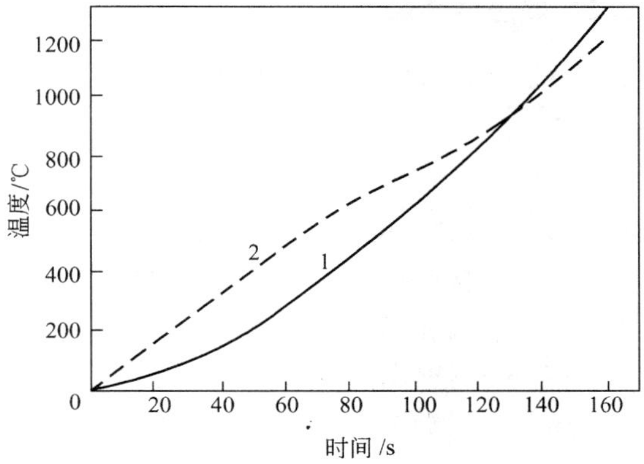

图9-4 坯料接触加热时表面和中心温度的变化
1—中心温度；2—表面温度

9.2 直接电阻加热的电热计算

直接电阻加热时，电热计算的目的，主要是确定把材料本身加热至某一给定温度所需要的时间、设备所消耗的功率和降压变压器的容量，以及加热材料所需的最低电压等。

9.2.1 加热时间的确定

用直接电阻加热法将材料在工艺规定的升温速度和时间内加热至所需温度，通过大工业的生产实际对于难熔金属，如W、Mo、Ta、Nb粉末烧结已确定了比较可行工艺，表9-1为600kW高真空垂熔（直接电阻）炉烧结钨、钼、钽、铌的工艺。烧结过程的时间通过表9-1可确定，参照执行。

表9-1 钨、钼、钽、铌垂熔烧结工艺[2]

工艺条件 牌号	坯料规格 /mm×mm×mm	温度范围① /℃	升温时间 /min	保温时间 /min	真空度/Pa
W1	(29～32)×(60～65)×(720～740) φ(71～73)×740	室温～1700 1700～1800 1800～2500 2500～2610	120 — 60 —	— 60～90 — 120	$8\times10^{-2}\sim10^{-2}$
Mo1	(29～32)×(60～65)×(720～740) φ(71～73)×740	室温～1600 1600～1700 1700～2000 2000	120 — 60 —	— 60～90 — 120	$8\times10^{-2}\sim10^{-2}$
Ta1	(28～30)×(71～73)×(690～730)	室温～1700 1700～1770 1770～2200 2200	80 — 60 —	— 90 — 240	$7\times10^{-2}\sim10^{-2}$
Nb1		室温～1550 1550～1650 1650～2000 2000～2050	80 — 80～100 —	— 90 — 480	

①光学高温计观测温度。

9.2.2 变压器容量的确定

知道了加热材料所消耗的有效热量 Q_y，即可由热平衡的关系得到下面求变压器有效功率（kW）的公式：

$$P_y = Q_y/860\tau\eta = GC_t(t_2 - t_1)/860\tau\eta \tag{9-3}$$

式中 G——被加热材料的重量，kg（在设计中按照设备所加热的最大的毛坯考虑）；

C_t——材料在 t_1 和 t_2 间的平均热容量，kcal/(kg·℃)；

t_1，t_2——被加热材料的开始和终了温度,℃；

τ——材料由 t_1 加热至 t_2 所需要的时间，h；

η——接触加热装置的总效率，η 是考虑了材料在加热过程中各种热损失及设备的无功损耗等因素的一个有效利用系数。

η 的值随被加热材料的有效电阻 R 的增加而增加，即正比于材料的加热长度 L，而反比于毛坯直径 d 的平方，因此，在计算上有效电阻 R 可以用比值 L/d^2 来代替，表9-2 给出了接触加热装置的总效率 η，$\cos\phi$ 与 L/d^2 的关系，可作为计算的参考。

表 9-2 接触加热装置的总效率 η，$\cos\phi$ 与 L/d^2 的关系值

L/d^2/cm·cm^{-2}	0.2	0.5	1.0	1.5	2.0
η	—	0.47	0.68	0.70	0.73
$\cos\phi$	0.51	0.61	0.70	0.73	0.76
L/d^2/cm·cm^{-2}	2.5	3.0	4.0	5.0	10 及 10 以上的数值
η	0.76	0.78	0.80	0.81	0.85～0.90
$\cos\phi$	0.80	0.81	0.82	0.88	0.85～0.90

由式（9-3）计算得 P_y 是平均值。此时变压器的表观功率为[1]：

$$P_g = \frac{P_y}{\cos\phi} \tag{9-4}$$

9.2.3 供给被加热材料的端电压（变压器的次级电压）的确定

为了以给定的速度对材料进行加热，并在加热终了时，符合所要求的截面上的温度差，向材料供给的端电压必须一定，其大小与材料的几何尺寸和材料性质有关。因在时间 τ（单位：h）内将材料由 t_1 加热至 t_2 所需的热量为：

$$Q = GC_t(t_1 - t_2) \tag{9-5}$$

若设备的热效率为 η，根据热平衡式（9-1）可得：

$$860\frac{U^2}{R_t} \times 10^{-3}\tau\eta = GC_t(t_2 - t_1) \tag{9-6}$$

所以

$$U^2 = \frac{1000}{860} \times \frac{R_t GC_t(t_2 - t_1)}{\tau\eta} \tag{9-7}$$

$$R_t = \rho_t\frac{L}{F} = \rho_t\frac{L}{\frac{1}{4}\pi d^2} = \rho_t\frac{4L}{\pi d^2}$$

式中 G——被加热材料的重量，kg（在设计中应按设备所加热的最大的毛坯考虑），则

$G = V \times \gamma = \frac{1}{4}\pi\left(\frac{d}{1000}\right)^2 L\gamma$，kg；

C_t——毛坯由 t_1 加热至 t_2 的平均热容量，kcal/(kg·℃)；

t_1，t_2——毛坯加热的开始与终了温度,℃；

d——被加热材料毛坯直径，cm；

τ——材料加热所需时间，h；

L——被加热材料加热段的长度，m；

R_t——材料在工作温度下的电阻，Ω；

ρ_t——材料在工作温度下的比电阻，$\Omega \cdot mm^2/m$；

F——被加热材料的截面积，mm^2；

γ——被加热材料的密度，kg/m^3。

故
$$R_t \times G = \rho_t \frac{4L}{\pi d^2} \times \frac{\pi L d^2}{4 \times 1000^2}\gamma = \rho_t \frac{L^2\gamma}{10^6}$$

代入式（9-7），整理后得：

$$U = 0.034L\sqrt{\frac{\rho_t \gamma C_t (t_2 - t_1)}{\tau\eta} \times 10^{-3}} \tag{9-8}$$

由式（9-8）可见，供给材料的端电压正比于它的长度，而与其截面积无关。另外，因热容量 C_t、比电阻 ρ_t 和总效率 η 都是平均值，故所得电压也是加热过程中的平均值。

为了控制材料的最终加热温度以保温，必须知道加热终了时供给物料的最小电压 $U_{最小}$。$U_{最小}$的数值应当这样决定，即加热终了时材料放出的热量刚够补偿材料的热损失。对于加热温度较高的情况，热损失主要是材料表面向周围空间的热辐射，若不考虑空气对材料的辐射，则：

$$Q_s = C\left(\frac{T_2}{100}\right)^4 F_1$$

考虑到公式（9-1），则得：

$$860\frac{U_{最小}^2}{R_t} \times 10^{-3} = C\left(\frac{T_2}{100}\right)^4 F_1$$

故
$$U_{最小}^2 = \frac{C}{860}\left(\frac{T_2}{100}\right)^4 R_t F_1 \times 10^3$$

而 $R_t = \rho_t \frac{L}{F_1}$,代入上式并整理后得

$$U_{最小} = 1.08\left(\frac{T_2}{100}\right)^2\sqrt{C\rho_t L\frac{F_1}{F}}$$

式中　L——供电点同材料的长度，m；

F_1——供电点间材料的辐射散热面积，m^2；

C——材料表面的辐射系数，$kcal/(m^2 \cdot h \cdot K^4)$，$C = \varepsilon 4.96 kcal/(m^2 \cdot h \cdot K^4)$；

ε——金属的黑度系数；

其他符号意义同前。

9.3 600kW 高真空垂熔烧结炉

9.3.1 主要技术参数

600kW 高真空垂熔烧结炉主要技术参数如下：

（1）功率：600kW；

（2）工作电压：20～30V；

（3）工作电流：2000～3000A；

（4）最高温度：2800℃；

（5）极限真空度：4×10^{-4}Pa；

（6）工作真空度：6.65×10^{-3}Pa；

（7）生产规格：1）棒料尺寸 ϕ73mm×740mm；2）板坯料最大尺寸(500～1000)mm×200mm×50mm。

9.3.2 高真空垂熔烧结炉的主要组成部分及其主要功能

高真空垂熔烧结炉由下列主要部分组成：真空炉室（固定式上炉室、垂吊式下炉室）、水冷上电极杆、水冷下电极杆、夹紧装置、上转动系统、平衡装置、真空机组设备、电源设备、电气控制部分、测量仪器、液压系统、冷却水系统、主体框架等。图 9-5 为 600kW 高真空垂熔烧结炉外形图，图 9-6 为 600kW 高真空垂熔烧结炉示意简图。

图 9-5 600kW 高真空垂熔烧结炉[3]

9.3.2.1 真空炉室

炉体由不锈钢制成，分上下两个部分，如图 9-6 中 3、4 所示，它们是水冷双层夹套。上炉室垂直固定于钢结构框架上，其上部装配有水冷上电极杆（活动），电极杆升降转动机构，平衡装置、水冷下电极杆（固定），它们分别带有镶着钨爪的夹紧装置，并与真空机组连接。下炉室由炉体和液压升降装置等组成。下炉体开设有测量和观察的高温玻璃窗口。上下炉室用水冷法兰密封。

炉室设有对中心装置用于在上下炉体连接时紧密关闭炉室并进行快动锁。上炉室内装有一个固定电极和一个中心可动电极杆。它们分别带有镶着钨爪的夹紧装置。下电极是固定的，上电极杆是可上下移动的，以适应烧结长度 500～1000mm 的坯料。整个上下电极杆和夹紧装置对于加热时坯料的纵向伸长和烧结时坯料的纵向及横向收缩均能很敏感的自动调节。电极杆装有能够适应加热和烧结过程中坯料长度伸长和收缩的自动平衡装置。

9.3.2.2 水冷上电极杆

水冷上电极杆如图 9-6 中 11 所示，它的主要作用是导电、装料与烧结时的上升、下降等。其下端装配有上夹头如图 9-6 中 10 所示，上部通过动密封伸出上炉室与平衡杠杆

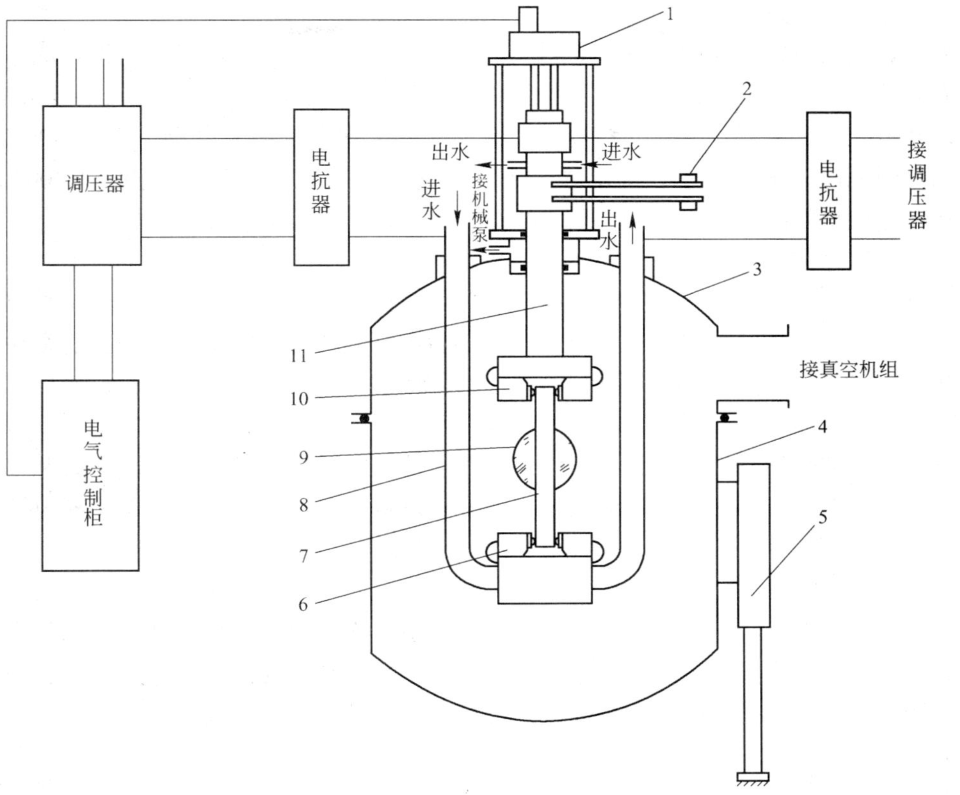

图 9-6　600kW 高真空垂熔烧结炉

1—上传动系统；2—平衡装置；3—上炉室；4—下炉室；5—液压升降系统；6—下夹头；7—被加热材料；8—下导电杆；9—观察孔；10—上夹头；11—上导电杆

装配在一起，并与软裸铜电缆对称连接，上端与丝杠、丝母等传动机构装配在一起。

9.3.2.3　水冷下电极杆

水冷下电极杆如图 9-6 中 8 所示，它的主要作用是导电与托起材料。它是由 4 根直径相等的、对称分布的紫铜管与下夹头装置组成。其上端伸出上炉室并与母排、进、出水管连接分别固定在上炉室。四根铜管是一个极，电流由四路通过夹头汇流，并与上导电杆夹头同时将材料夹紧，构成一个回路。

9.3.2.4　夹紧装置

夹紧装置是烧结炉中的重要部件之一，如图 9-6 中 6、10 所示，是将金属粉末压制成并具有一定形状断面的棒、板状体夹紧，可使大电流通过。在烧结过程中，料棒密度增大，故料棒体积和线度都要变化，收缩或胀大，一般是收缩，因此夹头需有能自动夹紧的装置，一般是采用弹簧式夹具。夹头是在高温下工作，所以上下电极杆的夹紧装置是用烧结钨块制品焊接在紫铜水冷板上，钨块的尺寸保证烧结宽度为 200mm 的坯料。活动水冷铜板与固定水冷铜板之间可调尺寸为 100mm。夹紧装置内装有弹簧，烧结时，弹簧就随料棒的体积变化而自动并夹紧料棒，夹持力永远保持料棒被夹紧，以适应烧结时坯料的横向收缩，保证钨块和坯料之间在任何时候都具有良好的电接触。

9.3.2.5　平衡装置

平衡装置是非常重要的部件，如图9-6中2所示，是为了满足料棒、板在烧结过程中长度方向的膨胀与收缩而设置的，一般是低温膨胀，高温收缩。它的组成是包括平衡杆、配重以及电气上、下限位、控制系统。当收缩时，上导电杆向下移动，平衡杆向上移动，当碰到上限位时，电机转动，上电极杆下降，达到平衡时，电机断电停止。膨胀时则相反，从而适应烧结时料棒、板的膨胀、收缩，避免料棒或板不被拉断、打弧。

9.3.2.6　电气设备

烧结电源为380V，三相50Hz烧结电源采用两相。电气设备包括：一台单相可调变压器，次级电压可在2～760V之间连续调节。两台高电流变压器，每台的输出功率在20V时为15000A，两台高电流变压器并联以给出最大烧结电流为30000A。

9.3.2.7　控制和测量仪器

测量材料的烧结温度，是用电子红外线高温计，它是由测量头与多股导线和仪器连接组成的，并可自动记录、调节。测量范围100～3000℃。并采用便携式光学高温计，通过观察孔，人眼测量。

9.3.2.8　自动控制

控制仪器带有全部用于温度和真空系统模拟图；冷却水设有报警装置和信号灯、监视仪器、控制灯泡、真空泵的操作继电器、空气进给联锁阀用的继电器等。

控制柜内装有六点记录仪，自动记录烧结温度、真空度、烧结电流、烧结电压和功率等参数。

9.3.2.9　真空系统

在烧结W、Mo、Ta、Nb等难溶金属粉末料棒、板过程中，工艺要求炉内压力必须保持在$6.65\times10^{-2}\sim4\times10^{-4}$Pa高真空范围内。真空系统采用以油扩散泵为主泵，串联两级中间罗茨泵和前级机械泵，以及相配套的真空阀门、压力继电器或带有压力输出的真空计、电控部分实现整个抽空系统的程序自动控制。图9-7为600kW高真空垂熔烧结炉的真空系统配置简图。

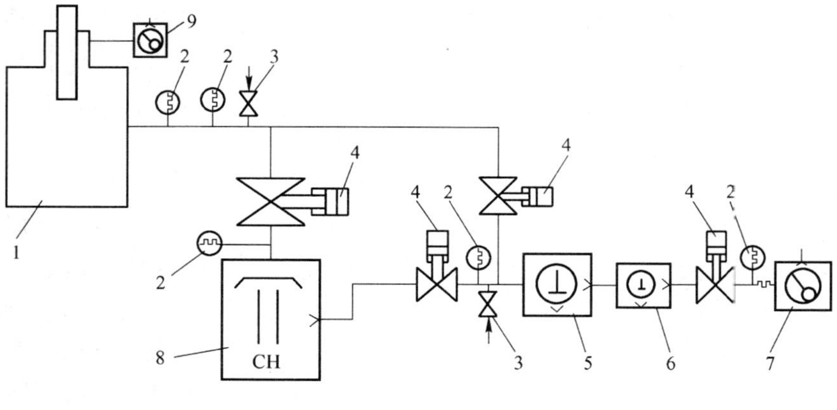

图9-7　600kW高真空垂熔烧结炉真空系统示意图

1—炉室；2—热偶规管；3—充气阀；4—电磁气动阀；5，6—罗茨泵；7—前级机械泵；8—油扩散泵（主泵）；9—机械泵

9.4 烧结工艺过程

把金属粉末，按适当的粒度及成分配合，然后经过搅拌混料，再将混合均匀的粉末料装入塑胶模中，放入油等静压机缸中，以每平方厘米数吨的压力加以压制，压制好的坯料，要经过预烧结。提高型坯的强度和导电性，以便于高温烧结。还可把易挥发杂质部分除去（W、Mo 产品在氢气钼丝炉中预结，但是 Ta、Nb 及其合金则必须在真空中进行，不必经过预烧结工序，直接装入垂熔炉内烧结）。工作时将料棒放在下水冷电极夹头和上电极杆夹头中，分别夹紧，调整好夹头的松紧度，方可封炉抽空、送电烧结。按照金属料棒烧结工艺制度，升温、保温、冷却、出炉。

9.4.1 烧结

稀有金属的烧结属于固相烧结。其目的是为了使多孔的粉末体变成具有一定金属组织和性能的可加工的金属或合金。

烧结时，多孔的粉末体将发生一系列变化，如气体的解吸、氧化物还原、物质的扩散、蠕变、再结晶，以及部分杂质的去除等。从宏观看，主要有烧结体的致密化，再结晶以及金属或合金组织形成。粉末体中金属接触部分很少，因为粉末颗粒被吸附的气体，氧化物薄膜和成型剂所覆盖。在烧结的初期，粉末颗粒吸附的气体，剩余成型剂首先被去除，到达一定温度，氧化物还原或挥发，并发生部分扩散，这样就产生粉末颗粒间的金属接触。由于原子热运动，颗粒表面上凸凹处的空隙首先消失，随后颗粒间的空隙陆续减少。同时，在颗粒内或颗粒间的接触应力区发生再结晶。这样一系列的过程导致了粉末体致密化和金属或合金组织的形成。其结果是使粉末体的高能状态转变为稳定的低能状态。

粉末体致密化的规律是：收缩速度随温度提高而降低；在等温烧结时，收缩速度随时间延长逐渐减慢；空隙度主要是由于开口空隙数量的减少而降低；缺陷是粉末颗粒表面状态对收缩过程影响很大。

烧结体组织晶粒细和均匀是粉末烧结的主要特征。粉末体是多晶体构成的，在一定温度下，粉末颗粒内首先产生再结晶和聚集再结晶。当氧化物和相当数量的空隙消失后，由于颗粒间金属接触的增加，颗粒间的再结晶—聚集再结晶发生，小晶粒长成大晶粒。但是，烧结体内空隙和氧化薄膜总是保持一定的数量，如垂熔烧结钨、钼条内的空隙约占体积的5%左右，这样就阻碍了聚集再结晶的进行，因此，粉末烧结（尤其是氢中烧结）的坯料晶粒一般不易长得很大。

9.4.2 烧结温度的确定

烧结过程中，烧结温度、时间、气氛是很重要的，其中以温度为首要因素。稀有金属的烧结温度一般为 65% ~90% $T_{熔}$（绝对温度）。一些纯金属的烧结温度范围如下：

纯 W：	2800 ~3100℃	短时间垂熔
	2300 ~2500℃	长时间垂熔
纯 Mo：	2000 ~2300℃	短时间垂熔
	1650 ~1800℃	长时间垂熔
纯 Ta：	2600 ~2700℃	真空垂熔
纯 Nb：	2100 ~2250℃	真空垂熔或真空烧结

钨、钼垂熔烧结时的温度通常是以控制电流来实现的。烧结温度的确定是根据被烧结金属或合金的工艺要求和炉子的允许使用温度而定，这里不作叙述。垂熔烧结时，电流的升降速度为 200～300A/min。电流升降可通过自动控制来实现。电流的程序自动控制可消除人为的电流和时间上的误差，节省劳动力，稳定产品质量。图 9-8 是程序控制垂熔烧结的电流与时间的关系实例[2]。程序的个数、时间的长短、电流的大小根据生产工艺具体要求选择[2]。

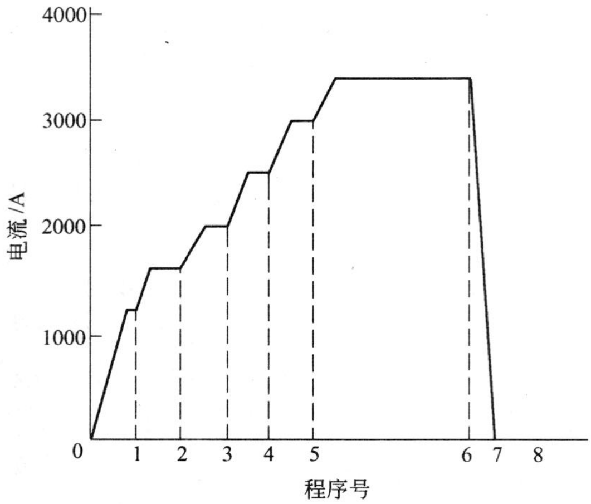

图 9-8　垂熔自动控制电流与时间的关系

参 考 文 献

[1] 东北工学院钢冶系．冶金炉热工与构造（工业电炉部分）[M]．沈阳：东北工学院，1975.
[2] 稀有金属加工手册编写组．稀有金属加工手册[M]．北京：冶金工业出版社，1986.

10 真空中频感应烧结炉

真空中频感应烧结炉是在真空或保护气氛条件下，利用中频感应加热的原理，使感应线圈内的钨坩埚或钼坩埚产生感应电动势，中频电流就在坩埚内形成环流，从而使坩埚产生高温并辐射到被加热金属物料上，加上金属物料自身感应产生的热，使金属物料被加热到工艺要求的温度而实现烧结。它主要用于钨、钼、钛合金等合金材料的粉末冶金，也可用作真空退火、回火等热处理。

真空中频感应烧结炉与真空中频感应熔炼炉的加热原理都是相同的，设备和装置也有许多类似的地方，两者不同的是，前者是在感应器内用耐火材料异型砖砌成的炉衬，并将钨或钼坩埚放置里面，烧结时，将钨、钼等材料制坯放入底部铺垫有废钨或钼板的坩埚内。金属粉末制坯的烧结，是依靠感应圈产生的磁场，通过钨坩埚和被加材料制坯自身感应发热共同完成。而真空中频感应熔炼炉坩埚是用耐火材料人工捣打、焙烧制成的，它是依靠感应圈产生的磁场通过金属物料自身感应加热甚至熔化。感应器和坩埚可以翻转浇铸，具体见第 7.5.6 节。

感应烧结按烧结气氛又分为真空烧结和保护气氛（一般为氢气）烧结，所以炉子也可称为真空中频感应烧结炉、真空中频感应氢气烧结炉。炉子的规格、型号目前仍按功率或装炉量来命名。

10.1 真空中频感应烧结炉频率的选择

设计感应烧结炉时，其中一个主要参数就是频率的选择，对于难熔金属烧结炉频率的选择，由式（10-1）计算，为了获得高的电热效率，对于圆柱体物料，应保证 $d/\Delta=3\sim5$（d 为物料直径，Δ 为透入深度，单位均为 cm），从而确定深透加热合适的工作频率[1]。也可根据$\frac{R\sqrt{2}}{\Delta}>5$（$R$ 为物料半径，单位为 cm）的比值作为选择频率的依据[1]。再由式（7-4）可知，导体的透入深度取决于物体的磁导率、物体的比电阻、交变电流频率。由上述关系可知被加热物料尺寸（直径）越大频率越低，集肤效应越小，即电流的透入深度越深，相对加热快，而物料温度均匀性好。物料尺寸越大，选择的频率越低。也就是说炉子容量越大，选择的频率越低。

$$f=(2.25\sim6.25)\times10^{8}\frac{\rho}{\mu d^{2}} \tag{10-1}$$

式中 ρ——导体的电阻率，$\Omega\cdot$cm；

μ——导体的相对磁导率；

d——被加热物料的直径，cm。

在感应烧结中不能让电流的集肤作用太显著，但为了使功率的传递有一定的效率，电源的频率也不能选择得太低，所以对于一定尺寸的物料，要求有合适的频率，如以圆柱形物料来说，适用的频率大致如表 10-1 所示[2]，仅供参考。详见第 7.5.8 节。

表 10-1 圆柱形金属感应加热用的频率

物料直径/mm	160 以上	70 ~ 160	50 ~ 120	30 ~ 80	15 ~ 40	15 以下
电源频率/Hz	50	500	1000	2500	8000	30000 ~ 300000

也可以依据所计算的功率来确定频率 350kW 以下可选择 1 ~ 8kHz；500kW 以下可选择 0.5 ~ 1kHz（电源电压在 750 ~ 1000V 范围内）。也就是说功率越大炉子容量越大频率越小，反之功率越小炉子容量越小频率越大。

10.2 100kW 真空中频感应烧结炉

真空中频感应烧结炉已标准化，如表 10-2 所示。但对于一些特殊要求炉子就要进行设计制造。

表 10-2 金属粉末真空中频感应烧结炉

型 号	装炉量/kg	频率/Hz	最高温度/℃	用 途
VSY-50	50	2500	2400	钨、钼、钛
VSY-100	100	2500		
VSY-300	300	2500		

我们以 100kW 真空中频感应烧结炉为例表述，如图 10-1 所示。它主要用于钨、钼、钛合金等难熔金属及合金材料的粉末制坯、制品的真空烧结。

10.2.1 主要技术参数及性能

（1）功率：100kW；

（2）输出电压：800V；

（3）输出电流：125A；

（4）频率：2500Hz；

（5）最高温度：2400 ± 20℃；

（6）极限真空：6.67×10^{-3}Pa；

（7）压升率：不大于 1.33×10^{-1}Pa/min；

（8）发热体坩埚尺寸：ϕ300mm × 400mm × 2mm；

（9）发热体材质：钨或钼；

（10）保温材料：ZrO_2，Al_2O_3；

（11）工作气氛：氢气或氮气等惰性气体；

（12）测温方式：光导纤维红外辐射温度计（0 ~ 2500℃），或远红外线光学测温（量程 800 ~ 2400℃或 0 ~ 2400℃，测温精度：0.2% ~ 0.75%）；

（13）温度均匀度：不大于 ±10℃；

（14）温度控制：程序控制和手动控制；控温精度：±1℃；

（15）出料方式：立式上出料。

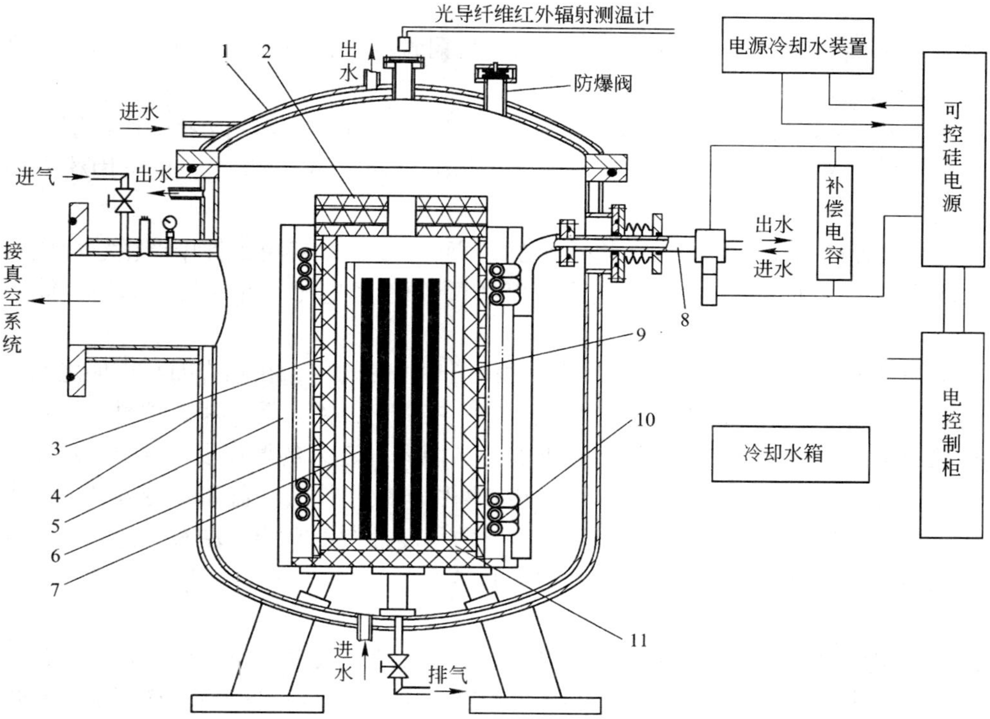

图 10-1　真空中频感应烧结炉简图

1—炉盖；2—耐火盖（氧化锆、三氧化二铝）；3—氧化锆异型砖；4—炉体；5—感应线圈支架；6—三氧化二铝筒；7—金属物料；8—导电杆（两支）；9—钨坩埚；10—感应线圈；11—耐火材料底（氧化锆、三氧化二铝砖）

10.2.2　主要结构及组成

结构形式为立式、上出料方式。其主要由炉体、真空系统、水冷系统、气动系统、感应加热装置（感应圈、钨坩埚及保温材料衬套）、进电装置、中频电源及电气控制系统、充氢装置等组成。

10.2.2.1　*炉体*

炉体采用立式圆柱体和箱体焊接而成的双层水冷壁结构形式，其中内壁为经抛光不锈钢材料，外侧壁为普通碳钢。感应加热装置放置在炉室中央，上部一侧面设有连接真空机组的抽气口，上部另一侧面设有连接导电杆的接口，真空室底部设置不锈钢托架和充氢气管道、阀门。

10.2.2.2　*移动炉盖*

炉盖体是由双层蝶形封头，通过和法兰的密封焊接构成双层水冷壁结构组件，其中炉盖内层为不锈钢材料，外侧壁为普通碳钢。炉盖上方有窥视窗，可供人员观察炉内烧结情况和测量炉温，便于观察加热状态，炉盖上装有安全阀门。

10.2.2.3　*感应器*

感应器主要由线圈、耐火材料炉衬、耐火材料盖和底、钨或钽坩埚、不锈钢线圈支架构成。

（1）感应圈。感应圈采用 ϕ25mm×2mm 紫铜管绕制而成，内径 ϕ460mm，有效高度 496mm。工作时中间通水冷却。

（2）坩埚。感应器中的发热体（坩埚）是用厚度 2mm 的钽片或者钨片经氩弧保护焊制成。依据使用条件和焊接质量的不同，每个坩埚可使用 10～30 炉。也可用粉末钨制品烧结制成钨坩埚，但费用较高。

设计中要使钨或钽坩埚筒内部的磁场强度尽可能小，以避免工件中产生感应电流，使锐棱、尖角部分过热。采取的措施是采用 2500Hz 频率的电源，并使钨、钽坩埚筒的壁厚比钨、钽坩埚的电流透入深度大得多。

（3）耐火材料。烧结时为减少热损失并使工件加热均匀，在感应圈与坩埚之间设置耐火材料炉衬，坩埚上下用耐火材料（如氧化锆、三氧化二铝）盖、底。炉衬采用耐火材料三氧化二铝制品筒、弧形氧化锆异型砖砌成的。两者加起来的厚度要≤50mm 左右。既要绝热，还要有一定的强度。如果壁厚了，感应圈的电效率就低。盖和底砖分别为耐火材料三氧化二铝及氧化锆半月形砖。两种耐火材料的厚度控制在 90mm 左右，并有一定的强度和热承载力，要求保温效果好，以减少物料的热损失。

10.2.2.4　中频电源

晶闸管中频电源是利用晶闸管元件将工频三相交流电转变为直流电，再把直流电用晶闸管元件转变为所需频率的交流电。其主要由整流电路、直流电抗器、逆变器、补偿电容器、感应圈及控制线路组成，如图 10-2 所示。晶闸管元件用水冷却，由于启动采用先进的扫频方式，既安全，又方便。维修简便，经济，特别适用于金属熔炼、加热及热处理工况的使用场合。由于它具有整机效率高、重量轻、噪声小、启停迅速而且对电网无冲击、频率自动跟踪负载参数变化、功率调节方便等一系列优点。所以它已经完全取代中频发电机组。其控制系统可采用一块数字电路控制板，先进的数字控制技术及扫频启动方式进行控制。输出功率连续可调，频率自动跟踪，保护灵敏，抗干扰性强。通常使用频率范围为 300～8000Hz，功率范围为 30～6000kW。中频电源的设备生产厂家繁多，技术已经成熟，采用何种频率及功率的中频电源可根据实际感应炉的具体要求进行选择。

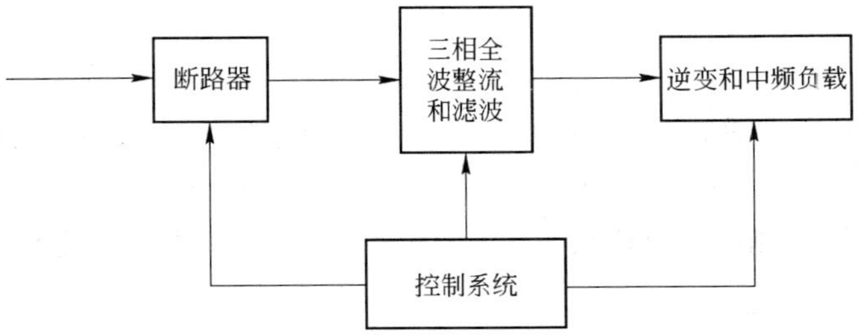

图 10-2　中频电源主回路方框原理图

10.2.2.5　中央控制柜、操作台

中央控制柜用来控制真空中频感应烧结炉工作过程中运行参数的采集、控制、监控、显示、打印、联锁、报警和调节控制，具体完成下述工作：

（1）电气控制方式。中频炉控制通常采用 PWS-PLC 自动和手动两种控制方式中的一种，对中频炉各机械动作进行自动控制，现在多应用 PLC 程序控制器，彩色触摸屏，信号采集，即时操作过程的自动控制、系统自诊断与故障分析判断，实现人机对话。控制完成的主要工作有：

1）数据采集。采集的模拟量数据主要有真空炉的冷却水温度、真空度、加热温度、压力，中频电源电压、电流，油扩散泵加热温度。采集的开关量数据主要有：机械泵、罗茨泵、真空阀门的工作状态，压力报警点的报警信号。

2）中频炉加热的控制。输出控制模拟量：升温速度给定、实际温度测量，如今一般采用远红外线光学测温，测温范围 800～2400℃，测温精度 0.1%，提供比较准确的温度反馈信号提供给控制电路。并通过智能控温仪与设定程序相比较后，选择执行状态反馈给中频电源，构成温度闭环进行温度控制，自动控制温度的高低及保温程序。

程序控制的执行过程为：在 PLC 检测无故障信号的情况下，控制中频电源对烧结炉不断加热，并根据电源供给的能量，预测炉料温度，当预测温度达到预定值时，自动发出测温信号。如果冷却水温度、压力不足等故障产生时，为了保证设备的安全，切断中频电源并报警。

3）输出控制开关量。真空泵及阀门开、关控制，报警指示及故障指示。

4）人机对话。应用中 PWS 系统制作了多幅显示控制画面，分别实现中频电源、真空系统、温度测量、电炉工作状况、冷却水温度、压力、控制显示、记录、数据采集储存功能。

（2）真空系统测量。真空测量采用微机数显式复合真空计，带有 0～20mA 的输出信号，对设定真空度进行监控及报警。真空系统的阀门均采用电磁先导阀控制的气动挡板阀及插板阀，并装有电磁放气阀、真空表等，对真空系统实现机械动作的自动控制和联锁保护。

（3）液晶图形显示和操作控制屏幕。自动控制采用 PLC 程序控制器和 WPS 人机界面组合系统，具有自动显示、运行控制、参数存储及记忆功能。常见的构成和功能有：

1）配置多个控制操作屏幕。满足烧结炉运行所需要的多个功能控制操作屏幕。

2）启动电流自动控制，功率调节旋钮处于何种位置都能实现“软启动”，还能连续监测及显示各种主要参数与实现人工即时操作及程序操作。

3）系统保护设置声光报警显示和蜂鸣器，故障时再切断主电源，停止供电的同时给出声光报警。常设的保护与报警有：中频电源运行异常、过电流、过电压、电源缺相、电炉冷却水水温过高或压力太低；进水和回水水压异常、交流断路器中断、辉光放电接地/泄漏检测器报警。

4）通过 WPS 面板控制电源及其他执行部件的开/关和进行控制，通常电路设计可保证系统总功率因数在 0.90～0.98 之间。

10.2.2.6　真空系统

真空系统配置以油扩散泵串联罗茨泵加前级机械泵的真空系统。如图 10-3 所示，真空阀门均采用电磁先导阀控制的气动挡板阀及插板阀，并装有电磁放气阀。

10.2.2.7　冷却水系统

冷却水系统由集水箱、水泵、阀门、管道通过相对应各部分管接头相连接到冷却部位。由阀门调节冷却水的流量及压力，进而达到调节冷却速度的目的。系统中装有电接点压力表与控制系统一起实现断水、欠压、超温报警及保护。中频电源直接采用闭式循环冷却方式，炉体及真空系统采用开式冷却循环方式。

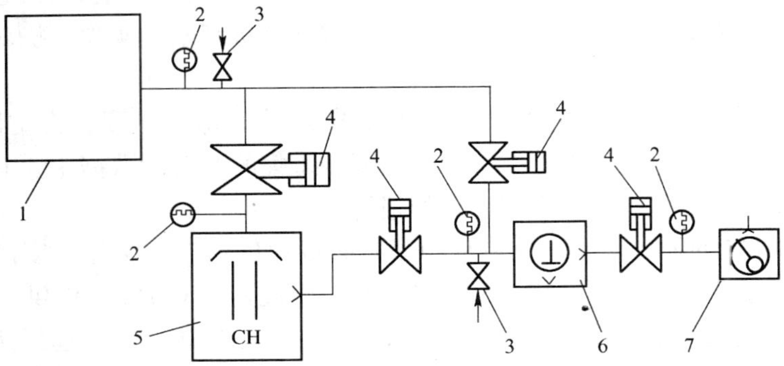

图 10-3 100kW 真空感应烧结炉真空系统示意图

1—炉室；2—热偶规管；3—充气阀；4—电磁气动阀；
5—油扩散泵；6—罗茨泵；7—前级机械泵

中频电源冷却用闭式循环装置主要由水泵、阀门、板式热交换器、不锈钢管道、补液容器、压力表等组成。其进排水管和电源可控硅、电容器、变压器冷却水管，连成一个闭式循环冷却回路，使其水质（纯净水）不被污染，保证应有的冷却效果，热交换器被交换的热水，通过用户提供开环冷却水循环装置而被冷却，为使其装置能长期连续运转，采用双水泵并联的交替使用连接形式，一旦有泵、电机出现故障，另一台泵能正常工作。

10.2.2.8 水冷电缆

水冷电缆的作用是连接中频电源和感应线圈，它是用直径 $\phi(0.6\sim0.8)$mm 紫铜线绞合而成。水冷电缆外胶管采用耐压大于 0.5MPa 的压力阻燃橡胶管，里面通以冷却水，它是负载回路的一部分，工作时受到拉力和扭力，与炉体一起倾动而发生曲折，因此时间长后容易在柔性连接处断裂开。接头冷压成形，接触好，抗拉能力强。

10.2.2.9 充氢装置系统

根据设备工艺要求，配置氢气或氮气管路系统（不含气源）。气体管路上配置手动球阀、不锈钢电磁阀、压力变送器、压力表、质量流量计及控制器，通过控制柜上仪表，严格进行控制及调整，其阀门及管道均采用不锈钢材质。本炉体设置充氢气或氮气装置，可在保护气氛状态下烧结，或者发生紧急事故时，可在炉内充入惰性气体。

10.2.2.10 气动系统

气动系统（压缩空气）是各个气动阀门的动力供给，系统由油雾器、调压器、油水分离器、调速阀、电磁换向阀及管路附件组成。供气压力 0.4～0.6MPa。进电电极、感应圈、电缆等适合拆卸。

10.3 真空中频感应氢气烧结炉

真空中频感应氢气烧结炉是在抽真空后充入氢气保护状态下，利用中频感应加热的原理，使处于线圈内的钨坩埚产生高温，通过热辐射传导到被烧结物料上，适用于难熔合金，如钨、钼、钛及其合金材料的粉末成形烧结。

以 500kW 真空中频感应氢气烧结炉为例表述，如图 10-4 所示。它主要用于钨、钼及合金等难熔金属及合金材料的粉末制坯、制品的真空中频感应氢气烧结。

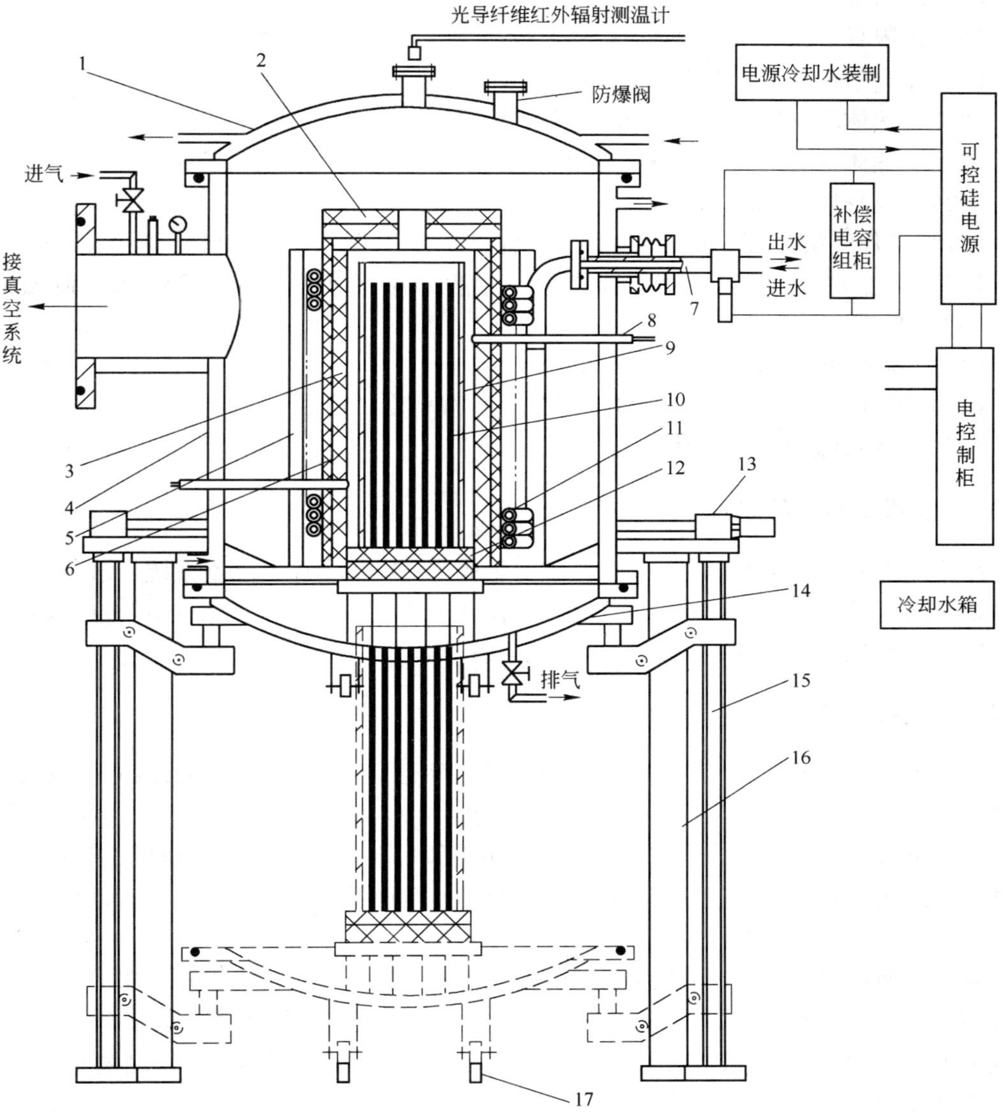

图 10-4　500kW 真空中频感应氢气烧结炉简图

1—炉盖；2—耐火盖（氧化锆、三氧化二铝）；3—氧化锆异型砖；4—炉体；5—感应线圈支架；6—三氧化二铝筒；7—导电杆（两支）；8—热电偶（两支）；9—钨坩埚；10—金属物料；11—感应线圈；12—耐火材料底（氧化锆）；13—传动机构；14—下移动炉门；15—滚珠丝杆；16—导轨框架；17—导轨

10.3.1　主要技术参数及性能

（1）功率：500kW；

（2）输出电压：750V；

（3）输出电流：125A；

（4）频率：1000Hz；

（5）最高温度：2400 ± 20℃；

（6）极限真空：6.67×10^{-3}Pa；

（7）压升率：不大于 1.33×10^{-1}Pa/min；

（8）发热体坩埚尺寸：ϕ450mm × 800mm × 12mm；

（9）发热体材质：钨；

（10）保温材料：ZrO_2，Al_2O_3；

（11）工作气氛：氢气或氮气等惰性气体；

（12）测温方式：远红外线光学测温（量程 800 ~ 2400℃或 0 ~ 2400℃，测温精度：0.2% ~ 0.75%）；

（13）温度均匀度：不大于 ± 10℃；

（14）温度控制：程序控制和手动控制，控温精度 ± 1℃；

（15）极限升温速度：200℃/min。

10.3.2 主要结构及组成

结构形式多为立式下出料方式。其主要组成为：电炉本体、真空系统、水冷系统、气动系统、液压系统、进出料机构、底座、工作台、感应加热装置（感应圈、钨发热体及保温材料）、进电装置、中频电源及电气控制系统等。

10.3.3 控温系统

真空中频感应氢气烧结炉现在多采用数显化智能控温系统，全自动高精度完成测温控温过程，系统中微机控制单元不但可贮存 20 条共 400 段不同的工艺加热曲线供使用时选择，而且可按给定升温曲线升温，应用内循环纯水冷却系统，数字式流量监控系统；采用高性能中频接触器对炉体进行自动转换；具有功能全面的 PLC 水、电、气自动控制和保护系统。

其常用型号的主要技术参数为：最高使用温度：2400℃；炉内工作气氛：真空、氢气等气体；温度均匀度：≤ ± 10℃；温度测量：采用光导纤维红外辐射温度计和铠装热电偶连续测温（0 ~ 2500℃）或远红外线光学测温，测温范围 800 ~ 2400℃，测温精度 0.1%，温度闭环控制；程序控制和手动控制两种控制方式可选择。

上述设备除下出料机构和烧结气氛外，其他与真空中频感应烧结炉相同。由于感应烧结的原理与真空中频感应熔炼炉的原理是相同的，所用的设备和装置也有许多类似的地方，所以设备的设计与计算可参照真空中频感应熔炼炉，此处不再重复。

以上是一种特殊要求的真空中频感应氢气烧结炉，也可根据需要选用国家标准的炉子，如表 10-3 所示。

表 10-3 难熔金属真空中频感应氢气烧结炉

型 号	装炉量/kg	频率/Hz	最高温度/℃	用 途
ZGL-100-23W	300	2500	2300	难熔金属、高密度合金
ZGL-250-23W	1000			
ZGL-200-25W	800			

10.4 粉末冶金方法

10.4.1 粉末制坯的成形过程

将金属粉末与成形剂（酒精、甘油）混合后装入乳胶套或模套内，在油等静压机或模压机、挤压机中压制成形。成形后的制坯要有一定的强度、密度。在移动中保持其几何形状和尺寸不变，制坯不会出现裂纹和断裂。

10.4.2 预结

制坯在钼丝炉保护气氛（氢气）下进行中温预结（钨、钼制品）。预结的目的在于吸入气体和水分的挥发，成形剂的分解和排除。使烧结体强度增加，相对密度增加缓慢，便于搬运和满足烧结要求。

10.4.3 烧结过程

10.4.3.1 烧结过程的宏观描述

烧结是指粉末制坯在适当温度和气氛条件下加热所发生的现象和复杂的物理、化学变化过程。烧结使粉末颗粒之间和晶体内部发生一系列物理、化学变化，其结果是烧结体强度增加，而且多数情况下密度也显著提高。烧结过程按时间大致可以划分为三个界限不十分明确的阶段：（1）黏结阶段是烧结初期，随温度升高，原子发生扩散，使颗粒间的接触由点扩展到面接触，烧结体的晶粒不发生改变，收缩和密度增加极微，但强度和导电性有明显增加；（2）烧结颈胀大及产生黏性流动阶段是原子向颗粒结合面大量迁移使烧结颈扩大、颗粒间距离缩小、同时晶粒长大、空隙大量消失。密度和强度显著增加；（3）闭孔隙球化和缩小阶段是烧结体密度达到90%，多数孔隙完全分隔，闭孔数量增加，孔隙形态趋近球形并不断缩小，收缩缓慢。

10.4.3.2 固相烧结

固相烧结是指将粉末制坯放置于烧结炉内，烧结温度不超过其熔点的设定温度，在一定的气氛保护下，保温一段时间的操作过程。按烧结系统的组成，固相烧结可分为单元系烧结和多元系固相烧结。

10.4.3.3 液相烧结

液相烧结是指在烧结温度下，低于组元熔化或形成低于熔共晶物，那么由液相引起的物质迁移比固相扩散快，而且最终液相将填满烧结体内的孔隙，因此可获得密度高、性能好的烧结产品。

10.4.3.4 真空烧结

真空烧结实际上是低压烧结，真空度愈高，愈接近中性气氛，即与材料不发生任何化学反应。真空度通常为 $13 \sim 6.67 \times 10^{-3}$ Pa。

真空烧结可减少气氛中有害成分（H_2O、O_2、N_2）对产品沾污，可改善液相烧结的润湿性，有利于收缩和改善合金组织、在烧结过程中保持较高的真空度，能有效地排除金属物料中的 Si、Al、Mg、Ca 等杂质或氧化物，起到提纯材料的作用，有利于排除吸附气体（孔隙中残留气体以及反应气体产物），对促进烧结后期的收缩作用明显。当不宜用其他还原性气体时（比如活性金属的烧结），或者对容易出现脱碳、渗碳的材料均可采用真空烧结。

但在真空下的液相烧结，若黏结金属的挥发损失非常严重，则它不仅改变和影响合金的最终成分和组织，而且对烧结过程本身也起阻碍作用。真空烧结时黏结金属的挥发损失，主要发生在烧结保温阶段，因此在可能条件下，应缩短烧结时间或在烧结后期关闭真空系统大阀，停止对真空炉室抽空，向炉室充入氢气，使炉室压力大于一个大气压，通过管道排出点着燃烧。

真空烧结含碳材料的脱碳问题主要发生在升温阶段，这时炉内残留的空气、吸附的含氧气体（CO_2）以及粉末内的氧化杂质及水分等与碳化物中的化合碳或材料中的游离碳发生反应，生成 CO 随炉气排出，同时炉压明显升高，合金的总碳减少。因此真空烧结含碳材料虽有补充还原作用，但也造成合金脱碳。碳含量的变化取决于原料粉末中的氧含量以及烧结时的真空度。两者愈高时，生成 CO 的反应愈容易进行，脱碳也愈严重。所以，根据原料中的氧含量，要控制混合料中的碳含量比在氢气烧结时更高。

理论和实践都证明，在真空度高于 0.1Pa 条件下烧结，钼条中的氧含量可降至 0.002%以下。采用真空烧结，还可提高烧结动力，加快烧结速度。

10.4.3.5 保护气氛烧结

保护气氛烧结目前主要用氢气。它的作用是控制制坯与环境之间的化学反应和清除成形剂的分解产物，具体说有 3 个方面：（1）防止或减少周围环境对时间产品的有害反应，如氧化、脱碳等，从而保证烧结顺利进行和产品质量稳定；（2）排除有害杂质，如吸附气体、表面氧化物或内部夹杂、净化后通常可提高烧结的动力，加快烧结速度，而且能改善烧结制品性能；（3）维持或改变烧结材料中的有用成分，这些成分常常能与烧结金属生成合金或活化烧结过程，例如烧结钢的碳控制、渗氮和预氧化烧结等。

氢气保护烧结金属钼，钼与氢一直加热到钼的熔化温度都不发生化学反应。高温下，氢对钼的氧化物有很强的还原作用，有利于降低钼条的氧含量。并且湿氢对钼的烧结还具有活化作用，所以氢气保护烧结已成为一种传统方法，目前被广泛使用。但与真空烧结相比，氢气保护烧结存在气体循环较慢、不利于杂质挥发和排除、易引起表面污染等问题[3]。

上述烧结过程可见冶金工业出版社出版的稀有金属冶金与材料工程丛书《钨钼冶金》。

10.5 真空中频感应烧结钼板坯工艺

下面介绍钼粉末制坯在 100kW 真空中频感应烧结的典型工艺方法，请参考。

10.5.1 典型工艺流程

生产规格为(22 ~26)mm×(20 ~100)mm×(180 ~360)mm，重 2 ~6kg 的钼板坯，采用如下工艺流程：原料(钼粉)→混料→油静压成形→氢气钼丝炉预结→真空感应炉烧结→性能检验。

10.5.2 原料

原料采用纯度为 99.2% ~99.3%（重量）以上的钼粉，粉末杂质含量见表 10-4。粉末的粒度可在很大的范围内变化。生产中将粉末筛分为二级：第一级为 -200 目粉末，称为“筛下物”，粒度较细；第二级为 -200 ~ +120 目粉末，称为“筛上物”，粒度较粗。

这两种粉末不经混料，均可以直接用于生产。粉末的松装比重为0.90 ~ 1.50g/cm^3，费氏平均粒度为3.0 ~ 5.0μm。粉末外观呈深灰色或纯灰色，其钼粉化学成分见表10-4。

表10-4 钼粉化学成分

牌号	主要成分	杂质含量不大于/%								
	Mo	Fe	Al	Si	Ni	Ca + Mg	W	O_2	N_2	C
Mo1	余量	0.007	0.002	0.006	0.02	0.002	0.3	0.3	0.003	0.01
Mo2	余量	0.05	0.01	0.02	0.02	0.004	0.3	0.4	0.003	0.02

10.5.3 油静压成形

粉末成形用油静压机有两种：

（1）油缸尺寸为ϕ100 ~ 1000mm，最大成形压力为3.6t/cm^2；

（2）油缸尺寸为ϕ180 ~ 1000mm，最大成形压力为3.0t/cm^2。

前者用于生产宽60mm的板坯，后者用于宽达120mm的板坯，板坯的成形压力一般为1.5 ~ 2.0t/cm^2，保压1min后，板坯具有足够的强度和65%左右的相对密度。成形工艺参数列于表10-5。

表10-5 钼板坯压制工艺参数 (mm)

坯料名称	压坯规格	多孔规格	胶套规格	粉末装填尺寸
小板坯	25 × 60 × (200 ~ 400)	32 × 86 × 515	ϕ65 × 1 × 550	30 × 84 × 500
大板坯	26 × 120 × (630 ~ 730)	41 × 157 × 780	ϕ110 × 1 × 820	37 × 153 × 760

粉末体在成形过程中，根据原料粒度的不同，有13% ~ 16%的残收缩。良好的坯料，应该厚度均匀，同一块板坯厚度之差不超过2mm。板坯无严重的边角脱落，无折叠、无皱纹、钨浸油现象。成形后，根据轧制需要，坯料锯切成一定长度，然后预结。

10.5.4 坯料预结

预结的目的主要在于去掉一部分气体杂质。预结在氢气钼丝炉中进行。预结温度为1000 ~ 1200℃，保温2h。升温速度（电流）30A/15min、平均升温为200℃/h。低于200℃时，保温时所需功率约为38 ~ 40kW。

表10-6列出了氢气预结时坯料含氧量的影响。由表10-6可见，经氢气预结后，原始含氧量不同的粉末，经过预结后，含氧量约降到相近的水平（约为0.05%以下），为稳定真空烧结工艺制造了有利条件。

表10-6 氢气预结的脱氧效果

原料批量	预结条件	含氧量/%	
		预结前	预结后
1批	1000℃保温2h	0.156	0.030
2批	1000℃保温2h	0.081	0.048
3批	1000℃保温2h	0.148	0.046

10.5.5 真空烧结

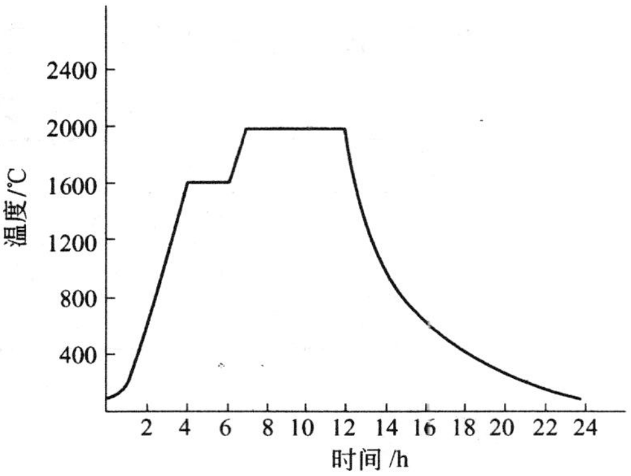

图 10-5 钼方坯烧结的典型工艺制度

烧结温度、保温时间、真空度是影响烧结质量的主要因素。钼方坯的典型烧结工艺制度如图 10-5 所示。一般当真空度达到 6.65×10^{-2}Pa，在 1600～1650℃保温之后送电升温，升温至 1600℃的过程中，真空度在 $1 \times 10^{-1} \sim 10^{-2}$Pa 之间变化。在 1600～1650℃保温之后炉室真空度逐步稳定上升，达到 $2.66 \times 10^{-3} \sim 6.65 \times 10^{-3}$Pa。温度达到烧结温度（2000～2050℃），保温 4～6h，而后立即停电，坯料随炉冷却。但在真空状态下，低温阶段冷却十分缓慢。400℃以下冷却速度约为 20℃/h。当炉温至 1000℃以下时，如通入氢气冷却时间为 8～10h，生产周期为 24h，坯料质量良好。

10.5.6 钼坯料质量检验

烧结坯的炉前检查，对烧结坯的质量可以做出较好的判断。

（1）坯材烧结后，长度方向的线收缩率一般为 10%～13%。对纯钼来说，若低于 10%可能是“欠烧”，密度偏低；高于 13%，可能是“过烧”。

（2）观察烧结坯断口，看晶粒大小和均匀程度，晶粒细而均匀为好。但晶粒很细而收缩不足时，则说明烧结温度偏低或保温时间不足。真空感应烧结坯料的边部经常观察到一层晶粒较粗的外壳，这是感应加热的不均匀性造成的，它的厚度取决于高温烧结的温度和时间，感应加热时晶粒长大是从钼方坯表面开始的，烧结温度愈高或保温时间愈长，粗晶外壳层就愈厚。

（3）表面颜色。银白色为正常，像电镀一样光亮，往往是温度过高晶粒度过分长大的表现。

（4）坯料密度。相对密度 90%以上。

（5）坯料的显微组织。晶粒度为 400 个/mm^2 以上。

（6）坯料的纯度。真空烧结对钼中的气体杂质特别是氧有良好的提纯作用。金属杂质在烧结前后无明显变化。在绝大多数情况下，钼方坯中间隙杂质含量可以降到下列水平：氧含量小于 0.01%，氮含量小于 0.002%，碳含量小于 0.005%。

间隙杂质 O_2、C、N_2 对钼的加工性能有着十分有害的影响。最大限度地降低该类杂质的含量，必须在烧结过程中保持较高的真空度，在 1600～1650℃下有足够的脱气时间以及在高温烧结时有足够的保温时间。

（7）钼坯料的硬度。烧结坯的室温硬度固然受晶粒度和杂质含量影响，但主要与密度有关，当密度为 9.2～9.3g/cm^3 时，钼方坯的布氏硬度为 135～153kg/mm^2。

（8）坯料的加工性能。真空感应烧结钼方坯，在 1350℃下经适当时间的加热后以 30%左右的压下量开坯有较好的热加工性能。

10.5.7 粉末冶金法的优点

粉末冶金法与真空熔炼法相比有下列优点[3]：

（1）粉末冶金法所得的制坯中晶粒细小、均匀，杂质在晶界的偏析不严重，杂质的危害较小，有利于后续加工。

（2）粉末冶金法将金属粉末直接加工成各种形状的制品，金属的实收率高。

（3）对于小批量、小规格的产品，粉末冶金法具有更大的灵活性。

（4）某些制品，如硬质合金，原则上均用粉末冶金法生产。

一般高温烧结比熔炼提纯效果差些。

参 考 文 献

[1] 东北工学院钢冶系．冶金炉热工与构造（工业电炉部分）[M]．沈阳：东北工学院，1975.
[2] 西安电炉研究所．电炉[M]．北京：机械工业出版社，1977.
[3] 张启修．稀有金属冶金与材料工程丛书：钨钼冶金[M]．北京：冶金工业出版社，2005.

附　　录

附录1

宝鸡稀有金属装备设计研制所设计制造的真空熔炼、真空热处理、真空焊接，其中钛熔炼真空自耗电弧炉、凝壳炉已经系列化，反重力铸造炉、冷坩埚电磁成形设备、高精度磁悬浮定向凝固感应炉、管材真空退火炉、板材真空退火炉等均属国内之最。

真空电弧炉的规格系列为：

2kg，10kg，50kg，100kg，200kg，650kg，1t，2t，3t，6t，8t，10t。

真空凝壳炉的规格系列为：

20kg，25kg，100kg，150kg，500kg。

1.5t 电弧炉

3～10t 电弧炉

真空氩弧焊箱

出口自动等离子焊箱

注：附录1图片由宝钛集团稀有金属装备设计研制所提供。

附录 2

张家港華裕有色金属材料有限公司于 2003 年 2 月成立，注册资金 3000 万元 。生产钛无缝管、钛焊管、钛棒、镍锭、镍棒、镍无缝管等，年生产量 1000t 以上。产品已广泛应用于电站、海水淡化、化工等领域。

公司于 2006 年取得了国家质量技术监督总局颁发的“钛及钛合金管”生产许可证和 SGS 质量体系认证，于 2009 年取得了欧盟承压指令 PED 认证。

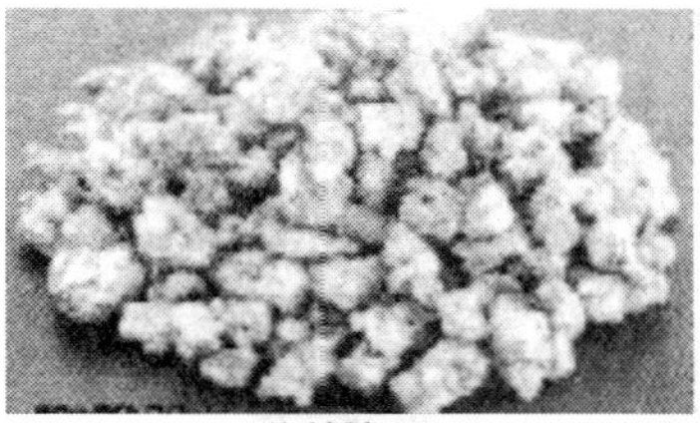
海绵钛

钛及钛合金铸锭

钛棒

钛及钛合金管材

3t 真空自耗电弧炉

轧管机

高真空管材退火炉

附录 3

ZL 系列油扩散喷射泵和 WZ 系列油扩散喷射泵在泵体下部设有加放油口，使换油过程十分方便。同时带水冷却的观察窗可直观检查泵油损耗情况，能有效防止干烧事故。此外通过标配的温度测量及显示装置，可实现对泵的工作温度的监控。

ZL 系列油扩散喷射泵

WZ 系列油扩散喷射泵

ZL 系列油扩散喷射泵技术性能参数

项目＼型号	ZL-150	ZL-200	ZL-300	ZL-400	ZL-600	ZL-800	ZL-1000
极限真空度/Pa	6.6×10^{-3}						
抽速（在 1Pa 时空气的值）/$L\cdot s^{-1}$	450	800	2000	5000	8000	13000	23000
最大排气压强/Pa	不低于 133						
加热功率/kW	2.8	3	6.6	14～15	20～21	30	45
接线方式	单相	单相	三相星形	三相星形	三相星形	三相星形	三相星形
泵油牌号	玉门增压泵油						
泵油用量/L	3	3.5	11	25	75	105	150
冷却水耗量/$L\cdot h^{-1}$	150	150	360	800	1300	1600	3000
进气口直径/mm	150	200	300	400	600	800	1000
外形尺寸（长×宽×高）/mm×mm×mm	350×315×782	350×315×900	621×620×1394	770×678×1675	1178×900×2395	1477×1230×3022	1785×1550×3520
净重/kg	51	60	240	600	1360	2000	3800
推荐使用前级泵型号	2X-30	2X-30	2X-30	H-150			

注：外形尺寸中的高度，包括了泵的盖板厚度及螺栓的相应尺寸。

冶金工业出版社部分图书推荐